高等学校规划教材

# 涂料化学与涂装技术基础 第2版

鲁钢 徐翠香 宋艳 编著

化学工业出版社
·北京·

本书全面系统介绍了涂料基础知识、品种、制备和选用及涂料涂装工艺、成膜形式和漆膜质量评价。本书第一章和第二章详细介绍了涂料的基础知识，包括涂料的分类和组成及各组成的特点和作用；第三章重点阐述了涂料成膜机理、成膜质量影响因素和干燥设备；第四章和第五章详细介绍了涂料的品种、制备和如何选用，突出了环保节能新型涂料品种；第六章对漆膜的质量评价和涂装工艺做了详尽的阐述，特别详述了各种典型的涂装工艺。

全书深入浅出，将涂料化学与涂装技术有机结合、并重介绍，注重基础知识和先进技术结合、理论和实践结合，全面反映了现代涂料与涂装技术，适合作为各类与涂料相关的专业必修课或选修课的教材，也可作为广大工程技术人员的自学教材或参考书。

**图书在版编目（CIP）数据**

涂料化学与涂装技术基础/鲁钢，徐翠香，宋艳编著. —2版. —北京：化学工业出版社，2020.1（2025.1重印）
高等学校规划教材
ISBN 978-7-122-35600-0

Ⅰ.①涂… Ⅱ.①鲁…②徐…③宋… Ⅲ.①涂料-应用化学-高等学校-教材②涂漆-技术-高等学校-教材 Ⅳ.①TQ630.1②TQ639

中国版本图书馆CIP数据核字（2019）第258308号

责任编辑：陶艳玲
责任校对：宋 玮　　装帧设计：李子姮

出版发行：化学工业出版社（北京市东城区青年湖南街13号 邮政编码100011）
印　　装：三河市双峰印刷装订有限公司
787mm×1092mm 1/16 印张21 字数470千字 2025年1月北京第2版第3次印刷

购书咨询：010-64518888　　售后服务：010-64518899
网　　址：http://www.cip.com.cn
凡购买本书，如有缺损质量问题，本社销售中心负责调换。

定　　价：59.00元　

# 前言

涂料的最早应用可以追溯到古代，但是现代涂料工业的生产、涂装等技术的形成才只有一百多年的历史，尤其是如今石油化学工业的迅猛发展和科技发展水平的不断提高，使得涂料的品种层出不穷，功能更加精细、全面和卓越，但是涂料的功能只有通过正确、先进的涂装技术才能最终体现在被涂物表面，为此，本书将涂料化学与涂装技术有机结合、并重介绍，注重基础知识和先进技术结合、理论和实践结合，使得从事化学专业的人员在学习涂料的制造过程中，很容易了解并掌握涂装技术和设备，而机械领域的人才在学习、开发涂装技术和设备的过程中，也更容易了解涂料的化学特性。

社会和科技的不断进步，对中国的理工科本科教学也提出了更高的要求，大学教育更注重培养全面的高素质人才，所以，除了不断提高有关教师的教学水平和调动学生的学习积极性外，对教材进行改革是必不可少的举措。此外，涂料与涂装技术对各个工业部门和科技领域的辅助作用或主导作用已经越来越明显，所以在我国现行的本科专业中，如“高分子材料与工程”“化学”“应用化学”“材料化学”“材料物理”“复合材料”“化学工程与工艺”“林产化工”“包装工程”“纺织工程”“轻化工程”等许多专业的必修课和选修课的教学中都已经安排了涂料相关的课程。根据这样的教学发展趋势和南京工业大学、南京化工职业技术学院、常州大学等院校教师多年来对于各种专业教授涂料化学与涂装技术的教学讲义和积累的经验，于 2012 年编写完成并出版了本书第 1 版。通过过去七年的使用情况，以及任课教师与学生在教学过程中的信息反馈，发现了教材的不足和部分笔误需要修正，还需要更新、补充与时俱进的内容、实例和技术手段，使教材更适应新形势下的课程。因此，今年第 1 版三位主编对本书进行了修订。

本书仍然分为六章，第一章绪论和第二章涂料的组成及各组成的作用由南京化工职业技术学院徐翠香老师编写并修订；第三章涂料表面化学与干燥成膜和第五章涂料的制备过程由常州大学宋艳老师编写并修订；第四章涂料品种与选用和第六章涂料与涂装质量评价及涂装技术由南京工业大学鲁钢老师编写并修订。 鲁钢老师对全书进行了校对和修订并最终定稿。

本书是在参考了国内外众多优秀的涂料与涂装及其相关的教科书和专著的基础上编写而成的，对这些作者深表敬意并感谢。

在编写过程中，由于作者水平有限，会存在一些不妥之处，敬请读者指正。

**编　者**

**2019 年 5 月**

# 第1版　前言

涂料的最早应用可以追溯到两千多年以前，但是现代涂料工业的生产、涂装等技术的形成才只有一百多年的历史，尤其是如今石油化学工业的迅猛发展和科技发展水平的不断提高，使得涂料的品种层出不穷，功能更加精细、全面和卓越，但是涂料的功能只有通过正确、先进的涂装技术才能最终体现在被涂物表面，为此，本书将涂料化学与涂装技术有机结合、并重介绍，注重基础知识和先进技术结合、理论和实践结合，使得从事化学专业的人员在学习涂料制造的过程中，很容易了解并掌握涂装技术和设备，而机械领域的人员在学习、开发涂装技术和设备的过程中，也更容易了解涂料的化学特性。

随着社会和科技的不断进步，对我国的理工科本科教学也提出了更高的要求，大学教育更注重培养全面的高素质人才，所以，除了不断提高有关教师的教学水平和调动学生的学习积极性外，对教材进行改革是必不可少的举措。此外，涂料与涂装技术对各个工业部门和科技领域的辅助作用或主导作用已经越来越明显，所以在我国现行的本科专业中，如“高分子”、“化学”、“应用化学”、“材料化学”、“材料物理”、“复合材料”、“化学工程与工艺”、“林产化工”、“包装工程”、“纺织工程”、“轻化工程”等许多专业的必修课和选修课的教学中都已经安排了涂料相关的课程。 因此，根据这样的教学发展趋势和南京工业大学、南京化工职业技术学院、常州大学等院校教师多年来对于各种专业教授涂料化学与涂装技术的教学讲义和积累的经验编写了本书。

本书共六章，第一章和第二章由南京化工职业技术学院徐翠香老师编写；第三章和第五章由常州大学宋艳老师编写；第四章和第六章由南京工业大学鲁钢老师编写。 鲁钢老师对全书进行了校对和修订并最终定稿。

本书是在参考了国内外众多优秀的涂料与涂装及其相关的教科书和专著的基础上编写而成的，对这些作者深表敬意并感谢。

在编写过程中，由于作者水平有限，一定会存在一些不妥之处，敬请读者指正。

**编　者**

**2011年7月**

# 目录

**第一章　绪论**

第一节　涂料的定义和功能 …… 001

一、涂料的定义 …… 001

二、涂料的功能 …… 001

第二节　涂料的分类和命名 …… 003

一、涂料的分类 …… 003

二、涂料的命名 …… 004

第三节　涂料与涂装技术发展的趋势及面临的挑战 …… 006

一、涂料的发展趋势 …… 006

二、涂装技术的发展趋势 …… 009

三、涂料面临的挑战 …… 010

**习题** …… 011

**第二章　涂料的组成及各组成的作用**

第一节　涂料的结构组成概述 …… 012

第二节　主要成膜物质的组成、特性及其作用 …… 013

一、油料 …… 013

二、树脂 …… 018

三、无机高分子材料 …… 042

第三节　次要成膜物质的组成、特性及其作用 …… 043

一、颜料的构成及在涂料中的作用 …… 043

二、颜料的分类、特性及选择和应用 …… 044

三、颜料体积浓度理论、配色技术及在配方中的应用 …… 058

第四节　辅助成膜物质的组成、特性及其作用 …… 061

一、溶剂的性质、选择及应用 …… 061

二、助剂的性质、选择及应用 …… 067

**习题** …… 079

## 第三章　涂料表面化学与干燥成膜

第一节　涂料成膜机理 …… 080
一、溶剂挥发成膜和热熔型成膜 …… 080
二、化学反应成膜 …… 081
三、乳胶成膜 …… 083
四、粉末涂料的成膜过程 …… 084
第二节　表面张力对涂料与涂层质量的影响 …… 086
一、表面张力的概念 …… 086
二、表面张力对涂料质量的影响 …… 089
三、表面张力对涂层质量的影响 …… 093
第三节　漆膜干燥方法与设备 …… 096
一、涂膜干燥性能及其测试方法 …… 096
二、漆膜干燥方法 …… 098
三、烘干设备 …… 103
习题 …… 106

## 第四章　涂料品种与选用

第一节　反应性涂料 …… 107
一、酚醛树脂涂料 …… 107
二、环氧树脂涂料 …… 109
三、醇酸树脂和聚酯涂料 …… 118
四、氨基树脂涂料 …… 121
五、聚氨酯涂料 …… 124
六、丙烯酸树脂涂料 …… 129
七、氟树脂涂料 …… 132
八、有机硅树脂涂料 …… 136
第二节　挥发性涂料 …… 140
一、挥发性涂料类型及特性 …… 140
二、挥发性涂料的缺点及改进 …… 153
第三节　内外墙涂料 …… 154
一、内墙涂料 …… 155
二、外墙涂料 …… 157
第四节　环境友好型涂料 …… 161
一、高固体分涂料 …… 161
二、水性涂料 …… 163
三、粉末涂料 …… 167
四、辐射固化涂料 …… 173
第五节　特种功能型涂料 …… 176

一、防火涂料…… 177
二、防污涂料…… 180
三、伪装涂料…… 184
四、示温涂料…… 188
五、导电涂料…… 192
六、润滑、防滑、耐磨涂料…… 193
七、耐核辐射涂料…… 198
八、重防腐涂料…… 204
第六节　涂料的选用…… 211
一、不同用途对涂料的选用…… 211
二、不同材质对涂料的选用…… 213
三、不同使用环境对涂料的选用…… 215
**习题**…… 215

**第五章　涂料的制备过程**

第一节　颜料的分散过程及分散体的稳定作用…… 217
一、颜料的分散过程…… 217
二、分散体的稳定作用…… 219
第二节　丹尼尔点的意义及测定…… 221
第三节　涂料生产设备…… 223
一、预分散设备…… 223
二、研磨分散设备…… 225
三、调漆设备…… 230
四、过滤设备…… 232
第四节　涂料的制备工艺…… 233
一、配料…… 233
二、预分散…… 233
三、研磨分散…… 234
四、调稀与调漆…… 235
五、过滤与包装…… 235
第五节　粉末涂料的制备过程…… 235
一、粉末涂料的概念…… 235
二、粉末涂料的生产设备…… 236
三、粉末涂料的制备工艺…… 242
**习题**…… 248

**第六章　涂料与涂装质量评价及涂装技术**

第一节　涂料与涂装质量评价…… 250
一、涂料理化性能…… 250

二、涂料施工性能 …… 251
三、漆膜质量评价 …… 253
四、漆膜使用性能和寿命 …… 258
第二节　涂装前的表面处理 …… 260
一、金属表面处理 …… 260
二、混凝土表面处理 …… 266
三、木材表面处理 …… 267
四、塑料表面处理 …… 269
第三节　涂装方法及特点比较 …… 270
一、刷涂 …… 271
二、浸涂 …… 271
三、滚涂 …… 272
四、空气喷涂 …… 273
五、无气喷涂 …… 275
六、静电涂装 …… 277
七、粉末涂装 …… 280
八、电泳涂装 …… 282
九、自泳涂装 …… 289
第四节　涂装方法的选择及提高涂装效率的装备 …… 290
一、涂装方法的选择 …… 290
二、提高涂装效率的几种涂装方法 …… 291
三、机器人涂装方法的选择 …… 293
第五节　涂装工艺 …… 295
一、汽车涂装工艺 …… 296
二、塑料涂装工艺 …… 306
三、木器涂装工艺 …… 312
四、混凝土涂装工艺 …… 315
五、重防腐涂装工艺 …… 317
**习题** …… 323
**参考文献** …… **325**

# 第一章 绪论

## 第一节 涂料的定义和功能

人类对于涂料的生产和使用已有悠久的历史。从公元前 5000 年的新石器时代起人类就已经开始在绘画过程中使用动物油脂、草和树的汁液以及从其他植物中得到的天然色素。大量的考古资料都证实了这一结论，例如在西班牙阿米塔米拉洞窟中发现的绘画、法国拉斯科洞穴中发现的岩壁绘画和中国仰韶文化、浙江河姆渡文化的残陶片上发现的彩绘图案等。中国漆文化的根基深植于远古时期，漆器的产生以人类的物质文明和文化发展为基础，与新石器时期的到来相伴相生。磨制石器的出现、器物的实用性功能诱导和精神美感的驱使，催生了漆文化艺术发展的胚芽。“物有饰而后能享”，在原始器物上髹漆，正是在这个意义上，最纯真地表现了漆器在满足了人们低层次的需要后，实现了由实用向审美意识的转化，标志着人类向着精神生活追求迈进了一大步。

### 一、涂料的定义

涂料是一类流体状态或粉末状态的物质，把它涂布于物体表面上，经过自然或人工的方法干燥固化形成一层薄膜，均匀地覆盖和良好地附着在物体表面上，具有防护和装饰的作用。这样形成的膜通称涂膜，又称漆膜或涂层。以前常被称为“油漆”的原因是因为采用植物油作为成膜物质。自 20 世纪以来，各种合成树脂获得迅速发展，用其做主要成分配制的涂装材料被更广义地称为“涂料”。

石油化工和有机合成工业的发展，为涂料工业提供了新的原料来源，使许多新型涂料不再使用植物油脂。所以，“油漆”这个名词就显得不够贴切，而代之以“涂料”这个新的名词。因此，可以这样定义涂料：涂料是一种可用特定的施工方法涂布在物体表面上，经过固化能形成连续性涂膜的物质，并能通过涂膜对被涂物体起到保护装饰等作用。

### 二、涂料的功能

从公元前五万年至公元前二千年左右，人们经历了漫长的原始无机涂料时期，这时候的涂料概念，实质就是绘画颜料，现在的水粉画颜料以及油画颜料等，它们之中的无机颜料，就是这种涂料。原始无机涂料只具有装饰功能（第一功能）。涂料对人类社会的发展做出过重要贡献，而在今后将继续发挥更大的作用。涂料对所形成的涂膜而言，是涂膜的“半成品”，涂料只有经过使用即施工到被涂物件表面形成涂膜后才能表现出其功能。涂料通过涂膜所起的作用，可概括为如下几个方面。

**(1) 保护作用**

物体暴露在大气中，受到水分、气体，微生物、紫外线等各种介质的作用，会逐渐发生腐蚀，造成金属锈蚀、木材腐朽、橡胶老化、水泥风化等破坏现象，从而逐渐丧失其原有性能，使其寿命降低。在物件表面涂以涂料，形成一层保护膜，使腐蚀介质不能直接作用于物体，避免了腐蚀的发生，从而延长物品的使用寿命。金属腐蚀是人们面临的一个十分严重的问题。粗略估计，每年因腐蚀而造成的金属结构、设备及材料的损失量大约相当于当年金属产量的20％～40％，全世界每年因腐蚀而报废的金属达1亿吨以上，经济损失占国民经济总产值的1.5％～3.5％。如金属材料在海洋、大气和各种工业气体中的腐蚀极为严重，一座钢铁结构的设备若不用涂料加以保护，只能有几年的寿命，若使用合适的涂料保护并维修得当，寿命可达百年以上。有机涂料在钢铁表面形成漆膜来保护钢铁是最常用的防腐蚀措施，目前钢铁防腐蚀费用中约2/3用于涂料和涂装上。所以，保护作用是涂料的一个主要功能。

**(2) 装饰作用**

随着社会科学技术的发展，人类对生活质量的追求日益提高，人们对居住、工作和生活环境的要求已经从满足基本的需要上升到追求舒适和品位的高层次需求，因此，涂料的装饰功能就显得更为重要。涂料涂覆在物体表面上，不仅可以改变物体原来的颜色，而且涂料本身可以很容易调配出各种各样的颜色，这些颜色既可以做到色泽鲜艳、光彩夺目，又可以做到幽静宜人。通过涂料的精心装饰，可以将火车、轮船、自行车等交通工具变得明快舒适，可使房屋建筑和大自然的景色相匹配，更可使许多家用器具不仅具有使用价值，而且成为一种装饰品。因此涂料是美化生活环境不可缺少的，对于提高人们的物质生活与精神生活有不可估量的作用。

**(3) 标志作用**

涂料可作色彩广告标志，利用不同色彩来表示警告、危险、安全、前进、停止等信号。特别是在交通道路上，通过涂料醒目的颜色可以制备各种标志牌和道路分离线，它们在黑夜里依然清晰明亮。在工厂中，各种管道、设备、槽车、容器常用不同颜色的涂料来区分其作用和所装物质的性质。电子工业上的各种器件也常用涂料的颜色来辨别其性能。有些涂料对外界条件具有明显的响应性质，如温致变色、光致变色涂料可起到警示作用。

**(4) 特殊作用**

涂料还可赋予物体一些特殊的功能，例如，阻燃涂料可以提高木材的耐火性；防腐涂料可以延缓材料的腐蚀进程；导电涂料可以赋予非导体材料以表面导电性和抗静电性；防污涂料可以防止海洋微生物在船体表面的附着；隐身涂料可以达到军事上的伪装与隐形；阻尼涂料可以吸收声波或机械振动等交变波引起的振动或噪声，用于船舰可吸收声纳波，提高舰艇的战斗力，用于机械减振，可大幅度延长机械的寿命。这些特殊功能涂料对于高技术的发展有着重要的作用。高科技的发展对材料的要求愈来愈高，而涂料是对物体进行改性最便宜和最简便的方法。因为不论物体的材质、大小和形状如何，都可以在表面上覆盖一层涂料从而得到新的功能。

## 第二节 涂料的分类和命名

### 一、涂料的分类

涂料应用历史悠久，使用范围广泛，品种近千种。根据长期形成的习惯，有以下几种分类方法。

① 按涂料形态分类 分为溶剂型涂料、高固体分涂料、水性涂料、非水分散涂料及粉末涂料等。其中非水分散涂料与乳胶漆相似，差别在于乳胶漆以水为分散介质，树脂依靠乳化剂的作用分散于水中，形成油/水结构的乳液，而非水分散涂料则是以脂肪烃为分散介质，形成油/油乳液。高固体分涂料通常是涂料的固含量高于70%的涂料。

② 按涂料用途分类 分为建筑涂料、工业用涂料和维护涂料。工业用涂料包括汽车涂料、船舶涂料、飞机涂料、木器涂料、皮革涂料、纸张涂料、卷材涂料、塑料涂料等工业化涂装用涂料。卷材涂料是生产预涂卷材用的涂料，预涂卷材是将成卷的金属薄板涂上涂料或层压上塑料薄膜后，以成卷或单张出售的有机材料/金属板材。它又被称为有机涂层钢板、彩色钢板、塑料复合钢板等，可以直接加工成型，不需要再进行涂装。预涂卷材主要用于建筑物的屋面或墙面等。

③ 按涂膜功能分类 分为防锈涂料、防腐涂料、绝缘涂料、防污涂料、耐高温涂料、导电涂料等。涂料工业中的色漆主要是两大类品种：底漆和面漆。底漆注重附着牢固和防腐蚀保护作用好；面漆注重装饰和户外保护作用。两者配套使用，构成一个坚固的涂层，但其组成上有很大差别。面漆的涂层要具有良好的装饰与保护功能。常将面漆称为磁漆（也称为瓷漆），磁漆中选用耐光和着色良好的颜料，漆膜通常平整光滑、坚韧耐磨，像瓷器一样。

④ 按施工方法分类 分为喷漆、浸渍漆、电泳漆、烘漆等。喷漆是用喷枪喷涂的涂料。浸渍漆是把工件放入盛漆的容器中蘸上涂料的。靠电泳方法施工的水溶性漆称为电泳漆。烘漆是指必须经过一定温度的烘烤，才能干燥成膜的涂料品种，特别是用两种以上成膜物质混合组成的品种，在常温下不起反应，只有经过烘烤才能使分子间的官能团发生交联反应以便成膜。

⑤ 按成膜机理分类 分为转化型涂料和非转化型涂料。非转化型涂料是热塑性涂料，包括挥发性涂料、热塑性粉末涂料、乳胶漆等。转化型涂料包括气干性涂料、固化剂固化干燥的涂料、烘烤固化的涂料及辐射固化涂料等。气干性是涂装后在室温下涂料与空气中

的氧或潮气反应就自行干燥。

⑥ 按主要成膜物质分类　根据原化工部颁布的涂料分类方法，按主要成膜物质分成17类如表1-1所示。

**表1-1　涂料按主要成膜物质分类**

| 序号 | 代号(汉语拼音字母) | 发音 | 成膜物质类别 | 主要成膜物质 |
|---|---|---|---|---|
| 1 | Y | 衣 | 油性漆类 | 天然动植物油、清油(熟油)、合成油 |
| 2 | T | 特 | 天然树脂漆类 | 松香及其衍生物、虫胶、乳酪素、动物胶、大漆及其衍生物 |
| 3 | F | 佛 | 酚醛树脂漆类 | 改性酚醛树脂、纯酚醛树脂、二甲苯树脂 |
| 4 | L | 肋 | 沥青漆类 | 天然沥青、石油沥青、煤焦沥青、硬质酸沥青 |
| 5 | C | 雌 | 醇酸树脂漆类 | 甘油醇酸树脂、季戊四醇醇酸树脂、改性醇酸树脂 |
| 6 | A | 啊 | 氨基树脂漆类 | 脲醛树脂、三聚氰胺甲醛树脂 |
| 7 | Q | 欺 | 硝基漆类 | 硝基纤维素、改性硝基纤维素 |
| 8 | M | 模 | 纤维素漆类 | 乙基纤维、苄基纤维、羟甲基纤维、醋酸纤维、醋酸丁酯纤维、其他纤维及酯类 |
| 9 | G | 哥 | 过氯乙烯漆类 | 过氯乙烯树脂、改性过氯乙烯树脂 |
| 10 | X | 希 | 乙烯漆类 | 氯乙烯共聚树脂、聚醋酸乙烯及其共聚物、聚乙烯醇缩醛树脂、聚二乙烯乙炔树脂 |
| 11 | B | 玻 | 丙烯酸漆类 | 丙烯酸酯树脂、丙烯酸共聚物及其他改性树脂 |
| 12 | Z | 资 | 聚酯漆类 | 饱和聚酯树脂、不饱和聚酯树脂 |
| 13 | H | 喝 | 环氧树脂漆类 | 环氧树脂、改性环氧树脂 |
| 14 | S | 思 | 聚氨酯漆类 | 聚氨基甲酸酯 |
| 15 | W | 吴 | 元素有机漆类 | 有机硅、有机钛、有机铝等元素有机聚合物 |
| 16 | J | 基 | 橡胶漆类 | 天然橡胶及其衍生物、合成橡胶及其衍生物 |
| 17 | E | 额 | 其他漆类 | 上述16大类未包括的成膜物质，如无机高分子材料、聚酰亚胺树脂等 |

## 二、涂料的命名

我国国家标准GB/T2705—2003中对涂料的命名原则有如下规定：

涂料全名＝颜料或颜色名称＋成膜物质＋基本名称

例如红醇酸磁漆、锌黄酚醛防锈漆等。

对于某些有专业用途及特性的产品，必要时在成膜物质后面加以说明。如醇酸导电磁漆、白硝基外用磁漆。

涂料的组成和含义如同其他工业产品一样，其型号是一种代表符号。涂料的型号由三部分组成：第一部分是成膜物质，用汉语拼音字母表示；第二部分是基本名称，用两位数字表示；第三部分是序号，用自然数顺序表示，以表示同类产品间的组成、配比或用途的不同。基本名称编号如表1-2所示。

辅助材料型号分两个部分，第一部分是种类，用汉语拼音的第一个字母表示；第二部分是序号，用自然数表示。如表1-3所示。

表 1-2 涂料基本名称

| 基本名称 | 基本名称 |
| --- | --- |
| 清油 | 铅笔漆 |
| 清漆 | 罐头漆 |
| 厚漆 | 木器漆 |
| 调合漆 | 家用电器涂料 |
| 磁漆 | 自行车涂料 |
| 粉末涂料 | 玩具涂料 |
| 底漆 | 塑料涂料 |
| 腻子 | (浸渍)绝缘漆 |
| 大漆 | (覆盖)绝缘漆 |
| 电泳漆 | 抗弧(磁)漆、互感器漆 |
| 乳胶漆 | (粘合)绝缘漆 |
| 水溶(性)漆 | 漆包线漆 |
| 透明漆 | 硅钢片漆 |
| 斑纹漆、裂纹漆、桔纹漆 | 电容器漆 |
| 锤纹漆 | 电阻漆、电位器漆 |
| 皱纹漆 | 半导体漆 |
| 金属漆、闪光漆 | 电缆漆 |
| 防污漆 | 可剥漆 |
| 水线漆 | 卷材涂料 |
| 甲板漆、甲板防滑漆 | 光固化涂料 |
| 船壳漆 | 保温隔热涂料 |
| 船底防锈漆 | 机床漆 |
| 饮水舱漆 | 工程机械用漆 |
| 油舱漆 | 农机用漆 |
| 压载舱漆 | 发电、输配电设备用漆 |
| 化学品舱漆 | 内墙涂料 |
| 车间(预涂)底漆 | 外墙涂料 |
| 耐酸漆、耐碱漆 | 防水涂料 |
| 防腐漆 | 地板漆、地坪漆 |
| 防锈漆 | 锅炉漆 |
| 耐油漆 | 烟囱漆 |
| 耐水漆 | 黑板漆 |
| 防火涂料 | 标志漆、路标漆、马路划线漆 |
| 防霉(藻)涂料 | 汽车底漆、汽车中涂漆、汽车面漆、汽车罩光漆 |
| 耐热(高温)涂料 | 汽车修补漆 |
| 示温涂料 | 集装箱涂料 |
| 涂布漆 | 铁路车辆涂料 |
| 桥梁漆、输电塔漆及其他(大型露天)钢结构漆 | 胶液 |
| 航空、航天用漆 | 其他未列出的基本名称 |

表 1-3 辅助材料分类

F-2
- 2 → 序号
- F → 辅助材料种类(防潮剂)

| 名称 | 名称 |
| --- | --- |
| 稀释剂 | 脱漆剂 |
| 防潮剂 | 固化剂 |
| 催干剂 | 其他辅助材料 |

# 第三节 涂料与涂装技术发展的趋势及面临的挑战

## 一、涂料的发展趋势

世界工业涂料向环保型涂料方向发展的趋势已经形成，传统的低固体分涂料由于存在大量有害溶剂挥发物，受到世界各国VOC法规限制。产量将逐渐下降，最终将逐步被淘汰，其占有率由2000年的30.5%下降到2010年的7%，而无污染、环保型的水性涂料、粉末涂料、高固体分涂料等将成为涂料的主角。

### 1. 高固体分涂料

在环境保护措施日益强化的情况下，高固体分涂料有了迅速发展。其中以氨基、丙烯酸和氨基-丙烯酸涂料的应用较为普遍。近年来，美国MObay公司开发了一种新型汽车涂料流水线用面漆。这种固体分高、单组分聚氨酯改性聚合物体系，可用于刚性和柔性底材上，并且有优异的耐酸性、硬度以及颜料的捏合性。采用脂肪族多异氰酸酯如Dsemodur N和聚己内酯，可制成固体分高达100%的聚氨酯涂料。该涂料各项性能均佳，施工方法简便。用Dsemodur N和各种羟基丙烯酸树脂配制的双组分热固性聚氨酯涂料，其固体含量可达70%以上，且黏度低，便于施工，室温或低温可固化，是一种非常理想的装饰性高固体分聚氨酯涂料。

高固体分涂料即固体分含量较高的溶剂型涂料，一般固体分含量在65%～85%的涂料便可称为高固体分涂料，即固体分含量较高的溶剂型涂料。由于溶剂型涂料在技术和性能等多方面的优势，在今后相当长时间内仍会存在，特别是通过降低树脂相对分子质量、极性和玻璃化转变温度（$T_g$）使树脂更易溶解于有机溶剂，同时还可使用催化剂来提高反应活性。目前国内外高固体分涂料的研究开发重点是低温或常温固化型、官能团反应型、快固化且耐酸碱、耐擦伤性好的高固体分涂料。总之，采用各种办法减少VOC排放，保留溶剂型涂料的优越性，高固体分涂料就会得到发展。高固体分涂料发展到极点就是无溶剂涂料（无溶剂涂料又称活性溶剂涂料），如近几年迅速崛起的聚脲弹性体涂料就是此类涂料的代表。它目前主要应用于汽车工业、石油化工储罐以及海洋和海岸设施等重防腐工业等。

与传统溶剂型涂料相比，超高固体分涂料有如下特点：其一可节约大量有机溶剂，若以85%的超高固体分涂料替代目前固含量为55%的普通涂料，以我国现有年产量计，每年可节约有机溶剂近百万吨；其二超高固体分涂料的使用，大大降低了有机溶剂对环境的污染和对人们健康的危害；其三有机溶剂是造成涂料生产过程中毒与火灾事故的主要原因，而超高固体分涂料的生产基本实现了无溶剂操作；其四能够提高施工效率、降低涂饰成本；其五可使用传统的设备来生产和使用高固体分涂料，基本上不需要重新投资建设生产厂和施工设施。

### 2. 无溶剂涂料

无溶剂涂料，又可称活性溶剂涂料，指溶剂最终成为涂膜组分，在固化成膜过程中不向大气中排放 VOC。典型的无溶剂涂料就是粉末涂料，不含有机溶剂的液体无溶剂涂料有双液型（双包装）、能量束固化型、单液（单包装）型等。粉末涂料是 100% 的固含量的涂料，具有一次成膜、厚度大、少污染、环境友好等特点，主要用于门窗、围墙和电杆、护栏等以及建筑用管材的涂装。粉末涂料是发展最快的涂料品种。粉末涂料理论上是绝对的零 VOC 涂料，具有其独特的优点，也许是将来完全摒弃 VOC 后涂料发展的最主要方向之一，但目前还存在一定的缺点和局限性，例如涂料的制造成本高，烘烤固化温度高，涂料的调色麻烦，涂装时需要专用涂料设备，涂膜外观不如溶剂型涂料，涂膜厚度过厚，涂装时换色不方便等问题。为了使其在工业涂料中的比例不断增加，粉末涂料将向低温固化、薄膜化、功能化、专用化等方向发展。

### 3. 光固化涂料

光固化是一种快速发展的绿色新技术，从 20 世纪 70 年代至今，辐射固化技术在发达国家的应用越来越普及。其和传统涂料固化技术相比，辐射固化具有节能、无污染、高效、适用于热敏基材、性能优异、采用设备小等优点。

辐射固化涂料是以采用辐射固化技术为特征的环保节能型涂料。光固化涂料在光照下几乎所有成分参与交联聚合，进入到膜层，成为交联网状结构的一部分，可视为 100%固含量的涂料，光固化涂料具有固化速度快（因而生产效率高）、少污染、节能、固化产物性能优异等优点，是一种环境友好型绿色涂料。

辐射固化技术从辐射光源和溶剂类型来看可分为紫外（UV）固化技术、非紫外光固化技术、油性光固化技术、水性光固化技术。

辐射固化技术产品中 80%以上是紫外线固化技术（UVCT）。随着人类环保意识增强，发达国家对涂料使用的立法越来越严格，在涂料应用领域，辐射固化取代传统热固化必将成为一种趋势。在近几十年中，该领域的发展非常迅猛，每年都在以 20%～25%的速度增长。

光固化涂料也是一种不用溶剂、很节省能源的涂料，主要用于木器和家具等。在欧洲和发达国家的木器和家具用漆的品种中，光固化涂料市场潜力大，很受大企业青睐，主要是木器家具流水作业的需要，美国现约有 700 多条大型光固化涂装线，德国、日本等大约有 40%的高级家具采用光固化涂料。最近又开发出聚氨酯丙烯酸光固化涂料，它是将有丙烯酸酯端基的聚氨酯低聚物溶于活性稀释剂（光聚合性丙烯酸单体）中而制成的。它既保持了丙烯酸树脂光固化涂料的特性，也具有特别好的柔性、附着力、耐化学腐蚀性和耐磨性，主要用于木器家具、塑料等的涂装。

### 4. 水性涂料

由于水性涂料的优越性十分突出，因此，近 20 年来水性涂料在一般工业涂料领域的应用日益扩大，已经替代了不少惯用的溶剂型涂料。随着各国对挥发性有机物及有毒物质的限制越来越严格，以及树脂和配方的优化和适用助剂的开发，预计水性涂料在用于金属防锈涂料、装饰性涂料、建筑涂料等方面替代溶剂型涂料将取得突破性进展。乳胶涂料在水性涂料中，乳胶涂料占绝对优势。如美国的乳胶涂料占建筑涂料的90%。乳胶涂料的研究成果约占全部涂料研究成果的20%。近年来对金属用乳胶涂料做了大量研究并获得十分可喜的进展，美国、日本、德国等国家已生产出金属防锈底漆、面漆，在市场上颇受欢迎。热塑性乳胶基料常用丙烯酸聚合物、丙烯酸共聚物或聚氨酯分散体，通过大相对分子质量的颗粒聚结而固化成膜。乳胶颗粒的聚结性关系到乳胶成膜的性能。近几年来，着重于强附着性基料和快干基料的研制，以及混合树脂胶的开发。一般水性乳胶聚合物对疏水性底材（如塑料和净化度差的金属）附着性差。为提高乳胶附着力，必须注意乳胶聚合物和配方的设计，使其尽量与底材的表面接近，并精心选择合适的聚结剂，降低水的临界表面张力，以适应临界表面张力较低的市售塑料。新开发的聚合物乳胶容易聚结，使聚结剂用量少也能很好地成膜，现已在家具、机器和各种用具等塑料制品上广泛应用。新研制的乳胶混合物弥补了水稀释性醇酸/刚性热塑性乳胶各自的不足，通过配方设计，已解决了混溶性和稳定性差的问题。

以水为溶剂或分散介质的涂料均称为水性涂料。水性涂料分为水溶性和水乳性两大类。水性涂料以水为溶剂，使成膜物质均匀分散或溶解在水中。它具有以下优点：①水来源方便，易于净化；②施工储运过程中无火灾危险；③不含苯类等有机溶剂，有益于人类健康；④可采用喷、刷、涂、流、浸、电泳等多种施工，容易实现自动化涂装。水性涂料的最大特征是以水取代有机溶剂作溶剂，与溶剂型涂料相比，不仅具有成本低、施工方便、不污染环境等特点，而且从根本上消除了溶剂型涂料在生产和施工过程中因溶剂挥发而产生的火灾隐患，也减少了有害有机溶剂对人体的危害，深受广大用户的喜爱。水性涂料对建筑涂料的前瞻产品是十分重要的，在汽车和木器家具方面也有非常乐观的应用前景。欧洲、日本、美国等发达国家对水性涂料的开发和应用非常重视，水性涂料已占德国建筑涂料总量的93%，发展最慢的挪威也已经有47%的建筑涂料实现水性化。到20世纪末，水性涂料的产量已占世界涂料总产量的30%左右，与溶剂型涂料基本相当。预计到2015年，水性涂料将占世界涂料市场40%的份额。

**5. 粉末涂料**

粉末涂料是一种含有100%固体分的、以粉末形态进行涂装并涂层的涂料，它与一般溶剂型涂料和水性涂料不同，不是使用溶剂或水作为分散介质，而是借助于空气作为分散介质。

粉末涂料优点主要有：①粉末涂料不含有机溶剂，避免了有机溶剂带来的火灾、中毒和运输中的不安全问题。虽然存在粉尘爆炸的危险性，但是只要把体系中的粉尘浓度控制适当，爆炸是完全可以避免的；②不存在有机溶剂带来的大气污染，符合防止大气污染的要求；③粉末涂料是100%的固体体系，可以采用闭路循环体系，过喷的粉末涂料可以回收再利用，涂料的利用率可达95%以上；④粉末涂料用树脂的分子量比溶剂型涂料的分子量大，因此涂膜的性能和耐久性比溶剂型涂料有很大的改进；⑤粉末涂料在涂装时，涂膜厚度可以控制，一次涂装可达到30～500$\mu$m厚度，相当于溶剂型涂料几道至十几道涂装的厚度，减少了施工的道数，既利于节能，又提高了生产效率；⑥在施工应用时，不需要随季节变化调节黏度；施工操作方便，不需要很熟练的操作技术，厚涂时也不易产生流挂等涂膜弊病；容易实行自动化流水线生产；⑦容易保持施工环境的卫生，附着于皮肤上的粉末可用压缩空气吹掉或用温水、肥皂水洗掉，不需要用有刺激性的清洗剂；⑧粉末涂料不使用溶剂，是一种有效的节能措施，因为大部分溶剂的起始原料是石油。减少溶剂的用量，直接节省了原料的消耗。

由于上述优点，20 世纪 70 年代时许多专家就预计，20 世纪到 80 年代粉末涂装将占工业涂装的 20%～30%。二十几年的实践证明，尽管粉末涂料增长速度比一般涂料快得多，但目前粉末涂料在整个涂料产量中所占比例还不多，在工业涂装中只占百分之几，没有达到预期的发展速度。这是因为粉末涂料和涂装还存在如下的缺点：①粉末涂料的制造工艺比一般涂料复杂，涂料的制造成本高；②粉末涂料的涂装设备跟一般涂料不同，不能直接使用一般涂料的涂装设备，用户需要安装新的涂装设备和粉末涂料回收设备；③粉末涂料用树脂的软化点一般要求在 80℃以上，用熔融法制造粉末涂料时，熔融混合温度要高于树脂软化点，而施工时的烘烤温度又要比制造时的温度高。这样，粉末涂料的烘烤温度比一般涂料高得多。而且不能涂装大型设备和热敏底材；④粉末涂料的厚涂比较容易，但很难薄涂到 15～30$\mu$m 的厚度，造成功能过剩，浪费了物料；⑤更换涂料颜色、品种比一般涂料麻烦。当需要频繁调换颜色时，粉末涂料生产和施工的经济性严重受损，换色之间的清洗很费时。粉末涂料最适合于同一类型和颜色的粉末合理地长时间运转。

我国粉末涂料工业起步较晚，1965 年广州电器科学研究所最先研制成电绝缘用环氧粉末涂料，在常州绝缘材料厂建立了生产能力为 10 吨/年的电绝缘粉末涂料生产车间，产品主要以流化床浸涂法覆在汽车电机的转子和大型电机的铜排上面。1986 年杭州中法化学有限公司从法国引进生产能力为 1000 吨/年粉末涂料生产线和 1500 吨/年聚酯树脂生产装置以后，把我国粉末涂料生产技术迅速提高到新的水平。与此相配合，许多单位引进粉末涂料涂装设备和成套生产线，促进了我国粉末涂料工业的发展，在全国范围内掀起了粉末涂料和涂装热。到 1990 年已有近 30 个厂家从国外引进了粉末涂料生产设备；与此同时小型粉末涂料生产厂遍及全国，1990 年生产量为 10000 吨，生产能力达 20000 吨。目前我国在粉末涂料品、产量、生产设备和涂装设备等方面已经接近先进国家的水平，成为世界上粉末涂料生产大国之一，也是粉末涂料生产量增长最快的国家之一。

## 二、涂装技术的发展趋势

涂料的涂装施工，从涂刷、揩涂发展到气压喷涂、浸涂、辊涂、淋涂和最近的高压空气喷涂、电泳涂装、静电粉末喷涂等，还可以用机器人来涂装。如日本有系列 U5000 型涂装机器人，德国有 TR-300 机器人，英国 MIL 型机器人，美国有万能涂装机器人。我国也有 PJ-1 型喷涂机器人、HRGP-1 型喷涂机器人东方Ⅰ型喷涂机器人。

涂料涂装技术发展主要向着减少污染、节省能耗、提高施工效率，提高涂层装饰性以及涂设备的通用化、系列化、自动化方向发展。国外已经出现了大量工艺先进、自动化程度高的大型生产线，尤其是汽车工业发展极为迅速。3C1B 技术：作为传统工艺的简化技术，借助对不必要工序的摒弃，使其能够在减少有机化合物排放量的同时，预防涂装成本的消耗。

B1：B2 技术：是对 3C1B 技术的尝试改造，即通过对各项工序的简化集成，辅之涂喷漆工艺、烘干工艺的使用，使其能够在高温烘干状态下，便于涂层颜色的把控。而在第二道涂喷漆操作中，B1 层的使用可直接取缔涂层功能，再融合色漆底层功能，将 B2 层作为色漆涂层，以此在减少喷涂流程次数的基础上，节约成本，预防污染。

双底涂技术：将中涂湿碰湿、电泳底漆技术予以整合，以此展现电泳漆耐候性的优势。该种技术的使用，不仅可简化底漆打磨、电泳烘干等流程，还可在增强涂层附着力及外观效 果的同时，使其耐腐蚀性、抗划伤性、抗石击性导致预期状态。

敷膜技术：依据内模工艺、夹物模压等工艺而预制的新兴工艺，在有效的加热处理条件下，能够增强面漆性能、外观性，以便能够和传统烘烤喷涂工艺效果相贴近。

近几年将环保作为汽车涂料的首选。涂装设备和超滤设备、喷粉室、喷涂室、回收系统和喷枪等设备逐步趋于标准化、系列化。自动喷涂系统（涂装机器人）的性能和智能化程度大大提高，并在轿车涂装线上得到应用。总体来说，涂装的发展方向是智能化、低污染、省资源、无公害、水性化。

## 三、涂料面临的挑战

涂料发展的早期，人们关心的只是其外观和保护性能，例如，最早的热塑性油漆，有的固含量仅为 5%，这意味着有 95%的溶剂飞到大气中成为污染物。有毒有害涂料在涂料历史发展的长河中曾为人类做出了巨大的贡献，至今仍在市场上占有一定的分量。但其对环境和人类健康的负面影响使其今日风光不再，在未来新世纪最终遭受被淘汰的命运。无毒无害的绿色涂料替代有毒有害涂料是必然的趋势。人们自意识到毒性涂料对环境的污染和人类健康的影响，就开始制定了一系列相关的法令、法规和措施，限制或禁止有毒有害涂料的生产和使用。1966 年美国洛杉矶地区首先制定了 66 法规，禁止使用能发生化学反应的溶剂，其后发现涂料的容积都具有光化反应能力，从而修改为对溶剂用量的限制，涂料的固含量需要在 60%以上。自从 66 法规公布以后，其他地区及环保局也都先后对涂料有机溶剂的使用做了严格的规定。铅颜料是涂料中广泛使用的颜料，1971 年美国环保局规定，涂料中铅含量不得超过总固体含量的 1%，1976 年又将指标提高到 0.06%。乳胶漆中常用的有机汞也受到了限制，其含量不得超过总固体量的 0.2%。以后又发现在水性涂料中使用的乙二醇醚和醚酯类溶剂是致癌物，从而被禁止使用。这些严格的规定是对涂料发展提出的挑战，因此涂料的研究必然要集中到应战这一目标上来。不言而喻，发展无毒低污染的涂料是涂料研究的首要任务，因此研究和发展高固体分涂料、水性涂料、无溶剂涂料（粉末涂料和光固化涂料）成为涂料科学的前沿研究课题。

涂料发展面临的另一挑战是对涂料性能上的要求越来越高。随着生产和科技的发展，涂料被用于条件更为苛刻的环境中，因此要求涂料在性能上要有进一步的提高，例如石油工业中所有石油海上平台和油田管道的重防腐涂料，各种表面能很低的塑料用涂料，烟囱衬里用的耐高温涂料，微电子工业中用的耐高温、导热性好且绝缘的封装材料，以及其他种种具有特殊性能的专用涂料。发展这些高性能的涂料不仅是涂料界研究的重要任务，也是其他行业的重要研究课题。

另外，由于很多高性能的涂料经常需要高温烘烤，能量消耗很大，为了节约能量，特别是电能，在保证质量的前提下，降低烘烤温度或缩短烘烤时间，即达到“低温快干”，也是涂料发展的一个方向。

与世界上其他国家一样，我国正面临着严峻的环境污染问题。由于我国工业企业生产能耗高、物耗大、废料多，环境治理措施滞后，严重污染的环境威胁着生态平衡和人民的健康。如酸雨面积占国土面积的20%，86%的城市河段水质超过国家规定水质标准等。

随着全球性清洁生产计划的铺开，我国涂料生产企业做出了相应的反应和调整，绿色涂料的发展具有十分广阔的发展前途。发展绿色涂料，取缔有毒有害的涂料，提高产品质量和环保价值含量，适应时代的要求是当今涂料生产企业深化改革，由粗放型向集约型转化，排除环境污染困扰，实现可持续发展的唯一途径，也是企业立足于清洁、健康的21世纪的根本。

环境污染已经成为制约经济发展的重要因素之一。涂料工业是化学工业中的一个组成部分，其主要排放物VOC和一些危险原材料，在处理不当时均会对环境造成危害，并最终影响人类的生存。针对这一情况，世界各国都在出台及不断完善各类环保法律法规，例如美国的《大气清洁法》、欧盟的《欧洲清洁空气计划》指令以及2004/42/EC有害物质限量等。法律法规中对VOC的排放标准和排放源分别进行了限制，经过持续修订和补充，各法律法规日趋完善、严格，有效地控制了VOC和危险物质的排放。

为了达到环保法律法规和技术规范中明确规定的VOC排放要求，避免将VOC直接排放到空气中，涂料企业必须在生产环节采取必要的技术手段。VOC治理技术有很多，例如吸收法、吸附法、直接燃烧法、催化燃烧法、吸附—催化燃烧法和生物法等，不同的治理技术对污染物排放量及排放方式有不同的要求。目前，涂料企业选用较多的治理技术，主要是循环脱附分流回收吸附净化技术和催化燃烧法，两种技术的原理和达到的效果各有特点，但处理装置的购买、安装和运行的成本均较高。因此，涂料企业在快速完成生产环节VOC治理的同时，还需面对由此带来的成本上升问题。

在外资、民营和私营涂料企业快速发展的过程中，原国有民族涂料企业的市场影响力逐步被削弱。到2015年，中国涂料工业已形成“千家争鸣”的格局，而民族涂料企业在其中却处于“凤毛麟角”的状态，失去了在中国涂料工业中的主导地位。这不仅体现在品牌对市场的影响力方面，同样体现在资本运作、人力资源、产品技术以及发展远景等方面，实际上这已成为一个现实性问题。面对这种情况，民族涂料企业必须摒弃传统的经营模式，运用现代经营理念，建立符合市场经济规律的有效管理模式，逐步改善并最终解决在内部管理、人力资源、产品技术、品牌建设以及持续性发展远景等五个方面存在的系统性问题，方可在市场经济浪潮中继续扬帆前进。

## 习题

1. 涂料的定义是什么?
2. 涂料的功能有哪些?
3. 涂料的分类方法有哪些?
4. 目前涂料的发展趋势有哪些?
5. 论述涂料面临的挑战。

# 第二章　涂料的组成及各组成的作用

## 第一节　涂料的结构组成概述

涂料要经过施工在物件表面而形成涂膜，因而涂料的组成中就包含了为完成施工过程和组成涂膜所需要的组分。其中组成涂膜的组分是最重要的，是每一个涂料品种中所必须含有的，这种组分通称成膜物质。在带有颜色的涂膜中颜料是其组成中的一个重要组分。为了完成施工过程，涂料组成中有时含有溶剂组分。为了施工和涂膜性能等方面的需要，涂料组成中有时含有助剂组分。

**表 2-1　涂料的组成**

<table>
<tr><th colspan="2">组　成</th><th>原　料</th></tr>
<tr><td rowspan="2">主要成膜物质</td><td>油料</td><td>动物油:鲨鱼油、带鱼油、牛油等<br>植物油:桐油、豆油、蓖麻油等</td></tr>
<tr><td>树脂</td><td>天然树脂:虫胶、松香、天然沥青等<br>合成树脂:酚醛树脂、醇酸树脂、氨基树脂、丙烯酸酯树脂等</td></tr>
<tr><td rowspan="2">次要成膜物质</td><td>颜料</td><td>无机颜料:钛白粉、氧化锌、铬黄、铁蓝、炭黑等<br>有机颜料:甲苯胺红、酞菁蓝、耐晒黄等<br>防锈颜料:红丹、锌铬黄、偏硼酸钡等</td></tr>
<tr><td>体质颜料</td><td>滑石粉、碳酸钙、硫酸钡等</td></tr>
<tr><td rowspan="2">辅助成膜物质</td><td>助剂</td><td>增塑剂、催干剂、固化剂、稳定剂、防霉剂、防污剂、乳化剂、润湿剂、防结皮剂、引发剂等</td></tr>
<tr><td>稀释剂</td><td>石油溶剂(如 200# 油漆溶剂)、苯、甲苯、二甲苯、氯苯、松节油、环戊二烯、醋酸丁酯、丁醇、乙醇等</td></tr>
</table>

涂料的组成如表 2-1 所示，其中，作为主要成膜物质的树脂是最重要的组成部分，涂料最终的物理机械性能，主要取决于主要成膜物质的性质。植物油和天然树脂曾经是最早的主要成膜物质，直到今天，它仍是油性漆不可缺少的重要组成部分。随着石油工业的发展，合成树脂作为一类新的成膜物质迅速在涂料领域得到了广泛的应用和发展。由于原料丰富、成膜性能良好并具有植物油和天然树脂所无法替代的优异性能，如今，绝大部分涂料都是以合成树脂作为主要成膜物质。

作为次要成膜物质的颜料主要包括着色颜料和体质颜料。

体质颜料又称填料，是通过对天然石料研磨加工或通过人工合成方式制造而成的不溶于基料和溶剂的微细粉末物质，在涂料中没有着色作用和遮盖能力。在其涂料中的主要作用是降低涂料的成本，同时，它对涂料的流动、沉降等物理性能以及涂膜的力学性能、渗透性、光泽和流平性等也有很大的影响。最常用的品种主要有：重晶石粉、沉淀硫酸钡、滑石粉、碳酸钙、瓷土、云母粉和石英粉等。

着色颜料按其化学成分可分为无机颜料和有机颜料，这两种颜料在性能和用途上有很大区别，但在涂料中应用都是很普遍的，共同之处是用来使涂料具有各种色彩和遮盖力。作为保护性涂料（包括各种防锈涂料等）主要使用无机颜料，而有机颜料则主要用于各种装饰性涂料中。最常用的几种着色颜料主要有：用作白色颜料的钛白粉、立德粉、氧化锌和铅白、锑白等；作为黄色颜料的铬黄、锌铬黄、铁黄、镉黄等无机颜料以及耐晒黄、联苯胺黄 G、永固黄等有机颜料；作为红色颜料的氧化铁红、红丹等无机颜料以及甲苯胺红、大红粉、甲苯胺紫红等有机颜料；作为蓝色颜料的铁蓝、群青等无机颜料以及酞菁蓝 BS 等有机颜料；此外，还有黑色的炭黑、绿色的铅铬绿、酞菁绿 G 等无机和有机着色颜料。

催干剂、固化剂、分散剂、流平剂、增稠剂、消泡剂等助剂以及稀释剂等辅助成膜物质，对涂料的物理性质、施工性能、成膜性能以及成膜后的涂层物理和力学性能等都有很大的影响。各类助剂的合理选用，可以大大改善涂层的装饰与防护性，同时，助剂的合理应用也是涂料研制者需要花大力气研究的问题。

## 第二节　主要成膜物质的组成、特性及其作用

### 一、油料

在涂料工业中，油类（主要为植物油）是一种主要的原料，用来制造各种油类加工产品、清漆、色漆、油改性合成树脂以及作为增塑剂使用。在目前的涂料生产中，含有植物油的品种，仍占相当比重。

涂料工业应用的油类，分为干性油、半干性油和不干性油三类，鉴别的依据是测定它们的碘值。油的这一干性差异，决定于所含不饱和酸的双键数目及其位置等因素。甘油三酸酯的平均双键数，6 个以上为干性油，4～6 个为半干性油，4 个以下为不干性油。表 2-2 列出了一些常见油的组成。

**表 2-2　涂料用植物油脂肪酸的组成**　　单位：%

| 植物油 | 己酸 | 辛酸 | 癸酸 | 月桂酸 | 豆蔻酸 | 棕榈酸 | 硬脂酸 | 2,4-癸二烯酸 | 油酸 | 蓖麻醇酸 | 亚油酸 | 亚麻酸 | 桐油酸 | 花生酸 | 十六碳一烯酸 | 山酸 |
|---|---|---|---|---|---|---|---|---|---|---|---|---|---|---|---|---|
| 桐油 | — | — | — | — | — | 4 | 1 | — | 8 | — | 4 | 3 | 80 | — | — | — |
| 豆油 | — | — | — | — | 痕 | 11 | 4 | — | 25 | — | 51 | 9 | — | 痕 | — | — |
| 蓖麻油 | — | — | — | — | — | 2 | 1 | — | 7 | 87 | 3 | — | — | — | — | — |
| 亚麻油 | — | — | — | — | — | 6 | 4 | — | 22 | — | 16 | 52 | — | 痕 | — | — |
| 核桃油 | — | — | — | — | 0.2 | 5.8 | 1 | — | 22 | — | 63 | 8 | — | — | — | — |
| 苏子油 | — | — | — | — | — | 7 | 2 | — | 13 | — | 14 | 64 | — | — | — | — |
| 大麻油 | — | — | — | — | — | 6 | 2 | — | 12 | — | 55 | 25 | — | — | — | — |
| 梓油 | — | — | — | — | — | 9 | 9 | 3～6 | 20 | — | 25～30 | 40 | — | — | — | — |

续表

| 植物油 | 己酸 | 辛酸 | 癸酸 | 月桂酸 | 豆蔻酸 | 棕榈酸 | 硬脂酸 | 2,4-癸二烯酸 | 油酸 | 蓖麻醇酸 | 亚油酸 | 亚麻酸 | 桐油酸 | 花生酸 | 十六碳一烯酸 | 山酸 |
|---|---|---|---|---|---|---|---|---|---|---|---|---|---|---|---|---|
| 棉子油 | — | — | 痕 | 痕 | 1 | 29 | 4 | — | 24 | — | 40 | — | — | 痕 | 2 | — |
| 椰子油 | 痕 | 6 | 6 | 44 | 18 | 11 | 6 | — | 7 | — | 2 | 痕 | — | — | — | — |
| 玉米油 | — | — | — | — | — | 13 | 4 | — | 29 | — | 54 | — | — | 痕 | — | — |
| 葵花油 | — | — | — | — | — | 11 | 6 | — | 29 | — | 52 | 2 | — | — | — | — |
| 米糠油 | — | — | — | — | 0.5 | 11.7 | 1.7 | — | 39.2 | — | 35.1 | — | — | 0.5 | — | 0.4 |

### 1. 干性油

这类油具有较好的干燥性能，干后的涂膜不软化，薄膜实际很少被溶剂所溶解，它们的碘值一般在 140 以上。

#### (1) 桐油

桐油是我国特产，由桐树的果实压榨而得，不能食用。在油类中干燥最快，所得皮膜坚硬，抗水耐碱性能优良，是制造油基树脂漆的重要油类品种。

桐油的主要组成为桐油酸，即共轭的十八碳三烯酸。从理论上讲，它的几何异构体有八种，目前发现了六种。在天然桐油中，只含 $\alpha$-桐油酸，在日光、碘、硫硒等的催化下，$\alpha$-桐油酸可转化为 $\beta$-桐油酸。$\beta$-桐油酸不存在于天然植物油中。

$\alpha$-桐油酸：十八碳三烯（9 顺、11 反、13 反）酸，熔点：48℃

$\beta$-桐油酸：十八碳三烯（9 反、11 反、13 反）酸，熔点：71℃

另外四种异构酸，曾发现于其他的油类中。桐油在储存过程中，暴露于光线下，常会看到出现很少的白色结晶粒子，直到全部变成白色固体为止，这就是 $\alpha$-桐油酸转变为 $\beta$-桐油酸的结果，目前由 $\beta$-酸转化为 $\alpha$-酸尚未实现。$\beta$-桐油酸不溶于一般溶剂，且聚合速度快于 $\alpha$-桐油酸，储存过久的桐油，有可能产生变型，其结果是高温更易成胶，按成胶试验测定其胶化时间有时将缩短至 4min 以下，使熬炼的控制更加困难，干燥性能则反而有所减退。因此为了避免变型，桐油应密闭储存，防止进入杂质，发现有少量的 $\beta$-酸，应迅速使用，不要再久储。

与其他干性油比较，桐油在制造油基树脂漆时，有突出的优点：一是它的聚合速度快，不必先经聚合，直接使用生桐油就可以与树脂一起高温熬炼，制得的产品涂刷后不会产生发黏等弊病，这与其他油类常需先制成聚合油后再使用是不同的；二是桐油的干燥速度快，漆膜坚硬致密。桐油的干燥以聚合为主，在干燥过程中，由氧化分解所产生的羟基酸类较少，因而能耐碱耐水，漆膜不易膨胀。如与其他干性油适当配合使用，可以发挥桐油的一切优点，增进漆膜的耐久性能。

桐油制漆所得漆膜质硬，这一方面是优点，但与亚麻油相比较漆膜容易失去应有的弹性，不能适应受温度变化所发生的伸缩作用，引起漆膜的早期破裂。所以，使用纯桐油制漆，虽经日晒不易失光及粉化，但易早期形成微细的裂纹，促进漆膜整体破坏。亚麻油的漆膜虽然易失光及粉化，但能在较长时期中不失去弹性，漆膜整体不易早期破坏。

桐油另一个缺点是抗气性问题。生桐油涂成薄膜干后形成严重的皱纹表面。熬炼得不好的桐油，涂膜仍然会出现霜花、网纹、丝纹等现象。如受到二氧化氮、二氧化硫、二氧化碳等气体的影响，漆膜表面会出现晶纹。以二氧化氮的作用最为显著，空气中含二氧化氮为 $0.4\times10^{-6}$ 时，即可促成晶纹的出现。这就是桐油的抗气性问题。霜花、网纹、丝纹、晶纹等都是皱纹的不同表现形式，结果都引起漆膜不平整，并促使漆膜早期破坏。产生上述现象的原因，与桐油酸的共轭三烯结构有关，一是桐油酸的氧化聚合速度极快，在干燥过程中，可能因分子聚合不均所造成，一般认为系由于转化为 $\beta$-桐油酸而引起，$\alpha$-桐油酸则无此问题。

解决桐油的抗气性问题，可将桐油迅速加热到 260℃以上，并快速冷却。温度是一个重要条件，如低于此温度，仍有可能出现抗气性不好的缺点。

升温与降温的速度对抗气性也有影响，升温慢，或低温保持较长时间，或降温过慢都有可能导致抗气性不好。

桐油的聚合速度受温度的影响极为明显，如在 150℃时约需 60h 才能胶化，而在 280℃时的胶化时间不超过 10min。温度每上升 13.9℃，胶化速度约增加 2 倍。桐油聚合系放热反应，热能不易被桐油的聚合体导出，因而促使温度继续增长，此种循环因素使炼制桐油离火后自动升温，控制不当会引起胶化，甚至可能有发生燃烧的危险。

在生产中，松香及松香钙皂等酸性物质可以延缓桐油的胶化。其原因，一是存在着酯交换反应，二是松香亦可与桐油酸发生 1,4-加成作用，其结果都是使桐油的官能度降低，而松香酸作为一种强力的分散剂更是一个主要原因。

桐油的一般特性常数如表 2-3 所示。

**表 2-3　桐油的一般特性常数**

| 性　质 | | 数值 | 性　质 | | 数值 |
|---|---|---|---|---|---|
| 相对密度(15.5℃/15.5℃) | | 0.8400～0.9430 | 酸值/(mgKOH/g) | ≤ | 8 |
| 折射率(25℃) | | 1.5165～1.5200 | 不皂化物/% | ≤ | 0.75 |
| 二烯值 | | 67～71 | 胶化实验(华氏)/min | | 8 |
| 碘值/($gI_2$/100g) | ≥ | 163 | | | |

**(2) 梓油**

产于中国和日本，我国南部地区最多，乌桕树的籽果中可分别榨得梓油和桕油。乌桕籽的外皮有一层白色蜡状物，叫做桕白，由此榨得者称为桕油，碘值仅 20～30，不能用于制漆，由梓籽榨得的油是棕红色的液体，称为梓油。

梓油的组分中有一种 2，4-癸二烯酸，其干性比亚麻油快，但又没有桐油易起皱的缺点。它的聚合诱导期低于亚麻油，如在 290℃聚合 8h，可达到 6.0Pa·s 的黏度（25℃），而亚麻油同样聚合时黏度为 2.3Pa·s（20℃）。由精制梓油制成的漆，颜色浅，较为不易变黄。与桐油合用可克服桐油的起霜性。

有时，桕籽与桕白分离不清，使梓油中含有桕油，影响制漆质量，漆膜容易产生雾光。

**(3) 亚麻油**

亚麻油的主要成分为亚麻酸和亚油酸，即非共轭的十八酸三烯酸和十八酸二烯酸，在氧化聚合时一般都是通过由非共轭向共轭体系转化的过程，因此干燥较桐油慢，但没有桐油起皱的弊病。

亚麻油是典型的干性油，碘值一般在175以上，有时可高达190～200，是涂料用油的主要品种之一。使用前须经精制处理，因其含磷脂等杂质较多，在用于制造油基树脂漆时，一般均需经聚合后与桐油并用，否则容易产生漆膜干燥不爽、干后发黏等缺点。亚麻油较桐油柔韧性好，缺点是易变黄。

**(4) 其他干性油**

国内常见的其他干性油品种有苏子油（荏油）和大麻油（线麻油）等，苏子油的碘值比亚麻油高，因此干燥稍快，但其变黄倾向更大些。生苏子油涂膜有聚集成滴的缺陷，必须经过280℃以上的热聚合方可使用。大麻油碘值在$160gI_2/100g$左右，干性次于上述几种干性油，使用较少。表2-4为几种主要干性油的特性常数。

**表 2-4　几种主要干性油的特性常数**

| 项　　目 | 亚麻油 | 苏子油 | 梓油 | 大麻油 |
|---|---|---|---|---|
| 相对密度(25℃/25℃) | 0.924～0.931 | 0.930～0.937 | 0.936～0.944 | 0.923～0.925 |
| 折射率(25℃) | 1.477～1.482 | 1.480～1.482 | 1.481～1.484 | 1.478～1.483 |
| 酸值/(mgKOH/g)　≤ | 4 | 5 | 7 | 3 |
| 碘值/($gI_2$/100g)　≥ | 177～204 | 193～208 | 169～190 | 149～167 |
| 皂化值/(mgKOH/g) | 188～196 | 188～197 | 202～212 | 190～193 |

## 2. 半干性油

干燥速度较干性油慢，此类油的碘值在100～140范围内，特点是变黄性小，适宜于制造白色或浅色漆，常用于制造同氨基树脂并用的短油醇酸树脂。

豆油与葵花油是两种常用的半干性油，使用性能差不多，豆油的干性略逊于葵花油，且含有大量的磷酯类（1%～3%）杂质，因此使用前需精制处理。

另一种常见使用的油是棉子油，碘值略高于100，干性不如上述两种，且因含有棉酚，造成颜色过深，并有抗干性。表2-5为几种主要半干性油的特性常数。

**表 2-5　几种主要半干性油的特性常数**

| 项　　目 | 葵花油 | 豆油 | 棉子油 |
|---|---|---|---|
| 相对密度(25℃/25℃) | 0.915～0.919 | 0.916～0.922 | 0.917～0.930(20℃) |
| 折射率(25℃) | 1.472～1.474 | 1.471～1.475 | — |
| 酸值/(mgKOH/g)　≤ | 3 | 3 | 7 |
| 碘值/($gI_2$/100g)　≥ | 125～136 | 120～141 | 101.9～115.5 |
| 皂化值/(mgKOH/g) | 188～194 | 189～195 | 191～198 |

## 3. 不干性油

不能自行干燥，一般用于制造合成树脂及增塑剂。

**(1) 蓖麻油**

这种油系由蓖麻籽榨得，主要成分为蓖麻醇酸，含有羟基产生氢键缔合，因此油的黏度较大，能溶于乙醇，是区别于其他油脂的主要性状。在酸性催化剂存在下，将脱去一分子水而成为具有共轭或非共轭二烯的不饱和酸，成为一种性能较好的干性油。

**(2) 椰子油**

这种油90%的组分为饱和酸，其中又以低碳酸为主，因此皂化值高，在低温下呈固体。颜色较浅淡，用于制造不干性醇酸树脂，所得漆膜保色性好，硬度大，但稍脆。

**(3) 米糠油**

米糠含油量可达15%～18%，出油率控制在10%以下，以便糠饼供作饲料，米糠油的酸值较高，约含有25%的游离酸，此外还含有糠屑1%～5%，糠蜡3%～9%，磷脂1%～2%以及少量其他杂质。米糠油的碘值约100左右。表2-6为几种主要不干性油的特性常数。

表 2-6 几种主要不干性油的特性常数

| 指 标 | | 蓖麻油 | 椰子油 | 米糠油 |
|---|---|---|---|---|
| 颜色 | 不深于 | 5 | 4 | — |
| 相对密度(20℃/4℃) | | 0.955～0.9645 | 0.869～0.874 | 0.916～0.921(25℃/25℃) |
| 折射率(25℃) | | 1.4765～1.4810 | 1.448～1.450 | 1.470～1.473(25℃) |
| 酸值/(mgKOH/g) | ≤ | 2 | 1 | 4 |
| 碘值/($gI_2$/100g) | ≥ | 80～90 | 7.5～10.5 | 99～108 |
| 皂化值/(mgKOH/g) | | 176～186 | 250～264 | 181～189 |

#### 4. 野生植物油

我国野生植物资源丰富，据统计，可供榨油者有六百余种。

野生油料植物，不仅品种多，且其中许多品种的产地分布极广，产量也很大。例如苍耳子（通称苍子），产地遍及全国，尤以华北、西北、东北等地为多，据统计，全国年产苍子约数万吨，可产油数千余吨。其他如盐蒿子、花椒子、木瓜子、山苍子等产量也非常可观。这一类油可供漆用的品种不下数十种，但由于产地分散、质量不一，一般都存在颜色深、酸值高、杂质多等缺点，使用前都要经过精制处理。

#### 5. 其他油类

##### (1) 鱼油

把海产的鱼用直接蒸汽加热制得，在放出浮于水面上的油后，再进一步把残渣压榨以取得更多的油，可用于制漆的鱼油有鲱鱼油、沙丁鱼油以及鲰鱼油等。

鱼油的组分如表 2-7 所示。它含有一定比例的饱和酸，不饱和酸则在其烃链中含碳原子长达 22 个或 24 个，并具有 5～6 个孤立双键，这种高度不饱和性使碘值升高，干性却并不相应提高，同时这类长碳链的烯酸容易遭受大量的氧化作用，使甘油酯分子断裂，干膜受到早期损害，其结果耐久性大大下降。另一个制漆中的严重缺点是容易泛黄。未经精制的鱼油，由于饱和酸的影响，所得的漆透明度不好，易有沉淀，干性也并不理想，因此在使用前必须经过精制处理，处理方法有：冷冻过滤法、丙酮萃取法、溶剂离析法等。另一种较为简单的工艺处理方法是盐析沉淀过滤法，这在制漆厂是比较容易实现的。

表 2-7 鱼油的组成

单位：%

| 主要成分 | 鲰鱼油 | 鲱鱼油 | 沙丁鱼油 |
|---|---|---|---|
| 月桂酸 | — | 0.1 | — |
| 豆蔻酸 | 7.0 | 7.0 | 6.0 |
| 棕榈酸 | 14.0 | 16.0 | 1.0 |
| 硬脂酸 | 1.5 | 2.0 | 2.0 |
| 花生酸 | 痕迹 | — | — |
| 十四碳一烯酸 | 0.5 | 0.1 | — |
| 十六碳一烯酸 | 6.0(—3H)① | 16.0 | 13.0 |
| 油酸 | 21.0(—3.5H) | 15.0 | 24.0 |
| 亚油酸 | — | 7.0 | — |
| 花生四烯酸 | 28.0(—4.8H) | 17.0(—10H) | 26.0 |
| 二十二碳烯酸 | 22.0(—4.9H) | 11.0(—10H) | 19.0 |
| 二十四碳烯酸 | 痕迹(—4H) | 4.0(—10H) | — |
| 二十六碳烯酸 | — | 1.0(—10H) | — |
| 二十六碳以上烯酸 | — | 2.0(—10H) | — |
| 碘值/($gI_2$/100g) | 123～142 | 140～180 | 170～193 |
| 皂化值/(mgKOH/g) | 179～194 | 189～193 | 189～193 |
| 冻点/℃ | 23～27 | 31～33 | 27～28 |

① —3H 的意思是需加 3 个氢原子（平均数）达到饱和，下同。

**(2) 松浆油**

它是亚硫酸盐法制木浆时所得的一种副产品。松柏科木材在加压的蒸煮器中加热处理，将组织中的木质素除去，制得亚硫酸盐纸浆，在它的黑液中，存在着松浆油的钠皂，经酸化后得到一种有臭味的黑色油状液体，称作液体松香，就是粗松浆油。它是各种脂肪酸与松香的混合物。一般含有脂肪酸 40%，松香 40%，其余为不皂化物（固醇等），通过分馏的方法可以将脂肪酸与松香分离，分馏所得的脂肪酸，其松香含量一般在 1%左右，含量高了对制造醇酸树脂不利，降低耐久性，这种脂肪酸所制得的漆的干性大体相当于豆油的制品。如用作油基树脂漆，则在不皂化物降至一定程度后可不再分离，但在拟定配方时应将脂肪酸计入油内，松香则列入树脂内考虑。

几种国产松浆油的组成与理化常数如表 2-8 所示。

**表 2-8 松浆油的组成与理化常数**

| 指 标 | 品种一 | 品种二 | 品种三 |
|---|---|---|---|
| 组成 | | | |
| 树脂酸(松香)/% | 36.9 | 15.7 | 41.9 |
| 脂肪酸/% | 47.5 | 66.54 | 41.3 |
| 不皂化物/% | 15.5 | 17.76 | 14.7 |
| 机械杂质/% | 0.1 | — | 0.1 |
| 水分/% | — | — | 2.0 |
| 规格 | | | |
| 颜色(铁钴比色) | 12 | 12 | 棕红色 |
| 酸值/(mgKOH/g) | 138.8 | 159.0 | 139.0 |
| 皂化值/(mgKOH/g) | 170.0 | — | 164.0 |
| 碘值/($gI_2$/100g) | 124.0 | 125.3 | 156 |
| 折射率(25℃) | — | — | 1.509 |

## 二、树脂

在涂料工业中，单用油料虽然能制成漆，但是这种油漆的涂膜在硬度、光泽、耐水、耐酸碱等性能上，还不能满足日益发展的工农业的需要。很早以前，人们就在油中加入松香等天然树脂来提高纯油性涂料的光泽、硬度等。随着社会生产的发展，需要保护的物体所处环境日益复杂，要求耐热、耐化学腐蚀、耐海水中生物、绝缘等，对于物体的装饰，也随着人类生活的提高，提出了更高的要求：高光泽、高硬度、高丰满度、不倒光、不褪色，这一切仅依靠在油中加入天然树脂来改进性能已不能满足多种多样的要求。随着科学技术的发展，化学工业为油漆涂料提供了各种各样的合成树脂及天然树脂经过化学改性的人造树脂（如硝基纤维素及氯化橡胶），现在以树脂为成膜材料的各种树脂涂料在涂料中已占有很大的比重。

涂料用树脂从来源可分为三类：来源于自然界的天然树脂，用天然高分子化合物经过化学反应制得的人造树脂及用化工原料合成的合成树脂，现在油漆中使用的树脂品种，以后一类为最多，并在不断发展。

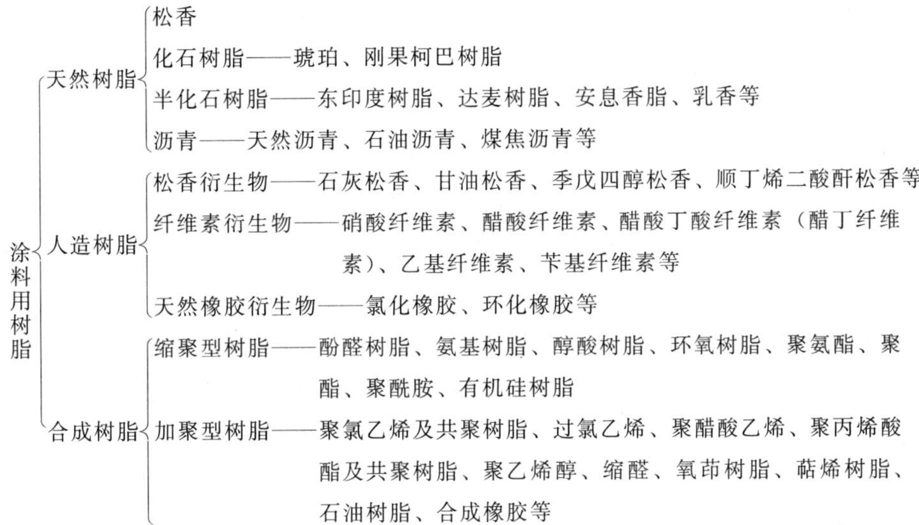


生产合成树脂的方法有缩聚反应及加聚反应，缩聚方法有熔融缩聚、溶液缩聚、固相缩聚。在涂料工业中常用溶液缩聚方法。加聚反应实施方法有本体聚合、溶液聚合、悬浮聚合、乳液聚合。在涂料工业汇总常用溶液聚合及乳液聚合来得到树脂溶液或乳液，以生产溶剂型涂料及乳胶漆。

涂料中使用的树脂，需要形成的涂膜具有一定的保护与装饰的特性，为了满足多方面要求，常要几种树脂合用或树脂与油合用，这就要求树脂之间，树脂与油之间有很好的混溶性。另外，涂料最常用的形式是液状，这就要求树脂能溶解在价廉易得的溶剂中。为此，在相对分子质量及化学结构上对涂料用树脂都有一定的要求，这也反映了涂料用树脂的特点。

**(1) 相对分子质量方面**

涂料用树脂是成膜物质，成膜后在不同环境中起保护作用，就要求涂膜的机械强度好、耐老化、耐腐蚀等。因此，应要求其相对分子质量越高越好，但是相对分子质量高的树脂溶解性不好，和其他树脂混溶性不好，对颜料的润湿性不好，这就影响涂料的制造。涂料用树脂有两种，一种是热固性树脂，这类树脂在涂料施工前，一般相对分子质量都很低（常叫做预聚物），一般在3000以下，施工后，在一定条件下，通过预聚体活性官能团（如：双键、羧基、羟基、环氧基等）进一步反应形成体型大分子而成膜。另一种是热塑性树脂，供配制挥发性漆，当溶剂挥发后形成涂膜，而不进行进一步的化学反应。如：纤维素衍生物、乙烯基树脂、氯化橡胶等，所用树脂的相对分子质量比该树脂作橡胶、塑料、纤维时要低，否则难以溶解。如：硝基纤维素，必须经过高温、高压的蒸煮，使分子断裂才能提高溶解性，配制硝基漆、氯化橡胶所用橡胶生胶必须先在炼胶机上滚炼，使分子断裂，再进行氯化，否则溶解性太差，过氯乙烯相对分子质量高，只能作氯纶纤维，相对分子质量较小的才能作涂料。在生产过氯乙烯色漆时，采用轧片工艺解决沉底严重的问题，也是用轧片工艺使过氯乙烯断裂，相对分子质量下降，提高了对颜料的润湿性。但为了保证涂料具有一定性能，树脂相对分子质量也不能太低，聚醋酸乙烯相对分子质量为

5000～20000，氯醋共聚物相对分子质量为9000，硝化纤维素相对分子质量为50000～300000，因此，一般挥发性漆含固量都不高，施工层数比较多，为改进这一缺点，常与其他缩聚型树脂混溶提高固体含量。

**(2) 化学结构方面**

合成树脂的性能与其结构有很大关系，对合成树脂提出的性能要求反映在它的结构上。如含有苯环的树脂不耐光，但耐热性和耐辐射性好。含氯量高的树脂对光、对热都不稳定，必须加稳定剂。抗水性与树脂亲水基团（如羧基、羟基、酯基等）的数量、树脂相对分子质量、交联度有关。含亲水基团越少，相对分子质量愈高，交联度越大，抗水性就越好。涂料的附着力与所用树脂的极性基团的数量、种类成正比，如环氧基、酯基、醚键、羟基、乙烯基、缩醛基等。为了增进非极性加聚型共聚树脂的附着力，常引入极性比较高的第三单体，如顺丁烯二酸酐，就是这个原因。

## （一）天然树脂

### 1. 松香

松香按其采集方法和来源，大致分为三种。

① 脂松香（胶松香） 由松树干上直接割取，收集流出的无色带有芳香味的黏性液体，其中含松节油21%～23%、松香67%、水分0.3%、不皂化物10%～11%，这一黏液经水蒸气蒸馏，蒸出松节油，剩余物为松香，脂松香质量较好，颜色浅，酸值高，软化点高。

② 木松香 它是由埋藏在地下多年的松树桩或树根挖出、洗净切碎、蒸去挥发油，然后用轻油萃取出松香，质量不如脂松香好。

③ 松浆油松香（潽油松香） 它是由松浆油蒸馏得到，用得少。

涂料中所用特级松香，外观微黄色、透明，软化点>72℃，酸值>166，不皂化物<6%，机械杂质<0.05%。一级松香为淡黄色，其余指标同特级松香。

### 2. 虫胶

虫胶又称紫胶，是天然树脂的一种，它是由南亚热带的一种寄生昆虫以特有功能产生的胶质分泌物积累在树枝上，经收集加工而成，主要产于印度、马来西亚、泰国和中国等国家。由树枝上剥取的分泌物（原胶）经过粉碎、过筛、洗涤、干燥、溶解、过滤、轧成薄片，即为市售的紫色至棕红色胶片。深色的虫胶片溶液用漂白粉脱色，再用硫酸中和使其沉淀，经过洗涤、烘干，可得白色虫胶片。

### 3. 化石树脂

在天然树脂中，松香由松树汁中取得，属于新生树脂类型，其他尚有化石树脂、半化石树脂、半新生树脂等类型。各种热带产的柯巴树脂（刚果、高里、马尼拉、琥珀等）是制造油性清漆的硬性化石树脂。马尼拉柯巴树脂里面的多数品种和东印度树脂属于半化石、半新生型树脂。达麦树脂（也有叫达玛树脂）属于软性新生型树脂。由于用途不广，来源日益减少，现在涂料工业中已逐渐淘汰。

4. 沥青

沥青是黑色的硬质热塑性固体或呈无定形黏稠状物质，可溶于二硫化碳、四氯化碳、三氯甲烷以及苯等有机溶剂中，沥青是极为复杂的有机物质，主要成分为碳氢化合物，根据来源不同，分为三种沥青：

① 天然沥青　也叫地沥青，由沥青矿采掘得到，固体；

② 石油沥青　它是由石油原油炼制出汽油、煤油、柴油和润滑油等产品之后的剩余物或再经过加工处理而得到沥青，固体；

③ 焦油沥青　系黏稠状液体或质脆的固体物质。将煤及某些有机物质干馏（破坏蒸馏）时所得到的焦油，再经过蒸馏后所得剩余物。如煤焦油沥青、木焦油沥青、骨焦油沥青等。

## （二）天然高分子衍生物

天然高分子衍生物系由天然高分子化合物（松香、纤维素、天然橡胶）经过化学反应而得到的一种高分子化合物的衍生物。

1. 松香衍生物

松香是一个结构较复杂的化合物，是含有共轭双键的有机酸，作为酸可以与碱或碱性氧化物反应生成皂，可与醇类酯化生成松香酯。其共轭双键可与顺丁烯二酸酐进行 1，4-加成，然后再酯化生成顺丁烯二酸酐松香酯。

① 松香皂　松香中的树脂酸和金属氧化物或某些盐类碱类在高温下反应，生成松香皂。

② 松香酯　松香酯是松香的多元醇酯，常用的是甘油酯和季戊四醇酯，俗称甘油松香和季戊四醇松香，后者软化点较高。由松香酯制成的漆的质量比钙皂（石灰松香）好。

③ 顺酐松香酯　松香与顺丁烯二酸酐（失水苹果酸酐俗称顺酐或失酐）加成，松香中共轭双键消失，氧化变色倾向降低，再用多元醇（甘油或季戊四醇）酯化，制得的树脂生产油基漆，不易泛黄。

2. 纤维素衍生物

纤维素是一种天然高分子化合物，广泛存在于自然界中，其中以酯化或醚化所生成的纤维素酯或纤维素醚在涂料工业中用途较广，是挥发性涂料中主要的成膜物质，占涂料工业总产量相当大的比重。

纤维素酯及纤维素醚都是链状的热塑性高分子化合物，按酯化或醚化基团的不同而溶于不同的溶剂，涂料施工后，溶剂挥发形成漆膜，由于它们的溶剂释放性好，所以是生产挥发性涂料较理想的原料。纤维素衍生物一般均有较好的防潮耐水性，但纤维素酯的耐化学腐蚀性不是很好，纤维素醚有较好的耐碱性，但耐酸性则较差。纤维素酯及纤维素醚多半在 120～180℃软化或熔融，硝酸纤维素则易分解。对紫外光的稳定性也因不同取代基团而变化，例如：醋酸、丁酸纤维素的耐光性极好，而硝酸纤维素的光稳定性差，易分解。

(1) 硝酸纤维素（硝基纤维素、硝化棉）

硝酸纤维素漆开始应用于 1880 年，1918 年以后研究成功了降低硝酸纤维素黏度的方法，使硝酸纤维素在制漆工业上扩大了应用。同时，由于汽车工业需要一种快干的涂料，在1920年初汽车工业大量采用了硝酸纤维素漆。随后品种逐渐增多，应用面逐渐扩大，硝酸纤维素漆迅速发展起来。

纤维素虽可以用硝酸或硝酸酐（$N_2O_5$）硝化，但在生产上常用硫酸与硝酸的混合酸来进行酯化，其中硫酸可与硝化过程产生的水结合，使平衡向生成物方向移动，硫酸还可扩散到纤维内部，使纤维素溶胀，提高反应速度。硫酸用量多少对酯化反应速度影响很大，水分的含量对酯化度（即含氮量）起着关键作用。在生产中通常以硫酸与硝酸的比例、水含量、固液比、反应温度及反应时间等条件来控制产品技术条件。此外，原纤维素的质量及处理等问题，对硝基纤维素的质量也有很大影响。

**(2) 醋酸丁酸纤维素**

醋酸纤维素的抗水性、柔韧性、耐候性都不理想，很少用于制漆。醋酸丁酸纤维素不仅能改善上述性能，同时可显著提高溶解度。醋酸丁酸纤维素的分子结构中含有乙酰基、丁酰基以及少量羟基，这三种基团比例的变化对醋丁纤维素的性能有着决定性的影响，国产醋丁纤维素按丁酰基含量分为四种型号：CDS-15、CDS-25、CDS-35、CDS-45，它们均可用于涂料工业。字母后数字表示丁酰基的近似含量，有时还在后面再缀以数字，1指低黏度，2指中黏度，如：CDS-15-1、CDS-15-2、CDS-25-1、CDS-35-1、CDS-35-2、CDS-45-2。醋丁纤维素中丁酰基含量增加，其溶解度、稀释剂用量、柔韧性、抗湿性、混溶性提高，而耐油性、抗张强度、硬度会有所降低，在溶解性方面，丁酰基含量越高，其溶剂选择性越宽。此外，醋丁纤维素黏度高低对性能也有一定影响，其情况与硝酸纤维素相仿。

**(3) 乙基纤维素**

涂料用乙基纤维素可与多种硬树脂混溶，但与改性醇酸树脂混溶者则较少。与松香、松香衍生物以及虫胶等一些天然树脂的混溶性均很好。此外，油溶性酚醛树脂、苯乙烯与$\alpha$-甲基苯乙烯的共聚物、氧茚树脂等均能与之混溶。

由于乙基纤维素本身具有极好的柔韧性，在$-70\sim150$℃温度范围内都可保持其特性，所以一般是不用或少用增塑剂的，其用量不超过乙基纤维素含量的30%。树脂型增塑剂如癸二酸醇酸树脂等，对增加漆膜坚韧性、耐油性等有好处。植物油中的蓖麻油与乙基纤维素的混溶性最好，用量较大时也不会渗出。

乙基纤维素暴露在紫外线下或处于其软化点以上温度，易被氧化，所以在涂料中可以采用同时具有稳定剂作用的增塑剂，如磷酸三苯酯及磷酸三甲苯酯的混合物。户外用的清漆可采用酚类抗氧剂及紫外光吸收剂等的混合物作为稳定剂。少量的二戊酚或辛酚常用于热熔涂料作为稳定剂。乙基纤维素常用作各种快干涂料、特种纸张涂料、热熔可剥涂料等。

**3. 天然橡胶衍生物**

橡胶漆是用天然橡胶衍生物或合成橡胶制造而成的。由于天然橡胶相对分子质量高，溶解性差，成膜干燥慢，漆膜软而发黏，因此，一般不直接用来制造涂料。天然橡胶经过化学反应，相对分子质量降低，很容易溶解在溶剂中，干燥快、涂膜硬，并且增加了对化学药品的抵抗性，这样就可用来制造涂料。经过处理后的天然橡胶，有氯化橡胶及环化橡胶等。

**(1) 氯化橡胶**

天然橡胶是异戊二烯的线型聚合物，其分子结构中含有不饱和键，其被氯化后的固体物质叫做氯化橡胶。自 20 世纪 30 年代初氯化橡胶开始被试用与制造涂料时起，到 50 年代末的近 30 年时间，氯化橡胶漆仅有少数几个品种，用途也不广，没有引起人们的注意。到 60 年代渐趋成熟，才显示出其优良性能，得到迅速发展，很快成为涂料中的一个大类而形成体系。这是由于：①迅速发展的造船业等工业部分为缩短涂装施工周期急需快干、并可一次厚涂的高性能涂料；②高压无气喷涂施工技术的成熟和普及应用；③生产氯化橡胶漆工艺技术上有了突破性的进展，出现厚膜（又名厚浆触变型）漆，其性能优良，适应了市场所需。因此在全世界范围内迅速发展，目前已品种繁多、配套齐全，广泛应用于造船、建筑、防腐蚀等许多领域。

**(2) 环化橡胶**

天然橡胶的苯溶液，在金属氯化物作催化剂下能制得橡胶的异构物，即环化橡胶。例如：将优质的、含蛋白质低的天然橡胶溶于溶剂（如苯）中，放在装有回流冷凝器及夹套的反应器中，以金属氯化物（如氯化锡及四氯化钛）为催化剂加热回流，直到溶液黏度显著降低后，从溶液中洗出，最后制成粉末状树脂。

环化橡胶是白色粉末，熔点 130℃能溶于煤焦油和石油溶剂，不溶于乙醇中，环化橡胶含不饱和键比天然橡胶少，以同样浓度制成的溶液黏度较低，与其他树脂、油、增塑剂的相容性是有限的，它常与石蜡混合制造纸张的热熔涂料。用来改进油性清漆的性能，环化橡胶抗碱性优良，可有效地配制烧碱液储槽和槽车用的涂料，也可用环化橡胶配制打火石专用漆。

**(三) 合成树脂**

合成树脂一般可按合成方法分为加聚型树脂及缩聚型树脂，但是有些树脂却不能严格区分为纯粹的加聚型树脂或缩聚型树脂，特别是近 20 多年来，涂料用合成树脂，由于性能要求多样化及其他方面的要求（如成本、施工性能等），常常采用两种方法合成，因此有些涂料用合成树脂也难以区分为加聚型与缩聚型，如不饱和聚酯、苯乙烯改性醇酸树脂、丙烯酸改性醇酸树脂等，既有不饱和乙烯单体的加聚，也有醇酸树脂的缩聚。也就是说，涂料用合成树脂已向合成方法多样性、性能多样化发展。

**1. 酚醛树脂**

苯酚与甲醛缩合得到的树脂称为酚醛树脂。19 世纪 90 年代，苯酚与甲醛能进行缩合反应得到了确认，20 世纪初，将苯酚与甲醛混合，在酸催化下得到了耐酸耐碱的树脂，发现该树脂胶液与樟脑、橡胶可以混合，并能替代虫胶与天然油漆制成“清漆”。1910 年著名的 Backeland 加压加热酚醛固化专利提出，特别是 1913 年植物油与松节油改性酚醛等油溶性酚醛树脂的出现，随后的酚醛加桐油制漆以及 1929 年纯油溶性酚醛树脂的合成，推动了酚醛树脂大规模进入涂料和电器绝缘材料领域。

目前典型的酚醛树脂的合成有酸催化和碱催化两种路线。苯酚＋甲醛（苯酚/甲醛＝

6/5 或 7/6，即苯酚过量）用酸催化得到线型结构的热塑性树脂（结构预聚物）。

苯酚＋甲醛，苯酚/甲醛＝1∶(1.2～1.8)，即甲醛过量酸或碱催化得到热固性树脂（无规预聚物）。上述方法得到的酚醛都具有醇溶性，即能够用乙醇制成溶液使用。

当以酸为催化剂，且甲醛与苯酚的摩尔比小于1时，苯酚同甲醛的反应分下列几个阶段。

**(1) 羟甲基酚的生成**

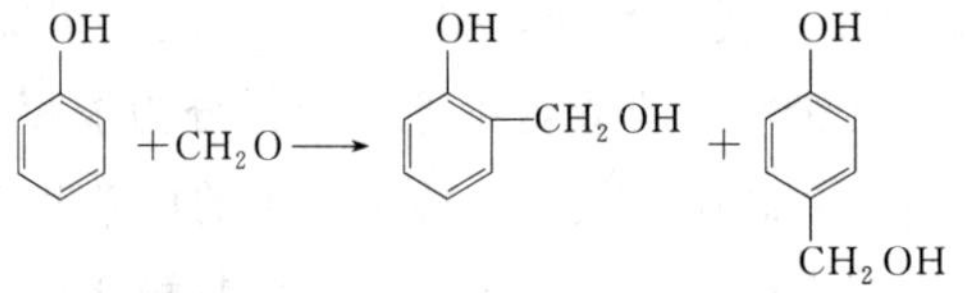

OH OH OH

$+CH_2O \longrightarrow$ $-CH_2OH$ $+$

$CH_2OH$

**(2) 二酚基甲烷的生成**

OH OH OH OH

$+$ $\longrightarrow$ $-CH_2-$ $+H_2O$

$CH_2OH$

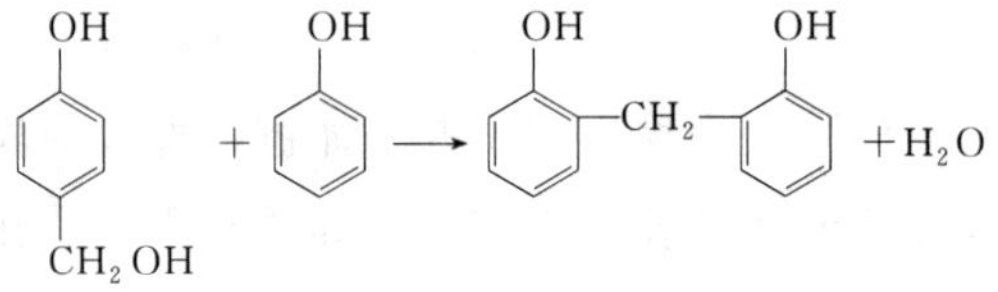

**(3) Novolak 树脂的生成**

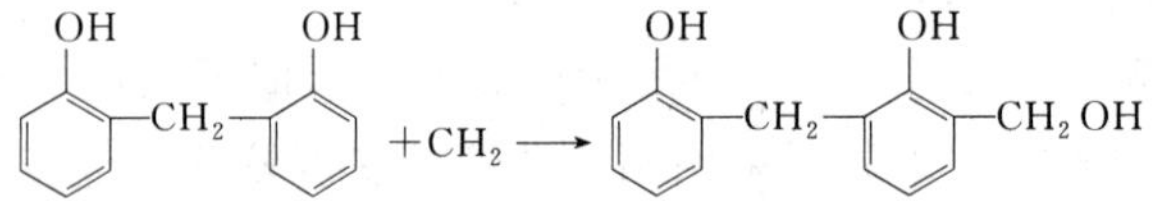

OH OH OH OH

$-CH_2-$ $+CH_2 \longrightarrow$ $-CH_2-$ $-CH_2OH$

**(4) 继续反应生成线型大分子**

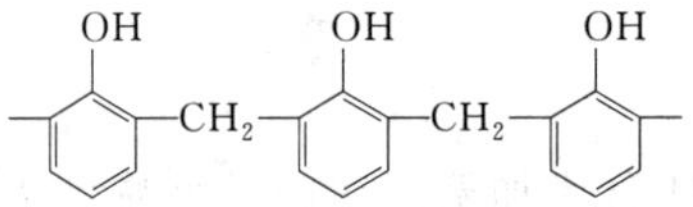

OH OH OH

$-CH_2-$ $-CH_2-$

需要指出的是，对位和邻位的反应是无规律的，Novolak 树脂的相对分子质量可以高达1000左右。以上这些产物本身不能进一步反应生成交联产物，但当甲醛和苯酚的摩尔比大于1时，则可得到体型产物。

当以碱作催化剂，且甲醛与苯酚的摩尔比大于1时，苯酚同甲醛的反应分下列几个阶段。

**(1) 羟甲基酚或多羟甲基酚的生成**

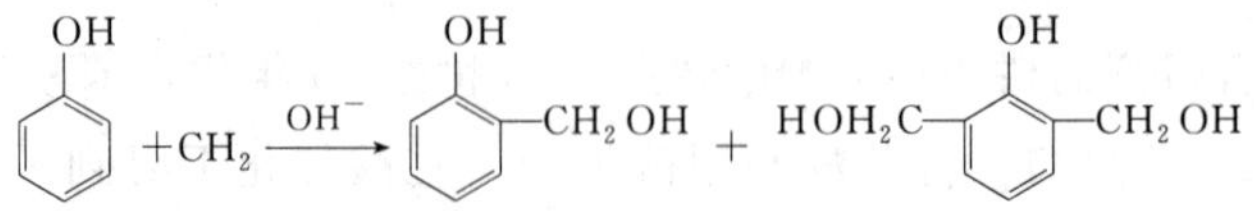

OH OH OH

$+CH_2 \xrightarrow{OH^-}$ $-CH_2OH$ $+$ $HOH_2C-$ $-CH_2OH$

**(2) 通过甲基桥或醚链进一步缩合**

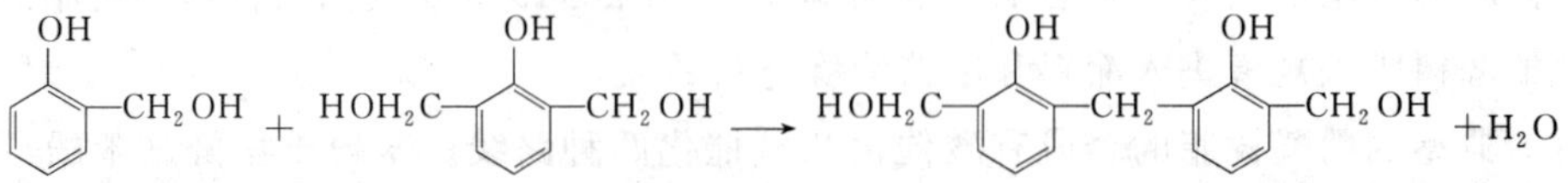

OH OH OH OH

$-CH_2OH$ $+$ $HOH_2C-$ $-CH_2OH$ $\longrightarrow$ $HOH_2C-$ $-CH_2-$ $-CH_2OH$ $+H_2O$

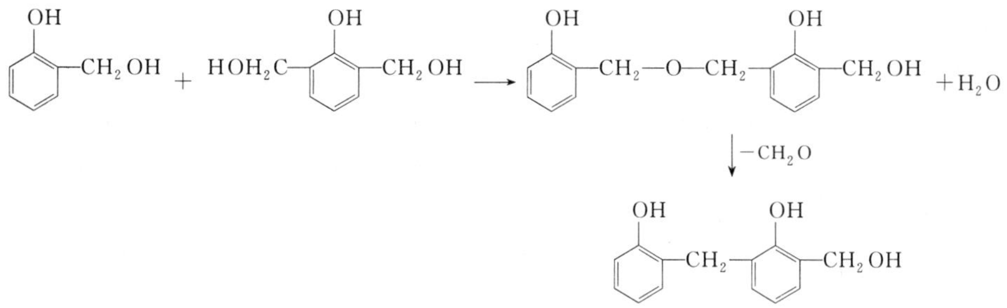

$$\text{邻羟甲基苯酚} + HOH_2C\text{-}C_6H_2(OH)\text{-}CH_2OH \longrightarrow \text{HO-}C_6H_4\text{-}CH_2\text{—O—}CH_2\text{-}C_6H_3(OH)\text{-}CH_2OH + H_2O$$

$$\xrightarrow{-CH_2O} \text{HO-}C_6H_4\text{-}CH_2\text{-}C_6H_3(OH)\text{-}CH_2OH$$

(3) 继续反应生成体型聚合物

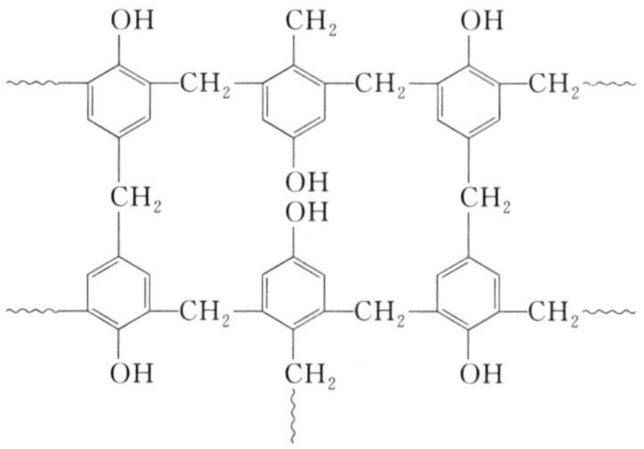

具有线型结构的热塑性酚醛树脂用乌洛托品（六亚甲基四胺）作固化剂并经过加热加压，其结构转变为体型结构（不熔不溶）。热固型酚醛树脂直接加热加压固化转变为体型结构（不熔不溶）。

用上述合成方法得到醇溶性酚醛树脂，加入固化剂六亚甲基四胺可以用来直接制造酚醛防腐涂料、绝缘涂料、木材涂料和罐头盒内壁涂料。由于醇溶性酚醛涂料施工不太方便，所形成的涂层脆性大和对基材的结合力不理想，所以该类涂料应用面积小。

油溶性酚醛树脂在涂料中适用性要好于醇溶性酚醛树脂。在合成酚醛树脂的发展史上，出现过两大类改进酚醛树脂油溶性的方法：①将松香、植物油类、苯酚、甲醛一步法得到改性酚醛树脂；或将合成好的酚醛再与松香和甘油、桐油或亚麻油等共热的二步法得到油溶性酚醛树脂；②使用取代酚如邻甲酚、对甲酚、对叔丁基酚或对苯基酚与甲醛直接缩合得到纯油溶性酚醛树脂。

将热塑性的酚醛树脂用丁醇醚化，可以降低酚醛的极性，从而提高其在油类及非极性溶剂的溶解性，但需要注意的是使用此方法作为改性手段时须掌握适当的醚化度。

上述制造的油溶性酚醛树脂可以溶于有机溶剂制成溶剂型涂料直接应用，也可以将其用聚乙烯醇缩醛、丁腈橡胶并用增韧。酚醛树脂也可以加入到醇酸树脂涂料、环氧涂料等体系中作共用树脂。

**2. 醇酸树脂**

自从 1927 年发明醇酸树脂以来，涂料工业发生了一个新的突破，涂料工业开始摆脱了以干性油与天然树脂并合熬炼制漆的传统旧法而真正成为化学工业的一个部门。它所用的原料简单，生产工艺简便，性能优良，因此得到了飞快发展。

通常根据油的干燥性质，分为干性油、半干性油和不干性油三类。干性油主要是碘值在 140 以上，油分子中平均双键数在 6 个以上，它在空气中能逐渐干燥成膜。半干性油主要是碘值在100～140之间，油分子中平均双键数在4～6个，它经过较长时间能形成黏性的膜。不干性油主要是碘值在100以下，油分子中平均双键数在4个以下，它不能成膜。油的干性除了与双键的数目有关外，还与双键的位置有关。处于共轭位置的油，如桐油，有更强的干性。工业上常用碘值，即100g油所能吸收的碘的克数，来测定油类的不饱和度，并以此来区分油类的干燥性能。干性油的碘值在140以上，常用的有桐油、梓油、亚麻油等。半干性油的碘值在100～140之间，常用的有豆油、葵花籽油、棉子油等。不干性油的碘值在100以下，有蓖麻油、椰子油、米糠油等。

**(1) 干性油醇酸树脂**

由不饱和脂肪酸或干性油、半干性油为主改性制得的树脂能溶于脂肪烃、萜烯烃（松节油）或芳烃溶剂中，干燥快、硬度大而且光泽较强，但易变色。桐油反应太快，漆膜易起皱，可与其他油类混用以提高干燥速度和硬度。蓖麻油比较特殊，它本身是不干性油，含有约85％的蓖麻油酸，在高温及催化剂存在下，脱去一分子水而增加一个双键，其中约20％～30％为共轭双键。因此脱水蓖麻油就成了干性油，由它改性的醇酸树脂的共轭双键比例较大，耐水和耐候性都较好，烘烤和暴晒不变色，常与氨基树脂拼合制烘漆。

**(2) 不干性油醇酸树脂**

由饱和脂肪酸或不干性油为主来改性制得的醇酸树脂，不能在室温下固化成膜，需与其他树脂经加热发生交联反应才能固化成膜，其主要用途是与氨基树脂拼用，制成各种氨基醇酸漆，具有良好的保光、保色性，用于电冰箱、汽车、自行车、机械电器设备，性能优异；其次可在硝基漆和过氯乙烯漆中作增韧剂以提高附着力与耐候性。醇酸树脂加于硝基漆中，还可起到增加光泽，使漆膜饱满，防止漆膜收缩等作用。

树脂中油含量用油度来表示。油度的定义是树脂中应用油的质量和最后醇酸树脂的理论质量的比。

**(3) 短油度醇酸树脂**

树脂的油度在35％～45％，可由豆油、松浆油酸、脱水蓖麻油和亚麻油等干性、半干性油制成，漆膜凝结快，自干能力一般，弹性中等，光泽及保光性好。烘干干燥快，可用作烘漆。烘干后，短油度醇酸树脂比长油度醇酸树脂的硬度、光泽、保色、抗摩擦性能都好，用于汽车、玩具、机器部件等方面作面漆。

**(4) 中油度醇酸树脂**

树脂的油度在46％～60％之间，主要以亚麻油、豆油制得，是醇酸树脂中最主要的品种。这种涂料可以刷涂或喷涂。中油度漆干燥很快，有极好的光泽、耐候性、弹性，漆膜凝固和干硬都快，可烘干，也可加入氨基树脂烘干。中油度醇酸树脂用于制自干或烘干磁漆、底漆、金属装饰漆、车辆用漆等。

**(5) 长油度醇酸树脂**

树脂的油度为60％～70％，它有较好的干燥性能，漆膜富有弹性，有良好的光泽，保光性和耐候性好，但在硬度、韧性和抗摩擦性方面不如中油度醇酸树脂。另外，这种漆有良好的刷涂性，可用于制造钢铁结构涂料、室内外建筑涂料。因为它能与某些油基漆混合，因而用来增强油基树脂涂料，也可用来增强乳胶漆。

**(6) 超长油度醇酸树脂**

树脂的油度在 70%以上，其干燥速度慢、易刷涂，一般用于油墨及调色基料。

总之，对于不同油度的醇酸树脂，一般说来，油度越高，涂膜表现出的特性越多，比较柔韧耐久，漆膜富有弹性，适用于室外用涂料。油度越短，涂膜表现出的特性少，比较硬而脆，光泽、保色、抗磨性能好，易打磨，但不耐久，适用于室内涂料。表 2-9 列出了油度长短对涂料性能的影响。

涂料用醇酸树脂，一般是指植物油（桐油、亚麻油、豆油、蓖麻油）或脂肪酸（如各种植物油脂肪酸和合成脂肪酸）等改性聚酯。其中聚酯部分，主要是由多元醇（如乙二醇、甘油、季戊四醇等）和多元酸（如邻苯二甲酸酐、间苯二甲酸、己二酸、顺丁烯二酸酐等）组成，合成方法如下。

**(1) 醇解法**

① 在碱性催化剂下的醇解反应

表 2-9　油度长短对涂料性能的影响

| 涂料性能 | 影响情况 | 短油度　中油度　长油度 | 影响情况 |
|---|---|---|---|
| 炼漆稳定性 | 不易凝胶 | ←——→ | 易凝胶 |
| 溶剂品种 | 适于芳烃 | ←——→ | 脂肪烃 |
| 研磨性能 | 差 | ←——→ | 好 |
| 储存中结皮 | 少 | ←——→ | 多 |
| 涂刷性 | 差 | ←——→ | 好 |
| 干燥时间 | 快 | ←——→ | 慢 |
| 附着性 | 差 | ←——→ | 好 |
| 光泽 | 好 | ←——→ | 差 |
| 柔韧性 | 差 | ←——→ | 好 |
| 硬度 | 高 | ←——→ | 低 |
| 耐水性 | 好 | ←——→ | 差 |
| 耐化学性 | 好 | ←——→ | 差 |
| 耐候性 | 差 | ←——→ | 好 |

$$\begin{matrix} CH_2OCOR^1 \\ | \\ CHOCOR^2 \\ | \\ CH_2OCOR^3 \end{matrix} + \begin{matrix} CH_2OH \\ | \\ CHOH \\ | \\ CH_2OH \end{matrix} \xrightarrow[220\sim240℃]{LiOH} \begin{matrix} CH_2OH \\ | \\ CHOH \\ | \\ CH_2OCOR^3 \end{matrix} + \begin{matrix} CH_2OCOR^1 \\ | \\ CHOCOR^2 \\ | \\ CH_2OH \end{matrix}$$

甘油一酸酯（单甘油酯）　　甘油二酸酯（二元甘油酯）

② 在酸性催化剂下的醇解反应

$$\begin{matrix} CH_2OCOR^1 \\ | \\ CHOCOR^2 \\ | \\ CH_2OCOR^3 \end{matrix} + HOCH_2-\begin{matrix} CH_2OH \\ | \\ C \\ | \\ CH_2OH \end{matrix}-CH_2OH + C_6H_5COOH \xrightarrow{H^+} \begin{matrix} CH_2OCOR^1 \\ | \\ CHOCOR^2 \\ | \\ CH_2OH \end{matrix} + R^1COOCH_2-\begin{matrix} CH_2OH \\ | \\ C \\ | \\ CH_2OH \end{matrix}-CH_2O-\overset{O}{\overset{\|}{C}}-C_6H_5$$

植物油　　季戊四醇　　苯甲酸　　甘油二酸酯（二元甘油酯）　　苯甲酸季戊四醇酸酯

**(2) 酸解法**

$$\begin{matrix} CH_2OCOR^1 \\ | \\ CHOCOR^2 \\ | \\ CH_2OCOR^3 \end{matrix} + C_6H_4(COOH)_2 \longrightarrow \begin{matrix} CH_2OCO-C_6H_4-COOH \\ | \\ CHOCOR^2 \\ | \\ CH_2OCOR^3 \end{matrix} + R^1COOH$$

油脂　　间苯二甲酸　　间苯二甲酸甘油酯　　脂肪酸

**(3) 脂肪酸法**

$$\begin{matrix} CH_2OH \\ | \\ CHOH \\ | \\ CH_2OH \end{matrix} + C_6H_4(CO)_2O + RCOOH \longrightarrow$$

甘油　　间苯二甲酸

$$H\left[O-CH_2-\underset{\underset{COR}{|}}{\underset{O}{\underset{|}{CH}}}-CH_2-O-\overset{O}{\overset{\|}{C}}-C_6H_4-\overset{O}{\overset{\|}{C}}-O-CH_2-\underset{\underset{COR}{|}}{\underset{O}{\underset{|}{CH}}}-CH_2-O-\overset{O}{\overset{\|}{C}}-C_6H_4-\overset{O}{\overset{\|}{C}}\right]_n OH$$

脂肪酸甘油醇酸树脂

### 3. 氨基树脂

氨基树脂漆是以氨基树脂和醇酸树脂为主要成膜物质的一类涂料。氨基树脂是热固性合成树脂中的主要品种之一，以尿素和三聚氰胺分别与甲醛作用，生成脲-甲醛树脂、三聚氰胺-甲醛树脂。上述两种树脂统称氨基树脂。氨基树脂因性脆、附着力差，不能单独制漆。但它与醇酸树脂拼用，经过一定温度烘烤后，两种树脂即可交联固化成膜，牢固地附着于物体表面，所以又称氨基树脂漆为氨基醇酸烘漆或氨基烘漆。两种树脂配合使用可以理解为醇酸树脂改善氨基树脂的脆性和附着力；而氨基树脂改善醇酸树脂的硬度、光泽、耐酸、耐碱、耐水、耐油等性能。两者互相取长补短。

能形成涂料基质的氨基树脂主要有下述四种，现分述其制备与组成。

**(1) 脲醛树脂**

脲醛树脂是由尿素与甲醛缩合，以丁醇醚化而得。其反应式为：

$$\begin{matrix} NH_2 \\ | \\ C{=}O \\ | \\ NH_2 \end{matrix} + 2CH_2O \longrightarrow \begin{matrix} H-N-CH_2OH \\ | \\ C{=}O \\ | \\ H-N-CH_2OH \end{matrix}$$

$$n\begin{matrix} H-N-CH_2OH \\ | \\ C{=}O \\ | \\ H-N-CH_2OH \end{matrix} + nC_4H_9OH \xrightarrow{H^+} \left[\begin{matrix} H-N-CH_2OC_4H_9 \\ | \\ C{=}O \\ | \\ -H-N-CH_2- \end{matrix}\right]_n$$

用它制得的涂料，流平性好，附着力和柔韧性也不差；但耐溶性差。如果加入磷酸（2%～5%）催化剂，便能常温干燥。

**(2) 三聚氰胺-甲醛树脂**

三聚氰胺-甲醛树脂是用三聚氰胺与甲醛缩合，以丁醇醚化而得，其反应式为复杂的连串反应：

$$C_3N_3(NH_2)_3 + HCHO \xrightarrow{\text{碱或酸}} C_3N_3(NH_2)_2(NHCH_2OH)$$

$$
\begin{array}{c}
\text{H—N—CH}_2\text{OH} \\
| \\
\text{H}_2\text{N—C}_3\text{N}_3\text{—NH}_2
\end{array}
+ n\text{HCHO} \xrightarrow{\text{碱或酸}}
\begin{array}{c}
\text{H—N—CH}_2\text{OH} \\
| \\
\text{(H)(HOCH}_2\text{)N—C}_3\text{N}_3\text{—N(CH}_2\text{OH)}_2
\end{array}
$$

多羟甲基三聚氰胺与丁醇发生如下的醚化反应（通常需要丁醇过量，酸性催化剂作用下，过量丁醇一方面促进反应向右进行，另一方面作为反应介质）：

$$
\begin{array}{c}
\text{H—N—CH}_2\text{OH} \\
| \\
\text{(HOH}_2\text{C)(H)N—C}_3\text{N}_3\text{—N(CH}_2\text{OH)}_2
\end{array}
+ \text{C}_4\text{H}_9\text{OH} \xrightarrow{\text{碱或酸}}
\begin{array}{c}
\text{H—N—CH}_2\text{OH} \\
| \\
\text{(H)(CH}_2\text{OH)N—C}_3\text{N}_3\text{—N(CH}_2\text{OH}_2\text{)(CH}_2\text{OC}_4\text{H}_9\text{)}
\end{array}
+ \text{H}_2\text{O}
$$

多羟甲基三聚氰胺通过本身的缩聚反应及和丁醇的醚化反应，形成高分散性的聚合物，就是涂料用的丁醇改性三聚氰胺甲醛树脂。它的代表结构式如下：

$$
\left[
\begin{array}{c}
\text{H}_9\text{C}_4\text{—O—H}_2\text{C—N—CH}_2\text{—} \\
| \\
\text{—O—H}_2\text{C(H)N—C}_3\text{N}_3\text{—N(CH}_2\text{OH}_2\text{)(CH}_2\text{—O—C}_4\text{H}_9\text{)}
\end{array}
\right]_n
$$

改性后的三聚氰胺树脂，因含有一定数量的丁氧基基团，使之能溶于有机溶剂，并能与醇酸树脂混溶。其在不同的极性溶剂内的溶解度与不同类型的醇酸树脂的混溶性，均与三聚氰胺树脂的丁氧基含量有关（在生产时，以三聚氰胺树脂溶液对200#油漆溶剂油的容忍度来表示醚化度大小）。用它制得的漆，其抗水性及耐酸、耐碱、耐久、耐热性均比脲醛树脂漆好。

**(3) 苯代三聚氰胺甲醛树脂**

它是甲醛与苯化三聚氰胺缩合，以丁醇醚化制得。由于其分子结构中，有一个活性基团被苯环取代，因此耐热性，与其树脂的混溶性、储存稳定性等都有所改性。用它制成的漆，涂膜光亮、丰满。

**(4) 聚酰亚胺树脂**

聚酰亚胺树脂是以均苯四甲酸酐与二氨基二苯醚缩聚制得，以二甲基乙酰胺为溶剂，用它制成的漆耐热和绝缘性能均较好。

在氨基树脂漆组成中，氨基树脂占树脂总量的10%～50%，醇酸树脂占50%～90%。按氨基树脂含量分为三档：高氨基，即醇酸树脂∶氨基树脂＝(1～2.5)∶1；中氨基，即醇酸树脂∶氨基树脂＝(2.5～5)∶1；低氨基，即醇酸树脂∶氨基树脂＝(5～7.5)∶1。

氨基树脂用量越多，漆膜的光泽、耐水、耐油、硬度等性能越好，但脆性变大，附着力变差，价格也变高。因而高氨基涂料只有在特种漆或罩光中应用；低氨基者，漆膜的上述各项指标均较差，所以应用中氨基涂料为多。

与氨基树脂拼用的主要是短油度蓖麻油、椰子油或豆油改性醇酸树脂及中油度蓖麻油或脱水蓖麻油醇酸树脂。用十一烯酸改性的醇酸树脂与氨基树脂制得的漆，其耐水、耐光、不泛黄性均较好。用三羟甲基丙烷代替甘油制得的醇酸树脂与氨基树脂制备的漆，其保光、保色及耐候性都有较大改善，用来涂刷高级轿车及高档日用轻工产品。

**4. 乙烯类树脂**

乙烯类树脂的原料来自石油化工，资源丰富而价格低廉，同时它有一系列优点：如耐候、耐腐蚀、耐水、电绝缘、防霉、不燃等。大部分乙烯类树脂涂料属挥发性涂料，具有自干的特点。因此其产量比例在涂料总产量中逐渐增加。如下反应式为氯醋共聚树脂：

$$mn\mathrm{CH_2{=}CHCl} + n\mathrm{CH_2{=}CHCOOCH_3} \longrightarrow \left[\!\!\left(\mathrm{CH_2-\underset{\displaystyle Cl}{\underset{|}{CH}}}\right)_m\!\!-\mathrm{CH_2-\underset{\displaystyle COOCH_3}{\underset{|}{CH}}}-\right]_n$$

聚氯乙烯的分子结构规整，链间缔合力极强，玻璃化温度高，溶解性差。用醋酸乙烯单体与之共聚，使聚合物的柔韧性增加，溶解度改善，同时保留聚氯乙烯的优点如不燃性、耐腐蚀性、坚韧耐磨等。

此外还有偏氯乙烯共聚树脂，其分子结构对称，耐化学腐蚀性能非常好，但在有机溶剂中很难溶解，常用氯乙烯或丙烯腈与之共聚，制成防腐漆；聚乙烯醇缩醛树脂是聚乙烯醇衍生物中最重要的工业产品，在适当介质中（如水、醇、有机或无机酸等），聚乙烯醇与醛类缩合可制得聚乙烯醇缩醛树脂。由于它具有多种优良的性能，如硬度高、电绝缘性优良、耐寒性好、黏结性强、透明度佳等，而且主要原料可从石油化工大量生产，因此广泛地应用于涂料、合成纤维、黏合剂、安全玻璃夹层和绝缘材料等的生产中；氯化聚烯烃树脂，包括氯化聚乙烯、氯化聚丙烯等，是利用石油化工副产的低相对分子质量聚合物制成。由于它们具有各种优良的性能（化学防腐性、耐候性、电绝缘性和极高的起始光泽)，可以作为涂料的成膜物质。以氯化聚烯烃为基础可以生产出一系列不同用途的涂料，如外用漆、化学防腐漆、船舶漆和热带用三防漆等；过氯乙烯树脂是聚氯乙烯进一步氯化得到过氯乙烯，它保留了聚氯乙烯树脂的耐腐蚀、不延燃、电绝缘、防霉等优良性能，在很多溶剂中可以溶解成黏度低、浓度高的溶液，有利于生产涂料。这类涂料有很多优良性能，但不耐热，附着力差。

**5. 丙烯酸酯树脂**

1929 年，首先在德国开发成功世界上第一座合成丙烯酸酯的工业化装置. 该反应过程可用以下化学反应方程式表示：

$$\mathrm{CH_2{-}CH_3 + HClO \longrightarrow ClCH_3CH_2OH}$$

$$\mathrm{ClCH_3CH_2OH + NaCN \longrightarrow CNCH_3CH_2OH + NaCl}$$

$$\mathrm{CNCH_2CH_2OH + ROH + \frac{1}{2}H_2SO_4 \longrightarrow CH_2{-}CH{-}COOR + \frac{1}{2}\ (NH_4)_2SO_4}$$

在而后的几十年中，由 Rhm 和 Ha 以及其他制作商开发了一系列制备丙烯酸酯的生产工艺。总括起来，主要有以下几种。

| 生　　产　　方　　法 | 制造厂商 |
|---|---|
| $\mathrm{CH_3\overset{\displaystyle O}{\overset{\Vert}{C}}CH_3 + HCN \longrightarrow CN_3-\overset{\displaystyle OH}{\overset{|}{\underset{\displaystyle CN}{\underset{|}{C}}}}-CH_3}$<br>$\mathrm{(CH_3)_2\overset{\displaystyle OH}{\overset{|}{C}}CN + H_2O + ROH + \frac{1}{2}H_2SO_4 \longrightarrow (CH_3)_2\overset{\displaystyle OH}{\overset{|}{C}}COOR + \frac{1}{2}(NH_4)_2SO_4}$<br>$\mathrm{(CH_3)_2\overset{\displaystyle OH}{\overset{|}{C}}COOR \xrightarrow{P_2O_5} CH_2{=}\overset{\displaystyle CH_3}{\overset{|}{C}}COOR + H_2O}$ | Röhm and Hans (1933年) |
| $\mathrm{HC{\equiv}CH + ROH + CO \xrightarrow[HCl]{Ni(CO)_4} CH_2C{=}HCOOR}$ | Röhm and Haas (1948年) |

续表

| 生　　产　　方　　法 | 制造厂商 |
|---|---|
| $\underset{\diagdown O \diagup}{CH_2—CH_2} + HCN \xrightarrow{OH^-} HOCH_2CH_2CN$<br>$HOCH_2CH_2CN + ROH + H^+ \longrightarrow CH_2═CHCOOR + NH_4^+$ | U.C.C.<br>(1949年) |
| $HC≡CH + CO + H_2O \xrightarrow{NiX} CH_2═CHCOOH$ | BASF<br>(1956年) |
| $CH_2═CHCN \xrightarrow[H_2O]{H_2SO_4} CH_2═CHCONH_2 \xrightarrow[H_2SO_4]{ROH}$<br>$CH_2═CH—COOR + NH_4^+$ | Ogifor |
| $CH_2═C═O + CH_2O \longrightarrow \begin{array}{l} CH_2—\overset{\overset{O}{//}}{C} \\ \vert \quad\quad \vert \\ CH_2—O \end{array}$ | |
| $\begin{array}{l} CH_2—\overset{\overset{O}{//}}{C} \\ \vert \quad\quad \vert \\ CH_2—O \end{array} + ROH \xrightarrow{H_2SO_4} CH_2═CHCOOR + H_2O$ | Celancso<br>(1958年) |
| $(CH_3)_2\underset{\underset{CN}{\vert}}{C}—OH + H_2SO_4 \longrightarrow CH_2═\underset{\underset{CH_3}{\vert}}{C}—\underset{\underset{O}{\Vert}}{C}NH_2—H_2SO_4$<br>$\xrightarrow[H^+]{ROH} CH_2═\underset{\underset{CH_3}{\vert}}{C}—COOR + NH_4HSO_4$ | Röhm and Haas 和 Dupont |
| $CH_2═CHCH_3 + \frac{3}{2}O_2 \longrightarrow CH_2═CHCOOH + H_2O$ | U.C.C.<br>(1969年) |
| $CH_2═\underset{\underset{CH_3}{\vert}}{C}—CH_3 \xrightarrow[[O]]{Mo\text{-}Bi\text{-}Fe\text{-}Li} CH_2═\overset{\overset{CH_3}{\vert}}{C}—CHO$<br>$CH_2═\underset{\underset{CH_3}{\vert}}{C}—CHO \xrightarrow[[O]]{MO_{12}P_3VCa,ar_{0.5}} CH_2═\overset{\overset{CH_3}{\vert}}{C}—COOH$ | Nippon Gcon<br>(1975年) |

其中，由美国联合碳化物公司开发的丙烯氧化合成丙烯酸工艺是目前世界各国合成丙烯酸的主要方法。此外，还可用直接酯化法和酯交换法合成各种丙烯酸酯单体。

**(1) 直接法**

$$CH_2═\overset{\overset{R^1}{\vert}}{C}—COOH + R^2OH \longrightarrow CH_2═\overset{\overset{R^1}{\vert}}{C}—COOR^2 + H_2O$$

式中，$R^1$ 为 H 或—$CH_3$；$R^2$ 为烷基。

**(2) 酯交换法**

$$CH_2═\underset{\underset{R^1}{\vert}}{C}—COOR^2 + R^3OH \longrightarrow CH_2═\underset{\underset{R^1}{\vert}}{C}—COOR^3 + R^2OH$$

式中，$R^1$ 为 H 或—$CH_3$；$R^2$ 为烷基；$R^3$ 为比 $R^2$ 碳数更多的烷基。

**6. 不饱和聚酯树脂**

不饱和聚酯是指分子链上含有不饱和双键的聚酯，一般由饱和的二元醇与饱和的及不饱和的二元酸（或酸酐）聚合而成，它不同于醇酸树脂，醇酸树脂的双键位于侧链上，依靠空气的氧化作用交联固化。不饱和聚酯则利用其主链上的双键及交联单体（如苯乙烯）的双键自由基型引发剂产生的活性种引发聚合、交联固化，空气中的氧气有阻聚作用。

不饱和聚酯中含有一定量的活性很大的不饱和双键，又有作为稀释剂的活性单体。但在常温下，聚合成膜反应很难发生。为使具有的双键能够迅速反应成膜，必须使用引发剂，引发剂就是能使线型的热固性树脂在常温或加热条件下变成不溶不熔的体型结构的聚合物。但是引发剂在常温分解的速度是很慢的，为此还要应用一种能够促进引发快速进行的促进剂。引发剂与促进剂要配套使用，使用过氧化环己酮作引发剂时，环烷酸钴是有效的促进剂，当使用 BPO 作引发剂时，二甲基苯胺是理想的促进剂。引发剂为强氧化剂，而促进剂为还原剂，二者复合构成氧化还原引发体系。

不饱和聚酯为线型分子，其分子量可以通过摩尔系数（即非过量羧基与过量羟基的摩尔比）进行控制，当然，也可以用体系的平均官能度进行控制。除此之外，引入的双键量也应根据性能要求通过大量实验给予确定。不饱和聚酯合成原理及原料如下。

**(1) 二元醇**

乙二醇是结构最简单的二元醇，由于其结构上的对称性，使生成的聚酯树脂具有明显的结晶性，这便限制了它同苯乙烯的相容性，因此一般不单独使用，而同其他二元醇结合起来使用，如将 60%的乙二醇和 40%的丙二醇混合使用，可提高聚酯树脂与苯乙烯的相容性；如果单独使用，则应将生成树脂的端基乙酰化或丙酰化，以改善其相容性。

1,2-丙二醇由于结构上的非对称性，可得到非结晶的聚酯树脂，可完全同苯乙烯相容，并且它的价格相对而言也较低，因此是目前应用最广泛的二元醇。其他可用的二元醇有：一缩二乙二醇，可改进聚酯树脂的柔韧性；一缩二丙二醇，可改进树脂的柔韧性和耐蚀性；新戊二醇，可改进树脂的耐蚀性，特别是耐碱性和水解稳定性。

**(2) 不饱和二元酸**

不饱和聚酯树脂中的双键，一般由不饱和二元酸原料提供。树脂中的不饱和酸愈多，双键比例愈大，则树脂固化时交联度愈高，由此使树脂具有较高的反应活性，树脂的固化物有较高的耐热性，在破坏时有较低的延伸率。

为改进树脂的反应性和固化物性能，一般把不饱和二元酸和饱和二元酸混合使用。

顺丁烯二酸酐（马来酸酐）和顺丁烯二酸（马来酸）是最常用的不饱和酸。由于顺丁烯二酸酐具有较低的熔点，且反应时可少缩合出一分子水，故用得更多。反丁烯二酸（富马酸）是顺酸的反式异构体，虽然顺酸在高于 180℃缩聚时，几乎完全可以异构化而变成反式结构，但用反丁烯二酸制备的树脂有较高的软化点和较大的结晶倾向性。

其他的不饱和酸，如氯化马来酸、衣康酸和柠康酸也可以用，但价格较贵，使用不普遍。此外，用衣康酸制造的树脂，也会出现树脂与苯乙烯混溶稳定性的问题，尽管氯化马来酸含 26%的氯，但要作为阻燃树脂使用，含氯量仍是不够的，还必须加入其他阻燃成分。

**(3) 饱和二元酸**

加入饱和二元酸的主要作用是有效地调节聚酯分子链中双键的间距，此外还可以改善与苯乙烯的相容性。

为减少或避免树脂的结晶问题，可将邻苯二甲酸酐作为饱和二元酸来制备不饱和聚酯树脂，所得的树脂与苯乙烯的相容性好，有较好的透明性和良好的综合性能。此外，邻苯二甲酸酐原料易得，价格低廉，因此是应用最广的饱和二元酸。间苯二甲酸与邻苯二甲酸酐相比，改进了邻苯型聚酯中由于两个酯基相靠太近而引起的相互排斥作用所带来的酯基稳定性问题，从而提高了树脂的耐蚀性和耐热性，此外还提高了树脂的韧性。间苯二甲酸可用于合成中等耐蚀的不饱和聚酯树脂。对苯二甲酸与间苯二甲酸相似，用对苯二甲酸制得的聚酯树脂有较好的耐蚀性和韧性，但这种酸活性不大，合成时不易反应，应用不多。

含氯和含溴的饱和二元酸，可以用来制造阻燃树脂。氯菌酸酐（HET 酸酐）和四氯苯酐是两种常用的含氯饱和二元酸。氯菌酸酐的含氯量高达 55%，用它制得的聚酯比用四氯苯酐（含氯量为 49.5%）制得的聚酯有更好的阻燃性，同时还具有良好的耐蚀性。它的缺点是所得树脂（开始时是无色透明的）在储存和使用过程中，随着时间的延长而逐渐变得有色、发暗，即使加入紫外线吸收剂也不能阻止这种色变。

**(4) 交联剂**

交联剂除在固化时能同树脂分子链发生交联产生体型结构的大分子外，还起着稀释剂的作用，形成具有一定黏度的树脂溶液。苯乙烯是最常用的交联剂，其优点为：①苯乙烯为一低黏度液体，与树脂及各种辅助组分有很好的相容性；②与不饱和聚酯树脂进行共聚时，能形成组分均匀的共聚物。

**(5) 阻聚剂**

在自由基聚合反应中，一些微量物质的加入，可以在一定时间范围延缓或减慢聚合的速度，这类物质称为阻聚剂。阻聚剂通常在缩聚反应结束后加入，既可避免在较高温度下树脂与苯乙烯单体混溶时发生凝胶，也可延长树脂溶液产品的储存期。

和聚合单体一样，阻聚剂也和树脂体系里的自由基发生作用，产生新的自由基，但不同的是自由基同阻聚剂反应生成的新自由基一般不再发生链增长反应，它们或比较稳定，或相互作用进行链终止反应，实质上起着吸收和消耗系统里产生的自由基的作用，从而表现出明显的阻聚作用。

不饱和聚酯化反应表示为：

$$n\mathrm{HOOC(CH_2)}_x\mathrm{COOH} + n\mathrm{HO(CH_2)}_y\mathrm{OH} \rightleftharpoons$$
$$\mathrm{HO{+}\!\!\!\!\!\!\![CO(CH_2)}_x\mathrm{COO(CH_2)}_y\mathrm{O]}_n\mathrm{H} + (2n-1)\mathrm{H_2O}$$

**7. 环氧树脂**

20 世纪 30 年代发明了环氧树脂的合成方法，40 年代环氧树脂的应用得到推广，随后瑞士的汽巴公司、美国的壳牌公司相继投入正式生产，发展速度很快。环氧树脂赋予涂料以优良的性能和应用方式上的广泛性，使得在涂料方面的增长速度仅次于醇酸树脂涂料和氨基树脂涂料，被广泛用于汽车、造船、化工、电子、航空航天、材料等工业部门。

环氧树脂是含有环氧基团的高分子聚合物，主要是由环氧氯丙烷和双酚 A 合成的，其相对分子质量一般在 300～700 之间。其结构如下：

$$\underset{\diagdown\ \mathrm{O}\ \diagup}{\mathrm{CH_2{-}CH}}\mathrm{{-}CH_2{-}\!\!\left[O{-}C_6H_4{-}\overset{\displaystyle CH_3}{\underset{\displaystyle CH_3}{\overset{|}{\underset{|}{C}}}}{-}C_6H_4{-}O{-}CH_2{-}\underset{\displaystyle OH}{\underset{|}{CH}}{-}CH_2\right]_n\!{-}O{-}}$$

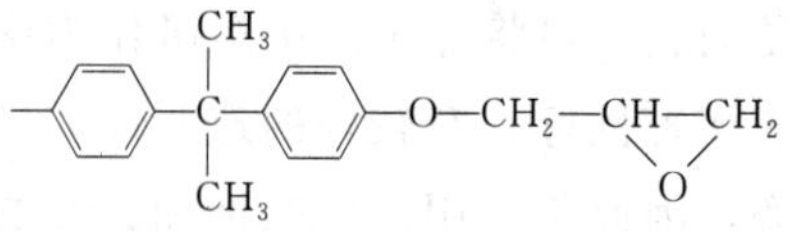

$$-C_6H_4-C(CH_3)_2-C_6H_4-O-CH_2-\underset{\diagdown O \diagup}{CH-CH_2}$$

**(1) 环氧树脂的特性指标**

环氧树脂有多种型号，各具不同的性能，其性能可由特性指标确定。

① 环氧当量（或环氧值） 环氧当量（或环氧值）是环氧树脂最重要的特性指标，表征树脂分子中环氧基的含量。环氧当量是指含有 1mol 环氧基的环氧树脂的质量（克），以 EEW 表示，而环氧值是指 100g 环氧树脂中环氧基的物质的量。

$$\text{环氧当量}=\frac{100}{\text{环氧值}}$$

② 羟基当量（或羟值） 羟值是指 100g 环氧树脂中所含的羟基的物质的量，而羟基当量是指含 1mol 羟基的环氧树脂的质量（克）。

$$\text{羟基当量}=\frac{100}{\text{羟值}}$$

③ 酯化当量 酯化当量是指酯化 1mol 单羧酸（60g 醋酸或 280g$C_{18}$ 脂肪酸）所需环氧树脂的质量（克）。环氧树脂中的羟基和环氧基都能与羧酸进行酯化反应。酯化当量可表示树脂中羟基和环氧基的总含量。

$$\text{酯化当量}=\frac{100}{\text{环氧值}\times 2+\text{羟值}}$$

④ 软化点 环氧树脂的软化点可以表示树脂的相对分子质量大小，软化点高的相对分子质量大，软化点低的相对分子质量小。

⑤ 氯含量 它是指环氧树脂中所含氯的物质的量，包括有机氯和无机氯。无机氯主要是指树脂中的氯离子，无机氯的存在会影响固化树脂的电性能。树脂中的有机氯含量标志着分子中未起闭环反应的那部分氯醇基团的含量，它的含量应尽可能地降低，否则也会影响树脂的固化及固化物的性能。

⑥ 黏度 环氧树脂的黏度是环氧树脂实际使用中的重要指标之一。不同温度下，环氧树脂的黏度不同，其流动性能也就不同。黏度通常可用杯式黏度计、旋转黏度计、毛细管黏度计和落球式黏度计来测定。

**(2) 固化剂**

环氧树脂的固化反应是通过加入固化剂，利用固化剂中的某些基团与环氧树脂中的环氧基或羟基发生反应来实现的。固化剂种类繁多，在工业上应用最广泛的有胺类、酸酐类和含有活性基团的合成树脂。

① 胺类固化剂是环氧树脂最常用的一类固化剂，其中包括：

a. 脂肪族胺类 能在常温下固化，固化速度快，黏度低，使用方便，是早期常用的常温固化剂，但其缺点是固化时放出大量的热，使用期限短，毒性大，固化后树脂机械强度和耐热性较差；

b. 芳香族胺类 固化时需在较高温度下进行，使用期限较长，固化后树脂的耐热性好；

c.改性胺类固化剂　它是胺类与其他化合物的加成物，具有毒性小、工艺性能好等优点，因此工业已经普遍应用。

② 酸酐类固化剂的性能　二元酸及其酸酐可以作为环氧树脂的固化剂，固化后树脂具有较好的机械强度和耐热性，但固化后树脂含有酯键，容易受碱侵蚀，酸酐固化时放热量低，使用期限长，但必须在高温度下烘烤才能固化完全。酸酐类易升华，易吸水，使用时不方便。涂料中主要用液体的酸酐加成物，如顺丁二酸酐和桐油的加成物。二元酸类固化剂很少使用，因为它的工艺性能不好。

③ 合成树脂类固化剂的性能　环氧树脂可与多种合成树脂混溶，如酚醛树脂、氨基树脂、醇酸树脂等。它们都含有能与环氧树脂反应的活性基团，互相交联固化。这些合成树脂本身具有特性，当引入环氧结构中，就赋予最终产物以某些优良性能。如用酚醛树脂固化可提高耐热性，用氨基树脂固化可提高韧性且色泽浅。以合成树脂为固化剂，广泛用于环氧树脂涂料中。

涂料在应用时，环氧树脂多采用固体的，树脂分子中含羟基较多，含环氧基较少，而且间隔较远，当和其他树脂的活泼基团反应时，环氧树脂的羟基容易反应，而环氧基不易反应，必须提高烘烤温度，才能使交联反应完全。

**(3) 环氧树脂的合成**

① 双酚 A 型环氧树脂的合成　双酚 A 型环氧树脂又称为双酚 A 缩水甘油醚型环氧树脂，因原料来源方便、成本低，所以在环氧树脂中应用最广，产量最大，约占环氧树脂总产量的 85%以上。双酚 A 型环氧树脂是由双酚 A 和环氧氯丙烷在氢氧化钠催化下反应制得的，双酚 A 和环氧氯丙烷都是二官能度化合物，所以合成所得的树脂是线型结构。反应原理如下：

$$(n+1)\,HO-C_6H_4-\underset{CH_3}{\overset{CH_3}{C}}-C_6H_4-OH+(n+2)\,\overbrace{CH_2-CH}^{O}-CH_2Cl\xrightarrow{NaOH}$$

$$\overbrace{CH_2-CH}^{O}-CH_2\left[O-C_6H_4-\underset{CH_3}{\overset{CH_3}{C}}-C_6H_4-O-CH_2-\underset{OH}{CH}-CH_2\right]_n O-C_6H_4-\overset{CH_3}{\underset{CH_3}{C}}-C_6H_4-O-CH_2-\overbrace{CH-CH_2}^{O}$$

双酚 A 型环氧树脂实际上是由低相对分子质量的二环氧甘油醚、双酚 A 以及部分高相对分子质量聚合物组成的，双酚 A 与环氧氯丙烷的摩尔配比不同，其组成也就不同：

$$HO-C_6H_4-\underset{CH_3}{\overset{CH_3}{C}}-C_6H_4-OH\xrightarrow[NaOH]{\overbrace{CH_2-CH}^{O}-CH_2Cl}HO-C_6H_4-\underset{CH_3}{\overset{CH_3}{C}}-C_6H_4-O-CH_2-\overset{OH}{CH}-CH_2Cl$$

$$\xrightarrow{NaOH}HO-C_6H_4-\underset{CH_3}{\overset{CH_3}{C}}-C_6H_4-O-CH_2-\overbrace{CH-CH_2}^{O}$$

$$HO-C_6H_4-C(CH_3)_2-C_6H_4-O-CH_2-\overset{O}{CH-CH_2} \xrightarrow[NaOH]{CH_2-CH(O)-CH_2Cl}$$

$$\overset{O}{CH_2-CH}-CH_2-C_6H_4-C(CH_3)_2-C_6H_4-O-CH_2-\overset{O}{CH-CH_2}$$

$$HO-C_6H_4-C(CH_3)_2-C_6H_4-O-CH_2-\overset{O}{CH-CH_2} \xrightarrow[NaOH]{HO-C_6H_4-C(CH_3)_2-C_6H_4-OH}$$

$$HO-C_6H_4-C(CH_3)_2-C_6H_4-O-CH_2-\underset{}{CH(OH)}-CH_2-O-C_6H_4-C(CH_3)_2-C_6H_4-OH$$

可以看出，环氧氯丙烷与双酚 A 的摩尔比必须大于 1∶1 才能保证聚合物分子末端含有环氧基。环氧树脂的相对分子质量随双酚 A 和环氧氯丙烷的摩尔比的变化而变化，一般说来，环氧氯丙烷过量越多，环氧树脂的相对分子质量越小。若要制取相对高分子达数万的环氧树脂，必须采用等摩尔比。工业上环氧氯丙烷的实际用量一般为双酚 A 化学计量的 2～3 倍。

② 酚醛型环氧树脂的合成　酚醛型环氧树脂主要有苯酚线性酚醛型环氧树脂和邻甲酚线性酚醛环氧树脂两种。酚醛型环氧树脂的合成方法与双酚 A 型环氧树脂相似，都是利用酚羟基与环氧氯丙烷反应来合成的，所不同的是前者是利用线性酚醛树脂中酚羟基与环氧氯丙烷反应来合成的，而后者是利用双酚 A 中的酚羟基与环氧氯丙烷反应来合成。酚醛型环氧树脂的合成分两步进行：第一步，由苯酚与甲醛合成线性酚醛树脂；第二步，由线性酚醛树脂与环氧氯丙烷反应合成酚醛型环氧树脂，反应原理如下：

$$(n+2)\,C_6H_5OH + (n+1)HCHO \xrightarrow{酸性催化剂} HOC_6H_4-[CH_2-C_6H_3(OH)]_n-CH_2-C_6H_4OH$$

$$(n+2)\,\overset{O}{CH_2-CH}-CH_2Cl + HOC_6H_4-[CH_2-C_6H_3(OH)]_n-CH_2-C_6H_4OH \xrightarrow{NaOH}$$

$$\text{(环氧丙氧基)}C_6H_4-[CH_2-C_6H_3(O-CH_2-\overset{O}{CH-CH_2})]_n-CH_2-C_6H_4(O-CH_2-\overset{O}{CH-CH_2})$$

合成线性酚醛树脂所用的酸性催化剂一般为草酸或盐酸。为防止生成交联型酚醛树脂，甲醛的物质的量必须小于苯酚的物质的量。

工业上的生产过程一般是将工业酚、甲醛以及水依次投入反应釜中，在搅拌下加入适量的草酸，缓缓加热至反应物回流并维持一段时间后冷却至 70℃左右，再补加适量的 10%HCl，继续加热回流一段时间后，冷却，以 10% 氢氧化钠溶液中和至中性。以 60～70℃的温水洗涤树脂数次，以除去未反应的酚和盐类等杂质，蒸去水分，即得线性酚醛树脂。然后在温度不高于 60℃的情况下，向合成好的线性酚醛树脂中加入一定量的环氧氯丙烷，搅拌，分批加入约 10%的氢氧化钠，保持温度在 90℃左右反应约 2h，反应完毕用热水洗涤至洗涤水溶液 pH 在 7～8 之间，脱水后即得棕色透明酚醛型环氧树脂。

③ 部分脂环族环氧树脂的合成

a. CHO　CHO　$CH_3$　$\xrightarrow{Al[OCH(CH_3)_2]_3}$

$CH_2$—O—C(=O)　$CH_3$　$H_3C$　$\xrightarrow{CH_3COOOH}$　O　$CH_2$—O—C(=O)　O　$CH_3$　$H_3C$

b. $\xrightarrow[260\sim300℃]{裂解}$　$\xrightarrow[-25\sim-15℃]{HCl}$　—Cl　$\xrightarrow{HO^-}$

二环戊二烯

—O—　$\xrightarrow{CH_3COOOH}$　O　O　O　+　O　O　O

c. $\xrightarrow{CH_3COOOH}$　O　O

d. $CH_3$　+　$CH_3$　→　$CH_3$　$CH_3$　$CH_3$　$\xrightarrow{CH_3COOOH}$　$CH_3$　C—$CH_2$　O　O　$CH_3$

e. CHO　+　→　CHO　$CH_3$　→　$CH_2OH$　$CH_3$

$\xrightarrow{HO-C(=O)(CH_2)_4C(=O)-OH}$　$CH_2$—O—C(=O)$(CH_2)_4$C(=O)—O—$CH_2$　$CH_3$　$H_3C$　$\xrightarrow{CH_3COOOH}$

$CH_2$—O—C(=O)$(CH_2)_4$C(=O)—O—$CH_2$　O　O　$CH_3$　$H_3C$

f. HO　N　OH　C　C　N　C　N　OH　⇌　O　H　O　C　N　C　HN　C　NH　O　$\xrightarrow{CH_2-CH(-O-)-CH_2Cl}$

```
                      OH                                                    O
                      |                                                    / \
              CH2—CH—CH2                                            CH2—CH—CH2
             |         |                                            |
      O     |    O     Cl                                     O     |    O
       \\   N   //                                             \\   N   //
         C     C                   NaOH                          C     C
   OH    |     |     OH          ——————→            O            |     |          O
   |     N     N     |                             / \           N     N         / \
CH2—CH—CH2  \ C /  CH2—CH—CH2                   CH2—CH—CH2   \  C  /   CH2—CH—CH2
|             ||            |                                    ||
Cl            O             Cl                                   O
```

### (4) 通用环氧树脂的基本数据

表 2-10 和表 2-11 列出了各种环氧树脂的牌号及规格。

**表 2-10　国产环氧树脂的牌号及规格**

| 旧牌号 | | 国家统一牌号 | 软化点/℃或黏度/Pa・s | 规格 | | | |
|---|---|---|---|---|---|---|---|
| | | | | 环氧值/(eq/100g) | 有机氯/(mol/100g) | 无机氯/(mol/100g) | 挥发分/% |
| 双酚 A 型环氧树脂 | 616 | E-55 | (6～8) | 0.55～0.56 | ≤0.02 | ≤0.001 | ≤2 |
| | 618 | E-51 | (<2.5) | 0.48～0.54 | ≤0.02 | ≤0.001 | ≤2 |
| | 619 | | 液体 | 0.48 | ≤0.02 | ≤0.005 | ≤2.5 |
| | 6101 | E-44 | 12～20 | 0.41～0.47 | ≤0.02 | ≤0.001 | ≤1 |
| | 634 | E-42 | 21～27 | 0.38～0.45 | ≤0.02 | ≤0.001 | ≤1 |
| | | E-39-D | 24～28 | 0.38～0.41 | ≤0.01 | ≤0.001 | ≤0.5 |
| | 637 | E-35 | 20～35 | 0.30～0.40 | ≤0.02 | ≤0.005 | ≤1 |
| | 637 | E-31 | 40～55 | 0.23～0.38 | ≤0.02 | ≤0.005 | ≤1 |
| | 601 | E-20 | 64～76 | 0.18～0.22 | ≤0.02 | ≤0.001 | ≤1 |
| | 603 | E-14 | 78～85 | 0.10～0.18 | ≤0.02 | ≤0.005 | ≤1 |
| | 604 | E-12 | 85～95 | 0.09～0.14 | ≤0.02 | ≤0.001 | ≤1 |
| | 607 | E-06 | 110～135 | 0.04～0.07 | — | — | — |
| | 609 | E-03 | 135～155 | 0.02～0.045 | — | — | — |
| Novolac 型环氧树脂 | — | F-51 | (≤2.5) | 0.48～0.54 | ≤0.02 | ≤0.001 | ≤2 |
| | 648 | F-46 | ≤70 | 0.44～0.48 | ≤0.08 | ≤0.005 | ≤2 |
| | 644 | F-44 | ≤40 | ≤0.44 | ≤0.1 | ≤0.005 | ≤2 |
| 异氰尿酸三缩水甘油酯型环氧树脂(TGIC) | 695 | A-95 | 90～95 | 0.90～0.95 | — | — | — |
| 丙三醇型环氧树脂 | 662 | B-63 | (≤0.3) | 0.55～0.71 | — | ≤0.005 | — |

**表 2-11　烯烃类环氧化物的牌号及规格**

| 国家统一牌号 | 旧称 | 外观 | 环氧值/(eq/100g) | 相对密度(20℃/20℃) | 熔点/℃ | 规格 | | |
|---|---|---|---|---|---|---|---|---|
| | | | | | | 黏度(20℃)/mPa・s | 沸点/℃ | 折射率(20℃) |
| H-71 | 6201 | 淡黄色液体 | 0.62～0.67 | 1.121 | — | <2000 | 185(400Pa) | — |
| R-122 | 6207 | 白色结晶 | 1.22 | 1.331 | 184 | — | — | — |
| W-95 | 6300 | 白色固体 | ≥0.95 | 1.153 | 55 | — | — | — |
| W-95 | 6400 | 琥珀色液体 | ≥0.95 | 1.153 | — | — | — | — |
| YJ-118 | 6269 | 液体 | 1.16～1.19 | 1.0326 | — | 8.4 | 242 | 1.4682 |
| Y-132 | 6206 | 液体 | 1.29～1.35 | 1.0986 | — | 7.7 | 227 | 1.4787 |
| D-17 | 62000 | 琥珀色黏性液体 | 0.162～0.186 | 0.9012 | — | 碘值 180 | — | 羟基含量 2%～3% |

注：H 为 3,4-环氧基-6-甲基环己甲酸；R 为二氧化双环戊二烯；W 为二氧化双环戊二烯醚；YJ 为二甲基代二氧化乙烯基环己烯；Y 为二氧化乙烯基环己烯；D 为聚丁二烯环氧树脂。

## 8. 聚氨酯树脂

1937 年，德国化学家 Otto Bayer 及其同事用二异氰酸酯或多异氰酸酯和多羟基化合物通过加成反应合成了线型、支化或交联型聚合物，即聚氨酯，标志着聚氨酯的开发成功。其后的技术进步和产业化促进了聚氨酯科学和技术的快速发展。最初使用的是芳香族多异氰酸酯（甲苯二异氰酸酯），60 年代以来，又陆续开发出了脂肪族多异氰酸酯。聚氨酯树脂在涂料、黏合剂及弹性体行业取得了广泛、重要的应用。

聚氨酯（polyurethane）大分子主链上含有许多氨基甲酸酯基：$-\overset{\overset{\large H}{|}}{N}-\overset{\overset{\large O}{\|}}{C}-O-$，它由二(或多)异氰酸酯、二(或多)元醇与二(或多)元胺通过逐步聚合反应生成，除了氨基甲酸酯基（简称为氨酯基）外，大分子链上还往往含有醚基（$-O-$）、酯基（$-\overset{\overset{\large O}{\|}}{C}-O-$）、脲基（$-NH-\overset{\overset{\large O}{\|}}{C}-NH-$）、酰胺基（$-NH-\overset{\overset{\large O}{\|}}{C}-$）等基团，因此大分子间很容易生成氢键。

聚氨酯树脂是由多异氰酸酯（主要是二异氰酸酯）与多元醇聚合而成。因该聚合物的主链中含有氨基甲酸酯基，故称为聚氨基甲酸酯，简称聚氨酯。其结构为：

$$\left[RNH-\underset{\underset{\large O}{\|}}{C}-O-R'-O-\underset{\underset{\large O}{\|}}{C}-NH\right]_n$$

异氰酸分子中的氢原子被烃基取代的衍生物叫异氰酸酯，异氰酸酯是极活泼的基因，能进行多种反应。

异氰酸酯与含活性氢的化合物的反应，其反应式如下：

$$RNCO+R'OH \longrightarrow RNHCOOR'$$

（氨基甲酸酯）

$$RNCO+R'NH_2 \longrightarrow RNHCONHR'$$

（脲）

$$RNCO+R'COOH \longrightarrow RNHCOR'+CO_2$$

（酰胺）

如果用二元醇代替一元醇，则可按照逐步反应形成聚氨酯，其反应机理如下：

$$O{=}C{=}N-R-\overset{\delta^-}{N}{=}\overset{\delta^+}{C}{=}\overset{\delta^-}{O}$$

$$\Big\downarrow HO-R'-OH$$

$$O{=}C{=}N-R-N{=}\underset{\underset{\large O-R'-OH}{|}}{C}{=}OH$$

$$\Big\downarrow \text{氢转位}$$

$$O{=}C{=}N-R-NH-\overset{\overset{\large O}{\|}}{C}-O-R'-OH$$

$$\Big\downarrow O{=}C{=}N-R-N{=}C{=}O$$

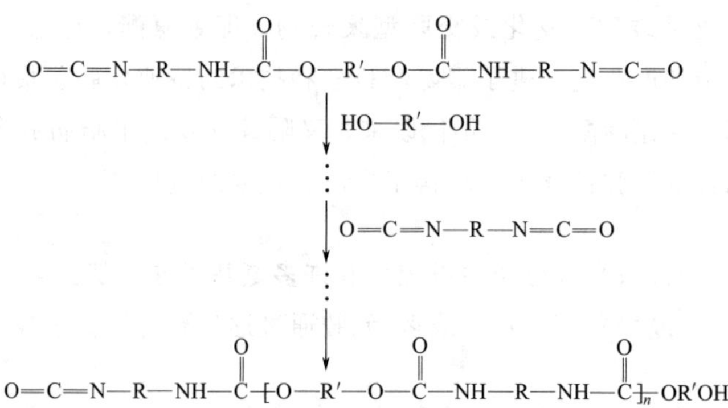

聚氨酯树脂不像聚丙烯酸酯那样，是由丙烯酸酯单体聚合而成，聚氨酯树脂并非由氨基甲酸酯单体聚合而成，而是由多异氰酸酯（主要是二异氰酸酯）与二羟基或多羟基化合物反应而成，而且它们之间结合形成高聚物的过程，既不是缩合，也不是聚合，而是介于两者之间，称之为逐步聚合或加成聚合。在此反应中，一个分子中的活性氢转移到另一个分子中去。在反应过程中没有副产物。

$$R—N═C═O + HO—R' \longrightarrow R—\underset{}{\overset{H}{\overset{|}{N}}}—\overset{O}{\overset{\|}{C}}—O—R'$$

**(1) 异氰酸酯**

异氰酸酯的化学性质活泼、含有一个或多个异氰酸根，能与含活泼氢的化合物反应。常用的异氰酸有芳香族的甲苯二异氰酸酯（简称 TDI）、二苯基甲烷二异氰酸酯（简称 MDI）等，脂肪族的六亚甲基二异氰酸酯（HDI）、二聚酸二异氰酸酯（DDI）等。

多异氰酸酯可以根据异氰酸酯基与碳原子连接的结构特点，分为四大类：芳香族多异氰酸酯（如甲苯二异氰酸酯，即 TDI）、脂肪族多异氰酸酯（六亚甲基二异氰酸酯，即 HDI）、芳脂族多异氰酸酯（即在芳基和多个异氰酸酯基之间嵌有脂肪烃基——常为多亚甲基，如苯二亚甲基二异氰酸酯，即 XDI）和脂环族多异氰酸酯（即在环烷烃上带有多个异氰酸酯基，如异佛尔酮二异氰酸酯，即 IPDI）四大类。

**(2) 含羟基化合物**

作为聚氨酯涂料的含羟基组分有：聚酯、聚醚、环氧树脂、蓖麻油及其加工产品（氧化聚合油、甘油醇解物），以及含羟基的热塑性高聚物（如含有 $\beta$-羟基的聚丙烯酸树脂等）。应该指出，小分子的多元醇只可作为制造预聚物或加成物的原料，而不能单独成为聚氨酯双组分涂料中的组分。因为小分子醇是水溶性物质，不能与异氰酸酯混合；其次，吸水性大，易在成膜时使漆膜发白，而且分子太小，结膜时间太长，即使结膜，内应力也大。

**9. 有机硅树脂**

元素有机涂料是指用有机硅、有机钛、有机锆等元素的有机聚合物为主要成膜物质的一类涂料。目前，生产和应用较多的是有机硅涂料。硅树脂又称有机硅树脂，是指具有高度交联网状结构的聚有机硅氧烷，是以 Si—O 键为分子主链，并具有高支链度的有机硅聚合物。

有机硅产品含有 Si—O 键，在这一点上基本与形成硅酸和硅酸盐的无机物结构单元相同；同时又含有 Si—C（烃基），而具有部分有机物的性质，是介于有机和无机聚合物之间的聚合物。由于这种双重性，使有机硅聚合物除具有一般无机物的耐热性、耐燃性及坚硬性等特性外，又有绝缘性、热塑性和可溶性等有机聚合物的特性，因此被人们称为半无机聚合物。

**(1) 硅树脂的合成原理**

按官能团种类的不同，硅树脂的合成单体可分为：有机氯硅烷单体、有机烷氧基硅烷单体、有机酰氧基硅烷单体、有机硅醇、含有机官能团的有机硅单体等。但目前工业生产中普遍采用有机氯硅烷水解法来合成，原因主要是该方法简单可行，且有机氯硅烷价格较便宜，合成容易。因此涂料工业中使用的有机硅树脂一般是以有机氯硅烷单体为原料，经水解、浓缩、缩聚及聚合等步骤来合成。

① 单体水解　有机氯硅烷单体与水作用，发生水解转变为硅醇：

$$-\overset{|}{\underset{|}{\mathrm{Si}}}-\mathrm{Cl}+\mathrm{H_2O}\longrightarrow-\overset{|}{\underset{|}{\mathrm{Si}}}-\mathrm{OH}+\mathrm{HCl}$$

② 缩聚和聚合　浓缩后的硅醇液大多是低分子的共缩聚体及环体，羟基含量高，相对分子质量低，物理机械性能差，储存稳定性不好，使用性能也差，因此必须用催化剂进行缩聚及聚合，消除最后有缩合能力的组分，建立和重建聚合物的骨架，达到最终结构，成为稳定的、物理力学性能好的高分子聚合物。

现在进行缩聚和聚合时一般都加入催化剂。催化剂既能使硅醇间羟基脱水缩聚，又能使低分子环体开环，在分子中重排聚合，以提高相对分子质量，并使相对分子质量及结构均匀化，即将各分子的 Si—O—Si 键打断，再形成高分子聚合物，如低分子的环体的聚合反应为：

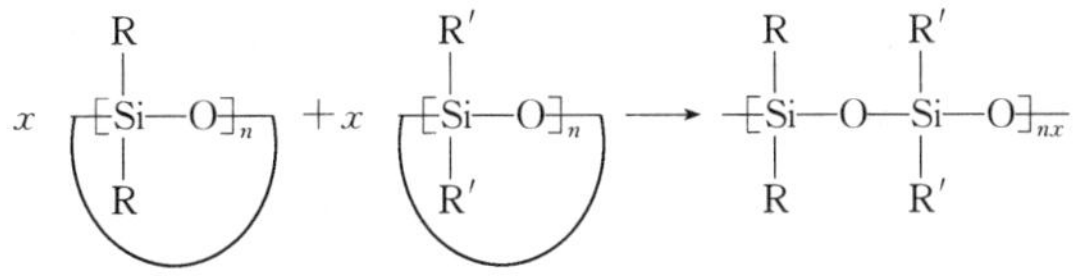

$$x\,\left[\overset{\mathrm{R}}{\underset{\mathrm{R}}{\mathrm{Si}}}-\mathrm{O}\right]_n+x\,\left[\overset{\mathrm{R'}}{\underset{\mathrm{R'}}{\mathrm{Si}}}-\mathrm{O}\right]_n\longrightarrow\left[\overset{\mathrm{R}}{\underset{\mathrm{R}}{\mathrm{Si}}}-\mathrm{O}-\overset{\mathrm{R'}}{\underset{\mathrm{R'}}{\mathrm{Si}}}-\mathrm{O}\right]_{nx}$$

端基为羟基的低分子物的缩聚反应为：

$$-\overset{|}{\underset{|}{\mathrm{Si}}}-\mathrm{OH}+\mathrm{HO}-\overset{|}{\underset{|}{\mathrm{Si}}}-\longrightarrow-\overset{|}{\underset{|}{\mathrm{Si}}}-\mathrm{O}-\overset{|}{\underset{|}{\mathrm{Si}}}-+\mathrm{H_2O}$$

在制备涂料用有机硅树脂时，一般采用碱金属的氢氧化物或金属羧酸盐作催化剂。

a. 碱催化法　系以 KOH、NaOH 或四甲基氢氧化铵等溶液加入浓缩的硅醇液中（加入量为硅醇固体的 0.01%～2%），在搅拌及室温下进行缩聚及聚合，达到一定反应程度时，加入稍过量的酸，以中和体系中的碱，过量的酸再以 $CaCO_3$ 等中和除去。此法生产的成品微带乳光，工艺较复杂。若中和不好，遗留微量的酸或碱，都会对成品的储存稳定性、热老化性和电绝缘性能带来不良影响。

碱催化的机理为：

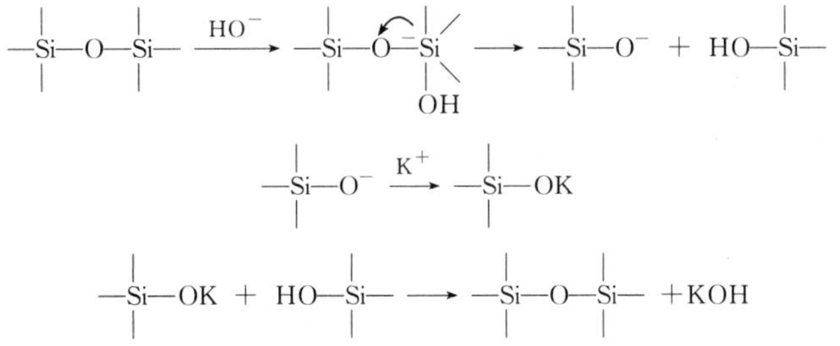

$$-\overset{|}{\underset{|}{\mathrm{Si}}}-\mathrm{O}-\overset{|}{\underset{|}{\mathrm{Si}}}-\xrightarrow{\mathrm{HO^-}}-\overset{|}{\underset{|}{\mathrm{Si}}}-\overset{-}{\mathrm{O}}-\overset{|}{\underset{\mathrm{OH}}{\mathrm{Si}}}\longrightarrow-\overset{|}{\underset{|}{\mathrm{Si}}}-\mathrm{O^-}+\mathrm{HO}-\overset{|}{\underset{|}{\mathrm{Si}}}-$$

$$-\overset{|}{\underset{|}{\mathrm{Si}}}-\mathrm{O^-}\xrightarrow{\mathrm{K^+}}-\overset{|}{\underset{|}{\mathrm{Si}}}-\mathrm{OK}$$

$$-\overset{|}{\underset{|}{\mathrm{Si}}}-\mathrm{OK}+\mathrm{HO}-\overset{|}{\underset{|}{\mathrm{Si}}}-\longrightarrow-\overset{|}{\underset{|}{\mathrm{Si}}}-\mathrm{O}-\overset{|}{\underset{|}{\mathrm{Si}}}-+\mathrm{KOH}$$

各种碱金属氢氧化物的催化活性按下列顺序递减：CsOH＞KOH＞NaOH＞LiOH，

氢氧化锂几乎无效。

b. 金属羧酸盐法　此法特别适用于涂料工业。以一定量的金属羧酸盐加入浓缩的硅醇内，进行环体开环聚合、羟基间缩聚及有机基团间的氧化交联，以形成高分子聚合物。反应活性强的为Pb、Sn、Zr、Al、Ca和碱金属的羧酸盐。反应活性弱的为V、Cr、Mn、Fe、Co、Ni、Cu、Zn、Cd、Hg、Ti、Th、Ce、Mg的羧酸盐。一般常用的羧酸为环烷酸或2-乙基己酸。

此类催化剂的作用随反应温度高低而变化，反应温度越高，作用越快。一般均先保持一定温度，使反应迅速进行，至接近规定的反应程度后，适当降低反应温度以便易于控制反应，然后加溶剂进行稀释。此工艺过程较简便，反应催化剂也不需除去，产品性能好。

**(2) 有机硅涂料的分类**

根据组成把有机硅涂料分为两类：

① 纯有机硅树脂涂料　这类涂料是纯硅树脂溶解于二甲苯形成的。它的特点是耐热性、憎水性、绝缘性好；但附着力略差，机械强度欠佳，广泛用于绝缘漆，工作温度可达180℃（H级别），如W30-1、W30-2等均属此类。

② 改性有机硅涂料

a. 冷混型有机硅涂料　由于纯有机硅涂料有上述特点，不易推广使用，但经改性后，就克服了上述弊端。改性的方法是用其他类别树脂混拼均匀。如苯基单体含有较多有机硅单体，它就可以与酚醛、氨基、醇酸、环氧、聚酯等树脂冷混；这样得到的改性有机硅树脂提高了附着力和机械强度，价格也降低了，如W61-22、W61-24、W61-27等均属此类。

b. 共缩聚型有机硅涂料　用含有活性基团的有机硅中间体与其他树脂共缩聚制得的有机硅涂料。除耐热性有所降低外，其固化性、耐溶性、机械强度都比纯有机硅有了较大改善；其保色性、附着力、柔韧性都比冷混型的好，如W30-3、W30-6、W31-1等就属此类。进行共缩聚反应要加催化剂，催化剂使硅醇间羟基脱水缩聚，使低分子环开裂，高分子重排引起链的增长。催化剂一般是碱金属，在复杂结构中可使链得到增长和重排。

c. 共缩聚冷混型有机硅涂料　用有机硅单体与其他树脂共聚后，再与另外树脂与之冷混制成，这类漆兼有前两种有机硅涂料的共同特征。如W61-1型有机硅涂料能耐热3000～4000℃；涂层刷完后2h就能干燥；有良好的三防性能，附着力和柔韧性都很好，用于航空工业和其他需要耐高温的部件。

其他元素有机高聚物能否作涂料，主要是看它们是否具有特殊的热稳定性或化学惰性，尤其是耐高温性。除了有机硅外，还有有机氟高聚物、有机钛高聚物等也用于涂料生产。用作涂料的其他元素有机高聚物正在飞速发展中。

## 三、无机高分子材料

它是以无机高分子聚合物作为成膜物质基料，并在常温或中温（300℃以下）条件下固化成膜的涂料。

与有机高分子涂料相比，它具有优良的耐热性、耐燃性、耐候性、耐辐射性、耐油性和耐溶剂性，但外观欠美观，装饰性差，涂膜硬而脆，易开裂，且对底材及施工方法都有一定的要求。

按照成膜物的不同，无机高分子涂料可分为四类，如表 2-12 所示，以硅酸盐和磷酸盐两类常见。

**表 2-12 无机高分子涂料的主要类型**

| 类型 | 成膜物质 | 应用范围 |
| --- | --- | --- |
| 硅酸盐类 | 碱金属硅酸盐水溶液<br>胶体二氧化硅水分散液<br>烷基硅酸酯加水后的分解液(溶剂型胶体二氧化硅) | 建筑、耐高温及防腐涂料<br>耐热、防腐蚀涂料 |
| 有机/无机复合类 | 无机高分子溶液与水溶性或水乳型有机高分子溶液的混合物，无机物表面用有机高分子接枝后的悬浮液 | 建筑、耐热和防锈涂料<br>建筑涂料 |
| 磷酸盐类 | 酸式磷酸盐水溶液 | 建筑、耐高温及防锈涂料 |
| 其他 | 水泥、石膏等胶囊材料<br>无机聚合物 | 建筑、耐高温及防锈涂料<br>电子、军工 |

**(1) 无机富锌涂料**

由硅酸盐（钾、钠）或硅溶胶与金属锌粉及其他辅助材料配制而成，以水为分散介质。在干燥过程中，水分挥发后，锌粉和硅酸盐发生化学反应而生成硅酸锌，再与钢铁表面生成硅酸锌铁的复盐，形成坚硬的涂膜，防锈力极强。

**(2) 磷酸盐铝粉涂料**

由酸式磷酸盐、铬酸酐、反应性颜料和铝粉及水组成。由于酸式磷酸盐和钢铁表面发生部分化学反应，起到钝化作用，使涂膜附着力极好，耐热（450℃长期使用），耐候。美国的 Semeter-W 涂料、德国的 VPW 涂料、日本的“特殊黏结剂”涂料均属此类，在600℃高温下有极好的防锈力，用于喷气机等导流叶片的防腐蚀涂装。

**(3) 硅溶胶型建筑涂料**

它是聚硅酸超细粒子在水中的分散体，能在常温下自缩聚而固活成膜，但因其体积收缩大而易于龟裂。常加入适量的丙烯酸乳液、甲基纤维素和片状颜料，以提高涂膜的强度和抗裂性。

无机高分子涂料还处于研究开发阶段，其品种和数量都很少，主要用作下列涂料：a. 重防腐蚀涂料（即在苛刻条件下使用，其寿命比普通防腐蚀涂料高出数倍的防腐蚀涂料），用于海上采油构筑物（钢结构）、船舶、桥梁等的涂装；b. 耐高温涂料，具有高温抗氧化、高温防锈、高温润滑、高温电绝缘及防火作用，用于特种工程和军工上；c. 建筑涂料，用于各种建筑物的装饰性防护涂装。

## 第三节 次要成膜物质的组成、特性及其作用

### 一、颜料的构成及在涂料中的作用

颜料是涂料中一个重要组成部分，它通常是极小的结晶，分散于成膜介质中。颜料和

燃料不同，燃料是可溶的，以分子形式存在于溶液之中，而颜料是不溶的。涂料的质量在很大程度上依靠所加颜料的质量和数量。

颜料最重要的是起遮盖和赋予涂层以色彩作用，但它的作用不仅在于此，还有以下几方面。

① 增加强度　有如炭黑在橡胶中的作用，颜料的活性表面可以和大分子链相结合，形成交联结构，当其中一条链受到应力时，可通过交联点将应力分散。

颜料与大分子间的作用力一般是次价力，经过化学处理，可以得到加强。颜料粒子的大小和形状度、强度很有影响，粒子越细，增强效果越好。

② 增加附着力　涂料在固化时常伴随有体积的收缩，产生内应力，影响涂料的附着，加入颜料可以减少收缩，改善附着力。

③ 改善流变性能　颜料可以提高涂料黏度，还可以赋予颜料以很好的流变性能，例如，通过添加颜料（如气相 $SiO_2$）赋予触变性质。

④ 改善耐候性　如炭黑既是黑色颜料，又是紫外吸收剂。

⑤ 功能作用　如防腐蚀作用，在防腐蚀颜料中有起钝化作用的颜料，如红丹（$Pb_3O_4$），也有起屏蔽作用的颜料，如铝粉、云母及玻璃鳞片，还有作为类似牺牲阳极的锌粉等。

⑥ 降低光泽　在涂料中加入颜料可破坏漆膜表面的平滑性，因而可降低光泽，在清漆中常用极细的二氧化硅或蜡来消光。

⑦ 降低成本　许多不起遮盖和色彩作用的颜料（如 $CaCO_3$、$SiO_2$、滑石粉等）价钱便宜，加入涂料中不影响涂层性质，但可增加体积，大大降低成本，它们称为体积颜料。

## 二、颜料的分类、特性及选择和应用

### (一)着色颜料

#### 1. 白色颜料

**(1) 钛白**

钛白是最重要的白色颜料，其分子式为 $TiO_2$，是一种白色稳定的化合物（又称二氧化钛）。对大气中各种化学物质稳定，不溶于水和弱酸，微溶于碱，耐热性好。二氧化钛具有优异的颜料品质，由于它的折射率比一般白色颜料高（在 2.5 以上），对光的吸收少，而散射能力大，使它的光学性能非常好，表现在光泽、白度、消色力、遮盖力都好，在粒度和粒度分布最佳时能发挥出最大效益。

二氧化钛有三种结晶体：锐钛型、板钛型和金红石型。板钛型属斜方晶型，无工业价值。锐钛型和金红石型同属四方晶型，在工业上有突出价值。颜料用钛白粉，分金红石型和锐钛型两类。这两种钛白粉虽化学成分相同，由于晶型结构不同，也带来了一系列性能的不同。它们虽同属四方晶系，但晶体结构的紧密程度不同，锐钛型晶体间空隙大，在常温下稳定，在高温下要转化为金红石型；金红石型是最稳定的结晶形态，结构致密，比锐钛型有更高的硬度、密度、介电常数和折射率，在耐候性和抗粉化方面比锐钛型优越，但锐钛型的白度要比金红石型好。虽说钛白对可见光的所有波长都能强烈地散射，很少吸收，因而白度高，但毕竟还存在着少量的吸收，金红石型钛白粉对靠近蓝端的可见光谱的吸收稍多于锐钛型，因而色调略带黄相。两者的区别如表 2-13 所示。

**表 2-13　锐钛型钛白与金红石型钛白的性能比较**

| 项目 | 金红石型 | 锐钛型 | 项目 | 金红石型 | 锐钛型 |
|---|---|---|---|---|---|
| 晶系 | 四方晶系 | 四方晶系 | 熔点/℃ | 1850 | 高温向金红石型转化 |
| 折射率 | 2.74 | 2.52 | 消色力 | 1650～1700 | 1200～1300 |
| 相对密度 | 4.2～4.3 | 3.8～3.9 | 吸油量/% | 20～22 | 23～25 |
| 莫氏硬度 | 6.0～7.0 | 5.0～6.0 | 耐光坚牢度 | 很高 | 低 |
| 介电常数 | 114 | 48 | 抗粉化性 | 优 | 差 |

注：消色力数据为雷诺数。当和标准样比较时，达到明度相同所消耗标准蓝颜料的毫克数为雷诺数。当消耗的蓝颜料量越大，说明白颜料的消色力越强。

**(2) 氧化锌**

氧化锌又名锌白，它是一个比较老的颜料品种，氧化锌不溶于水，但易溶于酸，尤其是无机酸，它也溶于氢氧化钠或氨水。用直接法生产的氧化锌纯度不低于 98%，其颗粒为小球或短针形两种结构；而间接法生产的氧化锌纯度不低于 99%，其颗粒极为细小(为胶态颗粒)。两者的折射率都在 2.0 左右，一般球形粒子的平均粒度在 0.2μm 左右，遮盖力随粒子大小和粒度分布的情况而有所不同，总的来说遮盖力不高，不如锌钡白，它的消色力亦低于锌钡白，比钛白更低。表 2-14 列举各种白色颜料的折射率、消色力与遮盖力的关系。

**表 2-14　白色颜料的折射率、消色力与遮盖力的关系**

| 颜料名称 | 折射率 | 消色力① | 遮盖力相对值 | 颜料名称 | 折射率 | 消色力① | 遮盖力相对值 |
|---|---|---|---|---|---|---|---|
| 金红石型钛白 | 2.71 | 1650～1700 | 100 | 锌白 | 2.03 | 300 | — |
| 锐钛型钛白 | 2.52 | 1200～1300 | — | 铅白 | 1.99 | 300 | — |
| 硫化锌 | 2.37 | 660 | 78 | 立德粉 | 1.84 | 260 | — |

① 消色力数据为雷诺数。

氧化锌的消色力低，但具有良好的耐光、耐热及耐候性，不粉化，适用于外用漆。氧化锌本身的熔点可达 (1975±25)℃，特别适用于含硫化合物环境，因为氧化锌能与硫结合成硫化锌，也是一种白色颜料。

氧化锌带有碱性，可与漆基中游离脂肪酸作用而生成锌皂，制漆后有变稠倾向。氧化锌的主要优点是它的防霉作用，它对紫外线有一定的不透明性，因此户外抗粉化性好。

氧化锌按制造方法不同，分为直接法氧化锌、间接法氧化锌、含铅氧化锌。它们的颗粒状态、化学组成都有一定的区别，因此在使用上要加以注意。

**(3) 锌钡白**

锌钡白又名立德粉。标准立德粉是硫酸钡和硫化锌的等分子混合物，锌钡白的遮盖力只相当于钛白粉的 20%～25%，但它具有化学惰性和优异的抗碱性，但不耐酸，遇酸分解产生硫化氢，在阳光下有变暗的现象，其原因是氯化锌及水分含量过高引起的，为此必须在生产过程中严格控制生产条件，使成品中所含的杂质氯化锌不能大于 1.2%。

锌钡白广泛用于室内装饰涂料，由于产品本身受大气作用不稳定，故不适宜制造高质量的户外涂料，主要用于水乳胶漆及油性漆中。

**(4) 锑白**

锑白以 $Sb_2O_3$ 为主要成分，外观洁白，遮盖力略次于钛白，和锌钡白相近，耐候性优于锌钡白，粉化性小，故耐光、耐热性均佳，对人无毒，主要用于防火涂料中。防火机理是高温下和含氯树脂反应生成氯化锑，能阻止火焰蔓延。在油基漆中使用，不与脂肪酸起反应，但有抗干性，常与 ZnO 合用。

锑白产品规格：$Sb_2O_3$ 含量＞99.5％，As＜0.05％。锑白相对密度较大，价格较高，故在一般色漆中较少使用。

## 2. 黑色颜料

**(1) 炭黑**

炭黑是由液态或气态碳氢化合物在适当控制条件下经不完全燃烧或热分解而制成的酥松、极细的黑色粉末，主要成分是碳，也含有少量来自原料的挥发物。根据炭黑生产时的原料及生产方式不同，把炭黑划分为不同类型，有灯黑、槽黑、热裂黑、乙炔黑、炉黑。表 2-15 为典型炭黑的特性。

**表 2-15　典型炭黑的特性**

| 特　性 | 灯黑 | 槽黑 | 热裂黑 | 乙炔黑 | 炉黑 |
|---|---|---|---|---|---|
| 平均粒度/μm | 0.05～0.1 | 0.01～0.027 | 0.15～0.5 | 0.035～0.05 | 0.01～0.07 |
| 表面积/($cm^2$/g) | 20～95 | 100～1125 | 6～15 | 60～70 | 20～200 |
| 吸油量/($cm^3$/g) | 1.05～1.65 | 1.0～6.0 | 0.3～0.46 | 3～3.5 | 0.67～1.95 |
| pH 值 | 3～7 | 3～6 | 7～8 | 5～7 | 5～9.5 |
| 氢含量/％ | — | 0.3～0.8 | 0.3～0.5 | 0.05～0.10 | 0.71～0.45 |
| 氧含量/％ | — | 2.5～11.5 | 0～0.12 | 0.1～0.15 | 0.19～1.2 |
| 挥发度/％ | 0.4～9.0 | 3.5～16.0 | 0.10～0.50 | 0.4 | 0.3～2.8 |
| 密度/(g/$cm^3$) | — | 1.75 | — | — | 1.8 |
| 灰分/％ | 0～0.16 | 0～0.10 | 0.02～0.38 | 0 | 0.1～1.0 |

**(2) 氧化铁黑**

下面介绍氧化铁黑的组成和性能：

| | | | |
|---|---|---|---|
| 组成 | $(FeO)_x\cdot(Fe_2O_3)_y$，含量＞95％ | 分散性 | 15μm 以下 |
| 粒度 | 0.2～0.6μm | 遮盖力 | 7～10g/$m^2$ |
| 密度 | 4.95g/$cm^3$ | pH 值 | 7±1 |
| 吸油量 | (20±3)g/100g | | |

氧化铁黑的制造主要有两种方法，一种是用亚铁盐加碱形成的氢氧化亚铁物，然后控制 pH 在 9～10 时，温度 95℃以上，进行加成反应，然后再经水洗、过滤、干燥、粉碎而成。另一种方法是利用高铁氧化铁（铁红 $Fe_2O_3$ 或铁黄 $Fe_2O_3\cdot H_2O$），再补加一定量的亚铁盐与碱，形成氢氧化亚铁，再与高铁氧化物进行加成反应，然后经热煮脱水，再经过水洗，过滤、干燥、粉碎而得。氧化铁黑具有一定的磁性，故适宜作金属底漆，其附着力和防锈性好。

## 3. 无机彩色颜料

**(1) 铬酸盐颜料**

① 铅铬黄　由于色泽鲜亮、遮盖力较好、价格低廉等因素，目前仍是涂料工业不可

缺少的品种。

② 钼铬酸 钼铬酸作为颜料应用始于1930年，是发展速度较快的一种颜料，它的外观鲜艳，可从浅橙色到红色，密度比较大（5.4～6.3g/cm$^3$），吸油量约15.8%～40%，颗粒大小为0.1～1μm。钼铬橙是一种含有铬酸铅的钼颜料，它具有高光泽和着色强度，遮盖力和耐久性均较好。

**(2) 镉系颜料**

① 镉黄 镉黄颜色鲜艳，镉黄及其冲淡产品都具有良好的遮盖力，但着色力一般或较差，由于吸油量低，它们易分散在漆基或塑料中。因为它是煅烧制成的，故耐温性好，它们耐碱性好，但耐酸性一般，在盐酸中不溶解，但能溶解在浓硫酸和稀硝酸中，并能溶在1∶5沸腾的稀硫酸中。耐光性、耐候性都很好，但有潜伏的毒性，应用时注意。

② 镉红 它的性能基本同于镉黄，坚牢度强，具有耐热、耐光、耐候等优良性能。虽然它的颜色鲜艳，性能好，但价格贵，只能用在有特殊要求耐高温、耐光、耐候等方面，可用于涂料、搪瓷、玻璃等工业中。

在制造时，取得镉盐原料的第一步骤同于镉黄，接着有两种方法将硒添入，一是在硫化镉沉淀之前，将硒溶于碱金属硫化物，形成碱金属硒化物，二是在精制碳酸镉干粉基础上，配以硒粉、硫黄粉高温密闭煅烧，其他湿磨、水洗、过滤、干燥、粉碎等步骤同镉黄。

**(3) 铁系颜料**

① 铁黄 铁黄的化学成分是$Fe_2O_3 \cdot H_2O$，具有优异的不渗色性、耐化学药品性、耐碱、耐稀酸、可溶于热浓酸中，耐光性好、分散性好、无毒、耐热性一般，超过177℃脱水变红。

氧化铁黄的颜色可从带绿相的柠檬色直至带红相的橘黄色，根据对色光的需要，掌握不同的工艺条件去进行控制。铁黄的主色调为黄色，具有强烈吸收蓝色和紫外线的能力，因而当涂膜中含有氧化铁黄颜色时，可以保护高分子材料免遭紫外线的照射而发生聚合物的降解。

② 铁红 氧化铁红颜料是一个古老的颜料，那时都是天然产品，近几十年发展为人工合成氧化铁红颜料，颜色更鲜艳，性能更优越的合成产品逐步取代了天然产品，现在合成产品已占80%以上。氧化铁红是重要的无机彩色颜料，仅次于钛白，这是因为它具有优良的颜料品质和较简单的工艺过程，原料简单易得，还可充分利用其他工业的废、副料作原料。成品毒性极小，制造过程中公害较小，成品价格又相当低廉，故用途甚广。

**(4) 绿色颜料**

① 铬绿 铬绿颜料不是单一化学组分形成的颜料，它是基于在光谱上黄与蓝两种颜料经减差混合，可以复配成绿色颜料的原理，由带绿相的铬黄与铁蓝拼混而成。铬绿颜料具有良好的遮盖力、强的着色力、较好的化学稳定性（耐碱性除外），耐久性适中，耐光性稍差（经助剂处理可在颜料制造中解决），耐热性一般（烘烤温度在149℃之下）。

② 氧化铬绿 氧化铬绿是单一成分的绿色颜料，不同于黄、蓝复配的绿色颜料，它的色光在绿色颜料中不算鲜艳，为橄榄绿色，遮盖力不如铅铬绿、着色力也不如其他绿色

颜料，但它的突出优点为：是绿色颜料中坚牢度最好的品种，有很强的化学稳定性，不溶于酸或碱，耐光性能强，耐高温达1000℃。

由于它的热稳定性及化学稳定性高，用于高温漆的制造，尤其是用于陶瓷及搪瓷工业，是没有其他的绿色颜料可以替代的，其次是用来制绿橡胶，也适用于在化学环境恶劣的条件下使用的防护漆。

它的生产方法比较简单，大多采用重铬酸钾或重铬酸钠，用碳或硫在高达1100℃下进行还原反应制得，然后洗去水溶盐，经干燥、粉碎后获得成品。

**(5) 蓝色颜料**

① 铁蓝　铁蓝的着色力在蓝色颜料中是很高的，但与酞菁蓝相比，只有它的一半，铁蓝的遮盖力不高，不耐晒、不耐稀酸、不耐浓酸，耐碱性极差，耐热性中等，在177℃时开始变色，在200℃以上铁蓝开始燃烧。铁蓝外观是一深色粉末，颜料的密度比较小（1.7～1.85g/cm$^3$），它的水萃取液为弱酸性，若不含一定的酸性就说明质量有问题，规定水萃取液为弱酸性（pH值不大于5）。铁蓝的分散比较困难，在制造时应引起注意。

② 群青　群青除作为最美丽的蓝色颜料外，最大的特点是耐久性高，它耐光、耐候、耐热、耐碱，但遇酸分解、变黄。

由于群青颜色鲜艳、耐久性高，早已用于古代的绘画及装饰品中。它耐碱，可以在蓝色颜料中和铁蓝相互补足，在要求耐酸的环境中使用铁蓝，在要求耐碱的环境中用群青，在白漆中使用群青是抵消白漆泛黄的最理想的方法，使白漆洁白纯正，多用一些还会显出美丽的蓝相，作为增白用。

在房屋粉刷用的碳酸钙等白灰浆中使用群青可消除黄相，纯粹的群青主要是用来制造绘画彩色，也可用于橡胶、漆布、壁纸、釉光纸、水泥等的着色。

**4. 有机彩色颜料**

20世纪80年代以后，世界上有机颜料总产量已达20万吨，生产能力超过25万吨。Sun、Hoechst、BASF、Ciba-Geigy等5个大公司产量占世界总产量的50%，其中美国为3.4798万吨，日本为1.9290万吨。

由于有机颜料具有鲜亮的色彩、着色力强、不易沉淀及具有良好的耐化学性能等优点，所以，在涂料工业中的应用日益增加，美国涂料工业用有机颜料的数量已占总有机颜料的26%，日本为22%。

自1858年Perkims发明第一个色素以来已经过去了整整一个多世纪，有不少品种现在仍在大量生产与应用，例如甲苯胺红（1905）、耐晒黄G（1909）、酞菁蓝（1935）等至今仍受用户欢迎。20世纪50年代开始出现合成颜料新品种：偶氮缩合系颜料、喹吖啶酮系颜料、苝系颜料陆续投放市场，到60年代有苯并咪唑酮系颜料出现。70年代以来又发明了氮次甲基系、喹酞酮系两类颜料，但这两类新品种至今打不开局面，原因是价格高、宣传和推广应用工作不力。

有机颜料按其结构分为偶氮颜料、酞菁颜料、喹吖啶酮颜料、异吲哚啉颜料、还原颜料、氮甲型金属络合颜料、其他杂环颜料。

**5. 金属颜料**

**(1) 铝粉**

铝粉又称银粉，其颗粒呈微小的鳞片状，厚度0.1～2.0μm，直径为1～200μm，由于铝粉是片状结构，在色漆中会形成十几层的平行排列。这种屏蔽作用对紫外线有良好的反射性，从而延缓紫外光对涂层的老化破坏，良好的屏障性也阻止了水、气体和离子的透过，保护了漆膜，使铝粉漆的耐候性优于一般色漆。

**(2) 锌粉**

锌粉在色漆中作为防锈颜料使用，其防锈机理是锌电极势比铁小，比铁活性大，涂覆在钢铁上时，自己先被腐蚀，生成氧化物，从而保护了钢铁底材。目前国内已能大量生产涂料用的锌粉，配制富锌底漆，用于户外钢结构设施。

**(3) 铜粉**

铜粉又称金粉，具有金黄色的色泽，是由锌-铜合金制成的鳞片状粉末。纯铜粉易变色，故由不同比例的锌-铜合金制成的铜粉质量较好。纯铜粉密度为8.0g/cm$^3$，铜锌比例为7∶3时，密度为7.62g/cm$^3$。

铜粉与铝粉相比，质地较重，遮盖力较弱，反射光和热的性能较差，铜粉主要用于装饰，在色漆中用量仅为10%，80%用于油墨和包装材料，5%用于塑料，其他占5%。

### (二) 防锈颜料

#### 1. 红丹

红丹不耐酸碱，耐温480℃，温度再高就分解为黄丹。红丹虽有一定毒性，但仍不失为一个重要的金属防锈颜料。它能钝化钢铁表面从而抑制腐蚀，即使红丹漆膜出现破裂时，由于红丹漆附着力强，还可阻止腐蚀的蔓延。红丹漆膜的吸潮性很低，可抑制潮气和氧气的渗透，达到防锈的目的。

红丹的防锈机理既有物理防锈又有化学防锈两种作用，尤其是化学防锈最为重要，用红丹制漆，它的颜料体积分数可以很高，红丹颜料可以起到很好的物理屏蔽作用，红丹颜料的化学防锈作用还是利用它的化学稳定性稍差，红丹可以看作是$Pb_2O_4$，与受腐蚀的铁产生的$Fe^{2+}$或$Fe^{3+}$反应生成$Fe_2PbO_4$或$Fe_4(PbO_4)_3$，这些物质更加惰性，而游离出的$Pb^{2+}$还可以吸收所处环境的腐蚀性物质，与$SO_4^{2-}$、$Cl^-$、$CO_3^{2-}$结合成铅的难溶物。红丹与油基漆基形成微量的铅皂也可起到防锈作用。红丹具有氧化性，能把与直接接触的钢铁表面氧化成致密的三氧化二铁封闭膜，阻止钢铁的进一步腐蚀。红丹的防锈有各种方式，由于它可和钢铁表面的微量锈蚀起化学反应，因而它对底材除锈要求不十分苛刻，可以带锈施工。

#### 2. 锌铬黄

锌铬黄由于化学成分不尽相同，所形成的颜料在性能上也存在着一些差异。它的颜色和它的防腐性能相互矛盾，$CrO_3$和$K_2O$含量低或不含钾的，颜色呈暗黄色，吸油量高，着色力和遮盖力低，耐光性差，不适宜作为普通的着色颜料，但是作为轻金属防锈效果很好。当$CrO_3$和$K_2O$含量增加时，颜色越来越鲜艳，其他颜料性能也随之改善，着色力、遮盖力增强，吸油量变小，吸湿性及沉淀物在水中所占体积减小，耐光性提高。锌铬黄的密度为3.36～3.46g/cm$^3$，吸油量为28%，颗粒直径为0.2～5.0μm。四碱式锌黄的密度为 3.87～3.97g/$cm^3$，吸油量 46%，颗粒直径 0.5～2.0μm。

锌黄的耐热性极差，普通锌铬黄在 100℃以下可耐 1h，对于四碱式锌黄只能耐 0.5h。

**3. 磷酸锌**

磷酸盐类也属于防锈颜料的一个重要组成部分，其中最重要的是磷酸锌，它的化学成分为 $Zn_3(PO_4)_2 \cdot 2\sim4H_2O$，外观为乳白色粉末，能和多种漆基相容，能溶于酸形成二代磷酸根，能溶于氯水中形成络合物，磷酸锌可以水解生成氢氧化锌及二代磷酸盐离子，这些水解产物形成附着和阻蚀络合物，可使金属底材表面磷化，形成在阳极范围内特别有效的保护层，白色凝胶状氢氧化锌和底材具有很好的附着力。

磷酸锌的防锈作用在于它的结晶水，它逐渐水解，主要作用是在防腐剂的后阶段。用于带锈涂料时，在有 $CrO_4^{2-}$ 存在情况下，使铁表面形成络合物，与漆膜结合牢固不再继续锈蚀，因而磷酸锌经常和在防腐蚀初期特别起作用的防锈颜料相复配，如锌黄、四碱式锌黄、铬酸钡等铬酸盐，用于底漆和洗涤底漆，有效的 pH 值为 7.7。

**4. 其他铬酸盐（铬酸钙、铬酸锶、铬酸钡）**

这三个黄色铬酸盐均为防锈颜料，它们的防腐机理同铬酸盐类防锈颜料都具有一定的水溶性，比铅铬黄溶解度大很多倍，所以溶出的铬酸离子增加了颜料的防锈性能。它们的溶解度分别为：铬酸钙 17g/L；铬酸锶 0.5g/L；铬酸钡 0.001g/L；铬黄仅 0.00005g/L。它们都是同族化合物，随着原子序数的增加，其水溶性逐渐减小。

**(1) 铬酸钙**

简称钙黄，其化学成分为 $CaCrO_4$，外观为柠檬黄色，是这一类铬酸盐中三氧化铬含量最高的，将近 60%，而且水溶性铬酸离子又最大，因此在理论上应是防锈能力最强的一个品种。由于水溶性过大，影响了漆膜的耐水性，使得钙黄的使用范围受到了限制，只能用于抗水性漆料之中，或与其他防锈颜料拼用，既增加选用单一颜料的防锈能力，又使本身的水溶性大的副作用降低。

钙黄可用于石灰乳或碳酸钙与铬酸酐反应而成，再经过滤、干燥、粉碎为成品。

**(2) 铬酸锶**

简称锶黄，其化学成分为 $SrCrO_4$，锶黄是比较重要的铬酸盐颜料，它的防锈能力及颜色都很好，所以具有很重要的地位，锶黄的外观呈鲜艳的柠檬黄色，可用来制作绘画颜料、着色颜料，后因有机黄的颜色可以和它相媲美，又因制造锶黄时消耗的铬酸盐比一般铅铬黄高，锶盐原料昂贵导致锶黄成本高，因此在着色方面的应用已逐渐被有机黄所取代。只是在要求高的防锈能力方面，锶黄的三氧化铬的含量比锌黄高，水溶性比锌黄约小 1 倍（为 0.5g/L），这样形成铬酸离子含量大，防锈能力强、水溶性小、漆膜耐水性强。锶黄的耐光性好，超过了其他的铬酸盐颜料（铅铬酸和锌铬黄）。但遮盖力、着色力弱，在酸中可以溶解，在碱中则分解，耐热性很高，可以达到 1000℃。普通型的密度为 3.67～3.77g/$cm^3$，吸油量为 33%，粒子直径为 10～15μm。低遮盖力型表现为颗粒粗大、吸油量低、遮盖力弱，密度为 3.72～3.82g/$cm^3$，吸油量为 20%，颗粒直径为 10～30μm。

锶黄可用作洗涤底漆，与四碱式锌黄按 50% 比例混合，可以增加铬酸盐的可溶性又不影响与底层的黏附能力。可以做成化学防腐涂料，利用它在展色剂中比锌黄活性低、耐热、耐光的特性，是铅、镁及其合金材料的良好防锈颜料。低遮盖力型可用于铝粉浆涂料，增加铝粉浆的防锈能力。

锶黄可由硝酸锶或氯化锶与钴酸钠反应制得，再将沉淀物水洗、干燥、粉碎为成品。注意成品中硝酸钠含量必须洗至0.8%以下，防止用在涂膜中发生起泡现象。

**(3) 铬酸钡**

简称钡黄，其化学成分为$BaCrO_4$，外观为略带黄相的奶黄色粉末，钡黄的三氧化铬含量随钙黄、锶黄、钡黄顺序而减小，三氧化铬含量大致在32%以上，是这类颜料中颜色最浅、水溶性最低（0.011g/L）的，它作为着色颜料已无意义，主要用作防锈颜料。它比上述几个铬酸盐防锈颜料的化学活性更低，由于仍有少量铬酸离子溶出，使它仍有一定的防锈能力，而且水溶性差使漆膜稳定性高，可以同锌黄、锶黄配合制防锈漆。

钡黄可由氯化钡与铬酸钠溶液反应沉淀而成，再经水洗、干燥、粉碎为成品。

**(三) 体质颜料**

体质颜料和一般的消色颜料及着色颜料不同，在颜色、着色力、遮盖力等方面和前者不能相比，但在涂料应用中可改善某些性能或消除涂料的某些弊病，并可降低涂料的成本。

习惯上，体质颜料称作填充料，但实际上并不是所有体质颜料都等同于填充料，因为体质颜料除增加色漆体系的PVC值外，还可以改善涂料的施工性能，提高颜料的悬浮性和防止流挂的性能，又能提高色漆涂膜的耐水性、耐磨性和耐温性等。因此在色漆中应用体质颜料已从单纯降低色漆成本的目的转向其他功能。这也是涂料工作者目前和今后重要的研究课题，应开发出更多性能优异、价格低廉的新型体质颜料，满足涂料工业飞速发展的需要。表2-16为常用体质颜料的品种、性能及规格。

**表2-16　常用体质颜料的品种、性能及规格**

| 填料名称 | 化学组成 | 密度/(g/cm³) | 吸油量/% | 折射率 | 主要物质含量/% | pH |
|---|---|---|---|---|---|---|
| 重晶石粉 | $BaSO_4$ | 4.47 | 6～12 | 1.64 | 85～95 | 6.95 |
| 沉淀硫酸钡 | $BaSO_4$ | 4.35 | 10～15 | 1.64 | >97 | 8.06 |
| 重体碳酸钙 | $CaCO_3$ | 2.71 | 10～25 | 1.65 | — | — |
| 轻体碳酸钙 | $CaCO_3$ | 2.71 | 15～60 | 1.48 | — | 7.6～9.8 |
| 滑石粉 | $3MgO \cdot 4SiO_2 \cdot H_2O$ | 2.85 | 15～35 | 1.59 | $SiO_2$ 56<br>MgO 29.6<br>CaO 5 | 8.1 |
| 瓷土(高岭土) | $Al_2O_3 \cdot 2SiO_2 \cdot 2H_2O$ | 2.6 | 30～50 | 1.56 | $SiO_2$ 46<br>$Al_2O_3$ 37<br>$H_2O$ 14 | 6.72 |
| 云母粉 | $K_2O \cdot 3Al_2O_3 \cdot 6SiO_2 \cdot 2H_2O$ | 2.76～3 | 40～70 | 1.59 | — | |
| 白炭黑 | $SiO_2$ | 2.6 | 25 | 1.55 | $SiO_2$ 99 $R_2O_3$ 0.5 | 6.88 |
| 碳酸镁(天然) | $MgCO_3$ | 2.9～3.1 | | — | | |
| 碳酸镁(沉淀) | $11MgCO_3 \cdot 3Mg(OH)_2 \cdot 11H_2O$ | 2.19 | 147 | — | 1.51～1.70 | 9.01 |
| 石棉粉 | $3MgO \cdot 4SiO_2 \cdot H_2O$ | — | 15～35 | — | — | 7.39 |

下面将简单介绍常用体质颜料的品种。

### 1. 碳酸钙

碳酸钙的化学成分为 $CaCO_3$，用作颜料的碳酸钙有天然的和人工合成的两种，天然产品称为重体碳酸钙，人工合成的称为轻体碳酸钙。

天然产品碳酸钙又称大白粉、白垩，来源于石灰石、白云石、方解石等，天然产品的主要成分是碳酸钙，但纯度低，往往含有少量的或大量的碳酸镁，以及二氧化硅及三氧化二铝、铁、磷、硫等杂质。碳酸钙为白色粉末，颗粒粗大。以方解石为原料的产品，粒度在 1.5～12μm 之间，相对密度 2.71，吸油量 6%～15%，pH 为 9。

合成碳酸钙，纯度都在 98%以上，不但纯净而且平均粒度在 3μm 以下，一些超细品种的粒度可在 0.06μm 左右，由于颗粒细，吸油量大大增加（达 28%～58%），随品种不同而异，pH 在 9～10 范围内。超细型碳酸钙的颜色比一般碳酸钙更白、更纯净。

总的来讲，碳酸钙在酸中可以溶解，它是碱性颜料，由于它的 pH 在 9 左右，不宜与不耐碱颜料共用，却能用于乳胶漆中起缓冲作用。另外，它的分解温度为 800～900℃，可以用在耐高温的漆中。

碳酸钙主要用于橡胶、塑料、造纸、涂料等行业，作为填料，既降低被填充物料的成本，又增强某些性能，如补强作用、提高硬度、不透明性等。在涂料中，它可以起填充作用，它的价格低，性能又较稳定，吸油量一般比较低，对漆基需要量低，因此它是涂料中最通用的体制颜料，既降低涂料的成本，又起骨架作用，增加涂膜厚度，提高机械强度、耐磨性、悬浮性，中和漆料酸性等。在室外用漆中使用，可减缓粉化速度，并有一定的保色性和防霉作用。天然碳酸钙大量用在底漆、腻子中，它是很好的接缝材料，既能在底材上沉积，又可与漆料相容，增加漆的强度。在面漆中由于碳酸钙的加入，可以制成平光漆、半光漆。在需要消光的情况下，如建筑用漆中可大量采用。在防锈漆系统中加入碳酸钙，由于它可水解生成氢氧化钙，从而增加对底材的附着力，碳酸钙还能吸收酸性介质，有利于漆的防锈，因此防锈漆中也大量使用碳酸钙来填充。目前，天然碳酸钙已大量用于水粉建筑涂料中。

天然碳酸钙的制造是将天然矿石如方解石经筛选、破碎、干磨或湿磨再经分级而成。合成碳酸钙多采用沉淀法，将石灰石煅烧成氧化钙后制成氢氧化钙，与煅烧出的二氧化碳反应生成沉淀碳酸钙，再经过滤、烘干、粉碎、筛分，然后成为成品。这一方法是重新结晶和提纯的过程。

### 2. 硫酸钡

硫酸钡的化学成分是 $BaSO_4$，有天然和合成两种，天然产品称重晶石粉，合成产品称沉淀硫酸钡。

硫酸钡是一中和惰性物质，这种颜料化学稳定性高，外观是一种致密的白色粉末，是体质颜料中密度最大的品种，它的密度为 4.3～4.5g/cm$^3$，体质颜料的密度与折射率有一定关系，一般来讲，密度越大的体质颜料它的折射率就越大。硫酸钡是这类颜料中折射率最大的（1.63～1.65 之间），表现出颜色比较白，遮盖力稍强。硫酸钡耐酸、耐碱、耐光、耐热，熔点可达1580℃，不溶于水，吸油量低，天然产品吸油量为9%左右，合成产品稍高，在10%～15%范围内。天然产品硫酸钡纯度在85%～95%之间，合成产品纯度不小于97%。天然产品粒度较粗，粒度分布宽，一般在2～30μm之间，合成产品粒度小而均匀，一般在0.3μm到几个微米之间。硫酸钡是一种中性颜料，合成产品质量优于天然产品。

天然产品主要用于油井钻探时泥浆压盖物、化学制剂、玻璃、橡胶、涂料等，在涂料工业中主要用于底漆中，利用它的低吸油量，耗漆基少，可制成厚膜底漆，优点是填充性能好、流平性好、不渗透性好，并增加漆膜硬度和耐磨性，缺点是密度大，制漆易沉淀。但它易研磨，易与其他颜料、涂料混合，用于底漆。

合成硫酸钡性能更好，白度高，质地细腻，一般用于更高级用途上，例如用在照相纸、染料，X射线技术利用它的白度和不透明性作观测用，还可以制作其他白色颜料：钛钡白、锌钡白、钛锌钡白。

天然硫酸钡是由重晶石矿经破碎、湿磨、水选、干燥、筛分后成为成品。

沉淀硫酸钡是用可溶性钡盐如在氯化钡等溶液中添加硫酸钠溶液制得硫酸钡溶液，经水洗、过滤、干燥、粉碎、筛分后成为成品。

### 3. 二氧化硅

二氧化硅的化学分子式为$SiO_2$，有天然产品和人造产品两大类，主成分都是二氧化硅，但有部分品种是含水二氧化硅。由于天然产品的来源和合成路线的不同已形成系列产品，在外观和使用性能上有很多差异。在化学属性上都具有$SiO_2$的特性，外观为白色粉状中性物质，化学稳定性比较高，耐酸不耐碱，不溶于水，耐高温，但在物理状态上却有极大的差别，一般来讲，天然产品颗粒粗大，吸油量很低，颜色不够纯净，白色或近于灰色，颗粒比较致密，质地硬，耐磨性强。由于二氧化硅的密度小，是体质颜料中折射率比较低的品种，但比合成的二氧化硅高，达1.54左右。合成产品的颗粒由一般到极细，吸油量由一般到非常高，颜色为白色或略带蓝相，折射率较低（在1.45左右），颗粒状态可以做得相当膨松。

#### (1) 天然无定形二氧化硅

所谓无定形是指其颗粒微细，达到在显微镜下无法观测的程度，不呈结晶型，颗粒大部分在40μm以下。外观为细白粉末，密度为2.65g/cm$^3$，折射率为1.54～1.55，吸油量为29%～31%，熔点为1704℃，pH值为7，主要用作抛光剂，因它价廉和不活泼，在涂料中广泛用作填充剂，用于底漆、平光漆、地板漆，也用于塑料。

#### (2) 天然结晶型二氧化硅

天然结晶型二氧化硅即天然石英砂，经粉碎风选而得，外观为白色粉末，吸油量24%～36%，密度2.65g/cm$^3$，折射率1.547，pH值为7，粒径为1.5～9.0μm。它的用途广泛，涂料工业的用量只是很少一部分。由于它色白、耐热、化学稳定性好，在乳胶漆中不仅起到填充的作用，而且涂刷性能好，平光作用及耐候性均好。

#### (3) 天然硅胶土

前面两个品种均为不含水的二氧化硅，此产品为含水二氧化硅，水的数量不定，其化

学分子式为 $SiO_2 \cdot nH_2O$，它是海生物的遗骸，资源非常丰富。由于来源和制造方法的不同，质量波动比较大，外观可由灰色粉末至白色粉末，它的密度很小（为 $2g/cm^3$），体轻，颗粒又蓬松，折射率相当低（为 1.42～1.48），颗粒较粗，粒径为 4～12μm，具有多孔性，吸油量高达 120%～180%，主要用于涂料，作平光剂，也用于底漆；其次用于塑料及造纸。

**(4) 沉淀法二氧化硅**

沉淀法二氧化硅的外观为白色无定形（非晶体）粉末，密度为 $2g/cm^3$，吸油量为 110%～160%，折射率为 1.46，平均粒径为 0.02～0.11μm。它的化学成分为 $SiO_2 \cdot nH_2O$，或写成 $(SiO_2)_x \cdot (H_2O)_y$，$x/y$ 为 3～10，这种水合二氧化硅中的结合水含量通常为 4.6%，具有吸湿性。产品还存在一定量的游离水分，在 105℃下的灼烧失重为 5%，总量在 8%～15%。大多用于橡胶和造纸，在涂料工业中用作体质颜料、中性颜料，它的稳定性好，但难以分散。

制造工艺是在水玻璃溶液中添加酸如碳酸，先沉淀出二氧化硅，再经水洗、过滤、干燥、粉碎而成。

**(5) 合成气相二氧化硅**

合成气相二氧化硅是一种极纯的无定形二氧化硅，在不吸附水的情况下，其纯度超过 98.8%。外观为带蓝相的白色松散粉末，密度为 $2.2g/cm^3$，折射率为 1.45。粒子极为微细，平均粒度为 0.012μm，粒度在 0.004～0.17μm 范围之间，由于颗粒细，比表面可达 $50\sim350m^2/g$，吸油量相应也非常高（达 280%）。化学稳定性强，除了氢氟酸和强碱之外，不溶于所有溶剂。

气相二氧化硅在液体介质中呈现增稠剂和触变剂的作用，在静止情况下形成一定的结构，从而使体系黏度提高，当受外界机械力作用时，形成的结构被破坏，体系的黏度降低，利用这个性能可使涂料呈现适度的触变结构，从而使较厚的漆膜不至出现流挂现象，一般加入 1%～4%的气相二氧化硅就可获得适宜的触变性。

气相二氧化硅还可防止颜料在漆中下沉，因为二氧化硅颗粒可形成三维式链，轻微的触变性改善漆的涂覆性，减轻流挂及发花现象，由于颗粒极小，在漆中不能起平光作用。使用憎水剂气相二氧化硅可作防沉降剂，同时提高涂膜的耐水性。

气相二氧化硅是由四氯化硅在氢气-氧气流中于高温下水解，制得颗粒极细的产品。

**4. 硅酸盐类**

**(1) 滑石粉**

滑石粉的主要化学成分为 $3MgO \cdot 4SiO_2 \cdot H_2O$，外观为白色有光泽的粉末，密度 $2.7\sim2.8g/cm^3$，折射率 1.54～1.59，热稳定性可达 900℃，pH=9.0～9.5，吸油量 30%～50%，它是一种天然产品，如滑石块、皂石、滑石土、纤维滑石等，硅酸镁的含量不等，滑石粉的颗粒形态有片状和纤维状两种，片状滑石粉比纤维状滑石粉对漆膜的耐水、防潮性更为有利。

滑石粉在涂料中不易下沉，并可使其他颜料悬浮，即使下沉也非常容易重新搅起，也可以防止涂料流挂，在漆膜中能吸收伸缩应力，免于发生裂缝和空缝的病态，因此滑石粉适用于室外漆，也适用于耐洗、耐磨的漆中。

滑石粉的用途很广泛，主要用于制陶、涂料、造纸、建筑、塑料、橡胶等工业中，但滑石粉比大多数体质颜料易于粉化，因此用于涂料中，应和其他颜料共同使用，作一个折中处理，以改善它的粉化程度。

滑石粉的制造工艺师将天然碱石经挑选粉碎和研磨至所需细度时即为成品。

**(2) 高岭土**

高岭土的主要成分是 $Al_2O_3 \cdot 2SiO_2 \cdot 2H_2O$，又称水合硅酸铝、瓷土、白陶土，这种天然产品常含有石英、长石、云母等。它的外观为白色粉末，质地松软，洁白，密度为 2.58～2.63g/cm$^3$，折射率为 1.56，吸油量为 32%～55%，粒度为 0.5～3.5μm，用于底漆中可改进悬浮性，防止颜料沉降，并增强漆膜硬度，也适合制作水粉漆及色淀，高岭土在涂料中的用量只占它全部用途的极小的一部分，大量用在造纸工业、橡胶工业等。

近年来发现微细的体质颜料可提高钛白粉或其他白色颜料的遮盖能力，这是由于光的散射受颗粒大小的影响，钛白粉能发挥最大遮盖效率的粒度方位在 0.2～0.4μm 的粒度范围才能符合要求，因此应选择同样粒度范围的高岭土才能达到提高钛白粉在涂料中的遮盖力的要求。

高岭土的制造方法简单，它的硬度很低（2.5），经破碎、水漂、干燥即成成品。

**(3) 硅灰石**

化学成分为硅酸钙（$CaSiO_3$），有天然和合成两种产品，涂料工业用的天然硅灰石产品为极明亮的白色粉末，密度为 2.9g/cm$^3$，折射率是体质颜料中比较高的（为 1.63），吸油量 25%～30%，熔点 1540℃，在水中的溶解度为 0.095g/cm$^3$，是一个碱性颜料，pH 为 9.9，天然硅酸钙用于醋酸乙烯乳胶漆中作缓冲剂，防止 pH 偏离合理的碱性。由于它的吸油量低，也常用于油基漆中。

人工合成产品为水合硅酸钙，其化学组分为 $CaSiO_3 \cdot nH_2O$，它是由硅藻土与石灰混合后，于高温下在水浆中形成，这种合成产品又分为两种：常规型和处理型。它们的性能指标存在一定的差异，常规型的水合硅酸钙是白色膨松的粉末，比天然硅灰石体轻、膨松，具有较高的吸附能力及高的比表面积（175m$^2$/g），粒度较小（10～12μm），吸油量高达 280%，密度为 2.26g/cm$^3$，折射率为 1.55，pH 为 9.8。

合成水合硅酸钙主要用于稀薄水浆内墙平光涂料中，它提供了不透明性和对低白度光泽优异的控制能力，它呈现一定程度的遮盖能力，改善在湿的情况下的耐磨性，有高的平光效应，体现比较好的“修饰”特性。它的平光效应与它具有非常高的附着力及多种颗粒形状有关。这些优点赋予它很高的利用价值。

**(4) 云母粉**

化学成分是 $K_2O \cdot 3Al_2O_3 \cdot 6SiO_2 \cdot 2H_2O$，一般涂料常用云母矿，呈棕绿色光的大层叠体，经过干式或湿式研磨后形成细粉，漂去杂质，经过滤、干燥，成为极细的有珍珠光片状细粉产品。外观为银白色至灰色膨松粉末，密度 2.82g/cm$^3$，折射率 1.58，吸油量 56%～74%，硬度 2.5，颗粒粒径 5～20μm，这种片状细粉的体质颜料用于漆中可增加漆膜弹性，它在漆中的水平排列可阻止紫外线的辐射而保护漆膜，防止龟裂，还可防止水分穿透。它的化学稳定性强，能提高漆膜的耐温、耐候性，能起阻尼、绝缘和减震的作用，还能提高漆膜的机械强度、抗粉化性、耐久性，用于防火漆及耐水漆。与彩色颜料共用可提高光泽而不影响其颜色。

**(四) 其他特殊颜料**

**1. 珠光颜料**

使用珠光颜料是为了获得珍珠光泽、彩虹效应和金属光泽。它是透明的薄皮状结晶，这种粒子的直径为5～100μm，厚度小于几十纳米，这种珠光片结构在树脂和涂膜中以层状平等排列，其质量好坏取决于片状粒子的厚度。对入射光部分反射、部分透过，光线在多层薄片上反射、透射后产生一种深度的珍珠光泽。大多数的珠光颜料是白色的，把彩色颜料加入珠光颜料中形成彩色的珠光或金属光泽现象即为彩虹现象。珠光颜料有天然产品和合成产品。

**(1) 天然珍珠精（鱼鳞箔）**

天然的有机片晶化合物，来自鱼鳞或鱼片，把刀鱼或青鱼精制出的六羟基嘌呤和2-氨基-6-羟尿环的固溶体片状结晶作为珠光物质，片状厚度0.07μm，片状最大直径30μm，密度仅1.6g/$cm^3$，耐光性优，耐硫化性优，耐热性优良（可达270℃），耐化学性较差，遇酸碱都溶，耐溶剂性优，具有优异的珍珠光泽，无毒性；缺点是来源受限制，价格高，可用于各种化妆品。

**(2) 片晶状碱式碳酸铅**

片晶状碱式碳酸铅的成分为$3PbCO_3 \cdot 2Pb(OH)_2$或是和$2PbCO_3 \cdot Pb(OH)_2$的混合物，为六角板状晶体，粒径8～20μm，厚度0.05～0.34μm，密度特别大（为6.8g/$cm^3$），耐热性良，耐光性优；但不耐硫化，能形成黑色硫化铅，不耐酸，耐溶剂，缺点是有毒。

**(3) 氧氯化铋**

氧氯化铋的成分为BiOCl，与白云母可配成珠光颜料，片状粒子，有结晶型和无定形两种，结晶型粒径80μm，片的厚度为0.15μm；无定形的粒径为20μm，片的厚度为0.12μm。两者都是白色细粉，密度为7.7g/$cm^3$，耐热性良好，耐光性差，耐硫化性差，能溶于强碱，耐溶剂性优良。

**(4) 云母钛**

以云母为基片，用二氧化钛进行包膜形成的珠光颜料，比上述合成珠光颜料有更多的优点，无论从毒性或是性能来看，都显示了更大的生命力。这种新型的合成珠光颜料是主要珠光颜料。云母钛的粒度为5～140μm，厚度为0.1～1μm，可随包膜情况不同，形成多色彩的许多品种，一种是银色类，按二氧化钛的覆盖率和粒度不同，得到多种银白色珍珠光泽的颜料，大粒子可获得金属样闪烁的光泽，小粒子可获得丝绢般柔和的光泽。一般外包锐钛型二氧化钛，在耐候性有特殊要求的场合则用金红石型二氧化钛包膜。另一种是彩虹类，这种云母钛的彩虹效应是由光的干涉现象造成的，油光干涉得到的颜色，随着二氧化钛层的膜厚而改变，透过紫色，反射金黄；透过绿色，反射红色；透过黄色，反射紫色；透过橙色，反射蓝色；透过红色，反射绿色。还有一类是着色类，在天然云母的表面用二氧化钛包膜，在此基础上，再用有色无机化合物的胶状粒子包覆，这样既保持了原云母钛的珍珠光泽，又赋予了各种颜色，不同的二氧化钛的覆盖率和不用的着色颜料含量，可产生不同的色彩，如添加氧化铁类，可得亮金色到红铜色。

根据用途不同，可选用不同的云母钛系珠光颜料品种，它耐热、耐光、耐硫化、耐化学性均很好，而且无毒。

云母钛珠光颜料在使用时应注意不能与干涉色系混色使用（会出现反射、透射色消失的情况）。与其他颜料、染料拼用时成为不透明色，涂底色时要按反射色、透过色的效果进行选择，在涂料中使用时要考虑沉降性、分散性、取向性等。

云母钛是通过水选后的白云母水浆投入硫酸氧钛，经热水解、水洗、脱水、干燥、燃烧，得到云母钛，若再进行表面处理，就能改进性能。

**2. 荧光颜料**

荧光颜料有无机和有机两大类，品种很多。这种物质在紫外光线的激发下或可见光的照射下，部分光波被吸收，同时放出一些可见光波形成颜色，称为荧光颜料。

具有荧光性质的染料（大都有蒽环结构），经树脂处理后成为不溶性带色颜料，并具有荧光现象。染料浓度控制在一定范围内（一般为2%左右），浓度过高，则其发光基团受光的作用会减少，活动范围受限制，荧光强度降低；浓度过低，则不能呈现足够的颜料强度。无机荧光颜料主要由ZnS与CdS组成，还会有极微量（0.003%～1%）的Cu、Ag或Mn的化合物作为活化剂。根据Cu活化剂含量不同，产品呈现绿色到深红色。用Ag作活化剂时，则颜色由深蓝色到深红色。用Mn作活化剂，呈现黄色荧光现象。无机荧光颜料在日光下无色或呈微弱的颜色，但可根据需要选择只有在紫外线照射下才呈现颜色的品种。

荧光颜料色感非常强烈，耐光性一般较差。可罩涂含有紫外线吸收剂的罩光清漆，延缓涂膜褪色。

日本Sinioini厂产品有FZ-2000、FZ-5000、FZ-6000或FA型荧光颜料。FZ-2000型中有红光橙、绿、大红、橙、柠檬黄、橙黄、桃红等7种颜色，平均粒度3.5～4.5μm，软化点105～110℃。上述荧光颜料除可用于溶剂型漆，还适用于水性漆。

**3. 示温颜料**

使用变色颜料做成色漆，涂刷在不易测量温度变化的地方，可以从漆膜颜色的变化观察到温度的变化，这种颜料称为热感性颜料或示温颜料。这类颜料分为两类：一类为可逆性变色颜料，当温度升高时颜色发生改变，冷却后又恢复到原来的颜色；另一类为不可逆变色颜料，它们在加热时发生不可逆的化学变化，因此在冷却后不能恢复到原来的颜色。具有这两 类变色情况的物质很多。

可逆性变色颜料在受热时变色物质发生了一定程度的改变，如复盐的变体、结晶水的失去，冷却后，物质结构又可恢复到原来的状态，或由于吸收空气中的水分又形成结晶水，因此可逆性变色颜料只能用在100℃以内温度变化的场合，常用的可变性颜料如表2-17所示。

表 2-17　常用的可变性颜料

| 化　合　物 | 颜色改变时的温度/℃ | 原色 | 变化色 |
|---|---|---|---|
| $CoCl_{12}\cdot 2C_6H_{12}N_4\cdot 10H_2O$ | 35 | 粉红色 | 天蓝色 |
| $CoBr_2\cdot 2C_6H_{12}N_4\cdot 10H_2O$ | 40 | 粉红色 | 天蓝色 |
| $HgI_2\cdot AgI$ | 45 | 暗黄色 | 暗褐色 |
| $CoI_2\cdot 2C_6H_{12}N_4\cdot 10H_2O$ | 50 | 粉红色 | 绿色 |
| $CoSO_4\cdot 2C_6H_{12}N_4\cdot 9H_2O$ | 60 | 粉红色 | 紫色 |
| $NiCl_2\cdot 2C_6H_{12}N_4\cdot 10H_2O$ | 60 | 亮绿色 | 黄色 |
| $NiBr_2\cdot 2C_6H_{12}N_4\cdot 10H_2O$ | 60 | 亮绿色 | 天蓝色 |
| $HgI_2\cdot CaI$ | 65 | 胭脂红色 | 咖啡色 |
| $Co(NO_3)_2\cdot 2C_6H_{12}N_4\cdot 10H_2O$ | 75 | 粉红色 | 绛红色 |

可逆性变化颜料配制成的涂料可以涂刷在电动机、发电机及不易直接测定温度的机器表面，观察颜色的变化来确定温度。使用时还应注意，正确的温度与观测面的清洁程度有关。

## 三、颜料体积浓度理论、配色技术及在配方中的应用

### 1. 颜料体积浓度理论

#### (1) 颜料体积浓度 (PVC)

在色漆形成干漆膜的过程中，溶剂挥发，助剂的量很少，干漆膜中的主要成分是主要成膜物质和颜料。漆膜的功能是通过主要成膜物质和颜料来实现，因此，决定干漆膜性能的也是主要成膜物质和颜料，它们各自的性能影响漆膜的性能，它们在漆膜中占有的体积之间的比例很显然对漆膜性能有重要影响。因此重点介绍了颜料体积浓度的概念及其在涂料中的应用。在干膜中颜料所占的体积分数叫颜料的体积浓度，用 *PVC* 表示：

$$颜料体积浓度(PVC)=颜料体积/漆膜的总体积$$

#### (2) 临界颜料体积浓度 (CPVC)

当颜料吸附树脂，并且恰好在颜料紧密堆积的空隙间也充满树脂时，此时的 *PVC* 称为临界 *PVC*，用 *CPVC* 表示。

在 100g 颜料中，把亚麻油一滴滴加入，并随时用刮刀混合，初加油时，颜料仍保持松散状，但最后可使全部颜料黏结在一起成球，若继续再加油，体系即变稀。把全部颜料黏结在一起时所用的最小油量为颜料的吸油量（*OA*）。油量和颜色的 *CPVC* 具有内在的联系，吸油量其实是在 *CPVC* 时的吸油量，因此它们可通过下式换算：

$$CPVC=1/(1+OA\times\rho/93.5)$$

式中，$\rho$ 为颜料的密度；93.5 为亚麻油的密度乘以 100 所得。

针状氧化锌的密度 $\rho=5.6\text{g/cm}^3$，实验得到其吸油量 $OA=19$，计算用它配制涂料的 *CPVC*：

$$CPVC=1/(1+19\times5.6/93.5)=0.468(46.8\%)$$

对于混合颜料，采用下式计算：

$$CPVC=1/(1+\sum OA_i\times\rho_i\varphi_i/93.5)$$

式中，$\varphi_i$ 是某颜料的体积分数。

几何学上的 *CPVC* 值是一个明确的数值。但实际上，由于漆基润湿颜料的能力，以及颜料被润湿的难易程度等因素的影响，*CPVC* 值是一个狭窄的、多少有些模糊的过渡

区间，在该区间两边，涂膜的性质呈现过渡态的变化。*CPVC* 值是根据配方中所采用颜料的含量求出的。对于许多体系来说，其 *CPVC* 值在 50%～60%之间，而配方的 *CPVC* 值的确切数据，只能通过试验积累的经验和涂膜性能检测的数据测定。

基料组成影响吸附层的厚度，但具有给定颜料或颜料组合的 *CPVC* 却基本上不依赖于基料组成。*CPVC* 主要取决于涂料中颜料或颜料组成及颜料絮凝程度：①易被湿润的颜料或加入分散助剂后，会降低 *CPVC* 值，因为颜料分散得好，每个颜料颗粒上都能够吸附树脂，所以导致体系中 *CPVC* 值下降；②颜料组成相同时，颜料粒径越小，*CPVC* 就越低，对较小粒径的颜料，其表面积对体积的比例就较大。因此，在较小颜料颗粒表面吸附的颜料就较多，在紧密填充的最终涂膜中颜料体积较小；③在紧密堆积的颜料中，粒径分布越广，粒径的颗粒能填充大粒径颗粒形成的间隙中，间隙的体积就越小，所以 *CPVC* 就越高；④用含絮凝颜料的涂料制成的涂膜，其 *CPVC* 低于那些不含絮凝颜料涂料制成的涂膜的 *CPVC*。絮凝是颜料在制成的涂料已经均匀分散后，又重新聚集的现象。用含絮凝颜料聚集体的涂料制成的漆膜，颜料分布均匀性较低，因此无法确定哪里颜料浓度会局部过高，和溶剂树脂被陷入在颜料聚集体内。当涂膜干燥时，溶剂从陷入絮凝颜料中的树脂溶液中扩散出来，导致填充空间的基料不足。有报道的一个例子是，当絮凝增加时，*CPVC* 从 43%降到 28%。

**(3) 比体积浓度（Δ）**

*PVC* 和 *CPVC* 之比称为比体积浓度：

$$\text{比体积浓度}(\Delta)=PVC/CPVC$$

*PVC* 与漆膜的性能有很大的关系，如遮盖力、光泽、透过性、强度等。当 *PVC* 达到 *CPVC* 时，各种性能都有一个转折点。当 *PVC* 增加时，漆膜的光泽下降。当 *PVC* 达到 *CPVC* 时，Δ=1，高分子树脂恰好填满颜料紧密堆积所形成的空隙。

若颜料用量再继续增加（Δ>1），漆膜内就开始出现空隙，这时高分子树脂的量太少，部分的颜料颗粒没有被粘住，漆膜的透过性大大增加，因此防腐性能明显下降，防污能力也变差。但是由于漆膜里有了空气，增加了光的漫散射，使漆膜光泽（光泽是对光定向反射的结果，漫散射使定向反射光的比例减少）下降，遮盖力迅速增加，着色力也增加，但和漆膜强度有关的力学性能以及附着力明显下降。

腻子的 Δ>1，漆膜的强度较小，因此容易用砂布打磨除去。腻子不作表面涂层，腻子中的空隙能够被随后涂料中的漆料重新渗入黏合。

高质量的有光汽车面漆、工业用漆和民用用漆（面漆），其 Δ 在 0.1～0.5，漆膜中高分子树脂含量多，赋予漆膜好的光泽和保护性能，高光泽涂料的 Δ 低，保证其漆基大大过量。在漆膜形成过程中，漆基随溶剂一起流向外部，在漆膜表面形成一个清漆层，得到一个平整的漆膜，涂膜的反射性高 ，增加漆膜的光泽。

半光的建筑用漆的 Δ 在 0.6～0.8，其 Δ 值较高。平光（即无光）建筑漆的 Δ 值为 1.0 或接近 1.0 的水平。有时制备平光漆不是采取增大 Δ 值的办法，而是采用加入消光剂来解决，这样可以发挥低 Δ 值时的涂膜性能，增加防污能力，降低涂膜的渗透性。

保养底漆的 Δ 值在 0.75～0.9 之间，可以得到最佳抗锈和抗起泡能力。富锌底漆的防锈原理是牺牲阳极保护钢铁，锌粉颗粒相互接触维持漆膜的导电性，而且漆膜需要一定的透水性以形成电解质溶液，因此Δ＞1。木器底漆的Δ值宜在0.95～1.05之间，以保证涂膜的综合性能最佳。

虽然*PVC*值和Δ值对色漆配方设计有重要参考价值，但实际应用中，往往因为所用漆基与颜料的特性、色漆制造工艺的影响以及加入分散助剂的作用，也会使Δ值的参考作用受到干扰。颜料的附聚导致堆积不紧密，因而*CPVC*值较低。相反，非常高效的分散助剂的应用，可能得到一个比预期要高的*CPVC*值。底漆按规定时间在球磨机中进行研磨分散，其*PVC*值已固定，而*CPVC*值随其在球磨机中研磨分散时间的增加而增加。如果加工过程中研磨分散时间为达到规定要求而过早出磨，Δ值可能要高于设计的数值，颜料与漆基就没有完全湿润分散为均匀的分散体系，导致涂膜的性能尤其是抗腐蚀性能明显下降。在色漆制造工艺中，需要解决Δ值与配方一致的问题。

**2. 配色技术**

这里仅介绍涂料厂配色中的人工配色，即根据色卡或指定颜色样板进行目测调配的配色方法。涂料涂膜的显色是减法成色，较之加法成色要复杂得多，而且配色时所用的颜料还不止于减法混合的三原色。同时，颜料的色调、明度和饱和度指标和着色能力等并不是始终完全相同，这都增大了涂料配色的复杂性和技术难度。因此，人工配色目前只能依靠经验进行。对配色员配色经验的依赖性很大，并要求配色员在开始配色前充分了解各种影响因素，配色时耐心细致，切忌急躁。

① 参照物的确定　配色前应先仔细研究色卡或指定的颜色样卡或提供的涂料样品，弄清楚颜色的色调范围、主色是什么颜色、副色是什么颜色，需要使用哪几种颜色的颜料，并初步拟定出各颜料在配方中的大概用量。此外，还要对颜料的物理性能和颜色特性参数心中有数。

② 色浆检验　配色前应对调色用色浆的细度进行检验，达到细度要求时才能用于调色，同时要求色浆的细度一致，颜料含量一致。在配制批次多时，可将不同批号的色浆进行混合均化，然后再用。

③ 调色　在充分搅拌的情况下，向基准涂料（白色涂料）或基料中缓慢地加入色浆。调色时应先调深浅，后调色调。例如，调制深绿色涂料时应以中铬黄色浆为主，加入氧化铁蓝色浆调成暗绿色。随着铁蓝色浆的加入，颜色逐渐加深。然后再加入少量炭黑色浆使绿色加深。

④ 色浆品种　在保证颜色符合要求的前提下，所用色浆的品种应尽可能少，因为加入的颜色种类越多，被吸收的光量也越多，在成色后其明度越低，色彩变得越暗。同时，色浆品种越多，配色的工作量也越大。

⑤ 预留基料　使用色浆配色时，开始可预留一部分基料，这样可根据加入色浆的数量和品种的多少适当考虑增减比例。但是，应该把全部基料和配方中的所有成分都补足并充分搅拌均匀后再测色。基料分次加入的好处是在颜色配深时能够补救。或者在没有用到配方规定数量就已配出要求的颜色时，能够调整基料的用量。

⑥ 光泽涂料　调配平光涂料或半光涂料时，配方中的基料可允许加入70%～80%，而用其余的部分来调节光泽。当加入的基料接近配方量时，可制板检验涂膜的光泽及颜

色，然后再酌情补加基料使涂膜的光泽及颜色均达到规定的要求，这样可以避免因基料加入过量而反过来再用色浆和填料浆调配的麻烦。

⑦ 建筑涂料调色 当某一颜色的建筑涂料需要量不大时，可用白色涂料作为基准涂料，而用色浆直接调配之。调配时先调小样，可先加入主色浆的70%左右，再加入副色浆，其后要每次少加，多次加入，为之逐步接近样板或涂料。

⑧ 小样涂膜 制板方法影响调色效果，因而应该按规定方法进行。刷涂要均匀，厚度应适宜，最好采用湿膜制备器刮涂制备。

⑨ 比色 应在视场周围没有强烈色光干扰的漫射自然光线下观测涂膜，应将待测涂膜与色卡或指定颜色样板进行上下、左右、侧正的反复观察对比，尽量避免人为的误差。

⑩ 助剂添加 当颜料因密度不同或其他原因（例如颜料絮凝）导致涂料出现“浮色发花”时，可加入适量浮色发花防止剂予以防止。常用触变增稠剂用于防浮色发花或将流平剂（例如聚醚或聚酯改性的聚有机硅氧烷）用作防浮色发花剂等。此外，离子型分散剂也具有防浮色发花的作用。属于这类助剂的例如德国 Henkel 公司的 lexaPHor 系列湿润分散剂（如 963、963S、VP-3061 等）、德国 UYK 公司的 BYK-104、EYK-104S、Anti-terra-203 和 Anti-terra-P 等。

# 第四节 辅助成膜物质的组成、特性及其作用

## 一、溶剂的性质、选择及应用

### （一）溶剂理论

#### 1. 溶解力

溶剂的溶解力是指溶剂溶解成膜物质而形成高分子聚合物的能力。

低分子化合物在溶剂中的溶解可用溶解度的概念来描述。如蔗糖、食盐在水中的溶解，其机理是溶剂和溶质分子或离子间的吸引力，而使溶质分子逐渐离开其表面，并通过扩散作用均匀地分散到溶剂中去成为均匀溶液。

高分子化合物在溶剂中的溶解则大体上可分为溶胀阶段和全部溶剂化两个阶段：接触溶剂表面的分子链最先溶剂化→使高分子化合物内部溶剂化→溶剂化程度逐渐增加→全部溶剂化。

可以看出，溶剂对高分子聚合物溶解力的大小及溶解速度的快慢，主要取决于溶剂分子和高聚合物分子的亲和力所决定的溶剂向高聚物分子间隙中扩散的难易程度。

#### 2. 极性相似原则

**(1) 非极性分子**

分子中没有电性的不对称、偶极矩为0，称为非极性物质。

**(2) 极性分子**

分子中电性分布不对称、偶极矩不为0，称为极性物质。偶极矩数值越大，极性

越大。

**(3) 极性分子的缔合**

规律：非极性溶质溶于非极性或弱极性溶剂中，极性溶质溶于极性溶剂中，即“同类溶解同类”，这就是极性相似原则的核心。

比如，乙醇是极性的，能够溶解于极性的水；而苯是非极性的，不和水相混溶；硝基纤维素是极性的，能够溶解于极性的酯和酮，而不溶解于非极性或弱极性的烃类化合物。

这个规律仅仅是从定性的方面来说明溶质与溶剂之间的关系，比较准确的方法是要考虑溶解度参数。

**3. 溶解度参数相近的原则**

**(1) 溶解度参数的定义和物理意义**

溶解度参数是内聚能密度的平方根，它是分子间力的一种量度。

$$\delta=(\Delta E/V)^{1/2}$$

式中 $\delta$——溶解度参数，$(J/m^3)^{1/2}$ 或 $(cal/cm^3)^{1/2}$，$1(cal/cm^3)^{1/2}=2.046\times10^3(J/cm^3)^{1/2}$；

$\Delta E$——每摩尔物质的内聚能，J；

$V$——摩尔体积，$m^3$。

如果以 A 表示溶剂、B 表示溶质、$F_{AA}$ 表示溶剂分子间的自聚力、$F_{BB}$ 表示溶质分子间的自聚力、$F_{AB}$ 表示溶剂和溶质分子间的相互作用力，则当 $F_{AA}>F_{AB}$ 或 $F_{BB}>F_{AB}$ 时，A 与 B 不相溶；当 $F_{AB}>F_{AA}$ 或 $F_{AB}>F_{BB}$ 时，溶质 B 可以溶解在溶剂 A 中。

实践证明：当作用于溶剂分子与溶质分子间的作用力相等时，最容易实现自由混溶，或者说，当溶剂和溶质的溶解度参数相同时，溶质便可以在溶剂中溶解。所以，$\delta$ 是表征物质溶解性的一个物理量。

对于高分子物质体系，通常 $|\delta_A-\delta_B|<1.3\sim1.8$ 时，就可以估计为能够溶解，当然这个差值越小越好。

**(2) 溶解度参数的确定**

① 溶剂和混合溶剂的溶解度参数

a. 单一溶剂的溶解度参数可以从表中查得——涂料工业上常用有机溶剂的溶解度参数及氢键值表。

b. 混合溶剂的溶解度参数可以通过计算求出：

$$\delta_{mix}=\Psi_1\delta_1+\Psi_2\delta_2+\Psi_3\delta_3+\cdots+\Psi_n\delta_n$$

式中 $\Psi$——各组分的体积分数；

$\delta$——各组分的溶解度参数。

**【例 2-1】** 已知二甲苯的 $\delta_1=8.8$ 、$\gamma$-丁丙酯的 $\delta_2=12.6$。若以体积分数计、配制成 33%二甲苯和 67% $\gamma$-丁丙酯的混合溶剂，其 $\delta_{mix}$ 是多少?

解：$\delta_{mix}=\Psi_1\delta_1+\Psi_2\delta_2=0.33\times8.8+0.67\times12.6=10.6$。

② 高分子聚合物的溶解度参数

高聚物与溶剂不同，它们是不挥发性物质，可以通过实验对比的方法测得高聚物的 $\delta$ 值。

在涂料工业中常用树脂的溶解度参数可以通过查表来确定——涂料中常用树脂的溶解度参数表。

**(3) 溶解度参数的应用**

① 依据溶解度参数相同或相近可以互溶的原则，判断树脂在溶剂（或混合溶剂）中是否溶解。

**【例 2-2】** 聚苯乙烯的 $\delta_1=8.5\sim9.3$，聚醋酸乙烯树脂的 $\delta_2$（平均值）为 9.4。试问：前者在丁酮（$\delta_{丁酮}=9.3$）中，后者在苯、甲苯及氯仿中可否溶解？

解：$|\delta_1-\delta_2|=|9.3-(8.5\sim9.3)|=(0\sim0.8)<(1.3\sim1.8)$，则聚苯乙烯在丁酮中可以溶解。

$$\delta_{苯}=9.3、\delta_{甲苯}=8.9、\delta_{氯仿}=9.7$$

$$|\delta_{苯}-\delta_2|=|9.3-9.4|=0.1<1.3\sim1.8$$

$$|\delta_{苯}-\delta_2|=|8.9-9.4|=0.5<1.3\sim1.8$$

$$|\delta_{苯}-\delta_2|=|9.7-9.4|=0.3<1.3\sim1.8$$

聚醋酸乙烯树脂在这三种溶剂中均可溶解。

**【例 2-3】** 今有环己酮、甲基酮、甲基丁基酮溶剂，哪种能溶解氯乙烯-醋酸乙烯共聚树脂？

解：查表：$\delta_{环己酮}=9.9$、$\delta_{甲基酮}=10.6$、$\delta_{丁基酮}=8.5$、$\delta_{共聚}=10.5$，则：

环己酮 $|\delta_1-\delta_2|=|9.9-10.5|=0.6<1.3\sim1.8$

甲基酮 $|\delta_1-\delta_2|=|10.6-10.5|=0.1<1.3\sim1.8$

丁基酮 $|\delta_1-\delta_2|=|8.5-10.5|=2>1.3\sim1.8$

在丁基酮中不溶，与甲基酮的混溶性好。

② 依据溶解度参数相同或相近原则预测两种溶剂的互溶性。

③ 依据溶解度参数可以估计两种或两种以上树脂的互溶性。

若几种树脂的溶解度参数（或溶解度参数平均值）彼此相同或相差不大时，则这几种树脂可以互溶，这对于预测几种树脂的混合溶液的储存稳定性和固体涂膜的物化性质有理论及实用价值。

④ 判断涂膜的耐溶解性：如果涂膜中成膜物的 $\delta$ 和某一溶剂（或混合溶剂）的 $\delta$ 值相差较大，则该涂膜对该溶剂而言就有较好的耐溶剂性。

⑤ 利用溶解度参数相同或相近可以互溶的原则，选择增塑剂。如果增塑剂与溶剂和树脂的 $\delta$ 值相近，那么该增塑剂就可用于该树脂和该溶剂之中，增塑剂的溶解度参数可查表——常用增塑剂的溶解度参数值表。

⑥ 利用溶解度参数可以在研制塑料漆过程中选用适当的树脂和溶剂。

**4. 黏度**

在涂料生产中，不仅要求树脂能溶解在溶剂中，而且还要求相同固体含量的树脂溶液黏度越低越好。这样当达到相同的施工黏度时，漆液的固体含量较高，可提高施工效率，同时挥发到大气中的溶剂量较小，漆液干燥速度快。

**(1) 单一溶剂的黏度**

该黏度可由常用溶剂的黏度表中查得。通常树脂溶于溶剂所形成的树脂溶液的黏度比单一溶剂的黏度要高出几十倍甚至上百倍。

树脂溶液和溶剂的黏度关系可表示为：

$$\ln\eta_{溶液}=\ln\eta_{溶剂}+K(常数)$$

比如，甲基异丁基酮的黏度是0.55mPa·s，而其溶液的黏度可达到110mPa·s，增加200倍；甲苯的黏度是0.59mPa·s，其溶液的黏度可达367mPa·s，增加622倍。

其原因可以从两方面来说明：

① 涂料用树脂多数是极性的和含有带氢键的基团如羟基、羧基等，这些基团的存在使树脂分子间倾向于互相缔合，大大增加了溶液的黏度；

② 溶剂对单个树脂分子热力学体积的影响。溶剂与树脂之间作用越强，则热力学体积越增大，黏度就越高。

**(2) 混合溶剂的黏度**

混合溶剂的黏度可根据组分中各种单一溶剂的黏度计算而得。

溶剂（包括混合溶剂）与溶液黏度的关系，取决于树脂的相对分子质量，树脂分子中极性基团的数目以及溶剂与树脂分子之间的相互作用等因素。

**5. 挥发速度**

溶剂的挥发速度是影响涂膜质量的一个重要因素，如果溶剂挥发太快，涂膜既不会流平，也不会充分润湿基材，因而不能产生很好的附着力；如果溶剂挥发太慢，不仅要长时间才能固化，而且涂膜会流挂或流淌而影响施工质量。

**(1) 单一溶剂的挥发**

单一溶剂的挥发主要受温度、蒸气压、表面积/体积及表面空气的流动速度等因素的影响。

溶剂的挥发速度通常以对醋酸正丁酯为标准溶剂的相对挥发速度来表示：

$$E=t_{90}(醋酸正丁酯)/t_{90}(待测溶剂)$$

$t_{90}$ 表示90%的溶剂挥发所需要的时间，醋酸正丁酯的相对挥发速度定义为1，实验条件为25℃，空气流动速度为5L/min，将0.7mL待测溶剂滴在滤纸上。滤纸放置在平衡盘上，并在封闭容器中测定90%质量的溶剂挥发所需要的时间。

一些溶剂的相对挥发速度可查表。

**(2) 混合溶剂的挥发**

混合溶剂的相对挥发速度可以通过体积分数（$\phi$）、活性系数（$X$）和单一溶剂的相对挥发速度（$E$）来测算：

$$E_{总}=(\phi XE)_1+(\phi XE)_2+\cdots+(\phi XE)_n$$

活性系数 $X$ 是混合溶剂中不同组分之间相互作用的量度，其值随混合溶剂中各溶剂组分的类型及浓度而变化。

一般可以从活性系数图上查出按溶剂类型（烃类溶剂、酯类/酮类溶剂、醇类）和溶液浓度分类的溶剂的活性系数。

**【例 2-4】** 某硝化纤维素溶液的溶剂配方的体积分数为醋酸正丁酯 35%（$E=1$）、甲苯 50%（$E=2.0$）、乙醇 10%（$E=1.7$）及正丁醇 5%（$E=0.4$），试计算该混合溶剂的相对挥发速度。

解：首先从活性系数图上查出各组分溶剂的活性系数 $X$：

醋酸正丁酯 $X=1.6$、乙醇 $X=3.9$、甲苯 $X=1.4$、正丁醇 $X=3.9$，然后代入公式进行计算。

$$E_{总}=(0.35\times1.6\times1.0)+(0.5\times1.4\times2.0)+(0.1\times3.9\times1.7)+(0.05\times3.9\times0.4)=2.73$$

**(3) 涂膜溶剂的挥发**

在涂料中，溶剂的挥发可分为两个阶段。

① 溶剂的挥发速度主要受单一溶剂挥发的四种因素所控制，溶剂的挥发速度与纯溶剂时相同（可按 $E_{总}$ 的公式计算）。随着溶剂的进一步挥发，溶剂的挥发速度会突然变慢，进入第二阶段。

② 溶剂的挥发速度受从涂膜内到涂膜表面的扩散所控制。这种扩散是由一个孔隙跳到另一个孔隙而进行的，或者说是从高分子聚合物产生的自由体系中扩散至表面而逸出的。这一扩散过程的主要控制因素是树脂的玻璃化温度（$T_g$）。当溶剂的挥发发生在 $T_g$ 以上时，扩散速度与挥发速度相同，而当溶剂的挥发发生在 $T_g$ 以下时，溶剂的挥发由扩散速度所控制。例如 $T_g$ 大大高于涂膜的挥发温度，溶剂的挥发速度将趋于 0，这样即使成膜几年，涂膜内仍含有少量的残余溶剂。可采用在 $T_g$ 以上的温度烘干，以完全除去溶剂。

**(4) 水性涂料中溶剂的挥发**

水性涂料包括稀释型和乳胶型两种。水的挥发类似于通常溶剂挥发的情况。在第一阶段，受温度、湿度、空气流动速度的控制，随大量水挥发后，挥发速度减慢，表面凝聚成膜，水分子必须扩散到表面层挥发。因此在乳胶漆中，一般用涂刷或辊刷施工，目的是为了尽量延缓表面层的形成。使水分充分挥发出去，或者在涂料中加入一些挥发性溶剂如乙二醇、丙二醇，以便快速带出水分子。

### (二) 溶剂的性质及作用

#### 1. 溶剂的性质

溶剂可分为非极性、弱极性和极性三类。分子结构对称而又不含极性基团的烃类是非极性的；分子结构不对称又含有极性基团的分子则带有极性。极性溶质溶于极性溶剂中，但不溶于非极性溶剂中；弱极性溶质则不溶于极性溶剂而溶于非极性溶剂中。极性溶剂分子间互相缔合，黏度要比相对分子质量接近的非极性溶剂的黏度高，沸点、熔点、蒸发潜热也较高，而且内聚能较高，挥发度较低。

对于涂料所用溶剂可以分为三类：

① 真溶剂　它是指有溶解此类涂料所用高聚物能力的溶剂，其中醋酸乙酯、丙酮、

甲乙酮属于挥发性快的溶剂；醋酸丁酯属于中等挥发性溶剂；醋酸戊酯、环己酮等属于挥发性慢的溶剂，一般说来，挥发性快的溶剂价格低；

② 助溶剂　在一定限量内可与真溶剂混合使用，并有一定的溶解能力，还可影响涂料的其他性能，主要有乙醇或丁醇，乙醇有亲水性，用量过多易导致涂膜泛白，丁醇挥发性较弱，适宜后期作黏度调节；

③ 稀释剂　无溶解高聚物的能力，也不能助溶，但它价格较低，它和真溶剂、助溶剂混合使用可降低成本。

但这种分类是相对的，三种溶剂必须搭配合适，在整个过程中要求挥发速度均匀又有适当的溶解能力，避免某一组分不溶而产生析出现象。

**2. 溶剂的作用**

**(1) 降低黏度，调节流变性**

涂料是一种浓度较高的高分子溶液，溶剂性质直接影响高分子聚合物的黏度。溶剂对高分子聚合物的溶解能力越强，涂料体系的黏度就越低；另外，所选溶剂的种类、溶剂的用量严重影响着涂料的施工质量。溶剂在涂料中，除了有效分散成膜物质之外，还具有降低体系黏度、调节体系流变性的作用。

**(2) 改变涂料的电阻**

静电喷涂法是一种重要的涂装方法，以被涂物为阳极，涂料雾化器为阴极，使两极间产生高压静电场，并在阴极产生电晕放电，使喷出的漆滴带电和进一步雾化，沿电力线方向高效地吸附到被涂物上，完成涂装工作。静电涂装法对涂料的电性能有一定的要求，为达到最好的效果，要求涂料的电阻在一定的范围内，电阻过大，涂料粒子带电困难；电阻过低，容易发生漏电现象。涂料的电阻可以通过溶剂来改变，在高电阻涂料中添加电阻低的溶剂，常用的有氯化烃、硝基烃等；电阻值低的涂料中添加电阻高的极性溶剂，常用的有芳烃、石油醚等。

**(3) 作为聚合物反应溶剂，用来控制聚合物的相对分子质量的分布**

在生产高固体分涂料的聚合物时，选择合适沸点和链转移常数的溶剂作为聚合物介质，可以得到合适的相对分子质量大小和相对分子质量分布。例如，用二甲苯、苯甲醇庚酯和乙酸丙酯等溶剂作聚合溶剂，制备相对分子质量较小且相对分子质量分布窄的丙烯酸酯聚合物。

**(4) 改进涂料涂布和漆膜的性能**

通过控制溶剂的挥发速度，可以改进涂料的流动性，提高漆膜的光泽。溶剂的选择影响着涂膜对底材的附着力和湿膜的流平等施工性能。

溶剂选择不当会产生很多弊端：漆膜发白起泡、橘皮流挂等。从挥发快慢考虑，涂料溶剂的选择有下列要求：①快干、无缩孔、无流挂、无缘变厚现象，即挥发要快；②流动性与流平性好、无气泡、不发白，即挥发要慢。

**3. 混合溶剂配制、选择及应用**

涂料中混合溶剂的组成是由其施工工艺条件所控制的，如涂料的干燥温度和干燥时间等。一般在室温下物理干燥的涂料其混合溶剂的组成为45％的低沸点溶剂、45％的中等沸点溶剂和10%的高沸点溶剂。

配方中真溶剂与惰性溶剂的比例要合适，这样才能得到透明无光雾的涂膜。低沸点的溶剂加速干燥，而中等沸点和高沸点的溶剂保证涂膜的成膜无缺陷。烘干漆、烘烤磁漆和卷材涂料的施工温度相对较高，故其溶剂组成中高沸点溶剂的含量相应也要高，仅含少量的易挥发溶剂，因为易挥发溶剂会使涂料在烘烤过程中“沸腾”。

在涂料中，溶剂的性质也依赖于树脂的类型。为了获得快干、低溶剂残留的涂膜，一方面，混合溶剂的溶解度参数及其氢键参数必须位于树脂溶解度范围的边界部分。另一方面，混合溶剂的这些参数又必须与树脂的参数相近，以保证涂料获得满意的流动性。要找到如此切合实际的平衡点是很困难的，需要做大量的实验。根据溶解度参数理论，选择的混合溶剂中，非溶剂比真溶剂更易挥发，则对加速干燥是很有利的。真溶剂在涂膜中较后挥发，可增加涂料的流动性。也就是说，随溶剂的挥发，混合溶剂的溶解度参数应从树脂溶解度的边界区域迁移向中心区。不过，应该注意，在溶剂的挥发过程中，固体浓度的不断增强，涂料温度的增加或降低都会改变树脂的溶解区域。

## 二、助剂的性质、选择及应用

### 1. 催干剂

催干剂有金属氧化物、金属盐、金属皂三类使用形式。金属氧化物和金属盐都是在熬漆过程中加入，形成油脂皂后才呈现催干作用。目前使用最多的是金属皂这种形式，金属皂是有机酸和某些金属反应而成的，它的通式是RCOOM（M为金属部分，RCOO为有机酸部分），催干剂的特性决定于金属部分，而有机酸部分使其发挥催干效果。事实上每种金属的催干性能是不一样的，同种金属皂对不同涂料品种的催干作用也不相同。实际使用最多的为钴、锰、铅、锌、钙、铁、锆、铈，稀土是新型的催干剂。

具有催干性能的金属，必须在“活性状态”下才能发挥其催干作用。若将钴、锰、铅等变价金属以胶体状态很细地分散在油中，并无催干作用。例如四乙基铅［$Pb(C_2H_5)_4$］在油中能很好地混溶，但仍无催干作用。因此具有催干性能的金属必然形成金属皂而溶于油中，其有机酸作为阴离子，金属部分为阳离子，才能呈现催干作用。

#### (1) 催干剂的阴离子部分——有机酸

催干剂的有机酸决定金属皂涂料中的溶解性和相容性。催干剂中有机酸虽不相同，但其呈现的催干特性都相同，如环烷酸铅和亚油酸铅都以催底干为主，但亚麻油酸皂因其溶解性差而降低其催干活性。有机酸的种类很多，但用于催干剂的有机酸需符合以下条件。

① 形成的金属皂在连接料及有机溶剂中溶解度好。有机酸的不饱和性越大，其金属皂的溶解性越好。如亚麻油酸皂的溶解性要比硬脂酸皂好。饱和有机酸的适宜链长为6～10个碳，碳链上具有侧链，特别是$\alpha$-C上连有支链，具有较好的溶解性，如2-乙基乙酸的金属皂要比正辛酸金属皂的溶解性更佳。

② 在水中的溶解度小。苯甲酸的金属皂在有机溶剂中的溶解度好，色泽淡，价格低，

酸价高，但对水敏感而影响漆膜的抗水性。

③ 储存性好，不易氧化及分解。松香酸和亚麻油酸等不饱和脂肪酸本身在储存过程中氧化，引起颜色变深，溶解性降低而析出，影响其催干性。饱和有机酸如环烷酸、2-乙基乙酸、辛癸酸、异壬酸的金属皂具有优良的储存稳定性。

④ 色泽浅，气味小而杂质少。浅色漆不能用深色金属皂，以免影响其色泽，故采用的有机酸需精制。环烷酸皂有特殊气味，不宜用于食品工业用涂料。有机酸不能含有对涂膜有影响的有害物质，如硫化物等。2-乙基乙酸、新癸酸等合成脂肪酸具有高的纯度和极浅的色泽，而且无特殊气味。

⑤ 来源广，价格低廉。天然有机酸如亚油酸、焦油酸、环烷酸的来源较广而且价格低，但由于其天然脂肪酸质量不稳定，仅焦油酸及环烷酸被普遍使用。表 2-18 是常用于催干剂的有机酸及其特性。

**表 2-18 用于催干剂的有机酸及其特性**

| 有机酸 | 酸值/(mgKOH/g) | 相对密度 | 外观 |
|---|---|---|---|
| 环烷酸 | 188～200 | 0.953 | 暗棕色液体 |
| 精制环烷酸 | 225 | 0.970 | 浅琥珀色液体 |
| 焦油酸 | 195 | 0.902 | 黏状黄色液体 |
| 2-乙基乙酸 | 385 | 0.905 | 水白色到浅黄色液体 |
| 新癸酸 | 326 | 0.910 | 水白色清晰液体 |
| 异壬酸 | 345 | 0.899 | 水白色清晰液体 |

近年来，由于环烷酸的资源日益减少，而合成脂肪酸的化学纯度要比天然脂肪酸好得多，由于其耗酸量低，成本与环烷酸皂相近，因而以合成羧酸皂混合物为基础的催干剂在市场上普遍供应，生产厂常以其羧酸来命名其催干剂牌号，合成羧酸的高酸值使其金属皂具有较高的含量，黏度亦低。石蜡氧化制取的合成脂肪酸都为直链酸，其色泽较浅，价格低，但其金属皂的溶解性差，可将其 $C_6$～$C_9$ 的合成脂肪酸与环烷酸或支链脂肪酸拼合使用，以降低成本。

**(2) 催干剂的阳离子部分——金属离子**

催干剂可分为活性催干剂和辅助催干剂两种，其中活性催干剂又可分为氧化型催干剂和聚合型催干剂，如表 2-19 所示。

**表 2-19 催干剂的分类**

| 催干剂 | | 备注 |
|---|---|---|
| 活性催干剂 | 氧化型(表干型)，如 $Co^{2+}$、$Mn^{2+}$、$Ce^{3+}$、$Fe^{2+}$ | 钴是最活泼的氧化型催干剂，促使氧的吸收、过氧化物的形成和分解；锰、铈、铁亦为氧化型催干剂，其活性比钴小得多；铈及铁为烘烤型催干剂；锰为氧化型及聚合型双功能催干剂 |
| | 聚合型(底干型)，如 $Pb^{2+}$、$Zr^{4+}$、$Re^{3+}$ | 铅是最早使用的聚合型催干剂；锆用在不能用铅作催干剂的配方中；稀土催干剂用于低温及高湿度环境 |
| 辅助催干剂 | 辅助型(助催干型)，如 $Ca^{2+}$、$Zn^{2+}$ | 钙能提高表干及底干催干剂的效果；锌能改善钴催干剂的干性，防止皱皮 |

催干剂的作用决定于其中的金属离子部分，因此，涂料催干剂的用量都是以其所含的金属量来计算的，各种催干剂都规定其金属离子的浓度。在实际应用时，油基清漆是以植物油中的金属含量来表示的，各种合成树脂涂料则以树脂固体分中的金属含量来表示。

**(3) 催干剂的种类**

① 钴催干剂 钴催干剂是催干活性最强的氧化型催干剂，因氧化作用是从漆膜表面开始的，因而它使漆膜表面干燥加速，常作面催干剂。

钴催干剂一般与铅、锰、钙等催干剂配合使用，使涂层表里平衡干燥，如单独使用或使用量过多，会使涂膜表面很快干结而收缩，产生皱皮和因底干而发软的各种漆膜缺陷。特别是其强烈的催化氧化性，促使漆膜过早老化并发脆，因此，漆膜的干性在达到施工要求的前提下，以少用为宜，其适合用量为 0.02%～0.06%。以钙、锌等助催干剂配合使用，可有效地调节其表面干燥速度，用量超过 0.08%则需注意，必须仔细进行试验评价。

钴催干剂也可用于热固型涂料如氨基烘漆中以提高其硬度，用量为 0.01%～0.02%，与铁、锰催干剂相比，不易变色，但硬度和坚韧性不及后者，在油墨中因涂膜极薄，故可单用钴催干剂。

钴皂是呈蓝紫色的黏稠液体，高价钴时则呈绿色。在涂料、油料与钴皂拼混后的储存过程中，过氧化物与钴皂作用而产生绿色。一般认为钴皂在高价状态才呈现催干作用。

钴皂与肟类抗结皮剂混用会形成金属肟配合物而呈现红色至红紫色，各种肟产生不同的颜色，但漆膜干燥后颜色即消失。

钴催干剂常使用的金属含量在 4%～12%。

② 铅催干剂 铅催干剂为聚合型催干剂，在大多数醇酸漆中能促使漆膜底层干燥而得到坚韧而硬的漆膜，并能提高漆膜的附着力及耐候性。但其氧化催干性低，必须与钴、锰催干剂配合使用，一般用量为钴用量的 10 倍，正常用量的金属含量在 0.5%～1%。

铅皂与醇酸树脂中游离的苯二甲酸酐形成溶解度较小的铅盐而析出，使清漆发浑。铅皂与空气中的硫化物作用而变色，因而使漆膜沾污而变暗，铅皂有一定毒性，在玩具及儿童用品的涂料中严禁用铅皂作催干剂，铅粉漆中若使用铅皂，铅粉表面的硬脂酸膜为铅皂取代而失去漂浮性，因而使铅粉漆膜亮度差而发灰，在不能用铅催干剂的涂料中，常以铈或锆催干剂代之。

铅皂对颜料有润滑分散作用，颜料分较多的漆浆在轧制前加入以降低其黏稠度，并能改善其失干倾向，铅皂具有抗腐蚀作用，在润滑油或润滑脂中使用有防老化及腐蚀的作用。

铅皂的色泽较浅，一般为浅黄色液体，还可制得近乎于无色的精制品而用于白色漆中。

铅催干剂的使用含量为 12%～36%。

③ 锰催干剂 其催干特性在铅与钴皂之间，催干性较钴催干剂弱，具有良好的催底干性能，一般与钴、铅皂配合，用量为 0.02%～0.08%。

锰催干剂在热固型涂料中使用可提高漆膜的坚韧性与硬度，其效果要比钴皂好，但色深并易泛黄，不宜用于白色漆中，用量为 0.005%～0.02%。

锰催干剂在使用时会使涂膜出现一些反常现象，如皱皮、发霜等，需特别注意；特别是在铅存在下，锰催干剂的缺陷更为显著，配合钙催干剂可改善清漆发浑及色漆皱皮。

在低温时影响干性较小，在表干要求不高时，可用锰催干剂取代钴催干剂，但锰催干剂易变色，特别是在烘烤时更为严重。

锰催干剂虽能有效地催底干，但仍需与助催干剂拼合使用。

④ 钙催干剂　钙催干剂没有显著的催干作用，但与钴催干剂配合使用，可以提高其催干效果，还可以使表干与底干平衡，消除起皱，属助催干剂。

钙催干剂常与钴/铅催干剂系统配合，有特殊的辅助作用，能和钴催干剂形成复合物而阻止它被颜料吸收而失去催干性，能改进在低温及高湿度下的干燥性能。在醇酸漆中调整钴催干剂在醇酸树脂中析出而使清漆发浑、色泽发雾失光等毛病。在不能使用铅催干剂的场合如玩具漆，可以钙催干剂代替铅催干剂，因其催干性能较差而用量过多，使漆膜的抗水性不良，与环烷酸铅一样，环烷酸钙可用作颜料分散，使得润湿剂能防止起霜，并改善失干性。

钙催干剂因环烷酸的用量不同而呈酸性或中性，酸性环烷酸钙具有良好的溶解性，但催干性差，而中性或碱性钙催干剂具有较好的催干性。

钙催干剂的使用含量为4%、6%、10%，用量为0.05%～0.20%。

⑤ 锌催干剂　锌催干剂为助催干剂，它能保持漆膜有较长的开放时间，使漆膜能较彻底地干燥，故在某些涂料中涂膜具有较好的硬度，锌催干剂在很多涂料中使用，能延迟其表干，它与环烷酸铅及环烷酸钙一样，是优良的颜料润湿剂，因而在研磨阶段加入，能改进颜料的分散性，并能降低其失干性，有报道称，锌催干剂能消除活性金属复合物的形成而产生的变色现象，因为先形成的锌复合物是无色的。

锌催干剂的使用含量为6%、8%、16%及18%，用量为0.03%～0.2%。

⑥ 铁催干剂　铁催干剂在室温时无明显的催干作用，高温则具有强烈的聚合催干作用，使漆膜具有更大的硬度和韧性，主要用于热固型涂料。铁催干剂的颜色深，使漆膜具有棕红色相，因而用于沥青烘漆、黑氨基烘漆以及其他深色的氧化型烘干漆中，它不但具有高温催干性，而且对炭黑有分散湿润的作用，并能防止炭黑吸附钴、锰催干剂而产生阻力作用。有报道称，铁催干剂能改善黑烤漆的橘皮现象。

⑦ 钒催干剂　钒催干剂的活性很高，但由于其高价的化合态，储存极不稳定，并且由于其颜色深以及有失干的倾向，故其应用受到了很大的限制。

⑧ 铈、混合稀土催干剂　稀土元素由位于元素周期表ⅢB族中的15个镧系元素加上钪、镱所组成。其4f电子层上空轨道较多，处于不稳定状态，易失去电子和接受电子，使稀土元素具有变价和配位性质。

稀土混合催干剂是铈、铕、钇羧酸皂的混合物，其主要组分为铈羧酸皂，其催干特性与铈催干剂一致，而镧、铕、钇的羧酸皂没有明显的催干作用，因而稀土混合催干剂中的组分及含量的控制极为重要。

稀土、铈催干剂就兼具表干及底干的催干性能，而且具有配位性，能促进醇酸树脂等涂料的实干。稀土铈催干剂可取代锰、锌、钙等催干剂，并且其活性比铅、钴要高，其用量相当于铅、锰、锌、钙等催干剂总量的40%～80%可以降低涂料成本。

在低温和高湿度干燥的涂料中，稀土、铈催干剂尤为有效，稀土、铈催干剂用于烘漆中，具有铁催干剂的高温催干性，能使漆膜交联度增加而提高硬度和韧性，且能改进光泽和保光性，但易使漆膜泛黄，不宜用于浅色漆中。在微小变色能够接受的涂料中，铈和稀土是常被选用的对象。

与钴催干剂混合使用于油基漆、醇酸树脂漆及环氧酯涂料中，稀土、铈具有以下优点：a. 能全部取代铅、锰、锌、钙等催干剂，将传统的五种混合催干剂简化为两种混合催干剂系统，利于生产管理及控制；b. 用量可按传统的催干剂减少 30%～50%（以金属含量计），并可降低制漆成本；c. 能改善其底干，因而可提高漆膜附着力、耐水性及耐汽油性；d. 无铅毒，可用于玩具漆及其他无铅涂料。

稀土、铈催干剂的使用含量为 6%、8%、12%，用量为 0.2%～0.5%。

铅的相对分子质量为 207.21，铈的相对分子质量为 140.12，因而 0.5%的铅皂相当于 0.33%的铈皂。以不同的醇酸树脂配清漆或色漆，以 0.33%、0.17%、0.11%的铈金属代替 0.5%的铅皂，可改善底干及储存稳定性，如表 2-20 所示，对亚油醇酸树脂有较大影响，但对脱水蓖麻油醇酸树脂的效果不明显。一般与钴皂配合使用，用量为钴的 6～10 倍。

**表 2-20 催干剂对醇酸清漆储存稳定性的影响**

| 萘酸皂 | A | B | C | D |
|---|---|---|---|---|
| Pb/% | 0.5 | — | — | — |
| Ce/% | — | 0.33 | 0.17 | 0.11 |
| Co/% | 0.05 | 0.05 | 0.05 | 0.05 |
| Ca/% | 0.05 | 0.05 | 0.05 | 0.05 |
| 55 油度亚油醇酸 6 个月后的黏度/s | 605 | 300 | 450 | 650 |
| 52 油度亚油醇酸 6 个月后的黏度/s | 420 | 190 | 300 | 700 |

注：原始黏度都为 150s（以涂-4 杯在 20℃时测定）。

⑨ 锆催干剂　锆催干剂实际是聚合的锆氧基与合成有机酸的配位化合物，属于配位型聚合催干剂，能与连接料中的羟基或其他极性基团络合，生成更大相对分子质量的配位化合物，锆催干剂本身成为涂膜的组成，因而具有独特的催干性。

锆催干剂对其他催干剂有较强的促催干作用，能有效地提高钴、锰皂的催干性，对铅、钙皂亦有辅助作用，本身又具有类似铅皂的催底干性。由于锆催干剂的多功能性，在气干型涂料及烘干型涂料中采用锆催干剂能提高涂膜的全面性能，如硬度、光泽等。锆催干剂在气干型醇酸磁漆中取代铅催干剂，与钴、钙催干剂配合使用时，具有以下优点：a. 改进光泽及保光性；b. 好的白度及保色度；c. 漆膜柔韧性好，并能改进其硬度；d. 不会与硫化物作用而变色；e. 毒性低，$LD_{50}$ 为 7～10g/kg；f. 用于炭黑、铁红等因吸附催干剂而失干的颜料体系中，能改善其失干现象。

以锆催干剂代替铅催干剂用于中油度豆油醇酸树脂中，其触干时间由 7h 缩短为 5h，完全硬干时间由 20h 缩短为 13h。在白醇酸磁漆中用锆催干剂，其涂膜的白度好，硬度及耐水性亦有提高。

锆催干剂用于白色氨基烘漆，可提高硬度，并具有不泛黄性。用于铅粉漆，不会降低铅粉漆的漂浮性，使铅粉漆具有良好的漂浮稳定性及亮度；用于黑漆中不易失干。

锆催干剂的使用含量为 24%、18%、12%、6%，用量为 0.03%～0.2%。

⑩ 钡催干剂　钡催干剂作为代铅催干剂用于无铅的涂料中，它能改进实干，且具有良好的颜料润湿性。钡虽然没有像铅那样具有富集的毒性，但可引起急性中毒，再加上钡是一种重金属，这都限制了它在玩具和书写工具用漆上的使用。

⑪ 铋催干剂　铋催干剂是一种新型的代铅催干剂，与钴配合使用能强烈地促进催干和改进实干，在不利的干燥条件下能促进干燥。铋催干剂用在烘烤漆中，可以提高其硬度。

⑫ 锶催干剂　锶催干剂是另一种新型的代铅催干剂，用于无铅涂料中，在不利的干燥条件下能促进干燥和实干。在低颜料分的户外涂料中，用锶代替锆会造成耐沾污性差等问题。

⑬ 锂催干剂　锂催干剂与钴配合具有很好的催干作用，它主要用于代铅，用在高固体分涂料中的低相对分子质量树脂中。锂催干剂能促进实干和提高硬度，并能减少高固体分涂料中的起皱敏感性。

**2. 增塑剂**

增塑剂，主要作用是削弱聚合物分子之间的次价键，即范德华力，从而增加了聚合物分子链的移动性，降低了聚合物分子链的结晶性，即增加了聚合物的塑性，表现为聚合物的硬度、模量、软化温度和脆化温度下降，而伸长率、曲挠性和柔韧性提高。增塑剂按其作用方式可以分为两大类型，即内增塑剂和外增塑剂。

内增塑剂实际上是聚合物的一部分。一般内增塑剂是在聚合物的聚合过程中所引入的第二单体。由于第二单体在聚合物的分子结构中共聚，降低了聚合物分子链的有规度，即降低了聚合物分子链的结晶度，例如氯乙烯-醋酸乙烯共聚物比氯乙烯均聚物更加柔软。内增塑剂的使用温度范围比较窄，而且必须在聚合过程中加入，因此内增塑剂用得较少。

外增塑剂，是一个低相对分子质量的化合物或聚合物，把它添加在需要增塑的聚合物内，可增加聚合物的塑性。外增塑剂一般是一种高沸点的较难挥发的液体或低熔点的固体，而且绝大多数都是酯类有机化合物。通常它们不与聚合物起化学反应，和聚合物的相互作用主要是在升高温度时的溶胀作用，与聚合物形成一种固体溶液。外增塑剂性能比较全面且生产和使用方便，应用很广。现在人们一般说的增塑剂都是指外增塑剂，邻苯二甲酸二辛酯（DOP）和邻苯二甲酸二丁酯（DBP）都是外增塑剂。

增塑剂的品种繁多，在其研究发展阶段其品种曾多达1000种以上，作为商品生产的增塑剂不过200多种，而且以原料来源于石油化工的邻苯二甲酸酯为最多。

增塑剂的分类方法很多。根据相对分子质量的大小可分为单体型增塑剂和聚合型增塑剂；根据物状可分为液体增塑剂和固体增塑剂；根据性能可分为通用增塑剂、耐寒增塑剂、耐热增塑剂、阻燃增塑剂等。根据增塑剂化学结构分类是常用的分类方法：①邻苯二甲酸酯（如：DBP、DOP、DIDP）；②脂肪族二元酸酯（如：己二酸二辛酯DOA、癸二酸二辛酯DOS）；③磷酸酯（如：磷酸三甲苯酯TCP、磷酸甲苯二苯酯CDP）；④环氧化合物（如：环氧化大豆油、环氧油酸丁酯）；⑤聚合型增塑剂（如：己二酸丙二醇聚酯）；⑥苯多酸酯（如：1,2,4-偏苯三酸三异辛酯）；⑦含氯增塑剂（如：氯化石蜡、五氯硬脂酸甲酯)；⑧烷基磺酸酯；⑨多元醇酯；⑩其他增塑剂。

**3. 防潮剂**

又称防发白剂，是由沸点较高而挥发速度较慢的酯类、醇类及酮类等有机溶剂混合而成的无色透明液体。与硝基漆稀释剂等配合使用时，可在湿度高的环境下施工。用以防止硝基漆膜发白的防潮剂称为硝基漆防潮剂；用于过氯乙烯的防潮剂称为过氯乙烯漆防潮剂。

防潮剂的技术指标：①乳白色或浅黄色蓝光乳液；②pH 值为 8.0～9.0；③无毒、无异味、无腐蚀性，易溶于水，无污染，使用方便；④涂于纸品表面，当纸品放置 45°角倒入流水时，呈明显珠状，较长时间不渗透。

防潮剂的主要特点：①高稳定性，OPE 防潮剂添加了特制的乳液稳定剂与分散剂，并采用有效的转相乳化工艺，离心试验稳定耐久置；②强防潮性，本产品由于颗粒细微，表面积很大，经破乳后可均匀吸附在纤维表面上，干燥后可形成极薄的憎水层，具有优异的防潮功能；③无污染性，本产品是以水为分散介质的乳液，无毒、无味，在使用过程中，无任何有害溶剂挥发，对人体无害，对环境无污染。

**4. 防结皮剂**

在涂料的生产使用过程中，常采用溶剂盖面等隔离空气的措施以延长结皮，但效果不明显。防结皮剂能有效防止结皮。它一般分为两类化合物：肟类和酚类抗氧剂类。肟类是通过与活泼催干剂暂时络合而起作用，其用量根据活泼金属的含量而定。常用的商品肟有甲乙酮肟和丁醛肟。两种产品的有效用量都是对活泼催干剂金属含量（质量）比为 10∶1，在大多数漆中，它的用量范围一般是漆料固体的 0.2%～0.6%，肟能有效地控制结皮而不太减慢干燥时间。

抗氧剂也能很有效地控制结皮。最常用的是有取代基的酚类化合物，必须谨慎地评价它们的应用，因为过量会大大延长干燥时间。因此，抗氧剂只适用于一些条件最不利的涂料中。

**(1) 肟类防结皮剂**

具有—C═NOH 结构的化合物都称为肟类，常用的肟类防结皮剂有甲乙酮肟、丁醛肟和环己酮肟。

肟类防结皮剂的机理有三方面：

① 抗氧化作用，肟类化合物易氧化，能阻止漆的氧化聚合而成膜；

② 溶解作用，液态的肟类化合物为强溶剂，能延迟胶凝体的形成而抗结皮；

③ 络合作用，能与催干剂的金属部分形成配合物，失去催干性而延迟其结皮，在成膜过程中肟类挥发而使配合物趋向分解，使催干剂恢复其催干性。

肟类防结皮剂与催干性形成配合物的情况较复杂。在某些连接料中与钴催干剂能呈现较深的色泽，但在涂膜干结后则恢复原来的色泽。防结皮剂加入顺序与呈色反应有关，在催干剂以前加入则色深，因而防结皮剂都在加催干剂后才加入。

**(2) 酚类防结皮剂**

酚类化合物都为抗氧化剂，本身易氧化而使油基漆的氧化结膜受阻以延迟其表面结膜。一般的酚类如对苯二酚与连接料的混溶性较差，而其氧化活性极强，使用时不易控制，常选择邻、对位有取代基的酚类化合物作防结皮剂，其氧化性较适宜，并与油基漆、醇酸漆有良好的混溶性。

酚类防结皮剂价格较低，但对涂料的干性影响较大，用量稍不适宜，会使涂料涂刷后几天不结膜。酚类化合物易泛黄，并与铁反应呈棕色，还具有一些刺激性气味，故一般的涂料不宜采用酚类防结皮剂。酚类防结皮剂能延迟油基漆的表干，因而使底干较彻底，适用于底漆及浸涂施工的烘干涂料，因这类涂料的干性较快，在施工过程中长期与空气接触而结皮。

**5. 固化剂**

固化剂又名硬化剂、熟化剂或变定剂，是一类增进或控制固化反应的物质或混合物。树脂固化是经过缩合、闭环、加成或催化等化学反应，使热固型树脂发生不可逆的变化过程，固化是通过添加固化（交联）剂来完成的。

**(1) 固化剂按用途分类及应用**

固化剂按用途可分为常温固化剂和加热固化剂。环氧树脂高温固化时一般性能优良，但是在土木建筑中使用的涂料和黏结剂等由于加热困难，需要常温固化，所以大都使用脂肪胺、脂环胺以及聚酰胺等，尤其是冬季使用的涂料和黏结剂不得不与多异氰酸酯并用，或使用具有恶臭气味的聚硫醇类。

至于中温固化剂和高温固化剂，则要以附着体的耐热性以及固化物的耐热性、黏结性和耐药品性等为基准来选择。选择重点为多胺和酸酐。由于酸酐固化物具有优良的电性能，所以广泛用于电子、电器方面。

脂肪族多胺固化物黏结性以及耐碱、耐水性均优良。芳香族多胺在耐药品性方面也是优良的。由于氨基的氮与金属形成氢键，因而具有优良的防锈效果。胺质量浓度愈高，防锈效果愈好。酸酐固化剂和环氧树脂形成酯键，对有机酸和无机酸显示了高的抵抗力，电性能一般也超过了多胺。

**(2) 固化剂按使用方法分类**

固化剂按使用方法分为常温固化剂和高温固化剂，两者的区别在于常温固化剂适用于没有加热工序的应用领域，而高温固化剂又称之为封闭型固化剂，其在常温下可与水性树脂（水性聚氨酯、水性丙烯酸酯、氟乳液、有机硅乳液等）长期稳定共存，热处理时(95℃以上)，该固化剂释放出的异氰酸酯（—NCO）基团与水性树脂分子链上羟基、羧基、氨基等基团反应形成交联结构，可显著改善水性树脂的性能。封闭型固化剂改变了原有的固化剂需要双组分、用量不易控制、浪费等缺点，应用范围广泛，适用范围：①作为单组分热固化型水性涂料的内交联剂，通过固化交联显著改善水性树脂漆膜的耐水、耐化学品、耐磨、附着力、力学机械等性能；②作为有机氟或有机硅乳液的架桥剂，将有机氟或有机硅固定到棉纤维或涤纶纤维表面，提高“三防”织物的耐水洗次数；③作为纺织涂层、印花胶的内交联剂，提高附着力及耐水洗、耐磨等性能；④作为单组分金属、玻璃烤漆用内交联剂，可替代氨基树脂使用，无甲醛释放，具有优异的耐黄变性能；⑤作为涤纶或涤纶帘子布处理剂，改善涤纶与橡胶的黏结性能；⑥作为阴极电泳涂料（羟基丙烯酸树脂）固化剂，提高涂料附着力等综合性能。国内市场常温固化剂品种多，可选择余地大，国产的性价比高，进口的如拜耳等的价格高，品质稳定；而封闭型固化剂目前国内销售的品种很少。

### 6. 流平剂

巴豆酸和苯甲酸被标为流平酸，可认为是第一个真正的流平剂，曾被用于以植物油为基础的黏结剂和以氧化锌为颜料的涂料。作为流平剂之所以有效，是因为它们能阻止体系的增稠，使涂料中的颜料得到润湿，阻止涂膜表面的氧化。

第二次世界大战后，黏结剂开始迅速发展：大约 1945 年出现环氧树脂，1955 年出现聚氨酯树脂和不饱和聚酯，大约 1965 年出现无油聚酯树脂。这些黏结剂比早期应用的黏结剂如硝酸纤维素、丙烯酸树脂或乙烯基树脂等更容易出现表面缺陷。当研究这些早期涂料配方时，可以明显地看到：表面流平是很重要的问题。进而，配方者发现某些树脂如聚氨酯和三聚氰胺树脂，当以少量用于环氧树脂涂料配方中时，可改善其流平性。1950 年开发的硅油，也可用来改善涂料的流平性。早在 1955 年，在聚氨酯体系中已使用黏稠丙烯酸树脂和纤维素酯作为空气释放剂和流平剂。1965 年含氟表面活性剂也被推荐用来消除流平缺陷。

流平剂是粉末涂料中最重要的助剂品种之一，在粉末涂料配方中，对于要求得到平整光滑的涂膜时，无论是高光、有光、半光、亚光还是无光粉末涂料，都必须添加流平剂。流平剂的作用是粉末涂料熔融流平时，在熔融涂料表面形成极薄的单分子层，以提供均匀的表面张力，同时也使涂料与被涂物（工件）之间具有良好的润湿性，从而克服涂膜表面由于局部表面张力不均匀而形成针孔、缩孔等涂膜弊病。

在粉末涂料中常用的流平剂有丙烯酸酯均（低）聚物、丙烯酸酯共聚物、有机硅改性丙烯酸酯聚合物和聚硅氧烷等，其中常用的有聚丙烯酸乙酯、聚丙烯酸丁酯、聚丙烯酸-2-乙基己酯、丙烯酸乙酯与丙烯酸丁酯共聚物和有机硅改性聚丙烯酸酯等高分子化合物。在丙烯酸酯共聚物流平剂中也有用带有羟基、羧基基团的单体共聚的化合物。这种流平剂由于极性反应基团的作用，有利于颜料和填料的分散，有利于提高涂膜光泽，起到复合性助剂的作用。

液体状丙烯酸酯均聚物流平剂的技术指标如表 2-21 所示。

**表 2-21　丙烯酸酯均聚物流平剂的技术指标**

| 项　目 | 技术指标 | 检验方法 |
|---|---|---|
| 外观 | 无色或浅黄色透明黏稠液体 | 目测 |
| 黏度 | 13～38 | 50％二甲苯溶液在 25℃用涂-4 黏度计测定 |
| 固体分/％ | ≥99 | 按 GB/T 1725—2007 |
| 闪点/℃ | ≥200 | 按 GB/T 3526—2008 开口杯法 |

为了使黏稠状的液体流平剂在生产粉末涂料时称料和投料方便，一般把它先分散在环氧树脂、高酸值聚酯树脂（聚酯环氧粉末涂料用）、低酸值聚酯树脂（纯聚酯粉末涂料用）、气相二氧化硅或者某些填料中，配制成固体颗粒或粉末状后使用。通常分散在熔融环氧树脂中的叫 503 流平剂，分散在熔融高酸值聚酯树脂中的叫 504 流平剂，分散在熔融

低酸值聚酯树脂中的叫505流平剂。503流平剂用于纯环氧和聚酯环氧粉末涂料中，504流平剂可用在聚酯环氧粉末涂料中，505流平剂可用于纯聚酯粉末涂料中。这种流平剂的有效成分含量在10％～20％，因厂家不同有效成分的含量有差别。用气相二氧化硅或某些填料分散的流平剂叫通常流平剂，可以用在任何品种的粉末涂料中，包括聚氨酯粉末涂料和丙烯酸粉末涂料。一般以气相二氧化硅为载体的通用流平剂的有效成分含量为65％左右。

**7. 分散剂**

分散剂是一种在分子内同时具有亲油性和亲水性两种相反性质的界面活性剂，可均一分散那些难以溶解于液体的无机、有机颜料的固体颗粒，同时也能防止固体颗粒的沉降和凝聚，形成安定悬浮液所需的药剂。

**(1) 分散剂机理**

① 吸附于固体颗粒的表面，使凝聚的固体颗粒表面易于湿润；

② 高分子型的分散剂，在固体颗粒的表面形成吸附层，使固体颗粒表面的电荷增加，提高形成立体阻碍的颗粒间的反作用力；

③ 使固体粒子表面形成双分子层结构，外层分散剂极性端与水有较强亲和力，增加了固体粒子被水润湿的程度，固体颗粒之间因静电斥力而远离；

④ 使体系均匀，悬浮性能增加，不沉淀，使整个体系物化性质一样。

**(2) 基本原理**

① 选择分散剂　在我们涂料生产过程中，颜料分散是一个很主要的生产环节，它直接关系到涂料的储存、施工、外观以及漆膜的性能等，所以合理地选择分散剂就是一个很重要的生产环节。但涂料浆体分散的好坏不仅和分散剂有关系，和涂料配方的制定以及原料的选择都有关系。分散剂顾名思义，就是把各种粉体合理地分散在溶剂中，通过一定的电荷排斥原理或高分子位阻效应，使各种固体很稳定地悬浮在溶剂（或分散液）中。

② 双电层原理　水性涂料使用的分散剂必须水溶，它们被选择地吸附到粉体与水的界面上。目前常用的是阴离子型，它们在水中电离形成阴离子，并具有一定的表面活性，被粉体表面吸附。粉状粒子表面吸附分散剂后形成双电层，阴离子被粒子表面紧密吸附，被称为表面离子。在介质中带相反电荷的离子称为反离子。它们被表面离子通过静电吸附，反离子中的一部分与粒子及表面离子结合得比较紧密，它们称为束缚反离子。它们在介质中成为运动整体，带有负电荷，另一部分反离子则包围在周围，它们称为自由反离子，形成扩散层。这样在表面离子和反离子之间就形成双电层。

动电电位：微粒所带负电与扩散层所带正电形成双电层，称为动电电位。热力电位：所有阴离子与阳离子之间形成的双电层相应的电位。

起分散作用的是动电电位而不是热力电位，动电电位电荷不均衡，有电荷排斥现象，而热力电位属于电荷平衡现象。如果介质中增大反离子的浓度，而扩散层中的自由反离子会由于静电斥力被迫进入束缚反离子层，这样双电层被压缩，动电电位下降，当全部自由反离子变为束缚反离子后，动电电位为零，称之为等电点。没有电荷排斥，体系没有稳定性发生絮凝。

③ 位阻效应　一个稳定分散体系的形成，除了利用静电排斥，即吸附于粒子表面的负电荷互相排斥，以阻止粒子与粒子之间的吸附/聚集而最后形成大颗粒而分层/沉降之外，还要利用空间位阻效应的理论，即在已吸附负电荷的粒子互相接近时，使它们互相滑动错开，这类起空间位阻作用的表面活性剂一般是非离子表面活性剂。灵活运用静电排斥配合空间位阻的理论，即可以构成一个高度稳定的分散体系。

高分子吸附层有一定的厚度，可以有效地阻挡粒子的相互吸附，主要是依靠高分子的溶剂化层，当粉体表面吸附层达 8～9nm 时，它们之间的排斥力可以保护粒子不致絮凝。所以高分子分散剂比普通表面活性剂好。

### 8. 消泡剂

消泡剂，又称为抗泡剂，在工业生产的过程中会产生许多有害泡沫，需要添加消泡剂，广泛应用于清除胶乳、纺织上浆、食品发酵、生物医药、涂料、石油化工、造纸、工业清洗等行业生产过程中产生的有害泡沫。

消泡剂的种类很多，有机硅氧烷、聚醚、硅和醚接枝、含胺、亚胺和酰胺类的，具有消泡速度更快，抑泡时间更长，适用介质范围更广，甚至如高温、强酸和强碱的苛刻介质环境。

#### (1) 消泡剂的消泡机理

① 泡沫局部表面张力降低导致泡沫破灭　该种机理的起源是将高级醇或植物油撒在泡沫上，当其溶入泡沫液，会显著降低该处的表面张力。因为这些物质一般对水的溶解度较小，表面张力的降低仅限于泡沫的局部，而泡沫周围的表面张力几乎没有变化。表面张力降低的部分被强烈地向四周牵引、延伸，最后破裂。

② 消泡剂能破坏膜弹性而导致气泡破灭　消泡剂添加到泡沫体系中，会向气液界面扩散，使具有稳泡作用的表面活性剂难以发生恢复膜弹性的能力。

③ 消泡剂能促使液膜排液，因而导致气泡破灭　泡沫排液的速率可以反映泡沫的稳定性，添加一种加速泡沫排液的物质，也可以起到消泡作用。

④ 添加疏水固体颗粒可导致气泡破灭　在气泡表面疏水固体颗粒会吸引表面活性剂的疏水端，使疏水颗粒产生亲水性并进入水相，从而起到消泡的作用。

⑤ 增溶助泡表面活性剂可导致气泡破灭　某些能与溶液充分混合的低分子物质，可以使助泡表面活性剂被增溶，使其有效浓度降低。有这种作用的低分子物质如辛醇、乙醇、丙醇等醇类，不仅可减少表面层的表面活性剂浓度，而且还会溶入表面活性剂吸附层，降低表面活性剂分子间的紧密程度，从而减弱了泡沫的稳定性。

⑥ 电解质瓦解表面活性剂双电层而导致气泡破灭　对于借助泡沫的表面活性剂双电层互相作用，产生稳定性的起泡液，加入普通的电解质即可瓦解表面活性剂的双电层起消泡作用。

#### (2) 消泡剂的组成

① 活性成分

作用：破泡、消泡，减小表面张力；

代表物：硅油、聚醚类、高级醇、矿物油、植物油等。

② 乳化剂

作用：使活性成分分散成小颗粒，便于分散在水中，更好地起到消泡、抑泡效果；

代表物：壬（辛）基酚聚氧乙烯醚、皂盐、OP系列、吐温系列、斯盘系列等。

③ 载体

作用：有助于载体和起泡体系的结合，易于分散到起泡体系里，把两者结合起来，其本身的表面张力低，有助于抑泡，且可以降低成本；

代表物：除水以外的溶剂，如脂肪烃、芳香烃、含氧溶剂等。

④ 乳化助剂

作用：使乳化效果更好；

代表物：分散剂为疏水二氧化硅等；增黏剂为CMC、聚乙烯醚等。

### 9. 脱漆剂

脱漆剂是由芳香族化合物与高溶解力溶剂配合而成的液体，具有极强的溶解漆膜的能力，脱漆剂速度快，效率高，可去除的涂层种类范围较宽，适用于醇酸、硝基、聚脲醛橡胶型乙烯、环氧、聚酯、聚氨酯等各种油漆、外墙涂料、粉末喷涂、涂层的脱除，去漆能力极强。本品与国外同类产品相比，脱漆效果相同，脱漆时间可节省20%左右。

#### (1) 脱漆剂的分类

脱漆剂分为酸性脱漆剂、碱性脱漆剂、中性脱漆剂。

#### (2) 脱漆剂的用途

脱漆剂主要用于清除金属、模板、木板、家具、各种用品产品上的旧漆膜，而且不会损伤基材，对金属产品无任何侵蚀的一种工业化合品，脱漆剂适用于清除旧的环氧漆类、聚氨酯漆类等交联固化型漆膜。脱漆剂使用方便，脱漆效率高。

#### (3) 主要性能

外观：乳白色悬浮液体；使用量：$\leqslant 200g/m^2$；脱漆效率：$\geqslant 90\%$。

#### (4) 施工注意事项

① 使用本脱漆剂时要穿戴好防护用品，特别要戴好防护眼镜；

② 开启桶盖时千万不要将脸正对桶口；

③ 如不慎溅到皮肤上，应立即用大量清水冲洗；

④ 运输时严禁野蛮装卸，按规定装载，最高不超过2层，严禁倒放或倒置；

⑤ 码放时不得超过2层高，远离火源；

⑥ 储存温度在0～35℃，应避免阳光直射或温度较高的环境；

⑦ 如桶内充满气体时，应慢慢开启桶盖，不要猛然开启，以免发生瀑溅；

⑧ 涂本品时不宜过多否则导致浪费；但也不宜过少，过少起不到作用，应视漆膜厚度现场而定；

⑨ 涂完本产品应在将漆咬起后方可铲除，不宜过早，过早还未反应完全；也不宜过晚，过晚漆膜又变硬，不宜铲除，应掌握漆膜随起随铲；

⑩ 漆膜咬起后应用铲刀铲除，严禁用棉丝、棉布擦除；

⑪ 在脱模板漆时模板温度不宜过高或过低，否则影响其脱漆效果。解决的方法：对

模板进行降温、升温处理，以提高脱漆效果。

**(5) 储存**

储存于阴凉处，避免阳光直晒。

使用方法：

① 浸泡式　将需要脱漆的工件全部浸泡在脱漆剂中 0.5～5min，旧漆膜产生强烈溶胀，鼓起即可；全部脱落，取出后用高压水打掉在工件表面的残余漆片，用清水洗净即可；

② 涂刷式　对于大工件可用毛刷或棉纱将脱漆剂涂于漆的部位，对于漆膜厚的工件，可反复涂刷 2～3 次，直至漆膜脱落，后清洗工艺同浸泡式一样；

③ 浸泡时将本剂置于防腐容器中，加适量水使其封住本剂防止挥发。因树脂不同处理时间不同。

涂刷时直接涂于漆膜表面，漆膜会慢慢鼓起脱落。

## 习题

1. 涂料的一般组成是什么?
2. 生产醇酸树脂的常用原料是什么? 单元酸的作用是什么?
3. 聚氨酯是怎样生成的? 该生产过程有何特点?
4. 颜料在涂料中所起的作用是什么?
5. 比体积浓度 Δ 对涂膜性能的意义是什么?

# 第三章　涂料表面化学与干燥成膜

## 第一节　涂料成膜机理

涂料涂覆于物体表面以后，由液体或疏松粉末状态转变成致密完整的固态薄膜的过程，即为涂料的成膜，亦称为涂料的干燥或固化。涂料成膜主要是通过选择适当的涂装方法，按照严格的施工工艺完成的复杂的物理化学过程。依据成膜过程中是否发生化学反应，成膜机理可分为物理方式成膜和化学方式成膜；而依据成膜过程具体条件的变化，成膜方式主要可分为以下几种。

### 一、溶剂挥发成膜和热熔型成膜

热塑性涂料成膜属于物理方式成膜，包括溶剂挥发成膜和热熔型成膜。

传统的热塑性溶剂型涂料，例如氯化聚烯烃、硝基纤维素、丙烯酸树脂和聚乙烯醇缩甲醛等成膜物溶解于一定的溶剂体系制备的固含量低于50%的涂料，在涂布以后靠溶剂逐步挥发而干燥成膜。事实上，成膜过程比想象的更加复杂。溶剂挥发会引起涂料流变性能的变化，而且溶剂的滞留对涂层性能乃至涂层的结构均有重要影响。为了获得光滑平整的漆膜，需要选择合适的溶剂。溶剂挥发太快，表面涂层黏度增加过高，底层溶剂难以挥发出去，从而导致漆膜不平整。此外，溶剂挥发是一吸热过程，溶剂挥发过快可能导致漆膜表面的温度降至雾点，会使水凝结在漆膜中，导致漆膜失去透明性而发白或使漆膜强度下降。该类涂料成膜物的相对分子质量很高，通常线型结构的分子在溶液中以线团缠绕形态存在，在溶解能力不同的溶剂中其形态不同。当溶剂挥发时，聚合物分子线团移动能力降低，尤其是使用强溶剂与弱溶剂的混合体系时，不同的溶剂蒸发速度必然影响大分子线团及其相互缠绕的形态，最终导致涂层结构与性能的差别。

该类涂料施工后的溶剂挥发分为三个阶段，如图3-1所示。第一阶段是湿阶段，成膜开始时，成膜物大分子对溶剂挥发影响较小，主要决定于溶剂的蒸气压或相对挥发速度；随着溶剂的挥发，涂层黏度不断增加。第二阶段为过渡阶段，沿涂膜表面向下出现不断增长的黏性凝胶层，溶剂挥发受表面凝胶层的控制，溶剂蒸气压显著下降。第三阶段为干阶段，当涂层黏度增加到一定程度，溶剂从涂层扩散至表面受阻，溶剂挥发速度由表面凝胶

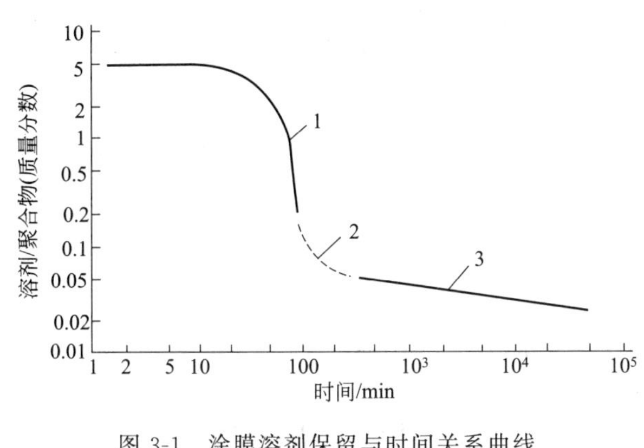


图 3-1　涂膜溶剂保留与时间关系曲线

1—湿阶段；2—过渡阶段；3—干阶段

层控制转变为扩散控制，挥发速度明显变慢，该阶段可持续很长时间，例如某些氯化聚烯烃涂层两年后仍有2%～3%的残留溶剂，称为溶剂滞留。事实上，残留的溶剂转变成了增塑剂。其中，扩散速度取决于体系的 $T_g$ 和干燥温度（$T$）。当干燥温度高于 $T_g$ 时，扩散控制不起作用；若干燥温度低于 $T_g$，则溶剂挥发受扩散控制。所以要将溶剂从涂层中彻底清除，必须在高于成膜物 $T_g$ 下进行烘烤。尽管近年来对溶剂挥发模型的定量化处理做了不少的工作，但至今尚未取得满意的结果。

为了使聚合物成膜，除了加溶剂降低体系的 $T_g$ 外，也可采取升温的方法来增加 $T-T_g$ 的值（即增加自由体积），使聚合物熔融，从而赋予其流动性和可涂布性。流动的聚合物熔体在被涂物表面成膜后予以冷却，便可得到固态漆膜，这是热塑性涂料成膜的另一种方式，即热熔成膜，例如涂在牛奶纸瓶上的聚乙烯就是用这种方式成膜的。此外，热熔型成膜不仅适用于热塑性粉末涂料，也适用于一些热固性粉末涂料。图 3-2 为粉末涂料的成膜过程。

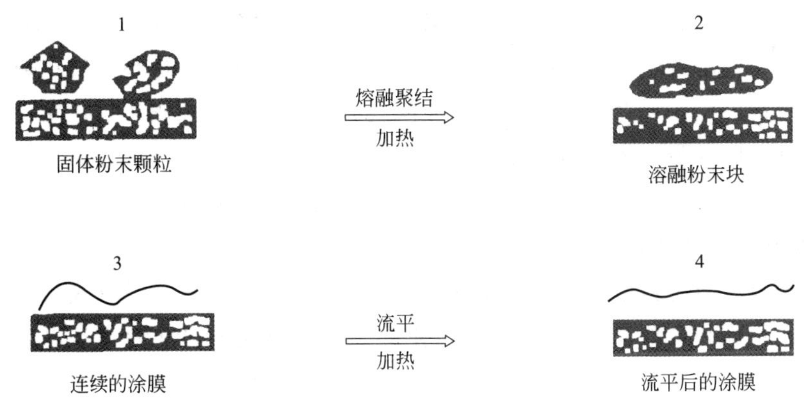


图 3-2　粉末涂料的成膜过程

## 二、化学反应成膜

化学反应成膜是指成膜物在成膜过程中，通过化学反应（包括缩合或加聚）交联成网状大分子固态涂膜的方式。这种成膜方式是热固性涂料，包括光固化涂料、粉末涂料、电泳漆等的共同成膜方式。例如酚醛漆、氨基烘漆、聚酯漆、丙烯酸烘漆等都是通过缩合反应固化成膜；不饱和聚酯、双组分环氧、双组分聚氨酯等则通过加聚反应固化成膜。通常，经过化学成膜方式的涂层的综合性能明显优于物理方式成膜的涂层。适用该成膜方式的成膜物一般是低相对分子质量预化合物或预聚物，施工黏度低，随着交联密度的增大，黏度增大，自由体积减小，$T_g$ 增大，直至生成连续均一的固态漆膜。需要指出的是在发生化学交联反应之前，除非溶剂涂料外，通常都包括一个溶剂挥发的过程。下面详细介绍一下化学反应成膜的两种形式：链锁聚合反应成膜和逐步聚合反应成膜两种形式。

**1. 链锁聚合反应成膜**

涂料的链锁聚合反应成膜形式主要包括氧化聚合成膜、引发剂引发聚合成膜和能量引发聚合成膜三种。

**(1) 氧化聚合成膜**

氧化聚合反应机理如下：

$$ROOH \longrightarrow RO\cdot + \cdot OH$$

$$RO\cdot + \sim\sim CH{=}CH{-}\underset{(R'H)}{CH_2}{-}CH{=}CH\sim\sim \longrightarrow \sim\sim CH{=}CH{-}\underset{(R'\cdot)}{\dot{C}H}{-}CH{=}CH\sim\sim + ROH$$

$$(R'\cdot) + O_2 \longrightarrow R'OO\cdot$$

$$R'OO\cdot + R'H \longrightarrow R'\cdot + R'OOH$$

$$R'OOH \longrightarrow R'O\cdot + \cdot OH$$

$$R'\cdot - R'\cdot \longrightarrow R'{-}R'$$

$$R'O\cdot + R'\cdot \longrightarrow R'OR'$$

$$R'O\cdot + R'O\cdot \longrightarrow ROOR$$

当油分子中有两个以上活泼亚甲基时，此反应可导致分子间的交联形成具有三维网络的漆膜。

以天然油脂为成膜物质的油脂涂料，以及后来出现的含有油脂组分的天然树脂涂料、酚醛树脂涂料、醇酸树脂涂料和环氧酯涂料等都是依靠氧化聚合成膜。氧化聚合属于自由基链式聚合反应，由于所含油脂组分可形成网状大分子结构，油脂的氧化聚合速度与其所含活泼亚甲基基团数量和氧的传递速度有关。通常需要加入催干剂，如钴、锰、铅、锆等有机金属盐，以促进氧的传递，从而加速含有干性油组分涂料的成膜。

**(2) 引发剂引发聚合成膜**

不饱和聚酯涂料是典型的依靠引发剂引发聚合成膜的，该种成膜方式与普通自由基聚合反应类似。不饱和聚酯树脂含有不饱和基团，当引发剂分解产生自由基以后，作用于不饱和基团，产生链式反应而形成大分子的涂膜。

**(3) 能量引发聚合成膜**

一些含共价键的化合物或低聚物的涂料可以通过能量引发聚合而形成涂膜。由于共价键均裂需要较高能量，现代涂料采用了紫外光和电子辐射能引发聚合成膜，前者可使涂料在几分钟内固化成膜，后者可在以秒计的时间内完成加聚反应，使涂料固化成膜。目前，电子束固化是涂料最快的成膜方式。

**2. 逐步聚合反应成膜**

采用该类成膜方式的涂料的成膜物质多为分子链上含有可反应官能团的低聚物，其成膜形式进一步可分为缩聚反应成膜、氢转移聚合成膜和外加交联剂固化成膜三种。

**(1) 缩聚反应成膜**

以含有可发生缩聚反应的官能团的成膜物质组成的涂料，通常采取该成膜方式成膜。

典型涂料是氨基醇酸树脂涂料、氨基聚酯涂料和氨基丙烯酸涂料，主要是通过氨基树脂中的烷氧基与丙烯酸树脂等成膜物分子中羟基的缩聚反应，形成以体型结构为主的高分子涂膜，在成膜时有小分子化合物从膜中逸出。含羟基丙烯酸树脂的缩聚反应如下：

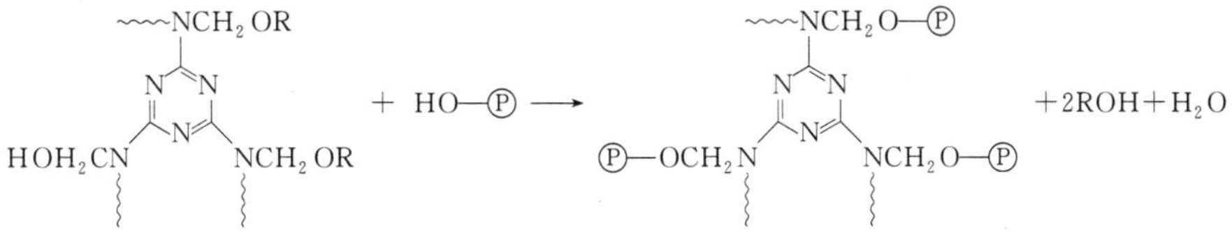

$$\text{(三嗪环，取代基：}{\sim}NCH_2OR,\ HOH_2CN{\sim},\ NCH_2OR{\sim}) + HO\text{—Ⓟ} \longrightarrow \text{(三嗪环，取代基：}{\sim}NCH_2O\text{—Ⓟ},\ \text{Ⓟ—}OCH_2N{\sim},\ NCH_2O\text{—Ⓟ}) + 2ROH + H_2O$$

(2) 氢转移聚合反应成膜

该种成膜方式适用于以含有如氨基、酰胺基、羟甲基、异氰酸酯基等可发生氢转移聚合反应官能团的成膜物质组成的涂料。在成膜过程中没有小分子化合物生成，所得涂膜以体型结构高聚物为主。含异氰酸酯基的成膜物质的固化机理如下：

$$\sim NCO + HO\sim \longrightarrow \sim NHCOO\sim$$

(3) 外加交联剂固化成膜

有些低相对分子质量线型树脂为成膜物的涂料，需依靠外加交联剂与之反应而固化成膜。以胺为交联剂的双组分环氧树脂的固化反应机理如下：

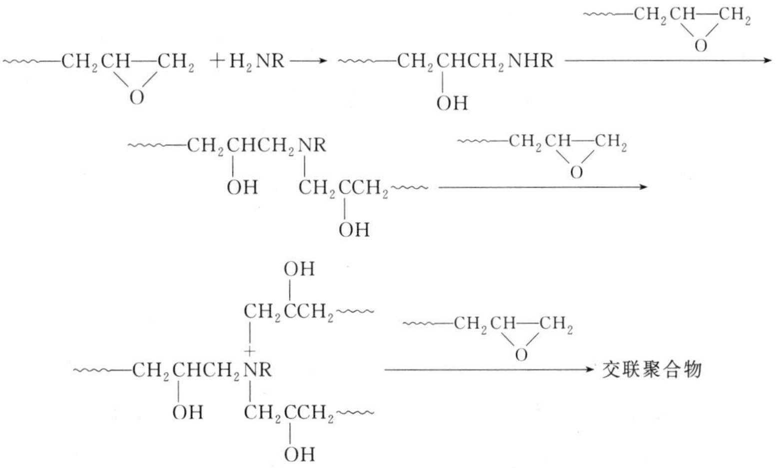

$$\sim CH_2CH\text{—}CH_2\ (\text{环氧}, O) + H_2NR \longrightarrow \sim CH_2CH(OH)CH_2NHR \xrightarrow{\sim CH_2CH\text{—}CH_2\ (\text{环氧}, O)}$$

$$\sim CH_2CH(OH)CH_2NR\text{—}CH_2CH(OH)CH_2\sim \xrightarrow{\sim CH_2CH\text{—}CH_2\ (\text{环氧}, O)}$$

$$\sim CH_2CH(OH)CH_2\overset{+}{N}R(CH_2CH(OH)CH_2\sim)_2 \xrightarrow{\sim CH_2CH\text{—}CH_2\ (\text{环氧}, O)} \text{交联聚合物}$$

此外，催化型聚氨酯涂料也可采取此方式成膜，这里所指交联剂也包括空气中的水分，如湿固型聚氨酯涂料是依靠外界环境中的水分存在而成膜的，其反应如下：

$$\sim NCO + H_2O \xrightarrow{\text{慢}} \sim NH_2 + CO_2\uparrow$$

$$\sim NH_2 + OCN\sim \xrightarrow{\text{快}} \sim NHCONH\sim$$

## 三、乳胶成膜

乳胶成膜是乳胶漆特有的一种成膜方式。该成膜机理比较复杂，尚无统一定性的解释，下面选择其主要的机理做一介绍。

### 1. 乳胶漆的成膜过程

乳胶成膜是指由分散着的乳胶粒和颜料颗粒彼此间聚结成为连续均一涂膜的过程（见图 3-3），该过程大致分为三个阶段：初期、中期和后期。

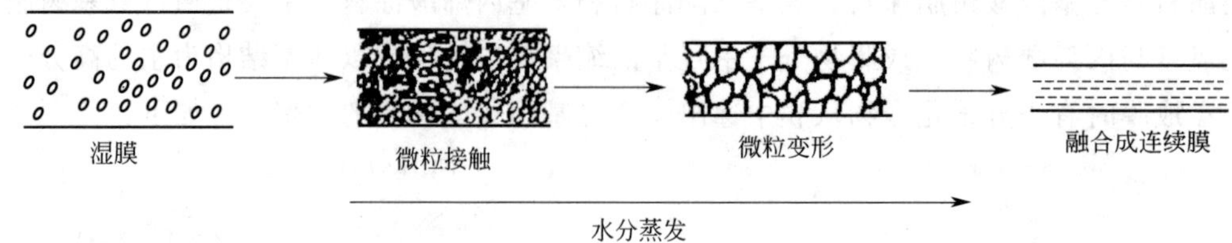


图 3-3　乳胶涂料成膜过程示意

**(1) 初期**

乳胶漆施工后，随着水分逐步挥发，原先以电荷稳定和立体保护稳定作用而保持分散状态的乳胶粒和颜料颗粒逐渐靠拢，但仍可自由运动。在该阶段，水分的挥发与单纯水的挥发类似，为恒速挥发。

**(2) 中期**

随着水分的进一步挥发，乳胶粒和颜料颗粒表面的吸附层被破坏，成为不可逆的相互接触，达到紧密堆积，一般认为此时理论体积固含量为 74%。该阶段水分挥发速度约为初期的 5%～10%。

**(3) 后期**

在缩水表面产生的力的作用下，也有人认为在毛细管力或表面张力等的作用下，乳胶粒发生变形，粒子之间界面逐步消失，聚合物分子链相互扩散、渗透和缠绕，从而形成具有一定性能的连续膜。此阶段水分主要通过内部扩散至表面而挥发的，因此挥发速度缓慢；此外，还存在成膜助剂的挥发。在此阶段，成膜助剂开始是由挥发控制的，随后由扩散控制。

### 2. 乳胶漆的成膜条件

除了水分挥发外，乳胶漆成膜另一重要的条件是施工时的环境温度和基材温度（$T$）必须高于乳胶漆的最低成膜温度（minimum filming temperature，MFT)。否则即使水分挥发，乳胶漆也不能成膜。乳胶的最低成膜温度是指乳胶漆形成不开裂的连续涂膜的最低温度，它不同于乳胶漆用乳液（包含成膜助剂）的最低成膜温度。一般来说，因颜料等影响，乳胶漆的最低成膜温度高于其所用乳液的最低成模温度。一般，$T-T_{MFT}$ 越大越有利于乳胶漆成膜。

乳胶漆表干在 2h 以内，是比较快的。然而完全成膜的时间是比较长的，大约需要四周以上的时间。在相同条件下，软的乳胶粒子成膜比硬的乳胶粒子慢。尽管随着溶剂的挥发，乳胶漆的最低成膜温度会逐步升高，但在整个成膜过程中，都应保持 $T-T_{MFT}$ 的值大于零，这样才能保证形成较好的涂膜。

## 四、粉末涂料的成膜过程

粉末涂料与光固化涂料是近年来环保型涂料中发展较为迅速的两类涂料。粉末涂料具有其特有的制造过程和涂装工艺，因而其成膜过程与传统溶剂型涂料有所区别。粉末涂料根据其成膜机理，可分为热固性粉末涂料和热塑性粉末涂料。与热塑性粉末涂料相比，热固性粉末涂料的流平性较好，且因其是通过分子量低的预聚物与固化剂进行交联反应后形成网状结构的大分子，从而使得该类粉末涂料形成涂层优异的表面机械性能和防腐性能。目前，市场上已开发出来的粉末涂料以热固性粉末涂料为主，接下来重点介绍热固性粉末涂料的成膜过程。

粉末涂料的成膜过程是建立在涂料流变学和表面化学基础上的。粉末涂料一般以粉末状态存在，必须熔融后才能附着在被涂物表面上，流平后固化成膜。而对于热塑性粉末涂料而言，主要采用前述的热熔成膜方式，即只需要熔融流平后就完成了成膜过程（见本节图 3-2）；而对热固性粉末涂料而言，涂层在熔融流平后，还须经过交联固化成膜过程（见图 3-4）。基于差热分析的结果，热固性粉末涂料的固化成膜过程主要包括以下四个阶段：软化过程（玻璃化转变过程）、熔融过程、流平过程和固化过程。

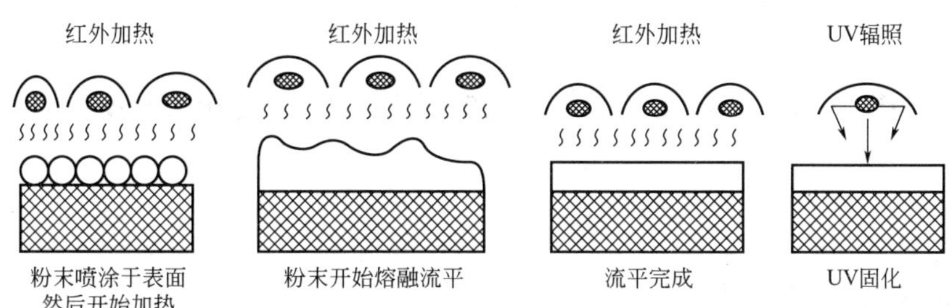


图 3-4　紫外光固化粉末涂料的成膜过程

**(1) 软化过程**

粉末在吸收一定热量后，粉末中的树脂会因吸热而产生发黏、软化的过程。

**(2) 熔融过程**

当粉末中的树脂吸收的热量达到一定程度后，树脂中的活泼的化学键随即打开，粉末就会以熔融的状态存在于产品表面，这一阶段时间极短。

**(3) 流平过程**

当粉末以熔融的状态存在于产品表面时，从连续不平整的表面流淌成较为光滑与平整的表面，即为流平过程。

**(4) 固化过程**

熔融后粉末涂料的活泼化学键通过交联反应，分子量急剧增长，黏度不断增高，较后固化为坚硬的涂膜，此过程为固化过程。以热固性饱和聚酯粉末涂料为例，当采用 TGIC（异氰脲酸三缩水甘油酯）作固化剂时，聚酯树脂中的羧基与 TGIC 中的环氧基团发生开环加成反应（见下式），完成固化成膜过程。

$$PE-\overset{\overset{\displaystyle O}{\|}}{C}-OH + H_2\underset{\diagdown O \diagup}{C-CH}-CH_2-N\langle(C{=}O)_3N_2\rangle N-CH_2-\underset{\diagdown O \diagup}{CH-CH_2}\ ;\ N-H_2\underset{\diagdown O \diagup}{C-CH}-CH_3 \longrightarrow$$

```
                                   O
                                   ‖
       O                           C                               O
       ‖                         /   \                             ‖
PE—C—O—CH₂—CH—CH₂—N       N—CH₂—CH—CH₂—O—C—PE
              |                |       |          |
             OH             O=C       C=O        OH
                                 \   /
              O                   N
              ‖                   |
       PE—C—O—CH₂—CH—CH₂
                   |
                  OH
```

上述的熔融过程、流平过程和固化过程，有时并不是孤立存在的。在熔融过程中，伴随着流平过程的发生；而在流平过程中，有可能伴随着固化过程的发生。因此，也有文献将粉末涂料的成膜过程分为软化过程、熔融流平过程和固化过程三个过程。

## 第二节　表面张力对涂料与涂层质量的影响

### 一、表面张力的概念

表面张力是液体的基本物理性质，其具体的概念可从两方面来进行理解：一方面可从力的角度来表征表面现象（表面张力），另一方面也可从能量的角度来表征表面现象（表面自由能）。

表面张力是分子力的一种表现，它发生在液体和气体接触时的边界部分。它是由表面层的液体分子所处的特殊情况决定的。液体内部的分子间紧密排列，分子间通常保持着平衡距离，当分子间的距离大于这一平衡距离时，分子间就相吸；当分子间的距离小于这一平衡距离时，分子间就相斥。这就决定了液体不能像气体分子那样可以无限扩散，而只能在平衡位置附近振动和旋转。在液体表面附近的分子由于只受到液体内侧分子的作用，受力不均，使运动速度较大的分子很容易冲出液面，成为蒸汽，结果在液体表面层（跟气体接触的液体薄层）的分子分布比内部分子分布来得稀疏。相对于液体内部分子的分布来说，液体表面层的分子处在特殊的情况中，该表面层中分子间的引力作用占优势。因此，若没有外力的影响或影响不大时，液体趋向于成为球状，如掉在玻璃板上的水银球和荷叶上的水珠等。因为体积一定的几何形状中，球体的表面积最小，故一定量的液体由其他形状变为球形时均伴随着表面积的缩小，即液体表面有自动收缩的趋势。

因此，若用一定作用力 $F$（其方向与液面相切）把液体做成液膜（见图 3-3），当液体表面达到平衡时必有一个与 $F$ 大小相等但方向相反的力存在，该力即为表面张力，其大小表示为：

$$F=\gamma\times l\times 2=2\gamma l \tag{3-1}$$

上式可整理为：

$$\gamma=\frac{F}{2l} \tag{3-2}$$

式中，$l$ 为液膜宽度，因液膜有两个面，故乘以 2；$\gamma$ 为比例系数。其中比例系数 $\gamma$ 被称为表面张力系数，定义为垂直通过液体表面上任一单位长度，与液面相切的收缩表面的力，简称为表面张力。表面张力在 SI 制中单位为 N/m，但常用 dyn/cm 为单位，其中 1dyn/cm＝1mN/m。

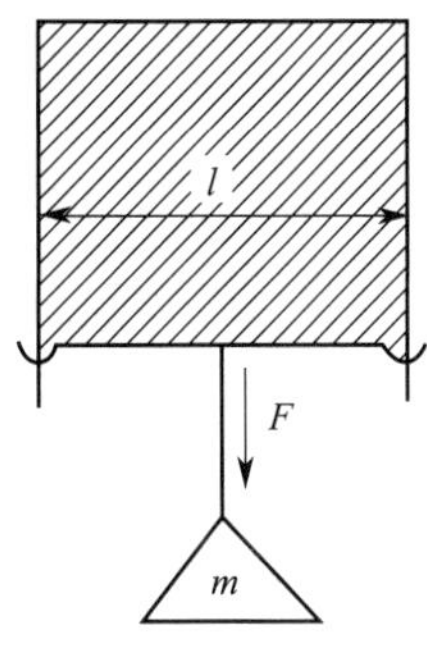

图 3-5　表面张力的本质示意

此外，还可从能量的角度来理解表面张力。如图 3-5 所示，当外加作用 $F$（大小为 $mg$）减少无限小的一点，液膜收缩，同时带动重物 $m$ 向上移动，这表明液膜收缩时可以做功，若收缩距离为 $\mathrm{d}x$，则所做最大的功为：

$$\mathrm{d}w = F\,\mathrm{d}x \tag{3-3}$$

将式(3-1) 带入式(3-3)，并整理可得：

$$\gamma = \frac{W}{\mathrm{d}A} \tag{3-4}$$

式中，$\mathrm{d}A$ 为收缩的表面面积，式(3-4) 给出了表面张力的第二个定义：它等于产生每单位面积新表面所需的功，也称之为表面自由能，简称表面能，单位为 $\mathrm{J/m^2}$。

由上述可知，表面张力为通过力学的方法研究液体表面现象时所采用的物理量，而表面自由能则是通过热力学的方法研究液体表面现象时采用的物理量；两者具有不同的量纲（如分别用 mN/m 和 $\mathrm{mJ/m^2}$），数值相同，但在应用上各具特色。表面自由能便于采用热力学原理和方法处理界面问题，不仅适用于液体表面，对其他界面也具有普遍意义；特别适用于对于与固体有关的界面而言，因该界面不可移动性，力的平衡方法难以应用。而表面张力概念以力的平衡方法解决流体界面的问题具有直观方便的优点，也被广泛采用。此外，表面能与表面张力除其物理意义不同外，其数值是相同的。

表面张力上述两种定义的单位是可以互换的，即：

$$\gamma \text{ 的单位：} \mathrm{N/m = N/m^2/m = J/m^2} \tag{3-5}$$

表面张力是液体的基本物理性质，一般都在 0.1N/m 以下。表面张力随温度的上升而降低；若在水中加入表面活性剂，则可以大大降低水的表面张力。

液体的表面张力主要是通过扩大表面积来体现的，其测定方法主要有毛细管上升法、环法、气泡最大压力法等；而固体不同于液体，固体内部的原子或分子不像液体那样可以自由移动，因此固体表面张力的测定比较困难。目前还没有直接可靠的测定方法，只能借助一些间接方法或从理论上来估算固体的表面张力，主要包括临界表面张力法、利用高聚物液体或熔体的表面张力与温度的关系求固体的表面张力、估算法等。

表面张力在控制涂料和涂层质量方面具有举足轻重的地位。因此，了解各种底材、成膜物、溶剂等的表面张力，有助于对涂料与涂层质量进行适时的调控。下面分别列出了一些常见底材的临界表面张力（见表 3-1）、一些常见成膜物的表面张力（表 3-2）、部分商品树脂的表面张力（表 3-3）以及一些常见溶剂的表面张力（表 3-4），以供实际应用参考。

表 3-1 一些常见底材的临界表面张力

| 底材 | 临界表面张力/(mN/m) | 底材 | 临界表面张力/(mN/m) |
|---|---|---|---|
| 聚丙烯 | 28～32 | 镀锌铁板 | 45 |
| 聚苯乙烯 | 42 | 钢铁 | 36～45 |
| 聚氯乙烯 | 39～42 | 磷化钢板 | 40～45 |
| 尼龙-6 | 42 | 铝 | 37～45 |
| 尼龙-66 | 46 | 玻璃 | 70 |
| 聚甲基丙烯酸甲酯 | 39 | 聚碳酸酯 | 42 |
| 聚四氟乙烯 | 20 | 涤纶 | 43 |
| 马口铁 | 33～38 | 聚乙烯 | 32 |

表 3-2 一些常见成膜物的表面张力

| 成膜聚合物 | 表面张力/(mN/m) | 成膜聚合物 | 表面张力/(mN/m) |
|---|---|---|---|
| 环氧树脂 | 45～60 | 聚偏氯乙烯 | 40 |
| 脲醛树脂 | 45 | 聚乙酸乙烯 | 37 |
| 三聚氰胺树脂 | 42～58 | 聚乙烯醇 | 37 |
| 丙烯酸类树脂 | 32～41 | 聚乙烯醇缩甲醛 | 39 |
| 无油醇酸树脂 | 47 | 聚乙烯醇缩丁醛 | 38 |
| 醇酸树脂 | 33～60 | 硝基纤维 | 38 |
| 苯鸟粪胺树脂 | 52 | 醋酸丁酸纤维 | 34 |
| 氯磺化聚乙烯 | 37 | 氯化橡胶 | 57 |
| 聚甲基丙烯酸羟乙酯 | 37 | 乙基纤维 | 32 |
| 聚甲基丙烯酸甲酯 | 41 | 线性环氧树脂 | 约 43 |
| 聚苯乙烯 | 39～41 | 聚丙烯酸乙基己酯 | 30 |
| 聚丁酸乙烯 | 31 | 聚丙烯酸乙酯 | 37 |
| 聚偏氟乙烯 | 33 | 聚乙烯/乙酸乙烯 | 30～36 |
| 聚氨酯 | 36～39 | 聚甲基丙烯酸乙酯 | 36 |

表 3-3 部分商品树脂的表面张力

| 树脂 | 供应商 | 类型 | 表面张力/(mN/m) |
|---|---|---|---|
| Alkyd Vas 9223 | Resinouo | 长油醇酸 | 39.3 |
| Aooprene R10 | ICI Resins | 氯化橡胶 | 47.0 |
| Crodac AC500 | Croda Resins | 热塑性丙烯酸 | 41.4 |
| Crodac AC550 | Croda Resins | 热塑性丙烯酸 | 40.7 |
| Epikote 828 | Shell | 双酚 A 环氧 | 44.5 |
| Epikote 1001 | Shell | 双酚 A 环氧 | 45.4 |
| Epikote 1004 | Shell | 双酚 A 环氧 | 45.6 |
| Epikote 1007 | Shell | 双酚 A 环氧 | 43.8 |
| Hypalon 20 | Du Pont | 氯磺化聚乙烯 | 40.7 |
| Hythane 9 | Croda Resins | 氨酯醇酸 | 39.9 |
| Lamiflon LF 2000 | ICI Resins | 氟碳聚醚 | 36.4 |
| Lamiflon LF 916 | ICI Resins | 氟碳聚醚 | 37.7 |
| NeoCryl B 700 | ICI Resins | 热塑性丙烯酸 | 30.8 |
| NeoCryl B 728 | ICI Resins | 热塑性丙烯酸 | 42.2 |
| NeoCryl B 804 | ICI Resins | 热塑性丙烯酸 | 34.4 |
| NeoCryl B 811 | ICI Resins | 热塑性丙烯酸 | 44.4 |
| NeoCryl B 813 | ICI Resins | 热塑性丙烯酸 | 37.8 |
| Plaotokyd SC 7 | Croda Resins | 硅改性醇酸 | 38.0 |
| Plaotokyd SC 400 | Croda Resins | 硅改性环氧酯 | 37.4 |
| Plaotokyd AC 4X | Croda Resins | 丙烯酸改性醇酸 | 38.6 |
| Plaotoprene IS | Croda Resins | 环化橡胶 | 45.1 |
| Synolac 6016 | Cray Yalley Products | 短油醇酸 | 44.5 |
| Synolac 9090 | Cray Yalley Products | 短油醇酸 | 44.3 |

表 3-4 一些常用溶剂的表面张力

| 溶剂 | 表面张力/(mN/m) | 溶剂 | 表面张力/(mN/m) | 溶剂 | 表面张力/(mN/m) |
|---|---|---|---|---|---|
| 水 | 72.7 | 二异丁酮 | 22.0 | 甲基异丁基酮 | 23.6 |
| 环己酮 | 35.2 | 3-乙氧基丙酸乙酯 | 27.0 | 丙二醇 | 36.0 |
| 邻二甲苯 | 30.0 | 醋酸正戊酯 | 25.2 | 二丙酮醇 | 30.2 |
| 间二甲苯 | 28.6 | 乙二醇 | 48.4 | 异丁醇 | 22.0 |
| 对二甲苯 | 28.3 | 正丁醇 | 24.6 | 一缩乙二醇 | 49.0 |
| 甲苯 | 28.4 | 乙基苯 | 29 | 乙二醇乙醚醋酸酯 | 28.7 |
| 甲乙酮 | 24.6 | 正己烷 | 18 | 丙二醇甲醚醋酸酯 | 26.2 |
| 溶剂汽油 | 24～27 | 2,2,4-三甲基戊烷 | 18.8 | 乙二醇丁醚醋酸酯 | 29.0 |
| 甲醇 | 22.6 | 甲戊酮 | 26.1 | 一缩乙二醇二乙醚 | 31.0 |
| 醋酸正丁酯 | 25.2 | 一缩乙二醇乙醚 | 35.2 | 丙二醇甲醚 | 28.3 |
| 乙二醇乙醚 | 29.4 | 一缩乙二醇丁醚 | 31.6 | 丙二醇二甲醚 | 29.9 |
| 乙二醇丁醚 | 28.6 | 乙二醇己醚 | 30.0 | 丙二醇丙醚 | 27.0 |

## 二、表面张力对涂料质量的影响

表面张力是影响液体能否在固体表面上自发铺展的关键因素之一。在涂料的制造和涂刷过程中，润湿是非常必要的条件。可见，表面张力是评价涂料质量好坏的一个重要参数。

### 1. 表面张力与涂料的流平

所谓的流平是指涂料施工后能否达到光滑平整的特性。它是涂料的一种重要性能，直接影响着涂层的表观和光泽。表面张力则是液态涂层发生流平的动力，即涂料自身收缩的力，这是在外力消失后，使漆膜表面达到光滑平整状态的主要作用力，对涂料的流平性具有重要的影响。

#### (1) 表面张力与溶剂型涂料的流平

对于溶剂型涂料而言，若把涂布时的刷痕看做一个波形，那么可用 Orchard 公式评价涂料流平性的好坏。该公式最为简单直接，具体表达式如下：

$$\Delta t = \lg \frac{(a_0/a_t)\lambda^4 \eta}{226\gamma x^3} \tag{3-6}$$

式中，$a_0$ 为初始振幅，cm；$a_t$ 为在时间 $t$ 时的振幅，cm；$x$ 为涂层的平均厚度，cm；$\lambda$ 为两峰间的距离，cm；$\eta$ 为黏度，Pa•s；$\gamma$ 为表面张力，mN/m；$\Delta t$ 为流平到 $a_t$ 时所需的时间。由式（3-6）可知，涂层的表面张力越高，$\Delta t$ 越小，流平性越好。除表面张力之外，涂料黏度和涂层厚度也是影响流平性的重要因素，黏度越低，涂层越厚，则 $\Delta t$ 越小，表示涂料的流平性越好。

#### (2) 表面张力与粉末涂料的流平

粉末涂料的流平明显区别于溶剂型涂料的流平。有文献将粉末涂料的流平过程分为聚结和流平过程两个阶段（图 3-6）① 聚结　聚结是粉末涂料流平的第一个阶段，是从单独粉末颗粒聚结成为一层连续的不平整的膜，见图 3-6（a)。基于流变学的推断，聚结阶段所需时间（$r$）可通过 Nix 和 Dadge 公式计算，具体公式如下：

$$r=\mathrm{f}(\eta R_e/\gamma) \tag{3-7}$$

式中，$r$ 为聚结时间，为两颗粒接触区域或半径；$R_e$ 为颗粒半径；$\gamma$ 为表面张力；$\eta$ 为熔融黏度。由式（3-7）可知，聚结时间的主要影响因素包括表面张力、熔融黏度、粉末颗粒的粒度及颗粒间的状态，其中表面张力越大，聚结时间越短。

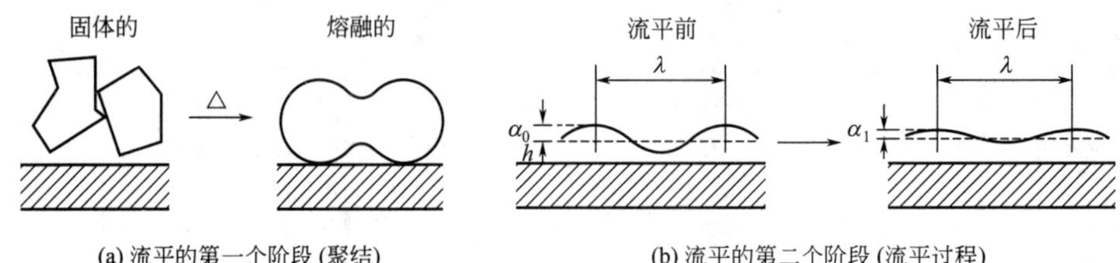


图 3-6　粉末涂料的流平过程

② 流平过程　流平过程是粉末涂料流平的第二个阶段，是为从连续不平整的表面流动形成光滑平整漆面的过程，是流平的主要阶段[见图 3-6(b)]。在该阶段，上述溶剂型涂料中所涉及的 Orchard 公式（式 3-6）同样适用，主要区别在于是溶剂型涂料的黏度为涂料溶液黏度，而粉末涂料的黏度则为粉末熔融黏度。由式（3-6）可知，表面张力也是粉末涂料流平过程的关键影响因素，表面张力越大，流平所需时间越短，越易于流平。

此外，对于热固性粉末涂料而言，其流平过程除了上述两个阶段的影响因素外，在固化成膜过程中因发生化学交联反应，黏度急剧增大，表面张力的不断变化，对流平也会造成很大影响。由此可见，表面张力对粉末涂料的流平同样具有重要的影响，是粉末涂料流动的驱动力，即表面张力对涂料的流平性好坏起着决定作用。然而，这并不意味着表面张力越大，涂料的流平性越好，因为它还涉及着粉末涂料对被涂覆基材的润湿情况。

**2. 表面张力与涂料的润湿**

润湿是指一种流体从固体表面置换另一种流体的过程。最常见的润湿现象是一种液体从固体表面置换空气，如水置换玻璃表面空气而展开、置换。润湿现象常分为沾湿、浸湿和铺展三种，均与表面张力具有紧密的关系。

**(1) 沾湿**

沾湿是指液相与固相按照图 3-7 的接触过程，该过程的结果是消失一个固-气和一个液-气表面，产生一个固-液界面，如涂料液滴涂布到被涂物表面的过程。

沾湿过程自由能的变化可通过下式来表示：

$$\Delta G=\gamma_{SL}-(\gamma_{SG}+\gamma_{LG}),令-\Delta G=W_a$$

式中，$\gamma_{SL}$ 为液体/固体间的表面张力；$\gamma_{SG}$ 为固体的表面张力；$\gamma_{LG}$ 为液体的表面张力；$W_a$ 表示黏附功。可见，沾湿的实质就是液体在固体表面上的黏附。$W_a$ 越大，体系越稳定，液-固界面结合越牢固，或者说此液体越易在固体上黏附。当 $\Delta G<0$ 或 $W_a>0$，沾湿过程可自发进行。通常固-液界面张力总是低于其各自的表面张力之和，故当固-液接触时，其黏附功总是大于 0 的。因此，不管对何种液体和固体，沾湿过程总可自发进行。

**(2) 浸湿**

浸湿是指固体浸入液体的过程（见图 3-8），如颜料置入漆料的过程，即将固-气表面

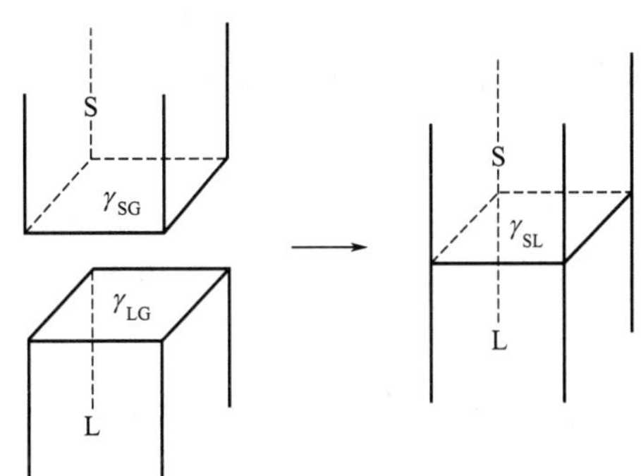


图 3-7 沾湿过程

S—固相；L—液相；G—气相

转换成固-液界面的过程。

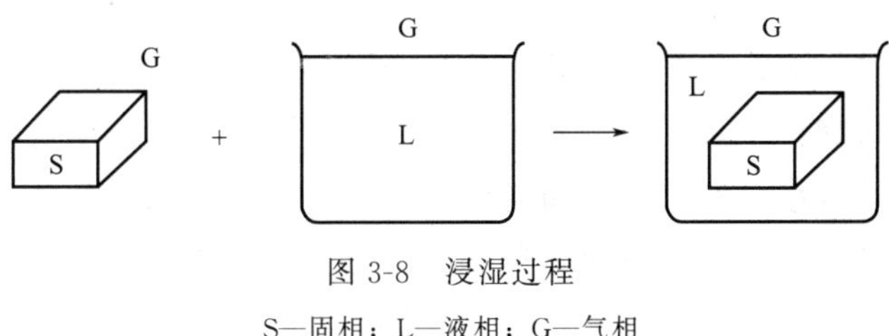


图 3-8　浸湿过程

S—固相；L—液相；G—气相

该过程的自由能变化为：

$$\Delta G = \gamma_{SL} - \gamma_{SG}, 令 -\Delta G = W_i$$

式中，$W_i$ 表示浸润功，$\Delta G < 0$ 或 $W_i > 0$，即固-液的界面自由能低于固体表面自由能，是液体自发浸湿固体的前提条件。$W_i$ 值越大，液体在固体表面上取代气体的能力越强，固体越易被浸湿。

**(3) 铺展**

铺展是在液-固界面取代了固-气表面的同时，液-气表面也扩大了同等的面积，例如涂料在被涂物表面的涂布。见图 3-9，原来 *ab* 界面是固-气表面，当液体铺展后，*ab* 界面转变为固-液界面，而且增加了同样面积的液-气表面。

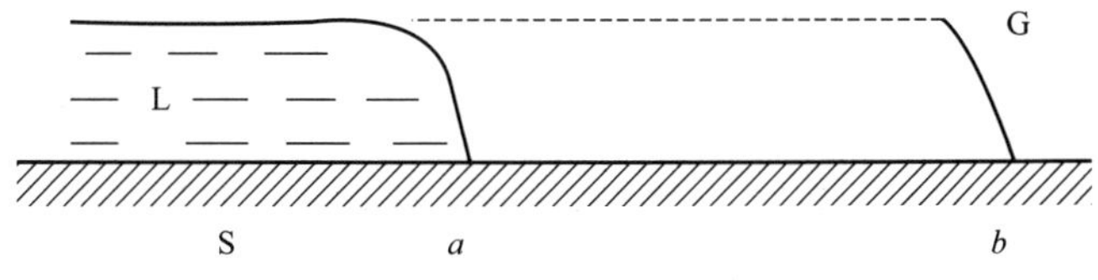


图 3-9　液体在固体表面上的铺展

S—固相；L—液相；G—气相

在恒温恒压下当铺展面积为一个单位面积时，体系表面自由能的变化为：

$$\Delta G = (\gamma_{SL} + \gamma_{LG}) - \gamma_{SG}, 令 S = -\Delta G$$

式中，$S$ 表示铺展系数，式中$(\gamma_{SG} - \gamma_{SL})$即为固体的表面张力。当 $S > 0$ 时，则$(\gamma_{SG}$

$-\gamma_{SL}) > \gamma_{LG}$，即液体的表面张力小于固体的表面张力，此时液体涂布在固体表面后会使体系的表面自由能下降，液体即使无外力作用也能自发展开。因此，$S>0$ 是液体在固体表面上自动展开的前提条件。

当 $S=0$ 时，则$(\gamma_{SG}-\gamma_{SL})=\gamma_{LG}$，即液体的表面张力等于固体的表面张力，固体的表面张力在其被涂布液体前后没有变化，故在外力作用下液体在固体表面涂布后将不再回缩。

当 $S<0$ 时，则$(\gamma_{SG}-\gamma_{SL})<\gamma_{LG}$，即液体的表面张力大于固体的表面张力，此时液体涂布到固体表面后将增加体系的表面能。为了顺应能量趋向最小的规律，即使借助外力涂布后液体也必然回缩。

上述的三种润湿类型的热力学条件，是在无外力作用下液体自动润湿固体表面的条件。通过该条件，可从理论上判断某一具体润湿过程是否能够自发发生。但在实际应用中却难以实施，因为上述所涉及到具体的固体表面自由能及固－液界面自由能，这些参数目前尚无合适的方法进行测定，因而根据上述条件进行定量判断是有困难的。

**(4) 润湿类型的判断**

固体表面张力通常难以测定，那如何对一种液体对固体表面能否润湿进行定量判断呢？可通过采用接触角的测定来解决该问题。接触角也称润湿角，被定义为三相交界处（见图 3-10 中的 $O$ 点）在液体中所量的角，图中所示的 $\theta$ 即为接触角。

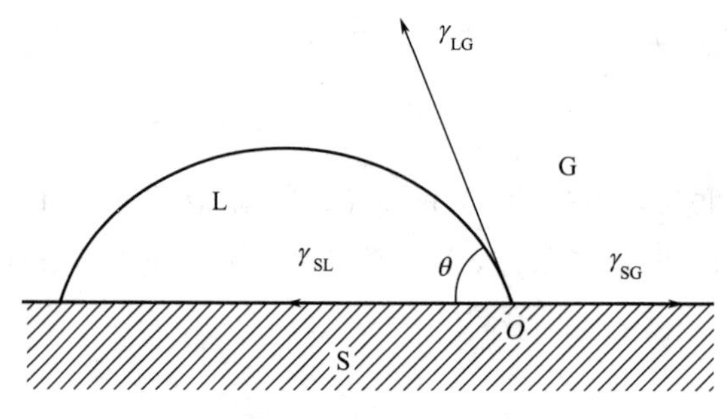


图 3-10　液滴的接触角

根据表面张力的概念，当液滴在固体表面上平衡时，3 个表面张力在 $O$ 点处相互作用的合力为零，此时平衡接触角与固-气、固-液、液-气界面自由能（界面张力）有如下关系：

$$\gamma_{SG}-\gamma_{SL}=\gamma_{LG}\cos\theta \tag{3-8}$$

式（3-8）是润湿的基本方程，也称杨氏方程。将杨氏方程用于上述格式，整理可得：

$$W_a=\gamma_{LG}(1+\cos\theta)$$

$$W_i=\gamma_{LG}\cos\theta$$

$$S=\gamma_{LG}(\cos\theta-1)$$

由此可知，理论上只要测定了液体的表面张力和接触角，就可以得到黏附功（$W_a$）、浸润功（$Wi$）和铺展系数（$S$）。由此可见，接触角可作为各种润湿情况的衡量指标，具体如下。当 $\theta\leqslant180^\circ$时，可实现沾湿；当 $\theta\leqslant90^\circ$时，可进行铺展。在判断材料是否浸湿时，我们习惯上以$\theta=90°$为界限，当$\theta>90°$为不润湿，$\theta<90°$时则可润湿。但对于铺层，这个界限则不适用。通常来讲，$\theta$越小，润湿情况越好，$\theta=0$时可铺展。此外，固体表面的润湿情况还与其表面自由能有关，一般有机物和高聚物为低表面能，不易被水所润湿，而氧化物、硫化物、无机盐等为高能表面，易被水所润湿。因此，基材在涂布以前，需进行合适的表面处理，以提高材料的表面自由能，从而有利于较低表面自由能的液体也在其表面进行润湿。

此外，涂料在应用过程中不仅涉及到液体在固体表面的铺展，有时也涉及到液体在液体表面上的铺展。通常表面张力低的液体有向表面张力高的液体自动铺展的倾向，这也是导致涂层出现厚边、缩孔、橘子皮等弊病的主要原因。

### 3. 表面张力和颜料的分散

上述讨论的三种润湿过程均是针对平整的固体表面而言，而涂料中所用颜料的表面通常是多孔的或是呈毛细管体系，该条件下的润湿条件较为复杂。颜料在漆料中的分散过程，可视为是固-气表面的消失和固-液界面的产生过程，实质上就是颜料在漆料中的浸湿过程。

针对相对简单的毛细管体系而言，即对于孔径均匀的毛细管体系，液体对孔内壁的润湿过程其实就是毛细管的上升过程，毛细管中的曲面压差（$\Delta p$）是润湿的驱动力。毛细管中曲面压差的表达式如下：

$$\Delta p=2\gamma_{LG}\frac{\cos\theta}{R} \tag{3-9}$$

式中，$\gamma_{LG}$为液-气表面张力；$\theta$为接触角；$R$为毛细管半径。在保证毛细管水平放置或重力的影响忽略不计的条件下，只要接触角$\theta<90°$，$\Delta p>0$，液体就可在曲面压差的驱动力下自动润湿毛细管内壁。根据前面的杨氏方程得出$\cos\theta$的表达式如下：

$$\cos\theta=\frac{\gamma_{SG}-\gamma_{SL}}{\gamma_{LG}}$$

将该式带入式（3-9），得出：

$$\Delta p=\frac{2}{R}(\gamma_{SG}-\gamma_{SL}) \tag{3-10}$$

由式（3-10）可以看出，只要保证固体表面张力（$\gamma_{SG}$）大于固-液界面张力（$\gamma_{SL}$），就可保证$\Delta p>0$，润湿过程就可自动发生。

而在实际颜料的分散中，首先是成膜物质对颜料的润湿并渗透到颜料颗粒聚集体的空隙中，从而使颜料能够进行分散。其中，渗透的程度和速度与成膜物质对颜料表面的展布程度和速度有关。渗入程度越大，速度越快，即润湿充分而快速，则颜料颗粒聚集体的分离越容易，分散速度越快。成膜物质渗入颜料聚集体的能力可以用成膜物质对颜料润湿前后表面张力差来估计，因此要充分快速地润湿颜料颗粒就要降低成膜物质的表面张力或者选择表面张力高的颜料。

## 三、表面张力对涂层质量的影响

涂料涂装到被涂物表面之后，不管采用何种方式成膜，都包括一个流动（有利于涂料的流平）及干燥成膜的过程。而在成膜过程中出现的许多涂层缺陷不仅影响涂层的装饰效果，有时还会降低漆膜的防护作用。其中，涂层的大多数缺陷都与表面张力有关。漆膜的主要弊病及防治措施见表3-5。

**表3-5 常见的漆膜缺陷及解决措施**

| 常见的漆膜缺陷 | 现象 | 产生原因 | 解决措施 |
| --- | --- | --- | --- |
| 厚边现象 | 漆膜边缘的厚度高于正常涂层的厚度，从而导致漆膜厚度不均 | 被涂覆物的边缘与其邻近处相比，比表面积较大，因该处的涂层溶剂挥发较快，导致局部温度降低，使表面张力升高，邻近表面张力较低的涂料可自动向其铺展所导致 | 加入适量的流变助剂以赋予涂料触变性；或在条件允许的前提下增大被涂覆物的边缘弧度，以降低边缘的表面张力使之接近表面涂层的润湿张力，减弱表层流动效应 |
| 流挂、垂流与流痕 | 因被涂布在垂直表面上的涂料流动不恰当，使漆膜产生不均一的条纹和流痕 | 溶剂挥发较慢；涂层过厚；喷涂距离过近，喷涂角度不当；涂料黏度过低；换气很差，空气中溶剂蒸汽含量高等；此外，在旧漆膜（特别是有光漆膜）上涂料也易流挂 | 选择配套的稀释剂；常规涂料一次涂布厚度以20～25μm为宜，要获得厚涂层对烘干型涂料可采用"湿碰湿"工艺或用高固体分涂料；严格控制涂料的施工黏度，如硝基漆喷涂黏度为18～26s，烘漆为20～30s；喷涂现场充分换气通风，气温保持在10℃以上；添加防流挂助剂有较好效果；旧涂层上涂新漆前应先打磨一下 |
| 粗粒 | 在干漆膜上产生的突起物，呈颗粒状分布在整个或局部表面上 | 周围空气不干净，涂装室内有灰尘；涂料未很好过滤；易沉淀的涂料未很好搅拌；涂料变质基料析出返粗或凝聚；漆皮被搅碎混杂在漆中 | 涂装场所除尘，确保空气和环境干净；被涂表面充分擦净；涂料应仔细过滤、充分搅匀 |
| 缩孔、抽缩（"发笑"） | 涂料涂布后抽缩，不能均匀附着，湿膜或干膜不平整，局部露出被涂面。一般称不定型面积大的为抽缩（"发笑"），呈小圆形孔的则称为缩孔 | 主要原因是涂料对被涂表面润湿不良，对被涂表面的接触角大，涂料有保持滴状的倾向。一般是清漆和含颜料少的色漆易产生这一缺陷 | 避免用裸手、脏手套和脏擦布接触被涂表面，确保被涂表面上无油、水、硅油及其他漆雾等附着；旧涂层或过度平滑的被涂漆面应用沙子充分打磨、擦净；压缩空气中严禁混入油和水；添加防缩孔助剂；应在清洁的空气中进行涂装等 |
| 陷穴，凹漆火山口 | 漆膜产生半月形由小米至小豆粒大小的凹漆，与缩孔的差别在于后者凹漆处露出被涂表面 | 被涂面上的油脂、肥皂、水、灰尘的残存；有异种不相混溶的漆雾附着；喷漆用空气中含有水分、油分等 | 涂装前被涂表面应清洁；在附近不应涂装异种涂料和使用有机硅系物质；确保喷涂用压缩空气无油，无水分；添加降低表面张力的助剂和流平剂等 |
| 起皱 | 直接涂在底层上或已干透的底涂层上的漆膜在干燥过程中产生皱纹 | 大量使用桐油制得的涂料；在油基漆中过多使用钴、锰催干剂；骤然高温加速烘干干燥，漆膜易起皱；漆膜过厚；使用易挥发的有机溶剂易起皱 | 生产油基漆料时，控制桐油使用量；少用钴、锰催干剂，多用铅、锌催干剂，在烘漆中加入锌催干剂防止起皱；在涂料中增加树脂用量；严格控制每层涂装厚度；烘烤干燥应逐步升温；添加防起皱助剂等 |

续表

| 常见的漆膜缺陷 | 现象 | 产生原因 | 解决措施 |
| --- | --- | --- | --- |
| 颜色发花，颜色不均 | 在含混合颜料的漆膜中，由于颜料分离产生整体颜色不一致的斑点和条纹模样使色相杂乱 | 涂料中的颜料分散不良或两种以上色漆调和相互混合不充分；稀释剂溶解力不够；涂料黏度不合适；<br>涂装环境中存在与颜料起作用的污气发生源等 | 选用颜料分散性好和互溶性好的涂料；选用配套的稀释剂；涂装厚度和黏度应符合工艺要求；调配复色漆使用的涂料，应选用同一厂家生产的同型号漆进行调配；添加防浮色发花助剂等 |
| 橘皮现象 | 喷涂时不能形成平滑的干燥漆膜面而呈橘子皮状的凹凸，凹凸度约为 3$\mu$m | 溶剂挥发过快；涂料本身流平性差，黏度偏高；喷涂压力不足，雾化不良；喷涂距离不适当，如太远，喷枪运行速度快；气温过高，或过早地进入烘炉烘干；被涂物温度高等 | 选用合适的溶剂或添加部分挥发较慢的高沸点有机溶剂；通过试验选用较低的施工黏度；选用合适的喷涂用空气压力，对带罐吸上式喷枪压力为343kPa，对重力压透型喷枪压力为 343～490kPa，以达到良好的雾化；喷枪喷距选择要适当；被涂物的温度应冷却到 50℃ 以下，涂料温度和喷漆室内气温应维持在 20℃ 左右；添加适当的流平剂等 |
| 发白、变白、白化 | 多发生在挥发性涂料(如硝基漆等)施工的成膜过程中，使漆膜变成白雾状，严重失光，涂膜上出现微孔和丝纹 | 空气中湿度太大或者在干燥过程中因溶剂挥发涂膜表面部空气温度降至“露点”以下，此时空气中的水分凝结渗入涂层产生乳白色半透明膜；所用有机溶剂沸点高，且挥发速度太快等 | 选用沸点高挥发速度慢的有机溶剂 |
| 浮色、色浮 | 在含混合颜料的漆膜中，因颜料粒子的大小、形状、密度、分散性、内聚力等不同，使漆膜表面和下层的颜料分布不均匀；断面的色调有差异的现象等 | 调制复色漆时使用两种以上颜料，因涂层溶剂蒸发不均匀，发生对流现象而产生了浮色；颜料的密度差异很大；使用的涂装器具不同 | 选用不易浮色的涂料及改进制造工艺(如分散方法)；使用同一涂装器具涂装；添加硅油(一般称为润湿剂)防浮色发花的助剂等助剂，对防止浮色有效果 |
| 渗色 | 底涂层或底材料的颜色被融入面漆膜中，而使面漆涂层变色 | 底涂层的有机颜料或沥青被面漆的有机溶剂所溶解而使料深入面漆涂层中；面漆涂层中含有溶解力强的溶剂，底涂层未完全干透就涂面漆 | 涂防止渗色的封底涂料后，再涂面漆；在中间涂层或面漆涂层中添加片状颜料(如铝粉)，防止面漆溶剂的渗色；面漆中采用挥发速度快、对底层漆膜溶解能力小的溶剂 |

续表

| 常见的漆膜缺陷 | 现象 | 产生原因 | 解决措施 |
| --- | --- | --- | --- |
| 出汗、发汗 | 无光的油性漆和磁漆打磨出现光彩，硝基漆在60℃以上烘干时增塑剂呈汗状析出 | 在打磨前漆膜未完全干透（或溶剂未完全挥发掉）；硝基漆采用了蓖麻油、樟脑等非溶剂型增塑剂；漆膜中含有蜡、矿物油或润滑油脂时可能逐渐渗出表面 | 确认涂层干透后再打磨；选用溶剂型增塑剂 |
| 缩边 | 被涂面的边端、角等部位的涂层薄，严重时会露底，这部位的色、光泽等的外观与其他平坦部位有差异现象 | 所使用溶剂挥发速度缓慢；涂料黏度低；漆基的内聚力大 | 选用挥发速度适当的溶剂；添加阻流剂 |

# 第三节　漆膜干燥方法与设备

## 一、涂膜干燥性能及其测试方法

### 1. 漆膜干燥过程

涂膜干燥过程是指涂膜由液态变为固态，黏度逐步增加、性能逐步达到规定要求的过程。在施工过程中，涂抹干燥过程一般分为表面干燥、实际干燥和完全干燥三个阶段。

#### (1) 表面干燥

表面干燥，亦称表干、触指干燥或触干，即涂膜从可流动状态干燥到用手指轻触涂膜，手指上不沾涂料，此时涂膜还感到发黏，并留有指痕。

#### (2) 实际干燥

实际干燥也称实干或半硬干燥，涂膜达到表面干燥之后，涂膜继续干燥达到用手指轻按涂膜，在涂膜上不留有指痕的状态。在此阶段，涂膜还不能完全干燥。

#### (3) 完全干燥

也称硬干（涂膜能抗压）或打磨干燥（涂膜干燥到能够打磨），是指用手指强压涂膜也不残留指纹，且用手指摩擦涂膜不留伤痕的状态。

一般涂料性能中规定的干燥时间指标并不能表示涂料施工时对涂膜干燥的实际要求，故对涂膜的干燥要求应依据被涂覆物件的条件而定。通常，判断涂膜干燥程度的标准方法是采用测试涂膜力学性能如硬度的方式来衡量。美国材料与试验协会（ASTMD）1640-69（74）把干燥过程分成8个阶段，具体见表3-6。

表 3-6 漆膜干燥程度的区分

| 编号 | 名称 | 干燥程度 |
| --- | --- | --- |
| 1 | 触指干燥 | 发黏但不粘手指 |
| 2 | 不沾尘干燥 | 漆面不粘尘 |
| 3 | 表面干燥 | 漆面无黏性,不粘棉花团 |
| 4 | 半硬干燥 | 手指轻捅漆膜不留指痕 |
| 5 | 干透 | 手指强压漆膜不留指痕,手指急速捅漆膜不留痕迹 |
| 6 | 打磨干燥 | 干燥到打磨状态 |
| 7 | 完全干燥 | 无缺陷的完全干燥状态,漆膜力学性能达到技术指标 |
| 8 | 过烘干(烘烤温度过高或时间过长) | 轻度过烘干,漆膜失光、变色、机械强度下降<br>严重过烘干,漆膜烤焦、机械强度严重下降 |

### 2. 涂膜干燥性能及其测试方法

涂膜的干燥性能一般用干燥时间来衡量。干燥时间是指在一定条件下，一定厚度的涂层（即漆膜）从液态达到规定干燥状态的时间。由于涂料要求完全干燥的时间较长，如聚氨酯涂料一般不到 24h 就可达到实干，而完全干燥则需要 7 天，因此涂膜一般不检测完全干燥时间，而是检测表面干燥和实际干燥所需的时间，分别简称为表干时间和实干时间。其中，表干时间是指表层成膜的时间，实干时间则是指全部形成固体涂膜的时间（也叫实际干燥时间），都以小时（h）或分钟（min）表示。

对于涂装施工来说，干燥时间短好一些，但并不是越短越好。过长的干燥过程易使涂层在干燥过程中粘上灰尘、杂质等影响外观和性能，并且占用生产场地，延长施工周期；但干燥时间过短，也影响施工性，易造成漆膜粗糙，影响涂料的流平性能。涂膜干燥过程是涂料施工过程中比较重要的一个阶段，因此正确测定漆膜干燥时间，有利于涂装的施工管理，更有利于涂料性能的发挥和质量的提高。

#### (1) 表干时间的测定

通常采用吹棉球法、指触法和小玻璃球法来测定涂膜的表干时间。

① 吹棉球法 在漆膜表面上轻放 1 个约 $1cm^3$ 的疏松脱脂棉球，用嘴距棉球 10～15cm，沿水平方向轻吹棉球。若能吹走棉球，漆膜表面不留棉丝，即为表面干燥。

② 指触法 用手指轻触漆膜表面，若感到有些发黏，但无漆粘在手指上，则认为涂膜达到表面干燥。

③ 小玻璃球法 将在温度 (23±2)℃或 (25±1)℃、相对湿度 (50±5)%或 (65±5)%的条件下干燥后的样板，每隔一定时间或达到涂料产品规定的时间后水平放置，从不小于 50mm、不大于 150mm 的高度上，将约 0.5g 小玻璃球（$\phi$125～250$\mu$m）倒在漆膜表面上。10s 后将样板倾斜 20°，当漆膜上的小玻璃球能被软毛刷子轻轻刷掉而不损伤漆膜表面时，即认为漆膜已达到表面干燥。为避免小玻璃球过于分散，可通过内径 $\phi$25mm 的适当长度的玻璃管倒下小玻璃球（注意不要让玻璃管口接触漆膜）。

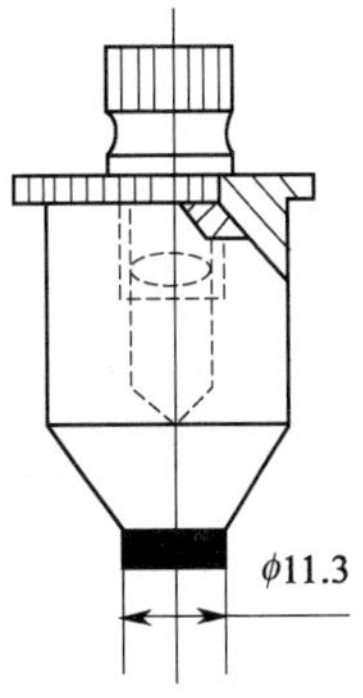

$\phi$11.3

图 3-11 干燥试验器示意

#### (2) 实干时间的测定

实干时间可采用压滤纸法、压棉球法、刀片法、厚层干燥法四种方法来测定。

① 压滤纸法 在漆膜上放1片标重 $75g/cm^2$、15cm×15cm 的定性滤纸（光滑面接触漆膜），然后在滤纸上轻放质量200g、底面积为 $1cm^2$ 的干燥试验器（见图 3-11），30s 后移去干燥试验器，将样板翻转，滤纸能自由落下，或在样板的背面用食指轻敲几下，滤纸能落下，而滤纸纤维不粘在漆膜上，即认为漆膜已达到实际干燥。

② 压棉球法 同压滤纸法类似，具体如下：在漆膜表面上轻放1个约 $1cm^3$ 的疏松脱脂棉球，然后在棉球上轻放干燥试验器，30s 后移去干燥试验器，拿掉棉球，若漆膜上无棉球痕迹及失光现象，或表面留有1～2根棉丝，但用棉球可轻轻弹去，即认为漆膜已达到实际干燥程度。

③ 刀片法 用保险刀片在样板上切刮漆膜或腻子膜，观察其底层及膜内，若均无黏着现象，即认为已达到实际干燥。如果是腻子膜，还需用水淋湿样板，用产品规定的水砂纸打磨，若能形成均匀平滑的表面，不黏砂纸，即认为已达到实际干燥。

④ 仪器测试法 漆膜的干燥是一个比较缓慢和连续的过程，因此上述测试漆膜干燥性能的方法只能测定出某一阶段内漆膜所达到何种干燥状态。为了能观察到干燥过程中的整个变化，可采用自动干燥测试仪进行测定，从而来观察漆膜干燥的全过程。具体方法如下：利用电动机减速后带动齿轮，以 30mm/h 的速度在漆膜上直线移动，全程时间为24h。随着漆膜的干燥，齿轮压痕逐渐由深至浅，直到全部消失。

## 二、漆膜干燥方法

一般来讲，液态涂料涂覆在被涂物的表面上形成的是“湿膜”，粉末涂料涂覆在被涂物表面上形成熔融的或粉末状不连续的涂膜，都要经过干燥或固化才能形成连续的固态漆膜。漆膜干燥是涂料施工的三个主要环节之一。漆膜的干燥方式主要是由涂料的成膜机理所决定，而机理则是由涂料组成中成膜物质的类型和性质所决定的。此外，漆膜的厚度对其干燥方式也有重要的影响。综合各种成膜机理以及涂膜干燥所需要的条件，涂膜干燥主要包括自然干燥、加热干燥和特种方式干燥三种方式。

### 1. 自然干燥

自然干燥亦称常温干燥、自干或气干，即在室温条件下湿膜随着时间的推移逐渐形成连续的固态漆膜。自然干燥是最常见的涂膜干燥方式，在室内和室外均可进行。这种方式不需要能源和设备，特别适合室外的大面积涂装，广泛用于小批量生产的产品，汽车修补、大型笨重及不能移动的产品，如轮船、飞机、机车车辆、机床及桥梁等。但需要较大的干燥场所，一般干燥时间较长，受自然条件的影响较大。

自然干燥的速度受多种因素的影响，除了由涂料的组成决定外，还与涂膜厚度、施工环境条件（包括气温、湿度、通风、光照等）有关。

对于溶剂挥发成膜的情况而言，在溶剂开始挥发时，干燥速度主要取决于涂抹厚度的一次方；随着溶剂的挥发，黏度逐渐增加，此时干燥速度取决于涂抹厚度的二次方。因此，涂膜越厚，达到完全干燥所需的时间越长。

气温与自然干燥的速度有着密切的关系。温度升高，使自然干燥的速度增加。而温度降低则会使自然干燥的速度降低，并对某些特定的涂料还会造成不良的影响，如乳剂漆在低于其最低成膜温度时不能干燥成膜。但温度也不宜过高，对于溶剂型涂膜，气温高会导致最终漆膜产生泛白或起皱等弊病。因此涂膜在自然干燥时，一定要注意保持自然环境的温度，一般在10～35℃为宜。

环境湿度也是干燥速度的一个重要影响因素。对于溶剂型涂膜，湿度高时会抑制湿膜中溶剂的挥发，从而导致自然干燥的速度降低，并易使漆膜泛白，一般应保持自然干燥场所的湿度在75%以下较好。

此外，空气流通和光照对自然干燥的速度具有重要影响。空气流通有利于湿膜中溶剂的挥发和溶剂蒸气的排除，有利于加快自然干燥的速度，且有利于自干场所的安全。但在室外风天施工，在增加自然干燥速度的同时会影响漆膜的质量。因此，室内干燥时一般保持通风量在6～10次/h，室外干燥时风速宜保持在3级以下。一般日光光照有利于涂膜的自然干燥，特别是氧化聚合干燥的涂膜，但在阳光的直接照射下易产生漆膜表面的缺陷。

由上述可知，各种因素在提高自然干燥速度的同时，会影响漆膜质量。因此在实际的自然干燥过程中，应注意权衡其利弊。

**2. 加热干燥**

加热干燥亦称烘干，是现代工业涂装中主要的涂膜干燥方式。对于某些特定的涂料（如通过加热才能进行固化反应的转换型涂料），只能通过加热干燥的方式成膜，而对于那些可采用自然干燥成膜的涂料，因加热可缩短相应的干燥时间，故也可采用加热干燥的方式。

依据干燥时所使用的温度，加热干燥一般包括低温干燥（100℃以下）、中温干燥（100～150℃）和高温干燥（高于150℃）三种方式。加热干燥的目的一种是为了缩短干燥时间，如聚氨酯双组分涂料常温下24h可干燥，也可经60℃、1h干燥；另一种是为了使固化反应得以进行，如热固性氨基醇酸树脂涂料、热固性丙烯酸树脂涂料及各类阳极、阴极电泳漆。具体采用何种烘干方式，主要取决于涂料的类型。低温烘干主要是对自干性涂料实施强制干燥或对耐热性差的材质表面涂膜进行干燥，干燥温度通常在60～80℃，使干燥时间大幅度缩短，以满足工业化流水线生产作业方式。例如双组分聚氨酯漆常温下干燥时间为12h，60℃为30min，80℃只需15min。中温烘干主要用于面漆的烘干成膜，通常在120～140℃之间烘烤，浅色漆一般采取相对较低烘干温度（如120℃）、较长时间使涂膜固化，避免发黄；深色漆则采取较高烘干温度以缩短烘干时间，提高生产率。高温烘干一般适用于环氧酚醛底漆、水性酚醛、阴极电泳漆等，一般都在180～200℃高温使涂膜充分交联固化，提高涂膜的防腐蚀性能。因底漆只要求防护性，对涂膜色泽无要求，故大都采取高温烘干方式。目前，为了顺应当代涂料的发展趋势，低温干燥型涂料是今后涂料发展的主要趋势之一。

加热干燥的工艺条件主要包括烘干温度和烘干时间。其中，烘干温度通常是指涂层温度或金属底材温度，而不是加热炉、烘箱的温度。烘干时间是指在规定温度时烘烤的时间，不是从升温开始的加热时间。烘干的工艺条件受涂料类型、被涂覆物的属性和加热方式的影响。一般粉末涂料的烘干温度明显高于溶剂型涂料的烘干温度；而被涂覆物的热容量大时升温慢，在同等条件下所需的烘干时间就长；此外，采用的加热方式不同，相应的烘干工艺条件也不一样。应根据实际条件和需要，选择适宜的烘干工艺条件。

依据加热方式的不同，加热干燥可分为热风对流加热、辐射加热和对流辐射加热。

**(1) 热风对流加热**

冷空气在热风循环系统中通过热交换器使其变成热风，再送入烘干室内，这样不断往复循环，烘干室温度逐渐升高以达到工艺要求的温度，这一方式称为热风对流加热。其最大的优点是烘干室内温度均匀，特别适合于在天然气、煤气或燃油作热源的条件下，因此在欧洲大部分国家广为应用。此外，烘干室内的废气可以直接送入燃烧炉内燃烧掉，既节省能源，又不需要专设废气处理装置。对流加热非常适于形状复杂工件的涂膜烘干。因在我国大部分工厂使用最多的能源是电力，如单纯采用对流烘干，能源利用率较低，故还应采用其他方式。

**(2) 辐射加热**

利用加热元件本身放出的红外线直接加热物体，称为辐射加热。涂料对加热元件辐射出的可见光及近红外光（波长 0.38～2.5μm）吸收能力较弱，而对远红外光（波长 2.5～25μm）的吸收能力较强。因此，涂层在烘干过程中吸收了远红外波，同时引起内部分子产生共振效应，自身也产生部分热量。因此涂层干得快，干得彻底。

辐射加热的最大优点是节约能源，比热风对流加热节能 20%～30%。但其热量分布不均匀，辐射能量与被加热体距离的平方成反比，因此不宜于加热形状较复杂的工件。如汽车车身涂层单纯采用辐射加热，车身各处温度不匀，干燥不均，有过烘现象，有的部位不能彻底干燥，从而导致色泽不一，影响车身外观质量。

**(3) 对流辐射加热**

对流辐射加热结合了上述热风对流与辐射加热的特点，是一种较为理想的加热方式。此种方式可用于烘烤形状较复杂的大中型工件涂层（如汽车车身）。这样既可使烘干室温度较均匀，保证涂膜质量，又可节省能源。目前，对流辐射加热是日本及国内应用最广泛的一种方式。

与自然干燥方式相比较，加热干燥具有干燥速度快，用时短，效率高；干燥场地面积小，能够实现流水线生产；在密闭环境中，可减少有害溶剂挥发对环境的影响以及灰尘和杂质对漆膜的污染，而且增强了涂层的物理机械性能等优点；但加热干燥也存在着需要消耗能源，设备投资较大等缺点。

### 3. 特种方式干燥

特种方式干燥主要包括辐射固化法、高周波固化法、氨蒸气固化法等，其中辐射固化法可进一步分为紫外光固化和电子束辐射固化两种。

辐射固化可分为紫外光固化和电子束辐射固化两种，主要是利用紫外线或电子束，使不饱和树脂漆被快速引发、聚合，硬化速度很快。

(1) 紫外光固化

紫外光固化也称光照射固化，是加有光敏剂的光固化涂料特有的干燥方法，所用紫外光的波长范围为300～400nm的紫外光。当含有光敏引发剂的涂膜受紫外光照射后会产生游离基，该游离基进一步引发不饱和单体或树脂发生聚合反应，从而实现涂膜交联固化。这个过程很短，一般在几分钟内就能完成。紫外光固化干燥时间与涂料膜厚、紫外光强度、照射距离有关。光强越强，照射距离越近，膜厚越小，干燥时间越短；反之干燥时间就长。工业上所用紫外光源一般有高压水银灯、弧光灯、氙光灯、荧光灯等，其中高压水银灯应用最为普遍。近年来，为扩大照射固化的应用范围，减少污染，又开发了γ射线固化、高频振荡固化等，其原理与紫外光固化基本一致，只是激活引发剂方式不同。

紫外光固化普遍应用于涂装质量要求高，又不方便烘烤的被涂物，如某些木材、纸张、通信光纤等，特别适合于流水作业线施工；但它只适用于光固化专用涂料，且只能固化清漆。

(2) 电子束辐射固化

电子束辐射固化是电子束固化涂料专用干燥方法，采用高能量的电子束照射涂膜，从而引发涂膜内活性基团进行反应而固化干燥成膜。电子束辐射线由于能量高、穿透力强，可用于色漆的快速硬化，硬化时间最短只需几秒钟，特别适用于高速流水线生产，不会产生污浊和有害气体。

电子束固化通常使用的照射线有电子线和γ射线两种，前者比后者的渗透力低。电子线由电子束加速器产生，其对涂膜的渗透力与加速电压成正比，与涂膜密度成反比。γ射线则利用Co 60等放射性同位素产生。

电子束辐射固化因能固化到涂膜深部，还可用于不透明涂膜的固化；但是电子束固化设备投资大、安全管理严格，且存在照射盲点大、弯面固化效果不好等缺点，故未得到广泛应用。

(3) 高周波固化法

高周波固化有时也称微波固化，主要是利用高频振荡所产生的微波激发，使涂料固化而干燥成膜。该种固化方式只限于非金属材质基底表面的涂膜，比如塑料、胶合板、木制品、纸张等，一般烘烤型涂料均可使用。高周波固化设备投资较大，但它的装置比电子辐射固化简单，干燥均匀、速度快，干燥时间仅为常规方法的1/10～1/100，适合于大规模连续生产。

(4) 氨蒸气固化法

氨蒸气固化法是为氨固化涂料特制的一种专用干燥方法。在干燥室内通入氨气，将涂有氨固化涂料的被涂物件放入或通过干燥室，停留一定时间，涂料中的成膜物与氨进行交联固化反应达到干燥成膜的目的。

上述漆膜干燥方式各有其特点，该如何选择合适的漆膜干燥方式呢？在实际应用中，应根据涂料的类型、干燥规范、零件的质量、壁厚与形状以及生产批量来选择漆膜干燥方式，具体措施如表3-7与表3-8所示。

**表 3-7　各类涂料的干燥方式**

| 涂料类型 | | 涂料品种 | 常温干燥 | 低温烘干 <100℃ | 中温烘干 <150℃ | 高温烘干 150≥℃ |
|---|---|---|---|---|---|---|
| 挥发性涂料 | | 硝基漆 | √ | | | |
| | | 过氯乙烯漆 | √ | | | |
| | | 丙烯酸漆 | √ | 40～60℃ | | |
| | | 磷化底漆 | √ | | | |
| | | 乳胶漆 | √ | | | |
| 气干性涂料 | 氧化聚合型 | 油性漆 | √ | | | |
| | | 酚醛漆 | √ | | | |
| | | 醇酸漆 | √ | √ | | |
| | | 环氧酯漆 | √ | √ | | |
| | 潮气固化型 | 聚氨酯 | √ | | √ | |
| | | 环氧漆 | √ | | √ | |
| 烘烤固化型涂料 | | 氨基烘漆 | | | | |
| | | 丙烯酸烘漆 | | | | √ |
| | | 环氧酚醛漆 | | | | √ |
| | | 环氧氨基漆 | | | | √ |
| | | 沥青烘漆 | | | | √ |
| | | 有机硅漆 | | | | |
| 固化剂固化型双组分漆 | | 环氧树脂 | √ | √ | | |
| | | 聚氨酯 | √ | √ | | |
| | | 环氧沥青漆 | √ | √ | | |

**表 3-8　涂膜的干燥方法**

| 干燥方法 | 特点 | 涂料 | 选择要点 | | |
|---|---|---|---|---|---|
| | | | 生产批量 | 零件形状 | 零件壁厚 |
| 自然干燥 | 场地通风要好，灰尘应少；受大气环境影响大 | 快干涂料 | 单件、小批量 | 任意 | 任意 |
| 热风对流加热 | 低温烘干可用蒸气；中、高温烘干可用燃料和电加热；热利用率低，能耗大，干燥性能好 | 烤漆和能强制干燥的自干漆 | 单件和成批 | 任意 | >30mm |
| 远红外线辐射加热 | 干燥速度快，热利用率高，间歇式或通过式干燥，红外灯泡板的温度<120℃，可作补漆时的干燥；复杂形状工件的各部位干燥程度不一致 | 烤漆和能强制干燥的自干漆 | 批量和大量 | 简单和中等复杂程度 | 20～30mm以下 |
| 辐射对流混合加热 | 兼有两者的特点，复杂形状辐射不到的部位也能良好地干燥 | 烤漆和能强制干燥的自干漆 | 批量和大量 | 任意 | 20～30mm以下 |
| 紫外光固化 | 平板的流水线生产，干燥快(<2min)，仅适合于清漆，含对紫外线透射小颜料的色漆不适用 | 光固化涂料(如不饱和聚酯) | 大批量 | 平面 | 各类材质(如塑料、木材等) |
| 电子束辐射固化 | 效率高(<1min)，投资设备大 | 聚酯、丙烯酸、氟化聚氯乙烯、某些聚氨酯等 | 大批量 | 平面 | 各类材质 |

## 三、烘干设备

烘干设备的性能直接影响涂膜的性能，因此烘干设备的选择也尤为重要。烘干的主要设备是烘干室（或烘炉），根据其外形结构可分为死端式和通过式两大类，其中死段式包括箱式(烘箱）和室式(烘房)，通过式按外形可分为直通式、桥式和“Π”形三种（见图3-12)。死端式用于间歇式生产方式，适用于单件或小批量生产；通过式主要用于大批量流水线生产方式。

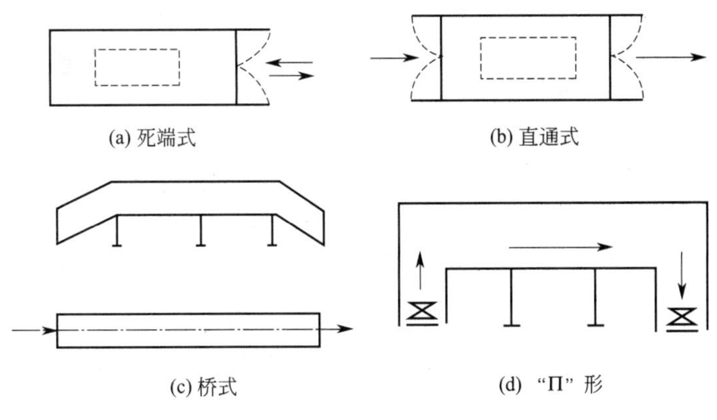


图 3-12　各种烘干室示意

烘干设备按加热方式分成对流式干燥、辐射式干燥和电感应干燥三种，下面将逐一介绍。

### 1. 对流式干燥设备

对流烘干设备是利用热空气作为载热体，通过对流方式将热量传递给工件和涂层。目前普遍采用的是蒸汽方式和电加热方式，两者能源比较如表3-9所示。

**表 3-9　对流式干燥能源比较**

| 能源类型 | 加热过程 | 主要特点 | 适用范围 |
|---|---|---|---|
| 蒸汽 | 用蒸汽加热的空气作为介质，以对流传热方式加热涂层 | 烘干温度一般低于110℃，使用可靠、运行费用低，热惯性大、设备庞大复杂 | 适用于各种材料、形状及尺寸的工件；常用于低温烘干的涂料 |
| 电能 | 用电加热空气作为介质，以对流传热方式加热涂层 | 烘干温度一般在200℃左右，设备操作控制简单，耗能高 | 适用于各种形状、尺寸的薄型工件，以及各种烘干温度的涂料 |

图3-13为各种对流式干燥设备示意。对流式加热设备加热均匀，适合于各种形状的工件；此外，其温度范围大，适合于各种涂料的干燥和固化，且设备使用与维护方便。但对流式加热设备升温速率慢，热效率低，操作温度不易控制；漆膜会被燃烧气体污染，且涂膜易产生气泡、针孔、起皱等缺陷。

### 2. 辐射式干燥

辐射式干燥就是利用热源，通过红外线辐射方式，直接将能量传递给被加热物体。它

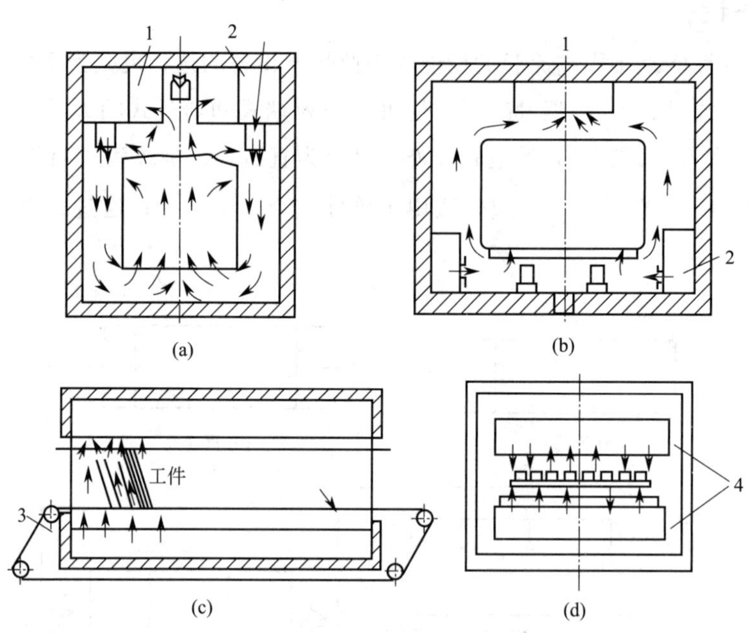


图 3-13 各种对流式干燥设备示意

1—热风排出口；2—热风供给口；3—传递装置；4—上下双排风干燥

与传导和对流加热有着本质区别，能量传递不需要中间介质。

红外线的波长范围为 0.75～1000μm。其中波长 0.75～2.5μm 为近红外线，辐射体温度为 2000～2200℃，辐射能量很高；波长在 2.5～4μm 的为中红外线，辐射体温度约 800～900℃；波长大于 4μm 的为远红外线，辐射体温度为 400～600℃，辐射能量较低。虽然远红外线的辐射能量低，但有机物、水分子及金属氧化物的分子振动波长范围都在 4μm 以上，即在远红外线波长区域，这些物质有强烈的吸收峰，在远红外线的辐照下，分子振动加剧，能量得到有效的吸收，涂膜快速地得到固化。目前，在涂料干燥设备中普遍使用的是远红外线辐射干燥。远红外辐射材料通常选用辐射率较大，且在远红外区域单色辐射率也较高的材料，如氧化铬、氧化钴、氧化镁、碳化硅和碳化钛等。使用时，依据实际需要将上述一种或多种材料和高温黏结剂按一定比例混合磨细，一般经烧结之后就成为辐射源的涂料；接着将其涂覆在不同类型的辐射器上，安装到烘室内，通过不同热源加热就可获得远红外线干燥涂膜。

远红外辐射器按外形可分为管状辐射器、灯状辐射器和板状辐射器三种（见图 3-14），管状辐射器的特点是辐射热和电热干燥同时进行，质轻、体积小，可根据烘道形状随意布置；灯状辐射器适用于烘干大型和形状复杂的工件，装配简单，维修容易；板状辐射器有金属板和碳化硅板两种，其中碳化硅板在我国工业中应用较为广泛，烘干效果较好。此外，依据产生热能的方式不同，远红外辐射器可分为电热远红外辐射器和煤气（或燃气）远红外辐射器两种，表 3-10 为这两种干燥方法的比较。

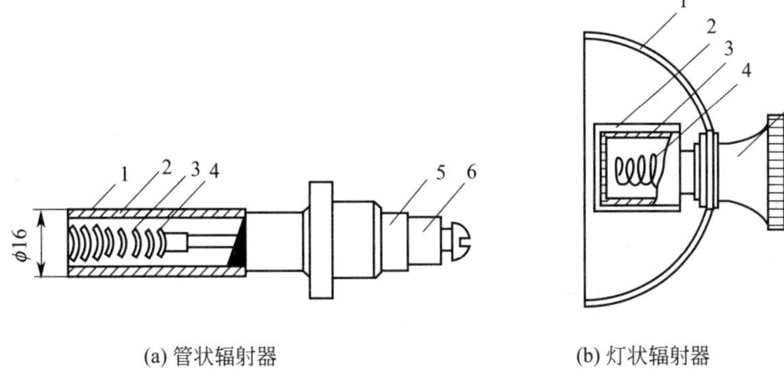


(a) 管状辐射器 (b) 灯状辐射器

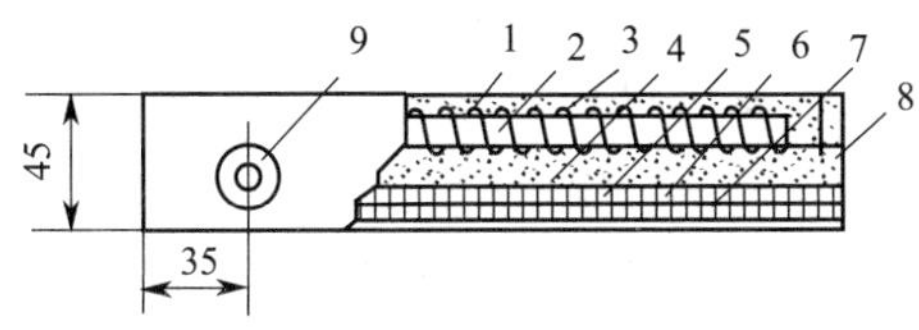


(c) 板状辐射器

图 3-14 不同类型远红外辐射器

1—远红外辐射涂层；2—瓦楞式碳化硅板；3—电热丝；4—硅酸铝耐火纤维；5—软石棉板；6—铝板；7—水泥石棉板；8—外壳；9—瓷宝塔

**表 3-10 辐射干燥方法比较**

| 干燥方式 | 干燥原理 | 主要特点 | 使用范围 |
| --- | --- | --- | --- |
| 电热远红外辐射 | 利用电热远红外辐射器，使其产生不同波长的使用涂层吸收的红外线，以辐射形式加热涂层 | 烘干温度范围：红外灯泡≤120℃，板式或灯式碳化硅、氧化镁辐射器可达200℃左右。此外，烘干速度快、效率高，热惯性小、设备简单，涂层质量好 | 适用于外形简单、壁厚均匀的中小型冲压工件，以及各种涂料，尤其适用于粉末涂料的固化 |
| 煤气远红外辐射 | 用煤气或燃气加热辐射器，产生适用于涂膜吸收的红外线，以辐射形式加热涂层 | 干燥温度可达250～300℃，干燥速度快，运行费用低 | 适用于外形简单、壁厚均匀的中小型冲压工件，以及各种涂料，尤其适用于粉末涂料的固化 |

据上述可知，辐射式干燥具有如下优点：升温速度快，热效率高和烘干效率高；底材表层和涂膜同时被加热，可避免涂膜表面产生气泡针孔等缺陷；设备结构简单，投资少，漆膜外观质量高等。但热辐射烘干设备不适合于复杂形状的工件，照射有盲点，温度不宜均匀，使阴影部位难以固化。目前，已发展辐射和对流相结合的加热方式，利用热辐射升温快，涂膜外观质量好的特点，作为升温段加热；保温段利用对流热空气加热均匀的特点使涂膜固化完全一致。

### 3. 电感应干燥

电感应干燥是将涂有涂膜的金属工件放入电磁场内，利用电磁能在工件内部转化为热能，从而使金属工件本身先受热，然后把热能传向涂层，最终使涂层干燥成膜。该种方式干燥后所得涂层的性能较好。电感应干燥采用电感应烘炉设备耗电多，仅适用于外形简单且规则的小件和钢管涂料的干燥。

## 习题

1. 涂料主要有哪几种成膜方式?试述其机理。

2. 试简述粉末涂料的成膜过程。

3. 分别从力学角度和能量角度来阐述表面张力的概念。

4. 何谓流平，其影响因素有哪些?

5. 表面张力对粉末涂料的流平性有何影响?

6. 何谓接触角，其对材料的润湿有何意义?

7. 试解释厚边、缩孔、橘皮、贝纳尔旋流窝、浮色与发花现象产生的原因。采取何种解决措施?

8. 涂膜表干与涂膜实干分别有哪些测试方法?

9. 涂膜主要有哪些干燥方式? 各自有何特点?

# 第四章　涂料品种与选用

## 第一节　反应性涂料

涂料的品种繁多，分类方法也不统一，根据长期形成的历史习惯，一般按照涂料形态、用途、涂膜功能、施工方法、成膜机理和成膜物质来分类，这在前面已经介绍过，但不管如何分类，涂料品种都会产生相互交叉。为此，本章结合涂料品种的通用特点，再依据本书第二章介绍的涂料组成中的主要成膜物质种类以及第三章介绍的涂料成膜机理中的三种成膜方式所对应的三大类涂料，最后再补充具有专属性的特种功能涂料和今后重点发展的环境友好型涂料，进而构成了绝大部分涂料的品种，这样使得本书从涂料组成到成膜机理，再到品种选择和现场施工应用，结构清晰，逻辑严密，更方便广大读者和学习者的使用。此外，由于全球对环境保护的高度重视，目前针对各种涂料都做出了 VOC（挥发性有机物）的限制，有些行业甚至是要求零 VOC，我国也明令禁止使用含苯类等有机溶剂，很多行业甚至明确提出必须使用水性涂料，例如我国强制要求使用水性涂料来涂敷高铁车身，所以今后涂料的发展趋势一定是无毒、环保、高性能，传统使用的有机溶剂将彻底被限制。

### 一、酚醛树脂涂料

#### 1. 酚醛树脂

酚醛树脂是酚类和醛类先经羟甲基化反应，然后再进行缩合反应得到的产物，常用的酚类为苯酚、甲酚、二甲酚、双酚 A、对位取代基酚等，醛类为甲醛水溶液、多聚甲醛（或固体甲醛）和糠醛等。

反应条件不同，酚醛树脂可分为体型酚醛树脂（或热固性酚醛树脂）和线型酚醛树脂（或热塑性酚醛树脂），前者酚/醛的摩尔比为 1∶(1～3)，催化剂为氢氧化钠、碱土金属氧化物及其氢氧化物、碳酸钠、铵的盐类等，后者酚/醛的摩尔比为（1.15～1.33）∶1，催化剂为硝酸、硫酸、磷酸、甲酸、醋酸、乳酸、对甲苯磺酸、草酸等。

这两类酚醛树脂单独用作涂料时，漆膜太脆，而且只能溶于醇类溶剂中，很少单独使用，常用作其他含官能团树脂的固化剂，如环氧/酚醛罐头涂料等，或者将其改性后再进行使用。

### 2. 酚醛树脂的类型

酚醛树脂因原料、配方、反应催化剂及合成工艺不同，所得树脂的分子结构和性能也有差异，有时还要加入各种改性剂和树脂，品种较多，通常可分为四类。

#### (1) 醇溶性酚醛树脂

这类涂料一般是在酸性和碱性催化剂存在下，由苯酚和甲醛缩合制得的热塑或热固性树脂，再溶解于醇类溶剂中制得的，一般都是清漆。热塑性醇溶性酚醛树脂涂料是一种挥发性自干漆，干燥很快，漆膜有一定的耐汽油、耐酸和绝缘性，但较脆，在日光下变红，耐热不能超过 90℃，应用较少，主要用于制造防腐蚀漆。热固性醇溶性酚醛树脂涂料经烘烤干燥后漆膜坚硬，有较好的耐油、耐水、耐热和绝缘性，耐无机稀酸和有机浓酸，但漆膜较脆、不耐强碱，一般用于防潮、绝缘和黏合层压制品（如胶纸板、黏合板）。

#### (2) 油溶性酚醛树脂

利用甲醛与对烷基或对芳基取代酚（如对叔丁基苯酚、对苯基苯酚）缩聚制得纯酚醛树脂，又称油溶性纯酚醛树脂，它与干性油及其他树脂共炼而成的涂料也称油溶性酚醛树脂涂料，特点是漆膜干燥快、坚硬、耐候性好，耐化学腐蚀和耐水性优于醇酸树脂涂料，附着力好，溶于脂肪烃、芳烃、松节油等有机溶剂，主要应用于船舶、飞机、电气、罐头等表面的涂装。

#### (3) 改性酚醛树脂

酚醛树脂中加入改性剂后，使树脂增加了能与油或其他树脂混溶的基团，这样制得的改性酚醛树脂涂料可获得各种所需的性能。

① 松香改性酚醛树脂涂料　将松香和热固性酚醛树脂缩合物反应，然后再与甘油酯化即可制成松香改性酚醛树脂。用它与干性油（如桐油与亚麻油）混合熬炼可制成不同油度的酚醛漆料，再加入催干剂、溶剂、颜料等，可制成松香改性酚醛树脂清漆、磁漆、底漆，其特点是漆膜干燥快（4h）、性能良好、价格便宜，这类涂料品种很多，在酚醛树脂涂料产品中占重要地位，广泛应用于木器家具、建筑、机械、船舶和绝缘材料工业中。

② 丁醇改性酚醛树脂涂料　它是由热固性酚醛缩合物，加丁醇进行醚化反应制得丁醇改性酚醛树脂，再与油或其他合成树脂混炼制成的漆。其特点是漆膜柔韧、耐化学腐蚀，溶于苯类溶剂，宜作化工防腐涂料和罐头内壁涂料。

#### (4) 水溶性酚醛树脂

将改性酚醛树脂和干性油经熬炼后加顺酐改性，并以氨水中和制得水溶性树脂，再与颜料混合研磨后，加干料和溶剂，制成水溶性酚醛树脂涂料。采用电泳涂装，有利于自动化流水作业，提高生产效率。

### 3. 配方举例

表 4-1 和表 4-2 分别列出了环氧/酚醛金属罐头清漆和酚醛树脂底漆。

**表 4-1　环氧/酚醛金属罐头清漆**

| 组　成 | 质量/g | 组　成 | 质量/g |
|---|---|---|---|
| 环氧树脂 | 25.6 | 乙二醇 | 20.0 |
| 体型酚醛树脂 | 14.4 | 乙二醇乙醚醋酸酯 | 39.5 |
| 流平剂 | 0.3 | 磷酸 | 0.2 |

表 4-2　酚醛树脂底漆

| 组　　成 | 质量/g | 组　　成 | 质量/g |
| --- | --- | --- | --- |
| 环氧树脂 | 0.9 | 硅胶 | 0.3 |
| 体型酚醛树脂 | 12.7 | 异丙醇 | 42.9 |
| 聚乙烯醇缩丁醛 | 12.1 | 润湿剂 | 0.4 |
| 四价铬酸锌 | 8.6 | 正丁醇 | 16.4 |
| 滑石粉 | 5.7 | | |

注：上述组分混合，用前加入下列组分：磷酸 6.0；异丙醇 29.0。

#### 4. 酚醛树脂涂料的特性及应用

酚醛树脂被用于涂料工业主要是代替天然树脂与干性油配合制漆。酚醛树脂涂料的特点是干燥快、硬度高、光泽好、耐水、耐化学腐蚀、但容易泛黄，不易制白漆，广泛用于木器家具、建筑、机械、电机、船舶和化工防腐等表面涂装。酚醛树脂涂料的原料易得、制造方便、涂装方便、价格适中、品种齐全、应用广泛，产量一直居于首位，随着酚醛树脂行业的不断整合，龙头企业越来越大越强，科研投入也在不断增加，酚醛树脂正向着无毒、环保、高性能化、功能化和精细化等方向发展。

### 二、环氧树脂涂料

#### 1. 环氧树脂

环氧树脂作为涂料的主要成膜材料是由于它对多种基材具有优异的附着力，涂膜的机械强度、电绝缘性、抗化学药品性都非常出众，因此在我国环氧树脂应用的领域中大约有30％～40％的环氧树脂被加工成各种各样的涂料，在船舶、汽车、钢结构建筑物、土木工程、家用电器、机电工业中有着广泛的用途。但这类漆膜外观和耐候性差，户外使用易粉化，故主要用作防腐底漆和中间漆。环氧树脂涂料按主要成膜物不同可分类如下：

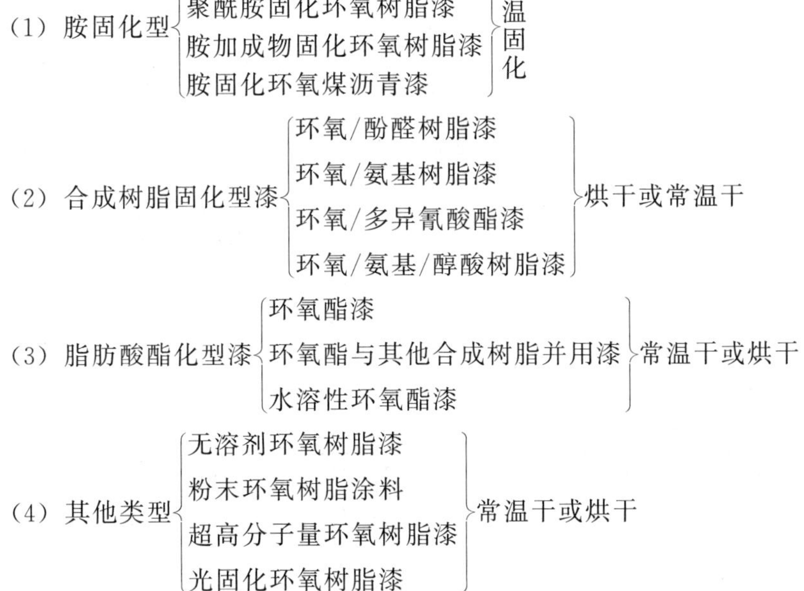


以环氧树脂为原料可以制备各种功能型环氧树脂涂料，示意如图 4-1 所示。

环氧树脂可常温固化，也可高温固化，可以是单组分（也称单包装），也可以是双组分（也称双包装），实际应用中视原料和应用场合而定，表 4-3 和表 4-4 分别列出了单组分和双组分环氧树脂涂料的特点。

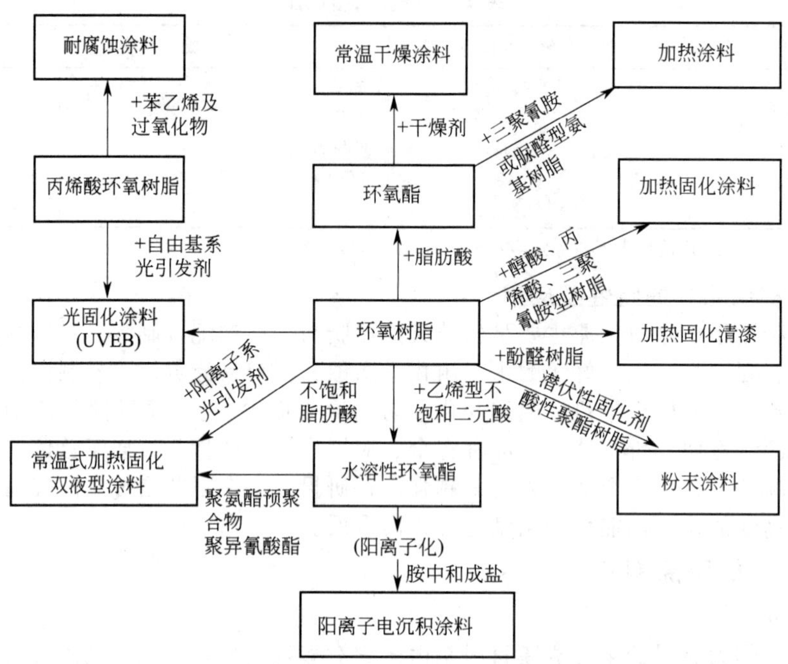


图 4-1 以环氧树脂为原料制备各种功能环氧树脂涂料示意

**表 4-3 商品化的单组分环氧树脂涂料**

| 类型 | 环氧-酚醛树脂 | 环氧-三聚氰胺树脂 | 酯化型环氧树脂 | 环氧酯-氨基树脂 | 硼胺络合物-环氧树脂 | 环氧酯-马来酸酐加成物(阳极电泳漆) |
|---|---|---|---|---|---|---|
| 固化温度/℃ | 180～200 | 170～180 | 0 以上 | 140～150 | 170～180 | 150 |
| 固化时间/min | 20～30 | 20～30 | 空气氧化型 | 30 | 130～180 | 60 |
| 主要用途 | 罐头、包装桶内壁涂料、管道、化工设备 | 仪器、医疗器械、金属表面罩光 | 汽车、拖拉机的底漆、电器、绝缘漆、防腐漆 | 家电面漆、通讯器材、精密机械 | 线圈变压器、电机定子、绝缘漆 | 金属底漆、汽车拖拉机的涂装 |
| 优点 | 耐热、耐化学药品 | 颜色浅、光泽强、硬度高 | 室温固化、通用性强 | 耐湿性好、硬度高 | 电绝缘性好、机械强度高 | 制造工艺简单、成本低 |
| 缺点 | 烘烤温度高、漆膜色泽深 | 耐化学药品性差于环氧-酚醛树脂、烘烤温度较高 | 耐碱性下降、面漆品种局限 | 不耐黄变 | 烘烤温度高 | 有丝状、结疱腐蚀问题 |

**表 4-4 商品化的双组分环氧树脂涂料**

| 类型 | 环氧改性多元胺 | 环氧-聚酰胺 | 聚氨酯加成物环氧树脂 | 沥青环氧树脂 |
|---|---|---|---|---|
| 固化条件 | 7℃以上 | 7℃以上 | 0℃以上 | 7℃以上 |
| 主要用途 | 油罐、储槽、地下管道 | 储槽、地板、石化设备、海上采油设备、船舶 | 水下设备、化工设备 | 水下设备、地下管道、水闸、水坝、船舶 |
| 优点 | 耐腐蚀性好、强度高 | 附着力强、有弹性、施工性好、毒性小 | 耐水、溶剂、化学品优良，柔韧性好 | 耐水性、耐化学药品性好，成本低 |
| 缺点 | 试用期极短、施工不便、湿度大时易泛白 | 黏度大、耐溶剂性差 | 涂装条件苛刻、附着力比环氧改性多元胺、环氧-聚酰胺差，不适作底漆 | 耐晒性差、易粉化 |

## 2. 环氧树脂涂料的类型及特点

### (1) 多元胺固化环氧树脂涂料

① 性能和用途　多元胺固化环氧树脂涂料附着力好，机械强度高，柔韧性尚可，耐化学品性好，耐脂肪烃类溶剂；属于双组分，常温固化，现配现用，使用期限短。用于既要求防腐又不能烘烤的大型设备如储罐、大口径埋地管道。

② 配方举例

**例：**己二胺固化环氧防腐蚀漆。

使用己二胺作为固化剂可以得到柔韧性好的防腐蚀涂层。固化剂加入树脂组分后，室温下放置 2～3h 使之熟化后使用，可以避免出现漆膜泛白病态。参考配方如表 4-5 所示。

**表 4-5　己二胺固化环氧防腐蚀漆配方**

| 组分 | 原料 | 组成(质量分数)/% | | | |
|---|---|---|---|---|---|
| | | 白色 | 绿色 | 银灰色 | 防锈漆 |
| 树脂组分 | E-20 环氧树脂(50%) | 77.5 | 72.6 | 85 | 70 |
| | 钛白粉(锐钛型) | 20.5 | — | — | — |
| | 三氧化二铬 | — | 19.3 | — | — |
| | 滑石粉 | — | 6.5 | — | — |
| | 铝粉浆 | — | — | 15 | — |
| | 三聚氰胺甲醛树脂(50%) | 1.9 | 1.6 | — | 1.9 |
| | 硅油 | — | — | — | 0.1 |
| | 环氧铁红 | 0.1 | — | — | 28 |
| 固化剂组分 | 己二胺 | 2.5 | 2.4 | 2.8 | 2.3 |
| | 无水乙醇 | 2.5 | 2.4 | 2.8 | 2.3 |

该漆系列由底漆 、防锈漆、三种面漆构成。配套施工，适宜大型化工设备、储罐、钢质储油罐、管道内外壁的防腐蚀涂层。涂 2 道防锈漆，2 道白磁漆，于室温下干燥 15 天后的钢质油罐，储存汽油 15 个月，漆膜无变化。这类漆流平性很差，施工后易产生橘皮、缩边等弊病。可在漆中加环氧树脂的 5%左右的脲醛树脂或三聚氰胺甲醛树脂以改善其流平性。

### (2) 聚酰胺固化环氧树脂涂料

聚酰胺固化的环氧涂层与多元胺的涂层比较有以下优缺点：

① 对金属和非金属都有很强的黏合力，可制得高弹性的漆膜；

② 耐候性较好；

③ 施工性能好，不易“泛白”，产生橘皮，使用期限较长，毒性较小；

④ 可在不完全除锈或潮湿的钢铁表面施工；

⑤ 耐化学品性不及胺固化环氧树脂，尤其是耐碱性下降较明显。

此类漆是两罐装，施工时按比例将自组分混合均匀，然后施工，用于涂装储罐、管道、钻塔、石油化工设备、海上采油设备、皮革、纸张等。聚酰胺固化环氧漆配方如表 4-6 所示。

**表 4-6 聚酰胺固化环氧漆配方**

| 原料 | 底漆 | 磁漆(天蓝色) | 原料 | 底漆 | 磁漆(天蓝色) |
|---|---|---|---|---|---|
| 成分 1 | | | E-20 环氧树脂 | 17.18 | 36.35 |
| 柠檬铬黄 | 12.12 | — | 30%丁醇、70%二甲苯混合溶剂 | 17.18 | 36.35 |
| 锌铬黄 | 9.92 | — | 硅油溶液 | — | 0.50 |
| 氧化锌 | 7.45 | — | 合计 | 100 | 100 |
| 滑石粉(325 目) | 2.72 | — | 成分 2 | | |
| 铝粉浆(固体 60%) | 5.50 | — | 聚酰胺树脂(胺值 200) | 11.5 | 20 |
| 钛白粉(金红石型) | — | 26.40 | 30%丁醇、70%二甲苯混合溶剂 | 11.5 | 20 |
| 酞菁蓝 | — | 0.40 | 合计 | 23.0 | 40 |

**(3) 胺加成物固化环氧树脂涂料**

环氧-胺加成物是最常用的固化剂，它是用环氧树脂和过量的乙二胺（已二胺、二乙烯三胺）反应制得的。配比如下：乙二胺（75%）52；丁醇 56；二甲苯 56；环氧树脂（当量 500）110。

操作：将乙二胺、丁醇置于反应釜中，搅拌，缓慢加入环氧树脂，加热回流反应 2～3h，减压蒸出溶剂和过量的乙二胺，达到终点后（软化点约 96℃），降温出釜，冷却后是固态，使用时研粉。

**例：**改性脂肪胺固化环氧防腐蚀漆。

该类漆可自配自用，成本低，操作简便，适用于储槽、集水井等钢制品或水泥制品的防腐，据介绍在 16%～20%碳化氨水储槽内壁刷涂 2 道可保护 2 年以上。参考配方如表 4-7 所示。

**表 4-7 改性脂肪胺固化环氧防腐蚀漆配方**

| 组分 | 原料 | 组成(质量分数)/% | 组分 | 原料 | 组分(质量分数)/% |
|---|---|---|---|---|---|
| 树脂组分 | E-42 环氧树脂 | 50 | 固化剂组分 | 593# 固化剂 | 10.5～12 |
| | 甲苯 | 15 | | 丙酮 | 3.5～5 |
| | 辉绿岩粉 | 25 | | | |

**(4) 胺固化环氧沥青涂料**

煤焦沥青有很好的耐水性，价格低廉，和环氧树脂有良好的混容性。将环氧树脂和沥青配制成涂料可获得耐酸碱性、耐水性、附着力强、机械强度大、耐溶剂性能良好的防腐涂层，而且比纯环氧漆价格低得多。因此该类涂料已广泛用于化工设备、水利工程构筑物、地下管道内外壁的涂层。它特殊的优点是具有耐水性、涂膜附着力好且坚韧，但它不耐高浓度的酸和苯类溶剂，不能作浅色漆，不耐日光长期照射，因煤焦油有毒不能用于饮用水设备上。

表 4-8 列出的一组聚酰胺固化环氧沥青防腐蚀漆的配方，用于地下输油管外壁防腐蚀。经试验，涂层能耐 60～70℃的盐碱性地下水，且有良好的抗渗透性。

表 4-8　聚酰胺固化环氧沥青防腐蚀漆配方

| 组分 | 原料 | 组成(质量分数)/% | | | |
|---|---|---|---|---|---|
| | | 清漆 | 面漆 | 中层漆 | 底漆 |
| 树脂组分 | E-20 环氧树脂 | 28.0 | 19.6 | 11.2 | 11.3 |
| | 轻质碳酸钙 | — | 15.8 | 31.5 | 30.2 |
| | 铁红 | — | 5.2 | 10.5 | 11.8 |
| | 氧化锌 | — | — | — | 7.6 |
| | 煤焦沥青 | 35.0 | 24.5 | 14.0 | 6.7 |
| | 混合溶剂 | 23.0 | 25.1 | 27.2 | 27.4 |
| 固化剂组分 | 聚酰胺 300 | 7.0 | 4.9 | 2.8 | 2.8 |
| | 二甲苯 | 7.0 | 4.9 | 2.8 | 2.8 |
| 环氧/沥青(质量比) | | 0.8 | 0.8 | 0.8 | 1.7 |
| 颜料/树脂(质量比) | | | 0.13 | 2.33 | 2.35 |
| 环氧/聚酰胺(质量比) | | 1 | 4 | 1 | 4 |
| 固体分/% | | 70 | 70 | 70 | 70 |

以上胺固化环氧树脂涂料，均为双组分（二罐装）涂料，需使用前配制，做到准确称量，且用多少配多少，避免无谓浪费。此胺类固化环氧树脂涂料常作为防腐涂料使用，根据不同适用场合，改变环氧树脂和填料的种类及数量，比如用于保护船只、舰艇、海上石油钻采平台、码头钢柱及钢铁结构件等不受海水腐蚀的船舶涂料，其种类多，由多种成膜树脂组成，其中环氧树脂类涂料用途如下：

车间底漆　　环氧树脂富锌底漆

船底防锈漆　环氧树脂沥青防锈漆

船壳漆　　　聚酰胺固化环氧树脂漆

甲板漆　　　环氧树脂富锌底漆、环氧树脂云母氧化铁中间漆、室温固化环氧树脂面漆

压载水舱漆　环氧树脂煤焦油沥青

饮水舱漆　　室温固化环氧树脂漆

油舱　　　　聚酰胺固化环氧树脂漆

除胺固化以外的其他种环氧树脂涂料，因各自性质不同，作为专有功能性也被广泛应用在各个领域，如水性环氧酯可以用作汽车车身的电沉积涂料，无溶剂型环氧树脂涂料可以作为电工绝缘涂料等。

**(5) 酚醛树脂固化环氧树脂漆**

① 性能和用途　它是环氧树脂漆中耐腐蚀性最好的一种，耐热性、耐溶剂性都较好，用于化工设备、管道内壁、储罐内壁、包装桶、罐头内壁。

② 涂料配方举例

耐酸碱环氧酚醛清漆

| | | | |
|---|---|---|---|
| 环氧树脂 E-06 | 30 | 二丙酮醇 | 15 |
| 环己酮 | 15 | 二甲苯 | 15 |
| R(40%二酚基丙烷甲醛树脂液) | 25 | | |

R 的制备

| | | | |
|---|---|---|---|
| 双酚 A | 16.7 | 硫酸(53%) | 13.0 |
| 甲醛(36%) | 31.5 | 苯酐 | 0.4 |
| NaOH(33%) | 17.7 | 丁醇 | 21.0 |

③ 制备工艺　甲醛与双酚 A 在 NaOH 存在下于 40℃反应，产物以 $H_2SO_4$ 中和水洗，加入苯酐、丁醇，使之醚化，再经脱水（终点控制沸点 120℃）、过滤即得成品，黏度 60～70s（涂-4 杯，25℃）。

注：a.漆为单组分，涂覆后烘干，一般中间烘干温度 90～150℃，烘 10～30min，最后一道烘干温度 180℃，烘 60min，为提高固化速度，可加磷酸作为催干剂，用量为清漆总不挥发分的 1%～2%，但这种催干剂缩短了清漆的储存期，目前一般用潜催干剂（对甲苯磺酸的吗啉盐），用量为清漆总不挥发分的 0.5%左右；b.可加不挥发分 2%～3%的氨基树脂液，1%硅油作为流平剂。

**(6) 氨基树脂固化环氧树脂漆**

① 性能和用途　漆膜柔韧性好，颜色浅，光泽强，耐化学品性比单独的环氧树脂好，用于医疗器械、仪器设备、金属或塑料表面的罩光。

② 配方举例

| | | | |
|---|---|---|---|
| 钛白(金红石型) | 29.4 | 二丙酮醇 | 17.6 |
| 环氧（相对分子质量 2900 或 3750） | 20.6 | 丙二醇甲醚 | 17.7 |
| 60%丁醇醚化脲醛树脂 | 14.7 | | |

该漆耐化学品性、光泽、硬度均较好，205℃烘烤 20min 固化。在设计配方时，环氧/氨基树脂＝70/30 时，漆的性能最好。

**(7) 环氧-氨基-醇酸漆**

① 性能和用途　不干性短油度醇酸树脂与环氧树脂、氨基树脂相混溶，交联后，漆膜具有更好的附着力、坚韧性和耐化学品性，可用作底漆和通用防腐漆。配漆时环氧/醇酸/氨基＝30/45/25，醇酸增加时，漆膜耐化学品性和附着力下降，柔韧性提高，烘干条件是 180℃/15min，150℃/30min，120℃/60min。

② 配方举例

| | | | |
|---|---|---|---|
| 环氧 E-20 | 15.4 | 环己酮 | 17.2 |
| 不干性短-中油度醇酸树脂(50%) | 32 | 溶剂油 | 13.4 |
| 三聚氰胺甲醛树脂(50%) | 21.4 | 1%硅油溶液 | 0.5 |

**(8) 多异氰酸酯固化环氧树脂漆**

① 性能和用途　多异氰酸酯中的异氰酸基和环氧中的羟基反应生成聚氨基甲酸酯，使漆膜固化。这种漆是双组分的，常温下固化，漆膜耐水性、耐溶剂性、耐化学品性优异，柔韧性特别好，用于涂装水下设备和化工设备，配漆时 NCO∶OH＝0.7∶1.1。不得使用醇类和醇醚类溶剂。

② 配方举例

| | | | |
|---|---|---|---|
| 甲组分 | 含量% | 环氧树脂(E-03) | 21 |
| 钛白 | 34 | 环己酮 | 21.5 |
| 甲组分 | 含量% | 丙二醇甲醚 | 10.75 |

醋酸溶纤剂　　10.75

乙组分

TDI 加成物　　18.7

**(9) 环氧酯漆**

① 性能和用途　环氧酯漆为单组分，储藏稳定性好，有常温干燥型和烘干型两种（约 120℃烘干），施工方便；可以由多种脂及酸，以不同的配比和环氧制得，因而漆膜性能是多样的；可溶于烃类溶剂，成本低；与其他树脂混溶性好，混溶后可制成各种不同性能的烘干漆；对金属有很好的附着力，漆膜坚韧，耐蚀性强，但耐碱性较差，主要用于金属底漆、电绝缘漆、化工厂室外设备防腐漆、油田设备用漆。

**(10) 环氧酯与其他合成树脂并用漆**

环氧酯氨基底漆配方如表 4-9 所示，用于钢铁、铝和铝合金表面打底。如果将上述环氧烷氨基底漆配方中的三聚氰胺树脂改用 0.6mol 蓖桐环氧酯为漆料，可制成自干性底漆。

**表 4-9　环氧酯氨基底漆配方**（质量份）

| 组　成 | 烘干铁红环氧底漆 | 烘干锌黄环氧底漆 |
|---|---|---|
| 铁红 | 9.9 | — |
| 锌黄 | 6.65 | 20 |
| 氧化锌 | 4.13 | 7 |
| 氧化铅 | 0.14 | — |
| 滑石粉 | 8.25 | 3 |
| 轻体碳酸钙 | — | 5 |
| 0.4 当量脱水蓖麻油酸环氧酯(50%) | 41.4 | 50 |
| 丁醇醚化三聚氰胺甲醛树脂(50%) | 4.6 | 5 |
| 环烷酸钴(Co 3%) | 0.6 | 0.2 |
| 环烷酸钙(Ca 2%) | 0.6 | 2 |
| 环烷酸锌(Zn 3%) | — | 1 |
| 溶剂油 | 23.73 | 6.8 |
| 合计 | 100.0 | 100.0 |

环氧酯氨基底漆性能：干燥时间（120℃）1h；硬度 40%；耐冲击强度 5MPa；弯曲试验 1mm；耐水性（50℃蒸馏水）8h 不起泡。

**(11) 水溶性环氧酯漆**

除了甘油型环氧树脂等少数多元醇缩水甘油醚之外，绝大多数的环氧树脂都不溶于水，要制成水溶性环氧酯，必须在环氧分子链上接上一定数量的强亲水性基团，例如羧基、氨基、羟基、酰胺基等。但是这些极性基团仅能使环氧酯形成乳浊液，只有进一步中和成盐后才能获得水溶性。水溶性环氧酯电沉积树脂根据在水中电离的离子状态分成阴极电沉积树脂、阳极电沉积树脂两种，成为配制相对应涂料的主要成膜材料。

最常用的方法是先用双酚 A 型环氧树脂与不饱和脂肪酸酯反应成环氧酯；再以 $\alpha,\beta$-乙烯型不饱和二元羧酸（或酐）和环氧酯上的脂肪酸双键加成而引进羧基；最后经胺中和成盐而成水溶性树脂。这就是通常所说的阳极电沉积涂料。

**例：**水溶性环氧酯电沉积铁红底漆配方（kg）。

| | | | |
|---|---|---|---|
| 水溶性 E-20 环氧酯(固体质量分数 77%) | 40.5 | 硫酸钡(沉淀型) | 10.75 |
| 氧化铁红(湿法) | 10.75 | 滑石粉(325 目) | 4.45 |
| | | 蒸馏水 | 33.35 |

配方中，颜料：基料=1.0～1.2

制漆工艺：将配方量的水溶性 E-20 环氧酯、氧化铁红、硫酸钡、滑石粉加入配漆罐中，搅匀。然后在三辊研磨机或砂磨机中研磨至细度 50μm 以下。

阳极电沉积涂料从 20 世纪 60 年代中后期发展起来，很快达到了普及。但是为了使这种树脂保持良好的水溶解稳定性，必须将树脂中和到微碱性（pH=7.5～8.5）。在这种碱性介质中高聚物中的酯键易水解，使漆膜性能下降，从而发生丝状腐蚀、结疱腐蚀等问题，进而影响了这种树脂在汽车车身底漆上的应用。

阴极电沉积涂料是由水溶性阳离子树脂、颜料、填料、助溶剂经研磨制成的。水溶性阳离子树脂的制造有以下两种类型。

① 环氧树脂的环氧基先与仲胺或叔胺反应，再与酸反应生成季铵盐聚合物。

配入聚丙烯酸预聚体，可制成浅色漆，其特点是涂料不会因金属离子而污染，防腐蚀性更好，原因是漆基的含氨聚合物对金属有钝化作用。

② 以环氧树脂为原料生成叔巯基盐聚合物

$$\sim\sim\text{—}\underset{\diagdown\;O\;\diagup}{CH\text{—}CH_2} + SR_2 \cdot R'COOH \longrightarrow \sim\sim\text{—}\underset{OH}{\underset{|}{CH}}\text{—}CH_2\text{—}S\text{—}R'_2COO^-$$

### (12) 无溶剂型环氧树脂漆

无溶剂型环氧树脂绝缘漆是为了节约能源、减少有机溶剂挥发、适应环保要求而发展起来的。由于它可以用各种配方来制造，适用于浸渍、滴浸涂装工艺以及热固化、射线固化等干燥工艺，品种众多。表 4-10 和表 4-11 列出了无溶剂环氧树脂漆的配方。

**表 4-10　浸渍型无溶剂环氧树脂漆配方**　　单位：%（质量分数）

| 原料名称 | 配方 1 | 配方 2 | 配方 3 | 配方 4 |
|---|---|---|---|---|
| E-44 环氧树脂 | 36.4 | 40 | 13.2 | 35.0 |
| TOA 桐油酸酐 | 22.7 | 20 | 19.8 | — |
| 松节油酸酐 | 22.7 | 20 | — | — |
| 苯乙烯 | 18.2 | 17.5 | 26.8 | — |
| 正钛酸丁酯 | — | 2.5 | — | — |
| 304 不饱和聚酯 | — | — | 13.2 | — |
| 284 丁氧基酚醛树脂 | — | — | 17.0 | — |
| 过氧化苯甲酰 | — | — | 0.13 | — |
| 对苯二酚 | — | — | 0.04 | — |
| 邻苯二甲酸二缩水甘油酯 | — | — | — | 30.0 |
| 异辛基缩水甘油醚 | — | — | — | 30.0 |
| 595# 固化剂① | — | — | — | 5.0 |

① 595# 固化剂为：2(β-二甲胺基乙氧基)-1,3,2-三　硼烷，系潜伏性固化剂。

表 4-11　滴浸型无溶剂环氧树脂漆配方　　　单位：%（质量分数）

| 原料名称 | 配方 5 | 配方 6 | 配方 7 |
|---|---|---|---|
| E-51 环氧树脂 | 25.0 | — | — |
| E-44 环氧树脂 | — | — | 31.7 |
| 苯基苯酚环氧树脂 | — | 50.0 | — |
| 苯乙烯 | — | — | 19.2 |
| 桐油酸酐 | 60.0 | 50.0 | 23.9 |
| 松节油酸酐 | — | — | 23.9 |
| 环氧丙烷丁基醚 | 15.0 | — | — |
| 二甲基咪唑乙酸盐 | — | — | 1.3 |
| $N,N'$-苄基二甲胺 | 0.8 | — | — |
| 二甲基咪唑(乙醇饱和液) | — | 0.5～0.2 | — |

这种无溶剂环氧树脂浸渍漆应用于中型交流高压电机的全粉云母带连续绝缘定子真空压力浸渍工艺中。使整个包好的粉云母带绝缘的线圈铁芯、线圈端部结构支撑件浸以环氧无溶剂漆，从而使电机定子中介电性能较好，与机械强度较弱的云母材料、玻璃纤维、有机合成材料等结合成为牢固、坚韧、耐化学性、耐潮、耐热良好的绝缘层，进而使定子线圈绝缘加工工艺方便（缩短工时，减少工序），也可减少绝缘厚度，缩小电机体积，延长电机使用寿命。

**(13) 环氧树脂粉末涂料**

环氧树脂粉末涂料的组成，是由专用的树脂、固化剂、流平剂、促进剂、颜料、填料和其他助剂配成，它的生产方法与传统的溶剂型涂料有所不同，粉末涂料的生产工艺仅是物理性混溶过程，它不存在着复杂的化学反应，而且要尽可能控制其不发生化学反应，以保持产品具有相对的稳定性。其生产过程可分为物料混合、熔融分散、热挤压、冷却、压片、破碎、分级筛选和包装工序。

① 环氧树脂粉末涂料的主要应用场合　环氧树脂粉末涂料具有优良的物理机械性能和耐化学药品性，并具有良好的电绝缘性能，唯一不足是耐候性能差，主要的应用场合如下。

a. 管道和阀门行业　防腐管道、石油输送管、污水管、船舶用水管、煤气管和阀门部件等。

b. 金属家具　钢家具、文件柜和钢椅等。

c. 厨房用具　液化气钢瓶、煤气灶具和脱排油烟机等。

d. 建筑行业　门锁、建筑用钢筋和钢模板等。

e. 电器行业　电子元器件、线圈和电机转子的绝缘包封等。

f. 仪表行业　仪器、仪表的外壳涂装。

② 配方实例（质量份）

有光型（白色）双氰胺固化体系

| | | | |
|---|---|---|---|
| E-12 环氧树脂 | 68 | 双氰胺 | 2.8 |
| 钛白粉(R 型) | 20 | 2-甲基咪唑 | 0.1 |
| 填料 | 8.1 | 增光剂(固态) | 0.8～1.2 |
| 流平剂(液态) | 0.5 | 群青或永固紫 | 适量 |

其他助剂　　　　　　　　　0.3

工艺流程说明：将配好的各组分物料统一加入高速混合机内预混合约5～10min，取出进入螺杆挤出机内加热熔融，加料段温度为70～90℃，挤出段温度为110～120℃甚至再高些，然后压成1mm薄片，冷却后进入粉碎机（ACM磨）内，破碎并分级筛选180目全部通过为合格。

未来环氧树脂涂料的总体发展趋势是：产能继续增大，生产趋向集中，产品向系列化、功能化发展；具体点说，就是产品向高固含量、无溶剂化和水溶性化以及阻燃、低吸湿、低黏度和高密度化等功能性方向发展。

## 三、醇酸树脂和聚酯涂料

多元醇和多元酸可以进行缩聚反应，所生成的缩聚物大分子主链上含有许多酯基（—COO—），这种聚合物称为聚酯。涂料工业中，将脂肪酸或油脂改性的聚酯树脂称为醇酸树脂（alkyd resin），而将大分子主链上含有不饱和双键的聚酯称为不饱和聚酯，其他不含不饱和双键的聚酯则称为饱和聚酯。这三类聚酯型大分子在涂料工业中都有重要的应用。

醇酸树脂涂料具有以下优点：

① 干燥后形成高度网状结构，不易老化，耐候性好，丰满，光泽持久不褪；

② 膜柔韧而坚牢，附着力好，耐摩擦；

③ 抗矿物油性，抗醇类溶剂性良好等特点，特别是烘烤后耐水性、绝缘性、耐油性大大提高，且具有很好的施工性；

④ 醇酸树脂可与其他树脂（如硝化棉、氯化橡胶、环氧树脂、丙烯酸树脂、聚氨酯树脂、氨基树脂）配成多种不同性能的自干或烘干漆，广泛用于桥梁等建筑物以及机械、车辆、船舶、飞机、仪表等涂装；

⑤ 醇酸树脂原料易得、工艺简单，符合可持续发展的社会要求。目前，醇酸漆仍然是重要的涂料品种之一，其产量约占涂料工业总量的20％～25％。

醇酸树脂涂料也存在如下缺点：

① 干结成膜较快，但完全干透时间较长，涂膜较软；

② 耐水、耐碱性欠佳；

③ 防盐雾、防湿热、防霉菌性稍差。

### 1. 醇酸树脂的组成、干性及应用

醇酸树脂是由多元醇、多元酸和脂肪酸等为主要成分，通过缩聚反应制备的，实际为聚酯的一种，从某种意义上讲，是一种“大分子”的干性油。

#### (1) 多元醇

多元醇主要有丙三醇（甘油）、三羟甲基丙烷、三羟甲基乙烷、季戊四醇、乙二醇、1,2-丙二醇、1,3-丙二醇等。不同的原料功能不同，制备的醇酸树脂性质也不同，如用三羟甲基丙烷合成的醇酸树脂具有更好的抗水解性、抗氧化稳定性、耐碱性和热稳定性，与氨基树脂有良好的相容性，还具有色泽鲜艳、保色力强、耐热及快干的优点；乙二醇和二乙二醇主要同季戊四醇复合使用，以调节官能度，使聚合平稳，避免胶化。

(2) 多元酸

多元酸主要为邻苯二甲酸酐（PA）、间苯二甲酸（IPA）、对苯二甲酸（TPA）、顺丁烯二酸酐（MA）、己二酸（AA）、癸二酸（SE）、偏苯三酸酐（TMA）等。多元酸单体中以邻苯二甲酸酐最为常用，引入间苯二甲酸可以提高耐候性和耐化学品性，但其熔点高、活性低，用量不能太大；己二酸和癸二酸含有多亚甲基单元，可以用来平衡硬度、韧性及抗冲击性；偏苯三酸酐（TMA）的酐基打开后可以在大分子链上引入羧基，经中和可以实现树脂的水性化，用作合成水性醇酸树脂的水性单体。

(3) 一元酸

一元酸主要有苯甲酸、松香酸以及脂肪酸（亚麻油酸、妥尔油酸、豆油酸、菜籽油酸、椰子油酸、蓖麻油酸、脱水蓖麻油酸等）；亚麻油酸、桐油酸等干性油脂肪酸干性较好，但易黄变、耐候性较差；豆油酸、脱水蓖麻油酸、菜籽油酸、妥尔油酸黄变较弱，应用较广泛；椰子油酸、蓖麻油酸不黄变，可用于室外用漆和浅色漆的生产；苯甲酸可以提高耐水性，由于增加了苯环单元，可以改善涂膜的干性和硬度，但用量不能太多，否则涂膜变脆。

醇酸树脂涂料的干性与醇酸树脂中含油量的高低有关，即通常所说的“油度（$OL$）”。

油度（$OL$）的含义是醇酸树脂配方中油脂的用量（$W_0$）与树脂理论产量（$W_t$）之比。其计算公式如下：

$$OL = W_0 / W_t, \%$$

当以脂肪酸直接合成醇酸树脂时，脂肪酸含量（$OL_f$）为配方中脂肪酸用量（$W_f$）与树脂理论产量（$W_t$）之比：

$$OL_f = W_f / W_t, \%$$

式中，$W_t$＝单体用量－生成水量＝甘油（或季戊四醇）用量＋油脂（或脂肪酸）用量－生成水量

为便于配方解析比较，可以把 $OL_f$ 换算为 $OL$，油脂中脂肪酸基含量约为95%，即：

$$OL_f = OL \times 95\%$$

醇酸树脂可以分为长油度（油量＞60%）、中油度（油量＝40%～60%）和短油度（油量＜40%）。

引入油度（$OL$）对醇酸树脂配方及应用有如下的指导意义。

**(1) 表示醇酸树脂中弱极性结构的含量**

长链脂肪酸相对于聚酯结构极性较弱，弱极性结构的含量直接影响醇酸树脂的可溶性，如长油醇酸树脂溶解性好，易溶于溶剂汽油；中油度醇酸树脂溶于溶剂汽油/二甲苯混合溶剂；短油醇酸树脂溶解性最差，需用二甲苯或二甲苯/酯类混合溶剂溶解。同时，油度对光泽、刷涂性、流平性等施工性能亦有影响，弱极性结构含量高、光泽高，刷涂性、流平性好。

**(2) 表示醇酸树脂中柔性成分的含量**

长链脂肪酸残基是柔性链段，而苯酐聚酯是刚性链段，所以 $OL$ 也就反映了树脂的玻

璃化温度（$T_g$），或常说的“软硬程度”。

概括地说，一般长油度醇酸树脂柔韧性佳，在脂肪族溶剂中的溶解度高，耐久、耐候，弹性好，涂刷性好，适于室外用品；短油度醇酸树脂表现出树脂的特性多，硬度高，抗磨性好，光泽性佳，但不耐久、耐候，适于室内用品；长、中油度醇酸树脂干燥主要靠含油量，因此需要催干剂；短油度醇酸树脂多靠溶剂挥发成膜。具体地说，油度为30%～40%，苯二甲酸酐含量>35%的短油度醇酸树脂漆，是由亚麻油、豆油、脱水蓖麻油、红花油、梓油等制成，漆膜凝聚快，有良好的附着力、耐候性、光泽和保光性。烘干干燥迅速，烘干之后比长油度醇酸树脂的硬度、光泽、保色、耐磨性等方面要好，可以用于汽车、玩具、机器部件的面漆和底漆。与脲醛树脂合用，以酸催化干燥作家具漆。油度45%～60%，苯二甲酸酐含量为30%～35%的中油度醇酸树脂是醇酸树脂中最主要的品种，也是用途最多的一种，漆膜干燥极快，有极好的光泽、耐候性及柔韧性。但与短油度醇酸树脂相比，保色、保光性差一些，加入氨基树脂后的烘干时间要长些，可制自干或烘干磁漆、清漆、底漆腻子等。用作金属制品装饰漆、机械用漆、建筑用漆、家具漆、船舶漆、卡车用漆、汽车修补漆、金属底漆等。由季戊四醇代替部分或全部甘油制得的醇酸树脂漆膜干速更快，耐候性更好，但韧性略差。油度60%～70%，苯二甲酸酐20%～30%的长油度醇酸树脂漆，漆膜有较好的干燥性能和弹性，以及良好的光泽、保光性、耐候性，但在硬度、韧性、耐摩擦方面较中油度醇酸树脂差，用于制造钢铁结构涂料、室内外建筑用漆。

**2. 醇酸树脂涂料的改性及应用**

醇酸树脂原料易得，制造工艺简单，综合性能较好，但由于含有大量的酯基，因而其耐水、耐碱和耐化学药品性逊色于其他一些合成树脂。又由于分子中含有羟基、羧基、苯环、酯基以及双键等活性基团，因而改性方式很多。

**(1) 硝基纤维素改性**

改性后的涂料广泛用作高档家具漆；而短油度醇酸树脂改性的硝基纤维素漆则广泛用作清漆、公路划线漆、外用修补汽车漆、室内玩具漆等。

**(2) 氨基树脂改性**

短油度式短-中油度的醇酸树脂与脲醛树脂和三聚氰胺甲醛树脂有很好的相容性，其中的羟基基团可与氨基树脂交联成三维网状结构，可得到耐候性、耐久性、耐溶剂性以及综合机械性能更好的涂料，用作家电、铁板、金属柜、玩具等的烘干涂料。不干性短油度醇酸树脂用三聚氰胺甲醛树脂改性后具有极好的户外耐老化性，用作汽车面漆。

**(3) 氯化橡胶改性**

中、长油度醇酸树脂与氯化橡胶和200#溶剂油具有很好的相容性，可提高韧性、黏结性、耐溶剂性、耐酸碱性、耐磨性，并提高漆膜的干率，减少尘土的附着力，主要用作混凝土地面漆、游泳池漆和高速公路划线漆。

**(4) 酚醛树脂改性**

酚醛树脂与干性醇酸树脂反应，生成苯并二氢吡喃型结构，可以大大改进漆膜的保光泽性、耐久性、耐水性、耐酸碱性和耐烃类溶剂性。用量一般为5%，最多不超过20%，在醇酸树脂酯化完全后，降温至200℃以下，缓慢加入已粉碎的酚醛树脂，加完升温至200～240℃，达到要求的黏度为止。

**(5) 苯乙烯单体改性**

将预制的醇酸树脂和苯乙烯单体、引发剂（叔丁基过氧化氢、偶氮二异丁腈）一起进行回流反应，直到要求的黏度。可以与颜料配合，制作快干、耐潮、光亮、美观的室内用防护与装饰漆、农机用漆及作伪装漆。

**(6) 多异氰酸酯改性**

中油度醇酸树脂与异佛尔酮二异氰酸酯（IPDI）的三聚体共混可制得常温自干性改性醇酸树脂漆，提高了干率、机械强度、耐溶剂性、耐候性、光泽、亮丽，既有保护性又有装饰性。

**(7) 环氧树脂改性**

干性油（豆油、亚麻油）与多元醇进行醇解后，降温加入环氧树脂（E-44）与醇解物进行反应，然后加苯酐酯化，至黏度合适时停止反应。环氧改性醇酸树脂可改善漆膜对金属的附着力、保光保色性，获得优良的耐水、耐碱、耐化学药品性和一定的耐热性。

**(8) 有机硅改性**

将少量的有机硅树脂与醇酸树脂共缩聚，制得的改性树脂具有优良的耐久性、耐候性、保光保色性、耐热性和抗粉化性，用作船舶漆、户外钢结构及器具的耐久性漆。

**(9) 丙烯酸单体或树脂改性**

用于改性的丙烯酸单体有：甲基丙烯酸甲酯、丙烯酸丁酯、丙烯酸乙酯、丙烯腈。将酯化后的醇酸树脂降温至150℃左右，缓慢加入甲基丙烯酸甲酯与过氧化二苯甲酰（引发剂）与二甲苯配成的50%的溶液，保持回流，至转化率达到90%以上，停止反应，真空蒸出未反应的单体及二甲苯，再以二甲苯溶解成50%的溶液，改性后干燥迅速、保色性、耐候性大有提高。

**(10) 聚酰胺改性**

因为羟基与酰胺基（—CONH—）之间形成氢键，使树脂分子呈胶冻状体形结构，具有一定的触变性，但这种作用力较弱，能被外力所打破而回到线型结构呈液体状态。将2%～5%的固态脂肪聚酰胺（相对分子质量1500）与醇酸树脂在210℃加热至在200#溶剂油中达到透明溶液时，突然另外加200#溶剂油于反应混合物中，稀释并快速冷却，最后加颜料等可配成具有触变性的涂料。

由于醇酸树脂和聚脂涂料相对更容易水性化处理，所以目前已经逐步实现全水性化，正在不断提高该水性涂料的性能。

## 四、氨基树脂涂料

### 1. 氨基树脂的特性及分类

氨基树脂是指含有氨基的化合物与醛类（主要是甲醛）经缩聚反应制得的热固性树脂。氨基树脂在高温下可以自身固化，形成非常坚硬而又脆的膜，在少量酸催化下能提高固化速度，固化温度在100～160℃范围内。

氨基树脂固化时脆又硬，不能单独作涂料使用，常与含有羟基、羧基、酰胺基的柔软性好的其他树脂如醇酸树脂、聚酯树脂、环氧树脂等配合进行交联固化，得到有用的涂料。氨基树脂在氨基树脂漆中主要作为交联剂，它提高了基体树脂的硬度、光泽、耐化学性以及烘干速度，而基体树脂则克服了氨基树脂的脆性，改善了附着力。氨基树脂漆在一定的温度经过短时间烘烤后，即形成强韧的三维结构涂层。

与醇酸树脂漆相比，氨基树脂漆的特点是：清漆色泽浅，光泽高，硬度高，有良好的电绝缘性；色漆外观丰满，色彩鲜艳，附着力优良，耐老化性好，具有良好的抗性；干燥时间短，施工方便，有利于涂漆的连续化操作。尤其是三聚氰胺甲醛树脂，它与不干性醇酸树脂、热固性丙烯酸树脂、聚酯树脂配合，可制得保光保色性极佳的高级白色或浅色烘漆。这类涂料目前在车辆、家用电器、轻工产品、机床等方面得到了广泛的应用。

用于涂料的氨基树脂必须经醇改性后，才能溶于有机溶剂，并与主要成膜树脂有良好的混容性和反应性。

氨基树脂可分为脲醛树脂及醇醚化脲醛树脂、三聚氰胺甲醛树脂及醚化三聚氰胺甲醛树脂、苯代三聚氰胺甲醛树脂、共缩聚树脂如三聚氰胺尿素共缩聚树脂和三聚氰胺苯代三聚氰胺共缩聚树脂等，氨基树脂的性能既与母体化合物的性能有关，又与醚化剂及醚化程度有关。

脲醛树脂价格低廉，来源充足；分子结构上含有极性氧原子，与基材的附着力好，可用于底漆，亦可用于中间层涂料；用酸催化时可在室温固化，故可用于双组分木器涂料；以脲醛树脂固化的涂膜改善了保色性，硬度较高，柔韧性较好，但对保光性有一定的影响；用于锤纹漆时有较清晰的花纹。但因脲醛树脂溶液的黏度较大，故储存稳定性较差。用甲醇醚化的脲醛树脂仍可溶于水，它具有快固性，可用作水性涂料交联剂，也可与溶剂型醇酸树脂并用。用乙醇醚化的脲醛树脂可溶于乙醇，它固化速度慢于甲醚化脲醛树脂。以丁醇醚化的脲醛树脂在有机溶剂中有较好的溶解度。一般来说，单元醇的分子链越长，醚化产物在有机溶剂中的溶解性越好，但固化速度越慢。丁醚化脲醛树脂在溶解性、混容性、固化性、涂膜性能和成本等方面都较理想，且原料易得，生产工艺简单，所以与溶剂型涂料相配合的交联剂常采用丁醚化氨基树脂。丁醚化脲醛树脂是水白色黏稠液体，主要用于和不干性醇酸树脂配制氨基醇酸烘漆，以提高醇酸树脂的硬度、干性等。因脲醛树脂的耐候性和耐水性稍差，因此大多用于内用漆和底漆。大多数实用的甲醚化脲醛树脂属于聚合型部分烷基化的氨基树脂，这类树脂有良好的醇溶性和水溶性。甲醚化脲醛树脂具有快固性，对金属有良好的附着力，成本较低，可作高固体涂料、无溶剂涂料交联剂。工业甲醚化脲醛树脂有两种规格，一种相对分子质量较低，和各种醇酸树脂、环氧树脂、聚酯树脂有良好的混容性；另一种具有较高的相对分子质量，适合与干性或不干性短油醇酸树脂配合使用，以芳香烃和醇类的混合物为溶剂，涂膜有良好的光泽和耐冲击性。

三聚氰胺甲醛树脂简称三聚氰胺树脂，是多官能度的聚合物，常和醇酸树脂、热固性丙烯酸树脂等配合，制成氨基烘漆。与甲醚化脲醛树脂相比，丁醚化三聚氰胺树脂的交联度较大，其热固化速度、硬度、光泽、抗水性、耐化学性、耐热性和电绝缘性都较脲醛树脂优良。且过度烘烤时能保持较好的保光保色性，用它制漆不会影响基体树脂的耐候性。丁醚化三聚氰胺树脂可溶于各种有机溶剂，不溶于水，可用于各种溶剂型烘烤涂料，固化速度快。甲醚化氨基树脂中产量最大、应用最广的是六甲氧基甲基三聚氰胺树脂(HMMM)，它是一个6官能度单体化合物，属于单体型高甲醚化三聚氰胺树脂。HMMM可溶于醇类、酮类、芳烃、酯类、醇醚类溶剂，部分溶于水。工业级HMMM分子结构中含极少量的亚氨基和羟甲基，它作交联剂时固化温度高于通用型丁醚化三聚氰胺树脂，有时还需加入酸性催化剂帮助固化，固化涂膜硬度大、柔韧性大。HMMM可与醇酸，聚酯，热固性丙烯酸树脂，环氧树脂中羟基、羧基、酰胺基进行交联反应，也可作织物处理剂、纸张涂料，或用于油墨制造、高固体涂料。聚合型部分甲醚化三聚氰胺树脂可溶于醇类，也具有水溶性，可用于水性涂料。树脂中的反应基团主要是甲氧基甲基和羟甲基。它与醇酸树脂、环氧树脂、聚酯树脂、热固性丙烯酸树脂配合作交联剂时，易于基体树脂的羟基进行缩聚反应，同时也进行自缩聚反应，产生性能优良的涂膜。基体树脂的酸值可有效地催化固化反应，增加配方中的氨基树脂的用量，涂膜的硬度增加，但柔韧性下降。与丁醚化三聚氰胺树脂相比，它具有快固性，有较好的耐化学性，可代替丁醚化三聚氰胺树脂应用于通用型磁漆及卷材涂料中。聚合型高亚氨基高甲醚化三聚氰胺树脂的相对分子质量比部分甲醚化的三聚氰胺树脂低，易溶于芳烃溶剂、醇和水，适于作高固体涂料，以及需要高温快固的卷材涂料交联剂。与聚合型部分甲醚化三聚氰胺树脂不同之处在于树脂中保留了一定量的未反应的活性氢原子。由于醚化反应较完全，经缩聚反应后树脂中残余的羟甲基较少，但它能像部分烷基化的氨基树脂一样在固化时能进行交联反应，也能进行自缩聚反应。增加涂料配方中氨基树脂的用量可得到较硬的涂膜。这类树脂与含羟基、羧基、酰胺基的基体树脂反应时，基体树脂的酸值可有效地催化交联反应，外加弱酸催化剂如苯酐、烷基磷酸酯等可加速固化反应。由于树脂中亚氨基含量较高，使它有较快的固化性。在低温（120℃以下）固化时，其自缩聚反应速率快于交联反应而使涂膜过分硬脆，性能下降。在较高温度（150℃以上）固化时，由于进行自缩聚的同时进行了有效的交联反应，故能得到有优良性能的涂膜。以它交联的涂料固化时释放甲醛较少，厚涂层施工时不易产生缩孔，并且在烘烤后涂料的保重性也较好。

苯代三聚氰胺分子中引入了苯环，与三聚氰胺相比，降低了整个分子的极性。因此与三聚氰胺相比，苯代三聚氰胺在有机溶剂的溶解性增大，与基体树脂的混容性也大为改善。以苯代三聚氰胺交联的涂料初期有高度的光泽，其耐碱性、耐水性和耐热性也有所提高。但由于苯环的引入，降低了官能度，因而涂料的固化速度比三聚氰胺树脂慢，涂膜的硬度也不及三聚氰胺，耐候性较差。一般来说，苯代三聚氰胺适用于内用漆。实用的甲醚化苯代三聚氰胺树脂大多属于单体型高烷基化氨基树脂。由于苯环的引入，使这类树脂具有亲油性，在脂肪烃、芳香烃、醇类中有良好的溶解性，涂膜具有优良的耐化学性，它已应用于溶剂型涂料、高固体涂料、水性涂料。在电泳涂料中，它作为交联剂，与基体树脂配合，还显示优良的电泳共进性。

以尿素取代部分三聚氰胺制得的三聚氰胺尿素共缩聚树脂，可提高涂膜的附着力和干性，成本降低，如取代量过大，则将影响涂膜的抗水性和耐候性。以苯代三聚氰胺取代部分三聚氰胺制得的三聚氰胺苯代三聚氰胺共缩聚树脂，可以改进三聚氰胺树脂和醇酸树脂的混容性，显著提高涂膜的初期光泽、抗水性和耐碱性，但对三聚氰胺树脂的耐候性有一定的影响。

2. 氨基树脂的固化及在涂料中的应用

(1) 与醇酸树脂的固化

氨基树脂上的羟甲基或丁氧基与醇酸树脂上游离的羟基能发生交联反应而固化。用醇酸树脂固化三聚氰胺甲醛树脂，固化速度快，固化温度为250℃左右，漆膜硬度高，光泽和保光性好，具有极好的耐化学品性和户外耐久性。醇酸树脂固化脲醛树脂，固化温度为150℃左右，漆膜黏结性好，价格较低，在酸催化剂作用下还可在室温下固化。配方举例：钛白粉 27.6g，醇酸树脂 38.9g，脲醛树脂 17.27g，二甲苯 5.43g，正丁醇 1.8g，在150℃下固化 20min。

(2) 与环氧树脂固化

氨基树脂上的羟甲基或丁氧基可以与环氧树脂上的环氧基或羟基发生交联反应固化成膜。固化漆膜具有优异的黏结性、耐化学品性、保色性、保光性，广泛用于金属的涂装。配方举例：三聚氰胺甲醛树脂 8.55g，环氧树脂 31.69g，钛白粉 15.09g，氧化锌 5.03g，铬酸锌 5.03g，滑石粉 10.06g，云母 2.52g，二甲苯 21.73g，防沉剂（高岭土）0.30g。

(3) 与丙烯酸树脂的固化

含羟基或羧基的丙烯酸树脂可以与氨基树脂上的羟甲基或丁氧基发生交联反应固化成膜。配方举例：三聚氰胺甲醛树脂 16.32g，丙烯酸树脂 52.28g，铬绿 15.55g，二甲苯 12.68g，正丁醇 3.17g，120℃固化 30min。

氨基树脂漆的典型用途和固化条件如表 4-12 所示。

表 4-12 氨基树脂漆的典型用途和固化条件

| 用途 | 氨基种类 | 基体种类 | 固化条件/(℃/min) |
|---|---|---|---|
| 汽车底漆 | 脲醛树脂 | 醇酸树脂 | 120～150/20～30 |
| | 三聚树脂 | 醇酸树脂 | 120～150/20～30 |
| 汽车面漆 | 三聚树脂 | 醇酸树脂 | 120～150/20～30 |
| | 三聚树脂 | 丙烯酸树脂 | 120～150/20～30 |
| 自行车面漆 | 三聚树脂 | 醇酸树脂 | 110～140/20～30 |
| 木器漆 | 脲醛树脂 | 醇酸树脂 | 室温固化 |
| 一般金属涂装 | 脲醛树脂 | 醇酸树脂 | 120～160/20～30 |
| | 三聚树脂 | 醇酸树脂 | 120～160/20～30 |
| 冰箱洗衣机 | 三聚树脂 | 醇酸树脂 | 140～160/20～30 |
| | 三聚树脂 | 丙烯酸树脂 | 140～160/20～30 |
| 彩色卷材涂料 | 三聚树脂 | 聚酯树脂 | 220～320/0.5～1 |
| 高固体分涂料 | 三聚树脂 | 丙烯酸树脂 | 150/30～50 |
| 电泳涂料 | 三聚树脂 | 水性醇酸树脂 | 180/20～30 |
| | 三聚树脂 | 水性乙烯酸树脂 | 180/20～30 |
| 水性涂料 | 三聚树脂 | 水性醇酸 | 180/20～30 |
| | 三聚树脂 | 水性丙烯酸 | 180/20～30 |
| 粉末涂料 | 三聚树脂 | 聚酯树脂 | 180/30～40 |
| | 三聚树脂 | 丙烯酸树脂 | 180/30～40 |

## 五、聚氨酯涂料

1. 聚氨酯涂料的特点及应用

(1) 特点

① 聚氨酯涂料成膜之后，因在大分子结构中含有相当数量的氨酯键和脲键等，故而决定了该涂料具有优良的耐磨性和较高的硬度。由于在涂膜分子结构中含有氨酯键，致使高聚物分子之间具有形成氢键的必要条件：氢键的大量存在，使得分子之间内聚力非常之大，提高了聚氨酯涂膜的抗撕裂强度；氢键的存在，在外力作用下，氢键又可断开而吸收外来能量，当外力取消后，氢键又重新形成。如此的氢键断开和回复，使聚氨酯涂膜具有高度的机械耐磨性和韧性，与其他类型涂料相比，在相同的硬度条件下，由于氢键的作用以及脲键的存在，聚氨酯涂膜的扯断伸长率最高，耐磨耗最佳，所以广泛地用于地板漆、甲板漆、飞机蒙皮漆、塑胶跑道以及马路画线漆等。

② 聚氨酯涂料兼具保护和装饰性能，可用于高级木器漆、钢琴、大型客机等的涂装，也可用于大型港口机械的保护涂装等。

③ 聚氨酯涂料具有优异的耐油性、耐化学药品性。经过充分固化的聚氨酯涂料，可以长期经受汽油、柴油、润滑油及合成油脂等的作用而不变质、不污染，所以大多数金属或非金属石油储罐、油槽内壁防腐涂料均常采用聚氨酯涂料。

④ 聚氨酯涂料附着力强，如同环氧一样，可制成优良的黏合剂，除对某些金属表面的附着力稍逊于环氧外，对多种物体表面（金属、木材、橡胶、混凝土、某些塑料）均有优良的附着力，尤其对橡胶表面的附着力，超过环氧树脂漆。

⑤ 聚氨酯涂料能和多种树脂品种混溶，涂膜的韧性可根据需要调节其成分比例，可从极坚硬的调节到极柔韧的弹性涂层，而一般涂料如环氧、不饱和聚酯、氨基醇酸等只能制成刚性涂层，难以赋予弹性。由于能和多种树脂混溶，这样可以配成多品种、多性能的涂料品种，以满足各种通用的和特殊的使用要求。

⑥ 聚氨酯涂料既能在较高温度下固化成膜，也能在低温固化。在典型的常温固化涂料中：环氧、聚氨酯和不饱和聚酯三类中，环氧和不饱和聚酯在 10℃ 以下就难以固化，而聚氨酯在 0℃ 甚至 0℃ 以下也能正常固化成膜，因此能施工的季节长。聚氨酯在常温下固化迅速，所以对大型油罐、大型飞机等大型工程可获得优于普通烘烤漆的效果。

⑦ 聚氨酯可以制成耐 −40℃ 低温的品种，也可以制成耐高温、性能接近于聚酰亚胺的绝缘漆。

⑧ 聚氨酯涂料具有优良的电绝缘性能，用该漆涂覆的电磁线，在使用和装配时，线头上的漆不必刮掉，就能在熔融的焊锡中自动上锡，这类电绝缘漆在浸水后的电绝缘性能下降很少。

⑨ 聚氨酯涂料可制成溶剂型、液态无溶剂型、粉末、水性、单罐装、两罐装等多种形态，满足不同的需要。

⑩ 聚氨酯树脂可与聚酯、聚醚、环氧、醇酸、聚丙烯酸酯、含羟有机硅树脂、含羟基氟树脂、醋酸丁酸纤维素、氯乙烯醋酸乙烯树脂、沥青、硝化棉、干性油等配合制漆。根据不同的要求制成多种多样的涂料品种，如户外耐候性优良的高光泽的轿车漆、飞机漆等；室内用高光泽或亚光高级木器家具漆、钢琴漆以及家电制品漆等。

(2) 应用

聚氨酯涂料具有许多优良性能，在国防、基建、化工防腐、车辆、飞机、木器、电气绝缘等各方面都得到广泛的应用，新品种不断涌现，极有发展前途。但它的价格较贵些，目前大多数用于对性能要求较高的场合。有些聚氨酯涂料，因加工不当，漆内含有相当多的游离异氰酸酯单体，吸入人体有碍健康，必须加强施工场合通风。

含异氰酸酯基的涂料，遇水或遇潮气会胶凝，必须密封储存。聚氨酯涂料对水汽敏感，施工要求严格，施工操作不当会使漆膜起泡和层间剥落，所以在制造和施工这类涂料时一定要严格遵守操作规程。

根据当前使用情况，聚氨酯涂料的用途可归纳为如下几点。

① 用作木制品及钢木家具的保护装饰涂料。它既可使木制品的外表更加美观，增强天然纹理感，又能较好地提高木制品耐水、耐磨损性、防霉性。

② 广泛作为化工厂、石油加工厂等管道、设备的防腐保护涂料。聚氨酯涂料作为输油管内壁防腐蚀漆，能起到极好的防腐作用。石油储罐内壁、各种油罐车体内壁、水电站压力管内外壁防腐，均广泛采用聚氨酯防腐耐油涂料。

③ 用作各种飞机的外蒙皮保护装饰涂料。脂肪族聚氨酯涂料具有保色保光性好、耐磨损、光滑平整等特性，作为飞机蒙皮漆及轿车漆不但美观而且保护性能极佳。

④ 各类豪华客车、大小型面包车、高速列车、摩托车等，要求其涂层丰满、耐划伤、高光泽、色彩鲜艳，在金属上的附着力要好，并且可以在常温下施工涂装。利用丙烯酸树脂或聚酯型聚氨酯涂料就可以满足上述要求的优异性能。

⑤ 聚氨酯涂料广泛地应用在建筑涂装以及古建筑的保护涂装上。聚氨酯涂料作为内外墙罩光涂料、地板漆、水泥漆，其品种越来越多。在古建筑物上，利用它来涂装保护，不仅防腐蚀性好，而且耐水性佳、耐污染、不沾尘、耐擦洗。

⑥ 弹性聚氨酯涂料用于橡胶、皮革、纸张上，柔韧性好，抗折性佳，耐水性及耐磨性极好。该类型涂料已成功地应用于橡胶水坝作为防腐保护涂料。在体育场馆利用弹性聚氨酯作为水泥地面防水底漆、地板漆、塑胶跑道保护面漆及画线漆。因为它耐水、耐磨，富于弹性和外用保护作用。

⑦ 聚氨酯涂料广泛地应用于船舶甲板漆、船壳涂料、上层建筑装饰保护涂料、港口大型机械的各色防腐、耐候保护涂料和铁路桥梁的重防腐蚀涂料。它的发泡型涂料用于导弹、飞行器表面作为耐高温隔热保护涂料。

⑧ 聚氨酯涂料可在常温，也可以在低温下固化成膜。因而能广泛地用在不宜进行高温烘烤的整车体涂装，各种汽车、家用电器、大型机械和设备的返工修补及各种塑料制品的保护涂装上等。

2. 聚氨酯涂料的类型及特性

一般聚氨酯涂料可以分为以下几种类型：氨酯油（氧固化、单组分），多异氰酸酯/含羟基树脂（双组分），封闭型多异氰酸酯/含羟基树脂（烘干型、单组分）、预聚物，潮气固化型（单组分）、预聚物，催化固化型（双组分），聚氨酯沥青，聚氨酯弹性涂料。

**(1) 氨酯油**

氨酯油是先将干性油与多元醇进行酯化，再与二异氰酸酯反应，以油脂中的不饱和双键在空气中干燥（在催干剂作用下）的涂料。

① 性能和用途　氨酯油比醇酸树脂快干、硬度高、耐磨性好、抗水、抗碱，这是因为氨酯键之间可以形成氢键。尽管氨酯油漆膜的性能不及含—NCO基的聚氨酯漆，但正因为不含—NCO基，所以有良好的储存稳定性，制造色漆手续简单，施工方便，价格较低，不易泛黄，用于要求性能高于醇酸树脂而价格又比聚氨酯便宜的场合，如地板漆、甲板漆、设备防锈漆等。

② 制备工艺　一般投料—NCO/—OH比例在0.9～1.0之间，太高则成品不稳定，太低则残留羟基多，抗水性差。具体操作：将亚麻油、季戊四醇、环烷酸钙在240℃醇解1h，使甲醇容忍度达到2∶1，冷却至180℃，加入第1批200#溶剂油和二甲苯混合均匀，升温回流，脱除微量水分。然后将TDI与第2批200#溶剂油预先混合，半小时内逐渐加入，通入$N_2$不断搅拌，加入锡催化剂，升温到95℃，保温，抽样，待黏度达加氏管5s左右时，冷却至60℃，加入丁醇，使残存的—NCO基反应，完毕后过滤，冷却后加入催干剂（0.3%的金属铅和0.03%的金属钴），以及0.1%的抗结皮剂（丁酮肟或丁醛或丁醛肟），即可装罐。

**(2) 羟基固化的双组分聚氨酯漆**

① 多异氰酸酯组分　要求具有良好的溶解性以及与其他树脂的混容性，与乙组分合并后，可使用期限较长，—NCO含量高，低毒。在生产中若直接采用挥发性的二异氰酸酯（TDI、HDI、XDI等）配制涂料，危害人体健康，必须把它加工成低挥发性产品。

② 含羟基组分　含羟基组分的化合物主要有：聚酯，聚醚，环氧树脂，蓖麻油或其加工产品。其中聚醚比聚酯廉价，耐水、耐碱性好，黏度低，宜制造无溶剂漆，但耐候性比聚酯差，环氧树脂中的羟基可以和聚氨酯中的—NCO反应交联固化，漆膜附着力、抗碱性均有提高，可用作耐化学品、耐盐水的涂料，但由于环氧树脂中有环氧基，不耐户外暴晒。有时可利用酸性树脂的羧基使环氧基开环，生成羟基，然后再与聚氨酯交联，也可以在环氧树脂中加入醇胺，生成多元醇，再与—NCO基交联，得到性能更好的防腐涂料。蓖麻油中90%是蓖麻油酸（其中含有羟基），还有10%是不含羟基的油酸和亚油酸，羟值为163左右，即含羟基4.94%。其组分中的长链非极性脂肪酸赋予漆膜良好的抗水性和可挠性，而且因为价廉，来源丰富，所以广泛用于聚氨酯漆中，一般都直接使用。丙烯酸树脂中含羟基约2%～4%，能与聚氨酯反应交联。现在比较流行的是丙烯酸酯/脂肪族聚氨酯涂料，干性快，耐候性好，耐热性和耐溶剂性好，韧性好，较为经济，用于高级户外涂料。

③ 配方举例

| | | | |
|---|---|---|---|
| **例1：** | 甲组分 | TDI加成物（50%不挥发分，含—NCO基8.6%） | 85g |
| | 乙组分 | 蓖麻油醇酸树脂液（含羟基） | 100g |
| | | 钛白 | 45g |

这种聚氨酯白磁漆与聚氨酯底漆配套使用，可作优良的金属防腐蚀涂层，用于油管内

壁防蜡涂层效果很好。

**例 2**：甲组分　TDI 加成物（同上）　17.7g

乙组分　含羟基氯醋共聚树脂（30%溶液）　30.5g

钛白　10.1g

滑石粉　9.9g

环氧 E-51　0.5g

环己酮/二甲苯（1∶1）溶剂　26.3g

—NCO/—OH＝1.4～1.5

比一般乙烯系耐溶剂，耐热，附着力好，比一般聚氨酯快干，耐酸、碱腐蚀。

**(3) 封闭型聚氨酯漆**

① 特性和用途　封闭型聚氨酯漆中的多异氰酸酯被—OH 基或含单官能度的活泼氢原子的物质所封闭，可以同含羟基的树脂（乙组分）混装而不反应，成为单组分涂料，具有极好的储藏稳定性。在加热下氨酯键裂解生成异氰酸酯，再与羟基交联反应成膜。例如：

$$\underset{\text{苯酚封闭的聚氨酯}}{RNHCOOC_6H_5} \longrightarrow \underset{\text{异氰酸酯}}{RN{=}C{=}O} + \underset{\text{苯酚}}{C_6H_5OH}$$

封闭型聚氨酯漆主要用作电绝缘漆，绝缘性好，耐水，耐溶剂，机械性能好，具有“自焊锡”性，近年来也用于装饰汽车和聚氨酯粉末涂料。

② 配方举例

| | | | |
|---|---|---|---|
| 苯酚封闭的 TDI 加成物 | | 普通热塑性聚酰胺树脂（助剂） | 2～4g |
| （相当于甲组分） | 32.45g | 甲酚（含—OH,相当于乙组分） | 20.40g |
| 聚酯(含羟基 12%) | 15.45g | 醋酸溶纤剂 | 17.40g |
| 辛酸亚锡（催化剂） | 0.10g | 甲苯 | 11.90g |

使用时加热到 140℃左右涂覆

**(4) 预聚物潮气固化型聚氨酯漆**

潮气固化型聚氨酯是含—NCO 端基的预聚物，通过与空气中潮气反应生成脲键而固化成膜，其性能良好而且使用方便（单组分）。缺点是干燥速度受空气中湿度的影响，同时也受温度影响，另外，加颜料制成色漆比较麻烦。配方举例：聚醚 N303 2mol，聚醚 N204 1mol，TDI 6mol。制备工艺：将聚醚 N303 投入反应釜，加 5%苯脱水，冷却至 35℃，加入 TDI 通氮气，搅拌升温至 60～70℃，反应加入 10%甲苯以调节黏度。加入聚醚 N204（预先用苯脱水），升温至 80～90℃，保持 2～3h，终点可抽样以丁二胺测—NCO 基含量来决定。加入溶剂、流平剂（醋酸丁酸纤维素，占全部质量的 5%）、抗氧剂（二叔丁基对甲酚，为全部质量的 0.9%）包装密封。产品—NCO 基含量（以不挥分计）为 7%左右。

**(5) 预聚物催化固化型聚氨酯漆**

预聚物催化固化型聚氨酯漆与预聚物潮气固化型聚氨酯漆相似，是用过量的二异氰酸酯与含羟基的化合物反应而成，其端基含有异氰酸基。与预聚物潮气固化型聚氨酯漆的区别是其本身干燥性慢，需加催化剂使之固化。这类漆多是用蓖麻油与甘油或三羟甲基丙烷酯化后，再与过量的二异氰酸酯反应而成。

例如体育馆用地板清漆配方如下：预聚物：蓖麻油（土漂）26.88kg，甘油 1.97kg，环烷酸钙 0.05kg，以上物质在 240℃下醇解 2h 后，降温至 40℃以下，加入 TDI 21.0kg、二甲苯（已脱水）43.7kg 及二甲苯（洗刷加料斗用）6.3kg，在 80℃充分反应后，黏度达加氏管 2～3s，冷却出料。催化剂溶液：二甲基乙醇胺 0.5kg，二甲苯 9.5kg，配漆比例：预聚物 1000kg，催化剂溶液 26kg，以上制备预聚物的投料比为—NCO/—OH=1.7/1。如需消光，可加气相二氧化硅。

**(6) 聚氨酯沥青漆**

聚氨酯沥青漆是继环氧沥青漆之后较新的品种，由聚氨酯树脂与煤沥青混合制得，煤沥青价廉而且抗水性优良，加入聚氨酯后提高了耐油性，改善了热塑性和冷裂的缺点，可用于水下工程、原油储罐、化工防腐、船舶等方面。

聚氨酯沥青漆一般制成双组分，其甲组分是多异氰酸酯的预聚物，乙组分是沥青和多元醇组分（聚酯、聚醚、环氧等），如需耐户外暴晒，可加入铝粉、铁红等原料，加煤焦油和 MDI 或 PAPI，再加入分子筛、甲酸乙酯等吸潮剂，可以配制无溶剂的聚氨酯沥青漆，涂膜厚度可达 400μm。

此外，因聚氨酯涂料的卓越性能，其应用领域也越来越多，发展趋势除了水性化外，还在进一步降低游离异氰酸酯单体含量，完善固化剂品种的多样化等方面进行不断尝试。

## 六、丙烯酸树脂涂料

### 1. 丙烯酸树脂涂料的特点及应用

以丙烯酸酯、甲基丙烯酸酯及苯乙烯等乙烯基类单体为主要原料合成的共聚物称为丙烯酸树脂，以其为成膜基料的涂料称作丙烯酸树脂涂料。

丙烯酸树脂涂料发展到今天，已是类型最多、综合性能最全、通用性最强的一类合成树脂涂料，与其他合成高分子树脂相比，丙烯酸树脂涂料具有许多突出的优点，如优异的耐光、耐候性，户外暴晒耐久性强，紫外光照射不易分解和变黄，能长期保持原有的光泽和色泽，耐热性好；耐腐蚀，有较好的耐酸、碱、盐、油脂、洗涤剂等化学品粘污及腐蚀性能，既可制成溶剂型涂料，又可制成水性涂料，还可制成无溶剂型涂料。因此，丙烯酸树脂涂料已成为最受关注、最受青睐的一大类涂料。

丙烯酸清漆、丙烯酸磁漆是以丙烯酸树脂溶液为漆料的常温干燥涂料，这种丙烯酸系树脂以甲基丙烯酸甲酯为主体以保持涂层硬度，以适量的丙烯酸乙酯、丙烯酸丁酯等与之共聚以使涂层得到柔韧性，涂层性能与其相对分子质量有关。相对分子质量一般在 75000～120000 之间。相对分子质量一低就得不到有耐久性的坚韧涂膜，在可能的情况下，相对分子质量以高者为好。热塑性丙烯酸树脂涂料具有如下优点：

① 与硝基清漆、醇酸树脂涂料相比，它的耐候性优良；

② 保光性优良，同时兼具良好光泽性和透明性；

③ 耐水性优良，耐酸、耐碱性优良，对洗涤剂有较强的抗性；

④ 只要底漆选择适当，附着力就良好；

⑤ 抛光性良好。

但热塑性丙烯酸树脂涂料也具有一些缺点：

① 施工性能不好，流动展平性不良，透干性不好，涂料易流挂；

② 耐溶剂性差，当遇到溶剂时会发生再溶解，容易溶胀；

③ 相容性差，难以与其他树脂并用；

④ 热敏感性差，研磨性不好，糊砂纸。

热固性丙烯酸树脂（TSA）是目前丙烯酸树脂涂料的主要基料，其重要特点是优良的耐候性和抗水解作用，良好的耐溶剂性和耐腐蚀性，因为交联使漆膜由线型变成网状结构，提高了许多方面的物理性能和防腐蚀及耐化学品性能。

除了热固性和热塑性丙烯酸树脂通用型涂料外，为了进一步提高涂膜的综合性能，还要对其进行改性，从而赋予漆膜更多的优点，例如：

① 聚氨酯改性丙烯酸树脂　它是以丙烯酸系多元醇与异氰酸酯预聚物相结合，通过氨基甲酸酯链交联而成的品种，由于多异氰酸酯易于交联，所以交联密度高，而且氨基甲酸酯键合坚固。因此，漆膜有硬度高、耐化学品性、耐污染性、耐磨损性优良的特点。如果采用脂肪族多异氰酸酯，则保持了丙烯酸树脂涂料良好的耐候性。

② 硅改性丙烯酸系树脂　进行硅改性是以进一步提高丙烯酸树脂的耐久性为目的的，聚甲基硅氧烷和有机硅改性树脂对光氧化作用稳定，稳定性一般与树脂中有机硅的含量成正比。数据表明其优点为：户外耐久性大大提高，在室外暴晒，光泽下降少，变色小，即使产生粉化现象，也很少变色，外观也很少变化，其次是室外积尘性低。

到目前为止，丙烯酸树脂涂料的最大应用市场是轿车涂装、建筑涂装，其他如轻工、家电、金属器具、铝制品、卷材、仪器仪表、纺织品、帮料制品、木制品、造纸工业等。在工业防腐蚀涂料的应用中，丙烯酸树脂涂料并未发挥其特长。随着热固性丙烯酸树脂涂料的发展，在丙烯酸树脂侧链可以引入羟基或羧基、环氧基等，可以分别用环氧、氨基、聚氨酯交联成热固性涂膜，提高性能。由于丙烯酸树脂涂料色浅、户外耐候性佳、保光保色性优、耐热性好，在170℃温度下不分解、不变色，有一定的耐腐蚀性，与环氧富锌涂料、聚氨酯涂料等有良好的配合，在户外钢结构中也开始应用。

21世纪以来，工业防腐蚀涂料技术面临挑战：

① 涂料技术要能够满足环境保护和使用者安全保护的要求，即“二高一低”要求；

② 涂料技术要能够满足“既要高性能又要总成本低”的要求；

③ 涂料技术从设计到生产和施工等方面的质量管理之标准化（ISO 9000)；

④ 对用户训练及技术服务水平的要求；

⑤ 涂料工业日益全球化及信息技术的进步对涂料技术的挑战。

据估计，国际涂料工业界目前75%～85%的研究及开发都将财力和人力用于满足挥发性溶剂用量少的涂料技术方面。丙烯酸树脂涂料在以水作溶剂或载体的水溶性涂料已发挥出优势，虽然在防腐蚀性能方面仍有一定差距，但在粉末涂料技术、高固体含量、低有机溶剂或100%固体含量的涂料技术中，开发潜力巨大，而此类技术是未来工业防腐蚀涂料市场的核心部分，目前主要以环氧树脂及聚氨酯涂料为主。

2. 丙烯酸树脂涂料的类型及特点

从组成上分，丙烯酸树脂包括纯丙烯酸树脂（纯丙树脂）、苯乙烯-丙烯酸树脂（苯-丙树脂）、有机硅-丙烯酸树脂（硅-丙树脂）、醋酸乙烯-丙烯酸树脂（醋-丙树脂）、有机氟-丙烯酸树脂（氟-丙树脂）、叔碳酸酯-丙烯酸酯（叔-丙）树脂等。从涂料剂型上分，主要有溶剂型涂料、水性涂料、高固体组分涂料和粉末涂料。按其成膜特性又可分为热塑性丙烯酸树脂和热固性丙烯酸树脂。热塑性丙烯酸树脂其成膜主要靠溶剂或分散介质（常为水）挥发使大分子或大分子颗粒聚集融合成膜，成膜过程中没有化学反应发生，为单组分体系，施工方便，但涂膜的耐溶剂性较差；热固性丙烯酸树脂也称为反应交联型树脂，其成膜过程中伴有几个组分可反应基团的交联反应，因此涂膜具有网状结构，因此其耐溶剂性、耐化学品性好，适合于制备防腐涂料。

**(1) 热塑性丙烯酸树脂漆**

热塑性丙烯酸树脂漆施工方便、挥发自干，适合于大面积施工的产品及工程。例如飞机罩面漆、船舶外用漆、大型设备罩面漆等。

配方举例：甲苯 32.3g，正丁醇 19.7g，甲基丙烯酸甲酯 17.9g，甲基丙烯酸丁酯 5.5g，丙烯酸乙酯 12.2g，丙烯酸丁酯 11.1g，偶氮二异丁腈 1.3g。

制备工艺：先将部分混合溶剂（甲苯和正丁醇）投入反应釜中，用氮气置换釜中的空气，加热到 80℃，将单体、引发剂和剩余溶剂的混合物在 4h 内滴完，保持釜内温度为 80℃，继续反应 10h，转化率近 100％，测定相对分子质量为 46000，固体含量为 48％。

**(2) 热固性丙烯酸树脂漆**

热固性丙烯酸树脂的性能优于热塑性丙烯酸树脂，例如固含量较高、与含有其他活性基团树脂的相容性更好、具有更好的韧性和更强的耐腐蚀性、具有更高的耐热性和耐紫外线照射性，所以广泛用于家电涂料和汽车涂料，缺点是需要烘烤固化。

配方举例：二甲苯 48.0g，丙烯酸 1.4g，丙烯酸-2-乙基乙酯 7.5，苯乙烯 15.0g，甲基丙烯酸甲酯 12.5g，丙烯酸丁酯 12.5g，十二烷叔硫醇 0.1g，二甲苯 2.2g，偶氮二异丁腈 0.8g。

制备工艺：将二甲苯投入反应釜中，加热到 135～140℃，在 3h 内滴加完单体的混合物和引发剂溶液，并维持反应温度为 140℃，继续保温 1h，测固体分，若固体分低继续回流，并再补加 0.05％的引发剂，保温，达到所需要的固体分时，降温至 40℃下，过滤出料。

利用丙烯酸树脂为主要成膜物质，通过与其他树脂拼用，根据需要加入适当的功能性颜料，再辅以适当的溶剂和助剂，就能制备出满足各种场合需要的丙烯酸树脂涂料，具体例子如下：

**例 1：**丙烯酸闪光漆

50％羟基丙烯酸树脂 46.4％、55％低醚化氨基树脂 18.2％、25％醋丁纤维素 7.2％、65％浮型铝粉浆 1.6％、丙二醇乙醚醋酸酯 9.4％、二甲苯 10.7％、丁醇 6.5％。

**例 2：**塑料用丙烯酸闪光漆

30％硝化棉丙烯酸树脂液 50％、浮型铝粉浆 3.5％、丙酮 7.3％、异丙醇 18.6％、二丙酮醇10.7%、甲苯7.7%、乙二醇乙醚醋酸酯2.2%。

通常，热塑性丙烯酸漆常拼混硝化棉来改善溶剂释放性和硬度，所有溶剂为酯、酮类。丙烯酸色漆的颜料浆都采用丙烯酸树脂作为展色剂，其中黑色漆配制需采用黑色漆片工艺。烘漆中羟基丙烯酸∶氨基一般为70∶30，溶剂为二甲苯、丁醇，并用高沸点溶剂改善流平性。

丙烯酸树脂涂料的发展总趋势：水性化、UV固化、高固体分和固体粉末化。具体点说，水性化主要朝着水性纳米复合化、微乳液化、无皂乳液化等方向发展；高固体分主要研究趋势是树脂复配改性技术、超临界流体作为涂料溶剂等，来尽可能降低体系树脂黏度；树脂粉末化主要开发可低温固化、可复合、粒子超细化等方面的研究。

## 七、氟树脂涂料

氟树脂又称氟碳树脂，是指主链或侧链的碳链上含有氟原子的合成高分子化合物。以氟树脂为基础制成的涂料称为氟树脂涂料，也称氟碳树脂涂料，简称氟碳涂料。国际上，从氟塑料基础上发展起来的涂料品种主要有三种：第一种是以美国杜邦公司为代表的热熔型氟涂料特氟隆系列不粘涂料，主要用于不粘锅、不粘餐具及不粘模具等方面；第二种是以美国阿托-菲纳（Atofina）公司生产的聚偏氟乙烯树脂（PVDF）为主要成分的建筑氟涂料，具有超强耐候性，主要用于铝幕墙板；第三种是1982年日本旭硝子公司推出了Lumiflon牌号的热固性氟碳树脂FEVE，FEVE由三氟氯乙烯（CTFE）和烷烯基醚共聚制得，其涂料可常温和中温固化。这种常温固化型氟碳涂料不需烘烤，可在建筑及野外露天大型物件上现场施工操作，从而大大拓展了氟碳漆的应用范围，主要用于建筑、桥梁、电视塔等难以经常维修的大型结构装饰性保护等，具有施工简单、防护效果好和防护寿命长等特点。1995年以后，杜邦公司开发了氟弹性体（氟橡胶），以后又发展了液态（包括水性）氟碳弹性体，产生了溶剂型和水性氟弹性体涂料。

### 1. 有机氟树脂的结构特点和性能

氟树脂之所以有许多独特的优良性能，在于氟树脂中含有较多的C—F键。氟元素是一种性质独特的化学元素，在元素周期表中，其电负性最强、极化率最低、原子半径仅次于氢。氟原子取代C—H键上的H，形成的C—F键极短，键能高达486kJ/mol（C—H键能为413kJ/mol，C—C键能为347kJ/mol），因此，C—F键很难被热、光以及化学因素破坏。F的电负性大，F原子上带有较多的负电荷，相邻F原子相互排斥，含氟烃链上的氟原子沿着锯齿状的C—C链作螺线形分布，C—C主链四周被一系列带负电的F原子包围，形成高度立体屏蔽，保护了C—C键的稳定。因此，氟元素的引入，使含氟聚合物化学性质极其稳定，氟树脂涂料则表现出优异的热稳定性、耐化学品性以及超耐候性，是迄今发现的耐候性最好的户外用涂料，耐用年数在20年以上（一般的高装饰性、高耐候性的丙烯酸聚氨酯涂料、丙烯酸有机硅涂料，耐用年数一般为5～10年，有机硅聚酯涂料最高也只有10～15年）。

由于氟原子结构上的特点，将氟原子引入到树脂中，使得含氟树脂具有不同于其他树脂的特殊性能，如低表面自由能、良好的耐候、耐污等许多性能。

(1) 低表面自由能

自由能常用来表示聚合物表面和其他物质发生相互作用能力的大小。一般有机物的表面自由能为 11～80mJ/$m^2$，而含有氟烷基侧链的聚合物具有较低的表面自由能，一般在 11～30mJ/$m^2$ 之间。低表面自由能的含氟树脂使得其表面难以润湿，具有憎水憎油的特性，因此用这种含氟树脂制得的涂料，其黏附性能差，防污染能力强。

(2) 超常的耐候性

含氟树脂结构上的特点，使得以其制得的涂料具有优良的耐久性和耐候性，其中，物理性能优良、熔点低、加工性能好、涂层质量好的聚二偏氟乙烯（PVDF）树脂在涂料中应用最为广泛，如美国 Atofina 公司的 Kynar500 和意大利 Ausimont 公司的 Hylar5000，它们均是以 PVDF 生产的产品。含氟树脂涂料与丙烯酸树脂、聚酯、有机硅及其改性的产物相比，有机氟树脂涂料为基材提供更长久的保护和装饰，以 PVDF 树脂涂层的耐候性为例，与丙烯酸树脂、聚酯、有机硅树脂进行了比较。研究表明，用 PVDF 为基础制得的涂料无论是加速老化实验，还是天然暴晒 10 年或更长时间，其涂膜均未发生显著的化学变化。

(3) 突出的耐盐雾性

对于涂料特别是含氟聚氨酯涂料的耐盐雾性能，国外文献已有报道，如日本旭硝子公司生产的室温干燥型含氟面漆耐盐雾试验可达 3000h 不起泡、不脱落。而国内报道的含氟涂料可以做到 500h 漆膜无变化；飞机蒙皮含氟涂料经 2500h 基本无变化。

(4) 优异的耐污性

一般而言，有机涂层的耐沾污性主要与涂层的表面形态、表面自由能等有关。所以，减小污染源与涂层的接触面积，对涂层的抗黏附作用和自清洗有利；而通过增大污染源与涂层的接触角（也就是减小其表面自由能），提高表面的平整性就能起到良好的防黏附作用，进而影响涂层表面对污染源的黏附性。在含氟树脂涂料中，由于电负性最强的氟取代了氢的位置，大大降低了表面能，电子被紧紧地吸附于氟原子核周围，不易极化，屏蔽了原子核；而氟原子的半径小、C—F 键的极化率小，两者联合作用，致使其分子内部结构致密，显示非凡的耐沾污性、斥水、斥油等特殊的表面性能，可以起到很好的防污作用。

以 PVDF 树脂的耐沾污性为例，与含硅树脂、聚酯、水性丙烯酸树脂、溶剂型丙烯酸树脂比较，沾污的情况依次分别为痕量（816）、痕量（810）、痕量（810）、轻微（715）、轻微（615），比较可以看出，氟树脂的耐沾污性是最好的。

2. 氟树脂涂料存在的问题与对策

含氟材料由于其特有的超耐候性、耐腐蚀性、低表面张力等一系列优点而被广泛应用于化工设备、建筑、食品工业，印刷工业。但它也不可避免地存在一些缺点和不足。例如，表面张力小，润湿困难，作为涂料使用不容易被分散，由于分子的高度对称性，致使它的黏度大，流平性差，不易形成装饰性较高的涂层。这些缺点限制了它的使用，为此研究者从各个不同的角度探讨了可能改善的措施。

(1) 改进氟树脂与界面的附着力

由于氟树脂具有表面张力小，故对金属、陶瓷和玻璃等材料的结合性能很差，为了改善涂层对底材的附着力，可采取以下几种方法。

① 粗化基材 将基材表面用物理或化学的方法粗化，产生锚定效应，然后涂氟树脂。常用的化学方法包括电解腐蚀和化学多孔膜法，常用的物理方法有熔涂玻璃，表面机械处理。

② 物理混拼 在氟树脂中加入其他化学物质，将氟树脂作为填料，所加入的物质作为涂层的成膜物质。加入的物质一般具有较高耐温性和较好的附着力。加入的物质一般分为两类：无机和有机高分子。无机类的包括：金属氧化物、硅酸盐、磷酸盐、低温陶瓷；有机类的包括：丙烯酸树脂、环氧树脂、有机硅树脂、聚酰胺、聚苯硫醚等。

③ 化学改性 聚四氟乙烯的化学改性主要是通过共混改性实现的，即在四氟乙烯单体上引入具有体积较为庞大的侧基单体，通过与四氟乙烯单体共混聚合，控制聚合分子量大小，达到降低树脂的结晶度、改善共聚物的熔融黏度。常用的共混单体有：六氟丙烯、乙烯、全氟烷基乙烯基等，所得到的聚合物分别是聚全氟乙丙烯（FEP)、乙烯-四氟乙烯共聚物（ ETFE)、四氟乙烯-全氟烷代丙氧基共聚物（PFA ）等，上述物质具有与 PTFE 相近的性能。改性后的树脂可兼作底漆，也可直接在处理过的基材上涂覆。

④ 底漆法 先在基材上涂覆一层底漆，使底漆对基材和氟树脂均有良好的黏结性能。底漆含有氟树脂、黏结剂、聚结剂、溶剂。黏结剂包括：碱金属（锂、钠、钾）的硅酸盐类，聚酰胺盐和聚苯硫醚等。聚结剂通常是能溶解在聚酰胺盐中、*N*-甲基吡咯烷酮以及二甲基甲酰胺类的强极性溶剂中。溶剂与各组分不发生反应，干燥后全部挥发，基本不影响涂层的性能。底漆的固含量一般为 45%～50%。

⑤ 淬冷混合物 塑化后的工件立即放入冷水中进行聚冷淬火处理，大的工件可用冷水冲淋。热处理的目的在于降低涂层的结晶度，避免因内应力造成的涂层脱落，从而提高涂层的韧性和附着力。典型的聚四氟乙烯涂装工艺为：将装备好的聚四氟乙烯涂料装入喷枪料斗内，用净化的压缩空气进行喷涂。喷枪压力为 4～6kPa，喷涂距离为 200～250mm。在喷涂过程中，一般一次喷涂厚度控制在 0.01～0.02mm 范围内，否则在高温塑化过程中容易出现龟裂。将涂装好的工件置于烘箱中干燥 10～20min，再送到马弗炉中塑化。塑化温度为 360～390 ℃，塑化时间为 10～30min。塑化完的工件立即放入冷水中骤冷进行淬火处理，大的工件可用冷水冲淋。

**(2) 改进氟树脂的可加工性能**

氟树脂具有独特的优异性能，作为成膜物质用来制备氟涂料，已成涂料行业共识。但聚四氟乙烯难溶难熔，难以固化成膜。为了提高氟树脂对溶剂的可溶性，一般是通过共聚方法，在分子中引进极性基团。例如通过与四氟乙烯四元共聚，在分子中引入羟基或羧基，或者通过共混改性将分子设计成具有一定的极性含氟聚合物，从而改善聚合物的可加工性能。

① 在分子链中引入长支链，比较合适的是环己基和支链化烷基，在分子设计时要兼顾可溶性和涂膜硬度之间的平衡。

② 可考虑氟烯烃单体与含聚氧乙基链段的单体共聚。在分子结构中引入聚氧乙基链，利用链节本身具有自乳化功能分散于水相中形成稳定体系。

③ A. Sakawa 和 Lezzi 分别研究了种子乳液聚合方法，采用丙烯酸树脂改性 FEVE 和 PVDF 制成低挥发组分水基常温固化的氟涂料。与溶剂涂料相比，在光泽度、防污染性、抗划伤性等方面都有了很大的提高。

④ 为了提高其主链的柔韧性，降低结晶度，可在聚合物中引入丙烯及缩水甘油乙烯基醚进行改造，使四氟乙烯与丙烯链节交替排列，通过主链上无规则分布一些缩水甘油乙烯基醚链段，降低了聚合物的结晶度，而分子中引入的丙烯链段赋予高分子链段的柔韧性，而缩水甘油乙烯基醚链段则提供固化点，这类聚合物可溶于有机溶剂中。Vecellio 对四氟乙烯与全氟烷氧基乙烯基醚的共聚改性产物的优异性能做了较为详细的评述。在聚合技术方面也引进了新的方法。例如 John 等人用 TFE 与 PMVE（全氟甲基乙烯基醚）进行辐射共聚改性，得到了一种新的含氟聚合物。而 Lunkwitz 等人用电子束对 PTFE 进行处理，使其在表层区域内通过水解产生羧基，改善了表面的亲水性及与其他材料的相容性。Combellas 等人对 PTFE 进行了分子结构改造，在分子中引入了极性基团，大大提高了 PTFE 的黏着力。为了提高氟材料的表面能，从而增大其表面的可润湿性及黏着性，Coupe 等人采用一种在四氟乙烯和六氟丙烯共聚物上进行聚乙烯醇吸附处理的新方法，取得了较好的效果。通过 VDF 与其他功能性单体共聚，可实现减少结晶度并提高溶解性。

此外，还可用丙烯酸树脂与 PVDF 树脂混合改善涂料的黏附性和对颜料的亲和性。但由于二者仅以物理方式混合，改性效果并不理想，目前在 PVDF 涂料中占据重要地位的 Hylar5000 及 Kynrar500 都属这类产品。最近 Lezzi 提出了一种以丙烯酸酯类化合物改性 PVDF 的新途径。该法采用两步种子乳液聚合法，合成比例不同的 PVDF/丙烯酸酯的高固分、具有核-壳结构乳液（AMF）。使 PVDF 与丙烯酸酯结构单元在微观水平上紧密结合，从而大大提高了性能。这种乳液为低挥发性有机水性涂料，可室温固化成膜，也可用于卷材涂料，采用喷涂烘烤工艺固化成膜。与传统溶剂型 PVDF 涂料相比，它在固化条件、光泽度、硬度、附着力等各方面都有很大提高。如果以 PVDF 为基础的 AMF 聚合物中共聚进六氟丙烯或四氟乙烯等另外一些含氟单体，预计性能还会有进一步的提高。

### 3. 氟树脂涂料的类型与特性

经过 30 多年的发展，氟树脂涂料已形成一系列以聚四氟乙烯（PTFE）、聚偏氟乙烯（PVDF）、聚全氟乙丙、氟烯烃共聚物等氟树脂为基料的多种牌号和用途的氟碳涂料。

按形态的不同可分为：水分散型、溶剂分散型、溶液蒸发型、可交联固化溶液型、粉末涂料。

按固化温度的不同可分为：高温固化型（180℃以上）、中温固化型、常温固化型。

按组成涂料树脂的不同可分为：聚四氟乙烯（PTFE）涂料、聚三氟氯乙烯（PCTFE）涂料、聚氟乙烯（PVF）涂料、聚偏氟乙烯（PVDF）涂料、聚全氟丙烯（FEP）涂料、乙烯-四氟乙烯共聚物（ETFE）涂料、四氟乙烯-全氟烷基乙烯基醚共聚体（FEVE）涂料、乙烯-三氟氯乙烯共聚物（ECTFE）涂料、氟橡胶涂料及各种改性氟树脂涂料。

聚四氟乙烯分散液通过喷涂、浸渍、涂刷和电沉积等方式可以在金属、陶瓷、木材、橡胶和塑料等材料表面上形成涂层，使这些材料表面具有防黏、低摩擦系数和防水的优异性能，以及良好的电性能和耐热性能，大大拓宽了这些材料的应用领域，提高了材料的使用效率。另外，聚四氟乙烯分散液还可以浇在光滑平面，经干燥烧结后形成浇铸薄膜。因此，聚四氟乙烯涂层的应用日益广泛，如用于生活中的蒸锅、灶具和电熨斗等，橡胶工业上的脱模器具等。聚四氟乙烯涂料本身对渗透和吸附物理过程的抵抗能力比其他涂料好，但由于聚四氟乙烯涂料不能熔融流动，其涂层致密性较差，孔隙率高，腐蚀介质将通过孔隙侵蚀基材。因此聚四氟乙烯涂料还不能用于制造防腐蚀涂层，但是作为防腐蚀涂层的底漆是有利的。

聚全氟乙丙烯涂料主要作为耐化学药品侵蚀涂料和防黏涂料，如用于化工、医疗器械、医药工业设备、管道、阀门、储槽和机械等防护涂装。乙烯-四氟乙烯共聚物涂料的应用与其涂层或薄膜的特性有关，无针孔的厚涂膜适用于防腐蚀领域，电气性能好的薄膜适用于电子计算机等绝缘，具有耐紫外线和耐候性的涂膜可用于长期保护高速公路的隔音壁等。聚四氟乙烯-全氟烷基乙烯基醚共聚物涂料具有优异的耐蚀性能、不黏性能、电性能和耐候性能等。在化工和石油化工等行业中，用于强腐蚀介质，特别是在高温（200～250℃）和强酸、强碱、强氧化剂以及强极性溶剂介质条件下，管道、阀门、储罐和其他设备的防腐处理，取得了令了满意的效果。作为防黏涂料，广泛应用于复印机热辊及食品加工模具等。

聚氟乙烯树脂可以制成粉末涂料、分散涂料，但是以分散涂料为主。聚氟乙烯树脂和颜料分散在高沸点的有机溶剂中制成发散液涂料，可以形成无孔的涂层，主要应用于化工等领域设备的防腐处理和户外建筑涂装。

聚偏氟乙烯的耐腐蚀性比聚氟乙烯好，但不如聚四氟乙烯。聚偏氟乙烯基本不溶于所有非极性溶剂，但能溶于烷基酰胺等强极性溶剂中，另外还可溶于酮类和酯类溶剂中。聚偏氟乙烯树脂既可制成粉末涂料，直接用粉末静电喷涂和流化床浸涂等方法涂覆，也可以将聚偏氟乙烯树脂配成分散液进行涂覆。聚偏氟乙烯涂料可作为一种耐候性涂料使用，涂层具有很长的使用寿命，是一种超耐候性涂料，广泛应用于建筑铝板和再成型（二次成型）钢板（也称金属卷材）。

聚三氟氯乙烯涂料可以制成分散液涂料和粉末涂料，主要用于反应釜、热交换器、管道、阀门、泵、储槽等化工设备的防腐蚀处理以及纺织、造纸等工业用各类滚筒的防黏处理。乙烯-三氟乙烯共聚物涂料可以制成粉末涂料和悬浮液涂料，粉末涂料适合于静电喷涂和流化床浸涂，涂膜对无机药品具有良好的耐蚀性，但是对有机溶剂比全氟树脂差，耐热性也比聚四氟乙烯低，主要用于反应器、泵、管道、阀门、气体捕集器、液膜蒸馏器以及食品和药物的处理装置等方面。

## 八、有机硅树脂涂料

有机硅树脂是指具有高度交联网状结构的聚有机硅氧烷，是以 Si—O 键为分子主链，并具有高支链度的有机硅聚合物。有机硅树脂以 Si—O 键为主链，其耐热性好。这是由于在有机硅树脂中，Si—O 键的键能比普通有机高聚物中的 C—C 键键能大，热稳定性好；Si—O 键中硅原子和氧原子的相对电负性差较大，因此 Si—O 键极性大，有 51%离子化倾向。对 Si 原子上连接的烃基有偶极感应影响，提高了所连接烃基对氧化作用的稳定性，也就是说 Si—O—Si 键对这些烃基基团的氧化，能起到屏蔽作用；有机硅树脂中硅原子和氧原子形成 d-pπ 键，增加了高聚物的稳定性、键能，也增加了热稳定性；普通有机高聚物的 C—C 键受热氧化易断裂为低分子物，而有机硅树脂中硅原子上所连烃基受热氧化后，生成的是高度交联的更加稳定的 Si—O—Si 键，能防止其主链的断裂降解；在受热氧化时，有机硅树脂表面生成了富于 Si—O—Si 键的稳定保护层，减轻了对高聚物内部的影响。例如聚二甲基硅氧烷在 250℃时仅轻微裂解，Si—O—Si 主链要到 350℃才开始断裂，而一般有机高聚物早已全部裂解，失掉使用性能。因此有机硅高聚物具有特殊的热稳定性。

有机硅产品含有 Si—O 键，在这一点上基本与形成硅酸和硅酸盐的无机物结构单元相同；同时又含有 Si—C（烃基），而具有部分有机物的性质，是介于有机和无机聚合物之间的聚合物。由于这种双重性，使有机硅聚合物除具有一般无机物的耐热性、耐燃性及坚硬性等特性外，又有绝缘性、热塑性和可溶性等有机聚合物的特性，因此被人们称为半无机聚合物。

有机硅树脂涂料是以有机硅树脂及有机硅改性树脂（如醇酸树脂、聚酯树脂、环氧树脂、丙烯酸酯树脂、聚氨酯树脂等）为主要成膜物质的涂料，与其他有机树脂相比，具有优异的耐热性、耐寒性、耐候性、电绝缘性、疏水性及防黏脱模性等，因此，被广泛用作耐高低温涂料、电绝缘涂料、耐热涂料、耐候涂料、耐烧蚀涂料等。

**1. 有机硅耐热涂料**

有机硅耐热涂料是耐热涂料的一个主要品种。它通常是以有机硅树脂为基料，配以各种耐热颜填料制得，主要包括有机硅锌粉漆、有机硅铝粉漆以及有机硅改性环氧树脂耐热防腐蚀漆、有机硅陶瓷漆等。有机硅锌粉漆由有机硅树脂液、金属锌粉、氧化锌、石墨粉和滑石粉等组成，能长期耐 400℃高温，用作底漆对钢铁具有防腐蚀作用。为防止产生氢气，颜料部分和漆料部分应分罐包装，临用时调匀使用。漆膜在 200℃需 2h 固化。有机硅铝粉漆由有机硅改性树脂液（固体分中有机硅含量为 55%）、铝粉浆（浮型，65%）组成，漆料与铝粉浆应分罐包装，临用时调匀。漆膜在 150℃固化 2h，能长期耐 400℃温度，在 500℃时 100h 漆膜完整，且仍具有保护作用。

有机硅改性环氧树脂耐热防腐蚀漆属常温固化型，兼有耐热及防腐蚀性能，可长期在 150℃使用，短期可达 180～200℃，耐潮湿、耐水、耐油及盐雾侵蚀。此漆为双组分包装，甲组分为有机硅改性环氧树脂及分散后的颜料，乙组分为低分子聚酰胺树脂液。在临用时按比例混合均匀，熟化半小时后使用。有机硅陶瓷漆以有机硅改性环氧树脂为基料、以氨基树脂为交联剂、由耐热颜料及低熔点陶瓷粉组成，其耐热温度高达 900℃。

**2. 有机硅绝缘涂料**

在电机和电器设备的制造中有机硅绝缘材料占有极重要地位。高性能有机硅绝缘材料和漆的研制和生产，可以满足电气工业对耐高温、高绝缘等特殊性能的需求。

有机硅绝缘涂料的耐热等级是 180℃，属于 H 级绝缘材料。它可和云母、玻璃丝、玻璃布等耐热绝缘材料配合使用；具有优良的电绝缘性能，介电常数、介质损耗、电击穿强度、绝缘电阻在很宽的温度范围内变动不大（−50～250℃），在高、低频率范围内均能使用，而且有耐潮湿、耐酸碱、耐辐射、耐臭氧、耐电晕、耐燃、无毒等特性。按其在绝缘材料中的用途，有机硅绝缘漆可分为以下几种。

**(1) 有机硅黏合绝缘涂料**

主要用来黏合各种耐热绝缘材料，如云母片、云母粉、玻璃丝、玻璃布、石棉纤维等层压制品。这类漆要求固化快、粘接力强、机械强度高，不易剥离及耐油、耐潮湿。

**(2) 有机硅绝缘浸渍涂料**

适用于浸渍电机、电器、变压器内的线圈、绕组及玻璃丝包线、玻璃布及套管等。要求黏度低、渗透力强，固体含量高、粘接力强，厚层干燥不易起泡，有适当的弹性和机械强度。

**(3) 有机硅绝缘覆盖磁漆**

用于各类电机、电器的线圈、绕组外表面及密封的外壳作为保护层，以提高抗潮湿性、绝缘性、耐化学品腐蚀性、耐电弧性及三防（防霉、防潮、防盐雾）性能等。有机硅绝缘涂料分为清漆及磁漆，有烘干型及常温干型两种。烘干型的性能比较优越，常温干型一般作为电气设备绝缘涂层修补漆。

**(4) 有机硅钢片用绝缘涂料**

涂覆于硅钢片表面，具有耐热、耐油、绝缘、能防止硅钢片叠合体间隙中产生涡流等优点。

**(5) 有机硅电器元件用涂料**

① 电阻、电容器用涂料　用于电阻、电容器等表面，具有耐潮湿、耐热、耐绝缘、耐温度交变、漆膜机械强度高、附着力好、耐摩擦、绝缘电阻稳定等优点。色漆可作标志漆。有机硅绝缘漆的耐热性及电绝缘性能优良，但耐溶剂性、机械强度及黏结性能较差，一般可以加入少量环氧树脂或耐热聚酯加以改善。若配方工艺条件适当不会影响其耐热性能。有机硅改性聚酯或环氧树脂漆可作为F级绝缘漆使用，长期耐热155℃，具有高的抗电晕性、耐潮性，对底层附着力好，耐化学药品性好，机械强度也好，耐热性能比未改性的聚酯或环氧树脂有所提高。

② 半导体元件用有机硅高温绝缘保护漆料　本漆具有高的介电性能、纯度高，有害金属含量有一定限制，附着力强、热稳定性好、耐潮湿、保护半导体，适用于高温、高压场所。

③ 印刷线路板、集成电路、太阳能电池用有机硅绝缘保护涂料　漆膜坚韧、介电性能好、耐候、耐紫外线、防灰尘污染、耐潮、能常温干、光线透过力强，适用于印刷线路板、集成电路及太阳能电池绝缘保护。

④ 有机硅防潮绝缘涂料　常温干型有机硅清漆具有优良的耐热性、电绝缘性、憎水性、耐潮性、漆膜的机械性能好、耐磨、耐刮伤，常被用作有机或无机电气绝缘元件或整机表面的防潮绝缘漆，以提高这些制品在潮湿环境下工作的防潮绝缘能力。

**3. 有机硅耐候涂料**

有机硅涂料在室外长期暴晒，无失光、粉化、变色等现象，漆膜完整，其耐候性非常优良。涂料工业中利用有机硅树脂的这种特性，来改良其他有机树脂，制造长效耐候性和装饰性优越的涂料很有成效。近年来改性工作进展很大，是现在研制涂料用有机硅树脂的主要方向之一。这类有机硅改性树脂漆比有机硅树脂漆价格便宜，能够常温干燥，施工简便，在耐候性、装饰性以及耐热、绝缘、耐水等性能方面较原来未改性的有机树脂漆有很大的提高。被改性的一般有机树脂品种有：醇酸树脂、聚酯树脂、丙烯酸酯树脂、聚氨酯树脂等。改性树脂的耐候性与配方中有机硅含量成正比，一般常温干燥型的改性树脂中有机硅的含量为20%～30%；烘干型改性树脂中有机硅含量可达40%。改性树脂的耐候性还与用作改性剂的有机硅低聚物组成有关。有机硅低聚物中Si—O—Si键数量越多，耐候性越好。Si—O—Si键的数量是树脂耐候性的决定因素。因此在配方设计时，具有相同含量的有机硅耐候树脂中以选取比值（甲基基团数目/苯基基团数目）大的有机硅低聚物为好。

有机硅改性常温干型醇酸树脂漆的耐候性比一般未改性醇酸树脂漆性能要提高50%以上，保光性、保色性增加两倍。由于耐候性能的提高，可以减少设备维修费用的75%，所以比使用未改性的醇酸树脂漆经济。常温干型有机硅改性醇酸树脂漆多用作重防腐蚀漆，适用于永久性钢铁构筑物及设备，如高压输电线路铁塔、铁路桥梁、货车、石油钻探设备、动力站、农业机械等涂饰保护，并适用于严酷气候条件下，如航海船舶水上建筑的涂装。使用10年后其漆膜仍然完整，外观良好。

有机硅改性聚酯树脂漆是一种烘干型漆，主要用于金属板材、建筑预涂装金属板及铝质屋面板等的装饰保护。它具有优越的耐候性、保光性、保色性，不易褪色、粉化，涂膜坚韧，耐磨损，耐候性优良。经户外使用7年，漆膜完好。

有机硅改性丙烯酸树脂具有优良的耐候性、保光保色性，不易粉化，光泽好，大量用于金属板材及机器设备等的涂装。有机硅改性丙烯酸树脂涂料分为常温干型（自干型）及烘干型两种，就耐候性能来讲，烘干型优于自干型。

有机硅树脂的特殊结构决定了其具有良好的保光性、耐候性、耐污性、耐化学介质和柔韧性等，将其引入丙烯酸主链或侧链上，制得兼具两者优点的有机硅丙烯酸乳液，进而得到理想的有机硅丙烯酸外墙涂料，可常温固化且快干，光泽好、施工方便。

以纯有机硅树脂为主要成膜物的外墙涂料可有效防止潮湿破坏，它们在建筑材料表面形成稳定、高耐久、三维空间的网络结构，抗拒来自于外界液态水的吸收，但允许水蒸气自由通过。这即意味着外界的水可以被阻挡在墙体外面，而墙体里的潮气可以很容易地逸出。

#### 4. 其他涂料品种

##### (1) 有机硅脱模漆

固化后的有机硅树脂涂膜是一种半永久性脱膜剂，可以连续使用数百次以上，因此受到人们重视。

##### (2) 有机硅防黏涂料

经加有固化剂的有机硅溶液热处理的纸张具有不黏性，可作为压敏胶带或自黏性商标的中间隔离层，或包装黏性物品用纸；家庭烹调用不锈钢烤盘上可涂上有机硅树脂涂层，防止食品黏附。

**(3) 塑料保护用有机硅涂料**

有机硅涂料具有优良的耐候性、耐水性、电绝缘性，抗潮湿、抗高低温变化性能好，涂装于塑料表面可以改善外观，增加装饰性、耐久性，延长使用寿命。

通过在有机硅聚合物分子主链端基和侧链上引入环氧基、烃基等基团，制成环氧改性有机硅，提高了树脂的力学性能，具有优良的防腐蚀性、耐高温性和电绝缘性，特别是对底材的附着力、耐介质性能有很大提高。

有机硅改性聚合物的优良性能主要是有机硅分子表面能低，硅氧烷水解生成的硅醇与底材羟基缩合反应，提高了涂膜的湿附着力，发生硅醇的自交联反应，生成 Si—O—Si 分子链，并迁移到涂膜表面。采用有机硅氧烷与羟基丙烯酸酯类、丙烯酸酯类等共聚，制备水溶性有机硅改性聚丙烯酸多元醇树脂，并与聚叔异氰酸酯树脂复配制备性能优异的双组分水性木器涂料，随着环保和高性能的要求，有机硅涂料在建筑行业的需求大幅增加。

## 第二节　挥发性涂料

尽管传统挥发性涂料因含有大量有机溶剂，现在已经禁止使用，但是作为涂料发展历史的必然产物，以及用目前水性涂料制备的涂层尚难以达到这类涂料制备的涂层的性能，所以这节介绍的挥发涂料还是有必要保留，供大家参考和借鉴。

### 一、挥发性涂料类型及特性

挥发性涂料主要包括热塑性丙烯酸树脂涂料、热塑性聚氨酯树脂涂料、硝基纤维素涂料、纤维素涂料、乙烯类树脂涂料、过氯乙烯树脂涂料、橡胶涂料等，这类涂料在成膜过程中基本不发生化学反应，仅靠大量的溶剂挥发成膜，其中热塑性丙烯酸树脂涂料和热塑性聚氨酯树脂涂料在前面已经介绍，这里不再赘述。

**1. 硝基纤维素涂料**

硝基涂料是以硝化棉为主要成膜物质的一类涂料。从组成上看，硝化棉为主体，加上合成树脂、增韧剂、溶剂与稀释剂为一种基料（清漆），然后再加颜料及体质颜料，经机械研磨、搅匀、过滤而成为磁漆。

硝化棉是硝酸纤维素酯的简称，是硝基涂料的主要成膜物质。外观呈白色纤维状，相对密度为 1.60 左右。在水中不膨胀不溶解，溶于酮类、酯类溶剂中。硝化棉是用脱脂短绒棉经浓硝酸与硫酸的混合液浸湿进行硝化而成：

$$C_6H_7O_2(OH)_3 + 3HNO_3 \longrightarrow C_6H_7O_2(ONO_2)_3 + 3H_2O$$

硝酸纤维素酯的化学结构可写为：

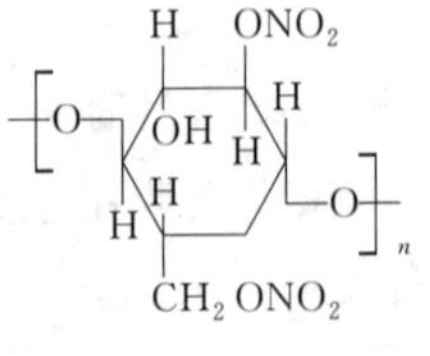

根据硝化程度不同，含氮量多少有不同的用途，作为涂料用的硝化棉含氮量在11.2%～12.2%之间，含氮量低的高黏度硝化棉多用于皮尺、皮革等软性物件表面，中等黏度的硝化棉多作一般工业用漆，含氮量高的低黏度硝化棉，因固体分高、漆膜坚硬、具有良好的打磨抛光性，因此多用于汽车用漆、木器用漆。

硝化棉由于其性质较脆、附着力差、不耐紫外线等缺点，所以很少单独使用，往往在漆中加入合成树脂。

硝基涂料中加入合成树脂的作用是：① 增加附着力；②增加成膜物质，但不显著增加黏度；③增加漆膜光亮度和打磨抛光性；④某些树脂能显著地增加漆膜的户外耐久性（如醇酸树脂、氨基树脂、丙烯酸树脂等）；⑤增加漆膜的某些特殊性能，如耐水、耐化学性、耐热等，如加入环氧酯，可提高耐化学性，尤其耐碱性。

在硝基涂料中，常用的树脂有松香甘油酯、顺丁烯二酸酐松香甘油酯、不干性油改性醇酸树脂、松香改性醇酸树脂、干性油改性醇酸树脂、松香改性酚醛树脂、氨基树脂等。

由于单独使用硝化棉制成的漆膜，脆而易破裂，漆膜干后收缩，易剥落，所以必须加入增塑剂，其作用如下：①改善漆膜的柔韧性；②改进对底层的附着力；③提高漆膜光泽；④促使漆膜各种成分更均匀地混合，又是碾磨色浆的媒介物。

涂料中常用的增塑剂如下。

溶剂型增塑剂：能与硝化棉无限混溶，如苯二甲酸二丁酯、磷酸三甲酚酯、磷酸三苯酯、磷酸三丁酯等。这类增塑剂，其分子上某些化学组成与硝化棉分子的某些化学组成互相吸引融合，使硝化棉分子的间距拉大，分子间的内聚力减少，因而分子移动的阻力减小，增加了柔软性能。

植物油类增塑剂：蓖麻油用于硝基涂料内，使硝化棉产生润滑作用，构成的漆膜有良好的柔软性能及耐候性。

硝基涂料的干燥过程是靠漆内挥发部分挥发后才构成坚硬的漆膜，常用挥发部分分为三类。

溶剂：是挥发部分的主要成分，具有溶解硝化棉的能力，常用的溶剂有酮类、酯类、醇醚混合物等，如丙酮、甲己酮、丁酮、环己酮、醋酸乙酯、醋酸丁酯、醋酸戊酯、乳酸乙酯、乙二醇-乙醚及醋酸溶纤剂等。

助溶剂：一般为醇类，它本身不能溶解硝化棉，但当在一定数量限度内，与酯类或酮类等混合使用时，能提供一定程度的溶解力，所以称助溶剂，常用的助溶剂有乙醇、正丁醇等。

稀释剂：多为碳氢化合物，不能溶解硝化棉，与溶剂、助溶剂混合使用时起稀释作用，可降低成本，如苯、甲苯、二甲苯及轻溶剂油等。

颜料及体质颜料是各种硝基磁漆、底漆及腻子的重要组成，是一种细微固体颗粒，不溶于油或溶剂，与增塑剂充分研磨均匀加入漆内，可以填充漆膜的细孔遮盖物面，有阻止紫外线的穿透性能，增加漆膜的硬度，提高漆膜的力学性能，并能显示各种需要和色彩。

因硝基磁漆漆膜较薄，所用颜料应具有密度小、遮盖力强、性质稳定、不渗色、不易褪色等特点。常用颜料有钛白、甲苯胺红、酞菁蓝、铬黄、铬绿、炭黑、氧化铁红、铁蓝等。

体质颜料包括沉淀硫酸钡、滑石粉、碳酸钙等。此类颜料本身无遮盖力，仅供在无光、半光磁漆，底漆及腻子中作为填充剂和消光剂使用。

**(1) 硝基纤维素涂料的性能及应用**

硝基纤维素涂料具有以下优点：

① 干燥迅速，一般的油漆干燥时间需要经过 24h，而硝基涂料只需 10min 就可以干燥，因此被涂层物面不易粘上灰尘，可以保证质量，过去喷涂一辆汽车需要两个星期，而使用硝基涂料只需一天就可以完工，节省了施工时间；

② 漆膜坚硬、耐磨，干燥后有足够的机械强度，抛光性能好；

③ 能耐化学药品与水的侵蚀，硝基漆的漆膜能耐水、弱酸、矿物油、汽油和酒精的侵蚀；

④ 韧性好，硝化纤维素与增塑剂配合制成赛璐珞乒乓球等，其韧性好，弹性也很高。

硝基纤维素涂料的缺点：

① 容易燃烧，因为硝基漆原料都是易燃易爆的硝化纤维素、溶剂等，遇明火则易燃烧，因此生产与施工场地，必须高度注意安全防火问题；

② 固体含量低，一次喷涂成膜较薄，硝基漆的固体含量一般在 30％左右，施工要喷 2～3 遍，精细的工艺，甚至要喷 8～9 遍；

③ 有刺激气味，硝基漆中所含的溶剂具有刺激臭味，若通风条件不好，容易发生中毒现象，故现场需要加强遇风和劳动保护；

④ 对紫外光线抵抗力差，故硝基漆不宜作室外保护用。

硝基漆用途很广，可以涂装在汽车、飞机、轻工产品、机电产品、仪器、铅笔、皮革、木器等制品上，它的最大特点是干燥迅速，缩短施工工时。

**(2) 硝基纤维素涂料的分类**

硝基纤维素涂料品种很多，用途很广，根据硝基纤维素涂料的性能和用途不同，可分为内用、外用两大类。两者的主要区别是涂料中含有硝化棉的量、增塑剂的品种以及改性树脂不同，所以性能各有侧重，用途也各有不同。

① 外用硝基纤维素涂料　外用硝基纤维素涂料是一种质量很高的涂料，漆膜光亮平整，具有良好的耐候性、耐水性、耐汽油性和保光性能，遇光不易分解、不泛黄，力学性能好、可打磨抛光。

外用硝基涂料主要用于室外各种车辆、机械设备、仪器仪表以及常规兵器的装甲车、水陆两用坦克、高射机枪枪架外表面的涂装（常采用军黄硝基磁漆）。

② 内用硝基纤维素涂料　内用硝基纤维素涂料也是硝基涂料中应用比较广的品种，其漆膜光亮平整、附着力、耐汽油性均与外用硝基纤维素涂料相同，但耐候性、耐磨性差，用于室外，漆膜易粉化、龟裂。

内用硝基纤维素涂料主要用于常规兵器的装甲、坦克内壁，室内各种机械设备、仪器仪表等表面的涂装，常采用白色硝基磁漆和灰色硝基磁漆。汽车用硝基磁漆配方示例如表 4-13 所示。

表 4-13　汽车用硝基磁漆配方

| 原　　料 | 白　色 | 蓝　色 | 灰　色 | 酱紫色 |
| --- | --- | --- | --- | --- |
| 钛白 | 40～80 | — | 64 | — |
| 铁蓝 | — | 20～40 | — | — |
| 松烟 | — | — | 2.4 | — |
| 铬黄 | — | — | 5 | — |
| 枣红 | — | — | — | 65 |
| 1/2s 硝化棉(干) | 100 | 100 | 100 | 100 |
| 不干性醇酸树脂 | 75～150 | 100 | — | 200(60%) |
| 氨基树脂 | — | 20 | — | — |
| 氯醋共聚树脂 | — | — | 67 | — |
| 蓖麻油 | 0～15 | 15 | — | — |
| 邻苯二甲酸二丁酯 | 25～30 | 20 | 25 | 50 |
| 溶剂 | 460～740 | 680 | 787 | 458 |

注：溶剂组成为：21%乙酸乙酯、12%乙酸丁酯、8%乙酸戊酯、17%乙醇和42%甲苯。

### 2. 纤维素涂料

纤维素涂料是由天然纤维素，经过化学处理后生成的纤维素酯、醚作主要成膜物质的涂料，它们属于挥发型涂料，依靠溶剂的挥发干燥，因此干燥很快。由于它们成膜的强度大，所以很早就应用于涂料、塑料、层压材料和黏合剂等方面。

#### (1) 纤维素衍生物分类

纤维素涂料根据所用纤维素衍生物的品种而命名，纤维素衍生物一般分以下几种类型。

① 醋酸纤维素　纤维素与醋酸酐、冰醋酸酯化生成醋酸纤维酯，经部分水解后，可溶解于丙酮溶剂中。

醋酸纤维素广泛用于塑料、电影胶片和纺织工业中，但在制漆方面应用有限，主要原因是它与多种合成树脂和增塑剂的混溶性差，在一般溶剂中不易溶解，用于涂料的醋酸纤维素，其乙酰基含量在38.5%～39.5%之间。

涂料用醋酸纤维素的溶剂有丙酮、醋酸甲酯、硝基甲烷、乙二醇单甲醚、二丙酮醇、乳酸乙酯等，助溶剂有甲乙酮、醋酸乙酯、乙醇、二氯乙烷等。

② 醋酸丁酸纤维素　醋酸丁酸纤维素是以纤维素与醋酸酐、丁酸酐在催化条件下酯化而成。以醋酸丁酸纤维素制成的漆膜改善了纯醋酸纤维素的吸水性，但存在增塑剂用量大、附着力差等缺点。虽然醋酸丁酸纤维素漆膜强度较低、漆膜较软，但该漆还是得到了发展，并大量作为流平剂用于合成树脂涂料。

醋酸丁酸纤维素的丁酰基含量增加时，溶解性、弹性、与增塑剂和合成树脂的互溶性都有 所改善，全酯化没有羟基的纤维素脆性大。

能溶解醋酸丁酸纤维素的溶剂有丙酮、甲乙酮、甲基异丁醛酮、醋酸甲酯、醋酸丁酯、二氯甲烷、甲基溶纤剂、乙基溶纤剂、环己酮等，助溶剂有二丙酮醇、乳酸丁酯等，稀释剂有甲苯、乙醇、石油溶剂等。

③ 乙基纤维素　乙基纤维素是一种纤维素醚，由碱纤维素和氯乙烷进行醚化反应制得。乙基纤维素全醚化后含乙氧基54.88%，漆用乙基纤维素的乙氧基含量为

43%～50%。

漆用乙基纤维素为白色粒状固体，不易燃烧，使用安全，有热塑性，软化点低，保色性好，可用于一般溶剂中，与多种增塑剂、合成树脂能互溶。

乙氧基含量为43%～51%，均可溶于80：20的甲苯/酒精混合溶剂中，乙氧基含量为49%可溶于纯甲苯中。

④ 苄基纤维素　苄基纤维素是一种纤维素醚，由碱纤维素和氯化苄进行醚化反应制得。

苄基纤维素溶于苯、酯、醚中，耐化学性和绝缘性好，但磨光性和耐候性都差，涂料工业很少使用。

纤维素酯和纤维素醚涂料中，除硝化纤维素涂料的生产量大、品种多以外，其他纤维素酯和纤维素醚涂料生产的品种和数量是有限的。从发展趋势看，纤维素逐渐向作为合成树脂漆的助剂方向发展。

**(2) 纤维素涂料的性能及用途**

由于纤维素都是热塑性物质，相对分子质量和软化点高，所以由纤维素衍生物制成的涂料具有快干和良好的薄膜强度，是经常使用的成膜材料。

纤维素酯或醚是坚韧角质状的固体。一般来说相对分子质最高，涂层强度与柔韧性增加。但溶解性降低，由于热塑性聚合物具有高度的内聚力，虽能增加漆膜的坚韧性和强度，但对光滑表面的附着力较差。要增加附着力，就需另加相对分子质量较低的增塑剂及其他树脂，这样在一定程度上又降低了漆膜强度。但加入合成树脂，对漆膜光泽及固体含量有所提高。

纤维素涂料与一般合成树脂涂料比较有以下特殊优点：①漆膜干结比较快，一般在10min内结膜不沾尘，1h后可以实际干燥，有的品种甚至在1min内就可以干燥；②硬度高且坚韧，耐磨、耐候性也不比其他合成树脂差；③耐久性良好，而且可以打磨抛光，易于修补和保养；④不易变色泛黄。缺点是：①漆中固体含量低，故施工次数多；②漆膜对温度的敏感性较大，一般都属于热塑性；③因施工过程中有大量溶剂挥发，故对操作人员要有良好的劳动保护和通风设备。

由上述优缺点可见，纤维素涂料主要用于金属表面、木材、皮革、纺织品、塑料、混凝土等表面的涂装。

**(3) 纤维素涂料的品种**

目前纤维素涂料有以下三个品种：

① 醋酸丁酸纤维素涂料　具有以下性能：a. 溶液透明，如水白色；b. 漆膜透明，耐紫外线好，暴晒4年不变色；c. 耐候性能好，暴晒3年不变；d. 有抗增韧剂与抗氧剂的移渗性；e. 可与氨基树脂、环氧树脂、聚氨酯树脂、丙烯酸树脂等拼用；f. 对塑料附着力好；g. 配制铜粉漆不变绿；h. 能溶于有机溶剂中。

主要作为飞机蒙布漆和罩光漆使用。

② 乙基纤维素涂料　具有以下性能：a. 不易燃烧；b. 热稳定性高，常与有机硅树脂拼用，可改进有机硅树脂漆的干燥性，能制成常温干燥的有机硅耐热漆；c. 对日光不变

色，保光、保色性好；d. 柔韧性好；e. 介电性能好；f. 在1%氨水与5%碱溶液浸100天不变，76℃在70%碱液中浸19天不坏；g. 耐弱酸；h. 防老化性能好。

乙基纤维素可配制快干清漆、柔软喷漆、皮革漆、纺织用漆、调金漆、家具漆、绝缘漆、金属用漆、纸张用漆、凝胶状浸渍漆、热融漆、可剥漆等。

③ 苄基纤维素涂料　苄基纤维素对各种化学作用具有很高的稳定性，在20℃，5%硫酸、5%盐酸或5%的氢氧化钠水溶液中浸渍30天，不起任何变化，苄基纤维素涂料具有较高的电绝缘性，但打磨性不好，对光的稳定性不够好，又由于价格高，尚未广泛使用。

**3. 过氯乙烯树脂涂料**

过氯乙烯树脂是聚氯乙烯进一步氯化得到的树脂，氯含量增加到64%～65%，可溶于酯类、酮类、苯类溶剂中，并能与多种涂料用树脂混溶，所以可制成不同性能和使用要求的涂料。

**(1) 过氯乙烯树脂涂料的组成**

过氯乙烯树脂由于结构饱和、侧基很少，能形成致密的耐腐蚀漆膜，单独使用时光泽等性能有一定的缺陷。添加合成树脂、增塑剂、颜料、助溶剂等加以改性，能扩大其使用领域。添加增塑剂可以改善漆膜的柔韧性、机械强度、附着力、耐热性、耐寒性及电性能等，但漆膜的化学稳定性有所降低。

过氯乙烯树脂在光和热的作用下是不稳定的，会导致树脂分解。为此在涂料中加入金属钡皂和环氧化物等稳定剂，也可以加入紫外线吸收剂作为稳定剂。

为了改善过氯乙烯树脂漆膜的附着力、光泽、丰满度、户外耐候等性能，在过氯乙烯树脂涂料的配方设计中经常使用合成树脂进行改性。常用的树脂有松香改性酚醛树脂、松香改性顺丁烯二酸酐树脂、植物油改性醇酸树脂、丙烯酸树脂、松香植物油改性醇酸树脂等。涂料组分中使用松香改性的合成树脂的最大特点是光亮度好、丰满度高，容易打磨抛光。使用丙烯酸树脂会提高户外耐候性和不易变黄。过氯乙烯树脂涂料多使用由几种有机溶剂组成的混合溶剂，最常用的是丙酮、醋酸丁酯、甲苯。

**(2) 过氯乙烯树脂涂料的性质和用途**

① 过氯乙烯树脂涂料的优点

a. 耐腐蚀性好：能耐酸碱及大多数盐溶液的腐蚀，在一些氧化性介质中也有很好的稳定性。如温度45℃以下，可耐浓度90%以下的硫酸、各种浓度的盐酸、各种浓度的氢氧化钠溶液及大多数盐溶液的腐蚀；此外，也能耐海水、汽油、润滑油、酒精等的侵蚀，所以多用于耐腐蚀涂料。

b. 由于过氯乙烯涂层有耐大气暴晒的性能，过氯乙烯树脂漆膜结构紧密，有较低的水汽渗透性，耐潮湿性比油基漆、硝基漆好，所以可在海洋和在化工大气环境下使用。同时，过氯乙烯涂层成分中供霉菌生长所需的养料甚少，具有一定的防霉性。

c. 过氯乙烯涂料本身的不燃性，可制成具有防燃烧性的涂料。

d. 过氯乙烯漆膜还有良好的力学性能，油漆在低温环境也能保持较好的力学性能，一般可在－30～60℃范围内使用。

② 过氯乙烯树脂涂料的缺点

a. 过氯乙烯树脂耐热性很差，大于 145℃即分解，漆膜变黄褐色，一般使用温度不宜超过 60℃。

b. 过氯乙烯涂料在施工过程中释放溶剂速度较慢，所以漆膜不能很快彻底干燥。当漆膜中溶剂还没有释放出来时，漆膜富有弹性，但附着力不好、硬度不高，甚至可以将漆膜成张剥离，常常被误认为过氯乙烯涂料附着力不好；当漆膜中溶剂彻底释放出来后，漆膜的硬度很快升高，附着力很快增强，可以得到性能满意的涂层，所以涂膜固化时可在较低的加热条件下强制干燥。

③ 过氯乙烯树脂涂料的用途　由于过氯乙烯树脂涂料具有良好的耐化学腐蚀性和防延燃性能，可广泛用于氯碱化工厂房、硝酸生产厂房、聚氯乙烯生产厂房、化工纤维生产厂房和防止印染厂房内的方法涂层以及设备防腐保护。

**(3) 过氯乙烯树脂涂料的组成**

过氯乙烯树脂涂料主要以过氯乙烯树脂为成膜物质，还包括其他树脂、增塑剂、稳定剂、颜料（清漆不加颜料）及有机溶剂。

① 过氯乙烯树脂　过氯乙烯树脂是聚氯乙烯树脂经氯化反应制得的，即在聚氯乙烯树脂分子的每六个碳链上，有一个氢原子被氯原子所取代。

漆用过氯乙烯树脂的含量一般为 61%～65%，而聚氯乙烯树脂的含氯量在 56%左右，因此过氯乙烯树脂的可溶性大大提高，常温下就可制成各种黏度的溶液。过氯乙烯树脂主要赋予漆膜以良好的耐化学性和耐水性以及优良的耐候性。

根据外观不同，过氯乙烯树脂可分成干树脂和与氯苯溶剂配成 40%的树脂溶液，由于后者含有微量的酸不宜作金属涂料。

根据过氯乙烯树脂的聚合度，可将其分为高黏度和低黏度两类。树脂黏度高，漆膜的耐久性、耐化学性和硬度也大，但附着力和树脂的可溶性降低。为了使漆有较高的固体含量，所以制漆时需用低黏度的过氯乙烯树脂，高黏度过氯乙烯一般用来抽丝作纤维。

② 配用的其他树脂　单独使用过氯乙烯树脂构成的漆膜存在各自缺点，如附着力差、光泽小、丰满度差、户外使用变黄快等。加入适量的其他树脂与过氯乙烯树脂配用，这些缺点可以大大克服。常用的合成树脂有各种植物油改性的中长油度的醇酸树脂、顺丁烯二酸酐树脂、酚醛树脂、聚氨酯等，例如加入长油度亚麻仁油季戊四醇醇酸树脂，可提高漆膜耐候性、附着力及柔韧性，但影响漆膜的硬度。加入顺丁烯二酸酐树脂对提高漆膜光泽、硬度及打磨性效果显著，但漆膜附着力、柔韧性能降低。一般采用两种以上的合成树脂，这样可以发挥各种树脂的优点而克服各自的缺点，但是加入这些树脂，多少都要降低漆膜的耐化学性，同时也延长了漆膜的干燥时间。

③ 增塑剂　过氯乙烯涂料中加入增塑剂，主要是增加漆膜的柔韧性，同时也影响到漆膜的附着力、耐热性、耐寒性、机械强度及电性能等。增塑剂还有助于色漆中颜料的分散加工。常用的增塑剂有苯二甲酸二丁酯、磷酸三甲酚酯、氯化石蜡、五氯联苯等。前两种增塑剂增韧效果好，但其化学稳定性差，所以不宜作防腐用漆的增塑剂。后两种增塑剂耐化学性好，是防腐漆常用的增塑剂。此外，也可单独使用植物油（如蓖麻油）作增塑

剂。但它在一定程度上降低了漆膜的附着力，并大大降低漆膜的耐腐蚀性。采用蓖麻油改性醇酸树脂增加柔韧性，效果较好些，且不宜挥发，增塑作用持久。采用两种以上的增塑剂混合使用，增塑效果更好。增塑剂的加入降低了过氯乙烯涂料的耐化学性，所以应尽量少加。通常用量为树脂质量的20%～40%。

④ 稳定剂　过氯乙烯树脂和聚氯乙烯树脂一样，在光和热的影响下容易引起树脂分解出氯气和氯化氢。加入稳定剂可阻止树脂分解而延长漆膜的寿命。按作用不同可分为热稳定剂和光稳定剂两类。常用的稳定剂有蓖麻油酸钡、低碳脂肪酸钡（亦称低碳酸钡）、环氧氯丙烷以及2-羟基-4-甲氧基二苯甲酮。后者能吸引紫外光线，亦叫紫外线吸收剂。

⑤ 溶剂　过氯乙烯树脂必须用溶剂溶解成溶液，才能涂布成膜。漆膜外观及保护性能与所用的溶剂有很大关系。低沸点的溶剂由于挥发太快，往往在漆液尚未形成均匀的薄膜前已全部挥发，结果漆膜粗糙，附着力不好。有时漆膜还会发白，喷涂时发生拉丝。高沸点溶剂，有足够时间让漆液流平，避免针孔的出现，然而它将延长漆膜的干燥时间，因此要适当地调节溶剂的挥发速度。

常用酮、酯、苯类混合溶剂。酮类如丙酮、环己酮等是溶解力最强的溶剂；酯类常用醋酸丁酯，它是溶解力较强的溶剂；苯类如甲苯、二甲苯、氯苯等也能缓慢地溶解过氯乙烯树脂，还可溶解漆中其他树脂、增韧剂，并有降低成本的作用。所以在混合溶剂中苯类可占50%～70%，甚至达80%也无树脂析出的现象。应注意的是过氯乙烯漆中不能加入200#溶剂油、汽油、乙醇、丁醇等，也不能与硝基漆混合使用，否则过氯乙烯树脂会析出而变质。

⑥ 颜料　颜料除了在漆膜中赋予颜色外，还能阻挡紫外线对漆膜及被涂物面的照射，配制适宜时还能增加漆膜强度和附着力。在过氯乙烯漆中，颜料较难分散且易沉淀，所以应选择容易分散的颜料。在过氯乙烯漆中也常用折射率低的体质颜料（如滑石粉等），以降低成本，并可作消光剂，制成无光漆。

颜料的分散常用“轧片工艺”进行，利用过氯乙烯树脂在受热时产生黏结力的作用，将过氯乙烯树脂与颜料、增塑剂及稳定剂混合后，用双辊炼胶机来轧炼，使颜料均匀地分散到过氯乙烯树脂分子中去，得到各种颜色的“色卡”。利用色片溶解配漆得到漆膜的光泽、外观、附着力、耐候性均比一般轧浆工艺好，因此使用单位不宜自行用过氯乙烯清漆加入颜料等随便搅拌而配制色漆。

**(4) 过氯乙烯树脂涂料的种类**

按其用途可将过氯乙烯树脂涂料分为以下几种。

① 防腐漆　耐腐蚀性能优异，它有底漆、清漆和磁漆三种，可配套使用，主要用于化工设备、管道、建筑的防腐涂装。

② 外用漆　在其组成中加入较多的醇酸树脂，使漆膜光亮、丰满、附着力好、能打磨抛光，并且具有良好的耐候性，主要用于机床、车辆、机械、飞机等和装饰性保护涂装中。

③ 专用漆　例如用于耐机油、干燥快、能打磨抛光、可满足三防要求的机床漆，装饰用的过氯乙烯锤纹漆，纸张用的过氯乙烯防潮清漆，暂时保护用的过氯乙烯可剥漆，过

氯乙烯防火漆等。

④ 木器漆　多为清漆，在其组成中加入了较多的硬质树脂，使漆膜快干、坚硬、光亮、丰满、易打磨抛光，还能防火、防霉，也可作为罩光清漆使用。

**4. 乙烯类树脂涂料**

乙烯树脂涂料是指含有双键的乙烯及其衍生物聚合或彼此共聚而成的高分子树脂所制成的涂料。由于乙烯衍生物的种类很多，共聚方式不同，所以乙烯漆的种类很多。

**(1) 氯乙烯醋酸乙烯共聚树脂涂料**

聚氯乙烯醋酸乙烯树脂在结构上有较少的侧基，结构紧密，故化学稳定性高，但树脂溶解性差，附着力差，直接制漆比较困难，所以需与其他单体共聚改进之，主要有以下两个品种。

① 带羟基氯乙烯醋酸乙烯树脂　它是由氯乙烯和醋酸乙烯共聚后，再进行部分水解而得。

② 带羟基氯乙烯醋酸乙烯共聚树脂　它是除上述两种主要单体外再加入顺丁烯二酸酐而制得的。

氯乙烯醋酸乙烯树脂与过氯乙烯树脂相比，有如下优点：a. 流动性好，便于加工；b. 柔韧性好，具有内增塑作用；c. 溶解性能好；d. 与其他树脂混溶性好，含羟基的共聚树脂可与醇酸、天然树脂、聚氨酯和环氧树脂等混溶；e. 附着力好，含羧基的共聚树脂与金属有很好的附着力。

氯乙烯醋酸乙烯共聚树脂制得的涂料性能近似过氯乙烯树脂涂料，而户外耐候性、干燥速度、附着力、柔韧性、力学性能、耐水性等比过氯乙烯树脂涂料性能还略优，可供化工厂、船舶工业使用，价格比过氯乙烯树脂涂料贵些。

**(2) 聚醋酸乙烯树脂涂料**

聚醋酸乙烯树脂是由醋酸乙烯在过氧化物引发下聚合而成。使用的聚醋酸乙烯树脂相对分子质量为5000～20000，一般合成方法用溶液聚合或乳液聚合，不同黏度的聚醋酸乙烯树脂溶于甲醇、乙醇、芳烃及其他有机溶剂中，但不溶于脂肪烃和醇类溶剂，低黏度树脂除能与硝化纤维素、乙基纤维素氯化橡胶等合用外，与其他树脂不能合用。聚醋酸乙烯树脂与硝化纤维素、醋酸丁酸纤维素或氯乙烯共聚树脂合用，可提高漆膜的抗光性，可用它来制备性能良好的黏合剂、挥发性涂料、建筑用乳胶漆。纯聚醋酸乙烯树脂漆膜有较好的耐光性，而且长时间加热漆膜不变黄。

**(3) 氯乙烯-偏二氯乙烯共聚树脂涂料**

为了改进聚氯乙烯树脂在有机溶剂中的溶解性，采用氯乙烯与偏二氯乙烯共聚可以制得氯乙烯-偏二氯乙烯（简称氯-偏）共聚树脂。此树脂有类似其他乙烯树脂的化学稳定性，还有较其他乙烯树脂为好的抗渗透性、柔韧性、附着力，故可以不借用其他底漆来提高与金属表面的附着力，漆用氯乙烯-偏二氯乙烯共聚树脂还有较好的溶解性，它能溶于醋酸酯酮类和芳香烃的混合溶剂中，满足施工要求。

氯乙烯-偏二氯乙烯共聚树脂涂料在配方组成中，由于树脂本身的内增塑作用具有较高的柔韧性，所以一般不再添加增塑剂，由于共聚树脂漆料本身有较好的附着力，所以也不再添加其他种类的合成树脂对涂料进行改性。

氯乙烯-偏二氯乙烯共聚树脂在光和热的影响下，像其他氯乙烯聚合物一样不甚稳定。因此，需在配方组成中加入钡皂等稳定剂。

由于氯乙烯-偏二氯乙烯共聚树脂分子结构中不含有可皂化或亲水基团，所以有较好的耐化学性。

氯乙烯-偏二氯乙烯共聚树脂涂料有清漆、磁漆、底漆，主要供化工厂防腐蚀涂装使用，也可作为建材、木材、纸张、织物、皮革、橡胶的防水、防腐涂装。

**(4) 聚乙烯醇缩醛树脂涂料**

由聚醋酸乙烯经水解制成的聚乙烯醇再和甲醛或丁醛缩合而成的聚乙烯醇缩醛树脂，具有很好的附着力、柔韧性、耐光性、耐热性等，由它所制得的涂料也具有这些相应的优异性能，用于电绝缘、轻金属和电容器涂装。在配制涂料时，聚乙烯醇缩醛树脂常与酚醛树脂、氨基树脂拼用而配成电绝缘漆、电容器漆，与四盐基锌黄（或碱式铬酸锌）、磷酸和醇类溶剂可配制成磷化底漆，用于铝-镁合金等有色金属表面作为打底漆使用，来提高其他漆与有色金属的附着力，但此磷化底漆宜薄涂，一般为 6～10$\mu$m，否则会影响附着力。

**(5) 聚氯乙烯树脂 (PVC) 涂料**

聚氯乙烯树脂涂料以聚氯乙烯树脂为主要成膜物质，聚氯乙烯树脂由于链结构较规整，氯原子基团小，树脂紧密，结晶性较大，故材料具有良好的耐化学性、耐磨性和耐腐蚀性。但由于树脂的结晶性、溶解性很差，无法配制溶剂型涂料，一般采用聚氯乙烯树脂糊配制溶胶型厚浆涂料，用作汽车底盘的抗石击涂料和汽车焊缝的密封材料。

汽车用抗石击涂料和汽车焊缝的密封剂主要由聚氯乙烯树脂糊（含增塑剂）、成膜聚结剂、填料及助剂组成。这类涂料由于黏度高，虽然储存稳定性较好，但施工性和烘烤后涂膜质量各厂家有所不同。对于触变性好的聚氯乙烯树脂涂料，涂料黏度较低（40～60Pa•s），喷涂施工性好，烘烤后涂膜致密无气孔、无开裂现象。

聚氯乙烯树脂糊性能对烘烤后涂膜完整性影响很大，树脂生产一般通过种子乳液聚合方法生产，所得树脂粒径大，容易被增塑剂所增塑糊化。也有厂家采用微悬浮聚合方法生产，反应为非均相，这种“微粉状聚合”有利于得到疏松型聚氯乙烯树脂粒子，易被增塑剂塑化。因均聚氯乙烯树脂涂层对底材附着力差，所以一般选用共聚树脂，少量共聚单体所含极性基团对涂层附着力有极大改善，并赋予涂膜一定交联性能，使致密性和防护性进一步提高。

成膜聚结剂主要是高沸点醇醚类溶剂、低分子量聚酯、环氧、氨基树脂等，它与助剂一起，对聚氯乙烯树脂涂料的黏度、触变性和烘烤后涂膜性能产生重要的影响。

**(6) 氯化聚丙烯涂料**

氯化聚丙烯树脂涂料主要用来生产塑料薄膜用印刷油墨。随着热塑性聚烯烃塑料制品大量生产，并且高档产品要求涂饰美化，而涂层附着力又很差，针对性地开发了塑料底漆。聚丙烯塑料底漆是氯化聚丙烯纯树脂的稀溶液，在塑料表面形成约 3$\mu$m 的薄膜，类似于表面活性剂的单分子层吸附，氯化聚丙烯分子链在表面定向排布，使涂层与底材间的结合力提高。该涂料不宜厚涂，也不允许含有颜填料，否则都将影响单分子吸附薄膜的形成。

**(7) 高氯化聚乙烯涂料**

高氯化聚乙烯树脂（HCPE）是采用特定的工艺方法合成的，即聚乙烯加溶胀分散剂形成水悬浮液，在一定的压力下，通入氯气氯化，再经脱酸、水洗、中和、脱碱、水洗、干燥形成含氯量高达65%以上的白色粉末。此高氯化聚乙烯的结构单元与过氯乙烯一样，但氯原子在分子链上无规则分布，没有像过氯乙烯那样的结晶性，很容易被溶解。因此它有良好的施工性能，防护性能和过氯乙烯相当。作为防护性涂料，可替代过滤乙烯漆、氯化橡胶漆、氯磺化聚乙烯漆、醇酸漆等。

高氯化聚乙烯涂料的主要性能如表4-14所示。

**表4-14 高氯化聚乙烯涂料的主要性能**

| 性能 | 铁红底漆 | 面漆 | 性能 | 铁红底漆 | 面漆 |
|---|---|---|---|---|---|
| 表干/min | 20 | 30 | 附着力/级 | 1～2 | 1～2 |
| 实干/h | 2 | 3 | 硬度(摆杆)/% | ≥35 | 35 |
| 柔韧性/mm | 1 | 1 | 光泽/% | — | <60 |
| 冲击强度/kg·cm | 49 | 49 | | | |

**5. 橡胶涂料**

橡胶涂料是以天然橡胶衍生物或合成橡胶为主要成膜物质的涂料。橡胶涂料具有快干、耐碱、耐化学腐蚀、柔韧、耐水、耐磨、抗老化等优点，但固体分低、不耐晒，主要用于船舶、水闸、化工防腐涂装，也可作防火涂料。按橡胶类型不同可分为以下几种。

**(1) 氯化橡胶涂料**

氯化橡胶是由天然橡胶经过塑炼或异戊二烯橡胶溶于四氯化碳中，通入氯气而制得的白色多孔性固体物质。

工业生产的氯化橡胶一般含氯量为67%，单独使用氯化橡胶作涂料时漆膜较脆，附着力不好、不耐紫外线、易老化，所以在制造氯化橡胶时，在配方组成中加入天然树脂或合成树脂、颜料、增塑剂、稳定剂等进行改性，以便提高涂层的物理性能。氯化橡胶的性能如下：

① 对酸、碱有一定的耐腐蚀性，如在50℃以下能耐10%的盐酸、硫酸、不同浓度的氢氧化钠溶液及湿氯气的介质腐蚀，但不耐溶剂；

② 水蒸气渗透性能低，耐水性好，耐盐水和盐雾性能好，在很多品种中氯化橡胶涂料是渗透性能最低的品种之一；

③ 耐燃性好，由于氯化橡胶含氯量达67%，所以有一定的防延燃性；

④ 耐热性差，氯化橡胶热分解温度为130℃，但在潮湿环境条件下60℃即开始分解，因此使用温度不能高于60℃；

⑤ 耐紫外光老化性差，氯化橡胶容易受紫外光老化而引起漆膜开裂、粉化等破坏现象，因此，在涂料组分中应考虑使用耐候性优良的合成树脂改性；

⑥ 可以制成厚膜涂料，采用低黏度氯化橡胶可以制成厚浆涂料，由于具有触变性，

可以一次涂刷获得较厚的涂层；

⑦ 氯化橡胶涂料中可以使用芳烃、卤烃、酯类和酮类的溶剂，也可以使用少量脂肪烃作稀释剂。

氯化橡胶涂料可以用于化工大气防腐蚀及船舶防腐蚀。

**(2) 环化橡胶涂料**

天然橡胶或异戊二烯橡胶在催化剂下可制成环化橡胶。环化橡胶是白色粉末，熔点130℃，不饱和键比天然橡胶少，在溶剂中的溶解性有所改善，可以溶于煤焦油溶剂中，性能基本同氯化橡胶。

**(3) 氯丁橡胶涂料**

氯丁橡胶涂料常用金属氧化物进行硫化，如氧化锌与氧化镁并用可以获得适宜的硫化速度。氯丁橡胶硫化过程中，氧化锌与氯丁橡胶分子链反应形成醚键而交联硫化，其反应式如下：

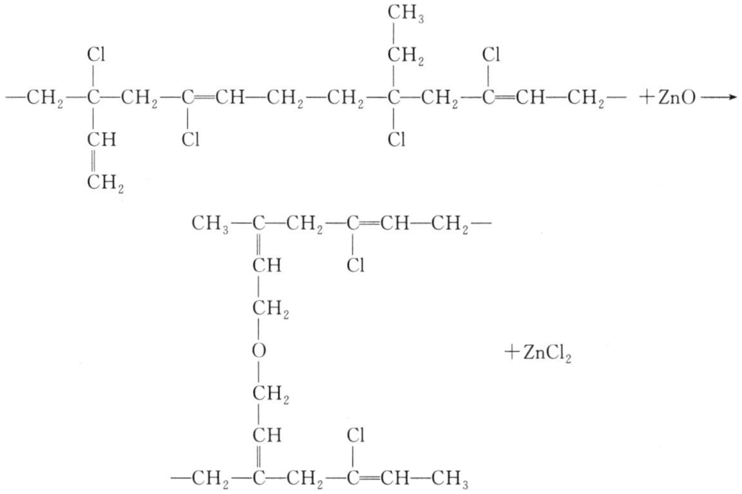

$$-CH_2-\underset{\underset{\underset{CH_2}{\|}}{CH}}{\overset{Cl}{C}}-CH_2-\underset{Cl}{C}=CH-CH_2-CH_2-\underset{Cl}{\overset{\overset{CH_3}{|}}{\overset{CH_2}{C}}}-CH_2-\overset{Cl}{C}=CH-CH_2- \ +ZnO \longrightarrow$$

$$\begin{array}{l} CH_3-C(=CH-CH_2-)-CH_2-\underset{Cl}{C}=CH-CH_2- \\ \qquad\quad | \\ \qquad\quad O \qquad\qquad\qquad\qquad +ZnCl_2 \\ \qquad\quad | \\ -CH_2-C(=CH-CH_2-)-CH_2-\overset{Cl}{C}=CH-CH_3 \end{array}$$

氯丁橡胶涂层具有优良的耐臭氧、耐化学药品、耐候性、耐热性、耐油性和突出的耐碱性，涂层较易变色，故不能用来制造白色或浅色的涂料。

氯丁橡胶成膜除主要依赖“硫化”交联外，还需加入促进剂、补强剂等，也可加入交联剂（如异氰酸酯、硫化乙酰胺等）配成室温固化涂料，该涂料对金属表面有较好的附着力。

氯丁橡胶由于在分子侧链上有活性较大的氯原子，在光和热的作用下容易生成氯化氢，使分子结构发生变化，所以氯丁橡胶在储存过程中稳定性不好。

**(4) 氯磺化聚乙烯橡胶涂料**

氯磺化聚乙烯橡胶与其他合成橡胶不同，它有一个由高分子聚乙烯树脂与氯和二氧化硫反应而成的可交联的弹性体。由于这种材料具有高度的饱和化学结构，故具有卓越的耐臭氧、耐天然老化性能。

氯磺化聚乙烯橡胶涂料的硫化系统由三个部分组成：有机酸、金属氧化物和有机促进剂。

对于硫化机理，一般认为先是有机酸与金属氧化物反应，析出水，使磺酰氯基水解生成磺酸基。两个相邻分子的磺酸基团与金属氧化物反应而交联，即：

$$
\begin{array}{l}
-CH_2-CH_2-CH_2-\underset{\displaystyle Cl}{\underset{|}{CH}}-CH_2-CH_2-CH_2-CH- \\
\qquad\qquad\qquad\qquad\qquad\qquad\qquad\qquad\quad |\\
\qquad\qquad\qquad\qquad\qquad\qquad\qquad\quad O{=}S{=}O \\
\qquad\qquad\qquad\qquad\qquad\qquad\qquad\qquad\quad |\ O \\
\qquad\qquad\qquad\qquad\qquad\qquad\qquad\qquad\quad |\ Me \\
\qquad\qquad\qquad\qquad\qquad\qquad\qquad\qquad\quad |\ O \\
\qquad\qquad\qquad\qquad\qquad\qquad\qquad\quad O{=}S{=}O \\
-CH_2-CH_2-\overset{\displaystyle Cl}{\overset{|}{CH}}-CH_2-CH_2-CH_2-CH-
\end{array}
$$

氯磺化聚乙烯橡胶涂层具有以下特点：①抗臭氧性能优良；②具有可以与聚丁二苯橡胶相比拟的耐磨性能；③耐候性能优良；④优异的耐热性能，能在120℃或更高的温度下使用；⑤在不加增塑剂的情况下，－50℃也不发脆；⑥吸水性能低；⑦不需要补强剂，且着色性能优良；⑧具有优异的曲挠寿命；⑨能与各种橡胶拼用，以提高各种橡胶的耐臭氧、耐磨、耐热、耐候等性能，并可增加硬度；⑩有较好的耐油性能。

氯磺化聚乙烯橡胶涂料除用于耐化学腐蚀、耐油涂层外，还可用作橡胶制品涂层。

**(5) 丁基橡胶涂料**

丁基橡胶是异丁烯和异戊二烯的共聚物。丁基橡胶为无味、无毒、半透明状弹性体，密度为0.92g/cm$^3$左右，具有优异的耐大气性、耐臭氧和耐热性，同时，因其分子饱和度很高，故对氧化剂、强酸、强碱、弱酸、弱碱都很稳定。丁基橡胶气密性很强，约为天然橡胶的7～8倍，能在脂肪族溶剂中剧烈膨胀，能耐含氯、含氧等极性溶剂。

丁基橡胶分子饱和度很高，致使固化成膜困难，需要在150℃硫化，因无活性基团，所以与其他树脂混溶性差，对底层的附着力差。一般用丁基橡胶制备可剥漆，专供化学切割不锈钢、钛合金和白金的防腐保护涂层。

后来研究对二亚硝基苯或对醌二肟与二氧化铅硫化体系，可在常温下进行硫化，反应如下：

$$HO-N{=}C_6H_4{=}N-OH \xrightarrow[PbO_2]{\text{氧化剂}} O{=}N-C_6H_4-N{=}O$$

$$O{=}N-C_6H_4-N{=}O + 2\ -CH_2-\overset{CH_3}{\overset{|}{C}}{=}CH-CH_2- \longrightarrow -CH_2-\overset{CH_3}{\overset{|}{C}}(-N(OH)-C_6H_4-N(OH)-CH_2-\underset{CH_3}{\underset{|}{C}}{=}CH-CH_2-)-CH{=}CH-$$

后来，又产生了液态丁基橡胶。用液态丁基橡胶作涂料可以制作成固体分较高的防腐蚀涂料，一次涂装可以得到较厚的涂层，成为化工防腐蚀、水下建筑防腐蚀、金属切削等使用优良的耐腐蚀涂料。

**(6) 聚硫橡胶涂料**

聚硫橡胶涂料目前大部分产品都是用二氯化合物和多硫化钠为基本原料进行缩聚而得的。

工业上常用的二氯化合物有二氯乙烷、二氯丙烷、二氯二乙醚缩甲醛、二氯丁醚、二氯丁基缩甲醛等，有时还加入三官能团化合物如三氯丙烷，以便形成交联和支链。

使液态聚硫橡胶转化为弹性体的硫化剂很多，对相对分子质量低的橡胶常选用对苯醌二肟、二氧化锰、过氧化锌等，对相对分子质量高的橡胶常选用二氧化铅、二氧化锰、过氧化锌、三氧化锑等。液态聚硫橡胶有一定的耐温性，但缩甲醛键在加热和有微量酸性介质中容易破坏，液态聚硫橡胶有良好的耐低温性能，可在－69℃以下使用，聚合物的低温性能主要取决于聚合物主链结构，多硫链间的碳链越长，聚合物的玻璃化温度越低，相应的制品低温性能越好。最常用的金属氧化物为氧化锌，常用多乙烯多胺作促进剂，可以在常温或加热条件下固化。

液态聚硫橡胶有很好的耐溶剂性，对脂肪族溶剂、醇类溶剂有较好的抵抗性，在30％～70％氢氧化钠溶液中浸泡十几个月，除伸长率有所下降外，抗张强度没有多大变化。

为了改善液态聚硫橡胶涂层的附着力，可以在配方组分中加入环氧树脂等，以50％环氧树脂与50％液态聚硫橡胶配成的底漆为例，不仅对钢铁、不锈钢、铝、铜等金属基材有较好的附着力，而且在玻璃、陶瓷、混凝土、玻璃纤维、有机玻璃、酚醛塑料、合成橡胶等材料上都有较好的附着力。

液态聚硫橡胶涂层有良好的耐氧、耐臭氧老化性能，有较低的透气性，是很好的密封绝缘材料。液态聚硫橡胶防腐涂层不仅具有一般橡胶保护覆盖层所具有的高弹性，抵御剧烈温度波及其他有害作用等优点，还具有耐溶剂、耐化学药品、耐海水、耐燃油腐蚀等优点。它是港口水利工程设备、水下设备和构件常用的防腐蚀涂层，一种环氧聚硫橡胶船壳能在－40℃条件下固化，使用在各种船艇的舵轴支架以及其他部件防腐蚀，就是在速度非常高的艇上涂这种涂层，在很苛刻的条件下使用18～20个月才有局部损坏，而且损坏部分很容易修补。

用液态聚硫橡胶可以作多种树脂的增塑剂或改性剂，从而改善树脂的低温曲挠性、冲击强度、耐老化性等，其中用于改善环氧树脂涂层用得最广泛。这是基于环氧基和硫醇端基反应来完成交联变化，举例如下：

$$\text{—R—S—}\underbrace{\text{CH—CH}}_{\text{O}}\text{—R}'\text{—}\underbrace{\text{CH—CH}_2}_{\text{O}} + \text{R}''\text{—NH}_2 \longrightarrow \text{—R—S—CH}_2\text{—}\underset{\text{OH}}{\underset{|}{\text{CH}}}\text{—R}'\text{—}\underset{\text{OH}}{\underset{|}{\text{CH}}}\text{—CH}_2\text{—NHR}''$$

聚硫橡胶和环氧树脂的配合比例，可以按使用要求在很大范围内调整，聚硫橡胶也可以生产出胶乳水分散体，利用水分散体和氯乙烯-偏二氯乙烯树脂、丙烯腈共聚树脂等配合制成巨大混凝土燃料油罐防腐涂层，获得了良好的使用效果。

## 二、挥发性涂料的缺点及改进

上述挥发性涂料的共同点就是制造工艺很相似，即混合溶剂将一种或几种树脂溶解，然后加入几种助剂，搅匀、过滤、包装，即得清漆；若中途加入各种颜填料，研磨分散均匀，即制得色漆。

但此类挥发性涂料也存在着突出的缺点：

① 固体分低，溶剂量大，且都是价格偏高的真溶剂，成本高，涂料施工后，溶剂挥发，造成环境污染；

② 黏度小，只适合喷涂，喷涂道数多，工程量大；

③ 有些品种原材料难得，如过氯乙烯树脂，利润低，国内生产厂家较少。

所以，这类有机挥发性涂料研究进展缓慢，改进方法主要集中在提高涂料固体分，发展厚浆型、非水分散型和水性涂料。

## 第三节　内外墙涂料

内外墙涂料属于建筑涂料的一种，建筑涂料是指涂装于建筑物表面，并能与建筑物表面材料很好地黏结，形成完整的涂膜，这层涂膜能够为建筑物表面起外装饰作用、保护作用或特殊的功能作用。建筑涂料用作建筑物的装饰材料，与其他涂层材料或贴面材料相比，具有方便、经济、基本上不增加建筑物自重，施工效率高、翻新维修方便等优点，涂膜色彩丰富、装饰质感好，并能提供多种功能，建筑涂料作为建筑内外墙装饰主体材料的地位已经确立。

我国目前建筑涂料还没有统一的分类方法，习惯上常用三种方法分类，即按组成涂料的基料的类别划分，按涂料成膜后的厚度或质地划分以及按在建筑物上的使用部位划分。

**(1) 按基料的类别分类**

建筑涂料可分为有机、无机和有机-无机复合涂料三大类。有机类建筑涂料由于其使用的溶剂或分散介质不同，又分为有机溶剂型和水性有机（乳液型和水溶型）涂料两类，还可以按所用基料种类再进行细分。无机类建筑涂料主要是无机高分子涂料，属于水性涂料，包括水溶性硅酸盐系（即碱金属硅酸盐）、硅溶胶系、磷酸盐系及其他无机聚合物系，应用最多的是碱金属硅酸盐系和硅溶胶系无机涂料。有机-无机复合建筑涂料的基料主要是水性有机树脂与水溶性硅酸盐等配制成的混合液（物理混拼），或是在无机物表面上接枝有机聚合物制成的悬浮液。

**(2) 按涂膜的厚度或质地分类**

建筑涂料可分为表面平整光滑的平面涂料和有特殊装饰质感的非平面类涂料。平面涂料又分为平光（无光）涂料、半光涂料等；非平面类涂料的涂膜常常具有很独特的装饰效果，有彩砖涂料、复层涂料、多彩花纹涂料、云彩涂料、仿墙纸涂料、纤维质感涂料和绒白涂料等。

**(3) 按在建筑物上的使用部位分类**

建筑涂料可以分为内墙涂料、外墙涂料。

通常所说的乳胶漆实际上是按照第一种分类方法称谓的，它既可以用在内墙涂料，也可以用在外墙涂料，只是所用的基料有差别。这里是按照内外墙涂料来介绍的。

## 一、内墙涂料

内墙涂料的主要功能是装饰和保护室内墙面，使其美观整洁，让人们处于优越的居住环境之中；为了获得良好的装饰效果，内墙涂料应具有以下的特点。

① 内墙的装饰效果主要由质感、线条和色彩三个因素构成。采用涂料装饰则以色彩为主要因素，故要求其色彩丰富、细腻、调和，颜色一般底浅、明亮。内墙涂层与人们的距离比外墙涂层近，因而要求内墙装饰涂层质地平滑、细腻。

② 由于墙面基层常带有碱性，因而涂料的耐碱性应良好，室内湿度一般比室外高，同时若为清洁内墙，涂层常要与水接触，因此要求涂料具有一定的耐水性及耐刷洗性。

③ 透气性良好，室内常有水汽，透气性不好的墙面材料易结露、挂水，使人们居住有不舒服感，因而透气性良好的材料配制内墙涂料是可取的。

④ 涂刷方便，重涂容易。

⑤ 价格合理。

内墙涂料与外墙涂料相比较，其性能要求则较低，但应具有比外墙涂料更高的装饰效果，如涂膜丰满度、平滑性、色泽、光泽和适当的防霉性能，当然，也要求涂膜具有适当的物理性能，如附着力、耐洗刷性、耐碱性等。但用于厨房、卫生间等结构部位的涂料，要求和外墙涂料差不多，且防霉性能的要求还高些。图 4-2 列出了内墙涂料的种类，表 4-15～表 4-17 分别列出了水溶性内墙涂料的技术要求、建筑室内用腻子的技术要求和多彩内墙涂料的技术要求。

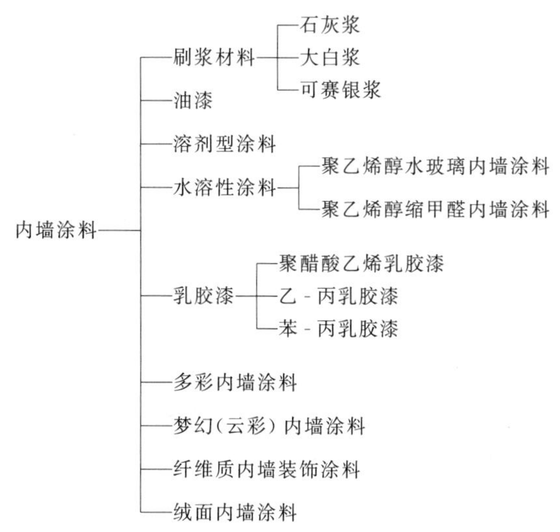


图 4-2　建筑内墙涂料的主要类型及品种

表 4-18 为经济型内墙乳胶漆配方及工艺，通过表中可以看出，一般经济型内墙乳胶

表 4-15 水溶性内墙涂料的技术要求（JG/T 423—91）

| 性能项目 | 技术要求 | | 性能项目 | 技术要求 | |
|---|---|---|---|---|---|
| | Ⅰ类 | Ⅱ类 | | Ⅰ类 | Ⅱ类 |
| 容器中状态 | 无结块、沉淀和絮凝 | | 涂膜外观 | 平整，色泽均匀 | |
| 黏度①/s | 30～75 | | 附着力/% | 100 | |
| 细度/μm ≤ | 100 | | 耐水性 | 无脱落、起泡和皱皮 | |
| 遮盖力/($g/m^2$) ≤ | 300 | | 耐干擦性 ≤ | — | 1 |
| 白度②/% ≥ | 80 | | 耐洗刷性/次 ≥ | 300 | — |

① GB 1723—1993 中涂-4 杯黏度计的测定结果的单位为 s。

② 白度规定只适用于白色涂料。

表 4-16 建筑室内用腻子的技术要求（JG/T 3049—1998）

| 项目 | 技术指标 | | 项目 | 技术指标 | |
|---|---|---|---|---|---|
| | Y 型 | N 型 | | Y 型 | N 型 |
| 容器中状态 | 无结块、均匀 | | 耐碱性(24h) | — | 无异常 |
| 施工性 | 刮涂无障碍 | | 粘接强度(标准状态)/MPa > | 0.25 | 0.50 |
| 干燥时间(表干)/h < | 5 | | 粘接强度(浸水后)/(MPa)> | — | 0.30 |
| 打磨性/% | 20～80 | | 低温储存稳定性 | -5℃冷冻 4h 无变化，刮涂无困难 | |
| 耐水性(48h) | — | 无异常 | | | |

表 4-17 多彩内墙涂料的技术要求（JG/T 3003—93）

| 试验类别 | 项目 | 技术指标 |
|---|---|---|
| 涂料性能 | 容器中状态 | 搅拌后呈均匀状态，无结块 |
| | 黏度(25℃，KUB 法) | 80～100 |
| | 不挥发物含量/% ≥ | 19 |
| | 施工性 | 喷涂无困难 |
| | 储存稳定性(0～30℃)/月 | 6 |
| 涂层性能 | 实干时间/h ≤ | 24 |
| | 涂膜外观 | 与样本相比，无明显差别 |
| | 耐水性[去离子水，(23±2)℃] | 96h 不起泡、不掉粉，允许有轻微失光和变色 |
| | 耐碱性[饱和氢氧化钙溶液，(23±2)℃] | 48h 不起泡、不掉粉，允许有轻微失光和变色 |
| | 耐洗刷性/次 | ≥300 |

漆的乳液优选苯-丙乳液。当颜基比高达 7.5 时，苯-丙乳液仍可以耐擦洗 200 次以上，优于醋酸乙烯或纯丙共聚物乳液，而且苯-丙乳液耐碱、干燥快、价格低，所以经济型内墙乳胶漆用苯-丙乳液作基料，性价比最高。内墙乳胶漆可以用锐钛型钛白粉作主体颜料，为降低成本可以复合使用一些氧化锌和立德粉。若填料配伍恰当，填料也能起到增效作用，取代一部分钛白，填料最好使用两种以上，如重质碳酸钙、轻质碳酸钙，价格便宜，滑石粉可以防止沉降和涂层开裂，硫酸钡有利于涂层耐磨性的提高。内墙乳胶漆的颜料体积浓度（*PVC*）值应接近而小于临界颜料体积浓度（*CPVC*）值，使基

料用料最少，又使涂层具有一定的耐洗刷性。应当注意的是 PVC 值通常是实验做出来的，而并非是计算出来的。

**表 4-18　经济型内墙乳胶漆配方及工艺**

| 原　材　料 | 含量/% | 功　　能 | 供应商 |
|---|---|---|---|
| 浆料部分 | | | |
| 去离子水 | 25.0 | | |
| Disponer W-18 | 0.2 | 润湿剂 | Deuchem |
| Disponer W-511 | 0.6 | 分散剂 | Deuchem |
| PG | 1.5 | 抗冻、流平剂 | Dow Chemical |
| Defom W-090 | 0.15 | 消泡剂 | Deuchem |
| DeuAdd MA-95 | 0.1 | 胺中和剂 | Deuchem |
| DeuAdd MB-I | 0.2 | 防腐剂 | Deuchem |
| DeuAdd MB-1 | 0.1 | 防霉剂 | Deuchem |
| 1250HBR(2%水溶液) | 10.0 | 流变助剂 | Hercules |
| BAOIOI 钛白粉(锐钛型) | 10.0 | 颜料 | |
| 重质碳酸钙 | 16.0 | 填料 | |
| 轻质碳酸钙 | 6.0 | 填料 | |
| 滑石粉 | 8.0 | 填料 | |
| 高岭土 | 5.0 | 填料 | |
| 在搅拌状态下依序将上述物料加入容器搅拌均匀后，调整转速高速分散至细度合格后，再调整转速至合适状态下加入下述物料，搅拌均匀后过滤出料 | | | |
| 配漆部分 | | | |
| Defom W-090 | 0. 15 | 消泡剂 | Deuchem |
| Texanol | 0.8 | 成膜助剂 | Eastman |
| AS-398A | 12.0 | 苯-丙乳液 | Rohm& Haas |
| 去离子水 | 2.9 | | |
| DeuRheo WT-116(50%水溶液) | 1.2 | 流变助剂 | Deuchem |
| DeuRheo WT-204 | 0.1 | 流变助剂 | Deuchem |
| 用 DeuAdd MA-95 调整至 pH 8.0～9.0 | | | |
| 总量 | 100.0 | | |

通过表 4-18 可以看出，一般经济型内墙乳胶漆的乳液优选苯丙乳液。当颜基比高达 7.5 时，苯丙乳液仍可以耐擦洗 200 次以上，优于醋酸乙烯或纯丙共聚物乳液，而且苯内乳液耐碱、干燥快、价格低，所以经济型内墙乳胶漆用苯丙乳液做基料，性价比最高。内墙乳胶漆可以用锐钛型钛白粉做主体颜料，为降低成本可以复合使用一些氧化锌和立德粉。若填料配伍恰当，填料也能起到增效作用，取代一部分钛白。填料最好使用两种以上，如重质碳酸钙、轻质碳酸钙价格便宜，滑石粉可以防止沉降和涂层开裂，硫酸钡有利于涂层耐磨性的提高。内墙乳胶漆的颜料体积浓度（PVC）值应接近而小于临界颜料体积浓度（CPVC）值，使基料用料最少，又使涂层具有一定的耐洗刷性。应当注意的是 PVC 值通常是实验做出来的，而并非是计算出来的。

## 二、外墙涂料

建筑外墙涂料对建筑物具有装饰和保护作用，与传统的外墙饰面材料如外墙面砖、马赛克等相比，具有节能、环保、色彩丰富、易于更新等特点，所以在我国得到了较快的发展。

外墙涂料的主要功能是装饰和保护建筑物的外墙面，使建筑物外貌整洁美观，从而达到美化环境的目的，同时也起到保护建筑物外墙的作用，延长使用的时间。外墙涂料由于受到太阳光的暴晒、雨水侵蚀、大气中各种气体的腐蚀、尘埃的污染、高低温破坏以及冻害等，因而对其性能的要求十分严格，为了获得良好的装饰与保护效果，应具有以下特点：

① 装饰性良好，色彩丰富，保色性良好，能在较长的时间内保持良好的装饰性能；

② 外墙面暴露在大气中，经受雨水的冲刷，因而作为外墙涂层，应要求外墙涂料具有很好的耐水性能，某些防水型外墙涂料抗水性能很好，当基层墙面发生小裂缝时，涂层仍具有防水功能；

③ 大气中的灰尘及其他物质沾污涂层以后，涂层会失去装饰效果，因此要求外墙涂料装饰涂层不易被这些物质沾污，或被沾污后容易清除掉；

④ 耐候性良好，暴露在大气中的涂层，要经受日光、雨水、风沙、冷热温度变化等作用，在这些自然力的反复作用下，一般的涂层会发生开裂、剥落、脱粉、变色等现象，这样涂层会失去原来的装饰和保护功能，因此作为外墙装饰的涂层，要求在规定的年限内，不能发生上述破坏现象；

⑤ 具有良好的附着力、硬度和良好的抗粉化性、耐酸碱性；

⑥ 建筑物外墙面积很大，要求外墙涂料施工操作简便，同时为了保持涂层良好的装饰效果，要经常进行清理、重涂等维修施工，要求重涂施工容易；

⑦ 价格合理。

外墙涂料的分类见图 4-3。建筑外墙涂料的技术指标如表 4-19～表 4-23 所示。

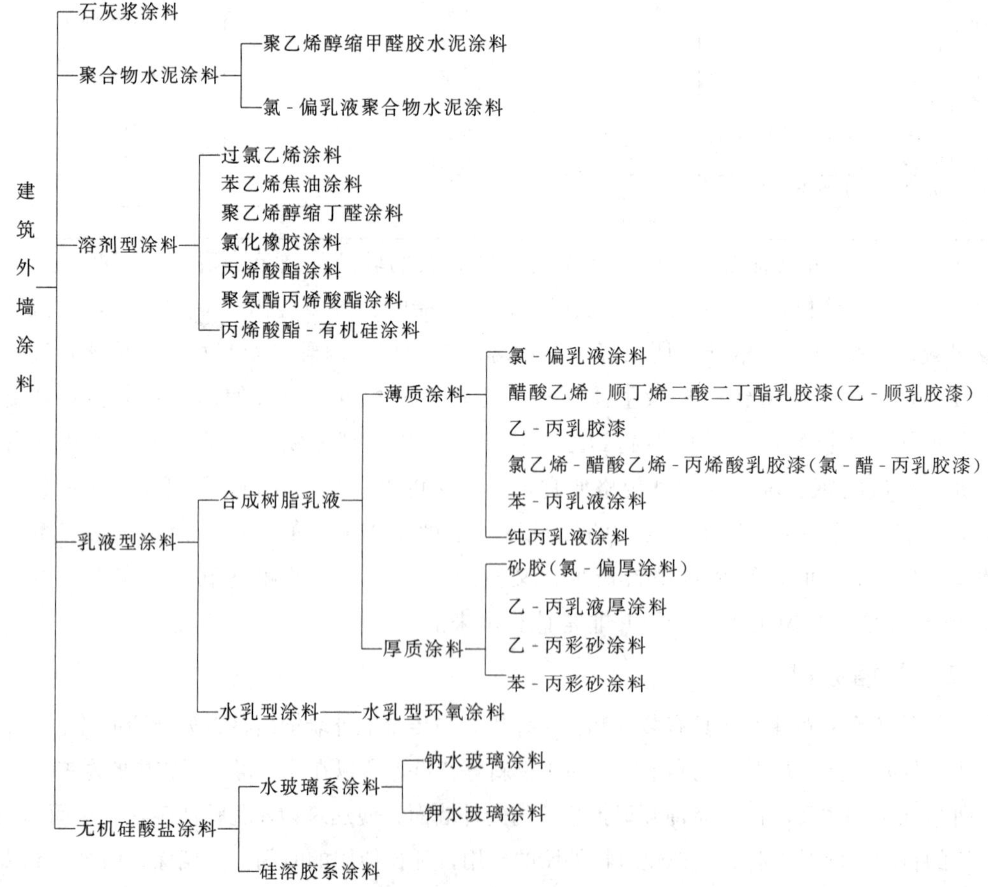


图 4-3 建筑外墙涂料的主要类型及品种

表 4-19　合成树脂乳液外墙涂料的技术指标（GB/T 9755—2014）

| 项目 | | 指标 | | |
|---|---|---|---|---|
| | | 优等品 | 一等品 | 合格品 |
| 容器中状态 | | 无硬块，搅拌后呈均匀状态 | | |
| 施工性 | | 刷涂二道无障碍 | | |
| 低温稳定性 | | 不变质 | | |
| 干燥时间(表干)/h | ≤ | 2 | | |
| 涂膜外观 | | 正常 | | |
| 对比率(白色和浅色)① | ≥ | 0.93 | 0.90 | 0.87 |
| 耐水性 | | 96h 无异常 | | |
| 耐碱性 | | 48h 无异常 | | |
| 耐洗刷性/次 | ≥ | 2000 | 1000 | 500 |
| 耐人工气候老化性 | | | | |
| 白色和浅色① | | 600h 不起泡、不剥落、无裂纹 | 400h 不起泡、不剥落、无裂纹 | 250h 不起泡、不剥落、无裂纹 |
| 粉化/级 | ≤ | 1 | | |
| 变色/级 | ≤ | 2 | | |
| 其他色 | | 商定 | | |
| 耐沾污性(白色和浅色)/% | ≤ | 15 | 15 | 20 |
| 涂层耐温变性(5 次循环) | | 无异常 | | |

① 浅色是指以白色涂料为主要成分，添加适量色浆后配制成的浅色涂料形成的涂膜所呈现的浅色，按 GB/T 15608—2006 中规定明度值为 6～9 之间。

表 4-20　溶剂型外墙涂料的技术指标（GB/T 9757— 2001）

| 项目 | | 指标 | | |
|---|---|---|---|---|
| | | 优等品 | 一等品 | 合格品 |
| 容器中状态 | | 无硬块，搅拌后呈均匀状态 | | |
| 施工性 | | 刷涂二道无障碍 | | |
| 干燥时间(表干)/h | ≤ | 2 | | |
| 涂膜外观 | | 正常 | | |
| 对比率(白色和浅色)① | ≥ | 0.93 | 0.90 | 0.87 |
| 耐水性 | | 168h 无异常 | | |
| 耐碱性 | | 48h 无异常 | | |
| 耐洗刷性/次 | ≥ | 5000 | 3000 | 2000 |
| 耐人工气候老化性 | | | | |
| 白色和浅色① | | 1000h 不起泡、不剥落、无裂纹 | 500h 不起泡、不剥落、无裂纹 | 300h 不起泡、不剥落、无裂纹 |
| 粉化/级 | ≤ | 1 | | |
| 变色/级 | ≤ | 2 | | |
| 其他色 | | 商定 | | |
| 耐沾污性(白色和浅色)①/% | ≤ | 10 | 10 | 15 |
| 涂层耐温变性(5 次循环) | | 无异常 | | |

① 同表 4-19。

表 4-21 外墙无机建筑涂料的技术指标（JG/T 26—2002）

| 项　　目 | | 技术指标 |
|---|---|---|
| 容器中状态 | | 搅拌后无结块，呈均匀状态 |
| 施工性 | | 刷涂二道无障碍 |
| 涂膜外观 | | 涂膜外观正常 |
| 对比率(白色和浅色)① | ≥ | 0.95 |
| 热储存稳定性(30d) | | 无结块、凝絮、霉变现象 |
| 低温储存稳定性(3次) | | 无结块、霉变现象 |
| 表干时间/h | ≤ | 2 |
| 耐洗刷性/次 | ≥ | 1000 |
| 耐水性(168h) | | 无起泡、裂纹、剥落，允许轻微掉粉 |
| 耐碱性(168h) | | 无起泡、裂纹、剥落，允许轻微掉粉 |
| 耐温变性(10次) | | 无起泡、裂纹、剥落，允许轻微掉粉 |
| 耐沾污性/% | | |
| Ⅰ | | 20 |
| Ⅱ | | 15 |
| 耐人工老化性(白色和浅色)① | | |
| Ⅰ(800h) | | 无起泡、裂纹、剥落，粉化≤1级，变色≤2级 |
| Ⅱ(500h) | | 无起泡、裂纹、剥落，粉化≤1级，变色≤2级 |

① 浅色是指以白色涂料为主要成分，添加适量色浆后配制成的浅色涂料形成的涂膜所呈现的灰色、粉红色、奶黄色、浅绿色等浅颜色，按 GB/T 15608—2006 中规定明度值为 6～9 之间。

表 4-22 合成树脂乳液砂壁状建筑涂料的技术指标（JG/T 24—2018）

| 项　　目 | | 技术指标 | |
|---|---|---|---|
| | | N型(内用) | W型(外用) |
| 容器中状态 | | 无结块，搅拌后呈均匀状态 | |
| 施工性 | | 施涂无障碍 | |
| 涂料低温稳定性 | | 3次循环试验后，不变质 | |
| 涂料热储存稳定性 | | 15天试验后，无结块、霉变、凝聚及组成物的变化 | |
| 初期干燥抗裂性 | | 3h无裂纹 | |
| 干燥时间(表干)/h | ≤ | 2 | |
| 耐水性 | | — | 96h涂层无起鼓、开裂、剥落，与未浸泡部分相比，允许颜色轻微变化 |
| 耐碱性 | | 48h涂层无起鼓、开裂、剥落，与未浸泡部分相比，允许颜色轻微变化 | 96h涂层无起鼓、开裂、剥落，与未浸泡部分相比，允许颜色轻微变化 |
| 耐冲击性 | | 涂层无裂纹、剥落及明显变形 | |
| 涂层耐温变性① | | — | 5次循环涂层无起鼓、开裂、剥落，与标准版相比，允许颜色轻微变化 |
| 耐沾污性 | | — | 5次循环试验后≤2级 |
| 黏结强度/MPa | | | |
| 标准状态 | | ≥0.60 | |
| 浸水后 | | — | ≥0.40 |
| 耐人工老化性 | | — | 600h涂层无开裂、起鼓、剥落，粉化0级，变色≤1级 |

① 涂层耐温变性即为涂层耐冻融循环性。

表 4-23　经济型外墙乳胶漆的配方及工艺

| 原　材　料 | 含量/% | 功　　能 | 供 应 商 |
|---|---|---|---|
| 浆料部分 | | | |
| 去离子水 | 8.0 | | |
| Disponer W-18 | 0.15 | 润湿剂 | Deuchem |
| Disponer W-519 | 0.5 | 分散剂 | Deuchem |
| PG | 2.0 | 抗冻、流平剂 | Dow Chemical |
| Defom W-094 | 0.15 | 消泡剂 | Deuchem |
| DeuAdd MA-95 | 0.1 | 胺中和剂 | Deuchem |
| DeuAdd MB-11 | 0.1 | 防腐剂 | Deuchem |
| DeuAdd MB-16 | 0.2 | 防腐剂 | Deuchem |
| R902 钛白粉 | 18.0 | 颜料 | |
| 重质碳酸钙 | 16.0 | 填料 | |
| 滑石粉 | 6.0 | 填料 | |
| 在搅拌状态下依序将上述物料加入容器搅拌均匀后，调整转速高速分散至细度合格后，再调整转速至合适状态下加入下述物料，搅拌均匀后过滤出料 | | | |
| 配漆部分 | | | |
| Defom W-094 | 0.15 | 消泡剂 | Deuchem |
| Texanol | 2.0 | 成膜助剂 | Eastman |
| 2800 | 28.0 | 纯丙乳液 | National Starch & Chemical |
| 去离子水 | 17.9 | | |
| DeuRheo WT-113（50%水溶液） | 0.4 | 流变助剂 | Deuchem |
| DeuRheo WT-202（50PG 溶液） | 0.25 | 流变助剂 | Deuchem |
| DeuRheo WT-204 | 0.1 | 流变助剂 | Deuchem |
| 用 DeuAdd MA-95 调整 pH 值为 8.0～9.0 左右 | | | |
| 总量 | 100.0 | | |

外墙乳胶漆的颜基比一般控制在 2.0～3.0 之间，所对应的颜料体积分数约为 35%～45%，此时，所形成的涂层的耐候性较好，但是颜基比也不应太低，否则将影响涂层的透气性，阻碍潮气从基材中逸出，造成涂层鼓泡等病态。外墙乳胶漆用乳液应选择耐老化、耐水性好的乳液，为提高耐沾污性，乳液的玻璃化温度应高于室温，自交联型乳液、核壳结构乳液、氟碳乳液、硅-丙乳液是优秀的乳液产品，而苯-丙乳液、醋-丙乳液、叔-醋乳液的户外性能较差，一般不应采用。所用颜填料也应注意其耐候性，钛白粉要选金红石（R）型，填料同内墙漆基本相同。

# 第四节　环境友好型涂料

## 一、高固体分涂料

涂料中挥发性有机溶剂（VOC）对大气的污染越来越受到关注，降低溶剂量，发展高固体分涂料，是涂料研究的重要方向。高固体分涂料很难有确切定义，现在一般的溶剂型热固性涂料，在喷涂要求的黏度下，其固含量（质量分数）一般在 40% ～ 60%，而所谓的高固体分涂料的固含量则在60%～80%，因成膜物不同，颜料量不同，高固体含量指标差距很大。例如，对于 *PVC* 值高的底漆，高固体分意味着固含量（体积分数）为50%，而对于 *PVC* 值低的高光泽面漆或清漆则为75%以上，这项指标乍看起来不是很难，特别是对于高分子工作者来说，常认为只要降低成膜物的相对分子质量便可达到，实际不然，因为高固体分涂料不仅要解决黏度高低问题，而且要同时保证漆膜性能和涂料应用性能达到一般溶剂型热固性涂料的水平或更高，这是一个十分复杂的课题。最早使用的干性油或一些油性涂料便是高固体分涂料，它们不加或只加很少的溶剂，但是这些涂料品质不高，现在不可能将涂料水平降低到油性涂料水平，所谓的高固体分涂料应是一种高品质的涂料。

高固体分涂料和其他低污染涂料品种相比有它的优点。其生产和涂装工艺、设备、检测评估的仪器和传统溶剂型相同，不需要增添设备投资。高固体分涂料不仅减少了 VOC 的排放，而且提高了涂布效率。一次涂装的膜厚是传统涂料的1～4倍，大大减少了施工次数。产生的额外经济效益是节约了劳动力成本，减少了施工时间，同时降低了溶剂的含量而减少了溶剂的成本。不能忽略的另一特点是高固体分涂料的低能量要求，常规溶剂型涂料需要大量的空气通过喷嘴和烘房，用以减少溶剂的浓度，达到一个安全的水平，加热空气需要消耗大量的能量。高固体分涂料提高固含量的同时，保持了传统溶剂型涂料的优点，如高装饰性及高涂膜物理化学性能。因此高固体分涂料在环保型涂料中具有很重要的地位。

高固体分涂料有醇酸、聚酯、环氧、聚氨酯和丙烯酸等，其中丙烯酸高固体分涂料施工固体分最高不超过70%（质量分数）。高固体分涂料一道涂膜厚（≥40μm），施工效率高，像丙烯酸或聚氨酯高固体分清漆常用于轿车水性闪光漆的罩光，涂膜光亮丰满，鲜映性可达1.0 DOI以上，具有良好的装饰性和环境性，其色漆也可作汽车面漆。环氧高固体分涂料多作为维护涂料，高固体分聚酯是良好的汽车中涂或卷材涂料，聚氨酯高固体分涂料亦是优良的塑料涂料和车底抗石击涂料。

高固体分涂料为了保证有较低的施工黏度，所用树脂相对分子质量较低，一般不超过2000，但分子链上应保证有不少于2个的反应性基团，确保固化后不存在低相对分子质量树脂分。由于树脂相对分子质量低，在烘干初期，由于热致稀作用强，树脂还未发生交联反应，黏度显著降低，产生严重流挂，需选用专门的流变添加剂。

高固体分涂料色漆体系由两相组成：一个是颜填料组成的分散内相，另一个是低聚物溶液组成分散外相。由于高固体分涂料中溶剂的含量较低，所以施工应用时，色漆的内相体积大大高于常规涂料中相同颜料体积浓度（*PVC*）时的内相体积。例如 *PVC* 为40%的涂料，在固含量为70%施工时颜料体积为28%，而在固含量为35%施工时颜料体积为14%。上述的28%或14%仅为湿膜中颜料的体积含量 $V_{\mathrm{p}}$，实际上的内相体积分数 $V_i$ 除颜料的体积外，还要包括颜料粒子表面所吸附的树脂吸附层，没有这层吸附层，涂料将会产生絮凝，这层吸附层的厚度对0.2μm的颜料粒子来说应不小于8μm，以防止絮凝，此时 $V_i$ 约等于 $1.2V_{\mathrm{p}}$。高固体分涂料的颜料化更好的办法是制备一种颜料分散用树脂，该树脂特别设计有较高的润湿性、颜料吸附能力和稳定性，而且这个树脂与低相对分子质量高固体分树脂有优秀的相容性，与交联剂有良好的反应性，这样固化后，就能形成完整涂膜的一部分。

高固体分涂料配方示例如下。

**【例 4-1】** 高固体分环氧底漆。

液态双酚 A 环氧 45.5%，液态双酚 F 环氧 11.5%，$C_{12}$～$C_{14}$ 烷酸缩水甘油酯 19.5%，邻苯二甲酰胺（潜伏型固化剂）23.5%，$BaSO_4$ 47.5%，铁红 25.5%，铬酸锌 15%，$TiO_2$ 7.5%，白炭黑 4.5%。固体分 90%（质量分数）或 82%（体积分数），25℃黏度 33s（涂-4 杯），于 135℃烘 30min。

**【例 4-2】** 高固体分聚酯清漆。

70%聚酯（1,4-二羟甲基环己烷/三羟甲基丙烷/苯酐）与纯六甲氧甲基三聚氰胺按 75∶25 配合，添加 0.5%对甲苯磺酸，用甲基戊基酮/甲乙酮稀释至固含量 60%，80℃烘 30min。

**【例 4-3】** 高固体分丙烯酸清漆。

75%丙烯酸树脂 65%，HMMM35%，20%二甲基 唑烷对甲苯磺酸酯 0.3%，120℃烘 30min。

**【例 4-4】** 高固体分丙烯酸改性聚氨酯色漆。

65%羟基丙烯酸树脂 44%，55%钛白粉色浆（树脂为醇酸树脂）50%，助剂 2.8%，稀释剂 3.2%，固化剂 90%N3390 25%。

## 二、水性涂料

以水为溶剂或分散介质的涂料称为水性涂料，涂料树脂的水性化可通过三个途径来实现：①在分子链上引入相当数量的阳离子或阴离子基团，使之具有水溶性或增溶分散性；②在分子链中引入一定数量的强亲水基团（如羧基、羟基、醚基、氨基、酰胺基等），通过自乳化分散于水中；③外加乳化剂乳液聚合或树脂强制乳化形成水分散乳液。有时几种方法并用，以提高树脂水分散液的稳定性。

由于树脂相对分子质量及水性化途径的不同，水性涂料有：①水溶性；②胶束分散型；③乳液三种。它们的特性如表 4-24 所示。

**表 4-24 水性涂料性能比较**

| 项目 | 乳液 | 胶束分散 | 水溶液 |
|---|---|---|---|
| 物理性能 | | | |
| 外观 | 不透明 | 半透明 | 清澈透明 |
| 粒径/μm | 0.1～1.0 | 0.01～0.1 | <0.01 |
| 相对分子质量 | $0.1\times10^6$～$1\times10^6$ | $1\times10^4$～$5\times10^4$ | $5\times10^3$～$10\times10^8$ |
| 黏度 | 稀，与相对分子质量无关 | 稀～稠，与相对分子质量有关 | 取决于相对分子质量大小 |
| 配方特性 | | | |
| 颜料分散性 | 差 | 好～优 | 优 |
| 颜料稳定性 | 一般 | 由颜料决定 | 由颜料决定 |
| 黏度控制 | 需增稠剂 | 加助溶剂增稠 | 由相对分子质量控制 |
| 成膜能力 | 需成膜助剂 | 好，需少量成膜助剂 | 优良 |
| 使用性能 | | | |

续表

| 项　　目 | 乳　　液 | 胶 束 分 散 | 水 溶 液 |
|---|---|---|---|
| 施工黏度下固体分 | 高 | 中等 | 低 |
| 光泽 | 最低 | 高 | 最高 |
| 抗介质性 | 优 | 好～优 | 差～好 |
| 坚韧性 | 最好 | 中等 | 最低 |
| 耐久性 | 优良 | 很好～优 | 很好 |

水性涂料与溶剂型涂料比较具有以下特点：①水性涂料仅含有百分之几的助溶剂或成膜助剂，施工作业时对大气污染低，并避免了溶剂型漆的易燃易爆危险性；另外，节省了大量石油资源，涂装工具可用水清洗，省去了清洗溶剂；②涂膜均匀平整，展平性好。电泳涂膜在内腔、焊缝、边角部位都有较厚涂膜，整体防锈性良好；可在潮湿表面施工，对底材表面适应性好，附着力强。

水性涂料存在的问题主要有：①稳定性差，有的耐水性差；②烘烤型能耗大，自干型涂料干燥慢；③表面污物易使涂膜产生缩孔；④涂料的施工管理要求较严。但不管怎样，建筑乳胶涂料已经是涂料品种上产量最大的，工业化大批量涂底漆已经全部被电泳漆所代替，水性浸漆、水性中涂及水性底色漆等已经在汽车行业得到了成功应用；高品质的汽车用水性面漆在国外已进入试用阶段；现场施工的水性重防腐蚀涂料研究也取得了一定的进展，并显示出很大的潜力和更大的实际意义。就现在来说，水性涂料可分成乳胶漆、自干水性漆、烘干型水性漆、电泳漆和自泳漆等几大类。乳胶漆前面已经有所阐述，所以这里主要介绍后面几种水性漆。

### 1. 自干型水性涂料

自干型水性涂料的早期品种主要是醇酸及其改性树脂的水溶性涂料，未改性的抗水解稳定性、耐水性和干燥性都较差，经丙烯酸、聚氨酯、有机硅或松香硬树脂改性，可作一般防腐蚀底漆和面漆及木材用涂漆。现在已经开发成功双组分水稀释型涂料，如环氧和聚氨酯涂膜性能接近于溶剂型涂料，可作防腐蚀涂料、维护涂料及汽车维修涂料等。双组分环氧是将环氧树脂乳液与低黏度聚酰胺树脂混合，具有水可稀释性；双组分聚氨酯是将羟基丙烯酸树脂乳液与低黏度多异氰酸酯树脂（如三聚体）混合，水稀释后喷涂施工。由于配方经过精心设计和试验，成膜过程中羟基与异氰酸酯键的反应比水分子占优势，可得性能和外观都良好的涂层。

### 2. 烘干型水性涂料

烘干型水性涂料包括水性浸漆、中涂及面漆。当然电泳底漆也属于烘干型水性漆，但由于它涂覆机理的特殊性，另归成一类。水性烘漆主要靠离子化基团和强极性基团赋予水溶性、增溶分散和自乳化；同时，这些基团又具有交联性，如羟基、酰胺基等，主要品种有丙烯酸和聚酯两类。

水性丙烯酸涂料由水性羟丙树脂和 HMMM 配成，烘烤时，羟丙树脂中的羧基亦能参与酯化交联，加上水性树脂的相对分子质量比溶剂型高，故涂膜物理性能优于溶剂型漆。这类涂料多数用作水性浸漆、底色漆、面漆及中涂。

水性丙烯酸漆的介质 pH 控制于 8～8.5。保证树脂有良好的分散稳定性又不至于侧酯基被皂化水解，影响涂膜的柔韧性。喷涂型漆采用高挥发性胺中和，浸渍型漆采用低挥发性胺中和，用量仅为理论量的70%左右，因为一部分羧基被深埋于树脂胶团内部无法参与中和反应。由于水性漆其特殊的胶团分散形式，稀释过程中往往有反常的黏度上升，达最高黏度后又急剧下降，这一稀释峰又出现在通常的施工固体分范围内，它的存在给水性漆施工带来很大麻烦，易造成过厚雾化不良或太稀易流挂，故水性漆的黏度控制要特别小心。对涂料本身来说，可适当降低树脂的相对分子质量及添加适宜的助溶剂和用量来改进。

水性聚酯漆也采用HMMM交联剂，但涂膜的坚韧性优于水性丙烯酸漆，多用于配制卷材涂料、抗石击性优良的中涂、闪光效果优良的底色漆等，亦用于配制轻工产品的装饰性面漆。

水性聚酯利用挥发性胺中和羧基赋予水溶性。为了确保酯基的抗水解稳定性，树脂合成通过分子设计，形成具有空间位阻作用大的酯基来达到预定目的。因而它的树脂合成配方和工艺不同于溶剂型涂料，所得树脂的相对分子质量也比溶剂型高，从而确保了该类涂料的实用性。

几种水性烘漆的主要性能如表4-25所示。

**表4-25 水性烘漆的主要性能**

| 性　　能 | 水性丙烯酸漆 | 水性丙烯酸环氧漆 | 水性环氧酯 |
|---|---|---|---|
| 膜厚/μm | 20～25 | 25 | 35 |
| 冲击强度/N·cm | 490 | 490 | 490 |
| 附着力/级 | 1 | 1 | 2 |
| 硬度 | 0.59 | H | >2H |
| 盐雾试验/h | 200 | — | ≥300 |
| 浸盐水(3%NaCl)/h | — | 160 | — |

### 3. 电泳涂料

电泳涂料又称电沉积涂料，用于电泳涂装，电泳涂装是水可稀释性涂料特有的一种涂装方式。电泳涂料又细分为阳极电泳涂料和阴极电泳涂料。阳极电泳涂料的早期品种有马来化油、醇酸、环氧酯、酚醛等，它们普遍都存在着稳定性差和泳透力低、形成涂膜防锈性差等诸问题。后来又开发了聚丁二烯阳极电泳涂料和丙烯酸阳极电泳涂料。聚丁二烯阳极电泳涂料具有较高的泳透力，涂料稳定性也好，但涂膜易泛黄，可作一般防腐蚀底漆；丙烯酸阳极电泳涂料具有良好的防腐性和优良的耐候性，可配成清漆和色漆（包括白色漆和浅色漆），清漆用于铝制品的装饰性保护，色漆可用于有色金属制品轻工产品的装饰。

聚丁二烯阳极电泳涂料是将聚丁二烯与马来酸酐加合引入羧基，制得阴离子型涂料，通过残留双键的高温氧化聚合交联成膜，而丙烯酸阳极电泳漆是利用混醚型氨基树脂作交联剂，这类氨基树脂有适宜的水溶性，保证在电泳涂漆时，能按比例沉积析出，使之得到均一交联度的涂膜。

阴极电泳涂料的品种主要是环氧叔胺，经酸中和后形成阳离子型水分散体，它用水溶性氨基树脂交联；或者环氧叔胺用半封闭异氰酸酯扩链，得到聚氨酯型阳离子树脂，在高温下，封闭剂解离而释放出—NCO 基团，与—OH 基团交联成膜。

阴极电泳涂料具有良好的稳定性、高的泳透力，涂膜本身有更好的防锈能力，故整体防锈性远比阳极电泳漆高得多，耐盐雾试验可达 800～1200h，故在汽车行业已得到普及。另外，阴极电泳涂料有良好的展平性，特别是厚膜型阴极电泳漆，展平率高达 83%以上，可省去中涂，复合涂层仍有很好的平整度或很高的鲜映性。这类涂料可分为双组分水乳液和单组分水溶型两种体系，并都有良好的使用性能。但由于环氧树脂的耐候性差，人们又开发了丙烯酸系阴极电泳涂料，涂膜清澈透明，可作金属精饰性的透明装饰防护层；添加彩色透明颜料可得仿金镀那样的高级装饰性涂层；添加彩色颜料可使各类金属制品涂上鲜艳的色彩。如果采用复层膜技术，可将环氧和丙烯酸制成复层阴极电泳涂料，烘烤时，两个相容性和表面张力相异的树脂发生相分离，表面张力大的环氧迁移到下面与金属表面相接，表面张力小的丙烯酸迁移到上层与空气相接触，实现一道涂层的同时赋予优良的防护性和装饰性。

电泳涂料的优缺点如下：

① 有机溶剂挥发量非常低，挥发物包括一些胺、一些副产物，有时有共溶剂；

② 非常高的涂料利用率，与喷涂相比，可以认为没有什么损失；

③ 施工可以自动化，但投资成本较高；

④ 漆膜非常均匀，但金属表面的不平整性将在漆面上明显表现出来，要得到平整的表面涂层比较困难；

⑤ 边、角等尖锐部分均能覆盖上，无流挂、边缘变厚等弊病；

⑥ 对于不易喷涂的部件能够涂上保护层，可提高防腐蚀性；但对于易喷涂的部件，特别是阳极电泳涂料，其防腐蚀性能、湿附着力与抗水解能力低于喷涂的底漆；

⑦ 对面漆的附着力差，这是因为电泳漆的颜料体积浓度不能很高，*PVC* 总是低于 *CPVC*，漆膜很致密；

⑧ 对于阳极电泳涂料，有铁离子沾污问题；

⑨ 漆膜厚度有一定限制，一般是 15～30$\mu$m 之间，而且只能涂一次；

⑩ 电泳槽体积很大，改换配方和颜色都非常困难。

**4. 自泳涂料**

自泳涂料由聚合物乳液、颜料、酸、氧化剂等配制而成，待涂覆金属被漆液化学溶解产生多价金属离子，使接触界面乳液胶团絮凝而沉积形成涂膜。由于它的沉积过程靠化学反应来推动，故又称之化学泳涂，以区别于电泳涂漆，但同样具有良好的平整度、膜厚均一性和防护性，且沉积时间短（2min）、烘烤温度低（约 100℃），主要品种有丙烯酸和偏氯乙烯等品种，偏氯乙烯自泳涂料有更好的防护性（见表 4-26）。

由于沉积析出的湿膜可以水冲洗，故涂膜中不残留表面活性剂或其他水溶性物质，耐水防锈性远比普通乳胶漆优越。

表 4-26　偏氯乙烯自泳涂料的主要性能

| 项　　目 | 偏氯乙烯自泳涂料 | 苯-丙乳胶涂料 |
|---|---|---|
| 干燥 | 90～105℃×20min | 25℃实干 24h，105℃×1h |
| 膜厚/μm | 14～24 | — |
| 附着力/级 | 1～2 | — |
| 冲击强度/N·cm | 490 | 490 |
| 柔韧性/mm | 1 | 1 |
| 铅笔硬度 | ≥4H | — |
| 盐雾试验/h | >500 | — |
| 耐盐水(24h) | — | 无变化 |

## 三、粉末涂料

粉末涂料是一种与传统液体涂料完全不同的无溶剂涂料，具有工序简单、节约能源和资源、无环境污染、生产效率高等特点，粉末涂料主要用于金属器件涂装，现已广泛用于家用电器、仪器仪表、汽车部件、输油管道等各个方面，是发展很快的一种涂料。

粉末涂料不含任何溶剂，涂膜最厚可达数百微米，并有良好物理机械性能，涂料利用率高达 95%以上，是节省资源的环境性涂料。它的缺点是需要专用涂覆设备，换色困难，薄涂难，外观装饰性差，烘烤温度高。因此，粉末涂料的开发重点正从厚涂层向薄层转移；热塑性涂层向热固性转移（如热固性聚酯、丙烯酸、聚氨酯等）；防护性向装饰性转移。

粉末涂料分为热塑性和热固性两大类。热塑性粉末涂料包括 PE、PP、PVC、聚酯、聚酰胺、聚四氟乙烯等，涂料由树脂、颜填料、流平剂、稳定剂等组成；热固性粉末涂料包括环氧、聚酯、丙烯酸、聚氨酯等，涂料中含有固化剂。

粉末涂料用树脂应在熔融温度与黏度、荷电性能、稳定性、润湿与附着力、粉碎性能等诸方面都满足要求。熔融温度应远离树脂分解温度；熔融黏度要低，便于流平及空气等气体的逸出，环氧和聚酯都有较低熔融黏度。

固化剂应确保粉末涂料有良好的储存稳定性且不结块，故都选用粉体或其他固态，但在熔融混合过程中不得起化学反应。颜料应选用耐热无毒的无机或有机颜料，防止粉末制造和使用过程粉尘飘散对人体健康的危害。粉末涂料添加的助剂最重要的是流平剂，因熔体的黏度远比溶剂型涂料大得多，涂膜易产生缩孔和不平整。流平剂都采用丙烯酸树脂或有机硅树脂流平剂，用量 0.2%～2%，对于熔体黏度低的粉末涂料，还需要添加微细二氧化硅或聚乙烯醇缩丁醛来提高边角覆盖力。

粉末涂料还可以添加低相对分子质量热塑性树脂或消光剂制造半光或无光涂料，添加特殊助剂及片状颜料可制造锤纹、皱纹及闪光型美术涂料。

### 1. 粉末涂料的性能要求

为了得到性能优异、能满足涂装和应用要求的粉末涂料，首先要选择粉末树脂和交联剂（固化剂），同时要合理地控制其物理状态和有关物理、化学性质，如玻璃化温度、熔融黏度、反应活性、稳定性、力学性能等，而这些性能的改善又受到制备过程中树脂、固化剂等组成的混合物所遭的苛刻条件的制约，这是和液体树脂不同的地方，具体介绍如下。

**(1) 流变性能**

粉末涂料在成膜过程中的流变性质要求与液体涂料不同，为了得到流平性好的漆膜，和液体涂料一样，要求粉末涂料在熔融时要有较低的黏度和较好的流动性，液体涂料可以通过溶剂来调节成膜过程的黏度，但粉末涂料的黏度只能由自身结构和温度来调节，在一定烘烤温度下，为了有较低的黏度，要求粉末涂料的玻璃化温度较低，但是玻璃化温度的降低受到粉末涂料储存稳定性的限制，若玻璃化温度低于 55℃，粉末之间容易结块，妨碍涂布。粉末涂料的流动性好坏常以斜板流动性表示，一般以一定时间、一定温度下的流动距离来表示，在热固性粉末涂料中常加入助流动剂，如聚丙烯酸辛酯和安息香，前者为极性和表面能都低的共聚物，可以在融熔时铺展于表面，帮助流动，安息香可消除针眼和帮助脱气，但作用机理不清楚。

**(2) 反应活性**

粉末涂料的反应活性必须足够大，以便在烘烤温度下在较短时间内完成反应，形成均匀固化漆膜，反应活性一般以凝胶时间表示，即在一定温度下熔融状态的涂料凝固至不能流动所需的时间（一般要求在几分钟到十几分钟之内凝固），凝胶时间愈短反应活性愈大。但是粉末涂料的活性又不能太大，否则在制备过程中的混合挤出机中也有可能发生部分反应导致物料黏结，反应活性过高也会影响储存稳定性，反应太快还会影响成膜过程中的流平。

**(3) 粉末涂料的粉碎性**

粉末涂料在挤出后，需要进行粉碎。要达到较好的粉碎效果，粉末涂料必须要有一定的脆性，但脆性太高，形成漆膜的韧性必然受到影响，脆性的大小和脆折温度及玻璃化温度有关，而脆折温度和玻璃化温度又和相对分子质量的大小及结构有关。

**(4) 粒径**

粉体的粒径不能太大，因为粒径大小和涂层厚度有关，粒径大，涂层厚。另外，粒径大，粉体的流动性差，特别是用流化床时，粉体不易形成漂浮状；但粒径太小也会引起粉体的飞散，一般要求为通过 200 目筛。

**(5) 粉末涂料的熔点**

粉末涂料的熔融成膜必须在熔点以上，挤出机温度、被涂物预热温度以及烘烤温度的确定都和熔点有关。温度太高，树脂可能会热老化使性能变差。

可以看到上述的要求部是相互关联的，必须全面进行考虑，才能设计出优良的粉末涂料配方。

**2. 几种主要的粉末涂料**

粉末涂料中的热塑性涂料是以热塑性树脂为成膜物质的。热塑性树脂随温度升高而变软，熔融并流平成膜，冷却后变硬形成固态漆膜。热塑性粉末树脂的主要品种有聚乙烯、聚氯乙烯、尼龙等。聚氯乙烯树脂粉末涂料非常便宜，耐药品性和防腐蚀性优良，涂膜厚，但它需要用增塑剂，烘烤温度受到限制，附着力差，需有底涂。聚乙烯主要是高压聚乙烯粉末，它具有优异的耐药品性、耐寒性、柔韧性、电绝缘性，而且无毒，但是它和金属间密合性差，尼龙粉末涂料具有非常优良的性能，如尼龙-1010 具有优异的耐磨性、耐候性、耐冲击性、耐水性等，但价格昂贵，需要有底涂。

热固性粉末涂料以热固性树脂作为成膜物，通常是由含有活性基团的聚合物和交联剂组成。热固性粉末涂料是粉末涂料发展的主流，主要品种有环氧树脂、聚酯、环氧树脂聚酯混合物、聚氨酯和丙烯酸树脂等。

**(1) 环氧粉末涂料**

环氧树脂粉末涂料的漆膜附着力、硬度、柔韧性、耐化学药品和电性能优良，它具有优异的反应活性和储藏稳定性。环氧树脂非常适于粉末涂料的制备：它具备各种熔点的树脂，容易调节熔融性能；熔融黏度低，易于流平；树脂相对分子质量相对来说不大，性质较脆易于粉碎；固化时不产生小分子；体积收缩小；不易产生气泡等。它的缺点是室外耐候性差，容易光老化，因此主要用于功能性粉末涂料，即高防腐的粉末涂料，如管道内外壁、汽车零部件、电绝缘涂层、海运集装箱等的涂料。

环氧树脂粉末涂料用的粉末树脂，主要是双酚 A 环氧树脂，其环氧当量一般为 700～1000。熔融混合是在 100℃左右温度下进行，在这个温度下树脂应有适当的熔融黏度。树脂熔融温度一般在 90～100℃，若树脂熔融温度比此值低，容易结块；比此值高，粉碎困难，成膜时流平性差。线性酚醛环氧树脂，环氧基团数多，和双酚 A 树脂混用，可增加平均官能度数和交联点，使固化速度加快，而且能得到耐热性、耐化学药品性更好的漆膜。

环氧树脂粉末涂料的固化剂包括酚、酸酐、双氰胺及其衍生物、酰肼等。固化剂的种类对固体漆膜的性能有很大的影响，对固化剂一般有如下要求：

① 常温下是固体；

② 在与树脂熔融混合时不发生反应；

③ 涂料的储存稳定性好，固化温度低，固化时间短；

④ 无刺激性臭味和毒性；

⑤ 不会使漆膜带色；

⑥ 价格便宜。

一般采用软化点 70～110℃，如 604 环氧（E-12），采用双氰胺、酸酐、二羧酸二酰肼、咪唑类作固化剂。选用双氰胺固化剂涂膜色浅；咪唑类促进剂仍需高温固化；酸酐固化剂固化快，但涂膜光泽低；二羧酸二酰肼固化剂具有较好的韧性、快固化性和抗黄变性，适宜配制白色涂料；咪唑类固化剂固化温度低，高温固化时光泽低。

配方示例：E-12 环氧 70％、癸二酸二酰肼 4.9％，混合流平剂 0.5/1.4，钛白 23％，群青 0.2％。

由于环氧的耐候性差，可用羧基聚酯树脂代替酸酐作为交联剂，成本也得到降低。当聚酯用量在 50％以上时，随聚酯含量增加，耐候性明显改善，选用聚酯的酸值宜在 55mgKOH/g 以下。环氧-聚酯的配比应与聚酯的酸值相协调，使羧基都能参与交联反应。

**(2) 环氧/聚酯粉末涂料**

环氧/聚酯粉末涂料的成膜树脂为双酚 A 环氧树脂和端羧基聚酯的混合物，是一种混合型粉末涂料，显示出环氧组分和聚酯组分的综合性能，环氧树脂起到了降低配方成本，赋予漆膜耐腐蚀性、耐水等作用，而聚酯树脂则可改善漆膜的耐候性和柔韧性等，这种混合树脂还有容易加工粉碎，固化反应中不生产副产物的优点，是目前粉末涂料中应用最广的一类。

聚酯的羧基和环氧树脂的环氧基在固化温度下发生反应（一般要加催化剂），导致形成交联的固化漆膜，聚酯树脂的组成、相对分子质量、平均官能度数对粉末涂料的性质影响很大。粉末涂料用聚酯平均官能团应有 2～3 个，大于 3 个可提高硬度和化学稳定性，但树脂难以制备，而且熔融黏度高，流动性降低，流平性变差。聚酯的玻璃化温度以 50～80℃之间为宜，低于 50℃储存时会结块，高于 80℃时熔融黏度太高，使颜料、助剂等组分不能与其很好混合，控制聚酯的玻璃化温度和熔融黏度除了选择的组成外，相对分子质量的调节非常重要。

环氧树脂的选用要依据聚酯的羧基量（用酸值表示）和相对分子质量决定，高酸值相对分子质量的聚酯要用更多的双酚 A 环氧树脂。

下面列举一种羧基的聚酯配方和相应的环氧/聚酯粉末涂料配方。

① 端羧基聚酯的配方

| | | | |
|---|---|---|---|
| 乙二醇 | 124 份 | 对苯二甲酸 | 3320 份 |
| 新戊二醇 | 1872 份 | 锡盐（FASCAT） | 6.63 份 |
| 1,4-环己烷二甲醇 | 272 份 | 乙酸锂 | 18 份 |
| 三羟基甲基丙烷 | 3320 份 | 偏苯三酸酐 | 615 份 |
| 己二酸 | 292 份 | 2-甲基咪唑（催化剂） | 6 份 |

聚合方法是二步法，先制成端羟基聚酯，再加过量多元酸，最后得端羧基聚酯，其性能为：酸值 80mgKOH/g；羟值 3mgKOH/g；软化点 110℃。

② 粉末涂料的配方

| | | | |
|---|---|---|---|
| 端羧基聚酯树脂 | 50 份 | 流平剂（modaflow） | 0.36 份 |
| 环氧树脂（环氧当量 810） | 50 份 | 钛白 | 66.66 份 |

在粉末涂料的配方中还往往要加防针孔剂安息香及反应促进剂铵盐等。

**(3) 聚酯粉末涂料**

聚酯粉末涂料主要是指由端羧基聚酯和交联剂异氰脲酸三缩水甘油酯（TGIC）组成的粉末涂料，共反应表示如下：

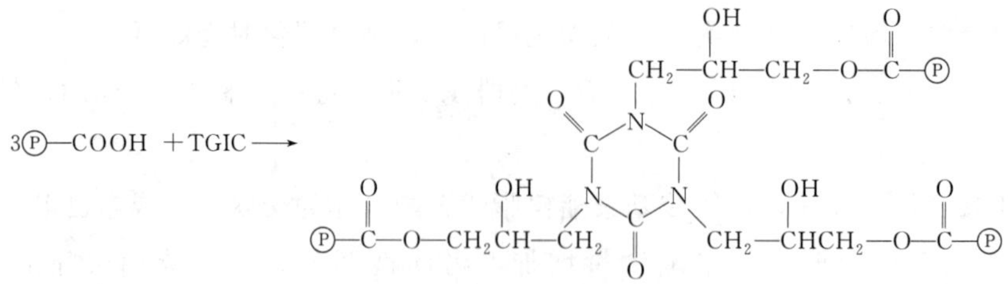

```
                                          OH              O
                                          |               ‖
                                     CH2—CH—CH2—O—C—Ⓟ
                                  O    |     O
                                  ‖    |    ‖
3Ⓟ—COOH ＋TGIC ⟶                   C—N—C
                                   |     |
      O           OH               N     N          OH              O
      ‖           |              /   \ /   \        |               ‖
  Ⓟ—C—O—CH2CH—CH2      C       CH2—CHCH2—O—C—Ⓟ
                                     ‖
                                     O
```

P代表聚合物

由于 TGIC 是一种脂肪族的环氧化合物，因此改善了耐光老化性，为了降低成本，减少 TGIC 的用量，一般采用高相对分子质量的端羧基聚酯。此种涂料所得漆膜光泽高，耐化学药品性、防腐蚀性、耐候性和保光性都很好，受到广泛重视，但由于有报道认为 TGIC 可能对人体有很严重的毒害，其发展势头受到了影响。现在有一种称为 Primid 的固化剂可以取代 TGIC，它是由 Rohm& Hass 公司开发的，是一种四官能基的 2-羟烷基酰胺，它无毒、固化速度快、用量小，所得漆膜耐候性更好。热固性聚酯粉末涂料具有良好的防护性和装饰性，易薄膜化。装饰性涂料一般采用羟值 30～100mgKOH/g 的聚酯或酸值 30～60mgKOH/g 的聚酯，分别用异氰脲酸三缩水甘油酯或封闭型异佛尔酮二异氰酸酯作交联剂；防护性涂料采用羟基聚酯与封闭型芳香族二异氰酸酯交联。

**(4) 聚氨酯粉末涂料**

聚氨酯粉末涂料主要指端羟基的聚酯和各种封闭型多异氰酸酯为成膜组分的粉末涂料，由羟基和异氰酸酯反应生成含氨基甲酸酯结构的聚氨酯交联漆膜，这种粉末涂料有很多的优点：由于封闭型异氰酸酯需在高温下解封，因此延缓了粉末涂料的固化，允许在较长的时间进行流平，封闭剂的析出相当于增塑剂可降低熔融黏度，而端羟基的树脂一般也都含有一些羧基，可以改善对颜料的润湿性，总之，聚氨酯粉末涂料有突出的流动性。所得漆膜光泽高、耐候性好、机械物理性能和耐化学性能都十分优越，适用于室内外的装饰性薄层涂料以及各种工业涂料。

端羟基聚酯的制备和端羧基聚酯的制备非常类似。封闭型异氰酸酯主要有己内酰胺封闭的多异氰酸酯和丁酮肟封闭的多异氰酸，前者解封出来的己内酰胺有助于熔融流动性，可得到流平性好的漆膜，适用于薄涂层，后者解封温度低，反应活性高，可在较低温度下固化，多异氰酸酯可以是芳香族异氰酸酯，如甲苯二异氰酸酯和脂肪族二异氰酸如异佛尔酮二异氰酸酯。前者比较便宜，但光照下易变黄。后者具有很好的光稳定性，但价格昂贵，为降低其用量，一般要采用相对分子质量高的端羟基聚酯。羟值一般小于 50mgKOH/g，而以 30mgKOH/g 为宜，封闭型异氰酸，酯特别是丁酮肟封闭的异氰酸酯解封闭时要释出挥发性有机物，对环境有一定的污染，这是一个缺点。己内酰胺作封闭剂解封时有部分可聚合成不易挥发的低聚物留于薄膜内，为了克服释放封闭剂对环境带来的污染问题，已研制出一种内封闭的异佛尔酮，但固化温度高、流平性差，还未能实际使用。

**(5) 丙烯酸粉末涂料**

丙烯酸粉末涂料可分为三类：第一类由含丙烯酸缩水甘油酯的丙烯酸共聚树脂和多元酸（固化剂）组成成膜树脂，在高温下由多元酸和缩水甘油基上的环氧基团反应形成交联结构。为了满足粉末涂料制备上的要求，丙烯酸树脂要求有一定的脆性，为了保证漆膜的柔韧性，多元酸一般使用长链脂肪族二元酸，如癸二酸、壬二酸等，予以补偿；第二类树脂是由端羟基的丙烯酸树脂和封闭型多异氰酸酯组合；第三类丙烯酸粉末树脂由自交联的丙烯酸树脂为成膜物，自交联基团是通过 *N*-羟甲基丙烯酰胺、*N*-(甲氧基甲基）丙烯酰胺、丙烯酰胺、顺丁二酸酐等共聚单体引入共聚物的。丙烯酸粉末涂料有特好的抗洗涤剂性能，宜用于洗涤机，但它的抗冲击性能不如聚酯，合成和加工又比较困难，价格较高，因此用量不大。

热固性丙烯酸粉末涂料主要选用丙烯酸缩水甘油酯共聚物，羟基或羧基树脂使用较少，因为它们所用的交联剂或者有小分子副产物形成，导致粉末储存稳定性差或者耐候性差。缩水甘油酯基树脂，则采用脂肪酸多元酸作固化剂。配方示例如下：

丙烯酸树脂 84%，十二碳二羧酸 12%，环氧树脂 4%，$TiO_2$ 43%，流平剂 1%。固化条件 180～200℃，15～20min，可用作户外耐候性涂料，亦可薄层化（约 40μm）。

**(6) 美术型粉末涂料**

美术型粉末涂料是在聚酯等热固性粉末涂料中加入浮花剂和铝粉、铜金粉或颜料形成花纹、锤纹、龟纹和雪花等多种美观漂亮的立体花纹，装饰效果优美，并能弥补基底表面不平整的缺陷，涂料性能主要由树脂所决定。

各种粉末涂料的性能和用途及比较如表 4-27 和表 4-28 所示。

**表 4-27 各种粉末涂料的性能和用途**

| 涂料种类 | 耐化学性 | | | 主要性能 | | 用途 |
|---|---|---|---|---|---|---|
| | 酸 | 碱 | 溶剂 | 优点 | 缺点 | |
| 聚氯乙烯 | 良好 | 良好 | 次 | 耐磨性好 | 最高使用温度仅 70℃，略有毒性，附着力低 | 工业管道、储槽、化工设备 |
| 高压聚乙烯 | 良好 | 良好 | 良好 | 坚韧、耐磨性好、价格比聚酰胺低 | 颜色品种有限，光泽差 | 工业用器材及金属制品的涂装，化工设备衬里涂层 |
| 低压聚乙烯 | 良好 | 良好 | 次 | 价廉、颜色品种多 | 最高安全工作温度 95℃，易受环境的应力作用而开裂 | 工业用器材、金属零件及其他金属构件 |
| 聚三氟氯乙烯 | 极好 | 极好 | 极好 | 有良好的绝热性 | 价贵，涂层较薄 | 耐化学腐蚀的泵、阀、反应器、化工设备涂装 |
| 环氧树脂 | 极好 | 极好 | 极好 | 绝缘性、耐化学性好、附着力好，工作温度达 120℃ | 固化慢、略脆、成本较高 | 化工厂的金属、设备储槽、管道的内外壁、电机绝缘器材 |
| 聚氨酯 | 次 | 次 | 尚可 | 抗臭氧、耐磨性好、附着力好、抗放射性 | 最高工作温度 70℃，成本较高 | 风扇叶、搅拌器、泵、壳及其他金属材料 |
| 氯化聚醚 | 极好 | 极好 | 极好 | 耐磨性好、耐化学性好、工作温度达 120℃ | 略脆，成本高 | 化工厂耐化学腐蚀设备及管道 |
| 聚酰胺 | 次 | 良好 | 良好 | 耐磨性好、坚韧、颜色品种多，工作温度达 120℃ | 耐强酸性差，价格较高 | 金属、日用品、仪器箱、阀及氧气筒外壁 |
| 聚丙烯酸酯 | 良好 | 良好 | 良好 | 耐紫外光良好、保光、包色性良好，可以薄涂 | 成本较高 | 适于装饰性产品的涂装 |
| 聚酯 | 良好 | 次 | 良好 | 涂层外观良好，热塑性的固化时间短 | 涂厚时容易流挂 | 装饰性器材及交通车辆零件 |

**表 4-28 各种粉末涂料的性能比较**

| 性能 | 醋酸丁酸纤维素 | 氯化聚醚 | 环氧 | 聚酰胺 | 聚酯 | 聚醚 | 聚氯乙烯 |
|---|---|---|---|---|---|---|---|
| 熔融及固化温度/℃ | 230～315 | 260～345 | 150～260 | 260～315 | 205～315 | 230～345 | 230～315 |
| 操作温度/℃ | 80 | 120 | 175 | 95 | 95 | 70 | 95 |
| 色泽 | 4 | 4 | 3 | 3 | 4 | 3 | 4 |

续表

| 性能 | 醋酸丁酸纤维素 | 氯化聚醚 | 环氧 | 聚酰胺 | 聚酯 | 聚醚 | 聚氯乙烯 |
|---|---|---|---|---|---|---|---|
| 保色性 | 4 | 3 | 35 | 5 | 5 | 5 | 5 |
| 光泽 | 4 | 3 | 5 | 3 | 5 | 5 | 5 |
| 保光性 | 4 | 2～3 | 2～3 | 5 | 5 | 3 | 5 |
| 耐磨性 | 5 | 5 | 5 | 4 | 5 | 2 | 5 |
| 耐冲击性 | 5 | 3 | 3 | 5 | 3 | 2 | 4 |
| 柔韧性 | 3 | 2 | 2～3 | 3 | 3 | 4 | 4 |
| 电绝缘性 | 5 | 5 | 5 | 3 | 4 | 4 | 5 |
| 机械加工性 | 3 | 4 | 3 | 4 | 5 | 2 | 1 |
| 耐醇溶剂性 | 3 | 4 | 4 | 3 | 4 | 5 | 4 |
| 耐汽油性 | 3 | 5 | 4 | 4 | 4 | 5 | 4 |
| 耐芳烃溶剂性 | 2 | 4 | 4 | 4 | 5 | 5 | 3 |
| 耐酯酮溶剂性 | 1 | 5 | 2～3 | 5 | 2 | 3 | 1 |
| 耐酸性 | 1 | 4 | 3 | 2 | 2～3 | 3 | 3 |
| 耐碱性 | 2 | 4 | 5 | 3 | 1 | 5 | 5 |
| 耐水性 | 5 | 4 | 5 | 3 | 3 | 5 | 4 |
| 防锈性 | 3 | 4 | 5 | 5 | 3 | 5 | 4 |
| 耐候性 | 3 | 2 | 2～3 | 3 | 5 | 2 | 4 |

注：1＝差，2＝较差，3＝中等，4＝良好，5＝优秀。

粉末涂料已经在涂膜薄层化、低温固化、紫外光固化、高耐候性等方面取得了突破性进展，还需要在粉末制备工艺、粉末超细化、复合化和高功能化、涂装设备等方面进一步努力。

## 四、辐射固化涂料

辐射固化包括光固化（主要指紫外光，也有少部分可见光）和高能射线（主要是电子束）固化，采用的辐射源不同，则对应的辐射固化材料也有所区别。

光敏涂料（或称光固化涂料）一般用紫外光作为漆膜固化的能源，它是一种几乎无溶剂的涂料，它具有节省能源、减轻空气污染、固化速度快、占地少、适于自动化流水线涂布等特点，特别适用于不能受热的基材的涂装，它的应用范围很广，发展很快。

光固化涂料由光固化树脂、活性稀释剂、光敏剂、透明颜料与填料及其他助剂配制而成。光固化树脂包括不饱和聚酯、丙烯酸聚酯、丙烯酸聚醚、丙烯酸环氧、丙烯酸聚氨酯及聚丁二烯等，其中不饱和聚酯多用于配制木器光固化涂料，涂膜厚而坚硬、光亮耐磨、抗沾污；丙烯酸环氧多用于配制光固化底漆，丙烯酸聚氨酯多用于配制塑料用面漆，具有良好装饰性。

### 1. 自由基光敏聚合体系

自由基光敏聚合体系常用的活性稀释剂分单官能基单体和多官能基单体两种，多官能基单体一般指含两个以上丙烯酸酯、甲基丙烯酸酯或烯丙基等结构的单体，如三羟甲基丙烷三丙烯酸酯（TMPTA）、季戊四醇三丙烯酸酯（$PETA_3$）、季戊四醇四丙烯酸酯（$PETA_4$）、己二醇二丙烯酸酯（HDDA）、新戊二醇二丙烯酸酯（NPGDA）、二乙二醇二丙烯酸酯（DEDA）、三乙二醇二丙烯酸酯（$T_3EDA$）、四乙二醇二丙烯酸酯（$T_4EDA$）等。单官能基单体，常用的有丙烯酸异辛酯（丙烯酸-2-乙基己酯，EHA）、甲基丙烯酸羟乙酯、丙烯酸羟乙酯（HEA）、丙烯酸二甲氨基乙酯（DMAEA）、乙烯基吡咯烷酮（VP）以及乙酸乙烯酯、甲基丙烯酸甲酯、苯乙烯等。一般根据稀释剂反应活性、挥发性、交联密度及涂膜性能来选用和确定其用量。

光敏引发剂有两种类型，一种是光敏引发剂受光激发后，分子内分解的自由基是单分子光引发剂，另一种是需要和一含活泼氢的化合物（一般称助引发剂）相配合，通过夺氢反应形成自由基，是双分子光引发剂。这两种类型分别以安息香和二苯甲酮为代表。光固化涂料利用300～450nm的近紫外线来固化，100～200nm的紫外线易被物质吸收，穿透力弱，难以利用。故光敏剂选用对300～450nm波长紫外线敏感并能产生引发聚合的自由基的光敏剂。不饱和聚酯多采用安息香醚光敏剂。

自由基型光聚合体系虽然应用最广泛，但仍存在一些不足：聚合反应强烈地受到空气中氧的抑制；自由基的笼蔽效应明显；光固化体系一般只限于烯类单体；固化过程的收缩率高，内应力大，黏结性不好。为了克服这些缺点，人们又开发了阳离子型光引发技术。

**2. 阳离子光敏聚合体系**

与自由基光固化体系相比，阳离子光固化体系具有以下特点：光引发阳离子单体和预聚体种类多，除了含双键的不饱和单体外，还有各种环状化合物；阳离子光聚合不受氧阻聚；阳离子光聚合是活性聚合，只在开始阶段需要光的照射，然后即使没有光也可以继续聚合，非常适合厚涂层和有颜色的涂层固化；成膜性能好，固化体积收缩率低，对基材附着力强；阳离子光聚合对温度依赖性很大，升高温度可明显提高聚合速度。

凡可进行阳离子聚合的单体均可由 盐进行光敏引发聚合，例如环醚、环形缩醛、内酯、环硫醚，乙烯基醚、乙烯基咔唑和各种环氧化合物，作为光固化的单体，一般用多官能基的单体。

对于多环氧化合物来说，其聚合活性是很不同的，它与环氧化合物的电荷分布、空间阻碍等都有关系，作为光敏树脂的基本低聚物，应尽可能选用商品环氧化合物，如双酚A环氧树脂，因为它的价格便宜，而且有很好的性能，但它本身黏度太大，而且光诱导交联固化太慢，因此需要和其他更活泼的低黏度的环氧化合物合用，特别是环氧值高的双环氧化合物，但问题在于它们都比较贵，有的还有挥发性，现在最常用的有3,4-环氧环己基甲酸-3′,4′-环氧环己基甲基酯（国外汽巴公司的牌号是CY179，国内牌号为6221）等，一般用量在20%以上，即使环氧树脂与CY179合用黏度仍嫌太高，需要添加稀释剂，稀释剂有惰性的、有活性的，活性的稀释剂可以是呋喃、内酯、二甘醇、乙烯基醚，特别是一些二乙烯基醚，如聚丙二醇的二乙烯基醚等。

阳离子光敏聚合体系的光敏引发剂可分为离子型和非离子型，离子型阳离子光引发剂又可分为 盐型和有机金属盐类，其中研究最多、应用最广泛的是 盐型，尤以芳基重氮盐、碘 盐、硫 盐和芳茂铁盐最具代表性。重氮盐作为阳离子光敏引发剂，其最大的缺点是光解时有$N_2$析出，这限制了它的实际应用，因为在聚合物成膜时会导致气泡或针眼生成；另一个缺点是不稳定，它不能长期储存，由于这两个原因阳离子光敏引发聚合的发展非常慢。

### 3. 混合光固化体系

硫 盐和碘 盐作为光敏引发剂在产生阳离子同时，还有自由基产生，因此它们既是阳离子聚合引发剂，也可以是自由基聚合的引发剂，可以应用于一个混合单体的固化体系。例如，有丙烯酸酯/环氧化物或丙烯酸酯/乙烯基醚的混合单体或低聚物的光敏聚合体系，这种混合体系可以增加固化深度和固化速度，并可有较多的单体供选择，用来调节黏度和最后产物的硬度、柔软度和附着力等。例如，环状单体进行阳离子开环聚合时，体积变化很少，有时还可能有膨胀，相反，丙烯酸酯聚合时，收缩很厉害，从而导致内应力，因此在丙烯酸酯体系中引入环氧化合物可以平衡丙烯酸酯的体积变化；另一方面，由于体系中碱性杂质的存在，阳离子聚合的诱导期一般较长，但阳离子寿命是长久的，在光照以后，还可以继续进行暗聚合；自由基可以提供迅速的聚合，但光熄灭后迅速消失，因此，阳离子聚合和自由基聚合可互相弥补其不足。

### 4. 光源

光敏涂料对光源的选择应考虑如下因素：①光源即紫外灯所发射的光，应能为光引发剂所利用，即灯的发射光谱和引发体系的光谱需有很好的匹配；②电能转换为紫外光能的效率应较高；③强度必须适当，例如，对于自由基光敏聚合体系来说，光太强，自由基产生很快，浓度过高，终止反应速度升高，对交联反应有不利的影响，强度太低，自由基产生过慢，空气阻聚作用会很严重；④使用寿命长，紫外灯可逐渐老化，用已过期的紫外灯所发出的光达不到预期效果；⑤应有很好的灯罩聚光，同样一个灯的灯罩好坏，效率可相差十几倍；⑥形状合适，能使光线均匀分布在被涂物上，对于流水涂布装置，一般用管形灯，要易于安装，便宜，安全可靠。由于在紫外灯光照射下，空气中会有臭氧产生，所以应有通风设备。

紫外灯一般用弧光灯，如汞（弧）灯。汞灯的灯管充有汞蒸气，它依靠汞蒸气的弧光放电发光。按灯内汞蒸气压高低分为低压汞灯（约 0.1Pa）、中压汞灯（约 100～200kPa）和高压汞灯（约 1MPa）。国内的所谓高压汞灯包括了中压汞灯，压力为 100～500kPa，而高于 500kPa 的称为超高压汞灯，中压汞灯是普遍采用的光源。

中压汞灯主要发射下列波长的光：405nm（42），365～366nm（100），312～313nm（49），302～303nm（24），297nm（16.6），265nm（15.3），254nm（16. 6），248nm（8.6），括号内表示它们的相对能量。除此以外还有可见光和红外光，红外光虽不能起引发作用，但对于链增长有协同效应。常用的中压汞灯的线功率密度为 80W/cm，灯长可从几厘米到 200cm，直径为 15～20mm，它的应用温度较高，需要空气冷却，使用寿命在 $10^3$h 左右，汞灯需有镇流器，灯的强度一定，电流和电压可以调节：高电流低电压，或高电压低电流。高电流对于得到的紫外光含量有利。现在 240W/cm 的汞灯已可得到。

低压汞灯主要发出 254nm 和 185nm 的紫外光，强度低，功率低（4～25W），可在室温使用，不需冷却，应用寿命长达 $10^4$h。高压汞灯，功率可达几千瓦，光谱宽，强度大，但温度高，需用水冷却，使用寿命短到仅 200h 左右。

汞灯在开动以后需有一段预热时间，以便汞的蒸发，在预热时间不能得到应有的紫外光。汞灯在关闭以后，不能马上再启动，需要冷却一段时间，使用不太方便，现在已发展了一种无极的汞灯，可以瞬时开关，脉冲的（孤）灯也可用于紫外固化，它的光谱和汞灯不同，是一个连续光谱，可用于厚膜的固化。

### 5. 电子束 (EB) 固化涂料

紫外光固化在用于色漆特别是黑漆和白漆以及厚涂层方面受到很大限制，用电子束(EB) 来代替紫外光进行固化可克服这一问题，电子束是一种高能量电子流（150～300keV)，穿透力强，不受涂层颜色影响，可固化厚涂层，不仅可用于固化涂料，也可用于黏合剂、层压材料等方面，妨碍电子束固化涂料发展的原因之一是其设备成本高，运行费用高，但由于电子束固化设备——电子束加速器已有了很大进步，特别是低能量电子束加速器的发展，电子束固化的成本逐渐可和紫外固化相比，因此最近发展很快。

电子束固化的机理基本上和紫外固化机理相同，但引发机理不同，电子束固化一般不需加引发剂，高能的电子束可以裂解化合物生成高活性的离子和自由基。紫外光固化所用的单体、低聚物同样可用于电子束固化。有的单体（如甲基丙烯酸酯）在紫外光固化时速度较慢，但电子束固化时，不存在这个问题，可以得到应用。

电子束可使聚合物降解或交联，在有单体存在时，可使聚合物发生接枝共聚合，因此在设计配方和聚合物为基材时受到一些限制。

UV 固化木器清漆配方：

聚酯丙烯酸酯：65％

聚氨酯丙烯酸酯：18％

TPGDA：10％

TMPTA：5％

1173：2％

助剂：若干

UV 固化木器色漆配方：

聚酯丙烯酸酯：62％

聚氨酯丙烯酸酯：15％

TPGDA：8％

TMPTA：3％

1173：1.5％

TPO：0.5％

钛白粉：10％

分散剂：若干

消泡剂：若干

配方中聚酯丙烯酸酯和聚氨酯丙烯酸酯是光固化树脂，光固化成膜的主要材料，TPGDA 是二官能团活性稀释剂，TMPTA 是三官能团活性稀释剂，1173 和 TPO 是光引发剂，钛白粉是颜料，助剂包含流平剂、消泡剂等。

辐射固化涂料的发展趋势是：可光和热双重固化、水性化、高性能化以及行业应用标准化。

## 第五节　特种功能型涂料

特种涂料是指具有除防护和装饰性之外的特殊功能的专用涂料，比如润滑涂料、示温涂料、伪装涂料、防污涂料、导电涂料、阻尼涂料、发光涂料等，都有其专有功能。

特种涂料品种众多，就其主要功能可分为六大类：热功能、电磁功能、力学功能、光学功能、生物功能及化学功能。由于品种太多，本节只介绍几种重要的特种涂料。

特种涂料的研究已远远超出本行业所涉及的化学、化工方面的知识，需要与其他学科理论和研究方法相互交叉、渗透。因此特种涂料的生产技术是由综合性学科形成的高新技术，且有待于更深入地研究和拓展。但特种涂料由于成本低、施工方便、功效显著而飞速发展，已成为国民经济各领域所不可缺少的材料。

特种涂料与一般涂料的组成相似，只是添加料性质有悬殊的差别。在一般涂料中，添加颜填料仅赋予色彩、防锈性或改善涂层物理机械性能，随着纳米技术的兴起和发展，特殊性能的纳米添加剂为特种涂料的发展提供了更为广阔的空间，并把人们带到一个充满惊奇的世界。例如：纳米铜是绝缘体；纳米硅是导体；纳米陶瓷具有韧性和延展性，可任意弯曲；纳米金属氧化物具有良好的电磁波吸收性能；纳米 $TiO_2$ 具有良好的光化学催化作用；纳米磁性材料具有更高的磁记录密度或作为生物导向粒子。国内已经开发纳米 $TiO_2$、$ZnO$、$Al_2O_3$、滑石粉、蒙脱土、$SiO_2$、$Fe_2O_3$、$CaCO_3$ 等纳米材料，在实用化方面主要是以膜的形式首先被实施的。这些物质在达到纳米尺寸以后所表现出来的特殊性质，为特种功能涂料的开发提供了更多的便利和可能性。例如：利用纳米 $TiO_2$ 光催化活性开发的防污自洁净外墙涂料或冰箱防霉杀菌涂层；纳米 $Al_2O_3$ 聚四氟乙烯薄膜具有更好的耐磨性；纳米 $Al_2O_3$ 环氧涂膜具有良好的补强增韧作用；纳米磁性氧化物涂层具有微波吸收性能、静电屏蔽性和抗静电性能；纳米 $Al_2O_3$-PMMA 涂层具有宽频带红外线吸收性能；纳米 $ZnO$、$Al_2O_3$、$SiO_2$、云母氧化物可吸收 300～400nm 波长的紫外光，对底材具有抗光老化屏蔽性能；纳米材料对涂层普遍的起增韧补强作用，所有这些，纳米材料的特异性必将对特种涂料的开发生产产生深远巨大的影响。

## 一、防火涂料

防火涂料又称阻燃涂料，是施涂于可燃性基材表面，用以改变材料表面燃烧特性，阻止火灾迅速蔓延，或施涂于建筑构件上，用以提高构件的耐火极限的特种涂料。防火涂料除具有一般涂料所具有的保护性和装饰性以外，还应有两个特殊的性能：涂层本身具有不燃性或难燃性，能防止被火焰点燃；能阻止燃烧或对燃烧有延滞作用即抑制燃烧的扩展，从而使人们有充足的时间进行灭火工作，但是值得注意，单靠防火涂料来灭火是不可能的。

### 1. 防火涂料的防火机理

防火涂料本身具有难燃性或不燃性，使被保护的可燃性物体不直接与空气接触，从而延迟物体着火和减小燃烧速度。防火涂料本身遇到火进行热分解，分解出不燃的惰性气体，冲淡被保护物体受热分解出的可燃性气体，使之不易燃烧或减慢燃烧速度，例如非膨胀型防火涂料的成分中大多含有较高比例的卤素化合物，这些化合物在高温下，分解释放出大量的卤化氢，冲淡了物体表面的氧和可燃性气体，从而抑制了燃烧速度。含氮防火涂料受热分解出氮氧化物和氨气，它能与有机物的自由基化合，中断有机物燃烧时的连锁反应，降低火势。膨胀型防火涂料受热后，燃烧的情况较为复杂，可以进一步阐述如下：

① 涂料中的有机难燃剂如聚磷酸盐、有机磷酸酯，在成炭剂、发泡剂的共同作用下，

使涂层受高温作用时发生膨胀和炭化，形成导热性很小的海绵状炭化层，从而起到阻拦外部热源的作用，达到延滞燃烧的目的；

② 有些难燃剂如 $Al(OH)_3$ 在高温下能发生吸热反应，使底材温度迅速降低，也能延滞燃烧的进程；

③ 有些阻燃剂能改变热分解反应历程，阻止放热量大的反应发生，如磷酸铵、聚磷酸铵、有机磷酸酯、硼酸铵、硫酸铵等，在高温作用下能使含羟基的有机聚合物发生脱水成碳反应或生成热稳定性高的酯，呈熔融的黏稠体将碳层覆盖起来，避免生成 $CO_2$ 的放热反应；

④ 有机可燃物受热氧化时常分解为羟基游离基并放出大量的热，引起链锁反应：

$$CO + OH\cdot \longrightarrow CO_2 + H\cdot \text{（放热）} \qquad H\cdot + O_2 \longrightarrow OH + O\cdot \text{（链锁反应）}$$

加入卤素的有机物可以阻止链锁反应的发生，因为它在高温下能分解出卤化氢捕捉羟基游离基，使链锁反应终止：

$$OH\cdot + HX \longrightarrow H_2O + X\cdot \qquad X\cdot + HR \longrightarrow HX + R\cdot$$

⑤ 含氮化合物、含卤素的有机化合物、碳酸盐等在高温下分解出不燃性气体 $NH_3$、$H_2O$、$CO_2$、HCl、HBr 等，能冲淡可燃性气体和空气，起到延滞燃烧的作用。

**2. 防火涂料的类型及特性**

防火涂料按防火机理的不同可分为膨胀型防火涂料和非膨胀型防火涂料。

**(1) 膨胀型防火涂料**

膨胀型防火涂料成膜后，在常温下是普通的漆膜。在火焰或高温作用下，涂层发生膨胀炭化，形成一个比原来膜厚度大几十倍甚至上百倍的不易燃的海绵状碳质层，隔断外界火源和空气，起到阻燃作用。在火焰或高温作用下，涂层发生软化、熔融、蒸发、膨胀等一系列物理和化学变化，可吸收大量的热，对被保护物体的受热升温起到延滞作用。涂层在高温下可分解出不燃气体，稀释了空气中可燃气体及氧的浓度，抑制了燃烧的进行。

膨胀型防火涂料的组成如下：

① 树脂　水性树脂：聚醋酸乙烯乳液，氯乙烯-偏二氯乙烯共聚物乳液，氯丁橡胶乳液，聚丙烯酸酯乳液，水溶性三聚氰胺甲醛树脂，聚乙烯醇等；含氮树脂：三聚氰胺甲醛树脂，聚氨基甲酸酯树脂，聚酰胺树脂，丙烯腈共聚物等，它们在受热时分解，放出不燃性气体冲淡可燃气体和空气；其他树脂：氯化醇酸树脂，氯化环氧树脂，氯化橡胶，溴化环氧树脂等。

② 脱水成炭催化剂　促进含羟基的有机物脱水，形成不易燃的三维空间结构的碳质层，例如聚磷酸铵、磷酸二氢铵、磷酸氢二铵、焦磷酸铵、磷酸三聚氰胺等磷酸的铵盐。

③ 成炭剂　它是形成三维空间结构的不易燃烧的泡沫炭化层的物质基础，例如淀粉、季戊四醇、二季戊四醇和糊精（淀粉类）。

④ 发泡剂　作用：放出不燃性气体，在涂层内形成海绵状结构，隔绝空气和热的传导。例如三聚氰胺、双氰胺、六亚甲基四胺、氯化石蜡、碳酸盐、偶氮化合物。

⑤ 有机难燃剂　作用：增加涂层的阻燃能力，主要有卤代环氧树脂、卤代聚酯、聚醚、有机磷酸酯等。涂料中的许多成分，不仅起一种作用，而且起双重、甚至三重作用。

如氯化石蜡，既是发泡剂，又是成炭剂，还是阻（难）燃剂。聚磷酸铵既是脱水催化剂，又是发泡剂，还是阻（难）燃剂。

⑥ 颜料　对膨胀型防火涂料来说，含无机颜料的比例较少，因其含量增加会影响涂层的发泡效果。常用的有钛白粉、氧化锌、铁黄、铁红等。

⑦ 助剂　对水性防火涂料，助剂是十分重要的，它加量小，作用大，可提高涂料的稳定性、施工性和涂层的力学性能。常用的有以下几种：增稠剂，旨在增加涂料的稠度以便于施工。常用的有羟甲基纤维素溶液等；乳化剂，其功能是使不溶于水的有机树脂形成稳定的乳液，常用 OS-15、平平加等；增韧剂，增加涂层的韧性和其他物理机械性能，常用氯化石蜡、磷酸三甲酚、磷酸三丁酯等；分散剂，降低颜料微粒间的结合力，防止絮凝返粗，常用六偏磷酸钠、731 等。

饰面型膨胀防火涂料的配方及防火性能：聚丙烯酸乳液 7%～20%，氯-偏乳液 8%～20%，钛白等颜料 5%～10%，聚磷酸铵等膨胀催化剂 30%～50%，氯化石蜡-70 2%～7%，氯偏磷酸钠 2%～10%，水 15%～30%。饰面型防火涂料的防火性能主要采用以下三种试验方法：大板燃烧法（GB/T 15442.2—1995），隧道燃烧法（GB/T 15442.3—1995），小室燃烧法（GB/T 15442.4—1995）。检测的防火性能指标为：耐燃时间（一级，≥30min），火焰传播比值（一级，0～25），失重（一级，≤5g），炭化体积（一级，≤ $25cm^3$）。

钢结构膨胀型防火涂料的配方及防火性能：聚氯丁橡胶乳液（50%）100kg，钛白粉 10kg，氢氧化铝 80kg，三氧化二锑 5kg，抗氧剂 2kg，石棉纤维 10kg。钢结构膨胀型防火涂料的防火性能主要采用规定耐火试件，按照规定进行耐火试验，判定以试件达到规定最大挠曲厚度时，试件失去承载能力，作为耐火极限。

**(2) 非膨胀型有机防火涂料**

① 树脂　含卤素的树脂具有较好的难燃自熄性，氯化橡胶、氯化醇酸树脂、氯化聚酯、聚偏二氯乙烯、氯化环氧、聚氯乙烯、过氯乙烯、偏氯乙烯-氯乙烯共聚物、氯磺化聚乙烯橡胶、氯化石蜡等，可用作有机防火涂料的树脂，它们常与 $Sb_2O_3$ 配制成有机防火涂料。另外，环氧、醇酸、酚醛树脂也可用作有机防火涂料的基料，与阻燃剂和无机填料配伍也可制成有机防火涂料。

② 难燃剂　主要作用是增加涂层的难燃性和改善有机涂层的性能。常用的难燃剂有：氯化石蜡＋溴联苯醚，磷酸三丁酯，烷芳基磷酸盐，三（2-氯乙基）磷酸酯，硼酸，硼酸锌，硼酸铝等。

③ 无机填料　在非膨胀型防火涂料中占有较大的比重，并对涂层的防火性能有重大的贡献。常用的有：$Sb_2O_3$，$Al(OH)_3$，石棉粉，云母粉，磷酸锌，磷酸铝，$TiO_2$，$SiO_2$，高岭土，碳酸钙，氧化锌，硅藻土，滑石粉，硼酸锌。

④ 配方　氯磺化聚乙烯（基料）10kg，氯化石蜡（基料、添加剂）100kg，$Al(OH)_3$（填料）450kg，己二酸二辛酸（增塑剂）80kg，石棉（填料）10kg，$Sb_2O_3$ 40kg，三(2,3-二溴丙基）磷酸酯（阻燃剂）20kg。

(3) 非膨胀型无机防火涂料

① 基料　水玻璃，硅溶胶，磷酸盐，水泥。

② 填料　氧化铝，石棉粉，锌钡白，高岭土，滑石粉，$CaCO_3$，ZnO，硅藻土，珍珠岩，耐火土，钛白粉等。由于自身的不燃性和高温下形成的类似于油膜样的物质封闭保护基材，使之隔绝空气而不燃烧，其缺点是与基材附着力低，易受潮，龟裂，粉化，剥落，装饰性不好。改进措施：a. 可将有机硅树脂系和钛酸酯系树脂与无机涂料组分拼用；b. 在水玻璃中加氟硅酸钠，氟硅酸锌可改善其耐水性；c. 在无机防火涂层的基础上，配套有机防水层，可提高其使用寿命。非膨胀型无机防火涂料多用于建筑防火或暂时性防火保护。

目前，国内普遍使用的溶剂型和厚型防火涂料耐火极限差，不符合环保要求，所以环保型水性和无机防火涂料、相对低成本和高性能化的各种类型防火涂料会大力发展，此外，多功能性如绝热、隔热、消音等特殊功能防火涂料需求也在不断增加。

## 二、防污涂料

世界各海区的生物有18000多种是附着动物，600多种是附着植物。船底附着海生物后，增加阻力，降低航速，燃料耗用量增加，机械的磨损增大。海生物的附着还破坏漆膜，加速钢板的腐蚀，不仅增加了船舶的维修保养次数和时间，而且降低了船舶的在航率。对舰艇来说，海生物极大地影响航速，若海生物附着在场纳罩上，则干扰声的侦察性能，削弱了军舰的战斗力。迄今为止，涂覆船舶防污涂料仍然是防止海洋生物附着的最经济而有效的措施，因此，船舶底部需要涂装防污涂料。防污涂料主要应用的领域有：①船舶防污涂料，按特点分远洋运输、近海运营船、舰艇、渔船等；②海水冷却管道防污涂料；③海水养殖防污涂料；④发电厂冷却塔防污涂料（防藻）等。

### 1. 海洋附着生物的附着特点及影响因素

在适宜的生活环境下——温度、海水盐度（3%左右）、pH为7～8及丰富的养料（港湾）促使附着生物快速生长和繁殖。例如，藤壶的幼虫在48h内通过吸盘分泌黏胶质固化后即可牢牢地着床，其附着强度可经受5n mile/h海水的冲刷（1n mile＝1852m），而单位海水中硅藻及各种附着生物幼虫的数量之多超过人们的想象。至今为止，究竟附着顺序是微生物-动物-植物或其他顺序尚不清楚，人们跟踪研究藤壶附着机理半个多世纪，很多问题还未解决，但影响附着的主要因素可初步归纳为以下几个。

(1) 附着生物的种类及数量

它们随海域及生态环境而改变，同一海湾由于季节、生物回流路线变化、污染程度、海水含盐量（河流入海口，如舟山群岛等）等改变可能出现不同年度之间的改变。

(2) 附着表面的性质

① 表面粗糙度　试验证明光滑的表面不利于生物附着，从减阻的要求出发也需要粗糙度尽可能低的表面。

② 表面张力　低表面能（2.0～2.5mN·cm，接触角大于97°）表面憎水不利于生物附着，这是无毒低表面能防污涂料开发的理论基础。

③ 底材的刚性和弹性模量　附着生物在坚硬的底材上容易附着，在柔软和不稳定表

面上难以附着，这是弹性有机硅低表面能防污涂料的设计基础之一。

④ 底材表面的微观化学环境 表面 pH<5 或 pH>9 的微酸性或碱性环境，以及一定浓度的防污剂存在，可防止生物附着，这正是防污涂料及电解防污方法的设计基础。

**(3) 水流速度**

一般认为当水流速度大于 5n mile/h，附着生物不能附着在船底，即正常航速下没有生物附着，当其停泊超过一定时间，例如 48h 后存在附着的可能性。换句话讲，航行时防污涂料表面防污剂随水流冲刷大量流失，停泊后必须在尽可能短时期内达到有效的防污剂渗出率。

**(4) 光线对生物附着的影响**

藻类等植物喜光，进行光合作用，它们一般生长在水线以下 1.5m 以上，而且主要在春秋季（海水温度<20℃）。藤壶却喜欢黑暗，附着在水下 1.5m 及船底，而水下附着生物对颜色的选择性不很明显。

**2. 防污涂料的发展现状**

**(1) 不含有机锡的自抛光涂料**

如今，世界上许多国家正在开发不含有机锡的自抛光涂料，这种涂料不溶于水，遇到海水时缓慢水解，水解产物溶于水，释放出不含有机锡的防污剂，同时出现新的表层。这种自抛光无锡涂料只适于船舶快速行驶的情况，如船舶行驶太慢或停泊时间太长，自抛光涂料效能下降，甚至无效。目前来说，这种自抛光涂料还有许多缺点有待完善，只有日本、欧美等国家的部分产品应用在有限范围的船舶防污工程中。

**(2) 低表面能防污涂料**

传统的毒性防污涂料，利用防污剂这种化学物质来毒杀海洋生物，不仅有害于自然环境，其效能也不断下降。而低表面能防污涂料是利用涂料表面的物理作用，使海洋生物难以在上面附着而达到长期防污的目的。低表面能防污涂料主要分为有机硅类和氟化物类，前者显示出较好的防污性能，而后者是目前表面能最低的材料。但单纯的低表面能防污涂料往往只能使海洋生物附着不牢，需定期清理。附着生物一旦长大将很难除去，清理过程中会破坏漆膜。因而目前其应用范围有很大的局限性，多数用于高速船，对难以定期上坞清理的大型船只尚无法应用。

**(3) 生物防污涂料**

海洋生物有天然的抗附着特性，如海豚、海蟹、海绵等长期置身于海水中，不被海洋生物附着是因为它们能分泌一种对附着生物有驱避作用的特殊物质，或通过其特殊的表面形态，避免其他海洋生物在体表附着。根据这些机理，我国发明了辣素防污漆，从天然辣椒中提取辣素与有机黏土复合用于涂料中，达到驱赶海洋生物的作用，效果明显。还有一些专家从海藻中提取生物碱、从海绵中提取肽类化合物，添加到氟碳树脂中，研制出无毒仿生新型涂料。日本研制出的仿生防污涂料，用可水解的丙烯酸和有机硅树脂为基料，其涂层在海水中均匀水解，模拟海豚游动时分泌黏液的行为，产生防污和减阻作用。如今各国在这方面投入强大的人力物力，但收效甚微，仿生防污涂料产业化还有待时日。

(4) 电解防污涂料

导电涂膜电解海水防污技术是在船体涂布绝缘层后，以导电层为阳极、以船壳钢板为阴极，当微小电流通过时，会使海水电解，产生次氯酸钠。以达到船壳表面防止海洋生物附着的目的。这种方法和电化学保护方法结合起来，既经济又长效。

(5) 硅酸盐防污涂料

在实践中，人们发现：碱性水泥结构在海水中一年都无生物附着，于是人们将水泥成分硅酸盐用作防污剂。利用增大涂层周围海水碱性的方法来防止海洋生物的附着。一般情况下，将海水的 pH 值调到 8 以上，海洋生物就很难成活了。国内以丙烯酸树脂为基料，硅酸盐为防污剂配制的防污涂料防污期可达 2 年。

(6) 运用纳米技术的防污涂料

长度 15nm 左右的电活性有机分子、直径 20nm 左右的纤维、内径 2nm 的刚性环状分子，用在防污涂料上，效果显著。美军开发的铝/钛/陶瓷纳米级混合材料，以热喷涂工艺喷涂在船舶上，这种超微细材料具有超强的防腐、耐磨、防锈功能，目前国内还没有这方面的报道。

现在大量使用的 $Cu_2O$ 尽管对人体的伤害不大，其 $LD_{50}$ 属低毒化学品，但对某些种类的鱼和鲸的毒性指标大于 24h。此外，铜的化合物还可能析出并沉淀在海底泥中形成永久性污染。在苏伊士运河中 $Cu^{2+}$ 的含量超过正常海水的 20 多倍，所以铜的化合物作为防污剂已经被限制使用。

3. 防污涂料防护机理及紧迫性

防污涂料是防止船舶底部海洋生物附着的专用涂料。涂料由树脂、防污剂、颜填料、助剂和溶剂组成。在使用过程中，毒性的防污剂会逐渐地向外渗出，表面形成一层毒性液膜，有效地防止海洋生物附着。

船舶在低速航行或停泊时，海洋生物很容易附着在船舶底部，海洋生物大量附着时，船体表面阻力大大增加，航速下降。海洋生物附着还会破坏防锈涂层，加速船体钢板的腐蚀。海洋生物的繁殖速度很快，一旦在船体上定居，数量会急剧增加。造成对船舶的严重危害，并降低航运经济效益。海洋钻井平台的支柱附着大量海洋生物后不仅给其移位带来麻烦，还可能因为重心移动在拖运过程中倾覆。

近年来网箱养鱼发展迅速，附着生物堵塞网眼导致水流不畅引起鱼缺氧和养料死亡。生物污损往往和生物腐蚀联系在一起，附着生物的代谢腐蚀介质对钢底材腐蚀性很强。生物附着产生的巨大应力不仅破坏防污涂层，同时也引起防腐底漆破坏，引起底材腐蚀。

4. 防污涂料种类

防污涂料根据毒料在海水中的释放机理，有溶解型、接触型、扩散型和自抛光型等几种。

(1) 溶解型防污涂料

该类防污涂料是以松香、沥青作基料以氧化亚铜作毒料。松香等基料微溶于海水而不断地暴露出新鲜的涂料表面。使毒料能不断地与海水接触而溶解，形成毒性黏膜。添加沥青和颜填料用于调节松香的溶解速度，控制渗出率。但在使用后期，表面会形成 $Cu_2(OH)_3Cl$ 沉淀物，抑制毒料的渗出。这种防污涂料属于传统型，防污期 1 年以上。

(2) 接触型防污涂料

该类防污涂料是以水不溶性的乙烯基、丙烯酸树脂作基料，添加高浓度的氧化亚铜作毒料和可溶性渗出助剂。涂层中毒料彼此接触，溶解后涂层为蜂窝状结构，使涂层内部的涂料能不断地溶解渗出。这类防污涂料的有效期在 3 年以上。

(3) 扩散型防污涂料

该类防污涂料以乙烯基树脂或氯化橡胶作基料，配以有机锡为毒料，树脂与毒料形成固溶体。毒料以分子状态均匀分布在涂膜中，表面的毒料分子与海水接触溶于海水后，涂料内部高浓度毒料分子向表面低浓度区扩散。保证表面有足够的毒料分子来维持其渗出率。这类防污涂料的表面总是很光滑，防污期在 1.5～2 年。

(4) 自抛光型防污涂料

该涂料树脂是由有机锡丙烯酸盐单体和丙烯酸酯共聚形成，表面树脂通过水解作用而释放出有机锡毒料，水解后的链分子变成水溶性，能从涂膜中分离出来，暴露出新的活性表面，并产生自抛光作用。特别是在粗糙的部位，由于局部涡流作用，水解作用更强，自抛光作用比光滑表面更快，使整个涂层形成光滑表面，从而降低摩擦阻力。

自抛光型防污涂层具有良好的重涂性能，可根据防污期来确定涂层厚度。防污期可高达 4 年以上，在大型船舶上有良好的应用。

(5) 绿色防污材料

由于上述防污涂料所含涂料对海洋生态环境造成污染，现把研究工作都集中在绿色防污涂料上。绿色防污涂料采用无毒材料或在环境中能快速分解的毒料配成，主要有以下几种：

① 硅酸钠基防污涂料　用硅酸钠作基料，使表面液化层为强碱性，海洋生物无法生存，此类防污涂料的防污期可达 1 年；

② 高效绿色防污涂料　美国 Rohm& Hass 公司研究生产出一种 3-异噻唑啉酮防污涂料。3-异噻唑啉酮在海水中的降解速度很快，只需半天；在海洋沉积物体内只需 1h。另外，它的毒性很大，具有与有机锡相当的防污效果，但没有长期积累的危害性。在环境中的最大允许浓度为 $0.63\times10^{-9}$（有机锡只允许为 $0.002\times10^{-9}$），已获得实际应用，是一个比较著名的绿色化学产品。国内利用辣椒素作为防污剂，也开发了类似的绿色防污材料，经在远洋货轮上使用，显示出良好的防污效果。

5. 防污涂料配方举例

(1) 接触型防污漆

主要的防污剂为 $Cu_2O$，其代表品种为美国海军的 Copper Anfifouling 70#。它的基础配方如下：

|  |  |  |  |
|---|---|---|---|
| $Cu_2O$ | 70% | 增塑剂(磷酸三甲酚酯) | 2.4% |
| 乙烯树脂(聚异丁二烯) | 3%～12% | 防污剂 | 0.4% |
| 松香 | 10.5% | 溶剂 | 14.0% |

干膜中 $Cu_2O$ 的含量高达 90%，漆膜中 $Cu_2O$ 的颗粒紧密接触，表层 $Cu_2O$ 溶解后，不断露出新的 $Cu_2O$。

**(2) 扩散型防污漆**

以典型的2～3年防污期效的氯化橡胶防污漆配方为例加以说明：

| | | | |
|---|---|---|---|
| 松香 | 8.3% | 防藻剂 | 1.5% |
| 氯醚树脂(50%) | 12.0% | $Cu_2O$ | 43.8% |
| 芳烃溶剂 | 9.8% | 氯化铁红 | 4.0% |
| 有机膨润土 | 0.8% | 氧化锌 | 10.0% |
| 防沉剂 | 1.7% | 甲戊酮 | 2.3% |
| 分散剂 | 0.5% | | |

配方设计中通常 $Cu_2O$ 含量控制在40%左右，产品的相对密度为1.7～1.8，还必须含有相当量的氧化锌。以前一般认为其作用为助渗出剂，改进漆膜的状态，现已证明 $Zn^{2+}$-$Cu^{2+}$ 组合具有防污增效的作用。

**(3) 可溶性防污漆**

以1年期效的渔船防污漆配方为例：

| | | | |
|---|---|---|---|
| 氧化亚铜 | 16%～18% | 煤焦沥青 | 6% |
| 无水硫酸铜 | 5.5%～6% | 氧化锌 | 5% |
| DDT | 7% | 氧化铁红 | 20% |
| 松香 | 23%～25% | 重质苯 | 15% |

防污涂料的发展方向应该是以天然提取物为防污剂的低毒环保、广谱高效型防污涂料以及将仿生技术和纳米技术相结合的污损释放型防污涂料。

## 三、伪装涂料

### 1. 伪装涂料的伪装原理

伪装涂料是作为隐身功能的特殊材料，在军事上被用于军事设备和装备方面，用来妨碍可见光、红外线、紫外线、雷达波的侦察，以迷惑敌方，是军事设备和装备的关键技术与材料。

伪装涂料的基本设计原理就是产生与背景一致的效果。在可见光下，产生与背景一致的颜色；在电磁波辐射下，产生与背景一致的反射波谱，使伪装目标与背景色调亮度一致或改变形状。伪装涂料还应该防止镜面反射，涂料均为无光或平光，光泽最好在10%以下。在可见光下，采用迷彩伪装涂料。对活动目标，则采用四色变形迷彩，只要改变1～2种颜色，便能与环境色彩吻合。

防红外线伪装涂料是叶绿色伪装，消除目标与背景亮度差别，采用深、浅绿色混杂的变形迷彩图案，以改变目标外形。

防雷达波是通过干涉作用实现的，涂层将入射高频电磁波分成两部分，即一部分直接由涂层表面反射，另一部分透过涂层在涂层底部反射而再穿过涂层射出。若两部分波的相位正好相反，就产生干涉，消除入射波的作用。要实现相位相反，必须使涂层的厚度满足以下条件：

$$h=\lambda_0/(2\varepsilon_r\mu_r)^{1/2}$$

式中　$h$——涂层的厚度；

$\lambda_0$——电磁波在真空中的波长；

$\varepsilon_r$——相对介电常数；

$\mu_r$——相对磁导率。

若在涂层中添加吸波材料（偶极子，如导电材料），其 $\mu_r\varepsilon_r$ 可随波长变化而改变，当 $\mu_r=\varepsilon_r$ 时，吸波涂层无反射，能在整个雷达波范围内进行干涉吸收而无需改变涂层厚度。

2. 伪装涂料的分类与性能

(1) 防可见光伪装涂料

多以在热塑性丙烯酸、聚氨酯、有机硅等常温干基料中，加入颜填料、消光剂、溶剂配成，颜料则采用耐久性、耐温性能好的品种，如三氧化二铬绿色颜料；消光剂多采取加入较多的滑石粉和气相二氧化硅。迷彩涂料色调大致有白色、米黄色、天蓝色、驼色、草绿色、深灰色、浅灰色等，涂料涂层要有良好的耐湿热、耐热、耐寒性、耐油性及耐候性，户外使用 2 年以上无粉化、脱落和变色现象。

(2) 防红外线伪装涂料

由于植物对红外线反射率极高，一般的绿色颜料反射率较低，所以防红外涂料的颜色选择及组合很重要。由 ZnO、CoO、$Cr_2O_3$、$TiO_2$ 配合构成的绿色填料，具有叶绿色相近的红外线反射率，有良好的模拟叶绿素效果，在红外或全色照片中均难以区别。采用四色变形迷彩，可根据季节、区域变化、改动 1～2 种颜色而很方便地调配出与环境配合的迷彩色。同样地，这类涂料应该具有快干性，为了便于红外线反射率调节，可配以炭黑的增减来进行，确保在可见光和红外线下都能与背景相一致。

(3) 雷达波伪装涂料

这类涂料的核心是采用由 MgO、FeO、$Fe_2O_3$、ZnO 构成的铁氧体磁性材料，石墨、炭黑和导电聚合物等导电材料，金属粉或纤维、毛发和陶瓷等。要求具有高的电磁损耗，宽频带高吸收率，反射率小于 10%。基料多采用环氧、聚氨酯等性能优良的树脂，或配以有阻尼作用的橡胶等。吸波涂料的电磁性质和电磁响应与添加的吸波材料的体积分数有直接关系，而纳米材料具有特殊的表面效应和体积效应，因此用纳米铁氧体磁性微粉材料配制的吸波涂料，吸收电子波能力更强。若采用镀覆金属薄膜的 5～75$\mu$m 微球材料配制吸波材料，对射频、雷达微波、毫米微波都有吸收能力，且涂层很薄，最薄仅几个微米，属美军关键的机密隐身技术。电磁波吸收涂料对民用无线电仪器、设备亦有应用，防电磁辐射与泄漏。

雷达隐身涂料的作用首先在于将电磁波转变成其他形式的能量，当它们与雷达波相互作用时，可能发生电导损耗、高频介质损耗、磁滞损耗或转变热能等方式导致电磁能量发生衰减，这是由吸收剂和黏结剂的性能所决定的。其次可能发生反射的电磁波与进入材料内部反射波相互叠加后产生干涉而相互抵消，这就与涂层厚度设计有关。因此决定雷达隐身涂料性能的主要因素有以下四个方面。

① 吸波材料　现在通用的是铁氧体、磁性金属基超细粉复合吸收剂，它们的电磁参数可以满足一定波长范围内的雷达吸收要求，但其密度大，当涂层厚度达到 2mm 时，其面密度为 5kg/m$^2$ 左右。正在发展的高性能吸波材料集中在多晶体铁纤维吸收材料——磁

性纤维材料，它们具有优良的电磁参数及形状各向异性，通过纤维的层状取向排列而发挥其特殊的吸波机制，可实现宽频带内高吸收率。与此类似的还有磁性碳纤维、氧化锌晶须材料等，它们的密度小，面密度可达1.5～2.0kg/$m^2$的技术要求。

人们寄予厚望的吸波材料是纳米隐身材料，即特征尺寸0.1～100nm的材料，据称纳米材料具有吸波性能优异、频带宽、兼容性好、密度小并可实现薄层涂装的特点，是一种理想的隐身材料。据报道，一种纳米CoNi复合材料在0.1～18GHz范围内$\mu'$、$\mu''$均大于6。美国研制一种“超黑粉”纳米吸收剂对雷达波的吸收率达99%。

② 涂料成膜物　在雷达波吸收涂料中，其颜基比都比较高，其颜料体积分数大于45%。因此人们以前主要注重于成膜物的黏结性及对涂层物理机械性能的影响。事实上，不同结构的成膜物树脂的电磁性能差别很大，从绝缘体到导电聚合物。因此选择适当的吸收剂-树脂组合，控制颜基比可得到不同频带具有高吸收率的涂层，这也是拓宽吸收频带可行的技术途径。作为成膜物树脂以氯丁橡胶、聚氨酯、环氧聚氨酯或环氧树脂体系为主。

③ 涂层设计及涂层厚度控制　通过反射波和透射波的干涉实现其吸收远比理论分析复杂得多，尤其对宽频带的技术要求而言，雷达波的波长由毫米波至分米波的大范围变化的情况下，涂层厚度对波的干涉的控制作用难以体现。随着对薄型和超薄型涂层的要求越来越高，人们的注意力转向寻求高性能的吸收剂及分层结构设计方面上来。采用对不同频带的雷达波吸收率和反射率不同的涂层构成复合涂层已成为实用的技术选择。

④ 涂层的施工工艺至关重要　尤其是采用复合涂层设计，在施工中保证层间附着力、涂层厚度的均一性，与防锈底漆、面漆或可见光红外迷彩面漆的配套性等系列问题都应妥善解决。

涂层设计中还涉及武器表面的电磁波反射性能的电磁设计。也即是说，武器表面不同部位对雷达波的反射率不一样，甚至在静止状态和运动状态也有差别。例如军舰在航行时，处于上下、前后及左右摇摆的复杂运动状态，其表面对雷达波的反射与其静止状态不同，因此在涂装时不必要所有的部位均采用单一的涂层厚度，也不是所有部位都需要涂装，这涉及非常专业化和复杂的理论分析。

**(4) 热红外隐身涂料**

热红外隐身涂料实际使解决涂层的热反射和热辐射特征之间达到一个平衡点。颜填料的选择取决于它们的太阳（热）吸收率$\alpha_s$(NIR）和热辐射率$\varepsilon$(TIR)。例如下述几种目标：

① 通过高太阳热吸收率达到模糊成像和激光制导的目的；

② 通过低太阳热吸收率达到装置降温的目的，例如美国海军海灰船壳漆的太阳热反射率>70%，坦克用土黄色迷彩反射率>50%，理想状态可降温8～10℃；

③ 通过低的辐射率以减少热红外探测和热制导的可能性，即达到隐身的目的。

其中应注意的是深色——要制备黑色和黑灰色的高反射和低辐射的涂料，如果使用炭黑颜料是很困难的，因为炭黑对太阳热吸收率很高，只能采用对NIR透明的有机颜料。

兵器的热辐射除了从环境吸热之外，还有一个重要来源是自身动力和内部人员活动产生的热，必须加以隔离，例如发动机排气管及排出的燃气是特殊需要处理的部位。对于飞机发动机外部一般涂装高性能的绝热涂料，再加上热红外隐身涂料。舰船的排烟管也需进行绝热处理，下面列举一个浅灰色太阳热反射伪装涂料的配方。

| 原料名称 | 用量(质量份) | 原料名称 | 用量(质量份) |
|---|---|---|---|
| $TiO_2$(200nm) | 9.2 | 辛酸钴 6% | 0.73 |
| (10μm) | 84 | 辛酸锆 20% | 0.6 |
| 滑石粉 | 10.3 | 辛酸钙 20% | 2.95 |
| 氧化铁黄 | 0.31 | 甲乙酮肟 | 3.35 |
| 芷黑 | 1.76 | 石脑油 | 13.06 |
| 有机硅改性醇酸 | 112.5 | | |

其涂膜的反射率在 800nm 处达到 77%。

**(5) 声隐身涂料**

舰船对水下目标——潜艇、水雷等主要是通过声纳系统加以探测的，除了声纳发射的声信号外，舰船自己的噪声也是信号源。因此声隐身涂料应包括阻尼减震涂料和声纳吸波涂料。

① 阻尼降噪涂料　通常阻尼涂料采用黏弹材料，通过聚合物的内部分子链的内摩擦将振动能转变为热能而耗散掉，达到降低噪声的目的。阻尼降噪涂料的性能由损耗因子 $\eta_D$ 决定：

$$\eta_D=\frac{1}{(A^2-1)^2}$$

式中，$A$ 为共振放大因子。

$\eta$ 越大则材料具有更好的阻尼性能。$\eta$ 因子与交变应力的频率、预应力和环境温度有关，其中温度影响最大。因为聚合物随温度变化可由非晶态→玻璃态→黏弹态。其玻璃化转变温度是有一定范围的，而且最好与环境温度一致才能达到最大的损耗因子。

20 世纪 80 年代以前一般使用的是单层自由阻尼涂料或橡胶型的阻尼片材。它们的阻尼性能比较差，一般 $\eta_D<0.1$。90 年代出现了约束阻尼结构，即在阻尼层（黏弹体）加上弹性模量大的刚性涂层（约束层），如图 4-4 所示，即可数倍提高 $\eta_D$。

图 4-4　阻尼层与约束层

阻尼层可采用经特殊交联弹性聚氨酯和可增加内摩擦的填料，约束层使用增强环氧涂层或钢板。阻尼层和约束层及与底材的厚度之间有严格的关系，为了达到最佳的阻尼效果就必须进行阻尼结构设计。

阻尼涂料的技术要求正向低频和高温两个方向发展，现在要求<3KH 以及从常温到+60℃。因为温度升高黏弹体性能改变，$\eta_D$ 急剧降低，要解决这个问题难度很大。

② 吸声纳波涂层材料　目前在役的“安静型”潜艇通体包覆 3～5cm 厚的消声瓦可以解决吸声纳波的问题，其吸收率可达 70%以上。消声瓦由氯丁橡胶或丁基橡胶整体浇铸成型，内部有特殊设计的空腔结构，使得进入瓦内的声纳波在空腔内多次反射而吸收。但消声瓦必须一块一块地粘贴在艇外部，对于形状复杂的部位难以粘贴，经常出现掉瓦现

象。因此，涂层材料不失为很好的技术手段。

吸波涂层的原理在于首先调整涂层材料的阻抗尽可能与海水一致，这样尽量减少声纳波在涂层表面的反射，使其大部分进入涂层之中。在涂层内声纳波通过类似于空腔结构的多层，不同密度的结构材料发生力学损耗、干涉等机制而被吸收。

目前，实际需要的是水雷的超薄型吸声涂层，厚度＜2mm，以及潜艇用厚涂层（＜3cm）。频率范围在低频部分＜3KH，吸收率＞70％。声纳波隐身涂料开发难度很大，国内外都在积极地探索之中。

## 四、示温涂料

### 1. 示温涂料的特点

示温涂料是利用涂层颜色的变化来指示物体表面温度及温度分布的专用涂料。在一定的条件和氛围中，示温涂料被加热到一定温度，就出现某一颜色的变化，由此可确定该涂料所指示的温度。用它可代替温度计或热电偶等测温工具来指示温度，具有以下优势：

① 特别适合于温度计无法测量或难以测量的场合；

② 多变色示温涂料能够显示表面温度分布，对设备设计、材料选择和结构改进等有指导意义；

③ 多变色不可逆示温涂料具有大面积场测温功能，记忆最高温度不破坏物体表面形状，不影响气流状态，使用方便，测量结果直观等特点；

④ 测温简单、快速、方便、经济又正确，尤其适用于大面积温度测量；

⑤ 用不可逆示温涂料来指示极限温度，是简便的超温报警和超温记载方法。

示温涂料的变色范围，单变色可达 40～1350℃；多变色可达 55～1600℃。可用于飞机、炮弹、高压电路、电子元件、轴承套、机器设备的高温部件、高温高压设备（反应釜）及非金属材料的温度测量，在航空、电子工业和石化企业有着广泛的应用。

### 2. 示温涂料的变色原理

示温涂料的颜色变化，依靠所添加的变色颜料的受热变色来实现，变色过程有可逆和不可逆两种情况。可逆变色的示温涂料可重复使用，不可逆变色的示温涂料只能一次使用。

#### (1) 可逆变色原理

可逆变色有三种情况：晶型转变、pH 值变化及失去结晶水。

① 晶型转变　有些结晶型有色颜料，在一定的温度下，其晶格会发生位移，由一种晶型转变成另一种晶型，从而导致颜色变化。冷却后晶型复原，颜色也随至复原。例如：

$$HgI_2\text{（正方体，红色）}\xrightleftharpoons{137℃}HgI_2\text{（斜方体，青色）}$$

由于晶型变化慢于温度改变，晶格的恢复与颜色复原显著地滞后温度变化，这类示温涂料的示温精度，极大地受到升温速度的影响。

② pH 值变化　固体的高级脂肪酸与某些物质的混合物，加热到一定的温度，羧基离解出自由质子并与物质作用而发生颜色变化，冷却使质子与酸根结合，物质颜色复原。例如：

$$溴酚蓝·硬脂酸（黄色）\xleftrightarrow{55℃}（蓝色）$$

③ 失去结晶水　含有结晶水的物质，加热到一定温度后，失去结晶水，从而引起物质颜色的变化。冷却后吸收水分又变成结晶水，颜色复原。例如：

$$CoCl_2·2C_6H_{12}N_4·10H_2O（粉红色）\xleftrightarrow{35℃}CoCl_2·2C_6H_{12}N_4（天蓝色）+10H_2O$$

(2) 不可逆变色原理

① 升华　有颜色升华性物质与颜填料配合，在加热到一定温度时，升华性物质变成气体逸出，只留下颜填料的颜色，产生颜色的不可逆变化。例如：

$$靛蓝·TiO_2（蓝色）\xrightarrow{210℃}靛蓝\uparrow+TiO_2（白色）$$

② 热分解　绝大部分化合物在一定压力和温度下，会发生分解反应，分解前后两物质的化学组成和性质截然不同，使颜色发生变化，同时也发生气体的逸出。例如：

$$CdCO_3（白色）\xrightarrow{300℃}CdO（棕黄色）+CO_2\uparrow$$

③ 氧化　不少物质，在一定温度下，会被空气中的氧氧化，形成新的物质，发生物质颜色的改变，例如：

$$CdS（黄色）+2O_2\xrightarrow{\triangle}CdSO_4（白色）$$

④ 固相反应　两种或多种以上的固体物质的混合物，在一定温度下，会发生固相间的化学反应，形成新的物质，产生颜色变化。固相间的反应速度较慢，变色过程较长，示温精度较差。

$$CoO+Al_2O_3（灰色）\xrightarrow{1000℃}CoAl_2O_4（蓝色）$$

⑤ 熔融　有色物质在熔点温度时，由固体变成透明液体，失去遮盖力，呈现出底材的颜色。

(3) 外界因素对变色温度的影响

影响较大的外界因素有升温速度、环境介质、湿度、压力、光照、涂膜厚度等。

升温速度快，变色温度偏低；恒温时间长，也使变色温度降低；湿度对脱结晶水的变色过程影响大，湿度高时，结晶水不易脱去；干燥的环境则使水合困难，颜色难以复原；压力则对升华、热分解等变色过程影响大；光照容易使有机物分解而变色；环境中高浓度的反应性气体，将对变色物质发生作用，干扰变色过程；涂膜太厚也使变色温度增高，一般 20～40μm 为宜。

### 3. 示温涂料的种类与施工

示温涂料除了有可逆与不可逆之分外，还有单变色和多变色品种，单变色示温涂料的测温正确度较高，多用于记录物体局部曾达到的极限温度；多变色示温涂料则用于指示物体表面的温度分布。

示温涂料的可变色颜填料含量很高（30%～50%），颜填料沉降较严重，施工时应该充分搅拌。另外，颜填料颗粒细度对变色也有影响，颜填料细度应该达到 20～40μm。

几种不可逆示温涂料品种的变色性如下：

(1) SW-Y-200　深蓝色→200℃，白色

（2）SW-Y-250 蓝色→250℃，白色

（3）SW-Y-310 蓝色→310℃，白色

（4）SW-Y-（60-300） 在60～300℃之间，每隔10℃一个品种，共有25个，例：

SW-Y-60 50℃，浅蓝绿色→60℃，草黄色

SW-Y-100 90℃，浅青紫色→100℃，蓝紫色

SW-Y-300 290℃，暗黄绿色→300℃，暗棕黄色

（5）SW-Y-（290～890） 在290～890℃之间，每隔30℃或50℃一个品种，共有15个，例：

SW-Y-400 390℃，蓝色→400℃，白色

SW-Y-590 580℃，草黄色→590℃，亮黄色

SW-Y-890 880℃，浅橙色→890℃，奶黄色

（6）SW-D-（400～960）在400～960℃之间，共有6个多变色品种，其中SW-D-（400～600）之间有5种变色；SW-D-(600-750）之间有5种变色；SW-D-(750～960）之间有6种变色。

**4. 示温涂料的应用**

单变色不可逆示温涂料主要用于飞机仪表、蒙皮各部的温度分布的测量；炼油厂裂解反应釜测温和超温报警；电气设备的发热监控；以及其他场所如产品热处理过程的监控和标记等。单变色不可逆示温涂料必须正确使用才能达到示温效果，这除与产品性能有关外，还与实际使用环境有关。如果涂层实际使用条件（如升温速度、恒温时间、气氛、压力等）与其所规定的技术指标之间相差越大，涂层所出现的变色温度与标定的变色温度之间的误差也越大。因此，在使用单变色不可逆示温涂料时，必须尽量使应用环境和技术指标相符或相近。另外，漆膜厚度也要与技术指标一致。

单变色不可逆示温贴片由于具有体积小、使用简便、测温精度高、不受环境影响等特点，现已广泛应用于测量飞机蒙皮、仪表部件的温度，电器设备温升过热状态监测，机械构件的修理及能源应用方面。

多变色不可逆示温涂料主要用于发动机主燃烧室、火焰筒、涡轮外环导向叶片、加力扩散器以及其他动态或大面积场的测温。多变色不可逆示温涂料的正确使用：①多变色不可逆示温涂料的示温精度要差于一般的温度计，它只能给出一个温度区间，要想进一步准确测量某一点温度，需采取其他方法或几种示温涂料交替使用；②每种示温涂料的使用环境条件各不相同，使用之前应确定该品种是否适用于使用环境。

全天候示温防滑标线主要用于城市道路斑马线、危险路段的防滑路面及防滑标线，根据温度变化标线颜色也随之变化，避免标线颜色单一性带来的视觉疲劳，提高交通安全等级。

**5. 示温涂料的发展前景**

单变色不可逆示温涂料发展至今，已有温度跨度为30～1350℃约100多种产品，但各国的产品品种和温度范围不同。目前的品种仍不能完全满足测温的需求，例如国产高温段（300℃以上）的品种存在温度间隔大、品种少、误差大等缺点；有些产品因原材料原

因濒临绝种，有些品种亟须改进。因此，单变色不可逆示温涂料仍需要改进和完善。不过，单变色不可逆示温涂料测温精度较高，在飞机、火炮等部件的测温，电气设备、机器设备、化工设备的安全警报指示和科研上仍将继续发挥作用。

世界各国都重视对多变色不可逆示温涂料的开发研制。目前已有几十个品种，温度跨度为605～1300℃。但是各国的情况有所不同，如德国研制生产9种双变色示温涂料，温度范围从555～1300℃；5种三变色示温涂料，温度范围为65～340℃；美国的多变色示温涂料有3种，温度范围为2855～1800℃；英国生产的有450～1100℃八变色示温涂料，牌号为C3；600～1070℃十变色示温涂料，牌号为GT1；以及牌号分别为TP6、TP7、TP8的六变色、七变色、八变色的示温涂料，测温跨度分别为500～1150℃、600～1070℃、420～910℃。我国现有Sw-M多变色不可逆示温涂料系列7个品种，由北方涂料工业研究设计院研制并生产；测温跨度分别为4005～1250℃的8个品种。

多变色不可逆示温涂料是目前应用最广和最多的示温涂料，经过几十年的发展，现已有几十个品种问世，其温度范围为3005～1600℃之间，极大地满足了高温测量的需要。现在需要解决的问题有：①开发温度跨度大、间隔小、色差明显、精度高的新型品种；②探索其发色机理，以指导新品种的开发研制。

示温贴片的出现是在20世纪70年代初，它是在示温涂料基础上发展起来的一种新产品。它不仅具备了示温涂料的全部优点，而且还克服了示温涂料精确度不高，施工、运输不便，受外界因素影响大等缺点。在300℃以下，基本上可以代替单变色不可逆示温涂料的测温。示温贴片是把示温涂料或颜料经过特殊加工，制成粘贴片，对各种物体表面均有良好的附着力。我国现有的示温贴片产品主要有北方涂料工业研究设计院研制生产的Sw-P系列单变色不可逆示温贴片，温度范围为37～265℃，每隔10℃左右一个测温点。示温贴片温度范围已从20～300℃扩展到－20～600℃，温度间隔由20～50℃缩至5～20℃，示温精度有些已达±5℃。随着技术的进步和测温的需要，单变色不可逆示温贴片将朝着多变色、高精度、间隔小的方向发展，得到更广泛的应用。

可逆示温涂料的应用是在20世纪60年代末到70年代初。德国、英国和美国均发展了自己的可逆示温涂料，日本在可逆示温涂料的开发和应用上要领先于其他国家。可逆示温涂料发展至今，其性能和温度范围均趋成熟，已成功应用于各个领域，而我国在可逆示温涂料方面的开发和研究较晚。应用最广、技术条件最为成熟的是以热敏变色有机材料为呈色物的有机可逆示温涂料。

目前高分子液晶可逆示温涂料应解决的问题是：①寻找降低原材料与加工成本的有效途径；②揭示加工、结构与性能之间的定量关系；③开发适宜的高分子液晶的新型共混与复合技术，以满足不同性能的要求；④使液晶相变温度进一步向低温区扩展，进一步扩大液晶相温度区间。

可逆示温涂料现朝着温度范围宽（从零下几十摄氏度到200℃左右）、多变色、灵敏和重复性好、寿命长的方向发展。需要解决的问题是：①微胶囊化技术的进一步研究；②液晶聚合物技术的研究；③新的热变色物质的开发。

## 五、导电涂料

导电涂料用于在非导电性底材表面传导电流，以防雷击。涂料一般添加大量的导电性物质赋予导电性，表面电阻率 $10^6 \sim 10^7 \Omega/m^2$。导电性材料包括：无机类（像 Ag、Cu、Ni、Au、石墨、氧化锡、氧化铟）和有机类（聚乙炔、酞菁铜、TCNQ·TTF 电荷转移络合物）。体积电阻率（$\rho_V$）小于 $10^{-2}\Omega/m^3$ 的为导体，$\rho_V(Ag)=1.6\times10^{-6}\Omega/m^3$，导电性好。多用于可靠性要求高的电器设备上；Cu、Ni 粉容易氧化，导电性不稳定；$\rho_V$(石墨)$=10^{-2}\sim10^{-3}\Omega/m^3$，导电性差，用于一般场合，价格便宜；$\rho_V(SnO_2)=10^{-3}\sim10^{-4}\Omega/m^3$，用于配制浅色导电涂料。涂料中导电材料的加入量太少，涂层中导电材料颗粒不能保持接触，导电性差；导电材料的加入量超过临界颜料体积浓度，涂膜疏松多气孔，导电性也差。

导电涂料可用于电子元件表面消除电荷，房间取暖用加热器，防止玻璃表面结冰、起雾。

### 1. 体积电阻率

体积电阻率是材料每单位立方体积的电阻，该试验可以按如下方法进行：将材料在 500V 电压下保持 1min，并测量所产生的电流，体积电阻率越高，材料用作电绝缘部件的效能就越高。一般用电场强度（$E$）与电流密度（$J$）的比值来表示：

$$\rho_V=E/J$$

在欧姆定律成立的范围内，体积电阻与电阻率（$R$v）的关系为：

$$R_V=\rho_V\cdot\frac{L}{S}$$

式中，$L$ 和 $S$ 分别是样品的长度和横截面积。电阻率的单位是欧姆·厘米，符号表示为 Ω·cm。

体积电阻率的倒数是电导率（$\sigma$）：

$$\sigma=1/\rho_V$$

电导率的单位是 $(\Omega\cdot cm)^{-1}$，或表示为 S/cm。

### 2. 表面电阻率

将两个电极放在样品表面，施加到这两个电极上的直流电压与流经电极间样品表面的电流之比为表面电阻（$R_S$）。

表面电阻率（$\rho_S$）是与表面电流平行方向的电位梯度与单位宽度上的表面电流的比值。表面电阻率是两电极间一个平方面积的表面电阻，其单位为 $\Omega/m^2$ 或 $\Omega/mm^2$。

对于均一的欧姆导体，表面电阻率可以从体积电阻率的测量计算出来：

$$\rho_S=\rho_V/d$$

式中，$d$ 为样品厚度。

实际上，由体积电阻率测量而计算的表面电阻率与直接测量的表面电阻率往往是不相同的。在涂层很薄的情况下，这种差别尤为突出。因此，直接测量表面电阻率是必要的。

### 3. 静电衰减速率

这是涂层导静电性能的一种表征。目前存在不同的标定方法，例如把静电衰减速率规定为表面电压从+5.0kV到零所需的时间，时间越短，静电衰减速率越大，导静电能力越强。

### 4. 导电涂料的范畴

物质按其电导率或电阻率的大小分为导体、半导体与绝缘体。电导率小于$10^{-10}$S/cm的物质为绝缘体，电导率介于$10^{-10}\sim10^{2}$S/cm之间者为半导体，导体的电导率大于$10^{2}$S/cm。

电导率在$10^{-10}$S/cm以上的涂料是具有半导体至导体性能的涂料，一般称为导电涂料。

导电涂料是由成膜物质（黏结剂）、填料（包括颜料）、助剂及溶剂组成的，其中，至少有一种组分是具有导电性能的，以满足形成涂层后电导率在$10^{-10}$S/cm以上的要求。

根据成膜物质是否具有导电性，导电涂料可分为添加型导电涂料与非添加型导电涂料。成膜物本身是绝缘体，由于添加填料或导电剂使涂层具有导电性，这种涂料称为添加型导电涂料。成膜物本身具有导电性，不需添加导电性组分，称为非添加型导电涂料。

根据应用特性，可将导电涂料归纳为四大类：

① 作为导电体使用的涂料，如混合式集成电路、印刷线板、键盘开关、冬季取暖和汽车玻璃防霜的加热漆及船舶防污导电涂料等；

② 辐射屏蔽涂料，如无线电波、电磁波屏蔽；

③ 抗静电涂料；

④ 其他，如电致变色涂层与光电导涂层。

### 5. 防静电涂料

防静电涂料一般添加有机类季铵盐抗静电剂或导电材料，表面电阻率$10^{11}\sim10^{12}\Omega/m^{2}$，能消除表面静电荷的积累。添加有机抗静电剂的防静电涂料，是利用抗静电剂的吸湿性面在表面形成水分子吸附膜，增加表面电荷向空气电传导来防止静电积累。因此这类防静电涂料不适宜在干燥的环境中使用，可换用导电材料添加型防静电涂料。

在工业和日常生活中，因静电积累而产生火花或灰尘吸附的现象非常普遍，防静电涂料的应用也非常广泛。例如塑料薄膜与制品、织物、电器设备、传送带、输送管道、飞机的复合材料表面，都需要涂防静电涂料。

## 六、润滑、防滑、耐磨涂料

由于很薄的润滑涂膜能显著地降低摩擦系数，也把它称之为固体润滑膜。在液体润滑剂不能胜任的场合，这类润滑剂就能用来代替它赋予良好的润滑性。例如高真空和重负载时的润滑。

### 1. 润滑涂料

#### (1) 润滑涂料组成

润滑涂料主要由基料、固体润滑剂、金属物质和其他添加剂组成。

固体润滑剂是润滑涂料的关键成分，包括无机物（石墨、二硫化钼、高温用$LaF_3$和$CeF_3$）、有机物（PTFE、尼龙、酞菁化合物）、软金属及其化合物（如Ag、Au、Al等）。

基料需要能够耐高低温、抗腐蚀和耐辐射，种类包括有机质（如聚氨酯、环氧、丙烯酸等）、无机质（如硅酸盐、硼酸盐、磷酸盐等）和金属基料（如 Cu、Ag、Pb、Ni、Sn 等）。在 200℃以上高温时，有机质应选用耐高温树脂（如 PTFE、聚酰亚胺等）。

添加剂主要是软质金属及其氧化物，它们或用于提高耐磨性或大幅度地降低摩擦系数。

润滑涂料的种类分金属型、有机型和无机型（耐 800～1000℃高温），可分别应用于航天器、飞机、火箭、原子能设备、仪器钟表、车辆、船舶等众多领域。

**(2) 润滑涂料的性能特点**

润滑涂料除应具有高抗压强度、低剪切强度和与底材有强的粘接强度的三种性能之外，与润滑油脂相比，它还具有以下特点：

① 运转条件苛刻化

a. 使用温度范围的扩大（高温：＋350℃以上；低温：－60～－269℃）；

b. 载荷能力增大；

c. 使用速度范围的扩大（高速、低速）。

② 运转环境的多样化

a. 在真空中或惰性气体中；

b. 在活泼气体中：

c. 在水中、海水或特殊流体中；

d. 在辐射环境中。

③ 无人化和无需保养化（长寿命化）。

④ 防止环境污染。

⑤ 适用材料扩大化（除金属外，工程塑料、橡胶、木制纤维、纤维材料和陶瓷材料部件等均可）。

⑥ 具有防腐性能和动密封性能，以防止机械振动，减少机械噪声。

**(3) 润滑涂料的施工**

对于在 200℃以下使用的有机型润滑涂料可按涂料的常规方法施工和干燥成膜，其他的润滑涂料可采取电沉积、离子溅射、热喷涂、等离子体喷涂等方法进行施工。

润滑涂料除了在军事装备上得到广泛应用外，在纺织和食品工业机械中，因其清洁、简便，也被很好地应用。另外，还可作为重负荷的大型机械的启动润滑剂。

**(4) 润滑涂料的配方实例**

适用于水下船舶、鱼雷和水下管道的润滑涂料如表 4-29 所示。

**表 4-29 润滑涂料配方一**

| 原料 | 质量份 | 原料 | 质量份 | 原料 | 质量份 |
|---|---|---|---|---|---|
| 蓖麻油和亚麻油混合物(3∶1) | 300 | PbO | 2 | 矿物松节油 | 400 |
| | | 环烷酸钴 | 0.5 | 赭石 | 150 |
| 甘油 | 20 | 亚油酸锰 | 1 | 聚乙烯氧化物 | 50 |
| 净化松浆油 | 150 | | | | |

具有良好的变形性、耐溶剂性、耐碱性和耐腐蚀性，适用于铬酸盐处理过的镀锌钢材的润滑涂料如表 4-30 所示，涂布量为 1.0g/$m^2$。

**表 4-30　润滑涂料配方二**

| 原料名称 | 用量/% | 原料名称 | 用量/% |
|---|---|---|---|
| 聚醚-聚氨酯(相对分子质量为 8000) | 50 | 蜡(皂化值 10) | 10 |
| 双酚 A 环氧树脂 | 10 | 二氧化硅 | 30 |

## 2. 防滑涂料

在国外，防滑涂料的开发利用已有多年的历史。防滑涂料黏结剂通常选用耐候性和力学性能较好的醇酸树脂、氯化橡胶、酚醛树脂或改性环氧树脂，其中掺以硬而大的粒子，如廉价的石英砂或类似物，这些填充剂粒大而凸出于表面，产生较大的摩擦阻力，从而达到防滑的目的。

多年的研究，已使国外防滑涂料的应用由普通船甲板发展到军舰甲板、飞机起降地坪与航母甲板。例如，美国 AAMC 公司报道的一种防滑涂料，基料是甲醛混合聚合物，胶含量仅 7%，并加入填料和防滑颗粒；据称，该涂料的柔韧性和耐磨性极高，涂于航室母舰甲板上，能经受数千架次飞机高速着舰时的巨大冲击及摩擦。

为减少防滑粒子的擦伤性，日本旭东涂料公司使用一种高填充橡胶粉作硬性环氧树脂的防滑填充剂；美同 MIC 公司曾报道一种聚氨酯涂料，用空心玻璃球作填料，在其受到重压后，仍比普通防滑涂料的防滑性高；德国用乙烯共聚物制空心球作防滑剂，其附着性特别好，空心球在压力下破裂，以坚固的小盆状留在涂层表面。

国内最早开发生产防滑涂料的是上海开林造漆厂，以后各大油漆厂也有批量生产，主要品种有单组分醇酸甲板防滑涂料、单组分氯化橡胶甲板防滑涂料、双组分环氧甲板防滑涂料、塑胶跑道漆等。但大量砂粒的存在，使涂层性能下降，如质脆、易开裂或脱砂、不耐油和不耐化学腐蚀、易老化、寿命短等。

近年来，高性能防滑涂料的研究正在国内兴起，并逐步投入工业化生产。

### (1) 防滑剂的应用机理和主要种类

防滑剂的使用是为了增大防滑涂膜的摩擦系数。防滑剂通常稍凸出于涂料干膜表面，呈微浮雕型；它机械地赋予涂层表面适当的粗糙度，妨碍或抵抗对偶面在其上面的移动，从而达到防滑的粗糙度。一般要求涂膜在表面湿的状态下（有水或有油）也具有一定的自防滑性。

在涂料工业中，常用的防滑剂按其材质可分为两类。

① 合成有机材料，如聚氯乙烯、聚乙烯、聚丙烯树脂粒子、聚氨酯树脂粒子、橡胶粒子等惰性高分子材料，合成有机材料作防滑剂使用的必要条件是其不溶于涂料的溶剂体系；

② 无机物，如硅石砂、石英砂、玻璃片、碳化硅（商品名金刚砂）、结晶氧化铝、云母、铅粉、云母状氧化铁等。

按照不同的使用要求，防滑剂需要加工成不同形状（圆的、扁的或无定形的）和不同粒径。

#### (2) 防滑涂料配方举例

B91-1 型自行车赛场跑道用防滑耐磨涂料配方如表 4-31 所示。

表 4-31 B91-1 防滑耐磨涂料的配方

| 原料名称 | 用量/% | 原料名称 | 用量/% |
|---|---|---|---|
| 苯丙乳胶树脂液 | 28～30 | 防滑耐磨剂 A | 8～10 |
| 立德粉 | 10～12 | 防滑耐磨剂 B | 2～4 |
| 滑石粉 | 4～6 | 成膜助剂 | 3～4 |
| 轻质碳酸钙 | 5～7 | 其他助剂 | 适量 |
| 钛白粉 | 4～5 | 水 | 30～40 |

### 3. 耐磨涂料

耐磨涂料用树脂通常分为三大类，即聚氨酯及其改性物、环氧及其改性物、有机硅及其改性物，其中以聚氨酯的耐磨性为最好，其次为环氧，最差的是有机硅（见表 4-32)，尤其是弹性聚氨酯和开环环氧聚氨酯的耐磨性最为优良。

表 4-32 耐磨涂料用树脂种类及其对性能的影响

| 涂料名称 | 磨损失重①/g | 附着力②/级 | 涂料名称 | 磨损失重①/g | 附着力②/级 |
|---|---|---|---|---|---|
| 环氧-聚酰胺 | 0.0183 | 1～2 | 开环环氧聚氨酯 | 0.0098 | 1～2 |
| 环氧-酚醛 | 0.0151 | 1～2 | 有机硅改性聚氨酯 | 0.0556 | 2～3 |
| 白色路标漆 | 0.0162 | 2 | 弹性聚氨酯 | 0.0030 | |
| 环氧改性单组分聚氨酯 | 0.0424 | 2 | 环氧改性有机硅 | 0.0931 | 2～3 |
| 聚己内酯聚氨酯 | 0.0120 | 1～2 | S01 聚氨酯 | 0.0105 | 2 |

① 磨损失重按 GB/T 1769—1979 测定，负荷 50g，500 转。

② 附着力按 GB/T 1720—1979 (1989) 划圈法测定。

#### (1) 耐磨剂的应用机理和主要类别

涂膜的耐磨性实际指涂膜抵抗摩擦、擦伤、侵蚀的一种能力，与涂膜的许多性能有关，包括硬度、耐划伤性、内聚、拉伸强度、弹性模数和韧性等。一般认为涂膜的韧性对其耐磨性的影响大于涂膜的硬度对其耐磨性的影响。

耐磨剂加入涂料中固化后，大部分能微凸出下涂膜表面，且均匀分布。当涂膜承受摩擦时，实质摩擦部分为耐磨剂部分，涂膜被保护免遭或少遭摩擦，从而延长了涂膜的使用周期，赋予涂膜耐磨性。涂膜用耐磨剂可分为两大类：

① 无机物类　如玻璃纤维、玻璃薄片、碳化硅、细晶氧化铝、矿石糟、金属薄片等；

② 有机物类　为惰性高分子材料（如聚氯乙烯粒子、橡胶粉末、聚酰胺粒子、聚酰亚胺粒子等)。

耐磨剂在种类上与防滑剂大致相同，故在涂膜中添加耐磨剂获得耐磨性的同时，也获得一定的防滑性；但耐磨剂要求粒子的粒径要小得多。

总之，耐磨涂料用成膜物质的品种很多，最常用的有环氧、聚氨酯、有机硅和无机高分子化合物，要根据实际应用的目的和技术要求正确选择。

填料是耐磨涂料的另一个重要组成部分，它们往往是一些高硬度磨料，如刚玉、金刚砂、石英、氮化硼和一些金属氧化物等。

### (2) 耐磨涂料的配方举例

一般性耐磨涂料的配方如表 4-33 所示。

**表 4-33 一般性耐磨涂料的配方**

| 原 料 | 用量(质量分) | 原 料 | 用量(质量分) |
|---|---|---|---|
| 隐晶石墨 | 28～32 | $MoS_2$ | 9～11 |
| 高岭土 | 75～85 | 一氰乙基二乙三胺 | 21.5～24 |
| 环氧树脂 | 100 | | |

电极用银色耐磨涂料的配方如表 4-34 所示。

**表 4-34 电极用银色耐磨涂料的配方**

| 原 料 名 称 | 用量(质量分) | 原 料 名 称 | 用量(质量分) |
|---|---|---|---|
| 甲醛树脂和乙基纤维素的溶纤剂溶液 | 适量 | 热裂炭黑(平均 300μm) | 520 |
| | | 天然石墨(平均 10μm) | 520 |
| 丁基醚脲醛树脂 | 80 | 人造石墨(平均 1μm) | 260 |
| 硝基纤维素 | 20 | 银粉(平均 1μm) | 150 |

注：混合搅拌 20min，涂膜厚达 4μm。160℃下烘烤 2h，涂层的电阻率 0.1Ω·m，耐磨性很高。

### 4. 润滑、防滑、耐磨涂料的应用

### (1) 在真空机械中的应用

以石墨为润滑剂的润滑涂料在真空条件下的摩擦系数和磨损率都比较高，因而不宜作真空机械的润滑材料。润滑涂料在空间技术方面得到了广泛的应用，例如，人造卫星的天线驱动系统、太阳电池帆板机构、光学仪器的驱动机构和温控机构、星箭分离机构及卫星搭载机械等都使用了润滑涂料技术，尤其是在真空防冷焊方面，润滑涂料更是发挥了其他润滑材料所无法替代的重要作用。近年来，润滑涂料在民用真空机械中的应用也迅速增多。

### (2) 在高低温下的应用

目前，润滑涂料在高低温条件下的应用已经非常普遍，如各类发动机（包括火箭发动机）的高温滑动部件、汽缸、活塞环，飞机上的其他高温滑动件，如高压压气机后几级、加力系统和反推力系统、远程炮的炮膛、金属热加上模具、炼钢机械、热电机械、原子能反应堆的有关部件、耐高温烧蚀紧固件等；在低温下的典型应用实例有火箭氢氧发动机涡轮泵齿轮和超导设备的有关滑动部件等。

### (3) 在高负荷条件下的应用

现代机械的设计工况越来越苛刻，主要标志就是机械的运行速度和负荷越来越高。尽管润滑涂料不太适合于解决高速条件下的润滑问题，但在解决高负荷条件下的摩擦学问题方面却显示了其独特的优势，尤其是含 $MoS_2$ 和石墨等层状固体润滑剂的润滑涂料的耐负荷性能最好，其耐负荷性超出极压性能好的润滑油脂的 10 倍以上，而且具有长期静压后不会从摩擦面流失的特性。其应用范围包括航空、航天、兵器、金属加工、建筑等行业，如鱼雷舵机蜗轮涡杆组件的润滑、大型桥梁与立体高速公路支撑台座的润滑、建筑减震支撑滑动系统的润滑、坦克支撑传动系统的润滑、飞机前缘襟翼驱动系统的润滑以及机床卡盘和金属冷加工模具的润滑等。

(4) 在防腐、防污、防震和减低噪声方面的应用

润滑涂料除具有优异的摩擦学性能外，还具有防腐、防污、防震和降低噪声的作用。事实上，某些润滑涂料的防腐性能甚至与某些防腐涂料相当，已经在海洋机械设备、化工设备、水中机械和野外作业设备等方面取得广泛的应用。如我国海军空兵机载导弹发射装置（机载导弹发射架导轨、外露卡簧、后防振器等部件），由于受导弹发射燃料废气、污物和海洋盐雾气氛的作用，腐蚀和烧蚀问题十分严重，不仅造成大量的材料和设备的浪费，而且严重影响战斗力的发挥。采用防腐、耐磨、耐烧蚀、润滑涂料后，有效地解决了这一难题，取得了显著的效益。

新型纺织机械采用润滑涂料，成功地解决了油脂润滑对织物的污染问题而使产品质量明显提高，其他类似设备还有复印机和印刷机等；近年来，国外在自行车链条等部位采用润滑涂料，不仅克服了油脂润滑污染衣物的缺点，而且还避免了多雨地区因油脂干枯所产生的锈蚀；在新型汽车上采用润滑涂料，能够明显地降低振动和噪声，从而提高了自行车的稳定性和舒适感。

(5) 其他方面的应用

使用润滑涂料可以有效地解决钟表和电子仪表传动机构、照相机快门、自动记录仪表导轨、电子计算机磁盘和电子音像设备磁带驱动机构等精密机械的润滑问题，使这些机械的反应灵敏度和精度得到大幅度的提高。润滑涂料还可以作为动密封材料、非金属材料的润滑材料以及辐射环境和水介质环境中的润滑材料等。研究表明，以二硫化钼和石墨为润滑剂的无机润滑涂料具有抗强辐射的能力，可以作为核反应堆装置的润滑材料，其中以硅酸钾为黏结剂的 $MoS_2$ 型润滑涂料已成功地解决了国产高温气冷堆滑动部件在高温氦气、强辐射条件下的润滑问题；以石墨或某些低摩擦聚合物件为固体润滑剂的润滑涂料在水介质中具有良好的润滑性能，可作为水轮机、水泵的叶片与转轴的抗气蚀和抗侵蚀耐磨涂层等。即使某些用油脂能够实现良好润滑的机械，若改用润滑涂料的话，则可以使产品的机械设计、结构更趋合理，润滑性能更加稳定，从这个意义上来说，润滑涂料是进行产品更新换代所必不可少的新技术之一。

## 七、耐核辐射涂料

耐核辐射涂料是指具有抗辐射和吸收辐射性能的有机涂料和无机涂料，主要用于核反应堆、核电站，同位素实验室和其他容易受放射性污染的建筑、装置和设备的内外表面保护，要求涂料具有高度抗辐射和容易去污、耐腐蚀性能及其他应该具有的特殊的化学抗性，并且能够吸收辐射，以便保护放射源周围的环境。

核化学研究让人们了解到：在核辐射中通常有 α、β、γ 和中子射线，它们所具有的能量波动幅度很大。对于高穿透力的射线来说，可以用数米厚的水泥墙或用 10cm 以上的铅板进行屏蔽。例如，在典型的核能厂的设置中，有一个初级回路和一个次级回路；在初级回路中除反应堆以外，还有热交换器、泵和输送冷却剂的管线等，所有这些单元都暴露在足以使涂料失效的强辐射线中，因此，初级回路的结构通常是选择耐辐射的材料而无需使用涂料。在次级回路中的情况就不同了，这里的核辐射强度较小，涂料可以用来进行有效保护，同时一些辅助设备可能断续地受到辐射的作用，而这些设备也可以用涂料来进行保

护。其抗辐射的要求也比在初级回路中的弱，所以耐核辐射涂料主要用在核电站的次级回路中的各种设备、设施和结构的保护和其他一些需要防辐射保护的设备上。

由此可知，耐核辐射涂料只有在特殊情况下才适合作屏蔽材料，而在一般情况下其屏蔽功能都是由下面的基材实现的。试验表明，一般涂料中的有机基料对辐射的吸收作用很小，耐辐射涂料大多数都是通过其中的颜料来实现的。在使用耐辐射颜料时，则希望它含有尽可能高的相对原子质量，如铅和钡等。涂料对辐射的吸收作用是随颜料中元素的相对原子质量的增加而增大的，并且受单位面积涂料中所含原子数的影响，但值得注意的是，在涂料中不应该含有经过辐射以后会转变成放射性的元素，属于这种类型的元素一般有钛、铅、钙、镁、钡、铁、锌和铝等，这些元素的化学键通常对核辐射性能没有影响；有机化合物中的氧、硫和氢等元素也对核辐射不存在有害的作用。

**1. 辐射对金属的影响**

金属由原子的立体晶格所组成，$\gamma$ 射线和电子的辐射对金属性质几乎没有影响，但入射粒子通过其同金属晶格网络的原子碰撞会引起严重损伤，这引起了原子离开其晶格的位移。原子位移引起金属性质的许多变化。通常会使金属的电阻、体积、硬度和抗拉强度增加，而密度和延展性减小。

金属的微晶性质特别易受辐射的影响。虽然现代反应堆容器的合金钢是相当耐辐射的（假定合金钢中没有 Cu、P 和 S 杂质），但仍发现不锈钢（18%Cr、8% Ni 类型）辐射后可能由于 Fe 和轻元素杂质的反应而变脆。这是由于中子与钢的组分发生反应放出氢，尤其是放出氦，然后氢和氦扩散到晶粒边界形成引起脆变的气泡造成的。

**2. 辐射对无机非金属化合物的影响**

已发现含有不稳定键的无机非金属化合物在核反应堆中受过高中子积分通量的照射，会发生分解，碱金属硝酸盐就是一个例子，它们在辐射下分解成亚硝酸盐和氧：

$$KNO_3 \longrightarrow KNO_2 + O_2$$

但是，某些晶体却异常稳定，例如 $LiSO_4$、$K_2SO_4$、$KCrO_4$ 和 $CaCO_3$。在无机化合物的混合物中，辐射可能会发生许多意想不到的甚至不希望发生的反应，例如液态空气经过辐射分解产生臭氧，而湿空气经过辐射产生 $HNO_3$，无机固态化合物的辐射损伤或分解往往能通过加热完全恢复。玻璃是非常耐辐射损伤的，因为它是一种非晶固体。

**3. 辐射对聚合物的影响**

有机化合物的聚合作用是一个能被核辐射加速的自由基诱发过程。辐射也能用以改善聚合物的性质，辐射引起自由基产生和长碳链的交联。在普通聚乙烯中，只有百分之几的分子是交联的；用 $10^7$ rad（1rad＝0.01J/kg＝0.01Gy）的剂量辐射，能使交联增加到 60%，所得到的聚乙烯更耐热、耐磨，而且裂化趋向较低。普通聚乙烯在大约 90℃时软化，而用 $10^6$ rad 的剂量处理，能使软化点提高到 150℃。对于两种或更多种单（分子物）体的混合物来说，交联能形成性质不同于原始材料的聚合物性质的混合聚合物。用非常低的辐射聚合体，可以仅仅导致材料表面性质的变化，从而使表面性质可不同于主体内的性质，它可以是着色的、抗静电的、耐油的等。

科学家研究表明，聚合作用随着不饱和特征和碳链长度的增加而增加。对于简单的低相对分子质量脂肪族，聚合作用相当小，对于烯烃则大得多，乙炔是很高的。在某些塑料（例如聚乙烯）中，辐射引起链的交联；链和支链的降解作用是其他聚合物的主要效应。已知的大多数抗辐射化合物包括：芳（族）环系物（多联苯）和稠环系物（萘等），它们都具有对辐射的不敏感性，这些化合物的辐射敏感性随着脂肪族支链长度的增加而增加，但永远不会达到纯脂肪族化合物那样高的 $G$ 值。表 4-35 给出了 $\gamma$ 射线对某些有机化合物的影响。

**表 4-35　$\gamma$ 射线对某些有机化合物的影响**

| 化合物 | 观察到变化的剂量 | 化合物失效的剂量① | 化合物 | 所期望的性质②（衰减 25%的剂量） |
|---|---|---|---|---|
| 烯烃 | 0.5 | 1 | 聚四氟乙烯 | 0.01 |
| 有机硅 | 0.5 | 5 | 醋酸纤维素 | 0.2 |
| 石油 | 1 | 10 | 聚乙烯 | 0.9 |
| 烷基芳香烃 | 10 | 50 | 聚氯乙烯 | 1 |
| 多联苯 | 50 | 500 | 聚苯乙烯 | 40 |
| | | | 氯丁二烯橡胶 | 0.06 |
| | | | 天然橡胶 | 0.25 |

① 失效意味着辐射效应是以物质失去正常的使用价值作为衡量标准。

② 所期望的性质是指物质使用中一个重要的性质。

A. J. 斯罗沃（美）在辐射化学导论中指出，在大多数聚合物中，以交联或降解中的一种为主，如果交联是主要的，辐射的最终效应是产生网状聚合物，其中所有的分子彼此连接；如果降解是主要的，则在辐射过程中分子变得越来越小，材料就丧失了聚合物的性质。如表 4-36 列出了一些聚合物对辐射的主要反应。

**表 4-36　辐射对聚合物的影响**

| 交联占主要 | | 降解占主要 | 交联占主要 | | 降解占主要 |
|---|---|---|---|---|---|
| 聚乙烯<br>聚氯乙烯<br>氯化聚乙烯<br>氯磺化聚乙烯<br>聚丙烯 | 聚乙烯基甲基酮<br>聚苯乙烯<br>磺化聚苯乙烯<br>天然橡胶<br>合成橡胶 | 聚异丁烯<br>聚亚乙烯基氯<br>聚氯三氟乙烯<br>聚四氟乙烯<br>聚甲基丙烯酸 | 聚丙烯酸<br>聚丙烯酸酯<br>聚丙烯酰胺<br>聚乙烯基吡咯烷酮<br>聚乙烯基烷基醚 | 聚硅氧烷<br>聚酰胺<br>聚氧化乙烯<br>聚酯 | 聚甲基丙烯酸酯<br>聚甲基苯乙烯<br>纤维塑料 |

聚合物的不饱和度在辐射中也能发生变化。开始时不饱和度很高的聚合物（例如天然橡胶），在辐射中不饱和度变小，而饱和聚合物的不饱和度则随着辐射的剂量增加而增加。辐射对聚合物影响的另一个重要的化学变化是气体的形成，产生气体的量取决于聚合物的性能及辐射剂量、温度、辐射类型等。

A. J. 斯沃罗在研究了常温下液态苯的 $\gamma$ 辐射产物后，认为苯具有抗电子活化的效应，这也就是芳香化合物具有抗辐射能力的根源；其他芳香化合物和苯一样具有抗辐射能力。

#### 4. 辐射对涂料的影响

尽管多数的辐射会引起聚合物发生交联而变脆开裂，但过量的辐射实际上会引起聚合物中化学键的断裂而降解。前已述及聚合物的主链或支链上含有芳香环的聚合物的耐核辐射性能好；而不带有芳香环的聚合物在核辐射的作用下是不稳定的。除基料外，在涂料的耐辐射性能中颜料、填料也起着重要的作用；增塑剂和其他添加剂对涂料的耐辐射性能也有一定的影响（见表 4-37）。在 $10^7$ rad 剂量照射下，多数涂层变黄，以清漆涂层的破坏最为明显，且严重破坏。

**表 4-37　部分涂料经 $10^7$rad 照射后的变化**

| 涂料的品种 | 涂层厚度/mm | 照射后涂层外观的变化(目测) |
|---|---|---|
| 氯乙烯共聚物清漆 | 0.05 | 无变化 |
| 硝基纤维素清漆 | 0.06 | 少许变黄 |
| 甲基丙烯酸树脂清漆 | 0.05 | 少许发黏 |
| 有机硅醇酸树脂清漆 | 0.07 | 无变化 |
| 合成树脂改性酚醛清漆 | 0.05 | 黄色稍加重 |
| 醇酸树脂清漆 | 0.06 | 变黄 |
| 油改性酚醛树脂清漆 | 0.06 | 无变化 |
| 油性清漆 | 0.06 | 显著发黏 |
| 环氧树脂清漆 | 0.06 | 显著变黄 |
| 氯化橡胶清漆① | 0.05 | 显著变黄,涂层破坏 |
| 氯化橡胶清漆① | 0.06 | 显著变黄,涂层破坏 |
| 氯乙烯共聚物清漆② | 0.05 | 显著变黄,涂层破坏 |
| 氯乙烯共聚物色漆(蓝色)② | 0.06 | 不剥离 |
| 氯乙烯共聚物色漆 (银色)② | 0.25 | 无变化 |
| 氯乙烯共聚物色漆(银色)② | 0.21 | 极少剥离 |
| 氯乙烯共聚物色漆 (白色)② | 0.10 | 无变化 |
| 氯乙烯共聚物色漆 (黑色)③ | 0.14 | 无变化 |
| 氯乙烯共聚物色漆 (白色)③ | 0.12 | 变黄,涂层破坏 |

① 二者的区别在于所用的增塑剂不同。

② 四者的区别在于氯乙烯共聚物的聚合度不同。

③ 二者的区别在于所用的增塑剂不同。

### 5. 耐辐射涂料的试验

涂料的抗辐射性能指标对用于高辐射强度下的表面来说是极其重要的，也是区别于普通涂料的主要标志，通常的耐核辐射涂料试验一般都要进行下列三项试验。

#### (1) 耐核辐射性能试验

将涂料涂在样板上，置于照射室内，用钴辐射设备或 γ 射线辐射设备照射，剂量分 $5\times10^7$rad、$10^8$rad、$5\times10^8$rad、$10^9$rad、$10^{10}$rad 和 $10^{11}$rad，照射之后用目测、红外光谱技术和电子显微镜观察评价涂层的表面形态（例如涂层的光泽度和泛黄程度等）。耐核辐射性能优良的涂料一般在照射后不发生变化或变化很小。

#### (2) 去污性能试验

① 去污性能试验是用去污因子 $DF$（去污处理前的放射能/去污处理后的放射能）和去污性百分数 $A$ 表示的：

$$A=(1-1/DF)\times100\%$$

$A$ 值越大，则表示涂料的去污能力越强。

② 去污率 $DI$　去污因子的对数为去污率：

$$DI=\lg DF$$

$DI$ 的值越大，则表示涂料的去污染性能越好。

③ 去污性能试验　$^{137}Cs^{106}Ru^{95}Zr$ 的 8mol/L 硝酸溶液组成污染液，将样板置于通风橱内，滴 0.2mL 的污染液，使之润湿约 1cm 直径的面积，在室温下干燥，然后用 γ 谱仪测定裂变产物的浓度，并记下计数：再将 400mL 的自来水装入 600mL 的烧杯中，把经过

污染的样板悬挂在烧杯内的水中，用磁力搅拌器搅拌 10min，取出样板，用自来水轻轻漂洗后晾干，对样板进行扫描，记录每分钟的计数并与原先的计数比较，确定 *DF* 值。冷酸洗：用（25±2)℃的酸洗液（含 0.4mol/L 草酸、0.5mol/L 氟化钠和 0.3mol/L 过氧化氢）代替自来水，其他同上，晾干后将样板扫描，求出冷酸洗后的每分钟计数比和 *DF* 值。热酸洗：用（80±2)℃的酸溶液（组成同上）进行热酸洗，方法同前，晾干后将样板扫描，求出热酸洗后的每分钟计数比和 *DF* 值。总的 *DF* 值则用水洗前的每分钟计数与热酸洗后的每分钟计数之比来计算，比值越小涂料的去污性能越好。

**(3) 冷却剂事故损失试验（LOCA 试验)**

把试验样板放在高温高压容器中，将 pH 值约为 9 的硼酸水溶液（每 1kg 水溶液含 3mg 的硼酸）喷入。试验条件为：在温度 135℃、压力 $2940\times10^2$Pa 的条件下，喷淋半小时为 1 周期，共试验 2 个周期（自始至终约需 24h)。试验结束后取出样板，进行评价。如有任何破坏（指样板上的涂层在试验过程中起泡、鼓起、脱落等)，都意味着该涂料系统不合格，不能使用。国外的试验条件为：开始压力 $4802\times10^2$Pa，温度 177℃，然后稳定在 $2058\times10^2$Pa 和温度 121℃条件下保持 4 天；再降至 $686\times10^2$Pa 和 93℃条件下保持 3 天。

通过上述三种方法对涂料的耐核辐射性能进行综合评价。

在耐核辐射涂料的研究中，世界各国对涂料的耐核辐射性能的看法不尽一致。从报道的资料中发现：美国认为最耐核辐射的涂料是以酚醛树脂、脲醛树脂和三聚氰胺甲醛树脂为基料的涂料，其次是聚酯、醇酸和催化型环氧酯涂料。胺固化的环氧树脂特别适合于用作抗 γ 辐射的涂料。俄罗斯则认为环氧涂料和有机硅树脂涂料的耐核辐射性能最好，并在实践中常常采用它们，其次是聚氨酯，以对苯二甲酸为基础的聚酯、乙烯和聚乙烯等，而丙烯酸和氟碳化合物的耐核辐射性能则相当低，除基料之外，填料、颜料、增塑剂和各种添加剂对涂料的耐核辐射性能也有影响。矿物填料可以显著地增加不饱和聚酯涂料的耐核辐射性能。石墨是其中最好的一种，石棉和玻璃纤维、铝粉等也很有效，表 4-38 列出了各种基料耐辐射的限度。

**表 4-38　各种基料耐辐射的限度**

| 涂 料 种 类 | 耐辐射的最大剂量/Mrad | 涂 料 种 类 | 耐辐射的最大剂量/Mrad |
|---|---|---|---|
| 二苯基硅氧烷 | 5000 | 聚氨基甲酸酯 | 1000 |
| 环氧酚醛 | 5000 | 三聚氰胺甲醛树脂 | 1000 |
| 催化型环氧 | 5000 | 尿素-三聚氰胺树脂 | 500 |
| 苯乙烯 | 5000 | 聚乙烯醇缩丁醛 | 500 |
| 乙烯基咔唑 | 4000 | 硝化棉 | 100 |
| 沥青 | 2000 | 醋酸纤维 | 50 |

## 6. 耐核辐射涂料的去污能力

涂料的去污能力，对原子能电站的某些应用来说是个关键性的指标。例如核工厂的建筑物就需要涂装，这不仅是为了维护而且最重要的是为了在发生意外时容易除去表面的污染物，因为放射性物质的污染会有害健康。X 射线的危险性要比 α、β 和 γ 射线的小得多，而最危险的污染物是由核裂变产生的同位素，因为它们的辐射半衰期特别长。

涂料的去污能力在很大程度上取决于其表面的性质，根据试验研究的结果，通常转化型的涂料，特别是聚氨酯一类的涂料去污性能最好，因为它能形成牙质光滑、致密、均匀和硬度高的表面，不但难以吸附放射性污染物，而且还能耐去污剂的多次洗涤。要求这类涂料要满足长期使用的性能，因为核能站要重涂一次往往是相当困难的。

通常颜料和填料会降低涂料的去污性能。然而有些颜料还是可以用的，如二氧化钛、石墨、氧化铬、某些铅和铁颜料、钡盐和滑石粉等，而铝粉、氧化锌、碳酸钙和云母则可能是有害的。

### 7. 耐核辐射涂料的防腐蚀性能

在核电站环境中，涂料经常要碰到各种腐蚀性的气体如氧化氮、氯和氟等，也可能经受到各种腐蚀件的液体如硝酸、硫酸、氢氟酸和柠檬酸等，而最常遇到的腐蚀性介质是氧化氮和硝酸。美国的研究表明，以酸酐固化的环氧树脂和丁基橡胶用于防四氧化氮是最有希望的；以无机锌涂料和特制的乙烯、酚醛或环氧树脂面漆配合使用，在美国的工厂用于防腐蚀的场合很普通。用于具有辐射剂量为 $10^9$rad 沸水池中水泥和碳钢表面的涂料是加有玻璃纤维和铝填料的厚度为 150$\mu$m 的环氧树脂涂料。同样也可以在反应堆的水泥屏蔽墙和反应堆的事故保护墙上。为了解决某些部位的渗透性问题，就必须增加涂层的厚度。在实际使用中，美国使用最厚的涂层达到 750$\mu$m，在这种情况下，表面处理是技术的关键。

### 8. 耐核辐射涂料的其他性能

在核技术中所应用的涂料除了应具有上述性能外，还应具有足够的耐热性、电绝缘性和其他各种性能。

表 4-39～表 4-42 列出了各个核电站的专用涂料和常规涂料。

**表 4-39 美国核电专用涂料的类型**

| 类　别 | 混 凝 土 | 钢 结 构 | 钢 制 设 备 |
|---|---|---|---|
| 安全壳 | 环氧聚酰胺、水性环氧 | 环氧酚醛、环氧 | 环氧酚醛、酚醛、无机锌、乙烯 |
| 辐射控制区 | 硅氧烷、环氧、改性环氧、聚酯 | 醇酸、环氧、硅氧烷 | 环氧、环氧酚醛、乙烯、无机锌、环氧聚酰胺 |
| 安全设备 | 水性丙烯酸、乙烯基酯 | 环氧酚醛、环氧厚浆 | 环氧厚浆、环氧、环氧酚醛 |

**表 4-40 泰山一期核电专用涂料的主要类型**

| 类　别 | 混 凝 土 | 钢 结 构 | 钢 制 设 备 |
|---|---|---|---|
| 安全壳 | 铁红聚氨酯＋聚氨酯 | 无机硅酸锌＋聚氨酯 | 无机硅酸锌＋聚氨酯 |
| 辐射控制区 | 环氧 | 醇酸 | 环氧底漆＋聚氨酯 |
| 安全设备 | 环氧、聚氨酯 | 环氧富锌＋氯化橡胶 | 醇酸、漆酚、环氧沥青 |

**表 4-41 大亚湾核电专用涂料的主要类型**

| 类　别 | 混 凝 土 | 钢 结 构 | 钢 制 设 备 |
|---|---|---|---|
| 安全壳 | 水性聚酰胺环氧 | 聚酰胺酚醛环氧 | 聚酰胺酚醛环氧 |
| 辐射控制区 | 水性聚酰胺环氧 | 聚酰胺酚醛环氧 | 聚酰胺酚醛环氧 |
| 安全设备 | 环氧、聚氨酯 | 环氧、聚氨酯 | 环氧、聚氨酯 |

表 4-42 核电常规涂料的选用

| 涂料涂装设备 | 环境介质 | 防护要求 | 涂料类型 |
| --- | --- | --- | --- |
| 汽机厂房 | 一般大气 | 腐蚀与防护 | 环氧、有机硅、无机富锌、银粉漆 |
| 海水水泵、制氯站、制氢站、化学厂房 | 腐蚀性大气 | 腐蚀与防护 | 环氧富锌＋环氧云铁＋环氧 |
| 海水设备 | 盐水 | 腐蚀与防护、脏污防护 | 环氧、乙烯基酯磷片、环氧沥青、氯化橡胶 |
| 化学水设备 | 生活水、化学水、纯水 | 腐蚀与防护 | 环氧 |
| 埋地设备 | 土壤 | 腐蚀与防护 | 环氧煤沥青 |

## 八、重防腐涂料

能在严酷的腐蚀环境下应用并具有长效使用寿命的涂料称为重防腐涂料。在化工大气和海洋环境里重防腐涂料一般可使用 10 年或 15 年以上；在酸、碱、盐和溶剂介质里并在一定温度的腐蚀条件下，一般应能使用 5 年以上。

重防腐涂料的应用涉及现代工业各领域：新兴的海洋工程——海上设施、海岸及海湾构造物及海上石油钻井平台等；现代化的交通运输——桥梁、船舶、集装箱、火车和汽车等；重要的能源工业——油管、油罐、输变电设备、核电设备及煤矿矿井等；大型的工矿企业——化工、钢铁、石油化工厂的管道、储槽、设备及大型矿山冶炼设备等。

重防腐涂料除了具有严酷腐蚀环境下应用和长效寿命特点外，还有以下几点区别于一般的防腐涂料：

① 厚膜化，这是重防腐涂料的重要标志之一；

② 高性能的耐蚀合成树脂和新型的颜料、填料的开发应用，是促使重防腐涂料发展的关键；

③ 重防腐涂料必须同金属基体的严格表面处理相结合，才能达到理想的效果，两者缺一不可；

④ 正确的施工和维修管理是实现重防腐涂料设计规程和目标的重要环节。

常用防腐涂料的涂层干膜厚度一般为 100$\mu$m 或 150$\mu$m 以上，而重防腐涂料干膜厚度一般要在 200$\mu$m 或 300$\mu$m 以上，厚者可达 500～1000$\mu$m，甚至 2000$\mu$m（2mm）。厚的涂膜为涂料的长效寿命提供了可靠的保证，同时也给涂料加工与施工提出了新的课题。

### 1. 厚膜化对涂料配方工艺提出的要求

#### (1) 高固体分或无溶剂化

常用防腐涂料每道涂刷厚度（干膜）大约 25～30$\mu$m，要达到较厚的涂膜，必然增加涂刷的次数；这不但使涂刷费用增加，也带来了大量溶剂对大气的污染，以至不能符合各国政府对涂料中挥发有机性化合物（VOC，volatile organic compounds）含量愈来愈严格的规定。

以下途径可使防腐涂料不含溶剂或少含溶剂：

① 采用低黏度（或低相对分子质量的）组分，如选用的低黏度的树脂、固化剂和改性剂等；

② 选用合适的活性稀释剂；

③ 考虑混合溶剂的适当搭配，如添加少量挥发慢的高沸点溶剂，避免由于溶剂含量少、挥发快而在涂刷过程中可能产生的弊病。

**(2) 触变功能**

触变功能也称假稠现象，即涂料静止时黏度较大，但当受剪切力作用（如搅拌或涂刷时）黏度又暂时下降，表现出良好的涂刷性。触变功能作为重要的施工工艺性能的主要作用如下：

① 一次涂膜可较厚；

② 施工时能方便地涂刷，但是当涂刷停止时垂直面涂料又不会流挂；

③ 储存时可有效地防止沉淀。

厚浆型涂料中一般均加入触变剂形成触变功能。常用的触变剂有氢化蓖麻油、气相二氧化硅和膨润土等。可以仅加一种触变剂，也可以加几种触变剂复合作用。厚浆涂料对触变剂有选择性，如在厚浆环氧沥青涂料中使用气相二氧化硅较为合适，但在厚浆型乙烯系涂料中氢化蓖麻油比气相二氧化硅更有效。

**2. 高性能的合成树脂和颜料、填料是重防腐涂料发展的关键**

为达到严酷环境下长效的目的，对重防腐涂料的主要成膜物质合成树脂和次要成膜物质颜料和填料有很高的要求，主要是：

① 对金属基体的良好附着力，有良好的物理机械性能，如低的收缩率、适当的硬度、韧性和耐磨性、耐温性等；

② 对各种介质有优良的耐蚀性，这些介质包括化工大气、水、酸、碱、盐和其他溶剂等；

③ 能有效地抵抗各种介质对涂层的渗透；

④ 能在各种条件下进行方便的施工并达到对涂层厚度和涂层结构的设计要求。

**(1) 高性能合成树脂**

传统的涂料大多以干性植物油作为成膜物质，这些成膜物质由于综合性能较差，一般不适合用于防腐涂料。作为重防腐涂料成膜物质的少部分高性能树脂简述如下。

① 环氧树脂　环氧树脂是目前应用数量最多、范围最广的重防腐涂料用树脂，其主要特点有：

a. 优良的附着力和低收缩率，用其配制的涂层有良好的物理机械性能；

b. 对水、中等酸、碱和其他溶剂有良好的耐蚀性和抗渗透性；

c. 固化剂种类很多，在各种施工条件下均有良好的成膜性，可配成在潮湿、水下和加热等条件下固化的涂料；

d. 能同各种树脂、填料和助剂良好地混溶配制成一系列常用的重防腐涂料，如厚浆型环氧沥青涂料、厚浆型环氧云母氧化铁涂料和环氧富锌涂料等。此外，环氧树脂还能和各种专用填料和辅料配制成能在建筑、水下和海洋等条件下使用的重防腐涂料，如美国Ameron公司开发的无溶剂环氧砂浆重防腐涂料（也称SP-Guard涂料），主要用于腐蚀最严重的海洋飞溅区内钢结构及混凝土的防护。环氧树脂适用于加工配制成水性化和厚膜化（高固体化和无溶剂型）等无公害重防腐涂料，这是它的优势，也正是当今重防腐涂料的发展方向。

环氧树脂用于重防腐涂料的局限有两点：一是环氧树脂耐候性较差，易粉化，不宜加工成化工大气用重防腐涂料面漆；二是环氧树脂在较高温度下，承受较强腐蚀介质（如较强酸、碱和溶剂等）的能力较差，在这些环境下要用性能更好的合成树脂涂料（如乙烯基酯玻璃鳞片涂料等）。

② 聚氨酯树脂　用聚氨酯树脂加工的涂料具有最优良的综合性能。聚氨酯涂料一般为双组分，即含异氰酸酯基（—NCO）组分和含羟基（—OH）组分。改变两种原料的种类和配比，可形成不同刚性的各种性能涂料，并在加工水性化和无溶剂化涂料方面有较大潜力。

聚氨酯树脂涂料与环氧树脂涂料相比有两点不同：

a. 聚氨酯涂料的物理、化学性能与环氧树脂不同。不过在重防腐涂料性能和应用方面，两者有很好的互补性：环氧涂料耐候性较差，而一种用 HDI（己二异氰酸酯）作原料的丙烯酸聚氨酯涂料耐候性十分优良，正在成为重大工程选用化工大气重防腐涂料面漆的首选材料，而底漆和中间漆又大多用环氧涂料与其配套；聚氨酯涂料耐油性稍优于环氧涂料，可用于油罐油管内部，而环氧涂料在耐碱方面优于聚氨酯涂料；此外，在低湿面化方面聚氨酯煤沥青涂料优于环氧煤沥青涂料，并有更好的综合性能；聚氨酯涂料在弹性、韧性和耐磨性方面均优于环氧涂料。

b. 由于聚氨酯涂料里含有少量游离的异氰酸酯基（—NCO），它易同大气中的潮气和水分反应并对人体健康有所影响，因此在储存、施工性能上和环境保护方面环氧涂料优于聚氨酯涂料，价格也比聚氨酯涂料便宜。

③ 含氯的乙烯类涂料　这类涂料品种较多，其性能和应用的主要特点为：

a. 多为由热塑性树脂溶解在混合溶剂中配制成的单组分挥发性涂料，一般难以形成高固体分厚膜性涂料；

b. 虽多数品种具有良好的耐水、耐酸、耐碱等性能，但由于涂膜较薄，抗渗透性较差，很少用于设备内部化学介质防腐领域，主要用在化工大气防腐领域，部分可用于水和海水中；

c. 耐温性和耐溶剂性较差；

d. 在应用方面，已取代和正在取代传统的油性醇酸涂料和酚醛涂料，成为大气防腐领域的主要涂料品种，其综合性能较好的品种，如氯化橡胶涂料和氯醚涂料（氯乙烯/乙烯基异丁基醚共聚物涂料）已成为化工大气用重防腐涂料的常用品种。

④ 高度耐蚀不饱和聚酯树脂、酚醛和呋喃树脂　良好的耐蚀性只是对高性能耐蚀涂料的一个必要要求，但不是所有的高度耐蚀树脂均适用于配制重防腐涂料，有些适用于耐蚀玻璃钢和耐蚀胶泥的高度耐蚀树脂就不可用于重防腐涂料。如双酚 A 型不饱和聚酯树脂是用于耐蚀玻璃钢的主要树脂，酚醛树脂和呋喃树脂是耐蚀胶泥的主要品种，但这三种树脂均不适用于重防腐涂料。从这个方面讲重防腐涂料对树脂的要求更高。由于涂层较薄，又附在金属等基体上，受到对涂层物理性能，如收缩率、热膨胀、脆性和附着力等性能多方面的限制，因此涂料对树脂的要求较胶泥和玻璃钢对树脂的要求更为严格。上述三

种树脂正是在这些性能方面（收缩性、附着力和脆性等）不同程度地存在着问题而不能作为重防腐涂料的主要品种。通过配方改性，虽然这几种树脂也可以配成一些应用于某种场合的重防腐涂料，如利用酚醛树脂的耐酸、附温性可配制成用于换热器重防腐涂料，但防腐工程方面，已逐渐由性能更好的丙烯酸聚氨酯涂料、有机硅丙烯酸涂料（多用于建筑物外墙）和有机氟涂料所取代。

⑤ 性能优异，但目前数量尚不大的树脂品种　主要有有机氟树脂和新型无机-有机聚合物所配制的涂料，它们的共同特点是：在较高温度下几乎可耐大多数强腐蚀介质，其在耐蚀性和耐温性方面是重防腐涂料中的最佳选择。

有机氟涂料的主要缺点在于加工成膜性差，其多数品种只能在高温烧结下成膜，并需反复多次，这就大大限制了其使用领域，很难用于涂装大型的设备部件。因此，近年来开发的新型有机氟涂料的主要方向是改善其成膜条件，结果出现了能室温固化的 FEVE 等品种，并已在建筑外墙和化工大气重防腐工程中应用，但由于价格昂贵，其应用面还不广。

新型无机-有机聚合物涂料，虽然目前仅在少数国家推广应用，但它成功地形成了无机材料和有机材料的化学结合，并巧妙地从结构上创新达到了高度交联密度和高韧性、高延伸率性能的统一，代表了今后重防腐涂料的发展方向。

⑥ 其他高性能树脂

a. 聚苯硫醚和氯化聚醚加工的涂料，在性能和应用上与有机氟涂料有类似之处，可作为有机氟涂料的补充。

b. 改性生漆　生漆是我国的特产，数千年来我们的祖先就把它作为优良的防腐涂料，具有优良的耐久、耐水和耐酸性能。但它也存在着许多缺点，如能使人严重过敏、干燥较慢、施工困难、耐碱性不好和对金属附着力较差等。近几十年来通过与其他树脂及原料的改性，这些缺点得到了不同程度的改进，其中较成功的是我国由胡炳环等人发明的用漆酚与四氯化钛反应得到的漆酚-钛螯合高聚物制成的涂料。据报道，该聚合物含有以钛为中心原子的漆酚-钛螯合高聚物结构，涂膜的物理机械性能优良，它具有耐强酸、强碱、有机溶剂、各种盐类和耐高温、耐摩擦等优异性能，并能自然固化，施工方便，人体不过敏。

**(2) 化学防锈颜料**

这些颜料能与金属基体表面或涂料成膜物中的某些成分起化学反应，从而使金属表面钝化或生成保护性物质。

以红丹为代表的铅系防锈颜料和各种铬酸盐颜料是两类最重要的传统防锈颜料。红丹的防锈机理比较复杂，但其防锈性能极其稳定、可靠，是 20 世纪最主要的防锈颜料。铬酸盐通过其在水中溶解得 $CrO_4^{2-}$ 与金属表面作用，形成一层致密的钝化膜，从而抑制金属的腐蚀。

铅和铬金属由于易危害人体，同时也造成对环境的污染，理所当然地受到了严格的限制，目前已禁止使用。为此开发应用无毒防锈颜料以代替传统防锈颜料成为重要课题。尽管到目前为止还没有一种无毒的防锈颜料的性能能够完全代替传统有毒的防锈颜料，但通过各国的努力，已经找到一些好的无毒防锈颜料并在应用中被逐渐接受。

① 磷酸锌［$Zn_3(PO_4)_2 \cdot 2H_2O$］ 既能与涂料中的羟基、羧基等基团化学结合，也能在金属表面上生成牢固的 Fe［$Zn_3(PO_4)_3$］沉淀层而减缓基体腐蚀。其特点是无毒，对表面处理要求不高，对各种涂料均可适用，因此应用较为广泛。但目前对磷酸锌的作用仍说法不一，某些研究认为磷酸锌用于盐雾试验结果较差，但应用于天然暴晒效果很好。在耐磷酸锌防锈颜料应用研究中，又合成了性能可与铬酸锌相比的改性磷酸锌，如 Heubnch 公司的几种产品：对磷酸锌原料的颗粒度、颗粒度分布和化学组成进行改进后，出现的几种用于乳胶涂料的水合碱性磷酸锌钼（EMP-A）、用于大多数涂料的水合碱性磷酸铅锌（EPA-A）和有机改性水合碱性磷酸锌（EPO-A）等。

② 三聚磷酸铝（$AlH_2P_3O_4 \cdot 2H_2O$） 它为白色颜料，微溶于水，能与金属离子结合生成硬度高、附着力强的钝化膜，可有效地用于水性和溶剂型涂料体系中，如环氧、丙烯酸和乙烯类涂料的防锈底漆。

③ 可进行离子变换的防锈颜料 也称 Shieldex 防锈颜料。在无机 $SiO_2$ 的多孔表面上含有可进行交换的 $Ca^{2+}$，当腐蚀介质在涂层内渗透时，腐蚀性离子首先与钙离子进行交换，从二氧化硅表面释放出来的钙盐转移到涂膜和金属界面，形成一层厚度为 2.5～6.0nm 的隔离层。我国江苏常州涂料化工研究院根据此原理，也研制出一种类似机理的防锈颜料。

在活跃的无毒防锈颜料的开发应用中，还在不断出现新的品种，如铁酸盐、偏硼酸盐、钼酸盐及其复合物等。这将促使无毒防锈颜料在经过相当时间的发展和考验后，在更高水平上完全取代传统的有毒防锈颜料。

**(3) 鳞片玻璃重防腐涂料**

鳞片玻璃是指厚度为 3～4μm 的鳞片状薄玻璃制品，主要用合成树脂的混合材料和防腐蚀涂料等领域作为重要添加剂材料，配合使用的底层树脂有环氧类和聚酯类等树脂。一般在厚度为 1mm 的涂料层中约有 120～150 片层叠的玻璃鳞片，它可以防止腐蚀性离子和雨水的浸透。使用这种鳞片玻璃涂料时，要在钢材等金属物体表面预先涂布上一层打底材料，然后再涂上一层 200～1000μm 厚的鳞片玻璃涂料。美国康宁玻璃公司是世界上最早研制开发生产鳞片玻璃的玻璃商；日本的旭玻璃纤维公司也从美国康宁公司引进了鳞片玻璃的生产技术，并开始批量生产。这种用于重防腐涂料的鳞片玻璃在欧美市场上十分走俏，欧美工业界已将其用于海上石油钻井平台、工业原油储油罐罐体内部的涂层防腐，其耐腐蚀能力长达几十年以上。日本的石油、海洋构筑物、工业用储油罐及工业储存构筑物等的防腐作业中已广泛应用了这种产品。吉林石化研究院开发的鳞片玻璃重防腐涂料，是将玻璃的性能与耐腐蚀的树脂性能结合起来，形成独特的屏蔽结构，它能替代塑料、橡胶、玻璃钢衬里材料，使玻璃鳞片填充涂层成为保护金属及混凝土表面的高性能涂层材料。产品具有独特的屏蔽结构，优良的防腐性能，且施工方法简便，广泛用于石油化工、海上设施、管线外表、储罐和非铁质的构件等，已在吉化污水厂、吉化炼油厂等水处理装置上应用，效果良好。

我国的玻璃鳞片涂料研究发展很快，应用也日益广泛，由中国石油天然气总公司管道科学研究院开发研制的GH-8和GHL-9玻璃鳞片涂料，主要用于原油储罐、成品油罐、地下管道和化工设备。如GH-8型玻璃鳞片涂料用于某厂氯乙烯转化器内壁防腐，在60℃浓HCl介质中使用，效果良好，GH-8型用于盐酸储罐内壁，HCl浓度32%，常温使用效果良好。玻璃鳞片树脂还经常应用于容器密封和设备修补上，如某厂用玻璃鳞片填充耐腐蚀树脂复合材料修补搪玻璃设备，效果良好。

**(4) 高氯化聚酚烯特种重防腐涂料**

高氯化聚酚烯特种重防腐涂料是将特种高分子材料改性，使改性后的成膜物间具有互补兼容的独特性能，是氯化高聚物家族中的新成员，具有优异的耐候和光老化，耐酸、碱、盐、油等化学介质和工业气体的侵蚀，耐高低温冷热交变性，良好的物理机械性能，附着力强，干燥速度快，涂层坚韧耐磨，装饰性强，防腐性能稳定持久，施工方便应用面广，底漆具有良好的防锈性，中漆依着极性基因之间的吸力和胀溶性，使层间界面的高分子链缠结密着，将底面漆黏结为一体；面漆为鳞片状体，所加入重防腐超细填料，定向平行重叠排列，形成“鱼鳞”式的搭接，将整个涂层封闭为一体。涂料广泛用于石油、化工、冶金、机械、造船、能源、交通等行业，是化工设备防腐和金属制品的防锈佳品。

**(5) 无机富锌底漆**

锌粉是最重要的电化学防锈颜料。用大量锌粉配成的底漆称为富锌底漆。富锌底漆分为以硅酸盐等无机物为黏结剂的无机富锌和以环氧树脂为黏结剂的有机富锌底漆两种。其中环氧富锌底漆将在环氧涂料一节中介绍，这里仅对无机富锌底漆作一简介。

与其他金属相比，锌有其独特的特点，它比铁轻，有良好的延展性，可同铁制成合金，最重要的是其电化学活性（其标准电极电位为－0.76V）较铁（－0.44V）活泼，因此当同铁放在一起受到腐蚀时，有“自我牺牲”的作用，而使钢铁被保护。同时它可被熔融并加工净化成细颗粒的高纯度的锌粉。正是这种锌粉，成为当今重防腐涂料最重要底漆的主要原料。

作为重防腐涂料的富锌底漆，必须满足两点配套要求：一是由于底漆中的锌粉要同钢铁紧密接触，才能发挥其电化学的保护作用，因此对基体表面的处理要求严格，必须进行喷砂处理；另外，富锌底漆通常较薄，并易受外部环境介质影响，一般不单独使用，必须配以适当的中间漆和面漆，以达到规定的厚度。

此外，由于富锌底漆的良好耐蚀性和可焊性，目前也普遍用于车间底漆（shop primer），也称钢材预处理底漆或保养底漆（prefabrica-tion primer）。涂有保养底漆的钢板或结构件在预处理、切割和焊接时，不发生锈蚀，待结构安装完毕时，无需喷砂，只需用水清除表面污物，就可进行下道底漆或面漆的涂装。

不同涂装用途对富锌底漆厚度的要求不同，随之对锌粉颗粒大小和形态的要求也不同（见表4-43）。此外对锌粉中Pb和Ca等杂质含量也有严格要求。

为确保在富锌底漆中，锌粉同钢铁能紧密结合而起到导电和牺牲阴极的作用，国际上对富锌底漆含量做了规定：无机富锌底漆中锌粉占干膜总质量不少于74%，有机富锌底漆中锌粉占干膜总质量不少于77%。有机富锌涂层之所以含锌量偏高，是由于其导电性较无机富锌差。

表 4-43　不同涂装用途对锌粉粒度及粒度分布的要求

| 涂装用途 | 干膜厚度/μm | 锌粉细度/目 | 锌粉粒度分布/μm | 个别熔融变形粘连颗粒长度/μm |
|---|---|---|---|---|
| 集装箱锌粉底漆 | 10～15 | ≤800 | 95%粒径≤10，少量粒径 10～15 | <20 |
| 车间底漆 | 15～20 | ≤600 | 90%粒径≤10，少量粒径<20 | <25 |
| 船用富锌底漆 | 30 左右 | ≤400 | 90%粒径≤10，少量粒径 10～30 | 30 左右 |
| 其他 | 40 左右 | ≤325 | 85%粒径≤10，少量粒径 10～35 | <40 |

无机富锌底漆与环氧富锌底漆的比较：

a. 无机富锌底漆由于无机硅酸盐黏结剂在同锌粉反应的同时，还同基体金属铁反应，因此系化学结合，其耐蚀、耐久性优于环氧富锌底漆，相应地其表面处理要求也高于后者；

b. 无机富锌涂膜的耐热性、耐溶剂性和导电性优于环氧型，而力学性能不如后者；

c. 环氧富锌底漆较易与面漆配套；无机富锌底漆则受到一定限制，如表面存在较多孔隙，涂面漆时易起泡，又如对面漆耐碱性有要求，而且本身必须充分固化后才可涂面漆，否则附着力差，易剥落；

d. 环氧富锌底漆在施工性方面优于无机富锌底漆，较少受环境影响。

### 3. 防腐涂料的等级界定

用户给防腐蚀涂料不断提出难以实现的新要求，正是这些要求使防腐蚀涂料成为涂料行业中最有生命力和竞争力的重要分支，以至于当今世界上没有一种产业与防腐涂料无缘。众所周知，海洋开发的投入大、风险大，对海洋重防腐涂料需求多样，耐久居首，更有“永久性防腐”、“超重防腐蚀”的提法，因此应对防腐蚀等级进行划分和界定。事实上许多国家在防腐涂料的按耐久性分类上已趋于统一：a 类一般性防腐为 3 年；b 类加强性防腐为 3～10 年；c 类重防腐为 10～20 年；d 类长效防腐为 20～30 年；e 类超长效防腐为 30 年以上。

海洋开发和海水直接利用工程用防腐涂料应属 b～e 类范畴，a 类是不能胜任的。在海洋钢结构防腐涂料方面，日本已在关西国际机场联络桥、东京湾跨海大桥、本洲四国跨海大桥和来岛大桥采用新型超厚无溶剂环氧涂料体系，可确保 30～50 年使用年限。表 4-44 列出了不同涂料相对应的防腐蚀能力。

表 4-44　涂料与防腐蚀相对指数

| 树脂品种 | 耐物理破坏 | 耐温度 | 有机溶剂 | 耐化学介质 | | | | |
|---|---|---|---|---|---|---|---|---|
| | | | | 盐 | 碱 | 酸 | 氧化 | 耐水 |
| 醇酸树脂 | 4 | 6 | 7 | 6 | 3 | 8 | 5 | 6 |
| 丙烯酸树脂 | 6 | 3 | 3 | 8 | 5 | 9 | 4 | 8 |
| 氯化橡胶氯磺化聚乙烯 | 4 | 3 | 2 | 10 | 10 | 10 | 7 | 9 |
| 煤焦油沥青 | 2 | 1 | 1 | 10 | 10 | 10 | 7 | 9 |
| 环氧树脂 | 8 | 8 | 6 | 10 | 7 | 9 | 2 | 9 |
| 呋喃树脂 | 2 | 8 | 10 | 10 | 10 | 10 | 2 | 9 |
| 聚酯 | 3 | 5 | 6 | 9 | 4 | 7 | 6 | 8 |
| 聚氨酯 | 8 | 6 | 8 | 10 | 6 | 6 | 4 | 9 |
| 氟树脂 | 6 | 9 | 10 | 10 | 9 | 10 | 9 | 10 |
| 硅酸酯 | 6 | 8 | 10 | 9 | 8 | 9 | 9 | 10 |
| 有机硅树脂 | 8 | 8 | 9 | 9 | 8 | 9 | 8 | 10 |

注：表中 1→差，10→优。

#### 4. 以施工方法命名的重防腐涂料

大型钢结构，特别是海上作业钢结构的涂装技术关系到工程质量、物耗和效率，因而施工方法对于重防腐涂料异常重要。甚至由施工方法带来变革性效果，并以此来命名涂料，其中较有影响的有：气相固化涂料、高反应性喷涂弹性涂料和送风挤涂涂料等，其中日本关西涂料公司开发的以有机硫醇化合物改性的多元醇组分与多异氰酸酯加成物组配的气相固化涂料，设计颇具新意。

其配方为：

| 原料名称 | 用量(质量份) | 原料名称 | 用量(质量份) |
|---|---|---|---|
| 季戊四醇四(β-巯基丙烯酸酯) | 6.7 | 稀释剂 | 5.6 |
| 3-巯基丙烯酸-2-乙基己酯 | 19.7 | OlesterP75(TDT-TMP 加成物) | 47.7 |
| 滑石粉 | 12.7 | MA-100 | 1.2 |
| 硫酸钡 | 6.4 | 合计 | 100.0 |

施工时可与蒸气化的二甲基乙醇胺一起调配喷涂，大于 18min 可触干，涂层经沸水煮 2h 前后划格法测附着力均 100%保留。

高反应性喷涂弹性体涂料是在聚氨酯反应注射成型（RIM）技术基础上转移为涂料涂装技术，发展为聚氨酯反应喷涂成型（reaction spray molding，简称 RSM）涂装方法，并以此来命名这类涂料。RSM 涂料是通过专门的多组分高压比例调节器，充分发挥“撞击混合”(impingement mix）的快固化优点，实现现场厚涂，快速施工在线修补。为海洋开发提供新型的快交付厚涂层技术，可受益的海洋及海岸设施包括：防波堤迎水板、平台脚柱、栈桥、浮标、舰船甲板和舷梯、护栏等。

## 第六节　涂料的选用

### 一、不同用途对涂料的选用

涂料应用的领域非常广泛，而不同涂料都有各自特点，所以不同用途对应的涂料的选择也有所不同，表 4-45 和表 4-46 分别列出了各类涂料的优缺点和不同用途对涂料的选择。

表 4-45　各类涂料的优缺点

| 涂料种类 | 优点 | 缺点 |
|---|---|---|
| 油脂涂料 | 耐候性良好，涂刷性好，可内用和外用，价廉 | 干燥慢，力学性能不高，漆膜水膨胀性大，不能打磨、抛光 |
| 天然树脂涂料 | 干燥快，短油度漆膜坚硬，易打磨；长油度柔韧性、耐候性好 | 短油度耐候性差，长油度不能打磨抛光 |
| 酚醛树脂涂料 | 干燥快，漆膜坚硬，耐水、耐化学腐蚀，能绝缘 | 漆膜易泛黄、变深，故很少生产白色漆 |
| 沥青涂料 | 耐水、耐酸、耐碱、绝缘、价廉 | 颜色黑，没有浅、白色漆，对日光不稳定，耐溶剂性差 |

续表

| 涂料种类 | 优点 | 缺点 |
|---|---|---|
| 醇酸树脂涂料 | 漆膜光亮，施工性能好，耐候性优良，附着力好 | 漆膜较软，耐碱性、耐水性较差 |
| 氨基树脂涂料 | 漆膜光亮、丰满、硬度高，不易泛黄，耐热、耐碱，附着力也好 | 须加温固化，烘烤过度漆膜泛黄、发脆，不适用木质表面 |
| 硝基涂料 | 干燥快，耐油，坚韧耐磨，耐候性尚好 | 易燃，清漆不耐紫外光，不能在60℃以上温度使用，固体分低 |
| 纤维素涂料 | 耐候性好，色浅，个别品种能耐碱、耐热 | 附着力、耐潮性较差，价格高 |
| 过氯乙烯树脂涂料 | 耐候性好，耐化学腐蚀，耐水、耐油、耐燃 | 附着力、打磨、抛光性较差，不耐70℃以上温度，固体分低 |
| 乙烯基树脂涂料 | 柔韧性好，色浅，耐化学腐蚀性优良 | 固体分低，清漆不耐晒 |
| 丙烯酸树脂涂料 | 漆膜光亮、色浅、不泛黄，耐热、耐化学药品、耐候性优良 | 热塑性丙烯酸树脂涂料耐溶剂性差，固体分低 |
| 聚酯树脂涂料 | 漆膜光亮，韧性好，耐热，耐磨，耐化学药品 | 不饱和聚酯干性不易掌握，对金属附着力差，施工方法复杂 |
| 环氧树脂涂料 | 附着力强，漆膜坚韧，耐碱、绝缘性能好 | 室外使用易粉化，保光性差。色泽较深 |
| 聚氨酯涂料 | 漆膜坚韧、耐磨、耐水、耐化学腐蚀，绝缘性能良好 | 喷涂时遇潮易起泡，芳香族漆膜易粉化、泛黄，有一定毒性 |
| 有机硅涂料 | 耐高温，耐化学性好，绝缘性能优良 | 耐汽油性较差，个别品种漆膜较脆，附着力较差 |
| 橡胶涂料 | 耐酸、耐腐蚀，耐水、耐磨、耐大气性好 | 易变色，清漆不耐晒，施工性能不太好 |

**表 4-46　不同用途对涂料的选择**

| 用途 | | 油性涂料 | 虫胶涂料 | 沥青涂料 | 酚醛涂料 | 醇酸涂料 | 氨基涂料 | 环氧涂料 | 有机硅涂料 | 过氯乙烯涂料 | 二乙烯基乙炔涂料 | 聚醋酸乙烯涂料 | 聚乙烯醇缩丁醛涂料 | 丙烯酸涂料 | 聚氨酯涂料 | 聚酯涂料 | 氯-醋树脂涂料 | 聚酰胺涂料 | 氯化橡胶涂料 | 硝基涂料 | 乙基纤维素涂料 | 苄基纤维素涂料 |
|---|---|---|---|---|---|---|---|---|---|---|---|---|---|---|---|---|---|---|---|---|---|---|
| 车辆涂料 | 载重汽车、铁路车辆、油槽车 | | | | | ● | ● | | | ● | | | | | | | | | | ● | | |
| | 轿车、摩托车 | | | | | | ● | ● | | | | | | ● | | | | | | ● | | |
| 建筑涂料 | 木壁、门窗、地板、楼梯 | ● | ● | | ● | ● | | | | | | | | | | ● | | | | | | |
| | 钢架、铁柱、水管、水塔 | ● | | ● | ● | ● | | | | | | | | | | | | | | | | |
| | 泥墙、砖墙、水泥墙 | ● | | | | | | | | | | ● | | ● | | | | | ● | | | |
| 机械涂料 | 起重机、拖拉机、柴油机 | ● | | | | ● | | | | ● | | | | | | | | | | | | |
| | 机床、纺织机、仪器、仪表 | | | | | ● | ● | ● | | | | | | | | | | | | ● | | |
| 航空涂料 | 木材、织物、蒙布 | | | | | ● | | | | ● | | | | | | | | | | ● | | |
| | 轻金属合金 | | | | ● | | | ● | ● | | | | | ● | ● | | | | | | | |
| 绝缘涂料 | 漆包线、浸渍绕组、覆盖 | | | ● | ● | ● | | | ● | | | ● | ● | | ● | ● | | | | | | |
| | 电线、电缆 | | | ● | | | | ● | | | | | | | ● | | | | | ● | | ● |

续表

| 用途 | | 油性涂料 | 虫胶涂料 | 沥青涂料 | 酚醛涂料 | 醇酸涂料 | 氨基涂料 | 环氧涂料 | 有机硅涂料 | 过氯乙烯涂料 | 二乙烯基乙炔涂料 | 聚醋酸乙烯涂料 | 聚乙烯醇缩丁醛涂料 | 丙烯酸涂料 | 聚氨酯涂料 | 聚酯涂料 | 氯-醋树脂涂料 | 聚酰胺涂料 | 氯化橡胶涂料 | 硝基涂料 | 乙基纤维素涂料 | 苄基纤维素涂料 |
|---|---|---|---|---|---|---|---|---|---|---|---|---|---|---|---|---|---|---|---|---|---|---|
| 耐化学腐蚀涂料 | 大型化工设备及建筑物(自干) | | | ● | | | | ● | | ● | ● | | | | | | ● | | ● | | ● | |
| | 小型管道、蓄电池、仪表(烘干) | | | | ● | | ● | ● | ● | | | | | | | | | | | | | |
| | 耐酸 | | | ● | ● | | | ● | | ● | | | | | ● | | | | | | | |
| | 耐碱 | | | | | | | ● | | ● | | | | | | | | | | | | |
| | 耐油 | | | | | | | ● | | | | | ● | | ● | | | | | | | |
| 标志涂料 | 夜光涂料:仪表、坐标、钟表等 | | | | | | | | | | | | | ● | | | | | | | | |
| | 变色涂料:电机、轴承、赶路 | | | | | ● | ● | | | | | | | | | | | | | | | |
| | 荧光涂料:标志、路牌、广告牌 | | | | | | | | | | | | | | | | | ● | | | | |
| 船舶涂料 | 水线以上:船壳、甲板、船舱、桅杆 | | | | | ● | | | | | | ● | | | | | | | | | | |
| | 水线以下:船底防锈防污 | | | ● | | | | ● | | | ● | | | | | | ● | | ● | | | |
| | 木船 | ● | | ● | | | | | | | | | | | | | | | | | | |
| | 水闸 | | | ● | ● | | | | | | | | | | | | | | | | | |
| 防火高温涂料 | 木材:木质墙壁及易燃物 | | | | | ● | ● | | | ● | | | | | | | | | | | | |
| | 铁质:锅炉、烟囱、管道 | | | ● | | | | | ● | | | | | | | | | | | | | |
| 轻工产品用涂料 | 自行车、缝纫机 | | | ● | | | ● | | | | | | | ● | | | | | | | | |
| | 电冰箱、洗衣机 | | | | | | ● | ● | | | | | | ● | ● | | | | | ● | | |
| | 收音机、乐器、家具 | | ● | | | | | | | | | | | ● | ● | ● | | | | ● | | |
| | 食品罐头内、外壁 | | | | ● | | ● | ● | | | | | ● | | | | | | | ● | | |
| | 橡胶、皮革、塑料涂染 | | | | | ● | | | | | | | | ● | ● | | | | | ● | | ● |
| | 油布、油毡、渔网 | ● | | ● | | | | | | | | | | | | | | | | | | |
| | 纸张上光、防雨帽、胶领 | | ● | | ● | | | | | ● | | | | | | | ● | | | ● | | |
| | 桥梁、塔架 | ● | | | ● | ● | | | | | | | | ● | | | | | ● | | | |

注：●表示可选用。

## 二、不同材质对涂料的选用

用来制造各类产品的材料有钢铁、有色金属、木材、塑料、皮革、橡胶、织物、纸张、玻璃、混凝土、陶瓷等。因各种材质的表面物理、化学性质的差别，对涂料的适应性就不一样，施工要求也不同，不能随便照搬某基材所用的涂料或涂层配套体系。各类涂料与不同材质的适应性和各涂料的理化性能及使用性能比较如表 4-47 和表 4-48 所示。

**表 4-47 不同材质对涂料的选择**（5 分评比法）

| 被涂材质 | 油脂涂料 | 醇酸涂料 | 氨基涂料 | 硝基涂料 | 酚醛涂料 | 环氧涂料 | 氯化橡胶涂料 | 丙烯酸涂料 | 氯-醋树脂涂料 | 偏氯乙烯涂料 | 有机硅涂料 | 聚氨酯涂料 | 呋喃树脂涂料 | 聚醋酸乙烯涂料 | 醋-丁纤维涂料 | 乙基纤维涂料 |
|---|---|---|---|---|---|---|---|---|---|---|---|---|---|---|---|---|
| 钢铁金属 | 5 | 5 | 5 | 5 | 5 | 5 | 5 | 4 | 5 | 4 | 5 | 5 | 5 | 4 | 4 | 4 |
| 轻金属 | 4 | 4 | 4 | 4 | 5 | 5 | 3 | 5 | 4 | 4 | 5 | 5 | 3 | 3 | 4 | 4 |
| 金属丝 | 4 | 4 | 5 |  | 4 | 5 | 4 | 2 | 5 | 4 | 5 | 5 | 2 |  | 4 | 5 |
| 纸张 | 3 | 4 | 4 | 5 | 5 | 4 | 4 | 4 | 5 | 5 | 5 | 5 | 5 | 5 | 4 | 5 |
| 织物纤维 | 3 | 5 | 4 | 5 | 4 |  | 4 | 4 | 5 | 5 | 5 | 5 | 3 | 5 | 3 | 5 |
| 塑料 | 3 | 4 | 4 | 4 | 4 | 4 | 3 | 4 | 4 | 5 | 4 | 5 | 5 | 5 | 4 | 5 |
| 木材 | 4 | 5 | 4 | 5 | 4 | 4 | 5 | 4 | 4 | 4 | 3 | 5 | 5 | 5 | 4 | 3 |
| 皮革 | 3 | 5 | 2 | 5 | 2 | 3 | 4 | 4 | 5 | 5 | 3 | 5 | 3 | 4 | 1 | 5 |
| 砖石、泥灰 | 2 | 3 | 3 |  | 5 | 5 | 4 | 4 | 4 |  | 5 | 5 | 5 | 4 | 1 | 3 |
| 混凝土 | 3 | 2 |  | 1 | 2 | 5 | 5 | 4 | 5 | 4 |  | 5 | 5 | 5 | 2 | 4 |
| 玻璃 | 2 | 4 | 4 | 4 | 4 | 5 | 1 | 1 | 4 |  | 5 | 5 | 3 | 4 | 2 | 3 |

注：表中数字：1—差，2—较差，3—中等，4—良好，5—优秀。

**表 4-48 各种涂料的理化和使用性能比较**（5 分评比法）

| 材质 | 油脂涂料 | 醇酸涂料 | 氨基涂料 | 硝基涂料 | 酚醛涂料 | 环氧涂料 | 氯化橡胶涂料 | 丙烯酸涂料 | 天然树脂涂料 | 过氯乙烯涂料 | 有机硅涂料 | 聚氨酯涂料 | 乙烯基树脂涂料 | 聚酯涂料 | 沥青涂料 | 乙基纤维涂料 |
|---|---|---|---|---|---|---|---|---|---|---|---|---|---|---|---|---|
| 光泽 | 2 | 4 | 5 | 4 | 3 | 1 | 2 | 5 | 4 | 3 | 2 | 3 | 3 | 4 | 4 | 4 |
| 附着力 | 4 | 5 | 4 | 4 | 5 | 5 | 3 | 4 | 4 | 3 | 3 | 5 | 3 | 2 | 4 | 3 |
| 耐大气性 | 4 | 4 | 5 | 4 | 3 | 1 | 5 | 5 | 2 | 5 | 5 | 2 | 4 | 5 | 2 | 4 |
| 保色性 | 3 | 4 | 4 | 4 | 2 | 2 | 3 | 5 | 3 | 3 | 5 | 2 | 2 | 3 |  | 4 |
| 柔韧性 | 5 | 4 | 3 | 4 | 3 | 4 | 3 | 4 | 3 | 4 | 3 | 4 | 4 | 3 | 3 | 4 |
| 耐冲击性 |  | 5 | 5 | 5 | 3 | 5 | 5 | 5 | 3 | 3 | 5 | 5 | 5 | 3 | 4 | 3 |
| 硬度 | 1 | 3 | 5 | 4 | 5 | 4 | 3 | 4 | 5 | 3 | 3 | 5 | 3 | 4 | 3 | 3 |
| 耐水性 | 2 | 2 | 3 | 3 | 5 | 4 | 5 | 4 | 2 | 4 | 4 | 4 | 4 | 3 | 5 | 3 |
| 耐盐雾性 | 4 | 3 | 4 | 3 | 4 | 3 | 5 | 4 | 2 | 4 | 4 | 4 | 4 | 4 | 5 | 4 |
| 耐汽油性 | 3 | 3 | 5 | 3 | 4 | 4 | 3 | 3 | 3 | 4 | 2 | 5 | 5 | 4 | 2 | 3 |
| 耐烃类溶剂 | 2 | 3 | 5 | 2 | 5 | 5 | 1 | 2 | 4 | 2 | 4 | 3 | 3 | 5 | 1 | 2 |
| 耐酯酮溶剂 | 1 | 1 | 2 | 1 | 2 | 3 | 1 | 1 | 2 | 1 | 1 | 2 | 1 | 1 | 1 | 1 |
| 耐碱 | 1 | 1,1 | 4,1 | 1,1 | 1,1 | 5,5 | 5 | 3,2 | 2 | 5 | 5,2 | 4,1 | 5 | 1 | 3 | 2,1 |
| 耐无机酸 | 2 | 2,1,1 | 3,2,1 | 5,3,1 | 3,4,3 | 5,4,3 | 5,5,3 | 3,2,1 | 2 | 4 | 3,3,1 | 4,3,2 | 5,5,3 | 5 | 3 | 3,2,1 |
| 耐有机酸 | 3 | 1,1,1 | 1,1,1 | 1,1,1 | 3,2,1 | 3,2,1 | 3,1,1 | 1,1,1 | 2 | 1 | 1,1,1 | 3,2,1 | 5,1,1 | 1 | 5 | 1,1,1 |
| 电性能 | 3 | 3 | 4 | 3 | 5 | 4 | 5 | 4 | 2 | 3 | 5 | 5 | 5 | 3 | 3 | 3 |
| 最高使用温度/℃ | 80 | 93 | 120 | 70 | 170 | 170 | 93 | 180 | 93 | 65 | 280 | 150 | 65 | 93 | 93 | 80 |
| 涂装方法 | 刷 | 任意 | 任意 | 刷、喷 | 任意 | 任意 | 任意 | 任意 | 刷 | 任意 | 任意 | 任意 | 任意 | 任意 | 浸 | 任意 |
| 是否先涂底漆 | 不要 | 不要 | 要 | 不要 | 不要 | 要 | 要 | 要 | 不要 | 要 | 要 | 要 | 要 | 要 | 不要 | 要 |

续表

| 材质 | 油脂涂料 | 醇酸涂料 | 氨基涂料 | 硝基涂料 | 酚醛涂料 | 环氧涂料 | 氯化橡胶涂料 | 丙烯酸涂料 | 天然树脂涂料 | 过氯乙烯涂料 | 有机硅涂料 | 聚氨酯涂料 | 乙烯基树脂涂料 | 聚酯涂料 | 沥青涂料 | 乙基纤维涂料 |
|---|---|---|---|---|---|---|---|---|---|---|---|---|---|---|---|---|
| 使用的溶剂 | $200^{\#}$溶剂油 | 烃 | 烃、酯 | 酮、酯、醇混合 | 烃、酯 | 不用酯类，混合 | 混合 | 混合 | $200^{\#}$溶剂油 | 混合 | 混合 | 混合 | 混合 | 混合 | 烃 | 混合 |
| 干燥方式 | 自干 | 自干或烘干 | 烘干 | 自干 | 自干或烘干 |  | 自干 | 自干或烘干 | 自干 | 自干 | 烘干 | 自干或烘干 | 自干 | 烘干 | 自干或烘干 | 自干 |

注：1. 此表仅作大类涂料参考，不能代表每一品种的性能。
2. 数字表示：1＝差，2＝较差，3＝中等，4＝良好，5＝优秀。
3. 两个数字的：第一个针对20％稀溶液，第二个针对浓溶液。
4. 三个数字的：第一个针对10％稀溶液，第二个针对10％～30％溶液，第三个代表浓溶液。
5. 无机酸不包括硝酸、磷酸及全部氧化性酸。
6. 有机酸不包括醋酸。

## 三、不同使用环境对涂料的选用

我国地域辽阔，气候差异大，涂料产品的使用环境具有多样性和多变性，如沿海与内陆、干热带与湿热带、地面与天空、室内与室外、地下与大气环境等，不同环境对涂料有不同的要求，各类涂料适用的环境条件如表4-49所示。

**表4-49　不同使用环境对涂料的选择**

| 涂料品种 | 一般大气条件下使用，对防腐和装饰性要求不高 | 一般大气条件下使用，要求耐候性和装饰性好 | 一般大气条件下使用，但要求防潮、耐水性好 | 湿热条件下使用，有防湿热、防盐雾、防霉要求 | 化工大气条件下使用，要求耐化学腐蚀性好 | 要求在高温条件下使用，耐热性好 |
|---|---|---|---|---|---|---|
| 油性涂料 | ● | ● |  |  |  |  |
| 酯胶涂料 | ● |  |  |  |  |  |
| 沥青涂料 |  |  | ● |  | ● |  |
| 酚醛涂料 | ● |  | ● |  | ● |  |
| 醇酸涂料 |  | ● |  |  |  |  |
| 氨基涂料 |  |  |  | ● |  |  |
| 环氧涂料 |  |  | ● | ● | ● |  |
| 有机硅涂料 |  |  |  |  |  | ● |
| 过氯乙烯树脂涂料 |  |  |  | ● | ● |  |
| 丙烯酸树脂涂料 |  | ● |  | ● |  |  |
| 聚氨酯涂料 |  |  |  | ● | ● |  |
| 硝基涂料 |  | ● |  |  |  |  |

注：●表示可选用。

## 习题

1. 环氧树脂涂料一般用在哪些领域？哪些现场不能使用？

2. 如何实现丙烯酸粉末涂料的超细化制备?

3. 耐候涂料用氟树脂主要有哪些?具有哪些功能特性? 如何通过分子设计获取溶剂性涂料用氟树脂?

4. 挥发性涂料的突出优缺点是什么? 如何制造和改进?

5. 如何设计建筑涂料的配方? 常用的建筑涂料的生产工艺过程是什么?

6. 导电涂料的导电机制是什么?

7. 耐核辐射涂料的分子结构与耐核辐射的关系是什么?

8. 设计高固体分涂料时应注意哪些环节?

9. 光固化涂料为什么属于环境友好性涂料?色漆如何采取紫外光固化?

10. 海洋中不同区域和环境下如何设计使用防污涂料?

11. 各种金属用涂料有哪些? 有何特点? 如何生产?

12. 不同恶劣环境下对重防腐涂料的要求有哪些规定和要求?

# 第五章　涂料的制备过程

涂料的制备过程主要是物理分散和混合过程，包括配料、预分散、研磨分散、调和、调色（配色）和过滤包装，其中颜料的分散是制备色漆的关键步骤，颜料分散的优劣直接影响涂料的质量以及生产效率。粉末涂料的制备过程与一般溶剂型涂料和水性涂料的制备过程完全不同，后面将单独一节进行阐述。

## 第一节　颜料的分散过程及分散体的稳定作用

### 一、颜料的分散过程

颜料的分散是制备色漆的关键步骤，颜料分散的好坏直接影响涂料的质量以及生产效率。颜料在漆料中分散是一个复杂的过程，这一过程至少包括颜料的润湿、研磨与分散、稳定三个过程，如图 5-1 所示。

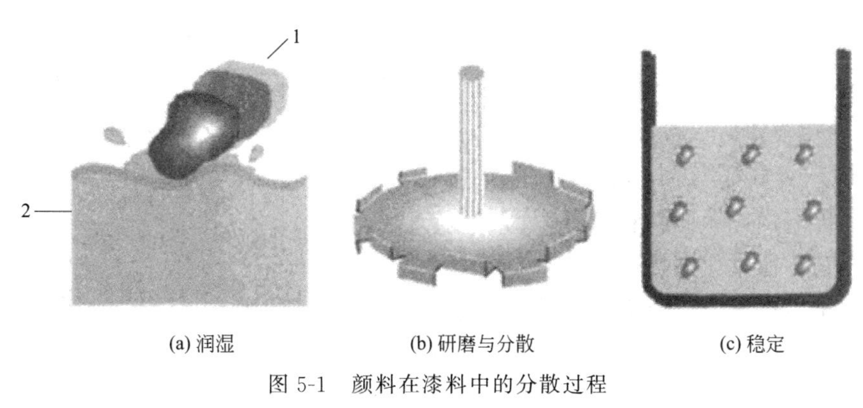


图 5-1　颜料在漆料中的分散过程

1—颜料；2—漆料

#### 1. 颜料的润湿

用于色漆生产的颜料颗粒表面，通常吸附着水和空气，颗粒之间的空隙也会被空气所填充。因此在颜料的分散过程中，首先是颜料表面的水分、空气被漆料所置换，即颜料被树脂溶液或含有润湿分散剂的溶液（即漆料）所浸湿。漆料的黏度越低，颜料的浸湿速度越快。对于溶剂型涂料来讲，因漆料的表面张力通常小于颜料表面张力，故颜料易于浸湿。而对于水性涂料而言，因水的表面张力一般较有机颜料的表面张力大，浸湿困难，因此需加润湿分散剂以加快颜料的浸湿。

### 2. 颜料的研磨与分散

涂料中所用颜料的粒径较小，粒子间的范德华作用力易使其聚集在一起，因此浸湿后的颜料需在一定的机械外力作用下将较大颗粒的颜料进行粉碎，使其成为符合色漆工艺要求的细小粒子，如图 5-2 所示。在涂料工业中，此过程通常在研磨条件下完成，其中研磨主要是剪切力。所谓的研磨并不是磨碎颜料的原始粒子，而是将颜料的聚集体破碎分散于漆料中。漆料的黏度越大，剪切力越大，有利于研磨，适当、适量的润湿分散剂在此期间能起到提高研磨效率的作用，可加快颜料的解聚。

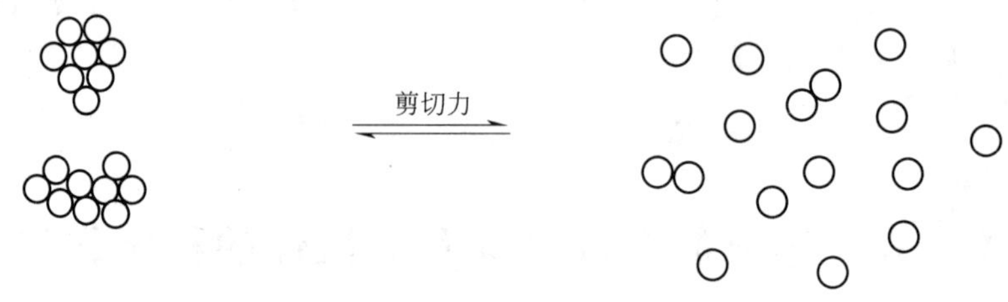


图 5-2　颜料的研磨与分散示意

### 3. 颜料的稳定作用机理

颜料分散以后，颜料粒子的表面能增加，具有相互聚集的趋势。因此，颜料分散过程中对已经解聚的颜料颗粒进行稳定也是一个非常重要的环节，否则涂料在储存和施工期间会重新絮凝，导致涂料质量降低。颜料在漆料的分散体系中，主要通过电荷稳定和立体保护两种作用机理达到稳定。

#### (1) 电荷稳定作用

电荷稳定作用主要是利用颜料表面所带电荷形成的双电层的静电排斥作用使颜料颗粒保持稳定的。在颜料粒子周围产生的双电层延伸到液体介质中，所有的粒子都被同种电荷（负电荷或正电荷）所包围，当粒子彼此靠得很近达到排斥作用的范围内时，就会互相排斥。一般来讲，尤其是在水分散体系中，阴离子较少水合，比多水合的阳离子更易于吸附在颜料粒子的表面，因此颜料粒子表面通常带负电荷。通过何种措施可使颜料粒子表面带上电荷呢？一般在色漆中加入一些表面活性剂或无机分散剂，如多磷酸盐或羟基胺等，可达到该目的，如图 5-3 所示。

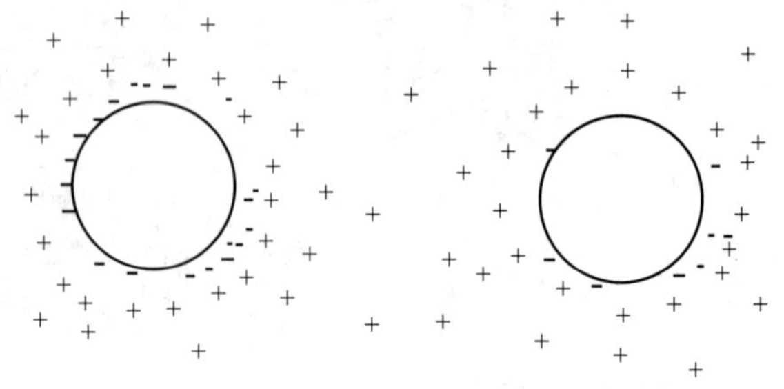

图 5-3　电荷稳定作用

通常在水分散涂料体系中，由于颜料粒子的介电常数较高，电荷稳定作用尤为显著；而对于溶剂型涂料体系，常用有机溶剂的极性较弱，电荷稳定作用不明显，因此主要通过下面的立体保护作用来使分散体系稳定。

**(2) 立体保护作用**

立体保护作用也称空间位阻作用或熵保护作用。在色漆分散体系中，分散后的颜料粒子是不断运动的（热运动或布朗运动），粒子之间不可避免地相互碰撞。在碰撞过程中，若粒子间的范德华作用力较强时，粒子间彼此吸引并聚集。若颜料粒子表面没有保护，就会重新聚集或絮凝。因一般漆料中都带有羧基、羟基等极性基团，容易吸附到颜料粒子的表面形成具有一定厚度的树脂保护层，该保护层会给运动中颜料粒子的相互接触碰撞带来阻碍，即一旦两个粒子相互接近时，其外围的包覆树脂层受到挤压而使熵减少，而熵具有自发增加的趋势，就会产生相对于挤压的反方向作用力，即熵排斥力，从而使相互靠近的颜料粒子分开，这就是所谓的熵保护作用或立体保护作用。通常，颜料粒子表面的吸附层厚度高于 8～9nm 时，它们之间的排斥力就可以保护粒子不致聚集。在溶剂型涂料中，加入一些长链的表面活性剂，可形成 8～9nm 的吸附层，但其在颜料上只有一个吸附点，容易被溶剂分子所取代，从而失去保护作用。在体系中加一些聚合物，则可在颜料粒子表面形成厚度高达 50nm 的吸附层，且聚合物具有多个吸附点，不容易脱离颜料，从而具有很好的保护作用（见图 5-4）。因此，在合成树脂时，可适当增加树脂极性基团的数量，并保持极性基团在聚合物链上分布有一定的间隔，以增加吸附层的厚度，从而提高颜料的分散稳定性。

图 5-4 立体保护作用

实际上，上述颜料的浸湿、分散、稳定三个过程并不是截然分开的，有时可同时发生或交替进行的。对于色漆分散体系而言，浸湿是基础，研磨只是为了更充分的浸湿，分散后颜料的稳定才是最终的目的。

## 二、分散体的稳定作用

当一个颜料分散体在存放时不发生以下三种情况，即颜料发生沉降，颜料发生过分絮凝，颜料与介质间发生作用导致体系黏度增加，则可被认为是一个稳定的颜料分散体。如何来防止或改善上述三种情况的发生，对于获得一个稳定的颜料分散体来讲具有重要的意义。

### 1. 颜料的沉降

颜料分散体中颜料沉降速度越慢，越有利于分散体的稳定。颜料在液态漆料中的沉降速度通常可采用 Stokes 公式来描述，具体表达如下：

$$v=\frac{2r^2(\rho_1-\rho_2)g}{9\eta} \tag{5-1}$$

式中，$v$ 为沉降速度；$r$ 为粒子半径；$\rho_1$ 为粒子密度；$\rho_2$ 为液体密度；$\eta$ 为液体黏度；$g$ 为重力加速度。事实上，颜料分散体系中颜料的沉降并不完全符合该公式的要求，但可作为定性讨论的基础。从式（5-1）中可以看出，$v$ 随粒子半径的减小而降低，随粒子和介质的密度差减小而降低，随黏度的升高而降低，因此要尽可能用粒子半径小、密度低的颜料及高黏度的介质来防止沉降。

那如何才能达到上述目的呢？首先，可通过颜料表面吸附聚合物或表面活性剂来防止沉降。原因是当颜料表面吸附聚合物或表面活性剂时，可使其表面吸附层的厚度增加，即颜料粒子的表观直径增大，则沉降速度增大，不利于防沉降；另一方面颜料粒子的密度下降，沉降速度降低，则可防止沉降，两者相比，前面一种效应可忽略，故适量聚合物或表面吸附剂的加入有利于颜料分散体的稳定。密度大的颜料粒子沉降速度大，可通过表面活性剂处理，如用硬脂酸处理的碳酸钙，从而达到防沉降的目的。此外，增加涂料的黏度也有利于防止沉降，可通过在涂料中加入触变剂来达到。

### 2. 颜料的絮凝

在颜料分散体系中，颜料粒子在介质中是不断地进行布朗运动的，粒子之间不可避免地相互碰撞。在碰撞过程中，若粒子间的范德华作用力较强时，则粒子间彼此吸引并聚集，从而产生絮凝现象。对于未稳定的颜料分散体系而言，通常采用颜料粒子数的半衰期（$t_{1/2}$）来表示颜料的絮凝速度，半衰期的表达式如下：

$$t_{1/2}=\frac{3\eta}{4kTn_0} \tag{5-2}$$

式中，$\eta$ 为介质黏度；$k$ 为波兹曼常数；$T$ 为温度，$kT$ 为粒子的平均动能；$n_0$ 为起始的粒子数。由式中可知提高介质黏度可减少絮凝。但实际上，单靠提高黏度并不足以达到使分散体稳定的目的。因此，还可通过减少颜料粒子碰撞过程中相互接触的机会，即降低粒子的平均动能，从而提高颜料粒子数的半衰期。涂料中颜料粒子相互接近时通常存在范德华力、静电力和空间阻力，其中范德华力为吸引力，静电力主要是排斥力、空间阻力为排斥力。这三者作用力的综合效应是吸引作用或排斥作用，直接决定着分散体系稳定的稳定与否。

使颜料分散体系稳定的途径主要是电荷稳定和立体保护作用，同时该途径也可防止絮凝。其中，电荷稳定方法主要用于水分散体系中，而立体保护作用主要用于有机介质体系，具体原因已在上一节阐述过，这里不再赘述。

### 3. 贮存时黏度上升

颜料分散体系贮存时黏度的上升，也是分散体系不稳定的表现之一。涂料贮存时，黏度上升的原因主要是存放时体系发生了物理和化学的变化，特别是上述的颜料的絮凝。涂料中颜料粒子表面的聚合物吸附层中，低相对分子量聚合物的含量会随着贮存时间的延长而增多，吸附层中部分高相对分子量聚合物会脱附下来，一方面连续相的黏度增加，另一方面吸附层变薄易导致颜料絮凝，最终介质黏度明显增加。此外，颜料粒子与介质间的化学反应以及某些分散剂向絮凝剂的转变，均会导致体系黏度的大幅增加。如何解决涂料贮存时黏度上升的问题呢？由上述原因的分析可知，防止颜料絮凝是一个重要的途径。

涂料在储存的过程中，所产生的上述黏度上升、沉淀、絮凝等问题，若这些异常状态通过搅拌后能够恢复正常状态的，则仍然可以正常使用；若经过搅拌变成冻状物或者豆腐渣状态，则不能继续使用。

## 第二节 丹尼尔点的意义及测定

颜料在漆料中的分散过程与漆料的黏度密切相关。在润湿过程中，漆料的黏度越低，越有利于颜料的浸湿。在颜料的研磨分散时，为了得到高剪切作用力，在设备能力允许的前提下，则希望体系的黏度越大越好。为了提高颜料分散效率，希望多加颜料，因此不希望漆料的黏度升高。此外，在颜料的稳定阶段，若漆料的浓度低，低相对分子质量的聚合物不足以完全占据颜料表面，部分高相对分子质量的聚合物仍可以吸附到粒子的表面形成具有一定厚度的保护层达到稳定颜料的作用；而当漆料的浓度过高时，低相对分子质量的聚合物优先吸附到颜料粒子的表面，吸附层变薄，不利于颜料粒子的分散稳定。如何确定一个研磨漆浆的最佳配方呢？可通过丹尼尔点（或丹尼尔流动点）的方法来确定。

丹尼尔点是1946年由F.K丹尼尔提出的，该技术是设计研磨料配方的强劲工具，对特定颜料能给出最适宜的树脂浓度及用量的估计，尤其是使用球磨和砂磨及类似设备分散颜料时，其应用性更强。丹尼尔点是在传统的吸油量测定方法的基础上发展起来，因此也属于一种经验测定方法。具体测定方法如下：将预先配制好的不同浓度的树脂溶液（有时也称为展色剂）分别缓慢地加到已称量的相同质量的颜料中，并用调墨刀在玻璃板上用力地研刮，使之形成一个软的有内聚力的混合物，该点称为“湿点”或“球点”；到达该点后，再继续滴加树脂溶液，漆浆开始向流体过渡，且在不断用油漆调墨刀搅匀的同时用调墨刀挑起漆浆，并将调墨刀与水平夹角呈45°，漆浆自由滑落，当达到某一点，即沿调墨刀滴下的漆浆在下滴一段时间后又收缩回来，回弹到调墨刀尖部，此状态即为“流动点”，最后以一定颜料达到流动点所消耗的溶液毫升数对树脂溶液浓度［%(质量分数)］作图，便得到一条等黏度的U形流动点曲线（flow point curve），如图5-5所示，曲线中最低点即为“丹尼尔点”，它表示在介质分散设备中用这一状态点浓度的树脂可达到树脂溶液的最小量，也就是颜料的最大填充量，从而可确定最佳研磨料的组成比。但如果没有出现最小点的情况时，这就表示树脂与溶剂组合对颜料不能制得稳定的分散体系。

下面以军绿色磁漆为例，其组成如下。颜料：铬黄49.90kg，铁红15.88kg，$CaCO_3$

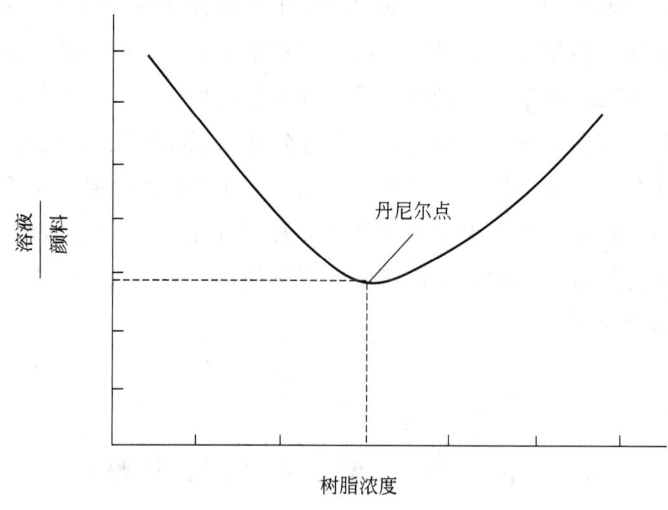


图 5-5　流动点曲线图

65.77kg，灯黑 15.88kg；50%（L）基料：长油度醇酸 113.60L，中油度醇酸 378.5L；溶剂：200[#] 溶剂汽油 227.1L。试确定研磨料配比。

用中油度醇酸作展色剂，不同固体分下的流动点数据如表 5-1 所示。

**表 5-1　不同固体分下的流动点数据**

| 50%醇酸/mL | 200[#] 汽油/mL | 展色剂固体分(体积分数)/% | 达到流动点时展色剂体积(按 20g 颜料计)/mL | | | |
|---|---|---|---|---|---|---|
| | | | 铬黄 | 铁红 | $CaCO_3$ | 灯黑 |
| 60 | 40 | 30 | 10.3 | 10.8 | 20.8 | 49.2 |
| 50 | 50 | 25 | 10.1 | 10.2 | 18.8 | 16.8 |
| 40 | 60 | 20 | 9.4 | 9.9 | 17.6 | 44.4 |
| 30 | 70 | 15 | 9.0 | 9.9 | 17.8 | 42.0 |
| 20 | 80 | 10 | 9.9 | 10.5 | 18.4 | 45.4 |
| 达到丹尼尔点时每克颜料所需展色剂体积/(mL/g) | | | 0.450 | 0.495 | 0.88 | 2.1 |

展色剂需要量计算如下：

铬黄：15%（体积分数）展色剂体积＝(0.450×49.90)L＝ 22.46L

固体树脂体积＝(22.46×15%)L＝ 3.369L

铁红：20%（体积分数）展色剂体积＝(0.495×15.88)L＝ 7.86L

固体树脂体积＝(7.86×20%)L＝1.572L

$CaCO_3$：20%（体积分数）展色剂体积＝(0.880×65.77)L＝57.88L

固体树脂体积＝(57.88×20%)L＝11.576L

灯黑：15%（体积分数）展色剂体积＝(2.1×15.88)L＝33.35L

固体树脂体积＝(33.35×15%)L＝5.003L

由上述计算可得：展色剂总体积 ＝121.6L

固体树脂总体积＝21.52L

混合颜料需 50%（体积分数）中油度醇酸＝(21.52÷50%)L＝43L

混合颜料需 200$^{\#}$ 汽油＝(121.6－43)L＝78.6L

对于绝大多数无机颜料，采用丹尼尔点测定方法，所得到的最佳研磨料配比都有很好的分散效率，且展色剂都在 20%（体积分数）左右。但是，若色漆配方中没有足够的溶剂，或分散好的色浆在调制时易稀释返粗，则可能需将展色剂含量提高到 30%（体积分数）以上。

# 第三节　涂料生产设备

涂料中色漆占有绝对重要的地位，下面就以色漆为例介绍涂料生产设备。色漆的制备过程主要包括预分散、研磨分散、调漆和过滤包装，相应的生产设备包括预分散设备、研磨分散设备、调漆设备和过滤包装设备。

## 一、预分散设备

预分散的目的是使各种颜料混合均匀，颜料部分润湿以及初步打碎大的颜料聚集体，该道工序使得研磨分散得以正常进行，因此称为预分散。预分散常采用高速分散机，在低速搅拌下，逐渐将颜料加于基料中混合均匀。此外，还有双轴高速分散机、同心轴高低速分散机、双轴高低速分散机、三轴高低速分散机、在线分散机等预分散设备。

### 1. 高速分散机

高速分散机的结构如图 5-6 所示，主要是由叶轮、分散轴和筒体组成。其中主要工作部件是叶轮，最常用的为锯齿圆盘式叶轮。叶轮在高速旋转的分散轴的带动下，在叶轮边缘 2.5～5cm 范围内形成了一个湍流区。在这个湍流区内，颜料粒子因受到较强的剪切和冲击作用而很快地分散到漆浆中，从而达到了预分散的目的。在高速分散机操作的初始阶段，宜采用低速旋转以防止堆在漆料表面的颜料飞扬；然后再通过提高转速来增加分散能力。为了获得比较理想的分散效果，叶轮端部的圆周速率必须达到 20m/s 以上；但又不宜过高，否则易导致漆浆飞溅，使分散效率降低。

高速分散机主要适用于易分散的颜料在较低黏度漆浆中的预分散，而对于难分散的颜料或黏度太大的浆料则不适用。在实际应用中，高速分散机除了用于预分散外，还可用于研磨和最后的调稀操作。

### 2. 其他预分散设备

为了使难分散的颜料、黏度较大的漆浆达到理想的预分散效果，以及为了提高分散效率，还需采用其他的预分散设备。其他预分散设备主要包括双轴高速分散机、同心轴高低速分散机、双轴高低速分散机、三轴高低速分散机、在线分散机等。下面将做一简要介绍。

双轴高速分散机含有两个等速旋转的分散轴，每个分散轴上可装一个叶轮或两个叶轮，如图 5-7 所示。

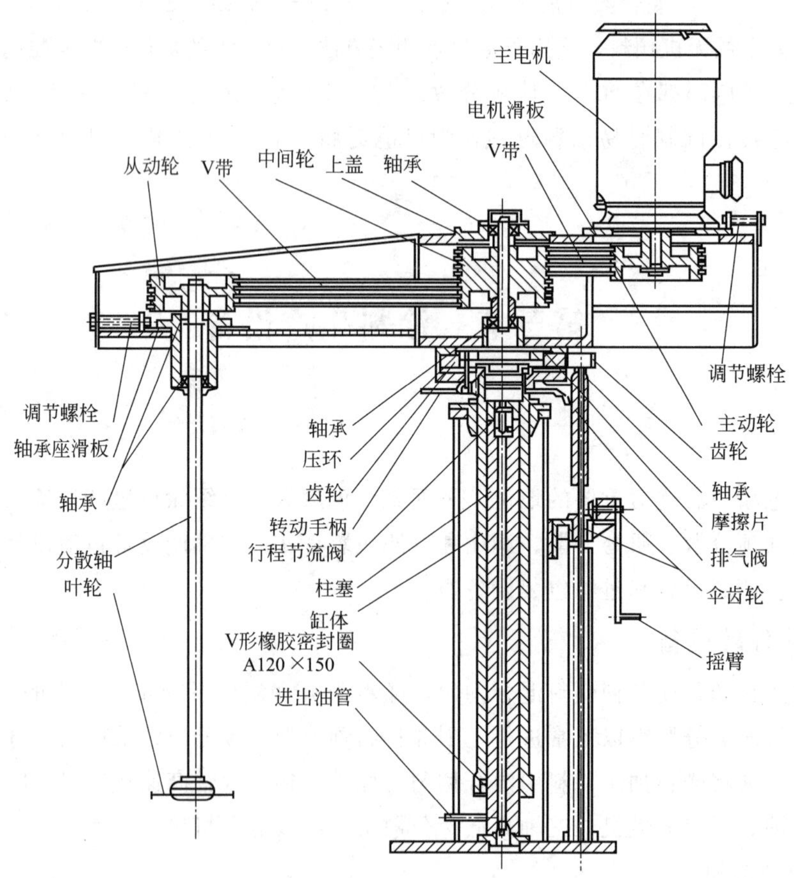


图 5-6　GFJ-22A 高速分散机的结构

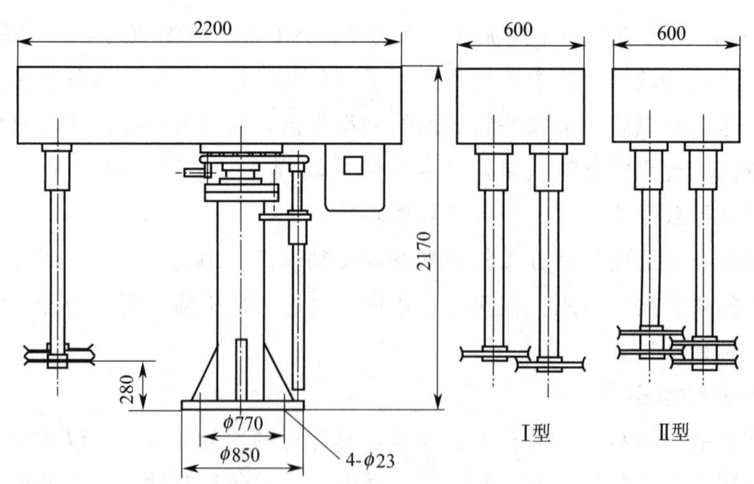


图 5-7　GFS-30 型双轴高速分散机

Ⅰ型—双轴单叶轮形式；Ⅱ型—双轴双叶轮形式

同高速分散机相比较，双轴高速分散机适用物料黏度范围较广，可减轻槽内液体打旋的现象，避免吸入气体，从而提高了装料系数和分散能力。

同心轴高低速分散机包括一同心双轴，即中心轴和空心轴。其中中心轴为高速轴，安装叶轮，主要起分散作用；空心轴为低速轴，安装框式搅拌器，主要起混合作用。该分散机适应各种中等黏度物料的预分散，可防止物料的黏壁现象。

此外，双轴高低速分散机包含高速轴和低速轴两个轴，这两个轴通常用两台电机分别传动。该分散机适用于较高黏度的物料，如铅笔漆、腻子等。此外，在双轴高低速分散机的基础上，又增加了一根偏置的高速轴及相应的叶轮，即所谓的三轴高低速分散机。它适用于黏度更高的物料。

在线分散机是德国耐驰（Netzsch）公司近年来推出的一种新颖的预分散设备。该设备分散效率高，预分散后漆料均匀性好；此外该设备在真空状态下加料比较环保，一般适合于中、低黏度漆料和难润湿颜料的分散，通常用于大批量、单颜料漆浆的生产。

## 二、研磨分散设备

颜料的研磨分散设备是色漆生产的主要设备，一般可分为两大类：一类是带自由运动研磨介质的，一类是不带自由研磨介质的。前者主要包括砂磨机和球磨机，主要依靠所带的研磨介质（如玻璃珠、钢球、卵石等）在冲击和相互滚动或滑动时所产生的剪切力和撞击力下进行研磨分散的，通常用于流动性较好的中、低黏度漆浆的生产；后者主要包括三辊机，依靠剪切作用力进行研磨分散，主要适用于黏度很高甚至膏状物料的生产；此外预分散设备中所用到的高速分散机也可用作研磨分散设备，不带研磨介质的。目前常用的研磨分散设备主要有高速搅拌机、砂磨机、三辊磨和二辊磨，其中二辊磨主要用于无溶剂涂料的分散。各种研磨分散设备的特点比较如表 5-2 所示。

**表 5-2　分散设备的特点比较**

| 机器类型 | 高速搅拌 | 球磨 | 砂磨 | 三辊 | 二辊 |
|---|---|---|---|---|---|
| 预混合 | 不需要 | 不需要 | 需要 | 需要 | 需要 |
| 黏度/Pa·s | 3～4 | 0.2～0.5 | 0.13～1.5 | 5～10 | 很高 |
| 处理粗聚集体的能力① | 2 | 1 | 5 | 2 | 1 |
| 分散效率 | 4 | 2 | 2 | 2 | 1 |
| 溶剂挥发 | 低 | 无 | 低 | 高 | 完全挥发 |
| 清洗② | 1 | 5 | 4 | 2 | 2 |
| 要求技术② | 1 | 5 | 3 | 3 | 2 |
| 操作费用 | 低 | 低 | 中 | 高 | 很高 |
| 投资费用 | 低 | 高 | 中 | 高 | 很高 |

① 1 表示最好，5 表示最差。

② 1 表示容易，5 表示难。

### 1. 三辊磨

三辊磨也称三辊机，是辊磨中应用最多的一种，也是使用历史比较久远的一种研磨分散设备。它由前辊（出料侧）、中辊和后辊（加料侧）三个辊筒组成，如图 5-8 所示，三辊安装在一个机架上，三辊的转速不同。一般中辊固定在机体上，前辊和可前后移动进行调节，调节的方法可手动或液压进行调节。研磨料在中辊和后辊之间加入，通过三个滚筒的旋转方向不同（转速从后向前顺次增大），借助三根辊筒的表面相互挤压所产生强大的剪切作用力以及不同速度的摩擦作用从而达到研磨分散的目的。研磨后的研磨料经前辊前面的刮刀刮下。三辊研磨机的辊筒材质通常为冷硬合金铸铁离心铸造而成，表面硬度达HS70°以上；辊筒的圆径经过高精密研磨，精确细腻，能使物料的研磨细度达到15μm左右。

三辊机能加工黏度很高的漆浆，适用于含有难分散颜料的漆浆进行分散，研磨分散质量高，可达较高的细度；而且换色、清洗方便，特别适合小批量、多品种漆浆的生产和研制。但三辊机为一敞开设备，因此漆浆中所用溶剂应为低挥发性的，否则会污染环境，并损害操作工人的健康。此外，该研磨设备还操作安全性差、生产能力低、操作技术要求高、后期维护技术要求高等缺点，难以实现机械化。目前已逐步被砂磨机所取代。

图 5-8 液压三辊研磨机

**2. 球磨机**

球磨机是最古老的研磨分散设备之一，曾是色漆生产中主要的研磨设备，目前也逐步被砂磨机所替代，但在生产毒性较大的船舶漆领域具有重要的应用。球磨机主要有有卧式球磨机和立式球磨机两种，其中卧式球磨机应用较广。按操作方式区分，它们都属于间歇式。下面主要介绍卧式球磨机。

涂料用的球磨机主要分为钢壁球磨机［见图 5-9(a)］和钢壁石衬里球磨机［见图

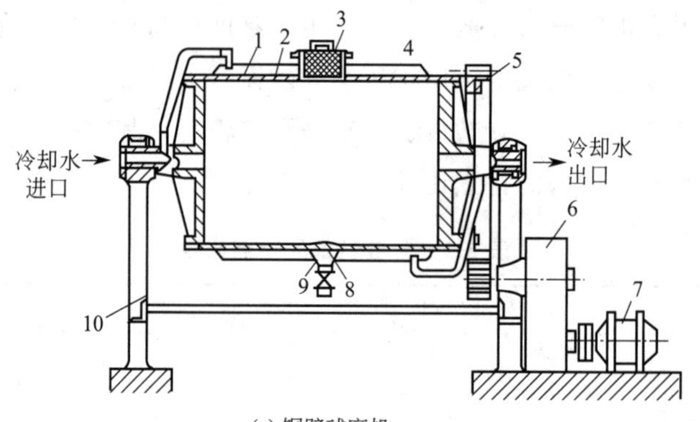


(a) 钢壁球磨机

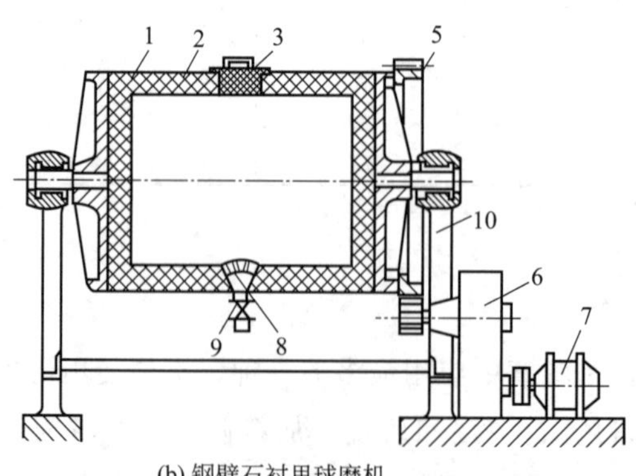


(b) 钢壁石衬里球磨机

图 5-9 两种球磨机的结构示意

1—机体；2—衬里；3—加料孔；4—夹套；5—齿圈；6—减速机；7—电机；8—栅板；9—出料管和阀门；10—机架

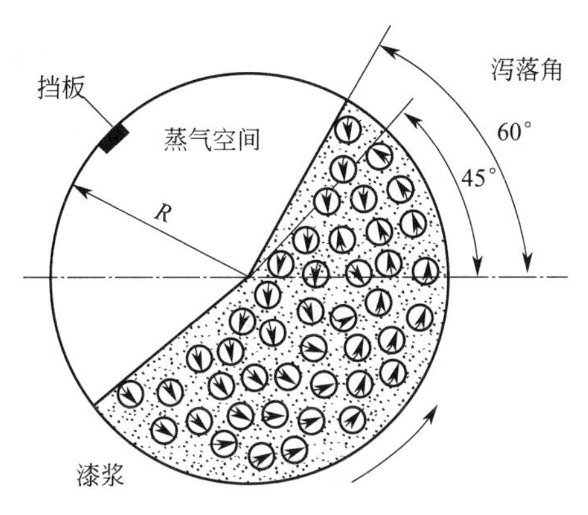

图 5-10　球磨机中球的工作情况

5-9(b)］两种类型。球磨机主要是由一个可旋转的钢筒和传动设备组成，钢筒内装钢球、瓷球或鹅卵石作为研磨介质。球磨机中球的工作情况如图 5-10 所示，球磨机在运转时，钢筒旋转使球上升至一定高度，然后开始下落，球体之间以及气体与筒壁间频繁地发生相互撞击和摩擦，使颜料粒子受到撞击、挤压和强剪切作用而被撞碎或被磨碎；同时颜料在球空隙内处于高度湍流状态，也有利于颜料粒子在漆浆中的分散。

在不同转速下，球磨机中球的运动主要包括泻落、抛落和离心三种状态，如图 5-11 所示。运动状态为泻落时，钢筒转速适中，球不断被提起、滑落或滚落，均发生在漆浆内，如图 5-11(b) 所示。抛落如图 5-11(c) 所示，是指转速提高到一定程度时，一部分球从漆浆中飞出，在蒸气空间跌落，分散效果较差，而且易造成球和筒壁的破损；而离心如图 5-11(d) 所示，则发生在转速进一步加快，达到某一限度，球和漆浆均同时甩起，此时几乎完全没有分散作用。由此可见，在颜料分散过程中，最希望的运动状态是泻落，而抛落和离心则是不希望发生的。可借助一个经验公式来确定球磨机形成泻落状态的最佳转速（$n_{佳}$）：

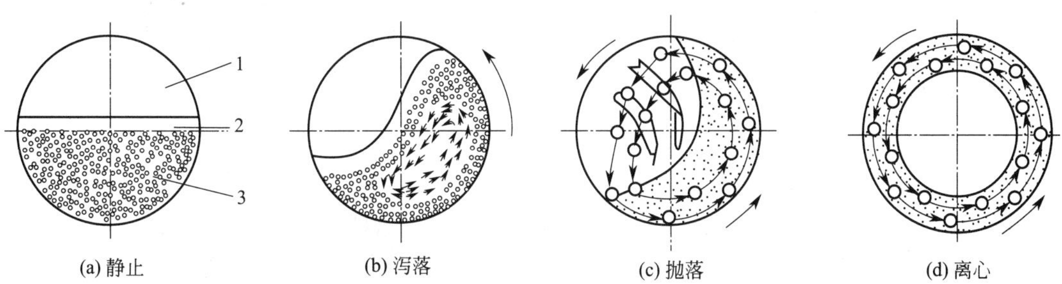

图 5-11　球磨机静止和不同转速下的几种状态

1—空间 35%；2—漆浆装量 35%（其中 20%在球的间隙中）；
3—装球量 50%（以堆积体积计，其中 20%为空隙）

$$n_{佳}=\frac{28.8}{\sqrt{D}}-4.2\sqrt{D} \tag{5-3}$$

式中，$n_{佳}$ 为球磨机最佳转速，r/min；$D$ 为筒体内径，m。表 5-3 列出了不同球磨机筒体内径所对应的最佳转速，以供实际应用中参考。

**表 5-3　不同球磨机筒体内径及其最佳转速**

| 筒体内径/mm | 最佳转速/(r/min) | 筒体内径/mm | 最佳转速/(r/min) |
|---|---|---|---|
| 300 | 50.3 | 1800 | 15.8 |
| 600 | 33.9 | 2100 | 13.8 |
| 900 | 26.4 | 2400 | 12.1 |
| 1200 | 21.7 | 2700 | 10.6 |
| 1500 | 18.4 | 3000 | 9.4 |

球磨机对于硬而粗的大附聚粒子，最终都能达到很高的分散度，故球磨前可以不需要预分散，但预分散明显地可节省75％～80％球磨时间；此外，密封操作可避免溶剂的挥发损失，对环境的污染小。但球磨时间往往很长，有时出料还会造成困难；而且生产的机动灵活性差，实际生产效率相对不高，故采用球磨生产的比例在不断下降。

### 3. 砂磨机

砂磨机是20世纪50年代后期发展起来的新型分散设备，我国在60年代引进使用。由于砂磨机体积小，可连续高速分散、效率高、结构简单、操作方便，因此迅速获得推广使用，并且在相当程度上取代了三辊机和球磨机在涂料生产中的地位。它是球磨机的延伸，只是所用介质是较细的砂或珠。砂磨机包括立式开启式砂磨机、立式封闭式砂磨机、卧式砂磨机、各式棒销式砂磨机和蓝式砂磨机等，其中立式开启式球磨机是球磨机中应用最早且最广泛的砂磨机。

#### (1) 立式开启式砂磨机

立式开启式砂磨机主要是由一个直立的筒体、分散轴、分散盘、平衡轮等组成，工作原理如图5-12所示，结构示意如图5-13所示。砂磨机筒体内的分散轴上装有多个分散盘。分散轴由主电机带动作800～1500r/min的高速转动，从而使筒体内的分散介质作剧烈运动，同时将预混合后的研磨漆浆从送料系统由底部输送进研磨筒体内，漆浆和分散介质的混合物在作上升运动的同时，回转于两个分散盘之间作高度湍流，颜料的聚集体和附聚体在这里受到高速运转的分散介质的剪切作用，从而在分散盘之间得到分级分散。当漆

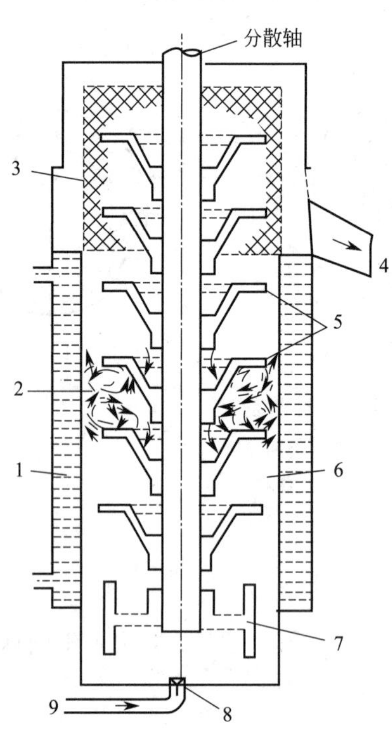


图5-12　立式开启式砂磨机工作原理

1—水夹套；2—两分散盘间漆浆的典型流型；3—筛网；4—漆浆出口；5—分散盘；6—漆浆和研磨介质混合物；7—平衡轮；8—底阀；9—漆浆入口

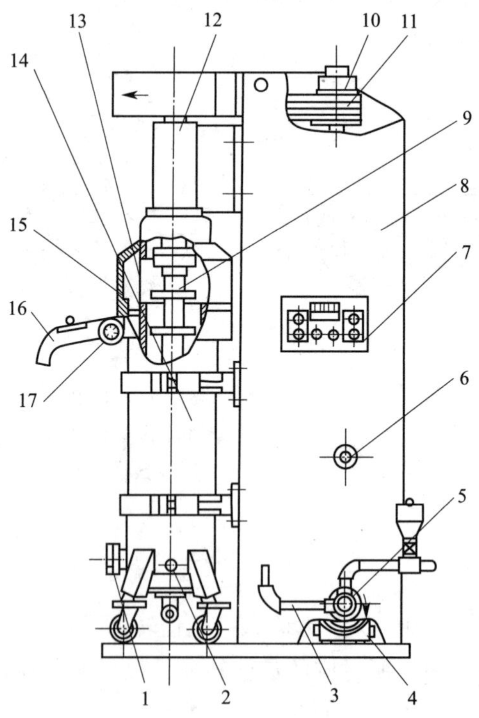


图5-13　SK80-2立式开启式砂磨机的结构示意

1—放料放砂口；2—冷却水进口；3—进料管；4—无级变速器；5—送料泵；6—调速手轮；7—操纵按钮板；8—机身；9—分散器；10—离心离合器；11—主电机；12—传动部件；13—筛网；14—筒体；15—筛网罩；16—出料嘴；17—出料温度计

浆和分散介质的混合物上升到顶筛时，分散介质为顶筛截留，漆浆溢出，从而完成一次分散。此外，筒体部分备有冷却或加热装置（如夹套），因为物料、研磨介质和分散盘等相互摩擦所产生的热量使温度不断上升，过高的温度会影响漆料的性质，并造成大量溶剂挥发损失，易引起质量与安全事故；或者使送入的浆料冷凝以致流动性降低而影响研磨效能。目前国外采用电力冷热水装置能更好地控制研磨温度。

砂磨机具有结构简单、操作方便、生产效率高、价格低廉、便于维护保养等优点，但也存在着缺点，如适用前须经预分散，不适宜高黏度和高触变性浆料，溶剂挥发量大，顶筛清洗麻烦，操作环境污染及噪声较大等。

**(2) 其他砂磨机**

立式密闭式砂磨机是砂磨机的另一种类型，如图 5-14 所示。它与敞开式砂磨机的最大区别在于把顶筛移至研磨筒体的侧上方，在原顶筛位置放置了双端面机械密封箱，从而使砂磨机可以在完全密闭及 0.5～0.3MPa 的压力下操作，因而具有如下特点：①加压操作可以加工高黏度漆浆，对于高触变性和低流动性的漆浆也能适用，从而可以增加漆浆中颜料的含量，提高分散效率；②密闭操作，消除溶剂挥发损失，减少环境污染；③顶筛在圆筒内不易结皮，减少了清洁工作。

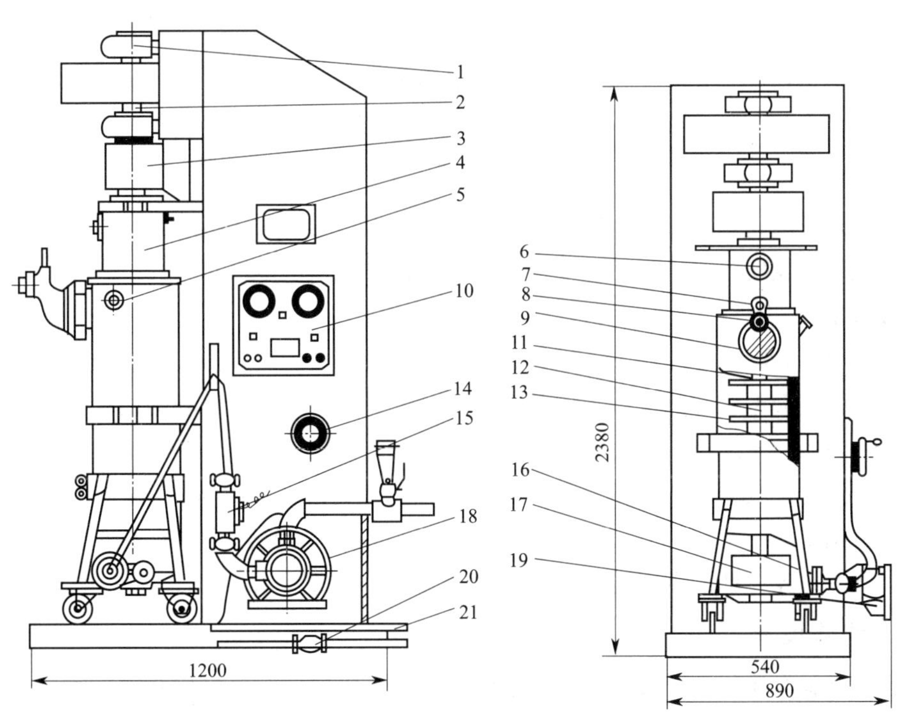


图 5-14 立式密闭式砂磨机的结构示意

1—轴承座；2—传动轴；3—弹性联轴器；4—密封箱；5—加砂口；6—视镜；7—温度计；8—出料口；9—筛网；10—操纵板；11—分散轴；12—隔套；13—分散盘；14—送料泵调速手轮；15—薄膜压力传感器；16—进料球阀；17—平衡轮；18—钢球无级变速器；19—送料泵；20—水表；21—出水管

卧式砂磨机系 20 世纪 70 年代的产品，如图 5-15 所示。它的特点是砂磨机的分散轴和筒体是水平安装的，电机置于筒体下方，结构紧凑，所占空间较小，出料系统用动态分离器代替顶筛，使拆洗方便，同时该机也是密闭操作的。因此它除了具备上述立式密闭式砂磨机的优点外，还具有如下特点：装砂量大，研磨分散效率高；拆洗装卸方便，适应多品种生产；分散介质在筒体内分布均匀，降温效果好。

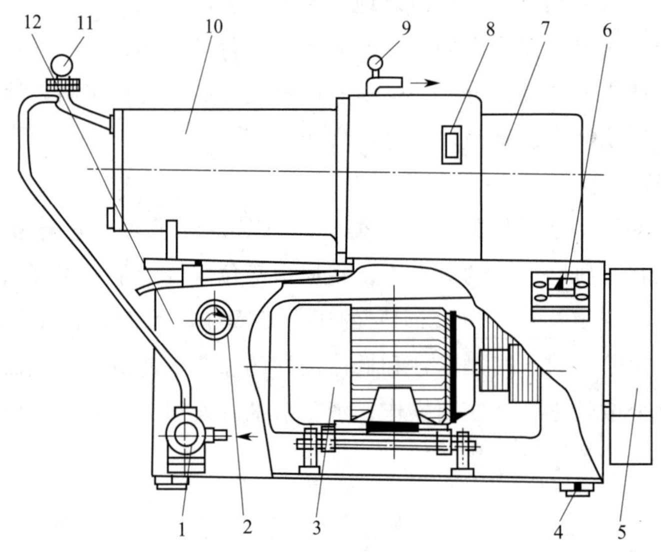


图 5-15 SW60-1 卧式砂磨机的结构示意

1—送料泵；2—调速手轮；3—主电机；4—支架；5—电器箱；6—操作按钮板；7—传动部件；8—油位窗；9—电接点温度表；10—主机；11—电接点压力表；12—机身

砂磨机除了上述的类型外，还有卧式锥形砂磨机、棒销式砂磨机、循环卧式砂磨机、蓝式砂磨机等。在实际应用中，应根据具体情况选择合适的砂磨机。

### 4. 胶体磨

研磨分散设备除了球磨机、三辊机、高速搅拌机、砂磨机等外，还有胶体磨。胶体磨主要用于制备乳液型胶体分散体，按其操作方法可分为干式胶体磨和湿式胶体磨两种，如图 5-16 所示为湿式胶体磨的结构示意。胶体磨是一种精细分散设备，可以制备高质量的微细颜料分散体。胶体磨的生产率与间隙尺寸有很大关系，可调间隙范围在 25～3000μm 之间，一般调至 50～75μm，平均粒径可低至 2～3μm。但研磨料在进入胶体磨之前，必须经过预分散。胶体磨的生产能力，从小型到大型，最低为 100L/h，最高可达 5600L/h。

## 三、调漆设备

调漆是颜料在漆料中分散以制备色漆的最后一步操作，就是将研磨得到的颜料色浆中加入余下的漆料及其他助剂、溶剂组分，必要时进行调色，从而达到涂料的质量要求，一般是在带有搅拌器的调漆罐中进行。调漆并不是简单的搅拌混合过程，若操作不当就会导致颜料的再聚集、絮凝，以及树脂的沉淀等所谓的“反粗”弊病，最终对涂料质量产生不利影响。调漆设备主要是调漆罐，它由搅拌器和搅拌槽两部分组成。

### 1. 搅拌器

目前国内涂料工业调漆用搅拌器类型主要包括以下两类：一类是适用于高速旋转的锯

齿圆盘式叶轮（见图 5-17）搅拌器；另一类是适合中、低速旋转的桨式、锚式或框式等搅拌器。

第一类搅拌器可直接利用高速分散机，具有简单方便、调漆速度快的优点，但也存在如下缺点：消耗功率大，易造成操作台振动，使漆浆产生气泡，以及不适用于高黏度物料的调漆等。第二类搅拌器则具有传动平稳、操作平和、耗功少、卷吸空气量少，以及适用于高黏度漆浆调漆的特点。相比较而言，后者应用更为广泛。

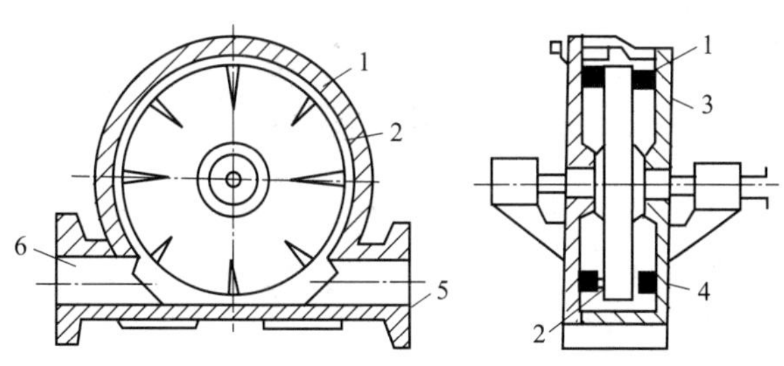


图 5-16 湿法胶体磨的结构示意

1—外壳；2—转盘；3,4—打击棒；5—进口管；6—出口管

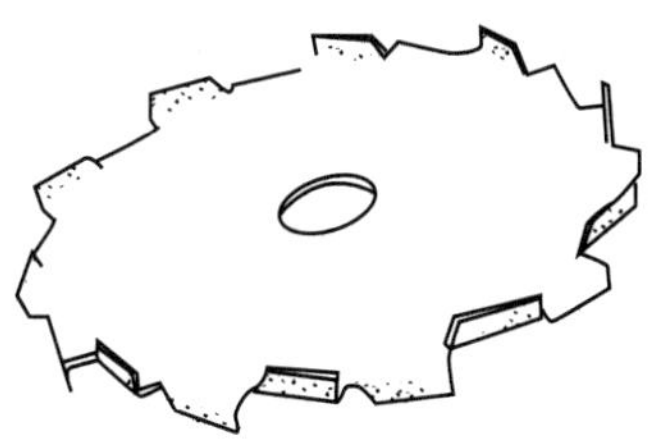

图 5-17 高速盘式分散机叶轮

图 5-18 所示为北京化工大学研制的 CBY 型轴流式搅拌桨，其叶片的截面形状与飞机机翼相似，叶片沿半径方向按近似等螺距规则变化。该类型的搅拌器适用于低黏度漆料，调漆时具有混合效果较好，设备运转平稳，搅拌过程中吸入气泡少等优点。试验研究表明，该搅拌器的直径与调漆罐直径的比值在 0.44 左右的时候，调漆效果最佳。

对于高黏度漆浆的调漆，除了用锚式、框式搅拌器外，还可采用 MIG 式搅拌桨（见图 5-19）型搅拌器。该类型搅拌器具有成本低、功耗少、搅拌效果好的特点。

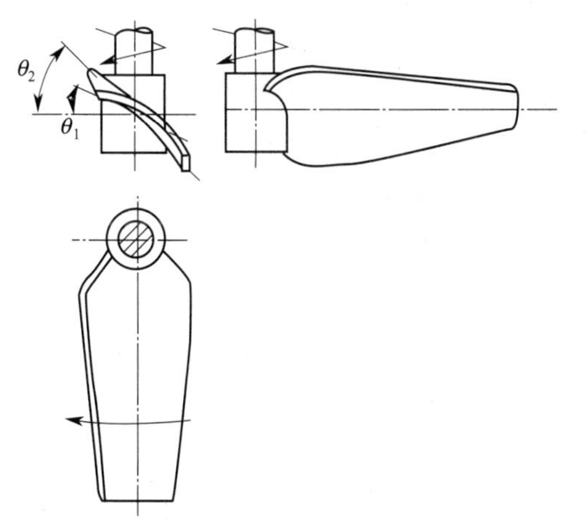


图 5-18 CBY 型螺旋桨

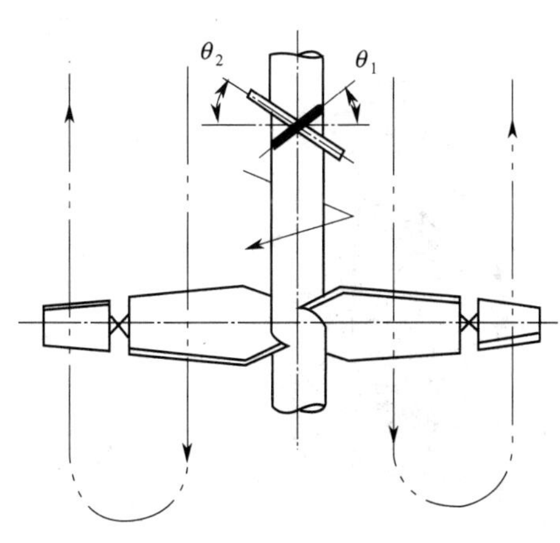


图 5-19 MIG 型搅拌桨

### 2. 搅拌槽

搅拌槽以圆形截面为主，制造比较方便，但在搅拌过程中液体会随轴一起做圆周运动而影响搅拌效果。如何解决这个问题呢？首先可在罐体上加挡板；其次还可采用搅拌器偏

心安装（见图 5-20）；最后还可通过采用方形截面的搅拌槽来避免这种现象的产生。搅拌槽的罐底以椭圆形或锥形为主，这样有利于出料。

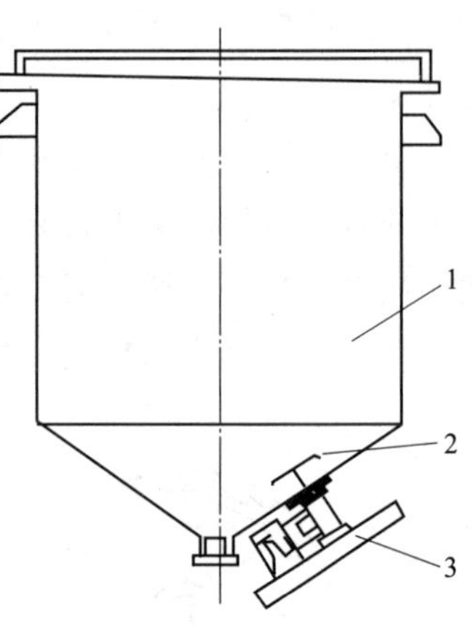

图 5-20　底部搅拌的调漆罐
1—搅拌槽；2—搅拌浆；3—主机

## 四、过滤设备

涂料配制好之后，需借助过滤设备以滤去涂料中的杂质。这些杂质可能来自原料，也可能是在涂料的制备过程中引入的。涂料过滤的设备主要有罗筛、振动筛、挂滤袋过滤、袋式过滤器、新型过滤原件等，其中挂滤袋过滤和袋式过滤器最为常用。下面将做一简要介绍。

### 1. 简单的过滤设备

该类型的过滤设备主要包括罗筛、振动筛和挂滤袋过滤。

罗筛是最简单、最原始的过滤器。罗筛的规格通常以罗面上丝网的目数来表示，即以 1in（25.4mm）边长内所含有孔的个数来表示。该法只适用于产量小且对过滤精度要求不高的涂料，已逐步被挂滤袋过滤所取代。

振动筛可用筛网的高频振动以克服罗筛所导致的筛孔堵塞，而且还具有结果简单、体积小、移动方便、过滤效率高、换色、清洗方便等优点。但是其筛网不是带压过滤，筛孔过小时会导致过滤效率降低，而且大多是敞开式操作，存在环境污染问题。该法主要适用于乳胶漆的过滤。

所谓的挂滤袋过滤就是用铁丝或卡箍将滤袋固定在垂直放料管上，利用罐内液压将涂料放到滤袋内，从而达到过滤目的。该法因简单、方便和实用而被广泛应用。

### 2. 复杂的过滤设备

袋式过滤器、滤芯多滤器以及兼有两者功能的新型过滤原件属于这一类过滤设备。

袋式过滤器是一种新型的过滤系统，滤机内部由金属内网支撑着滤袋，液体由入口流进，经滤袋过滤后流出，杂质则被拦截在滤袋中，从而达到过滤的目的。所用的滤袋可更换或清洗后继续使用。袋式过滤器可分为单袋式袋式过滤器和多袋式袋式过滤器，前者可满足小流量的过滤需求，后者适用于大流量的过滤。该类型过滤器具有结构合理、操作简便灵活、节能高效、密封性好、滤袋侧漏机率小、适应性强、应用范围广等特点。

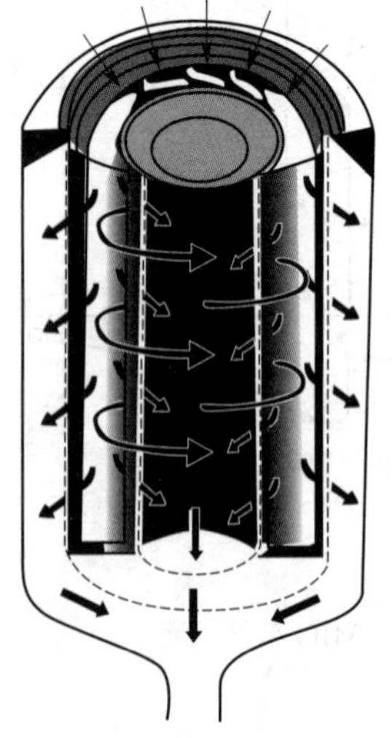
图 5-21　新型过滤原件的结构示意

滤芯多滤器是一种新型多功能过滤器，它由滤器和滤芯两部分组成。待过滤液体由滤器进口压入，经滤芯自外向里透过滤层而被过滤成澄清液体，然后经出口排出。杂质被截留在滤芯的深层及表面，从而液体被达到过滤的目的。滤芯过滤器属于较精细的过滤，可以去除水中的悬浮物（泥砂/铁锈等）、胶体、部分有机物等，可以达到极好的过滤效果。

新型过滤元件（见图 5-21）兼有滤袋过滤器和滤芯过滤

器的优点，其核心部分是由两个滤材组成的同心圆筒，外圆筒具有滤袋的功能，内圆筒具有滤芯的功能。滤浆从两圆筒之间的环形区域上部进入，通过内外圆筒过滤后，滤液从下部出口流出。该过滤设备具有过滤面积大、安装和更换方便、物料损失少、过滤成本低等特点，具有良好的应用前景。

# 第四节　涂料的制备工艺

涂料的制备一般包括配料、预分散、研磨分散、调稀（包括调稀和调漆）和过滤包装过程。涂料制备的工艺流程如图 5-22 所示。

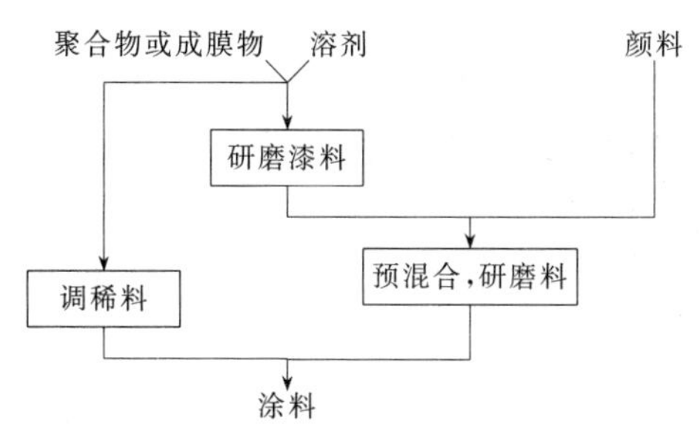


图 5-22　涂料制备的工艺流程

## 一、配料

该过程分为两步，首先确定研磨漆浆的组成，即研磨漆浆中颜料和基料以及溶剂的最佳配比，该组成的确定就相当于确定了研磨漆浆的加入量，使之有最佳的研磨效率；其次在分散以后，再根据涂料配方补足其余非颜料组分。其中，第一步可通过前面所介绍的丹尼尔点来确定。

色浆料的称取要力求准确，特别是称取着色力强、用量少的颜料时，称量误差易造成随后调色上的麻烦。此外，若偏离了最佳配比的色浆料，则会造成研磨分散效率的大幅降低。以球磨为例，其基本操作配方大致如表 5-4 所示。

表 5-4　基本操作配方

| 配料 | 第一道工序(球磨) | 第二道工序(调稀) | 第三道工序(调漆) |
|---|---|---|---|
| 颜料(质量)/% | 10.0 | — | — |
| 树脂(质量)/% | 1.0 | 1.0 | 29.0 |
| 溶剂(质量)/% | 3.0 | 3.0 | 51.5 |
| 助剂(质量)/% | — | — | 1.5 |

## 二、预分散

混合预分散常采用高速分散机，在低速搅拌下，逐渐将颜料加于基料中混合均匀。当圆盘周边速率达到 21m/s 以上时，易分散颜料只需 10min 左右，便可达到很好的分散效果；而对于难分散颜料（如大颜料粒子、硬附聚体），在高速下分散几分钟，只能将颜料粒子初步破碎，使颜料粒子的内部表面更多地与基料接触而被润湿，要达到微细分散还需进行研磨操作。对于含有机颜料等难分散的色浆，最好将颜料在研磨之前在漆料中浸泡 12h，以使漆料在颜料表面充分渗透和润湿，达到更好的分散效果。对于热稳定性较好的漆料，可通过适当提高色浆的温度、降低漆料的黏度、提高其渗透润湿性，可减少达到预期分散效果所需的时间。

## 三、研磨分散

研磨分散是颜料制备过程中比较重要的一步。研磨分散效果的好坏直接影响着涂料的质量和涂层的性能。研磨分散设备主要包括三辊机、球磨机和砂磨机，通常采用砂磨机。

砂磨分散属于一种精细研磨，对中、小附聚粒子的破碎很有效，但对大的附聚粒子不起作用，因此送入砂磨的色浆必须经过预分散。

砂磨珠粒的尺寸、装球量、珠粒与漆浆的体积比等因素均影响着研磨分散效果。

砂磨珠粒直径一般在1～3mm，粒径越小，研磨接触点越多，越有利于研磨分散；但并不是研磨珠粒的尺寸越小越好，否则粒子太小导致其所具有的动能太小，而不能分离颜料聚集体，此外砂磨珠子太小还容易堵塞筛网等装置。因此在保证对研磨料有分散能力和不妨碍色浆过滤的情况下，砂磨粒径越细分散效果越好。一般珠粒的最小直径大于出口缝隙宽度的2.5倍为宜。

研磨介质的装填量对分散效果也有重要的影响。通常用装填系数来衡量研磨介质的装填量，所谓的装填系数是指研磨介质堆积体积与砂磨机筒体有效容积之比。若装填系数太低，则分散效率太低；若装填系数太高，物料所占溶剂少，则分散效率降低，且研磨介质对砂磨机磨损加剧。砂磨机类型不同，研磨介质的装填系数也不同。通常，立式开启式砂磨机的装填系数为65％～75％，立式密闭式砂磨机的装填系数为80％～85％，卧式砂磨机的装填系数为80％～85％，特殊情况下可达90％。

砂磨时，研磨料与研磨介质的体积比为1∶1时，分散效果最好。研磨介质过多，则其处于拥挤状态，珠粒之间的剪切力大大降低，影响分散效率；而且拥挤的珠粒还造成磨盘的过度磨损。珠粒太少，珠粒间距离加大，造成施加于颜料聚集粒子上的剪切作用力减弱。此外，砂磨研磨料的黏度、温度也影响颜料的分散效率。砂磨研磨料适用于中、低黏度的漆料，所用漆料黏度一般在1.3～15P(1P＝1Pa・s）之间。与前面预分散过程类似，温度对砂磨分散也有重要的影响。温度升高，有利于降低漆料中颜料与基料的界面张力，有助于对颜料的充分渗透与润湿；此外，较高的温度使研磨浆黏度降低，从而提高物料的流动性，加速砂粒与研磨浆中颜料粒子的剪切作用，有助于研磨浆的充分分散。因此，在允许范围内研磨温度应采取高限。

采用球磨分散时，漆浆无需预分散。球磨机的装填系数一般为30％～50％，其中达到50％时分散效果最佳。研磨料的加入量以正好把球全部盖住为宜。相对于砂磨机，球磨机有如下特点：对于硬而粗的大附聚粒子，它最终都能达到很高的分散度，故球磨前可以不需要预分散；另外，球磨色浆一般仅是成品色漆的1/5～1/8（砂磨为1/2～1/3)，密封操作可避免溶剂的挥发损失。但球磨时间往往很长，有时出料还会造成困难；生产的机动灵活性差，且实际生产效率不是太高。因此，采用球磨生产的比例在不断下降。

三辊研磨分散主要用以分散固含量在30％以下的高固体分漆料和较高颜料体积含量组成的高黏度（20～100P）研磨料以及白色色浆。研磨料进入三辊机研磨之前，必须经过拌和机或捏合机（这类拌和机也适用于制备厚浆型腻子产品）进行预混合。

通常研磨费用很高，可漆浆研磨不足会产生不规整的膜层，达不到预期目的。如何判

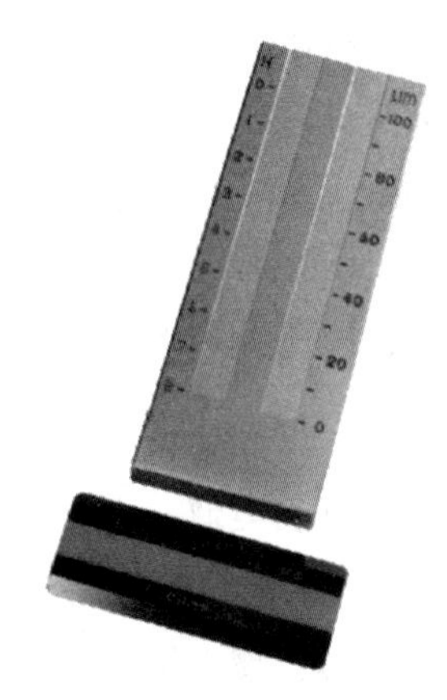

图 5-23　细度板

断研磨是否达到终点呢？工业上常借助细度板来判断研磨终点（见图 5-23）。细度板的使用可确定最短研磨时间、节约成本，并可使研磨装置最优化。

具体测试方法如下：把待测的涂料倒入细度板凹槽的底部，用刮板均匀地沿细度板的沟槽方向移动，然后观察沟槽中出现显著斑点的位置，以最先出现斑点的沟槽深度读数表示涂料的细度。细度常用微米（μm）尺度表示，有时也采用郝格曼等级。一般，底漆细度在 40～50μm；中涂漆为 15μm，不能粗，也不能太细；面漆的细度必须达到 10μm 以下。对于底漆和面漆的细度控制，可增加研磨次数来把握。

### 四、调稀与调漆

漆浆经研磨分散之后，在搅拌下，将涂料的剩余组分加入漆浆中，并调色和调整到合适黏度。当使用纯溶剂或高浓度漆料进行调稀时，一定要保证分散颜料的稳定性，以免颜料发生絮凝。当用纯溶剂调稀时，因溶剂比树脂更易吸附到颜料表面上，从而取代了颜料保护层上的部分树脂，降低了保护层的厚度，使分散颜料的稳定性下降，易于使颜料产生絮凝。当高浓度漆料调稀时，因为有溶剂提取过程，使原色浆中颜料浓度局部大大增加，从而增加絮凝的可能。

此外，在纯溶剂清洗研磨设备或其他容器时，颜料絮凝的产生会使清洗更加困难，因此，应该用稀的漆料冲洗。

### 五、过滤与包装

过滤与包装是涂料制备工艺的最后一道步骤。通常底漆采用 120 目过滤；面漆用 180 目过滤，或先用 120 目过滤、再用 180 目过滤，提高过滤效率。

## 第五节　粉末涂料的制备过程

粉末涂料及其涂装技术是 20 世纪 60 年代开始发展起来的新工艺、新技术，具有节省能源与资源、减少环境污染、工艺简单、易实现自动化、涂层坚固耐用、粉末可回收再利用等特点，它的出现引起世界各国涂料和涂装行业的广泛重视和兴趣。目前，粉末涂料已广泛应用在家用电器、建筑材料、石油化工设备和管道、火车客车车厢、飞机舱板、电子器件、船舶防锈等领域。粉末涂料的制备过程明显区别于前述以溶剂型涂料和水性涂料的制备过程。

### 一、粉末涂料的概念

粉末涂料是一种含有 100％固体分、以粉末形态涂装，然后经加热熔融流平、固化成膜的涂料。粉末涂料与一般溶剂型涂料和水性涂料不同，它不采用有机溶剂或水作为分散介质，而是借助空气或惰性气体。粉末涂料的组成除了不采用有机溶剂或水外，其他组成与溶剂型涂料或水性涂料组成类似。它通常是由树脂、固化剂（热塑性粉末涂料中不需要）、颜料、填料和助剂（包括流平剂、脱气剂、增光剂、润湿剂、分散剂、松散剂、消光剂、增电剂、增塑剂、增韧剂、稳定剂、抗氧剂、紫外光吸收剂、防流挂剂等）组成。

## 二、粉末涂料的生产设备

尽管粉末涂料的组成（除了不含溶剂外）与溶剂型或水性涂料的组成类似，但其制备工艺迥然不同，因而所用生产设备也有所不同。粉末涂料的制备方法通常包括干法和湿法，前者主要包括干混合法和熔融混合挤出法，后者则主要包括蒸发法、喷雾干燥法和沉淀法。在粉末涂料的实际生产中，以干法为主，其中熔融挤出法是目前粉末涂料生产中应用最为广泛的方法。接下来就以熔融挤出法为例介绍粉末涂料的生产设备。熔融挤出法制备粉末涂料的过程（见图 5-23）一般包括预混合、熔融挤出混合、冷却压片、粗粉碎、细粉碎和分级过筛工序，其中熔融挤出混合和细粉碎是关键步骤，相应的生产设备主要包括预混合机、挤出机、冷却压片机、微细粉碎设备和过筛包装设备。

### 1. 预混合机

为了使粉末涂料中各组分分散均匀，在制造过程中，要预先将块状的物料粉碎成一定粒度，在熔融混合前进行预混合。预混合的设备为预混合机，主要包括辊筒式混合机、搅拌型混合机和高速混合机，目前应用较为普遍的机型主要有高速混合机、料斗翻转式混合机、V 形混合机等。

① 辊筒式混合机　有圆筒形、圆锥形、正方体形、双圆筒形混合机，球磨机也属于这种类型。这种设备不带搅拌器，需要的混合时间为 20～30min。

② 搅拌型混合机　有拌和机、双锥螺杆混合机（立式或卧室）等，一般混合时间为 10～20min。

③ 高速混合机　一般需要 1～5min，这是最常用的混合设备。

#### (1) 高速混合机

高速混合机最常用的混合设备，可在进行混合的同时实现对物料进行粉碎的目的，其结构示意见图 5-24。搅拌桨具有较高的转速，破碎桨与电机直接相连。该混合机的混合时间较短，一般为 1～5min，故由混合导致的物料温升在允许范围内。

高速混合机的主要特点如下：(a) 混合均匀，破碎效率高，所需混合时间短；(b) 预设混合时间，自动定时控制；(c) 适用于中等批量的生产规模；(d) 装卸料、机器清洗等方面相对复杂，不如料斗式混合机简便；(e) 需配备必要的安全装置等。

#### (2) 料斗式自动混合机

料斗式自动混合机也称混合式混合机，其结构示意见图 5-25。

料斗式自动混合机的特点：(a) 料斗在翻转过程中进行混合，分散均匀，无固化颗粒；(b) 换色方便，生产效率高；(c) 装卸料、清洗机器、维修等较方便；(d) 自动化作业，操作安全；(e) 料斗小车可作为物料运送共聚；(f) 适用于较大批量的生产规模。

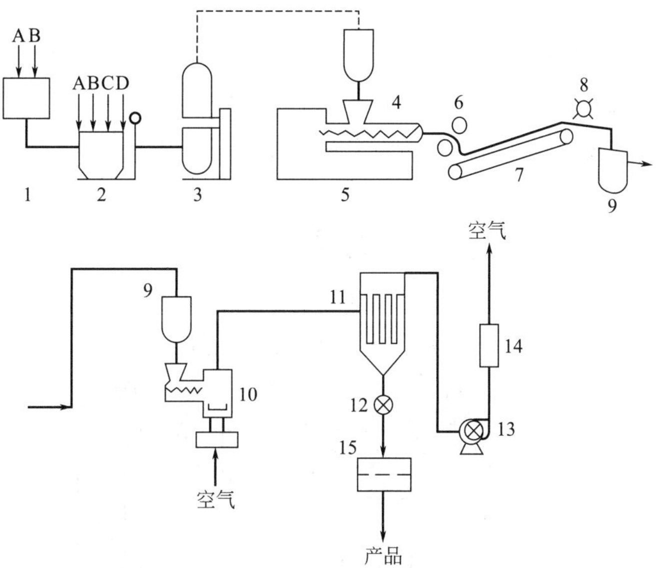


图 5-24　熔融挤出混合法制备粉末涂料的工艺流程

A—树脂；B—固化剂；C—颜料；D—添加剂；1—粗粉碎机；2—称量；3—预混合；4—加料漏斗；5—挤出机；6—压榨辊；7—冷却带；8—粗粉碎机；9—物料容器；10—粉碎机；11—袋滤器；12—旋转阀；13—高压排风扇；14—消声器；15—电动筛

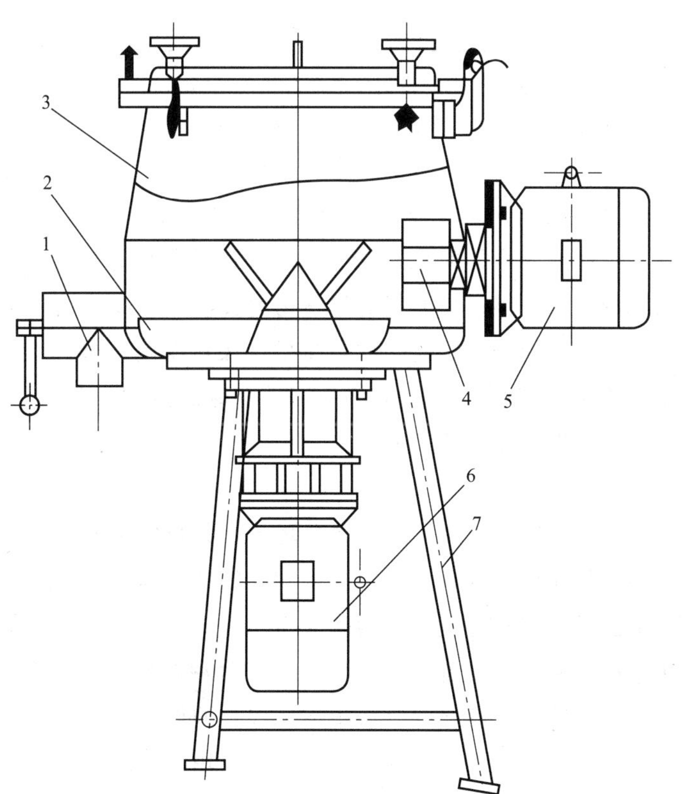


图 5-25　高速混合机的结构示意图

1—出料口；2—搅拌桨；3—带有顶盖的关闭罐体；4—破碎桨；5—破碎桨电机；6—搅拌桨电机；7—支架

### (3) V 型混合机

V 型混合机，一端装有电机与减速机，电机功率通过皮带传给减速机，减速机再通过联轴器传给 V 型桶；使 V 型桶连续运转，带动桶内物料在桶内上、下、左、右进行混合，从而达到预混合的目的。该混合机及其结构示意见图 5-26。

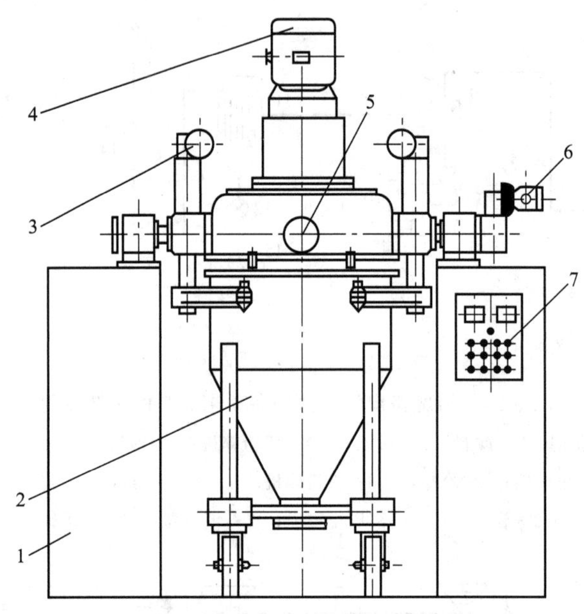


图 5-26 料斗式自动混合机的结构示意

1—双立柱式支架；2—带小车的不锈钢料斗；3—料斗升、降级锁紧系统；4—搅拌头及电极传动；5—高速破碎装置；6—翻转电机及传动装置；7—电气控制面板

V 型混合机容器内的物料流动平稳，不会破坏物料原形。因此，V 型混合机既适用于物料流动性良好、物性差异小的粉粒体的混合，以及混合度要求不高而又要求混合时间短的物料混合；又适用于易破碎、易磨损的粒状物料的混合，或较细的粉粒、块状、含有一定水分的物料混合。V 型混合机结构合理、简单、操作密闭，进出料方便，（人工或真空加料）筒体采用不锈钢材料制作，便于清洗，是企业的基础设备之一。目前，V 型混合机已广泛用于制药、化工、食品等行业。

## 2. 挤出机

熔融混合阶段是粉末涂料生产工艺中的重要环节，其目的主要是在给定温度下对物料进行充分的熔融剪切，从而使预混物料达到高度均匀的分散程度。熔融混合阶段的设备主要为挤出机。在粉末涂料的制备方法中，熔融混合法通常包括间歇式和连续式两种方法。间歇式熔融混合法中熔融混合的设备有单叶片或双叶片混合机（也叫 Z 叶片混合机）、捏合机、双辊混炼机等；而连续式熔融混合法中熔融混合的设备主要包括单螺杆挤出机、双螺杆挤出机、行星螺杆挤出机等。在实际生产中，以采用连续式熔融混合法为主。下面将重点介绍连续式熔融混合法中所用的熔融混合设备——挤出机。

挤出机的功能主要是在热状态下对物料各组分进行熔融混合，包括进料、塑化和混合三个程序，从而达到微观上的均匀分散。挤出机工作时需对机筒进行加热。机筒一般可分为进料段、塑化段（熔融段）和混炼段（匀化段），其中进料段的作用是在螺杆旋转作用下，连续地将物料往前输送。为了防止物料在进料段因摩擦热过早塑化，需对该段机筒进行冷却；同时，在熔融段和混炼段的机筒需同时配上加热和冷却的温控装置。

一般熔融混合设备要具备能熔融树脂和其他成膜物质，在不产生过热的情况下，能够匀分散助剂，均化配方中的所有组分，把混合的物料制成容易冷却的形状，并且容易分散，不积存物料。目前所用挤出机的类型主要包括单螺杆往复挤出机和双螺杆挤出机。

**(1) 单螺杆往复挤出机**

单螺杆往复式挤出机的结构示意见图 5-27。单螺杆往复式挤出机在工作时，螺杆同时做旋转和往复运动。该挤出机的机筒是由送料段、熔融段（Ⅰ区）和混炼段（Ⅱ区）组成。在开机前，需对Ⅰ区和Ⅱ区进行加热，具体温度依据粉末涂料的配方要求进行设置。

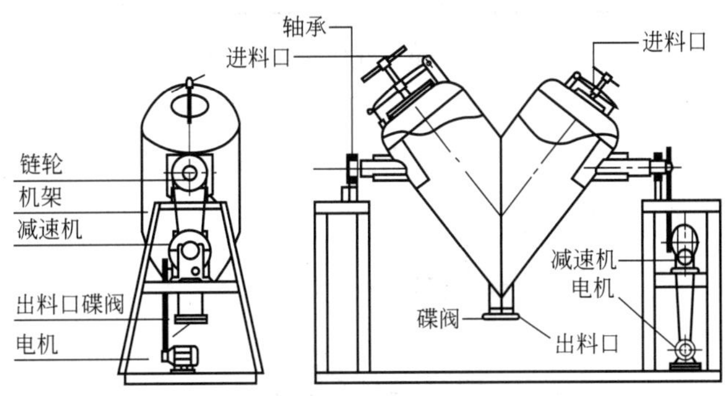


图 5-27　单螺杆往复挤出机结构示意

单螺杆往复挤出机的主要特点：(a) 熔融温度较低且速率快，物料受热时间短；(b) 混炼和分散性好；(c) 加热冷却系统稳定；(d) 螺纹深度较大；(e) 可侧向进料；(f) 含有金属物质探测和剔除装置；(g) 清洗机器简便等。

**(2) 双螺杆挤出机**

双螺杆挤出机主要由传动装置、加料装置、料筒和螺杆等几个部分组成，各部件的作用与单螺杆挤出机相似，其结构见图 5-28。与单螺杆挤出机的区别之处在于双螺杆挤出机中有两根平行的螺杆置于“∞”形截面的料筒中。

与单螺杆挤出机相比，双螺杆挤出机能在低速下就获得满意的混炼效果。此外，物料在机器中停留时间短，受到的剪切热小，适合于加工热敏感性大的物料，所需热稳定剂添加量相应减少。双螺杆挤出机主要依靠稳定而易于控制的加热器供热，热稳定性差的物料不易分解产生有毒气体，能够保证安全操作。尤其是大型机，优越性更为明显。

在熔融混合设备中，当物料滞留时间过长时，树脂和固化剂会发生化学反应，对产品质量的控制不利。比较满意的连续生产体系要求能够控制物料的滞留时间和它的分布情况。为了使物料的受热过程最小，滞留时间最短，热固性树脂的平均滞留时间一般不超过60s。物料滞留时间是设计设备生产能力、螺杆转速的主要参数。

**3. 冷却压片机**

冷却压片机，是由压辊、输送带和破碎装置组成。冷却压片的目的是将挤出机挤出的熔融状态的物料滚压成 1～2mm 厚的带状物，并在输送带上将其冷却至室温下的固态，

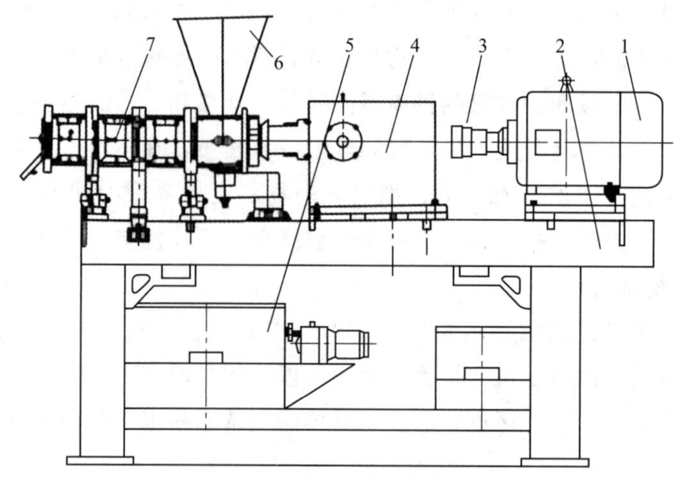


图 5-28 单螺杆往复式挤出机

由破碎机粉碎成片状料，为下一步微细粉碎工艺供料。

冷却压片机主要包括不锈钢带冷却压片机、高强度 PU 带冷却压片机和履带式不锈钢带冷却压片机，其结构示意见图 5-29。

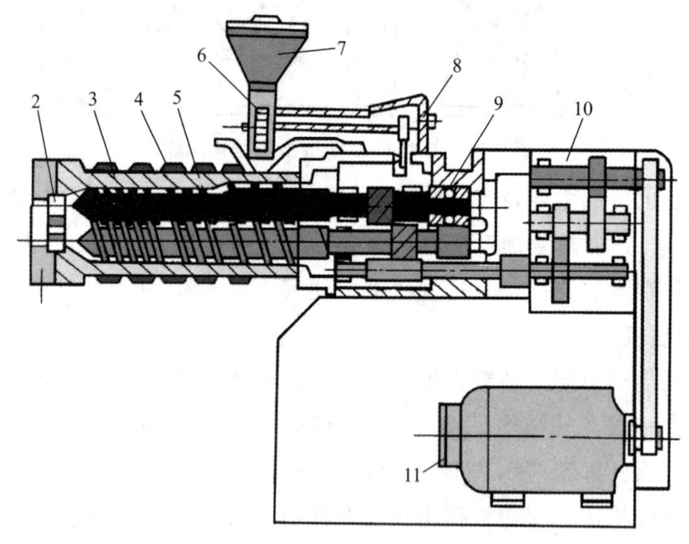


图 5-29 双螺杆挤出机结构示意

1—机头连接器；2—分流板；3—料筒；4—加热器；5—螺杆；6—加料器；7—料斗；
8—加料器传动机构；9—推力轴承；10—减速器；11—电动机

### 4. 微细粉碎设备

微细粉碎设备主要是空气分级微磨粉系统（air classifying micro grinding system，简称 ACM 磨粉系统），其结构示意见图 5-30。ACM 磨粉系统是涂料生产的主要设备，具有高速粉碎、空气分级、旋风分离、筛分及超细粉收集等作用。通过对 ACM 磨粉系统的改变或运行参数的调整可获得具有理想、稳定粒径分布的粉末涂料。

ACM 磨粉系统的主要具有以下特点：(a) 所得成品粉的粒径分布可调；(b) 产品质量稳定，且成品粉的回收率较高，一般高于 98%；(c) 系统的气密性好；(d) 机器清洗

(a) 不锈钢带冷却压片机

1—压辊；2—压辊传动机构；3—不锈钢输送带；4—冷却水喷淋系统；5—不锈钢输送带传动机构；6—破碎装置及片料出口

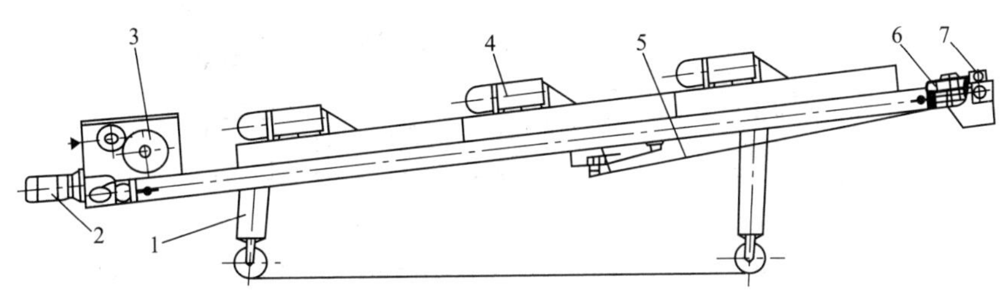

(b) 高强度PU带冷却压片机

1—机架；2—主电机及输送带主动轮；3—压辊；4—冷风热交换系统；5—输送带；6—输送带从动轮；7—破碎装置及片料出口

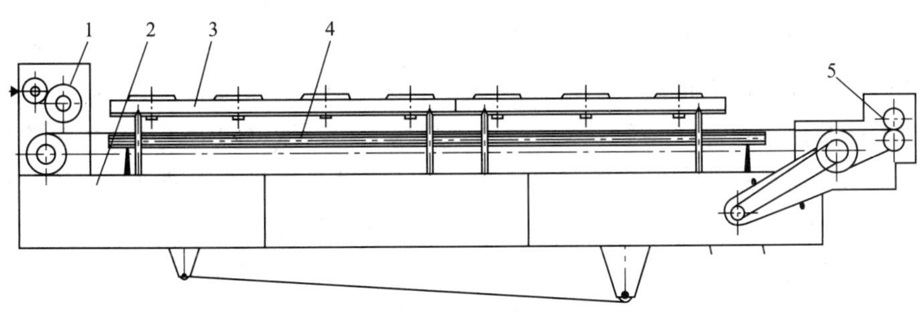

(c) 履带式不锈钢带冷却压片机

1—压辊；2—机架；3—冷风系统；4—履带式不锈钢传送带；5—破碎装置及片料出口

图 5-30　常见三种冷却压片机的结构示意

方便；(e) 有必要的温度、压力、风量、电机功率的监视功能；(f) 系统的安全性要求高；(g) 噪声级别应符合要求。

**5. 成品粉混合机**

成品粉混合机主要用于成品粉末与其他组分或金属颜料之前的混合，从而提高粉末涂料喷涂后的装饰效果。主要包括双锥混合机（即掺混混合机）和金属颜料黏贴系统两种类型。

### (1) 双锥混合机

双锥混合机主要适用于成品粉末涂料和其他组分的混合，以提高粉末涂料喷涂后的外观和视觉效果。该混合机在工作时，容器翻转运动的同时，两个搅拌桨做高速搅拌运动。双锥混合机的结构示意见图 5-31。

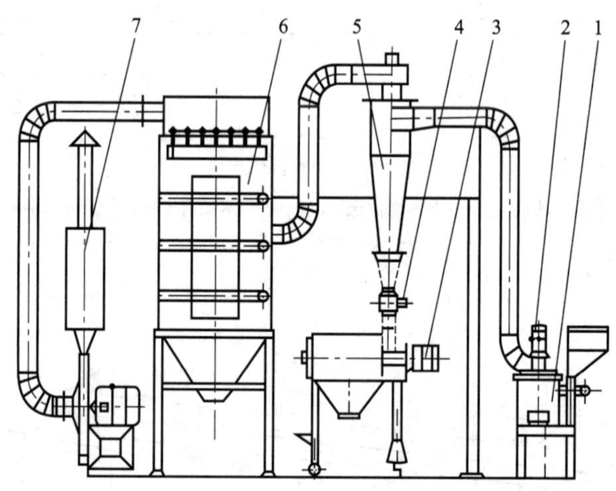


图 5-31　ACM 磨粉系统的结构示意

1—进料系统（螺旋推进、风力进料）；2—磨体；3—旋转筛；4—旋转阀（关风机）；5—旋风分离器；6—储尘箱；7—引风机

### (2) 金属粉末涂料邦定 (Bonding) 机

金属粉末涂料邦定（Bonding）工艺，也称为热粘接技术，是指在一定温度下将金属颜料粘贴到粉末涂料颗粒的表面，形成金属粉末涂料的工艺过程，所得金属粉末涂料经喷涂后可获得具有较强金属效果的涂层。该工艺所用到的设备是金属粉末涂料邦定机。

粉末涂料与金属颜料的邦定技术在 1980 年，一个叫 Benda-Lutz 的奥地利金属闪光颜料公司在欧洲大陆推出了粘接工艺，后来包括 AkzoNobel（阿克苏诺贝尔）和 Tiger（老虎）等粉末涂料公司，都将热粘接技术成功地应用于粉末涂料的生产中。传统的粉末涂料邦定工艺是利用塑料行业高混设备进行一些改进，靠摩擦生热方式来进行温控，达不到很好的邦定效果。之后出现了一种全新的邦定工艺，即利用设备的特殊设计和智能温控，能在 65～70℃下长时间混合不结块，具有很好的邦定效果。

与掺混工艺相比，金属粉末涂料邦定工艺具有如下特点：(a) 上粉率高；(b) 色泽均匀；(c) 过喷粉末涂料回收利用率高；(d) 工艺较复杂，自动检测及控制系统精确，防爆及安全措施必须可靠。

## 三、粉末涂料的制备工艺

粉末涂料的制备工艺主要包括干法和湿法，其中干法包括干混合法和熔融混合挤出法，湿法包括溶剂法、喷雾干燥法和沉淀法，其工艺流程见图 5-32，图中不包括电泳粉末涂料和水分散粉末涂料的制备。熔融混合法是目前粉末涂料生产中应用最为广泛的制造方法。

### 1. 熔融挤出混合法

熔融混合法制备粉末涂料主要包括预混合、熔融挤出、冷却压片（或拉丝）、粉碎和

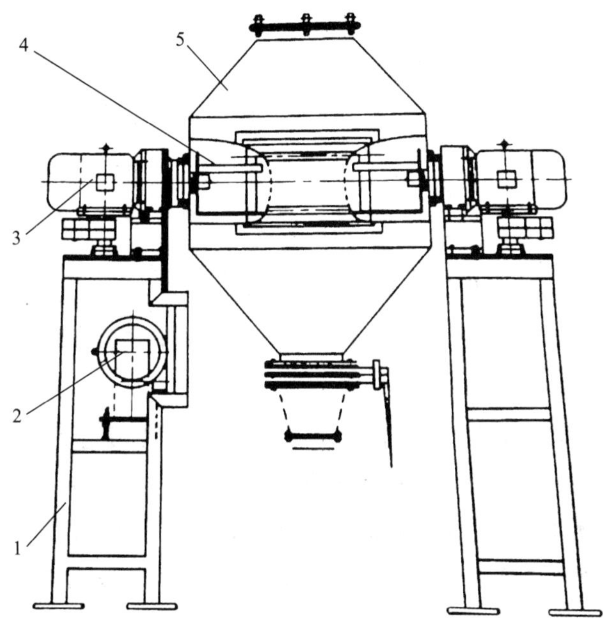


图 5-32　双锥混合机的结构示意

1—机架；2—翻转电机及传动系统；3—搅拌电机及传动系统；4—搅拌桨；5—双锥形容器

分级包装。热塑性粉末涂料制备工艺（图 5-33）和热固性粉末涂料制备工艺（图 5-34）稍有差别。热固性粉末涂料在粉末涂料中占有主导地位，下面将以热固性粉末涂料为例阐述熔融混合法的制备工艺。

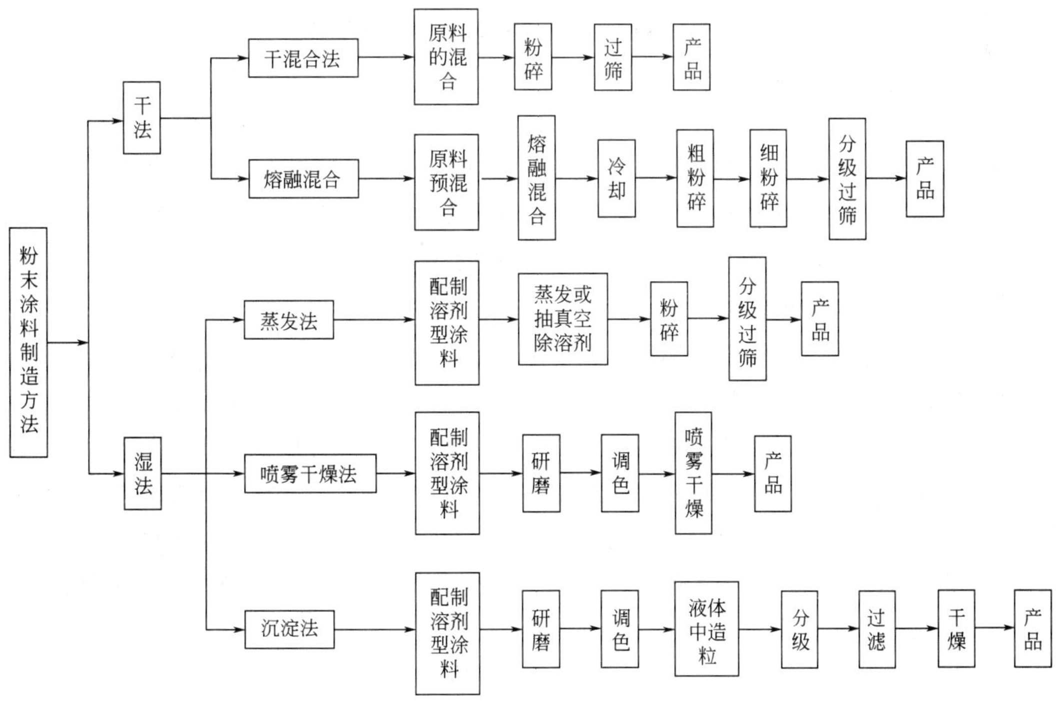


图 5-33　粉末涂料制造方法及其工艺流程

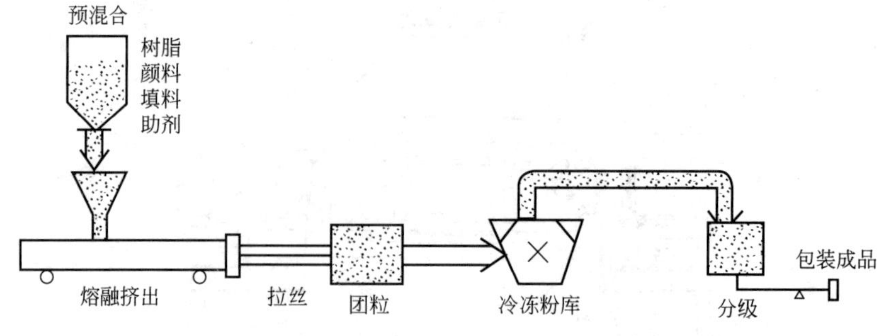


图 5-34 热塑性粉末涂料（PE）生产工艺

**(1) 原材料的预混合**

为了使粉末涂料中各组分分散均匀，在制造过程中，要预先将块状的物料粉碎成一定粒度，在熔融混合前进行预混合。一般预混合中采用以下三种预混合设备：(a) 辊筒式混合机，该设备不带搅拌器，需要的混合时间为 20～30min；(b) 搅拌型混合机，一般混合时间为 10～20min；(c) 高速混合机，一般需要 1～5min，这是最常用的混合设备。根据粉末涂料的类型及混合条件选择合适的预混合设备。

**(2) 熔融挤出混合**

预混合好的物料装到加料漏斗中，然后用螺旋加料器连续均匀地输送到挤出机。这是在制造粉末涂料中最重要的步骤之一。在该阶段，树脂和其他低熔点或低玻璃化转变温度的物料熔融，其他组分分散在熔体中；同时，在挤出机的高剪切速率下，颜料聚集体得到有效分散。为了防止预混合料中的螺母、铁钉等物体挤坏设备，在加料漏斗下面安装有磁性物自动探测装置，当一般磁性物体经过时，装置能及时发现并使挤出机及时停车，以避免杂物进入挤出机。

**(3) 冷却**

从挤出机出来的物料，其温度往往高于树脂软化点约 10℃ 以上，必须冷却至室温以后才能进行粉碎。在间歇式小批量生产时，可以用冷却盘接收挤出物料进行自然冷却。但大批量生产时，一般都采用冷却辊或冷却带，以加快冷却。

**(4) 冷却压片 (即粗粉碎)**

在冷却压片工艺中，冷却与粗粉碎在一个工艺中同时发生。在制造粉末涂料过程中，配方中的原材料在进行预混合前要进行粉碎。在熔融混合工序以后设有冷却辊和冷却带冷却设备。采用金属板自然冷却时物料要用颚式破碎机、辊式破碎机、单旋转齿破碎机、谷物破碎机等设备进行粗粉碎。当需要粒度更细时还可以用锤式粉碎机、万能粉碎机等设备进行粗粉碎。经过破碎或者粗粉碎的物料，再进行细粉碎。在选择粉碎设备时，必须考虑被粉碎物料的状态，例如干湿程度、含水量、硬度、压缩强度、化学物理性质、供料粒度、产品粒度、生产能力和细粉末含量等因素。

**(5) 细粉碎**

在细粉碎中使用的设备有球磨机、高速锤式粉碎机、超微粉碎机、气流粉碎机、空气分级磨（ACM 磨）等设备。这种设备可以通过改变粉碎转子、分级转子、空气流、供料速度等四种因素控制粉碎机的粉碎效果。这种设备不需要冷却剂，粉碎的粒度范围 30～80μm。这正是静电粉末涂料最理想的粒度范围。已粉碎物料的捕集可以采用两种方法，一种是用袋滤器捕集，另一种是旋风分离器和袋滤器并用。前者适用于单一颜色品种的生产，后者适用于多颜色品种的生产。

**(6) 分级与过筛**

用任何粉碎设备制得的粉末涂料粒度，不可能完全达到所要求的粒度和粒度分布，总有一些过粗的粒子和过细的粒子，所以必须进行分级或者过筛。一般流化床浸涂中用的粉末涂料粒度范围为 80～325 目，静电喷涂用粉末涂料的粒度要求 120 目以上，特别是用于装饰性的粉末涂料粒度要求 180 目以上。

**2. 其他制备方法——超临界流体法**

除了上述提到粉末涂料的制备方法外，还有一种较新的超临界流体法，简称 VAMP 法（VEDOC advanced manufacturing process）。VAMP 法以美国 Ferro 公司开发成功新工艺，将成为粉末涂料制造工艺上的一场划时代的革新。通过该法可开发出一系列超细粉末涂料、低温固化涂料、紫外光固化、热敏性粉末涂料和复合粉末涂料等新品种。

VAMP 法是一种与传统制造方法完全不同的方法，它是在 $CO_2$ 超临界流体状态下制造粉末涂料的。超临界流体是一种处于特定温度和压力下的流体物质。$CO_2$ 是一种最常用的超临界流体（SCF），其临界温度为 31.1℃，临界压力为 7.25MPa。它不需要特殊的高压设备，在工业上具有实用性。在压力为 7.25MPa，温度为 31.1℃时达到临界点而液化，此时液态 $CO_2$ 和气态 $CO_2$ 的两相之间界面清晰，但当其压力稍降或者温度稍高超过临界点时，这一界面立即消失，成为一片混沌，这种状态称之为超临界状态。继续升温或减压，$CO_2$ 就变成气态。依据该原理，见图 5-35，将粉末涂料各种组分称量后加到料槽中，然后加入带有搅拌的超临界流体加工釜中。当 $CO_2$ 处于超临界流体状态时，使各种涂料成分也变成流体化，达到低温下（26～32℃）熔融挤出混合效果。物料再经喷雾和分级釜中造粒制成成品，最后称量和包装成成品。整个过程都可以用计算机控制。VAMP 法减少了熔融挤出混合步骤，降低了加工温度，能有效防止粉末涂料在生产过程中的胶化。同时，因加工温度较低，扩大了生产粉末涂料的品种范围，且可提高每批生产量。

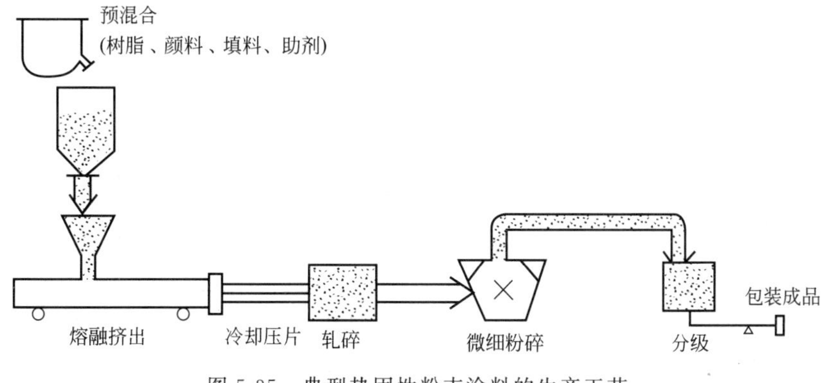


图 5-35　典型热固性粉末涂料的生产工艺

### 3. 配方设计实例及其生产工艺——以环氧聚酯粉末涂料为例

环氧聚酯粉末涂料是由环氧树脂和聚酯树脂组成的热固性粉末涂料，国外称之为混合型粉末涂料。它是在欧洲首先发现并实现工业化生产的，在世界粉末涂料中较为重要的一类粉末涂料，约占总产量的50%。环氧聚酯粉末涂料因其制备工艺简单、成本较低、涂膜流平性好、光泽高、耐化学性能好、物理力学性能好等特点，已广泛用于家电行业、仪器仪表行业、轻工行业等领域。下面将详细介绍环氧聚酯粉末涂料的配方设计及其制备工艺。

**(1) 配方设计依据**

环氧聚酯粉末涂料是由环氧树脂和聚酯树脂组成的，两种树脂的配比对于所得粉末涂料涂膜的性能至关重要。环氧树脂和聚酯树脂的配比，可参照环氧树脂的环氧值和聚酯树脂的酸值来调整，以制备出具有不同性能的粉末涂料。

若环氧树脂中的环氧基团与聚酯树脂中的羧基等当量反应，则两种树脂配比的理论值如下：

$$G = 56100E/A$$

式中，$G$ 为100g环氧树脂所需聚酯树脂用量；$A$ 为聚酯树脂的酸值；$E$ 为环氧树脂的环氧值。表5-5为每100份环氧树脂所需聚酯树脂配量（质量分数）理论值，可由该表查出两种树脂合适的配比。两者的配比必须要匹配，否则会使涂膜的交联密度降低，从而导致涂膜的物理化学性能和耐化学性能降低。

**表5-5　每100份环氧树脂所需聚酯树脂配量（质量分数）理论值**

| 聚酯树脂酸值/(mgKOH/g) \ 环氧树脂环氧值/(eq/100g) | 0.09 | 0.10 | 0.11 | 0.12 | 0.13 | 0.14 |
| --- | --- | --- | --- | --- | --- | --- |
| 70 | 72.1 | 80.1 | 88.2 | 96.2 | 104.2 | 112.2 |
| 71 | 71.1 | 79 | 86.9 | 94.8 | 102.7 | 110.6 |
| 72 | 70.1 | 77.9 | 85.7 | 93.5 | 101.3 | 109.1 |
| 73 | 69.2 | 76.8 | 84.5 | 92.2 | 99.9 | 107.6 |
| 74 | 68.2 | 75.8 | 83.4 | 91 | 98.6 | 106.1 |
| 75 | 67.3 | 74.6 | 82.3 | 89.8 | 97.2 | 104.7 |
| 76 | 66.4 | 73.8 | 81.2 | 88.6 | 96 | 103.3 |
| 77 | 65.6 | 72.9 | 80.1 | 87.4 | 94.7 | 102 |
| 78 | 64.7 | 71.9 | 79.1 | 86.3 | 93.5 | 100.7 |
| 79 | 63.9 | 71 | 78.1 | 85.2 | 92.3 | 99.4 |
| 80 | 63.1 | 70.1 | 77.1 | 84.1 | 91.2 | 98.2 |
| 81 | 62.3 | 69.3 | 76.2 | 83.1 | 90 | 97 |
| 82 | 61.6 | 68.4 | 75.3 | 82.1 | 88.9 | 95.8 |
| 83 | 60.8 | 67.6 | 74.3 | 81.1 | 87.9 | 91.6 |
| 84 | 60.1 | 66.8 | 73.5 | 80.1 | 86 | 93.5 |
| 85 | 59.4 | 66 | 72.6 | 79.2 | 85.8 | 92.4 |

环氧树脂原料应在外观、软化点、环氧值、有机氯含量等方面满足要求。外观应洁白、透亮和无机械杂质。软化点最好在92～96℃，软化点太低使得粉末涂料易结块，储存性差；太高又会导致粉末涂料的流平性变差，涂膜外观不平整，橘皮较大。环氧值应在

0.115～0.125eq/100g，该范围内环氧树脂能与聚酯树脂充分反应，交联密度合适。有机氯含量应尽可能低，若超过要求，将导致部分环氧树脂端基缺少环氧基团，从而影响交联固化反应，导致交联密度降低，使漆膜机械强度降低。

聚酯树脂原料外观要求与环氧树脂的要求一致，同时还需在软化点、酸值、黏度、玻璃化转变温度等方面达到标准。软化点在100～105℃，软化点太低同样也使得粉末涂料易结块，储存性变差；软化点太高，则与环氧树脂的相容性变差，影响涂膜的流平性。酸值在70～75mgKOH/g，作为等当量的环氧聚酯粉末涂料，酸值范围越小越好，这有利于控制好两种树脂的配比，从而使所得涂膜的性能稳定。黏度需在3～4Pa·s（175℃），玻璃化转变温度则应在55～60℃。

除了上述两种主要树脂原料外，粉末涂料配方中包括一种重要的助剂——流平剂。流平剂在粉末涂料中的作用不可忽视，直接影响最终涂膜的性能。粉末涂料的成膜过程区别于前述溶剂型涂料的成膜过程，粉末涂料的熔融、流平、固化等过程几乎是同时发生的。熔融体的黏度在开始约2～5min内迅速增大，流平性差，难以获得光滑平整的漆膜表面。为了改善粉末涂料的熔融流动性，常需加入有助于粉末流动的助剂，即流平剂，一般为透明黏稠液体。粉末涂料中流平剂的添加，一方面可调节粉末涂料熔融流动状态下的表面张力，另一方面也可改善被涂物体的润湿性，从而有利于获得具有外观及物理机械性能、耐化学性能良好的涂膜。

环氧聚酯粉末涂料的固化条件通常为180℃下固化10min。固化速度主要依赖于两种树脂见官能团密度的分布状态，但在配方中加入少量助剂（如固化促进剂或催干剂）则有利于促进固化反应的进行。如在配方中加入0.05%～0.2%咪唑类或苄基类固化促进剂，可有效促进开环反应的进行；若加入3%～5%金属氧化物（如氧化锌、氧化铝、氧化钴等）则可降低固化温度。

**(2) 配方设计实例及其生产工艺**

以白色高光环氧聚酯粉末涂料为例，其具体配方见表5-6。

**表5-6　白色高光环氧聚酯粉末涂料的配方**

| 组分 | 质量份/% | 各组分的作用 |
|---|---|---|
| 环氧树脂 | 25 | 成膜物之一，对涂膜的性能起着决定性作用 |
| 聚酯树脂 | 25 | 成膜物之一，对涂膜的性能起着决定性作用 |
| 钛白粉(R型) | 15 | 白色颜料，增加涂膜的遮盖力和白度 |
| 氧化锌 | 1～3 | 白色颜料，增加涂膜的遮盖力和白度 |
| 超细钡 | 9 | 白色颜料，增加涂膜的遮盖力和白度 |
| 流平剂(液态) | 0.6 | 改善粉末涂料的熔融流动性 |
| 群青和永固紫 | 适量 | 群青颜料，消除树脂和填料中的黄色；永固紫颜料，增加涂膜的白度 |
| 增光剂 | 0.7 | 增强涂膜的润湿性，提高光泽 |
| 安息香 | 0.3 | 减缓涂膜表面封闭速度，排除涂膜固化时所放出的气体，消除缩孔，针孔等毕弊病。 |
| 其他助剂 | 0.4 | 其他功能 |

环氧聚酯粉末涂料制备所用的生产设备与其他热固性粉末涂料类似，其生产工艺见图5-36。

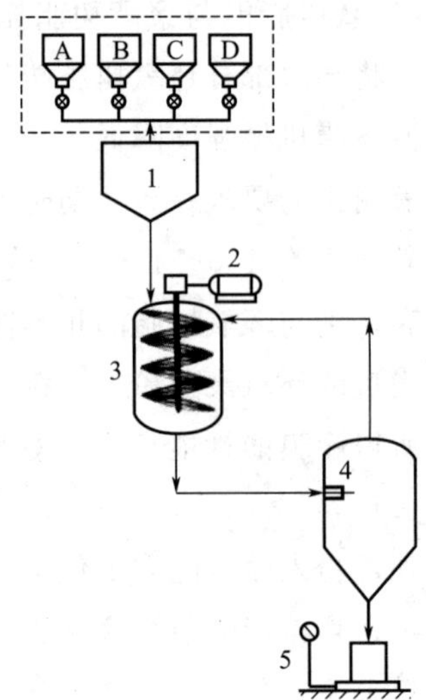


图 5-36　VAMP 超临界流体粉末涂料制造法示意

A—树脂；B—固化剂；C—颜填料；D—助剂；1—加料槽；2—搅拌动力；3—超临界流体加工釜；4—喷雾造粒釜；5—称量和包装

环氧聚酯粉末涂料的具体制备工艺如下（图 5-37）。

① 先将两种树脂分别破碎至 20～60 目。

② 按比例将配料加入高速混合机内，混合 5～15min。

③ 加入挤出机（单螺杆或双螺杆）混炼，挤出机送料段温度 60～80℃，出料段 110～139℃之间。

④ 出料压片冷却。

⑤ 进入粉碎筛选机组（即 ACM 磨）破碎分级过筛，粉碎粒度 180 目以上 100% 通过。

⑥ 通过检验合格装箱（20kg）、编号（备查）、入库待发，整个工序结束。

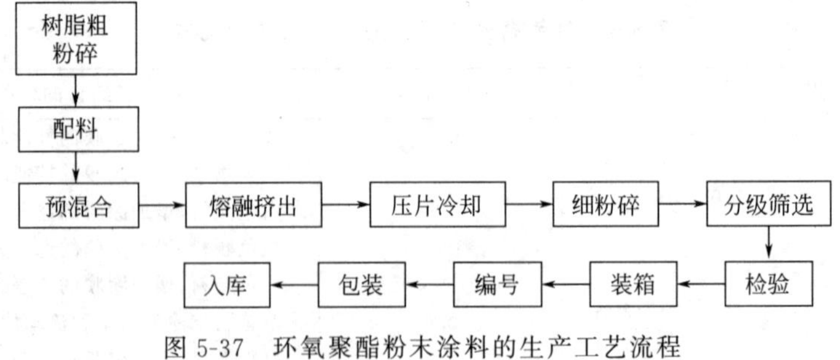


图 5-37　环氧聚酯粉末涂料的生产工艺流程

## 习题

1. 采用何种措施可使颜料分散达到稳定？

2. 颜料分散体中颜料沉降、絮凝的主要影响因素有哪些？

3. 试解释色漆在储存过程中黏度上升的原因。
4. 何谓丹尼尔点？如何进行测定？
5. 颜料研磨分散设备主要有哪些，各有何特点？
6. 涂料的制备过程包括哪些工艺？
7. 颜料分散体在调稀过程应注意哪些问题？
8. 粉末涂料的生产设备主要包括哪些？各有何作用？
9. 粉末涂料的制备方法有哪些？各自具有何特点？
10. 熔融混合法制备粉末涂料主要包括哪些工艺？
11. 环氧聚酯粉末涂料配方的选择依据是什么？其原料的选择要求是什么？

# 第六章　涂料与涂装质量评价及涂装技术

## 第一节　涂料与涂装质量评价

### 一、涂料理化性能

#### 1. 外观

外观是检查涂料的形状、颜色和透明度的，特别是对清漆的检查，外观更为重要，检查方法参见《色漆、清漆和色漆与清漆用原材料　取样》(GB/T 3186—2006)，《清漆、清油及稀释剂外观和透明度测定法》(GB/T 1721—2008)，《清漆、清油及稀释剂颜色测定法》(GB/T 1722—1992)。

#### 2. 颜色

色漆涂膜的颜色是否符合标准，用它与规定的标准色（样）板作对比，无明显差别者为合格。有时库存色漆的颜色标准不同大多是没有搅拌均匀（尤其是复色漆如草绿色、棕色等)，或者是在储存期内颜料与漆料发生化学变化所致。测定方法见《色漆和清漆的目视比色法》(GB/T 9761—2008)。

#### 3. 密度

密度的测定按《色漆和清漆——密度的测定》(GB/T 6750—2007）进行。测定密度，可以控制产品包装容器中固定容积的质量。

#### 4. 黏度

流体有牛顿型和非牛顿型流动之分，在一定温度下，流体在很宽的剪切速率范围内黏度保持不变的流动称为牛顿型流动，而非牛顿型流动时，流体的黏度随切变应力的变化而变化。随着切变应力增加，黏度降低的流体称为假塑性流体；切变应力增加，黏度也随之增加的称为膨胀性流体。液体涂料中除了溶剂型清漆和低黏度的色漆属于牛顿型流体外，绝大多数的色漆属于非牛顿型流体。因此，液体涂料的黏度检测方法很多，以适应不同类型的流体。检测方法主要有：①流出法，该法适用于透明清漆和低黏度色漆的黏度检测，即通过测定液体涂料在一定容积的容器内流出的时间来表示此涂料的黏度，根据使用的仪器又可分为毛细管法和流量杯法，毛细管法是一种经典的方法，适用于测定清澈透明的液体，但由于毛细管黏度计易损坏，而且操作清洗均较麻烦，现主要用于其他黏度计的校正，流量杯法是毛细管黏度计的工业化应用，它适用于低黏度的清漆和色漆，不适用于测定非牛顿流动的涂料；②落球法，该法就是利用固体物质在液体中流动速度快慢来测定液体的黏度，使用这一原理制造的黏度计称为落球黏度计，它适用于测定较高的透明液体涂料，多用于生产控制，《涂料黏度测定法》（GB/T 1723—93）规定了落球黏度计的规格和测试方法；③气泡法，即利用空气在液体中的流动速度来测定涂料产品的黏度，它只适用于透明清漆；④固定剪切速率测定方法，该法用于测定非牛顿型流动性质的涂料产品的黏度，这种测定仪器称为旋转黏度计。它的形式很多，分别适用于测试不同的涂料产品。

### 5. 细度

色漆的细度是一项重要指标，对成膜质量、漆膜的光泽、耐久性、涂料的储存稳定性等均有很大的影响。但也不是越细越好，过细不但延长了研磨工时，占用了研磨设备，有时还会影响漆膜的附着力。测细度的仪器通称细度计，见图 6-1。测不同的细度，需要不同规格的细度计，国家《涂料细度测定法》［GB/T 1724—1979(1989)］中有三种规格：0～150μm、0～100μm 和 0～50μm。等效采用 ISO 的《涂料研磨细度的测定》(GB 6753.1—2001)，则分为 0～100μm、0～50μm、0～25μm 和 0～15μm 四种规格。美国 ASTM D1210(2014) 分级用海格曼级、密耳（mil）和油漆工艺联合会 FSPT 规格表示。细度不合格的产品，多数是颜料研磨不细或外界（如包装物料、生产环境）杂质混入及颜料反粗（颜料粒子重产凝聚的一种现象）所引起的。

### 6. 不挥发分含量

不挥发分也称固体分，是涂料组分中经过施工后留下成为干涂膜的部分，用以控制清漆和高装饰性磁漆中固体分和挥发分的比例是否合适，它的含量高低对成膜质量和涂料的使用价值有很大关系，一般固体分低、涂膜薄、光泽差、保护性欠佳，施工时易流挂。通常油基清漆的固体分应在 45%～50%。固体分与黏度互相制约，通过这两项指标，可将漆料、颜料和溶剂（或水）的用量控制在适当的比例范围内，以保证涂料既便于施工，又有较厚的涂膜。为了减少有机挥发物对环境的污染，生产高固体分涂料是各涂料生产厂商努力的方向之一。测定不挥发分最常用的方法是：将涂料在一定温度下加热烘烤，干燥后剩余物质与试样质量比较，以百分数表示，测定方法见《色漆、清漆和塑料不挥发物含量的测定》(GB/T 1725—2007)。

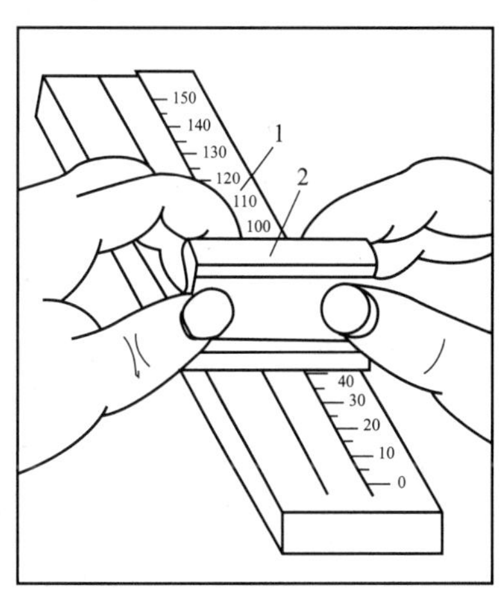


图 6-1　刮板细度计

1—磨光平板；2—刮刀

## 二、涂料施工性能

### 1. 遮盖力（对比率）

色漆均匀地涂刷在物体表面，通过涂膜对光的吸收、反射和散射，使底材颜色不再呈现出来的能力称为遮盖力，有湿膜遮盖力、干膜遮盖力两种情况。《涂料遮盖力测定法》[GB/T 1726—1979(1989)]，一般采用刷涂法黑白格板法，见图6-2。用遮盖单位面积所需的最小用漆量，以“$g/m^2$”表示湿膜遮盖力。干膜遮盖力常用对比率来表示，我国等效采用ISO标准制定的《浅色漆对比率的测定（聚酯膜法）》（GB/T 9270—1988），适用于测定在固定的涂布率（$20m^2/L$）条件下的遮盖力。

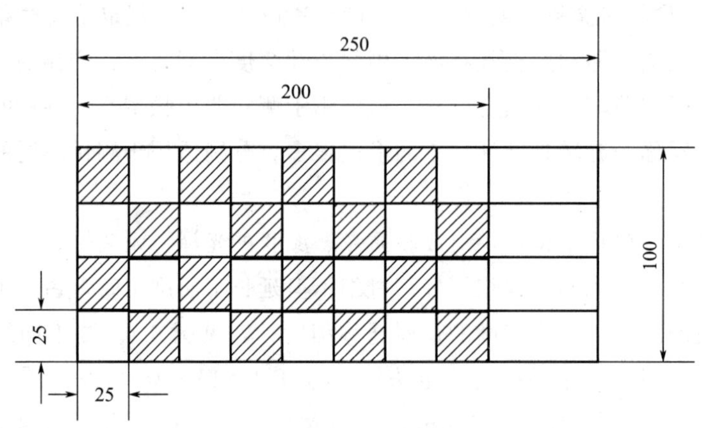


图6-2　刷涂法黑白格玻璃板

## 2. 涂布率或使用量（耗漆量）

涂布率是指单位质量（或体积）的涂料在正常施工情况下达到规定涂膜厚度时的涂布面积，单位是$m^2/kg$或$m^2/L$。使用量（耗漆量）是指在规定的施工情况下，单位面积上制成一定厚度的涂膜所需的漆量，以“$g/m^2$”表示。涂布率或使用量可作为设计和施工单位估算涂料用量的参考。

《涂料使用量测定法》[GB/T 1758—1979(1989)]的测定方法有刷涂法、喷涂法等，喷涂法所测得的数值不包括喷涂时飞溅和损失的漆，同时由于测定者手法不同造成涂刷厚度的差异，故所测数值只是一个参考值，现场施工时受施工方法、环境、底材状况等许多因素的影响，实际消耗量会与测定值有差别。

## 3. 干燥时间

涂料的干燥过程根据涂膜物理性状（主要是黏度）的变化过程不同可分为不同阶段。习惯上分为表面干燥、实际干燥和完全干燥三个阶段。美国ASTM D1640—2009把干燥过程分成八个阶段。由于涂料的完全干燥时间较长，故一般只测表面干燥和实际干燥两项。

### (1) 表面干燥时间（表干）的测定

常用的方法有GB/T 1728—1979(1989)中的吹棉球法、指触法和GB/T 6753.2—1986中的小玻璃球法。吹棉球法是在漆膜表面放一脱脂棉球，用嘴沿水平方向轻吹棉球，如能吹走而漆膜表面不留有棉丝，即认为表面干燥，指触法是以手指轻触漆膜表面，如感到有些发黏，但无漆粘在手指上，即认为表面干燥或称指触干。小玻璃球法是将约0.5g的直径为125～250$\mu m$的小玻璃球能用刷子轻轻刷离，而不损伤漆膜表面时，即认为达到表干。

### (2) 实际干燥时间（实干）的测定

常用的有压滤纸法、压棉球法、刀片法和厚层干燥法，GB/T 1728—1979(1989)有详细规定。由于漆膜干燥受温度、湿度、通风、光照等环境因素影响较大，测定时必须在恒温恒湿室进行。

### 4. 流平性

流平性是指涂料在施工之后，涂膜流展成平坦而光滑表面的能力。涂膜的流平是重力、表面张力和剪切力的综合效果。在《涂料流平性的测定法》[GB/T 1750—1979(1989)]中规定了流平性的测定法，有刷涂法和喷涂法两种，以刷纹消失和形成平滑漆膜所需时间来评定，以“min”表示。美国 ASTM D2801—1969(1981) 的方法是用有几个不同深度间隙的流平性试验刮刀，将涂料刮成几对不同厚度的平行的条形涂层，观察完全和部分流到一起的条形涂层数，与标准图形对照，用 0～10 级表示，10 级最好，完全流平；0 级则流平性最差。此法适用于白色及浅色漆。ASTM D4062—1981 规定了检测水性和非水性浅色建筑涂料流平性的方法。

### 5. 流挂性

液体涂料涂布在垂直的表面上，受重力的影响，部分湿膜的表面容易有向下流坠、形成上部变薄、下部变厚，或严重的形成半球形（泪滴状）、波纹状的现象，这是涂料应该避免的。造成这样的原因主要有涂料的流动特性不适宜、湿膜过厚、涂装环境和施工条件不合适等。《色漆流挂性的测定》(GB/T 9264—2012)，采用流挂仪对色漆的流挂性进行测定，以垂直放置、不流到或下不流到下一个厚度条膜的涂膜厚度为不流挂的读数。厚度值越大，说明涂料越不容易产生流挂，抗流挂性好。

## 三、漆膜质量评价

### 1. 漆膜外观

在室内标准状态下制备的样板干燥后，在日光下肉眼观察，检查漆膜有无缺陷，如刷痕、颗粒、起泡、起皱、缩孔等，并与标准样板对比。

### 2. 光泽

漆膜表面反射光的强弱，不但取决于漆膜表面的平整度和粗糙度，还与漆膜表面对投射光的反射量多少有关。而且，在同一个漆膜表面上，以不同入射角投射的光，会出现不同的反射强度。因此，必须先固定光的入射角，然后才能测量漆膜的光泽。我国按《漆膜光泽测定法》[GB/T 1743—1979(1989)]测定光泽。

### 3. 鲜映性

鲜映性是用来表示漆膜表面影像（或投影）的清晰程度，以 DOI 值表示（distinctness of image)，测定的是涂膜的散射和漫反射的综合效应。常用来对飞机、精密仪器、高级轿车等涂膜的装饰性进行等级评定。鲜映性以数码表示等级，分为 0.1、0.2、0.3、0.4、0.5、0.6、0.7、0.8、0.9、1.0、1.2、1.5、2.0 共 13 个等级（即 DOI 值），数码越大，表示鲜映性越好。在 GB/T 13492—1992 中对一些汽车面漆的鲜映性已有规定，要求达到 0.6～0.8。事实上，高档轿车涂膜的鲜映性要求在 1.0 以上，豪华轿车的 DOI 值要求在 1.2 以上。

### 4. 漆膜厚度

测定漆膜厚度有各种方法和仪器，应根据测定漆膜的场合（实验室或现场）、底材

（金属、木材等）、表面状况（平整、粗糙、平面、曲面）和漆膜状态（湿、干）等因素选择合适的仪器。

**(1) 湿膜厚度的测定**

应在漆膜制备后立即进行，以免由于溶剂的挥发而使漆膜变薄。按 GB/T 1345.2—2008 规定的测定方法。或按 ASTM D1212—2013 中规定的测定方法。

**(2) 干膜厚度的测定**

测量干膜厚度，有很多种方法和仪器，但每一种都有一定的局限性。依工作原理分，大致可分为两大类：磁性法和机械法。

**5. 硬度**

硬度就是漆膜对作用其上的另一个硬度较大的物体的阻力。测定涂膜硬度的方法常用的有三类，即摆杆阻尼硬度法、划痕硬度法和压痕硬度法。三种方法表达漆膜的不同类型阻力。

**(1) 摆杆阻尼硬度**

通过摆杆横杆下面嵌入的两个钢球接触涂膜样板，在摆杆以一定周期摆动时，摆杆的固定质量对涂膜压迫，使涂膜产生抗力，根据摆的摇摆规定振幅所需要的时间判定涂膜的硬度，摆动衰减时间越长，涂膜硬度越高。《漆膜硬度的测定　摆杆阻尼试验》（GB/T 1730—2007）规定了相应的检测方法。美国 ASTM D2134—1993(2012) 所规定的斯华特硬度计（Sward rooker）与摆杆阻尼试验仪的原理相同。

**(2) 划痕硬度**

划痕硬度即在漆膜表面用硬物划伤涂膜来测定硬度，常用的是铅笔硬度。《涂膜硬度铅笔测定法》（GB/T 6739—2006）中规定使用的铅笔由 6B 到 6H 共 13 级，可手工操作，也可仪器测试。铅笔划涂膜时，既有压力，又有剪切作用力，对涂膜的附着力也有所规定，因此与摆杆硬度是不同的，它们之间没有换算关系。

**(3) 压痕硬度**

采用一定质量的压头及涂膜压力，从压痕的长度或面积来测定涂膜的硬度。GB/T 9275—2008 及 ASTM D 1474—1998(2002) 中规定了相应的仪器及检测操作方法。

**6. 冲击强度**

冲击强度也称耐冲击性，是用检验涂膜在高速重力作用下的抗瞬间变形而不开裂、不脱落的能力，它综合反映了涂膜柔韧性和对底材的附着力。《漆膜耐冲击测定方法》[GB/T 1732—1993] 规定，冲击试验仪的重锤质量是 1000g，冲头进入凹槽的深度为 2mm，凹槽直径 15mm，重锤最大滑落高度 50cm。由于所用重锤质量是固定的，所以检验结果以“cm”表示。各国的冲击试验仪形状基本相同，但重锤质量、冲头尺寸和高度有所不同，其中 ISO 6272—1993 的重锤 1kg，高度 1m，并且称为落锤试验。试验后可采用 4 倍放大镜观察有无裂纹和破损。对于极微细的裂纹，可用 $CuSO_4$ 润湿 15min，然后看有无铜锈或铁锈色，以便于观察。

**7. 柔韧性**

当漆膜受外力作用而弯曲时，所表现的弹性、塑性和附着力等的综合性能称为柔韧性。GB/T 1731—1993 柔韧性测定器有一套粗细不同的钢制轴棒。作 180°弯曲，检查漆膜是否开裂，以不发生漆膜破坏的最小轴棒直径表示。轴棒共 7 个，直径分别是 1mm、2mm、3mm、4mm、5mm、10mm、15mm 对应的级别分别为 7、6、5、4、3、2、1 级，见图 6-3。此外还有 GB/T 6742—1986 中的圆柱轴和 GB/T 11185—2009 中的锥形轴等检测仪器。腻子的柔韧性，则按《腻子膜柔韧性测定法》[GB/T 1748—1979(1989)]测定。

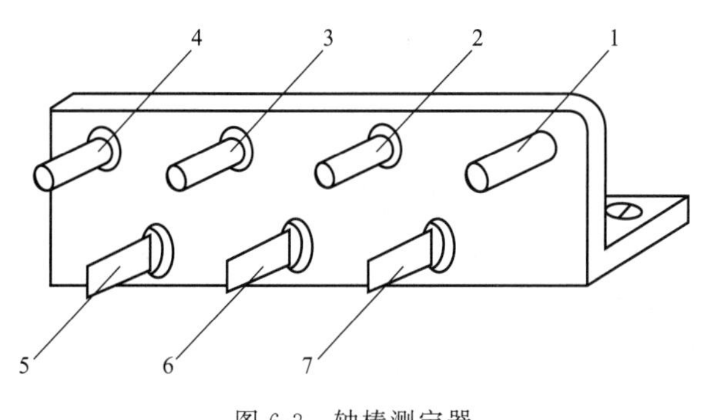

图 6-3　轴棒测定器

8. 杯突试验

杯突试验也称顶杯试验或压陷试验，是检测涂层抗变形破裂的能力，是涂膜塑性和底材附着力的综合体现，可衡量涂膜在成型加工中不开裂和没有损坏的能力，是卷钢涂料、罐头涂料等产品必不可少的测试项目。GB/T 9753—2007 和 ISO 1520 中规定的杯突试验机压头为 $\phi$20mm 的钢制半球，检测时以（0.2±0.1）mm/s 的速度移动压头，直至涂层出现开裂，读取相应的压陷深度（mm）。

9. 附着力

附着力是涂膜对底材表面物理和化学作用而产生的结合力的总和。

**(1) 测定漆膜附着力的方法**

① 划格法　用规定的刀具纵横交叉切割间距为 1mm 的格子，格子总数为 55 个，然后根据《色漆和清漆漆膜的划格试验》（GB/T 9286—1998）规定的评判标准分级，0 级最好，5 级最差。但 ASTM D3259—2001 中的 B 法的分级方法与我国国家标准相反，5 级最好，0 级最差，而德国 DIN 53151 标准则与国标一致。

② 划圈法　GB/T 1720—1979(1989) 中是用划圈附着力测定仪，施加载荷至划针能划透漆膜，均匀地划出长度（7.5±0.5）cm、依次重叠的圆滚线图形，使漆膜分成面积大小不同的 7 个部位，若在最小格子中漆膜保留 70%以上，则为 1 级，最好，依次类推，7 级最差，见图 6-4。

③ 拉开法　在《涂层附着力的测定　拉开法》（GB/T 5210—2006）中有所规定，即用拉力试验机，测定时夹具以 10mm/min 的速度进行拉伸，直至破坏，考核其附着力和破坏形式。附着力按下式计算：

$$P=G/S$$

式中　$P$——涂层的附着力，Pa；

$G$——试件被拉开破坏时间的负荷值，N；

$S$——被测涂层的试柱横截面面积，$cm^2$。

**(2) 漆膜与基材的黏附理论**

漆膜与基材之间可通过机械结合、物理吸附、形成氢键和化学键、互相扩散等作用接

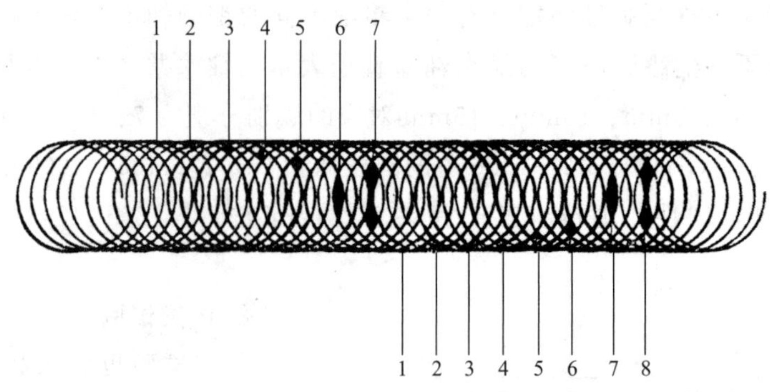


图 6-4 划圈法附着力评级示意图

合在一起，由于这些作用产生的黏附力，决定了漆膜与基材间的附着力。根据理论计算，任何原子、分子间的范德华力便足以产生很高的黏附强度，但实际强度却远远低于理论计算，这同前讨论的聚合物材料强度一样，缺陷和应力集中是这种差距的主要原因，而且界面之间容易有各种缺陷。因此为了使漆膜有很好的附着力，需要考虑多种因素的作用。下面分别简单地予以介绍。

① 机械结合力　任何基材的表面都不可能是光滑的，即使用肉眼看起来光滑，在显微镜下也是十分粗糙的，有的表面如木材、纸张、水泥以及涂有底漆的表面（*PVC*≥*CPVC*）都是多孔的，涂料可渗透到这些凹穴或孔隙中去，固化之后就像有许多小钩子和楔子把漆膜与基材连接在一起。

② 吸附作用　从分子水平上来看，漆膜和基材之间都存在着原子、分子之间的作用力，这种作用力包括化学键、氢键和范德华力。根据计算，当两个理想平面间距为 10Å（1Å$=10^{-10}$m）时，由于范德华力的作用，它们之间的吸引力便可达 $10^3\sim10^4$N/cm$^2$，距离为 3～4Å 时可达 $10^4\sim10^5$N/cm$^2$，这个数值远远超过了现在最好的结构胶黏剂所能达到的强度，但是两个固体之间很难有这样的理想的情况，即使经过精密抛光，两个平面之间的接触还不到总面积的 1%。当然如果一个物体是液体，这种相互结合的要求便易于得到，其条件是液体完全润湿固体表面，因此涂料在固化之前完全润湿基材表面，则应有较好的附着力，即使如此，其黏附力也远比理论强度低得多，这是因为在固化过程总是有缺陷发生的，黏附强度不是决定于原子、分子作用力的总和，而是决定于局部的最弱部位的作用力。两个表面之间仅通过范德华力结合，实际便是物理吸附作用，这种作用很容易为空气中的水汽所取代。因此为了使漆膜与基材间有强的结合力，仅靠物理吸附作用是不够的。

③ 化学键结合　化学键（包括氢键）的强度要比范德华力强得多，因此如果涂料和基材之间能形成氢键或化学键，附着力要强得多。如果聚合物上带有氨基、羟基和羧基时，因易与基材表面氧原子或氢氧基团等发生氢键作用，因而会有较强的附着力。聚合物上的活性基团也可以和金属发生化学反应，如酚醛树脂便可在较高温度下与铝、不锈钢等发生化学作用，环氧树脂也可和铝表面发生一定的化学作用。化学键结合对于粘接作用的重要意义可从偶联剂的应用得到说明，偶联剂分子必须具有能与基材表面发生化学反应的基团，而另一端能与涂料发生化学反应，例如，最常用的硅烷偶联

剂 $X_3Si(CH_2)_nY$，X 是可水解的基团，水解之后变成羟基，能与无机表面发生化学反应，Y 是能够与涂料发生化学反应的官能团。

④ 扩散作用　涂料中的成膜物为聚合物链状分子，如果基材也为高分子材料，在一定条件下由于分子或链段的布朗运动，涂料中的分子和基材的分子可相互扩散，相互扩散的实质是在界面中互溶的过程，最终可导致界面消失。高分子间的互溶首先要考虑热力学的可能性，即要求两者的溶解度参数相近，另一方面，还要考虑动力学的可能性，亦即两者必须在 $T_g$ 以上，即有一定的自由体积以使分子可互相穿透。因此塑料涂料或油墨的溶剂最好能使被涂料溶胀，提高温度也是促进扩散的一个方法。

⑤ 静电作用　当涂料与基材间的电子亲和力不同时，便可互为电子的给体和受体，形成双电层，产生静电作用力。例如，当金属和有机漆膜接触时，金属对电子亲和力低，容易失去电子，而有机漆膜对电子亲和力高，容易得到电子，故电子可从金属移向漆膜，使界面产生接触电势，并形成双电层产生静电引力。

**(3) 影响实际附着力的因素**

漆膜和基材之间的作用是非常复杂的，很难用前述单一因素的影响来表述，它是多种因素综合的结果。因此实际附着力和理论分析有着巨大的差异。聚合物分子结构、形态、温度等都和附着力实际强度有关，但由于附着力是两个表面间的结合，比聚合物材料的情况更为复杂。下面仅讨论几个重要的因素。

① 涂料的黏度　涂料黏度较低时，容易流入基材的凹处和孔隙中，可得到较高的机械力，一般烘干漆具有比气干漆更好的附着力，原因之一便是在高温下，涂料黏度很低。

② 基材表面的润湿情况　要得到良好的附着力，必要的条件是涂料完全润湿基材表面。通常纯金属表面都具有较高的表面张力，而涂料一般表面张力都较低，因此易于润湿，但是实际的金属表面并不是纯的，表面易形成氧化物，并可吸附各种有机或无机污染物。如果表面吸附有机物，可大大降低表面张力，从而使润湿困难，因此基材在涂布之前需进行处理。对于低表面能的基材，更要进行合适的处理，如在塑料表面进行电火花处理或用氧化剂处理。

③ 表面粗糙度　提高表面粗糙度一方面可以增加机械作用力，另一方面也有利于表面的润湿。

④ 内应力　漆膜的内应力是影响附着力的重要因素，内应力有两个来源：一个是涂料固化过程中由于体积收缩产生的收缩应力；另一个是涂料和基材的热膨胀系数不同，在温度变化时产生的热应力。涂料不管用何种方式固化都难免产生一定的体积收缩，收缩不仅可因溶剂的挥发引起，也可因化学反应引起。缩聚反应体积收缩最严重，因为有一部分要变成小分子逸出。烯类单体或低聚物的双键发生加聚反应时，两个双链由范德华力结合变成共价键结合，原子距离大大缩短，所以体积收缩率也较大，例如不饱和聚酯固化过程中体积收缩达 10%。开环聚合时有一对原子由范德华作用变成化学键结合，另一对原子却由原来的化学键结合变成接近于范德华力作用，因此开环聚合收缩率较小，有的多环化合物开环聚合甚至可发生膨胀。环氧树脂固化过程中收缩率较低，这是环氧涂料具有较好的附着力的重要原因。降低固化过程中的体积收缩对提高附着力有重要意义，增加颜料、

增加固含量和加入预聚物减少体系中官能团的浓度是涂料中减少收缩的一般方法。

**10. 耐磨性**

耐磨性是涂层抵抗机械磨损的能力，是涂膜的硬度、附着力和内聚力的综合体现。GB/T 1768—2006 规定用 Taber 磨耗仪在一定的负荷下，经一定的磨转次数后，以漆膜的失重表示其耐磨性，失重越小，则耐磨越好。这种方法与实际的现场磨耗结果有良好的关系，因此适用于经常受磨损的路标漆、地板漆的检测。

**11. 抗石击性**

又称石凿试验，是模仿汽车行驶过程中砂石冲击汽车涂层的测试方法，用于了解涂膜抵抗高速砂石的冲击破坏能力，是针对汽车漆而开发的漆膜检测项目。检测时将粒径 4～5mm 钢砂用压缩空气吹动喷打被测样板，每次喷钢砂 500g，在 10s 内以 2MPa 的压力冲向样板，重复 2 次，然后贴上胶带拉掉松动的涂膜，将破坏情况与标准图片比较，0 级最好，10 级最差。

**12. 打磨性**

打磨性是指涂层经砂纸或乳石等干磨或湿磨后，产生平滑无光表面的难易程度。对于底漆和腻子，它是一项重要的性能指标，具有实用性。《底漆、腻子膜打磨性测定法》[GB/T 1770—2008] 中，用 DM-1 型打磨性测定仪自动进行规定次数的打磨，在相同的负荷和均匀的打磨速度下，结果具有可信性。

**13. 电绝缘性**

电绝缘性是绝缘漆的重要性能项目，包括涂膜的体积电阻、电气强度、介电常数以及耐电弧性等内容。检测标准有：①《绝缘漆膜的制备法》[GB/T 1736—1979(1989)]，②《绝缘漆漆膜吸收率测定法》[GB/T 1737—1979(1989)]，③《绝缘漆漆膜耐油性测定法》[GB/T 1738—1979(1989)]，④《绝缘漆漆膜击穿强度测定法》[HB/T 2-57—1980(1985)]，⑤《绝缘漆漆膜表面电阻及体积电阻系数测定法》[GB/T 2-59—78(1985)]，⑥《绝缘漆耐电弧性测定法》[HG/T 2-60—80(1985)]。

## 四、漆膜使用性能和寿命

**(1) 耐水性**

① 常温浸水法　这是最普遍的方法，详见国家标准 GB/T 1733—1993。

② 浸沸水法　将样板的 2/3 面积浸泡在沸腾的蒸馏水中，规定时间，检查起泡、生锈、失光、变色等破坏情况。

③ 加速耐水性　GB/T 5209—1985 中规定用 (40±1)℃的流动水，并对水质做了规定，与常温浸水法比，其加速倍率约 6～9 倍，大大缩短了检测时间，提高了测试效率。

**(2) 耐盐水性**

采用 3%的 NaCl 溶液代替水，可以测定漆膜的耐盐水性，GB/T 1763—1979(1989) 中，也有加温耐盐水性法。

**(3) 耐石油制品性**

《漆膜耐汽油性测定法》(GB/T 1734—1993) 中有浸汽油和浇汽油两种方法，常用汽油是 120# 溶剂汽油，其他还有耐润滑油性、耐变压器性，测试方法类似。

**(4) 耐化学品性**

① 耐酸性、耐碱性　该方面有《漆膜耐化学试剂性测定法》[GB/T 1763—1979

(1989)]、《色漆和清漆耐液体介质的测定》(GB/T 9274—1988)、《建筑涂料　涂层耐碱性的测定》(GB/T 9265—1988)。

② 耐溶剂性　除另有产品规定外，通常按 GB/T 9274—1988 中的浸泡法进行。

③ 耐家用化学品性　可按 GB/T 9274—1988 的方法检验，常用家用化学品有洗涤剂、酱油、醋、油脂、酒类、咖啡、茶汁、果汁、芥末、番茄酱、化妆品（如口红）、墨水、润滑油、药品（碘酒等）。

**(5) 耐湿性**

耐湿性是指漆膜受潮湿环境作用的抵抗能力。等效采用 ISO 6270：1—1998 标准，GB/T 13893—2008 中规定采用耐湿性测定仪，样板放于仪器的顶盖位置，仪器的水浴温度控制在 (40±2)℃，保持试板下方 25mm 空间的气温为 (37±2)℃，使涂层表面连续处于冷凝状态，因此称为连续冷凝法。ASTM D4585—2007 也是采用连续冷凝法。

**(6) 耐污染性**

对于建筑涂料，一般用一定规格的粉煤灰与自来水，配比为 1：1，然后均匀涂刷在漆膜表面，规定时间后用合适的装置冲击粉煤灰，一定的循环周期后，测定涂膜的反射系数下降率，下降率越小，则耐污染性越好。

**(7) 耐码垛性**

又称耐叠置性、堆积耐压性，是指涂膜在规定条件下干燥后，在两个涂漆表面或一个涂漆表面与另一个物体表面在受压条件下接触放置时涂膜的耐损坏能力。这是涂膜使用期间的检测项目，GB/T 9280—2009 规定了检测方法。

**(8) 耐洗刷性**

耐洗刷性是测定涂层在使用期间经反复洗刷除去污染物时的相对磨蚀性。如建筑涂料，特别是内墙涂料，易被弄脏，需要擦洗，耐洗刷性就是这种性能的考核指标，相应的国标是《建筑涂料涂层耐洗刷性》(GB/T 9266—2009)。

**(9) 耐光性**

涂膜受到光线照射后保持其原来的颜色、光泽等光学性能的能力称为耐光性，可以保光性、保色性和耐黄变性等几方面进行检测。保光性：将制好的样板遮盖住一部分，在日光或人造光源照射一定时间后，比较照射部分与未照射部分的光泽，可以得到漆膜保持其原来光泽的能力，保色性：漆膜被照射部分与未照射部分比较，保持原来颜色的能力；耐黄变性：将试样涂于磨砂玻璃上，干燥后放入装有饱和硫酸钾溶液的干燥器内，一定时间后，测定颜色的三刺激值，然后计算泛黄程度。

**(10) 耐热性、耐寒性、耐温变性**

它们都是表示漆膜抵抗环境温变的能力，但适用的产品不同。耐热性是用于检测被使用在较高温度场合的涂料产品，经规定的温度烘烤后，漆膜性能（如光泽、冲击、耐水性等）的变化程度；耐寒性是常用于检测水性建筑涂料的涂膜对低温的抵抗能力；耐温变性则是指涂膜经受高温和低温急速变化情况下，抵抗被破坏的能力。

**(11) 盐雾试验**

防腐蚀保护研究方面，人们一直采用盐雾试验来作为人工加速腐蚀试验的方法。盐雾试验有中性盐雾试验（SS）和醋酸盐雾试验（ASS）。中性盐雾按 GB/T 1771—2007 规定，水溶液浓度为 (50±10)g/L，pH 为 6.5～7.2，温度为 (35±2)℃，试板以 (250±

50)°倾斜。被试面朝上置于盐雾箱内进行连续喷雾试验，每 24h 检查一次至规定时间取出，检查起泡、生锈、附着力等情况。ISO 7253、ASTM B117 等标准也是中性盐雾。醋酸盐雾试验是为了提高腐蚀实验效果（GB 10125—2012），盐雾的 pH 为 3.1～3.3，也有在醋酸盐水中加入 $CuCl_2 \cdot H_2O$ 改性醋酸盐雾实验（CASS），进一步加快了腐蚀试验速度，参见 ASTM G43—1975(1980)。

**(12) 大气老化试验**

大气老化试验用于评价涂层对大气环境的耐久性，其结果是涂层各项性能的综合体现，代表了涂层的使用寿命。按 GB/T 1767—1989 规定，暴晒场地应选择在能代表某一气候最严酷的地方或近似实际应用的环境条件下建立，如沿海地区、工业区等。暴晒地区周围应空旷，场地要平坦，并保持当地的自然植被状态，而且沿海地区暴晒地应设在海边有代表性的地方，工业气候暴晒场设在工厂区内。远离气象台（站）的暴晒场应设立气象观测站，记录紫外线辐射量、腐蚀气体种类与含量或氯化钠含量等。暴晒试板的朝向可分为朝南 45°、当地纬度、垂直角及水平暴露等方式。试板暴晒后，可按 GB/T 1767—1979(1989)、GB/T 9267—2008 等标准进行检查评定，评定标准有《漆膜耐候性评级方法》[GB/T 1766—2008(1989)] 和《色漆涂层老化的评价》（GB/T 927T.125—2008）及《色漆涂层粉化程度的测定方法及评定》（GB/T 14836—1993）等。

**(13) 人工加速老化试验**

人工加速老化试验就是在实验室内人为地模拟大气环境条件并给予一定的加速性，这样可避免天然老化试验时间过长的不足。GB/T 1865—2009 规定采用 6000W 水冷式管状氙灯，试板与光源间距离为 350～400mm，试验室空气温度（45±2)℃，相对湿度 70%±5%，降雨周期每小时 12min，也可根据试验目的和要求调整温度、湿度、降雨周期和时间。美国较多地采用 QUV 加速老化试验进行人工老化试验，紫外光源主辐射峰为 313nm，有氧气和水汽辅助装置，试验速度快，适合于配方筛选。

## 第二节　涂装前的表面处理

涂装前表面处理的目的是修整被涂物表面，金属材料还要清除被涂物表面的油脂、油污、腐蚀产物、残留杂质物等，并赋予表面一定的化学、物理特性，达到增加涂漆层附着力，增加被涂物的保护性和装饰性的目的。基材种类很多，这里仅介绍最常见的基材表面处理。

### 一、金属表面处理

金属制品在加工、储运及使用等过程中常会有锈蚀、焊渣、油污、机械污物以及旧漆膜等，根据不同情况，表面处理有多种方法，属于表面净化的有除油、除锈、除旧漆；属于化学处理的有磷化、钝化、阳极氧化、发蓝、发黑等处理，可分段处理，也可联合处理。

### 1. 黑色金属的表面处理

#### (1) 除油

金属表面的油污来源主要有两种：一种是在储存过程中涂上的暂时性的防护油膏；另一种是生产过程中碰到的润滑油、切削油、拉延油、抛光膏。这些油脂可分为两类：一类是能皂化的动植物油脂，如蓖麻油、牛油、羊油等；另一类是不能皂化的矿物油如凡士林等；除油可以采用机械法如手工擦刷、喷砂抛丸、火焰灼烧等，但更多的是采用化学法，即溶剂清洗、碱液清洗、乳化清洗、超声波除油等方法单独或联合进行。

① 溶剂清洗　选择清洗溶剂的原则是：溶解力强、毒性小、不易燃、成本低。常用的溶剂有 200# 石油溶剂油、松节油、三氯乙烯、四氯化碳、二氯甲烷、三氯乙烷等，其中含氯溶剂较常使用。

② 碱性清洗　用碱或碱式盐的溶液，采用浸渍、压力喷射等方法，也可除去钢铁制品上的油污。浸渍法较简单，但应注意当槽液使用一段时间后，槽液表面会有油污，当工件从槽液中取出时，油污会重新粘到工件上，因此需要用活性炭或硅藻土吸附处理掉液面上的油污。压力喷射法可使用低浓度的碱液，适合于流水线操作。

③ 乳化清洗　以表面活性剂为基础，辅助以碱性物质和其他助剂配制而成的乳化清洗液，商品名多称为金属清洗剂。它除油效率高，不易着火和中毒，是目前涂装前除油的较好方法，且特别适用于非定型产品和部件。

④ 超声波清洗　超声波清洗是利用高频声波将浸泡在溶液中的部件上的污物除去的一种方法，其清洗作用强，适应范围广，可以达到很高的清洁程度。超声波清洗作用很强，可以除去基体表面附着的灰尘、油脂、抛光膏、研磨膏以及脱模剂等黏稠污物，且不损伤基体，适用于钢铁、非铁金属、玻璃、陶瓷等制品的清洗。由于所产生的气泡流具有小尺寸和相对高的能量，超声波清洗作用能进入极小的缝隙清除嵌入的污物，对组合件和堆叠的部件提供极好的渗透和清洗力。

#### (2) 除锈

钢铁在一般大气环境下，主要发生电化学腐蚀，腐蚀产物铁锈是 $FeO$、$Fe(OH)_3$、$Fe_3O_4$、$Fe_2O_3$ 等氧化物的疏松混合物。在高温环境下，则产生高温氧化化学腐蚀，腐蚀产物氧化皮由内层 $FeO$、中层 $Fe_3O_4$ 和外层 $Fe_2O_3$ 构成。除锈的方法主要有：

① 手工打磨除锈　用钢丝刷、砂纸等工具手工操作，可除去松动的氧化皮、疏松的铁锈及其他污物，这是最简单的除锈方法，适合于小量作业和局部表面除锈。

② 机械除锈　借助于机械冲击与摩擦作用，可以用来清除氧化皮、锈层、旧涂层及焊渣等，其特点是操作简单，效率比手工除锈高。

③ 喷射除锈　利用机械离心力、压缩空气和高压水流等，将磨料钢丸、砂石推（吸）进喷枪，从喷嘴喷出，撞击工件表面使锈层、旧漆膜、型砂和焊渣等杂质脱落，它的工作效率高，除锈彻底。喷射除锈又可分为喷砂和抛丸（喷射钢丸）两类。在喷砂除锈过程中，会产生大量粉尘，作业环境差。为此，可采用真空喷砂除锈系统或湿喷砂方法。真空喷砂除锈系统是利用真空吸回喷出的砂粒和粉尘，经分离、过滤除去粉尘，砂粒循环使用，整个过程在密封条件下进行，大大改善作业环境。湿喷砂法即

在喷砂时加水或水洗液，以避免粉尘飞扬，同时又有清洗除锈作用。抛丸除锈是靠叶轮在高速转动时的离心力，将钢丸沿叶片以一定的扇形高速抛出，撞击制件表面使锈层脱落。抛丸除锈还能使钢件表面被强化，提高耐疲劳性能和抗应力腐蚀性能。但该法设备复杂，方向变换不理想，应用范围有一定的限制。

④ 化学除锈　化学除锈是以酸溶液使物件表面锈层发生化学变化并溶解在酸溶液中从而除去锈层的一种方法，由于主要使用盐酸、硫酸、硝酸、磷酸及其他有机酸和氢氟酸的复合酸液，再辅以缓蚀剂和抑雾剂等助剂，此法通常称为酸洗。

**(3) 磷化**

用铁、锰、镁、镉的正磷酸盐处理金属表面，在表面上生成一层不溶性磷酸盐保护膜的过程称为金属的磷化处理。磷化膜可提高金属制品抗腐蚀性和绝缘性，并能作为涂料的良好底层处理剂。磷化液由磷酸、碱金属或重金属的磷酸二氢盐及氧化性促进剂组成。

① 磷化基本原理　磷化过程包括化学与电化学反应，不同磷化体系、不同基材的磷化反应机理比较复杂。当今，各学者比较赞同的观点是磷化成膜过程主要是由如下四个步骤组成：

a. 酸的浸蚀使基体金属表面 $H^+$ 浓度降低

$$\begin{aligned} &Fe-2e \longrightarrow Fe^{2+} \\ &2H^+ + 2e \longrightarrow 2[H] \longrightarrow H_2\uparrow \end{aligned} \tag{1}$$

b. 促进剂（氧化剂）加速界面的 $H^+$ 浓度进一步快速降低

$$\begin{aligned} &[\text{氧化剂}]+[H] \longrightarrow [\text{还原产物}]+H_2O \\ &Fe^{2+}+[\text{氧化剂}] \longrightarrow Fe^{3+}+[\text{还原产物}] \end{aligned} \tag{2}$$

由于促进剂氧化掉第一步反应所产生的氢原子，加快了反应（1）的速度，进一步导致金属表面 $H^+$ 浓度急剧下降。同时也将溶液中的 $Fe^{2+}$ 氧化成为 $Fe^{3+}$。

c. 磷酸根的多级离解

$$H_3PO_4 \longrightarrow H_2PO_4^- + H^+ \longrightarrow HPO_4^{2-} + 2H^+ \longrightarrow PO_4^{3-} + 3H^+ \tag{3}$$

由于金属表面的 $H^+$ 浓度急剧下降，导致磷酸根各级离解平衡向右移动，最终会离解出 $PO_4^{3-}$。

d. 磷酸盐沉淀结晶成为磷化膜

当金属表面离解出的 $PO_4^{3-}$ 与溶液中（金属界面）的金属离子（如 $Zn^{2+}$、$Mn^{2+}$、$Ca^{2+}$、$Fe^{2+}$）达到溶度积常数 $K_{sp}$ 时，就会形成磷酸盐沉淀，磷酸盐沉淀结晶成为磷化膜。

$$2Zn^{2+} + Fe^{2+} + 2PO_4^{3-} + 4H_2O \longrightarrow Zn_2Fe(PO_4)_2 \cdot 4H_2O\downarrow \tag{4}$$

$$3Zn^{2+} + 2PO_4^{3-} + 4H_2O \longrightarrow Zn_3(PO_4)_2 \cdot 4H_2O\downarrow \tag{5}$$

磷酸盐沉淀与水分子一起形成磷化晶核，晶核继续长大成为磷化晶粒，无数个晶粒紧密堆集形成磷化膜。

② 磷化分类

a. 按磷化膜厚度（膜重）分（见表 6-1）

表 6-1　磷化膜的分类（按膜重分）

| 分类 | 膜重/(g/m$^2$) | 膜的组成 | 用途 |
|---|---|---|---|
| 次轻量级 | 0.2～1.0 | 主要由磷酸铁、磷酸钙或其他金属的磷酸盐所组成 | 用作较大形变钢铁工件的涂装底层或耐蚀性要求较低的涂装底层 |
| 轻量级 | 1.1～4.5 | 主要由磷酸锌和(或)其他金属的磷酸盐所组成 | 用作涂装底层 |
| 次重量级 | 4.6～7.5 | 主要由磷酸锌和(或)其他金属的磷酸盐所组成 | 可用作基本不发生形变钢铁工件的涂装底层 |
| 重量级 | ＞7.5 | 主要由磷酸锌、磷酸锰和(或)其他金属的磷酸盐组成 | 不宜作涂装底层 |

b. 按磷化成膜物质分　按磷化成膜体系主要分为：锌系、锌钙系、锌锰系、锰系、铁系、非晶相铁系六大类。锌系磷化槽液主体成分是：$Zn^{2+}$、$H_2PO_4^-$、$NO_3^-$、$H_3PO_4$、促进剂等。形成的磷化膜主体组成（钢铁件）：$Zn_3(PO_4)_2 \cdot 4H_2O$、$Zn_2Fe(PO_4)_2 \cdot 4H_2O$。磷化晶粒呈树枝状、针状，孔隙较多，广泛应用于涂漆前打底、防腐蚀和冷加工减摩润滑。

锌钙系磷化槽液主体成分是：$Zn^{2+}$、$Ca^{2+}$、$NO_3^-$、$H_2PO_4^-$、$H_3PO_4$ 以及其他添加物等。形成磷化膜的主体组成（钢铁件）：$Zn_2Ca(PO_4)_2 \cdot 4H_2O$、$Zn_2Fe(PO_4)_2 \cdot 4H_2O$、$Zn_3(PO_4)_2 \cdot 4H_2O$。磷化晶粒呈紧密颗粒状（有时有大的针状晶粒），孔隙较少，应用于涂装前打底及防腐蚀。

锌锰系磷化槽液主体成分是：$Zn^{2+}$、$Mn^{2+}$、$NO_3^-$、$H_2PO_4^-$、$H_3PO_4$ 以及其他一些添加物。磷化膜主体组成：$Zn_2Fe(PO_4)_2 \cdot 4H_2O$、$Zn_3(PO_4)_2 \cdot 4H_2O$、$(MnFe)_5H_2(PO_4)_4 \cdot 4H_2O$，磷化晶粒呈颗粒-针状-树枝状混合晶型，孔隙较少，广泛用于漆前打底、防腐蚀及冷加工减摩润滑。

锰系磷化槽液主体成分是：$Mn^{2+}$、$NO_3^-$、$H_2PO_4^-$、$H_3PO_4$ 以及其他一些添加物。在钢铁件上形成磷化膜的主体组成：$(MnFe)_5H_2(PO_4)_4 \cdot 4H_2O$。磷化膜厚度大、孔隙少，磷化晶粒呈密集颗粒状，广泛应用于防腐蚀及冷加工减摩润滑。

铁系磷化槽液主体组成：$Fe^{2+}$、$H_2PO_4^-$、$H_3PO_4$ 以及其他一些添加物。磷化膜主体组成（钢铁工件）：$Fe_5H_2(PO_4)_4 \cdot 4H_2O$，磷化膜厚度大，磷化温度高，处理时间长，膜孔隙较多，磷化晶粒呈颗粒状。应用于防腐蚀以及冷加工减摩润滑。

非晶相铁系磷化槽液主体成分是：$Na^+(NH_4^+)$、$H_2PO_4^-$、$H_3PO_4$、$MoO_4^-(ClO_3^-$、$NO_3^-)$ 以及其他一些添加物。磷化膜主体组成（钢铁件）：$Fe_3(PO_4)_2 \cdot 8H_2O$、$Fe_2O_3$，磷化膜薄，微观膜结构呈非晶相的平面分布状，仅应用于涂漆前打底。

c. 按磷化施工方式分　可分为全浸泡方式、浸泡-喷淋结合方式及全喷淋方式。

d. 按磷化处理温度分　按处理温度可分为常温、低温、中温、高温四类：常温磷化，就是不加温磷化；低温磷化，一般处理温度 25～45℃；中温磷化，一般处理温度 60～70℃；高温磷化，一般处理温度大于 80℃。

温度划分法本身并不严格，有时还有亚中温、亚高温之法，随各人的意愿而定，但一般还是遵循上述划分法。

e. 按促进剂类型分　由于磷化促进剂主要只有那么几种，按促进剂的类型分有利于槽液的了解。根据促进剂的类型大体可决定磷化处理温度，如 $NO_3^-$ 促进剂主要就是中温磷化。促进剂主要分为：硝酸盐型、亚硝酸盐型、氯酸盐型、有机氮化物型、钼酸盐型等主要类型。每一个促进剂的类型又可与其他促进剂配套使用，有不少的分支系列：硝酸盐型，包括 $NO_3^-$ 型、$NO_3^-$/ $NO_2^-$（自生型）；氯酸盐型，包括 $ClO_3^-$、$ClO_3^-/NO_3^-$、$ClO_3^-/NO_2^-$；亚硝酸盐型，包括 $NO_3^-/NO_2^-$、$NO_3^-/NO_2^-/ClO_3^-$；有机氮化物型，包括硝基胍、R—$NO_2^-/ClO_3^-$；钼酸盐型，包括 $MoO_4^-$、$MoO_4^-/ClO_3^-$、$MoO_3^-/NO_3^-$。

磷化分类方法还有很多，如按材质可分为钢铁件、铝件、锌件以及混合件磷化等。

**(4) 钝化**

钝化处理是一种采用化学方法使基体金属表面产生一层结构致密的钝性薄膜，防止金属清洗后的氧化腐蚀，增加表面的涂装活性，提高底金属与涂层间的附着力的表面处理方法。一般钝化处理很少单独使用，常与磷化处理配套使用。目前钝化主要分为铬酸盐钝化和无铬钝化（锆盐类、植酸类和稀土类），后者已经取代前者成为钝化工艺的首选。

**(5) 化学综合处理**

在同一槽内综合进行除油、除锈、磷化、钝化等处理，称为化学综合处理。这种化学转换处理的工艺，可以简化工序，减少设备和作业面积，提高劳动效率，降低产品成本，改善劳动条件，便于实现自动化生产。化学综合处理工艺，最适合用于小件器材。见图6-5典型家用电器涂装前处理示意图。

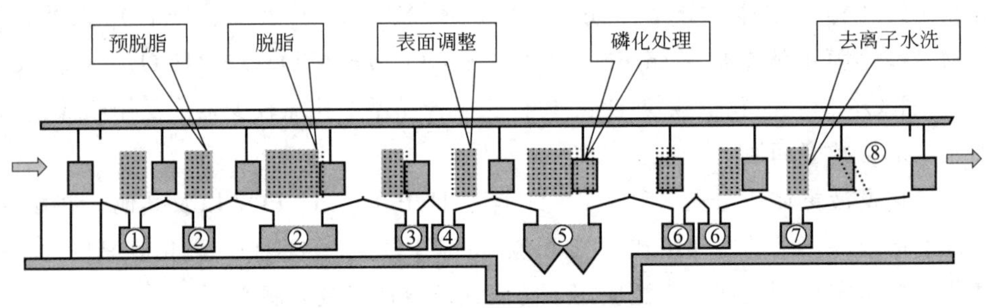


图 6-5　典型家用电器涂装前处理示意图

## 2. 有色金属的表面处理

金属成分中不含铁和铁基合金的金属叫有色金属，常用的有铝、铜、锌、镁、铅、铬、镉等及其合金和镀层。在一般环境中，因有色金属的氧化物比钢铁的氧化物有强得多的附着力和抗渗透能力，所以不需涂装保护层，但当其处于高湿、高盐、酸雾、碱性等腐蚀环境中，或因装饰需要时，也需进行涂装。

**(1) 铝及其合金的表面处理**

铝是一种比较活泼的金属，银白色，具有光泽。纯铝机械强度低，通常加入镁、铜、锌等制成合金，具有质量轻、强度大的特点，因此被广泛使用。纯铝防锈性能好，铝合金强度好，但防锈性能下降，铝及其合金表面光滑，不利于涂层附着。此外，在储存、加工过程中，会有油污和灰尘。因此必须进行表面处理。

① 清除油、锈及污物　除油的方法与黑色金属的除油方法一样，但铝的耐碱性差，因此不能用强碱清洗，一般用有机溶剂除油、乳化除油或用由磷酸钠、硅酸钠配制成的弱

碱性清洗液。除去表面锈蚀和污物时，不能用硬物刮擦，可以用细砂纸或研磨膏轻轻打磨表面，以免损伤原有的氧化膜。

② 表面转化处理 对于新的铝及其合金表面，较好的防锈方法是氧化处理。一般有化学氧化法（酸性、碱性、磷酸-铬酸盐）和电化学氧化法。几种方法的基本工艺条件如下：

a. 铬酸盐氧化法（酸性处理法） 溶液由铬（酸）酐 3.5～6g/L、重铬酸钠 3～3.5g/L、氟化钠（NaF）0.8g/L 配制。pH＝1.5，温度 25～30℃下使用，氧化时间一般在 3～6min，膜层外观因合金成分和氧化时间不同而异。此法生成的氧化膜较薄，主要用于电器、日用品制造业。

b. 碱性溶液氧化法 用无水碳酸钠 50g/L、铬酸钠 15g/L、氢氧化钠 2～2.5g/L 配成槽液，在 80～100℃温度下氧化 15～20min，氧化后再用 20g/L 铬酐水溶液钝化处理 5～15s，以稳定所得的氧化膜，并可进一步提高防锈能力，此氧化膜呈金黄色。碱溶液氧化法处理的物体应在 24h 内涂漆。

c. 磷酸盐-铬酸盐氧化法 用磷酸 50～60mL/L、铬酐 20～25g/L、氟化氢铵 3～3.5g/L、磷酸氢二铵 2～2.5g/L、硼酸 1～1.2g/L 配成槽液，温度 30～36℃，处理时间 3～6min，所得氧化膜外观为无色到带彩虹的浅蓝色，与基体铝合金结合牢固，此碱溶液处理所得的膜致密、耐磨。

化学氧化法生产效率高，成本低。电化学氧化法又叫阳极化法，即以铝合金工件为电解槽的阳极，通电后槽液电解。使工艺表面生成厚约 5～20$\mu$m 的氧化膜，它由内外两层组成，具有多孔性、吸附能力强、与基材金属结合牢固、耐热、不导电、有很好的化学稳定性，故在工业上广泛应用。阳极氧化法的电解液主要有三种：15%～20%的硫酸电解液；3%～10%的铬酸电解液；2%～10%的草酸电解液。阳极氧化法主要采用直流电，也可采用交流电硫酸阳极氧化。

**(2) 铜及其合金的表面处理**

铜合金的氧化和钝化可以有效地保持铜的本色，并且有较好的防腐性能。方法与铝合金相似，得到的氧化膜一般为黑色、蓝黑色，厚度为 0.5～2$\mu$m。

**(3) 锌及其合金的表面处理**

锌及其合金在工业上的应用主要是各种镀锌板和锌-铝合金，其表面平滑，涂膜附着不牢固。而且锌是活泼金属，易与涂料中的一些基料发生反应生成锌皂，破坏锌面与涂层的结合力。

锌及其合金的表面处理除了进行清除油、锈及污物外，还需进行化学转化处理，主要采用磷化处理。

**(4) 镁及其合金的表面处理**

镁合金质量轻，比强度和比刚度高，是重要的航空材料之一。在潮湿和沿海地方，镁合金的腐蚀速率比铝合金快得多，因此除了去氧化皮、清除油、锈、污物及化学转化处理外，还需进行封闭处理，即采用柔软、耐久、耐水的树脂进行浸渍。封闭处理工艺举例如下：

① 处理液：环氧酚醛树脂液；

② 将镁合金预热到（100～110)℃，保持10min，除微孔中的水分；

③ 冷却至（60±10)℃，浸入树脂液中，充分浸润后提出，保持15～30min，除去多余的树脂液，放入（130±5)℃烘箱烘烤15min；

④ 冷却至（60±10)℃，再浸入树脂液中，反复进行三次封闭操作，但总干膜厚度需控制在≤25μm。

## 二、混凝土表面处理

水泥是最基本的无机建筑材料，可以单独使用，也可与黄砂、石料等混合使用。常见类型有：a. 水泥砂浆；b. 混合砂浆；c. 混凝土预制或现浇板等。从表面粗糙度看，有粗拉毛面、细拉毛面和光滑面（水泥砂浆压光面）。对于水泥砂浆类底材，处理的内容主要包括：清理基层表面的浮浆、灰尘、油污，减轻或清除表面缺陷（如裂缝、孔洞），改善基层的物理或化学性能（如含水率、pH 值），以达到坚固、平整、干燥、中性、清洁等基本要求。

**(1) 强度**

底材强度过低会影响涂料的附着性。通常用目测、敲打、刻划等方式检查，合格的基层应当不掉粉、不起砂、无空鼓、无起层、无开裂和剥离现象。

**(2) 平整度**

底材不平整主要影响涂料最终的装饰效果。平整度差的底材还增加了填补修整的工作量和材料消耗。平整度的检查有四个项目：表面平整、阴阳角垂直、立面垂直和阴阳角方正。表面平整用2m 直尺和楔形塞尺检查，中级抹灰允许偏差 4mm，高级抹灰允许偏差 2mm。阴阳角垂直用 200mm 方尺检查，中级抹灰允许偏差 4mm，高级抹灰允许偏差 2mm。立面垂直用 2m 托线板和尺检查，中级抹灰允许 5mm，高级抹灰允许偏差 3mm。

**(3) 干燥度**

湿气来自于拌和水泥时所加入的水，当水泥干燥时，多余的水分往往会水泥表面迁移，然后挥发，这时水泥中水溶性的碱性物质被带到表面。因此，若水泥砂浆类底材湿度大，不仅会影响涂料的干燥，而且会引起泛碱、变色、起泡等漆病，适合水性涂料施工的含水率应低于 10%，溶剂型涂料含水率一般低于 6%(也有高湿度下使用的涂料品种)。通常对水泥砂浆基层而言，在通风良好的情况下，夏季 14 天、冬季 28 天含水率可达到要求。气温低、湿度大、通风差的场所，干燥时间要相应延长，含水率可用砂浆表面水分仪准确测定，也可以用薄膜覆盖法粗略地判断，方法是：将塑料薄膜剪成 300mm 见方的片，傍晚时覆盖于底材表面，并用胶带将四周密闭，注意使薄膜有一定的松弛度，次日上午后观察薄膜内表面有无明显结露，以确定含水率是否过高。

**(4) pH 值**

新水泥具有很强的碱性，强碱易使涂料中的成膜物皂化分解，使耐碱性低的颜料分解变色，从而造成涂层的粉化、起壳、变色等质量问题。随着水泥中碱性物与空气中的二氧化碳不断地反应，水泥砂浆底材会趋于中性化。一般 pH 应小于 9，若急需在碱性较大的底材上施工可采用 15%～20%硫酸锌，或可用氯化锌溶液或氨基磺酸溶液涂刷数次，待干后除去析出的粉末和浮粒。也可用5%～10%稀盐酸溶液喷淋，再用清水洗涤干燥，此外也可用耐碱的底漆进行封闭。

**(5) 清洁程度**

清洁的底材表面有利于涂料的黏结。用铲刀或钢丝刷除去浮浆、尘土等杂质，脱模剂等油污用洗涤剂溶液洗去，再用清水洗净。

**(6) 其他**

大多数的抹灰及混凝土基层在干燥过程中都会失水收缩，留下许多毛细孔，这些毛细孔在潮湿环境就会吸收水分。一定数量的毛细孔对漆膜的附着力有好处，但太多则会出现跟湿气有关的毛病及容易藏着藻类和菌类。有时底材会出现“爆灰”等异常情况，这是因为在砂浆中有一些没有消耗的生石灰颗粒，遇水后变成熟石灰，体积膨胀并将底材表面顶开。爆灰的过程持续时间较长，往往在涂料施工中和施工之后还会进一步发展，影响涂层外观。对于旧水泥底材，可用钢丝刷打磨去除浮灰，若有较深的裂缝、孔洞或凹凸不平之处，可用腻子或水泥砂浆填平，然后进行涂装。若有藻类或菌类生长，可先铲除，再用稀的氟硅酸镁或漂白粉水溶液或专用防霉防藻剂溶液洗刷几遍，然后用清水清洗并干燥。

## 三、木材表面处理

木材是工业上用途很广的工程材料，它具有很多良好的性能，其主要特点是：质量轻、强度大、导热性低、电绝缘性能好、共振性优良，易于机械加工，可以钉着、榫接或胶接，有一定的弹性，具有天然纹理、光泽和颜色。木材的主要缺点是：容易吸水和失水、湿胀干缩、容易腐蚀和虫蛀、易燃烧、机械性质异向异性、具有节疤裂纹弯曲等天然缺陷，且不同种类的木材材质差别很大，即使同种木材因生长环境不同，其材质也会有差别，甚至同一根树干不同部位的材质也不可能完全相同。

树木在其生长过程中往往会受到外界的影响诸如割裂、碰伤等而在其表面上留下疤痕。同时在采伐、运输和加工成材的各个生产环节中也会留下许多不可避免的创伤。这样木材表面往往会出现一些表面缺陷，主要有节疤、裂纹、色斑、刨痕、波纹、砂痕，所以木材表面涂装前也必须进行表面处理。

**(1) 干燥**

新木材含有很多水分，在潮湿空气中木材也会吸收水分，所以在施工前要放在通风良好的地方自然晾干或进入烘房低温烘干。晾干或烘干时需经常翻转木材，使水分从木材周围均匀散发。烘干时还要控制干燥速度，否则常会引起木材变形或开裂。根据树种情况，含水量一般控制在6%～14%，这样能防止涂层发生开裂、起泡、回黏等弊病。

**(2) 刨平及打磨**

用机械或手工进行刨平，然后开始打磨。首先将两块新的砂纸的表面互相摩擦，以除去偶然存在的粗砂粒，然后进行打磨。人工打磨时可在一块软木板或在木板上粘上软的绒布、橡胶、泡沫塑料之类的材料，再裹上砂纸进行打磨，这样打磨易均匀一致。打磨后用抹布擦净木屑等杂质。砂磨的基本要领是选用合适的砂纸，顺木纹方向有序进行。

**(3) 去木脂**

某些木材内含有木脂、木浆等物质，温度升高时会不断渗出，影响漆膜的干燥性和附着力，并会使涂层表面出现花斑、浮色等缺点，因此必须除去。除去木脂的方法有：a. 先用 60℃左右热肥皂水或表面活性剂溶液洗涤，再用清水洗涤、干燥；b. 用 5%～6%的碳酸钠水溶液或 4%～5%的氢氧化钠的水溶液加热到 60℃左右涂在待处理处，使木脂皂化，然后再用热水清洗、干燥；c. 用有机溶剂如二甲苯、丙酮等擦拭，使木脂溶解，然后用干布擦拭干净。

**(4) 除毛束**

木制品经精刨或研磨后，其表面仍会残留木质纤维，当这种纤维吸收水分或溶剂后，会因润湿而膨胀竖起，类似毛束，这种毛束的存在将影响涂层的外观质量。涂漆时，颜色会积聚在其周围，造成色调的不均匀；而毛束内部未着上颜色，当磨去毛束时，又会露出木材本色。因此，涂装前要除去毛束。

**(5) 漂白**

漂白可选用具有氧化还原作用的化学物质，如双氧水的氨水溶液、漂白粉、草酸、过锰酸钾溶液等，也可通过燃烧硫黄的方法进行。漂白后必须用清水清洗，若清洗不彻底漆膜易产生黄变现象，尤其像聚氨酯涂料或乳胶漆。

**(6) 防霉**

为了避免木材长时间受潮而出现霉变，可在涂装前先涂防霉剂溶液，待干透后再行涂装。

**(7) 填孔**

用虫胶清漆、油性凡立水、硝基清漆等树脂液与老粉（碳酸钙）、滑石粉或者氧化铁红、氧化铁黄、氧化铁黑等颜料、填料拌和成稠厚的填孔料。使用填孔脚刀逐个地将填孔料嵌填于木材表面的裂缝、钉眼、虫眼等凹陷部位，对缝隙较大、较深的孔、眼有时还需要做多次填孔，使孔、眼填充结实，以防因虚填而在日后出现新的凹陷或脱落。待填孔料干透后用砂纸磨平。透明涂饰时调制填孔剂的颜色是关键，应基本接近被涂木材的颜色，太深或太浅在涂饰后会出现深浅不一的斑点。

**(8) 着色（染色）**

着色的目的是更明显地突出木材表面的美丽花纹或使木材表面获得统一的颜色，有时是为了仿造各种贵重木材的颜色如榛木、桃花芯木、梨木等。根据不同的目的，着色可分为木纹着色和基层着色。木纹着色的关键在于突出木材的纹理，使木纹的颜色有别于材面的整体颜色。木纹着色又称作润老粉，有水老粉和油老粉两种。由氧化铁红、氧化铁黄、氧化铁黑或炭黑等具有着色力、遮盖力的着色颜料，配以碳酸钙之类的体质颜料（填料）配合成所需的颜色，用水调配成黏稠浆料的称水老粉；用油性树脂加稀释剂调配成黏稠浆料的称油老粉。基层着色与木纹着色的根本区别在于基层着色是对整个表面着色，而木纹着色只对木孔眼着色。因此木材表面一般先进行木纹着色再进行基层着色。基层着色还可改变木材表面的颜色，从而达到仿真效果，如将一般的柳安材经仿红木的基层着色处理，可获得红木效果。用于基层着色的透明的有机染料，也有水色和油性色两种配制方法。水色着色剂用开水与黄钠粉、墨水等调配而成；或用碱性、酸性、分散性等有机染料加入水、骨胶等制成。油性着色剂是使用透明性强、在有机溶剂中能溶解的油溶性染料或醇溶性染料调配成高浓度染料液，然后再加到稀释过的树脂液中。

## 四、塑料表面处理

塑料由于质轻、机械加工性能优良以及具有其他独特的物理化学性能而被广泛使用，常采用表面涂装以提高塑料制品的装饰性和防护性。但通常塑料制品因结晶度大，极性小，且加工储运过程中亦存在污染，影响涂层与塑料的附着力。因此，涂装前应进行基体调整和表面处理，才能获得满足要求的涂装质量。

### 1. 塑料制品除应力

塑料制品成型后有残留应力，特别是注塑成型品，残留应力大，涂装时和溶剂、油等接触会发生开裂或细纹，影响涂层质量。因此，涂装前应做消除应力处理。

#### (1) 退火除应力

通常可用退火的方法消除塑料制品的残留应力。退火一般控制在比塑料的热变形温度低的温度下进行，但即使进行退火处理，仍会有应力残留，表面质量要求高的制品，最好选用耐溶剂性良好的塑料制造。

#### (2) 用溶剂降低应力

塑料表面喷涂适当的溶剂后，局部的高应力区在溶剂的作用下会发生应力释放，表面变毛糙，从而使整个表面应力趋向均匀。溶剂的基本组成如下：乙酸丁酯 45%，乙酸乙酯 25%，醇类 15%，其他 15%。

### 2. 脱脂

根据污垢性质及批量大小，可分别采用砂纸打磨、溶剂擦洗及清洗液洗涤等措施。塑料件在热压成型时，往往采用硬脂酸及其锌盐、硅油等作脱膜剂，这类污垢很难被洗掉，通常采用耐水砂纸打磨除去，大批量生产时，则借助超声波用清洗液洗涤。一般性污垢，小批量时，可用溶剂擦洗，但必须注意塑料的耐溶剂性。对溶剂敏感的塑料，像聚苯乙烯可采用乙醇、己烷等快挥发的低碳醇和低碳烃配成的溶剂擦洗；对溶剂不敏感的塑料，可用苯类或溶剂油清洗。大批量塑料件脱脂可采用中性或弱碱性清洗液。

### 3. 除静电

塑料制品易带静电，因而灰尘容易在其表面吸附，影响涂装质量，涂装前应除去静电。除静电的方法有：压缩空气通过火花放电装置使空气离子化，再吹塑料表面，既能除尘又能除静电；在塑料制品表面涂防静电液；在塑料中添加防静电剂，再制造成品；在应用后两种方法时，所用物质必须不影响涂层的黏附。

### 4. 化学处理

主要是铬酸氧化，使塑料表面产生极性基团，提高表面润湿性，并使表面蚀刻成可控制的多孔性结构，从而提高涂膜附着力。

#### (1) 铬酸氧化

主要用于 PE、PP 材料，处理液配方为重铬酸钾 4.4%、硫酸 88.5%、水 7.1%，条件为 70℃×(5～10)min。PS、ABS 用稀的铬酸溶液处理。聚烯烃类塑料可用 $KMnO_4$、铬酸二环己酯作氧化剂，$Na_2SO_4$、$ClSO_3H$ 作磺化剂进行化学处理。

**(2) 磷酸水解**

尼龙用 40%$H_3PO_4$ 溶液处理，酰胺键水解断裂，使表面被腐蚀粗化。

**(3) 氨解**

含酯键塑料，像双酚 A 聚碳酸酯，经表面胺化处理而粗化。氟树脂则应采用超强碱钠氨处理，降低表面氟含量，提高其润湿性。

**(4) 偶联剂处理**

在塑料表面有—OH、—COOH、—$NH_2$ 等活泼氢基团时，可用有机硅或钛酸酯偶联剂与涂膜中的活泼氢基团以共价键的方式连接，从而大大提高涂膜附着力。

**(5) 气体处理**

氟塑料用锂蒸气处理形成氟化锂，使表面活性化；聚烯烃用臭氧处理使表面氧化生成极性基团。

**5. 物理化学处理**

**(1) 紫外线辐照**

塑料表面经紫外线照射会产生极性基团，但辐照过度，塑料表面降解严重，涂膜附着力下降。

**(2) 等离子体处理**

在高真空条件下电晕放电，高温强化处理，原子和分子会失去电子被电离成离子或自由基。由于正负电荷相等，故称之为等离子体。也可在空气中于常温常压下，进行火花放电法等离子处理。

**(3) 火焰处理**

塑料背面用水冷却，正面经受约 1000℃的瞬间（约 1s）火焰处理，产生高温氧化。

## 第三节　涂装方法及特点比较

将涂料薄而均匀地涂布于基材表面形成所需要的涂膜过程称为涂装，涂装的质量好坏决定了漆膜质量，进而影响了被涂物件的功能，行业内“三分油漆，七分施工”的说法充分体现了涂装的重要性，涂装方法有多种多样，但大致可分为以下三种类型：①手工工具涂装，如刷涂、擦涂、滚涂、刮涂等；②机动工具涂装，如喷枪喷涂等；③机械设备涂装，如浸涂、淋涂、抽涂、自动喷涂、静电涂装、粉末涂装、电泳涂漆等，这类方法发展最快，已从机械化逐步发展到自动化、连续化、专业化，有的方法已与漆前底材处理和干燥前后工序连接起来，形成专业的涂装工程流水线。

各种涂装方法各有其优缺点，应视具体情况来选择，以达到最佳的涂装效果，考虑的情况主要有：①被涂物面的材料性能、大小和形状；②涂料品种及其特性；③对涂装的质量要求；④施工环境、设备、工具等；⑤涂布的效率、经济价值等。

## 一、刷涂

刷涂是涂料施工最普遍采用的方法，是人工利用漆刷蘸取涂料对物件表面进行涂装的方法，其优点是：节省涂料、施工简便、工具简单、易于掌握、灵活性强、适用范围广，不受场地和基材形状的限制，可用于除了初干过快的挥发性涂料（硝基漆、过氯乙烯漆、热塑性丙烯酸漆等）外的各种涂料，可涂装任何形状的物件，特别对于某些边角、沟槽等狭小区域。此外，刷涂法涂漆还能帮助涂料渗透到物件的细孔和缝隙中，增加了漆膜的覆盖力。而且，施工时不产生漆雾和飞溅，对涂料的浪费少。刷涂法的缺点在于：手工操作、劳动强度大、生产效率低，流平性差的涂料易于留下刷痕，影响装饰性，涂刷的效率和涂料的使用量取决于操作者的熟练程度和经验。

刷涂使用的工具为漆刷，根据不同的涂布物件，可选择不同尺寸、不同形状的漆刷。漆刷可用猪鬃、羊毛、狼毫、人发、棕丝、人造合成纤维等制成。通常猪鬃刷较硬，羊毛刷较软。常见漆刷的种类如图 6-6 所示。

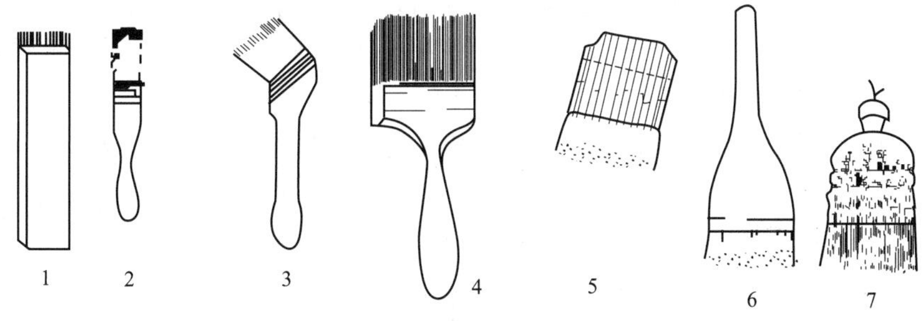


图 6-6　常见漆刷的种类

1—漆刷（大漆为主）；2—圆刷；3—歪脖刷；4—长毛漆刷；5—排笔；6—底纹笔；7—棕刷

一般来说，刷涂操作时应注意以下几方面：

① 涂料的黏度通常调节在 40～100s(涂-4 黏度杯)；

② 蘸取涂料时刷毛浸入涂料的部分不应超过毛长的 2/3，并要在容器内壁轻轻抹一下，以除去多余的涂料；

③ 刷漆时应自上而下，从左至右，先里后外，先斜后直，先难后易进行操作；

④ 毛刷与被涂表面的角度应保持在 45°～60°；

⑤ 若底材有纹理（如木纹），涂刷时应顺着纹理方向进行。

选择漆刷一般以鬃厚、口齐、根硬、头软为上品，涂料黏度越高，则刷子应越硬，被涂物面积越大，则刷子越大，刷毛越长，小而精致的被涂物，应选择细软的小刷。

## 二、浸涂

浸涂法就是将被涂物件全部浸没在盛有涂料的槽中，经短时间的浸没，从槽内取出，并让多余的漆液重新流回漆槽内，经干燥后达到涂装的目的。浸涂适用于小型的五金零件、钢质管架、薄片以及结构比较复杂的器材或电气绝缘材料等。它的优点是省工省料，

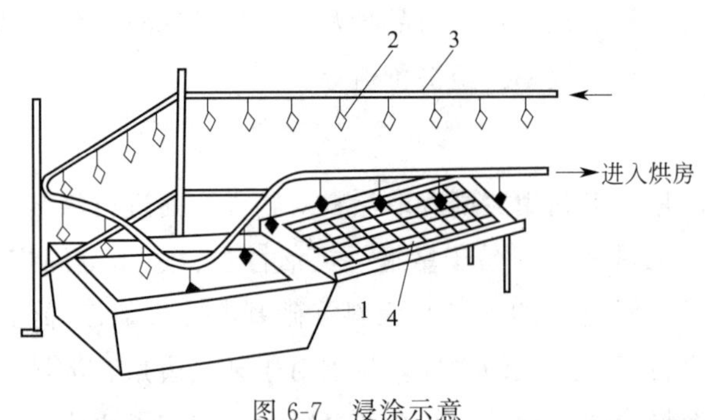

图 6-7　浸涂示意
1—浸漆槽；2—被涂物件；3—悬挂输送机；4—滴漆盘

生产效率高，操作简单。但浸涂也有局限性，如物件不能有积存漆液的凹面，仅能用于表面同一颜色的产品，不能使用易挥发和快干型涂料。浸涂的方法很多，有手工浸涂法、传动浸涂法、回转浸涂法、离心浸涂法、真空浸涂法。图 6-7 为浸涂示意。

影响浸涂涂层质量的主要因素是漆液黏度，它一方面影响涂层的厚度，另一方面还会影响漆液从涂层表面下流的速度，漆液温度能直接影响黏度，所以改变漆液温度可以调节漆液的黏度，但漆液温度不能太高，否则溶剂挥发太快，一般温度控制在 20～30℃。

## 三、滚涂

滚涂是用滚筒蘸取涂料在工件表面滚动涂布的涂装方法。滚涂适用于平面物件的涂装，如房屋建筑、船舶等。施工效率比刷涂高，涂料浪费少，不形成漆雾，对环境的污染较小，特别是可在滚筒后部连接长杆，在施工时可进行长距离的作业，减少了一部分搭建脚手架的麻烦。但对于结构复杂和凹凸不平的表面，滚涂则不适合。滚涂的漆膜表面不平整，有一定的纹理，因此若需花纹图案，可选择滚花辊。滚筒由辊子和辊套组成，辊套表面粘有羊毛或合成纤维等，按毛的长度有短、中、长三种规格。短毛吸附的涂料少，产生的纹理也细、浅，可滚涂光滑物面；中、长毛吸附的涂料多，可用于普通物面和粗糙物面。滚筒的结构如图 6-8 所示。

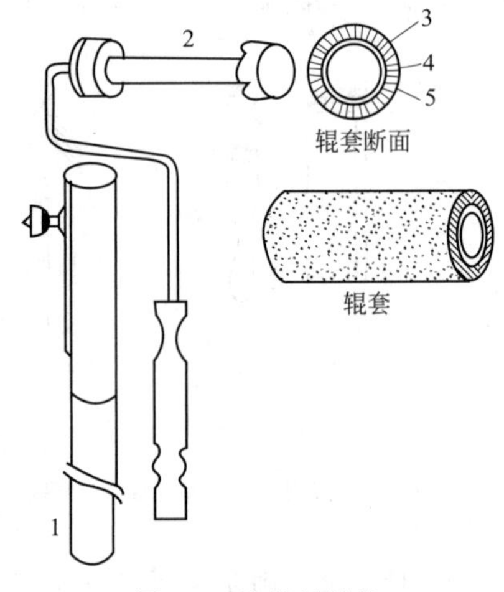

图 6-8　滚筒的结构
1—长柄；2—辊子；3—芯材；4—黏着层；5—毛头

此法最适用于乳胶漆的涂装，也可适用于油性涂料和合成树脂涂料的涂装。辊子由辊子本体和辊套组成，辊套的幅度有多种，最常用的长度为 18cm 和 23cm，标准直径为 4cm。

滚涂时一般先将滚筒按“M”形轻轻地滚动布料，然后再将涂料滚均匀，最初用力要轻，速度要慢，以防涂料溢出流落，随着涂料量的减少，逐渐加力、加快。最后一道涂装时，滚筒应按一定方向滚动，以免纹理方向不一。除手工滚涂外，在工业上还可利用滚涂机作机械滚涂涂漆，如图 6-9 所示。滚涂机由一组数量不等的辊子组成，托辊一般用钢铁制成，涂漆辊子则通常为橡胶的，相邻两个辊子的旋转方向相反，通过调整两辊间的间隙可控制漆膜的厚度。滚涂机又分为一面涂漆与双面涂漆两种结构机械滚涂法，适合于连续自动生产，生产效率极高。由于能使用较高黏度的涂料，漆膜较厚，不但节省了稀释剂，而且漆膜的厚度能够控制，材料利用率高，漆膜质量好。

机械滚涂广泛用于平板或带状的平面底材的涂装，如金属板、胶合板、硬纸板、装饰石膏板、皮革、塑料薄膜等平整物面的涂饰，有时与印刷并用。现在发展的预涂卷材（有机涂层钢板、彩色钢板）的生产工艺大部分采用的就是滚涂涂装法，使预涂卷材的生产线与钢板轧制线连接起来，形成一条钢板轧制后包括卷材引入、前处理、涂漆、干燥和引出成卷（或切成单张）的流水作业线，连续完成了涂装的三个基本工序。

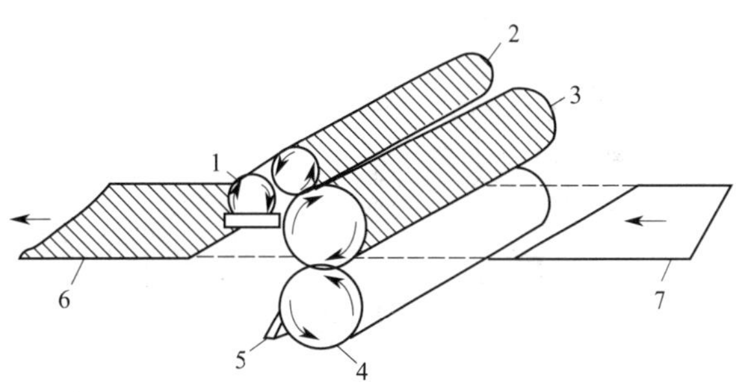


图 6-9　机械滚涂法涂装示意

1—储槽及浸涂辊；2—转换辊；3—滚漆辊；4—压力辊；5—刮漆刀；6—涂过涂料的板材；7—未涂过涂料的板材

## 四、空气喷涂

### 1. 空气喷涂的定义及特点

空气喷涂也称有气喷涂，是依靠压缩空气的气流在喷枪的喷嘴处形成负压，将涂料从储漆罐中带出并雾化，在气流的带动下涂到被涂物表面的一种方法。空气喷涂设备简单，操作容易，涂装效率高，每小时可涂装 150～200m$^2$，是刷涂法的 8～10 倍，得到的漆膜均匀美观，该法对各种涂料、各种被涂物几乎都能适应。不足之处是喷涂时有相当一部分涂料随空气的扩散而损耗，漆雾飞散多，涂料利用率较低，一般为 50%～60%。扩散在空气中的涂料和溶剂对人体和环境有害，在通风不良的情况下，溶剂的蒸气达到一定程度，有可能引起爆炸和火灾。

### 2. 空气喷涂的原理

空气喷涂的原理是将压力为 0.3～0.4MPa 的压缩空气，以很高速度从喷枪喷嘴流过，使喷嘴周围形成局部真空，当涂料进入该真空空间时，被高速气流雾化，喷向工件表面，形成漆膜。

### 3. 空气喷涂的设备

空气喷涂装置主要有空气压缩机、油水分离器、喷枪和输漆罐组成，其中喷枪是空气喷涂的主要设备，按涂料供给方式，喷枪通常分为重力式、吸上式和压送式三种类型，如图 6-10 所示。

吸上式喷枪的涂料喷出量受涂料的黏度和密度影响较大，而且与喷嘴口径大小有关。重力式喷枪的优点是从涂料杯内能完全喷出，涂料喷出量要比吸上式稍大，在涂料使用量大时，可将涂料容器吊在高处，用胶管连接喷枪，此时可借涂料容器的高度、方向来改变喷出量。压送式喷枪是从另外设置的增压箱供给涂料，提高增压箱的空气压力，可同时向几支枪供给涂料，这种喷枪的喷嘴和空气帽位于同一平面或者喷嘴较空气帽稍凹，在喷嘴前方不需要形成真空，涂料使用量大的工业涂装主要采用这种类型的喷枪。

喷枪由喷头、调节部件和枪体三部分构成。喷头由空气帽、喷嘴、针阀等组成，它决定涂料的雾化、喷射形状的改变，调节部件用于调节空气流和涂料喷出量。喷嘴为两个同心圆，构成涂料和空气通道，其内圆为涂料出口，易被高速涂料流磨损，采用耐磨合金钢制造。内圆和外圆间隙仅约 0.3mm 左右，空气射流激烈，使涂料出口产生负压吸出涂料并被雾化。喷嘴口径在 0.5～5mm 之间，低黏度的着色剂采用 0.5～0.8mm 口径喷嘴；面漆采用 1.0～1.5mm 口径喷嘴；底漆、中涂采用 2.0～2.5mm 口径喷嘴；高黏度涂料则采用 3.0～5.0mm 口径喷嘴。表 6-2 列出了不同喷枪口径的选择。像塑溶胶、抗石击车

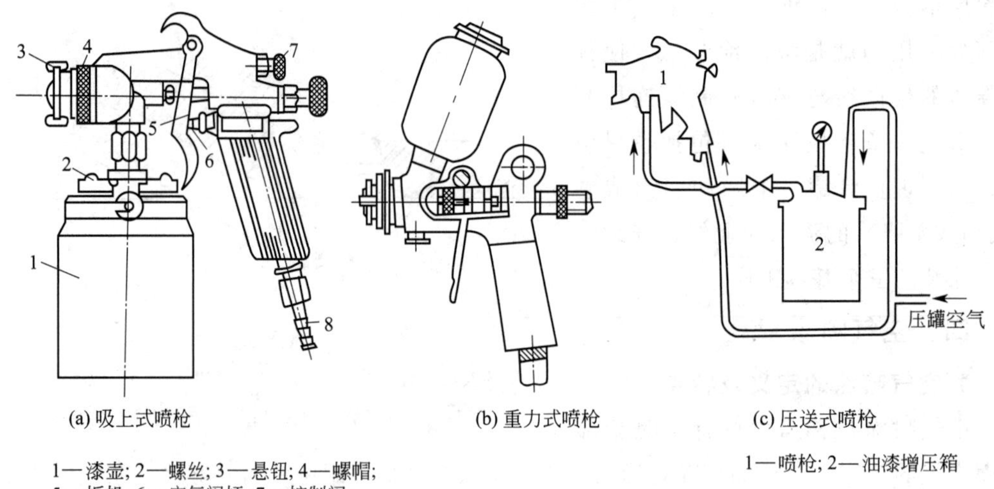


(a) 吸上式喷枪

1—漆壶; 2—螺丝; 3—悬钮; 4—螺帽;
5—扳机; 6—空气阀杆; 7—控制阀;
8—空气接头

(b) 重力式喷枪

(c) 压送式喷枪

1—喷枪; 2—油漆增压箱

图 6-10　喷枪的三种类型

底涂料等黏稠涂料，都应选用大口径喷嘴。空气帽有中心空气孔、辅助空气孔和侧面空气孔。多孔型的性能高，中心孔用于雾化涂料，侧面孔用于改变喷雾形状。打开并增大侧面孔空气流量，可将喷雾图形从圆形调至椭圆形，甚至图幅更大的扁平形。辅助空气孔使涂料雾粒更细，分布更均匀，喷幅更宽，防止涂料沉积在喷嘴周围。空气帽、喷嘴和针阀是套件，不能随意组合，在磨损时应整套更换。

**表 6-2　不同喷枪口径的选择**

| 枪体大小 | 涂料供给方式 | 喷嘴口径/mm | 出漆量 | 涂料黏度 | 适宜生产方式 |
|---|---|---|---|---|---|
| 小型喷枪 | 吸上式重力式 | 1.0 | 小 | 低 | 小件涂饰 |
| | | 1.2 | 中 | 中 | 小件一般涂装 |
| | | 1.5 | 稍大 | 中 | 小件一般涂装 |
| | 压送式 | 0.8 | 任意 | 中 | 小件批量涂装 |
| 大型喷枪 | 吸上式重力式 | 1.5 | 小 | 低 | 大件涂面漆 |
| | | 2.0 | 中 | 中 | 大件一般涂装 |
| | | 2.5 | 大 | 高 | 大件涂底漆 |
| | 压送式 | 1.2 | 任意 | 中高 | 大件批量涂装 |

### 4. 空气喷涂操作及其要点

① 应先将涂料调至适当的黏度，主要根据涂料的种类、空气压力、喷嘴的大小以及物面的需要量来定。

② 供给喷枪的空气压力一般为 0.3～0.6MPa。

③ 喷枪与物面的距离一般以 20～30cm 为宜。

④ 喷枪运行时，应保持喷枪与被涂物面呈直角、平行运行，运行时要用身体和臂膀进行，不可转动手腕。

⑤ 为了获得均匀涂层，操作时每一喷涂条带的边缘应当重叠在前一已喷好的条带边缘上 1/3～1/2 处，且搭接的宽度应保持一致。

⑥ 若喷涂二道，应与前道漆纵横交叉，即若第一道采用横向喷涂，第二道应采用纵向喷涂。

为了节省溶剂，改进涂料的流平性，提高光泽，提高一次成膜的厚度，可采用热喷涂，即利用加热来减少涂料的内部摩擦，使涂料黏度降低以达到喷涂所需要的黏度。热喷涂减少了稀释剂的用量，喷涂的压力可降低到 0.17～0.20MPa。涂料一般可预热到 50～65℃。

## 五、无气喷涂

### 1. 无气喷涂的原理及特点

无气喷涂与空气喷涂原理不同，是使涂料通过加压泵从 0.14～0.69MPa 被加压至 14.71～24.52MPa，以 100m/s 的高速从细小的喷嘴（$\phi$0.17～0.90mm）中喷出，当高压漆流离开喷嘴到达大气后，随着高压的急剧下降，涂料内溶剂剧烈膨胀而分散雾化，高速地涂覆在被涂物件上。因涂料雾化不用压缩空气，所以称为无空气喷涂，其设备组成如图 6-6 所示。

无气喷涂的优点有：①比一般喷涂的生产效率可提高几倍到十几倍；②喷涂时漆雾比空气喷涂少，涂料利用率高，节约了涂料和溶剂，减少了对环境的污染，改善了劳动条件；③可喷涂高固体、高黏度涂料，一次成膜较厚；④减少施工次数，缩短施工周期；⑤消除了因压缩空气含有水分、油污、尘埃杂质而引起的漆膜缺陷；⑥涂膜附着力好，即使在缝隙、棱角处也能形成良好的漆膜。

无气喷涂的不足之处是：操作时喷雾的幅度和出漆量不能调节，必须更换喷嘴才能调节；不适用于薄层的装饰性涂装。

### 2. 无气喷涂的设备

无气喷涂装置按驱动方式可分为气动式、电动式和内燃机驱动式三种；按涂料喷涂流量可分为小型（1～2L/min）、中型（2～7L/min）和大型（大于 10L/min）；按涂料输出压力可分为中压（小于 10MPa）、高压（10～25MPa）和超高压（25～40MPa）；按装置类型又可分为：①固定式，通常应用于大量生产的自动流水线上，多为大型高压高容量机；②移动式，常用于因工作场所经常变动的地方，多为中型设备；③轻便手提式，常用于喷涂工件不太大而工作场所经常变动的场合，多为中压小型设备。

无气喷涂的设备主要包括喷枪、柱塞泵、动力源、蓄压器、漆料过滤器、输漆泵和涂料容器等，其中关键设备为喷枪，这是因为无空气喷涂工作压力高，涂料流过喷嘴时，产生很大的摩擦阻力，使喷嘴很容易磨损，一般采用硬质合金钢，同时为了保证涂料均匀雾化，其喷嘴口光洁度要求较高，不允许有毛刺。

高压泵动力源有压缩空气、电动、液压和小型汽油机驱动等几种。

气动柱塞泵是高压无气喷涂设备的主机，它是利用压缩空气作动力，通过换向机构，使空气电动机圆柱活塞受压，空气电动机的圆柱活塞杆与柱塞泵内的圆柱活塞杆相连接同时作上下往复运动，使柱塞泵内涂料加压。气动柱塞泵即高压泵，分单动型和复动型两种。单动型高压泵主要以电动机驱动，仅在柱塞向下移动时有涂料流出，涂料脉冲输出，活塞和隔膜与电动机转动速度（约 1500r/min）同频率往复运动。单动泵的结构简单、价格便宜，但部件使用寿命短、涂料黏度高时会引起涂料吸入不良。复动型高压泵分气动和油压驱动，在柱塞上下运动时都能喷出涂料，且喷出量是相等的，也把它称作双作用泵。它的特点是动作平稳，涂料压力波动小，部件磨损小，使用寿命长。

高压喷枪为铝合金材料制造，要求强度高，重量轻，启闭灵活。由枪体、顶针、喷嘴、扳机组成，没有空气通道，喷枪轻巧、坚固密封。喷枪的扳机后面设有保险装置，在更换喷嘴或停止涂装时，必须锁上保险，以防意外事故发生。喷嘴规格有几十多种，每种都有一定的口径和几何形状，它们的雾化状态、喷流幅度及喷出量都由此决定。因此高压喷枪的喷嘴可根据使用目的、涂料种类、喷射幅度及喷出量来选用（见表 6-3）。使用孔径很小的喷嘴时，可选用喷枪柄内带有插入式过滤器的喷枪，涂料可进行第三次过滤，防止喷嘴堵塞。喷嘴是关系到涂料的雾化和涂膜质量的关键部件，通常使用耐磨性高、寿命长的碳化钨合金材料制造。喷嘴的孔径和喷雾的扇形角度，应根据工件压力、流量、喷涂量、黏度等工艺参数进行选择。一般低黏度涂料选用孔径小的喷嘴，反之选用孔径大的喷嘴。涂膜的厚度由喷嘴的孔径和喷雾的扇形角度决定。喷嘴的喷射角度一般在 30°～80°，幅度 8～75cm。小件可用 15～25cm 幅宽，大平面则可用 30～40cm 幅宽喷嘴。喷嘴口径则根据出漆量和涂料黏度来选用。喷嘴孔径相同，如喷雾的扇形角度不同，虽它的喷涂流量相同，喷雾覆盖面积却不同。喷枪类型则有普通式、长柄式和自动高压喷枪三类。

**表 6-3　高压喷枪口径与适宜涂料黏度的关系**

| 喷嘴口径/mm | 涂料黏度 | 实　例 |
|---|---|---|
| 0.17～0.25 | 非常稀 | 溶剂、水 |
| 0.27～0.33 | 稀 | 硝基漆、密封胶 |
| 0.33～0.45 | 中等黏度 | 底漆、油性清漆 |
| 0.37～0.77 | 黏度大 | 油性色漆、乳胶漆 |
| 0.65～1.8 | 黏度很大 | 浆状涂料，塑溶胶 |

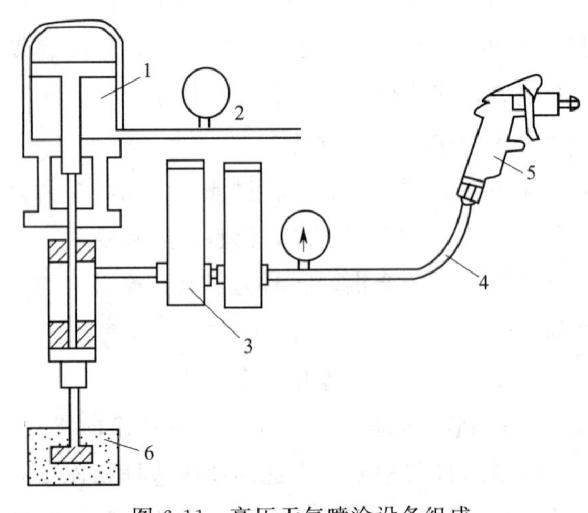

图 6-11　高压无气喷涂设备组成

1—柱塞泵；2—动力源；3—蓄压过滤器；4—输漆泵；5—喷枪；6—涂料容器

蓄压过滤器（见图 6-11）的作用是稳定涂料压力。当柱塞移动到上、下两端时，为死点，速度等于零。在死点这一瞬间，无涂料输出，涂料压力产生波动。增设蓄压器就是减小这种波动，提高喷涂质量。蓄压器为一筒体，涂料由底部进入，进口处设钢球单向阀，在进漆压力低于筒内压力时，阀关闭。筒体体积越大，稳压作用越明显。若在筒体内装置活塞弹簧，则有较显著的稳压作用。过滤器与蓄压器合在一起，使结构紧凑，它用于过滤漆液，防止高压漆路堵塞。

### 3. 高压无气喷涂的条件

高压无气喷涂施工时，喷嘴与被涂工件表面的垂直距离为 30～40cm，其他操作方法与空气喷涂基本类似，也有自己的特点。高压喷涂非常适合于防腐蚀涂料和高黏度涂料的施工，这些涂料的适宜喷涂条件如表 6-4 所示。喷射图形搭接幅度取 1/2，使涂膜更厚并防止漏喷，要获得较薄的涂层应选用小口径喷枪。高压喷涂在汽车行业主要用于涂覆汽车底盘和车身密封，PVC 车底涂料主要特性如下：密度 1.55～1.65g/cm$^3$，细度 50$\mu$m，黏度 0.25Pa·s(约 65s)。汽车底盘喷涂选用压力比 45∶1 的高压喷涂机，空气压力（进气压）0.3～0.6MPa，喷嘴口径 0.17～0.33mm，图幅宽 100～120mm，耗漆量约 4kg/min，喷涂一辆车的时间为 5min，涂膜厚度 1～2mm，不会流挂。

**表 6-4　高压喷涂工艺条件**

| 涂料品种 | 喷嘴口径/mm | 喷出量/(L/min) | 图幅宽/mm | 涂料黏度/s | 涂料压力/MPa |
|---|---|---|---|---|---|
| 磷化底漆 | 0.28～0.38 | 0.42～0.80 | 200～360 | 10～20 | 8～12 |
| 油性氧化铅底漆 | 0.38～0.43 | 0.84～1.02 | 200～310 | 30～90 | 10～14 |
| 油性红丹底漆 | 0.33～0.43 | 0.61～1.02 | 200～360 | — | 11 以上 |
| 胺固化环氧富锌底漆 | 0.43～0.48 | 1.02～1.29 | 250～410 | 12～15 | 10～14 |
| 硅酸酯富锌底漆 | 0.43～0.48 | 1.02～1.29 | 250～410 | 10～12 | 10～14 |
| 厚膜型硅酸酯富锌底漆 | 0.43～0.48 | 1.02～1.29 | 250～410 | 12～15 | 10～14 |
| 云母氧化铁酚醛树脂漆 | 0.43～0.48 | 1.02～1.29 | 250～410 | 30～70 | 10～14 |
| 丙烯酸改性醇酸树脂漆 | 0.33～0.38 | 0.61～0.80 | 200～310 | 30～80 | 10～14 |
| 醇酸磁漆 | 0.33～0.38 | 0.61～0.80 | 200～310 | 30～80 | 12～14 |
| 厚膜型乙烯基树脂漆 | 0.38～0.48 | 0.80～1.29 | 250～360 | — | 12～15 |
| 聚氨酯面漆 | 0.33～0.38 | 0.60～0.80 | 250～310 | 30～50 | 11～15 |
| 氯化橡胶底漆 | 0.33～0.38 | 0.60～0.80 | 250～360 | 30～70 | 12～15 |
| 氯化橡胶面漆 | 0.33～0.38 | 0.61～0.80 | 250～360 | 30～70 | 12～15 |
| 聚酰胺固化环氧底漆 | 0.38～0.43 | 0.80～1.02 | 250～360 | 50～90 | 12～15 |
| 聚酰胺固化环氧面漆 | 0.33～0.38 | 0.61～0.80 | 250～360 | 50～90 | 12～15 |
| 胺固化环氧沥青漆 | 0.48～0.64 | 1.29～2.27 | 310～360 | 30～50 | 12～18 |
| 异氰酸固化环氧沥青漆 | 0.48～0.64 | 1.29～2.27 | 310～360 | — | 12～18 |

## 六、静电涂装

### 1. 静电涂装的原理及特点

静电涂装法系利用高压电场的作用，使漆雾带电，并在电场力的作用下吸附在带异性电荷的工件上的一种喷漆方法。它的原理是：先将负高压加到有锐边或尖端的金属喷杯上，工件接地，使负电极与工件之间形成一个高压静电场，依靠电晕放电，首先在负电极附近激发大量电子，用旋转喷杯或压缩空气使涂料雾化并送入电场，涂料颗粒获得电子成为带负电荷的微粒，在电场力作用下，均匀地吸附在带正电荷的工件表面，形成一层牢固的涂膜。静电喷涂的电压一般在 $6\times10^4\sim10\times10^4$ V 之间。如果喷枪施加正高电压，电晕放电的起始电压要比负极性电晕放电的高，相应地电晕放电的电压范围较窄，容易击穿产生火花放电。因此静电喷涂都是喷枪接负电，且手提式喷枪

采取 $6\times10^4$V 电压，定置式喷枪采取较高的 $8\times10^4\sim9\times10^4$V 电压，更高的电压设备要求苛刻而不采用。静电喷涂的示意如图 6-12 所示。

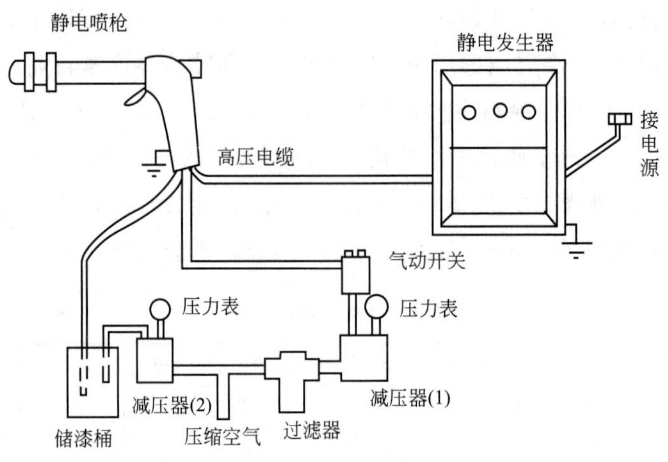


图 6-12　静电喷涂示意

静电喷涂有许多优点：

① 节省涂料，即在电场的作用下，漆雾很少飞散，大幅度提高了涂料的利用率；

② 易实现机械自动化，适合于大批量流水线生产；

③ 减少了涂料和溶剂的飞散、挥发，改善了劳动条件；

④ 漆膜均匀丰满、附着力强、装饰性好，提高了涂膜的质量；

⑤ 边角部位有相当的涂膜厚度，防护性好。边角部位由于尖端效应，电荷密度高，沉积涂膜厚，在表面张力作用下，干膜仍有足够的厚度。

静电喷涂的缺点是：

① 由于静电的作用，某些凹陷部位不易上漆，边角处有时出现积漆；

② 涂层有时流平性差，有橘皮；

③ 不容易喷涂到工件内部，复杂形状的工件受电场屏蔽或电场力分布不均匀影响，需要手工补喷；

④ 对环境的温度、湿度的要求较高，对涂料和溶剂的导电性、溶剂挥发性有特定要求；对塑料和木材制品的涂漆，需采取相宜的措施才能静电喷涂；

⑤ 由于使用高电压，所以火灾的危险性较大，必须要有可靠的安全措施。

**2. 静电涂装的设备**

静电喷涂的主要设备是静电发生器和静电喷枪，如图 6-13 所示。静电发生器一般常用的是高频高压静电发生器，近年来静电发生器由于利用半导体技术而向微型化发展。静电喷枪既是涂料雾化器，又是放电极，具有使涂料分散、雾化，并使漆滴带电荷的功能。

静电喷枪的类型有下列几种。

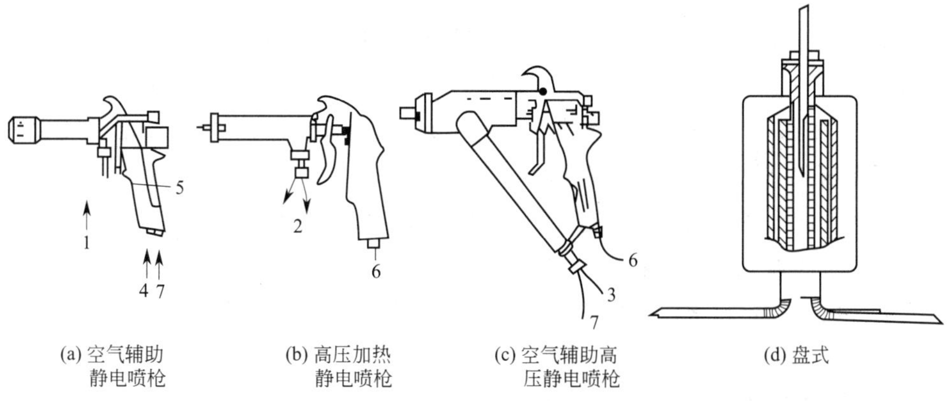


图 6-13 静电喷涂设备

1—涂料；2—高压加热涂料；3—高压涂料；4—电缆；5—静电发生器在枪柄中；6—高压电缆；7—空气

**(1) 离心力静电雾化式**

由高速旋转的喷头产生的离心力使涂料分散成细滴，漆滴离开喷头时得到电荷，又进一步静电雾化形成微滴而吸附到被涂物件表面。离心力式静电喷涂一般在 2000～4000r/min 的离心力作用下，使涂料形成初始液滴并在枪口尖端带上负电荷，在同性电荷的排斥作用下进一步充分雾化。产生离心力的方法有盘式和旋杯式两种。

① 盘式静电喷涂 其工作原理是在“Ω”形喷漆室中静电喷涂，故又称之 Ω 静电喷涂。旋盘转速一般约 4000r/min，也有最高达 60000r/min 的旋盘，在这么高的转速下，涂料已有相当的雾化程度。由于旋盘的离心力方向和电场力方向相同（同平面），因此盘式静电喷涂的漆雾飞散很少，附着效率很高。工作时，旋盘作上下往复移动，使挂具上的所有工件上下均匀地涂上漆膜。工件的前后面则通过挂具自转或双 Ω 静电喷涂，都能均匀地附上涂膜。Ω 静电喷涂非常适合于中、小件涂漆，具有很高的涂装效率。

② 旋杯式静电喷涂 静电旋杯雾化喷涂工艺具有相对较高的涂装材料的迁移效率（上漆率 60%～80%，比一般空气雾化喷涂工艺 30%～40%的上漆率高将近 1 倍）。其工作原理是将被涂工件接地作为阳极，静电喷枪（旋杯）接负高压电（－50～－120kV）作为阴极，旋杯采用空气透平驱动，空载时转速可达 60000r/min，带负荷工作时转速可达 30000～40000r/min。当涂料送到高速旋转的旋杯上时，由于旋杯的离心作用，涂料在旋杯内面伸展成为薄膜，并获得巨大的加速度向旋杯边缘运动，在离心力及强电场的双重作用下破碎为极细的带电荷的雾滴，向极性相反的被涂工件运动，沉积于被涂工件表面，形成均匀的涂膜。旋杯的杯口尖锐，作为放电极有很高的电子密度，使涂料容易荷电。喷雾幅度由旋杯口径、转速、喷出量、电场强度所决定。中空的图形对复杂工件会造成涂膜厚度不均匀，通常采取两种措施来改进：一是设置辅助电晕电极，使喷雾向中心压缩；二是在旋杯后设置空气环，可用来调节喷雾图幅并抑制漆雾飞散。

由于原先的静电旋杯雾化喷涂工艺在喷涂由各种效应颜料（铝粉、云母珠光粉等）组成的金属珠光漆时，无法和空气喷涂工艺一样表现出效应颜料特有的丰富多彩的颜色变化（多角度异色）的效果，颜色表现沉闷而单调。为了使汽车的颜色更加丰富多彩，几乎所有的汽车生产厂家在确定面漆的涂装工艺时都不约而同地选择了静电旋杯雾化加空气雾化喷涂的两段金属珠光漆的色漆喷涂工艺，利用静电旋杯雾化喷涂的高上漆率提供一层起到遮盖作用的色漆涂层（一般占色漆总膜厚的60%～80%），利用第二道的空气雾化喷涂（占色漆总膜厚的40%～20%）提供优秀的效应颜料的颜色表现。但第二道空气喷涂的低上漆率在环保以及喷涂成本压力日益增加。

随着生产喷涂设备厂家的技术进步（旋杯雾化器结构及其技术的改进），静电旋杯雾化喷涂在表现金属珠光漆的多彩颜色方面得到了很大的改善，采用静电旋杯雾化的喷涂金属珠光漆的工艺正在迅速被汽车整车生产厂家所采用。

**(2) 空气雾化式**

涂料的雾化靠压缩空气的喷射力来实现，亦称为旋风式静电喷涂。对于手提式静电喷枪，由于施加的电压较低，涂料的雾化必须靠压缩空气来保证。喷枪前端设置针状放电极，使部分涂料颗粒带上电荷并沉积于工件表面。由于压缩空气的前冲力和扩散作用，这种静电喷涂的涂料利用率低于离心力式，但比空气喷涂要高，适合于较复杂形状工件的喷涂。

**(3) 液压雾化式**

涂料雾化靠液压，与一般无空气喷涂基本相同，又称高压无空气雾化喷涂。这种方法是将高压喷涂和静电喷涂相结合。由于涂料施加高压（约10MPa），涂料从枪口喷出的速度很高，涂料液滴的荷电率差，雾化效果也差，因此这类静电喷涂效果不如空气静电喷涂，但它适合于复杂形状工件的喷涂，且涂料喷出量大、涂膜厚、涂装效率高。

如果高压静电喷涂再与加热喷涂相结合，即高压加热静电喷涂，此时涂料加热温度约40℃，涂料压力约5MPa。由于涂料压力有大幅度的降低，涂料荷电率得到提高，静电喷涂效果得到改善，涂膜有较好的外观质量。

高压静电喷涂的另一种形式是空气辅助高压静电喷涂，辅助空气对漆雾飞散产生压制作用，涂料利用率提高，雾化效果也得到改善。

静电喷涂对所用涂料和溶剂有一定的要求，涂料电阻应在5～50MΩ，所用溶剂一般为沸点高、导电性能好、在高压电场内带电雾化、遇到电气火花时不易引起燃烧的溶剂，因此，溶剂的闪点高些比较有利。此外，高极性的溶剂能够有效地调整涂料的电阻。酮类和醇类导电性最好，酯类次之，烷烃类和芳烃类最差，其体积电阻高达$10^{12}\Omega\cdot cm$。

## 七、粉末涂装

### 1. 粉末涂装的特点

粉末涂装是使用粉末涂料的一种涂覆工艺。它的特点是：

① 一次涂装便可得到较厚的涂层，容易实现自动化流水线，提高了施工效率，缩短了生产周期；

② 涂料中不含溶剂，无需稀释及调黏，减少了火灾的危险，有利于环保；

③ 涂层的附着力强，致密性好，提高了涂层的各项机械物理性能；

④ 过量的涂料可回收利用，粉末涂料的利用率达到或超过95%，降低了涂料的消耗，节省了资源；

⑤ 粉末涂料的生产、储存、运输方便，同时能降低一些溶剂型涂料的存在的隐患概

率，如火灾。

粉末涂装存在的缺陷有：烘烤温度高（大于200℃），涂膜易变色；涂覆设备专有，换色不方便；涂膜流平性和外观装饰性差；烘烤以后的涂膜缺陷不易修补，涂膜附着力差等，对于热塑性粉末涂料，由于很多树脂具有结晶性，在烘烤以后必须进行淬水处理，以确保涂层具有足够的附着力。

**2. 粉末涂装的方法**

粉末涂装的方法有：火焰喷射法、流化床法、静电流化床法、静电喷射及粉末电泳法等。采取火焰喷射法时，树脂易受高温而分解，涂膜质量差，现在很少应用。流化床法是将工件预热到高于粉末涂料熔融温度20℃以上的温度，然后浸在沸腾床中使粉末局部熔融而黏附在表面上，经加热熔合形成完整涂层。工件预热温度高，则涂层厚，但若要薄涂层及热容量小的薄板件不宜用流化床法。静电流化床是将冷工件在流化床中通过静电吸附粉末，工件不需预热并可形成薄涂层，但也只适合小件的涂装。静电喷涂法是粉末涂装应用最广的一种方法，它不仅能形成50～200μm的完整涂层，而且涂层外观质量好，生产效率高。粉末电泳法是将树脂粉末分散于电泳漆中，按电泳涂装的方法附着于工件的表面，烘烤时树脂粉末和电泳漆融为一体形成涂层。它有电泳涂装的优点，并且避免了粉末涂装的粉尘问题。它的不足是由于水分的存在，烘烤时涂层易产生气孔，且烘烤温度高。

**3. 粉末静电喷涂设备及工艺**

粉末静电喷涂的主要设备由高频高压静电发生器、手提或固定式静电喷粉枪、供粉系统、加热烘箱、喷涂室、粉末回收装置等组成。

高压静电发生器的输出电压要达到60～100kV，电流低于300μA。一般晶体管的能耗低、体积小，应有防击穿安全保护装置。

静电喷粉枪分固定式和手提式，生产线上都采用固定式，现场施工则采用手提式。静电喷粉枪按带电形式分内部带电和外部带电。内部带电是通过设在枪身内极针与环状电极间的电晕放电带上电荷，内电场强度大（6～8kV/cm），适合于喷粉量大、复杂形状工件的涂覆。外部带电是利用喷枪与工件间的电晕放电带上电荷，荷电电场强度比内带电弱，但沉积电场强度大（1～3.5kV/cm），涂覆效率高，应用广。

国外的喷枪采用三级进风装置，可保持带电针上始终不粘粉末，使粉末颗粒有最佳的带电效果。瑞士金马公司研究出在喷枪内设有“限景”装置，它可使粉末带电和空气电离区域的角度缩小，更有利于控制带电粉末涂料在工件上。静电喷粉枪的粉末扩散大致有冲撞分散法、空气分散法、旋转分散法和搅拌分散法等，其中以冲撞分散法操作方便，应用较多。此法的目的是根据工件大小和形状有效地涂覆，减少粉末的反弹作用。

供粉系统由新粉桶、旋转筛和供粉器组成。粉末涂料先加入到新粉桶，压缩空气通过新粉桶底部的流化板上的微孔使粉末预流化，再经过粉泵输送到旋转筛。旋转筛分离出粒径过大的粉末粒子（100μm以上），剩余粉末下落到供粉器。供粉器将粉末流化到规定程度后通过粉泵和送粉管供给喷枪喷涂工件。供粉器应该连续、均匀地将粉末输送给喷粉枪，一般有压力式、抽吸式和机械式三种供粉器。压力式供粉器容积15～25L，粉末不能连续投料，多用于手提静电喷粉枪供粉，不适合于自动生产线。机械式供粉器能精确地定量供粉，多用于连续生产线。抽吸式利用文丘里原理，使粉斗内粉末被空气流抽吸形成粉末空气流，粉斗内积粉少，便于清扫和换色，适应性强。

喷枪喷出的粉末除一部分吸附到工件表面上外，其余部分自然沉降。沉降过程中的粉末一部分被喷粉棚侧壁的旋风回收器收集，利用离心分离原理使粒径较大的粉末粒子（12μm 以上）分离出来并送回旋转筛重新利用。12μm 以下的粉末粒子被送到滤芯回收器内，其中粉末被脉冲压缩空气振落到滤芯底部收集斗内，这部分粉末定期清理装箱等待出售。分离出粉末的洁净空气（含有的粉末粒径小于 1μm、浓度小于 $5g/m^3$）排放到喷粉室内以维持喷粉室内的微负压。负压过大容易吸入喷粉室外的灰尘和杂质，负压过小或正压容易造成粉末外溢。沉降到喷粉棚底部的粉末收集后通过粉泵进入旋转筛重新利用，回收粉末与新粉末的混合比例为（1∶3)～(1∶1)。

粉末静电喷涂的粉末附着率一般仅为 30%～35%，必须靠回收装置才能使粉末涂料利用率在 95%以上，提高经济效益。回收设备有旋风式、布袋式及其它们的组合形式，旋风式的噪声大，能耗大，回收率不高；布袋式体积小，噪声小，回收率高，但需采取振动或逆气流措施防止布袋堵塞。最先进的是滤芯式换色喷房，更换滤芯能达到快速换色。

粉末静电喷涂工艺的影响因素主要有粉末特性、喷涂电压和距离、供粉气压等。

粉末特性主要是粉末粒度和粉末电导率。粉末粒度越细，粉体的流动性变差，在设备中易堵塞，粉末的涂覆性提高且能薄涂，但粉尘的飘散性也增加。粉末涂料的电导率影响粉末的荷电率和附着率，体积电阻率一般在 $10^{10}$～$10^{14}\Omega \cdot cm$ 为宜。

喷涂电压一般在 60～90kV，喷涂距离约在 250mm 为宜，此时粉末附着率较高。供粉气压影响到粉末气流的荷电率和飘散性，随着供粉气压增大，粉末附着率会下降。

粉末静电喷涂必须强化表面处理来保证涂层的附着力。PTFE 涂层的喷涂工艺实例如下：工件喷砂表面粗化→脱脂剂 85℃喷射清洗→85℃热水喷洗→110℃干燥 5～8min→静电喷粉→380℃烘烤 30min→喷水强制冷却→下件。上面喷砂是为了提高附着力；85℃热水喷洗是为了加快干燥；由于 PTFE 涂层结晶性大，在高温烘烤融合以后，通过强制冷却来降低结晶度，确保涂层附着力。

粉末涂装除了用来涂覆防护性涂层外，也可以用来涂饰带美术花纹的装饰性涂层，并且国外已在进行薄层粉末罩光涂层的应用试验。

## 八、电泳涂装

### 1. 电泳涂装的原理、方法及特点

电泳涂装，也称电沉积涂漆，是将物件浸在水溶性涂料的漆槽中作为一极，通电后，涂料立即沉积在物件表面的涂漆方法。在直流电场中，离子化的水溶性涂料将同时发生电泳、电解、电沉积和电渗四个过程，并沉积在被涂物表面，最后烘烤交联成膜。

**(1) 电泳（泳动、迁移)**

在直流电压作用下，分散在介质中的带电胶体粒子在电场作用下向与其所带电荷相反的电极方向移动，叫电泳。

由于胶团为双电层结构，它的泳动速度可按下式表示：

$$v=\xi\varepsilon E/r\pi\eta$$

式中 $v$——泳动速度；

$E$——电场电位梯度，V/m；

$\xi$——双电层界面动电位；

$\varepsilon$——介质的介电常数；

$\eta$——体系黏度；

$r$——与胶粒形状有关的常数，球形 $r=6$，棒形 $r=40$。

电泳漆液的介电常数和黏度一般无多大变化，因此电场强度和胶粒的双电层结构特性将对电泳产生较显著的影响。

**(2) 电解 (分解)**

电流通过漆液时水便发生电解，阴极放出氢气，阳极放出氧气，此过程即为电解。在阳极区域，发生如下阳极反应：

$$2OH^- \longrightarrow 2H^+ + O_2\uparrow + 4e$$

在阴极区域，发生如下反应：

$$2H_2O + 2e \longrightarrow 2OH^- + H_2\uparrow$$

电解使阳极界面溶液的 pH 值下降，阴极界面溶液的 pH 值上升，并且在两个电极界面都产生气体。电解质水溶液的电导值越大，电解越强烈，pH 值变化幅度越大，但生成的气泡大大增多，而气泡是造成电泳涂膜针孔和粗糙的根本原因。

**(3) 电沉积 (析出)**

阴离子树脂放出电子沉积在阳极表面，形成不溶于水的漆膜，此过程叫电沉积。

阳极电泳漆离子化并稳定分散于水中的 pH 值是在 8～9 之间；阴极电泳漆离子化并稳定地分散于水中的 pH 值为 5～6.7 之间。

但是，电解质水溶液电解时，阳极界面溶液的 pH 值将下降到 3～4，而阴极界面溶液的 pH 值增高到约 12，当离子化胶粒泳动到电极表面时，胶粒因中和失稳析出并附着在电极表面上。阴极电泳漆的电沉积反应如下：

$$2H_2O + 2e \longrightarrow 2OH^- + H_2\uparrow$$

$$\text{Polym-N} + HR'R'' + OH^- \longrightarrow \text{polymNR}'R''\downarrow + H_2O$$

一般铁皂的生成使涂膜颜色变深，并降低了涂膜的耐腐蚀性。阳极电泳漆的防护能力劣于阴极电泳漆主要还是由于阳极电泳漆的树脂稳定性差，工作电压低，泳透力很差。阴极电泳的阳极材料可选用石墨、不锈钢，或镀氧化钌薄膜的不锈钢，防止金属离子污染漆液。

**(4) 电渗 (脱水)**

电泳逆过程，当阴离子树脂在阳极上，吸附在阳极上的介质（水）在内渗力的作用下，从阳极穿过沉积的漆膜进入漆液，称电渗，当湿膜的含水量减少到 5%～15%时，湿膜就呈现一定的憎水性，此时膜结构致密、附着力强、抗水冲洗，经水洗可直接烘烤成膜。

电泳涂装按沉积性能可分为阳极电泳（工件是阳极，涂料是阴离子型）和阴极电泳（工件是阴极，涂料是阳离子型）；按电源可分为直流电泳和交流电泳；按工艺方法又有定电压法和定电流法。

电泳涂装作为一种先进的现代涂装作业方法，具有以下特点：

① 能实现自动流水线生产，涂漆快，自动化程度高，生产效率高；

② 漆膜厚度均匀，易控制膜厚，阴极电泳涂料泳透率一般都在 30cm 以上，该参数越

高，车身内部膜厚就越均匀，就能提高车身整体防腐蚀性，降低施工电压，减少涂料的用量；

③ 较好的边缘、内腔及焊缝的涂膜覆盖性，使得这些地方防腐性大大提高；

④ 环保、安全，无铅、无锡（铅、锡是毒性很强的元素，在电泳涂料的防腐催化和加速交联等方面起着重要作用，阴极电泳涂料通过改进树脂去除了铅等重金属），且其性能与含铅电泳涂料相比毫不逊色，以水为分散介质，没有火灾危险；

⑤ 阴极电泳涂料颜基比进一步降低，涂料流动性更好，颜料絮凝性更小，涂料利用率更高，超过95%以上；

⑥ 漆膜外观好，无流痕。

电泳涂装存在的缺陷主要有以下方面：

① 烘干温度高（180℃），涂膜颜色单一，底漆的耐候性差；

② 设备投入大，管理要求严格；

③ 多种金属制品不宜同时电泳涂漆，因它们的破坏电压不一样；

④ 挂具必须经常清理以确保导电性，清理工作量大；

⑤ 塑料、木材等非导电性制品不能电泳涂漆，也不能在底漆表面泳涂面漆；

⑥ 箱形等漂浮性工件不适宜电泳涂漆。

**2. 电泳涂装的设备、工艺过程及工艺参数的控制**

电泳涂装设备由电泳槽、备用槽、循环过滤系统、超滤系统、极液循环系统、换热系统、直流电源、涂料补加装置、冲洗系统及控制柜等组成，如图6-14所示。

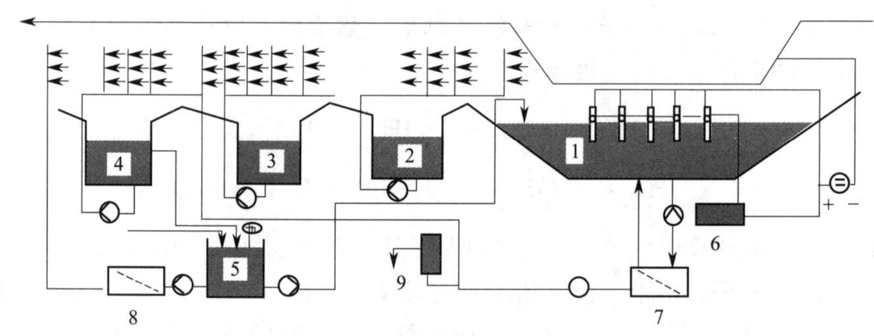


图6-14 电泳涂装设备、工艺图

1—电泳槽；2,3—循环超滤液储槽；4,5—循环去离子储槽；6—极液槽；7,8—超滤器；9—杂离子去除系统

**(1) 电泳槽**

电泳槽体内一般用硬聚氯乙烯塑料或碳钢环氧玻璃钢衬里。对于连续通过式都采用船形槽，间歇步进式则采用矩形槽。不管是何种槽体，都不得有死角，故槽底圆角过渡。溢流槽的作用是控制电泳槽内漆液高度，排除漆液表面的泡沫，其容量通常取电泳槽容量的1/10，液面落差控制在150mm以内，以免产生过多泡沫，另外还可架设滤网，用于消除来自主槽的泡沫和杂质。

对于阴极电泳槽，由于漆液为酸性介质，应该用2～3mm的玻璃钢衬里防腐并绝缘，且耐电压要达到15000V以上。

备用槽用于主槽清理、维修时存放槽液用，作一般的防腐蚀措施即可。

(2) 搅拌循环系统

循环系统的作用是保证槽液组成均匀和良好的分散稳定性，另外用于过滤杂质、热交换及排除工件界面因电解产生的气泡。通常采取过滤循环、过滤热交换循环和超滤循环的配合，实现以上诸功能。

为了防止漆液沉降，槽底和循环管流速应在 0.4m/s 以上；液面流速在 0.2m/s 以上；槽液循环次数为 4～6 次/h。在气温较高或连续生产时，因温度上升，故在循环系统中应有冷却装置。在冬季，若槽液温度降到 10℃以下，必须先升温再进行生产，可通过热交换器升温或直接把加热管通道溢流槽中，后一种方法必须保证加热管不会泄漏。升温和冷却所用的热交换器一般用湍流促进型，形式有板框式和管式（一般不用板框式）。

循环管路中设置的过滤袋精度为 50μm，在超滤之前也必须用滤袋过滤。管路中阀的设置及旁通都要考虑避免死角，以防漆液沉降产生颗粒。

(3) 电极装置

电极装置由极板、极罩及辅助电极组成。

A 极板：通常采用 316L 不锈钢。应注意的是阳极面积无论如何不能超过阴极极板的 2 倍，并且为保险起见，一般取面积比为 1∶1，因此，生产厂家必须从设计者那里弄清阴极极板的面积。

B 极罩：主要用于收集阴极上反应所生成的 $H_2$，当然还有的厂家采用半透膜或 1# 工业帆布用环氧黏结剂制成袋，其作用除收集 $H_2$ 外，还可调节槽内的 pH 值。其使用时，在其中注满去离子水，电泳涂装时产生的 $NH_4^+$ 在电场作用下，通过半透膜进入袋中，定期排除，以保持其 pH 值在一定的范围内，当然还具有一部分除杂离子的作用。

电泳涂漆过程中，电极界面槽液有如下变化。

阳极电泳：阴极 $2NH_4^+ + 2e \longrightarrow H_2\uparrow + 2NH_3$

阴极电泳：阳极 $4Ac^- + 2H_2O \longrightarrow O_2\uparrow + 4e + 4HAc$

为了防止电解产生的酸在碱性电解质槽液中扩散，必须用半透膜作隔膜罩，以便于控制槽液的 pH 值。

在隔膜罩内，电解质不断富集，通过排放极液便能控制槽液电解质的浓度。为了保持极液浓度恒定，极液应该按 6～10L/(min·$m^2$) 进行循环。

(4) 电源电流

目前国内所作的电泳涂漆电源与国际上先进的电源（如 ELCA、日本三色等）几乎无差距。一般来讲，其纹波因素<6%，当然，如客户需要还可作成<3%和<1%，但无太大意义。其使用中的控制方法一般有两种，即定电压和定电流两种。

定电压：这是目前国内生产中最常用的一种方式。电压设定值的大小主要决定于阳极工件面积、槽液温度和涂料相对分子质量的大小。

定电流：一般定在 10A/$m^2$，可以电压缓慢升高，升高到设定值时，或到设定时间时（一般是 2～3min）断电。

电泳涂漆时，从操作安全性考虑，都采取工件接地。工件的通电方式，对于连续通过式采取带电入槽且二段或三段升压，直流电源的电流为平均电流的 1.5～2 倍；步进式生产方式，采取入槽后通电，逐步升压，例如先于 10～15s 升至低工作电压，然后再升至正常工作电压，直流电源的电流为平均电流的 2～3 倍。平均电流可按下式计算：

$$I_{平均}=(16.7A\delta\rho)/C$$

式中 $I_{平均}$——平均电流，A；

$A$——按面积计生产率，$m^2/min$；

$\delta$——干膜厚度，$\mu m$；

$\rho$——干膜密度，$g/cm^3$；

$C$——库仑效率，mg/C。

**(5) 电泳漆补加**

电泳漆补加是在混合罐中，于搅拌下用槽液兑稀原漆，混合均匀后送入电泳槽。也可以在循环管路中设置混合器，进行连续补加。

**(6) 冲洗系统**

电泳涂膜出槽以后，立即用新鲜超滤液进行槽上冲洗，经1～2次循环超滤液冲洗后再用新鲜超滤液冲洗，最后用去离子水冲洗。

超滤器的超滤量按下式计算：

$$Q=(1.03\sim1.04)\times(1.2\sim1.5),L/m^2\text{ 工件}$$

超滤液储槽应能装至少供3h冲洗的超滤液量。一旦超滤器的流量降至70%以下时，应进行清洗，故超滤器应另有一套备用。

**(7) 电泳涂装设备调试**

① 设备清洗　加水进行设备功能调试→加表面活性剂和0.2%助溶剂（循环清洗8～20h）→排放→加水循环2～8h（共两次）→检查，无油污（特别是阀门内部）→加去离子水循环2～8h，测电导率<25μs/cm，并经小样配漆涂膜无缩孔后，可用它配槽。

② 配槽　关闭超滤系统→加电泳漆，加纯水，加调整剂→循环2～3h→检查固体分、灰分、MEQ、pH及涂膜外观→调槽液温度→调极液→启动超滤器→调整冲洗系统。

③ 试涂　新配槽液熟化48h后→加电压→检查电压-电流-时间关系正常以后，液流适合后→检查冲洗系统→烘干，检查干膜外观、膜厚均匀及内腔涂布状况。

电泳涂装工艺过程基本如下：预清理→上线→除油→水洗→除锈→水洗→中和→水洗→磷化→去离子水洗→钝化→电泳涂装→槽上清洗→超滤水洗→烘干→下线。

被涂物的底材及前处理对电泳涂膜有极大影响。铸件一般采用喷砂或喷丸进行除锈，用棉纱清除工件表面的浮尘，用80#～120#砂纸清除表面残留的钢丸等杂物。钢铁表面采用除油和除锈处理，对表面要求过高时，进行磷化和钝化表面处理。黑色金属工件在阳极电泳前必须进行磷化处理，否则漆膜的耐腐蚀性能较差。磷化处理时，一般选用锌盐磷化膜，厚度约1～2μm，要求磷化膜结晶细而均匀。

在过滤系统中，一般采用一级过滤，过滤器为网袋式结构，孔径为25～75μm。电泳涂料通过立式泵输送到过滤器进行过滤。从综合更换周期和漆膜质量等因素考虑，孔径50μm的过滤袋最佳，它不但能满足漆膜的质量要求，而且解决了过滤袋的堵塞问题。电泳涂装的循环系统循环量的大小，直接影响着槽液的稳定性和漆膜的质量。加大循环量，槽液的沉淀和气泡减少；但槽液老化加快，能源消耗增加，槽液的稳定性变差。将槽液的循环次数控制在6～8次/h较为理想，不但保证漆膜质量，而且确保槽液的稳定运行。

随着生产时间的延长，阳极隔膜的阻抗会增加，有效的工作电压会下降。因此，生产中应根据电压的损失情况，逐步调高电源的工作电压，以补偿阳极隔膜的电压降。

超滤系统控制工件带入的杂质离子的浓度，保证涂装质量。在此系统的运行中应注意，系统一经运行后应连续运行，严禁间断运行，以防超滤膜干枯。干枯后的树脂和颜料附着在超滤膜上，无法彻底清洗，将严重影响超滤膜的透水率和使用寿命。超滤膜的出水率随运行时间而呈下降趋势，连续工作 30～40 天应清洗一次，以保证超滤浸洗和冲洗所需的超滤水。电泳涂装法适用于大量流水线的生产工艺。电泳槽液的更新周期应在 3 个月以内。以一个年产 30 万份钢圈的电泳生产线为例，对槽液的科学管理极为重要，对槽液的各种参数定期进行检测，并根据检测结果对槽液进行调整和更换。一般按如下频率测量槽液的参数：电泳液、超滤液及超滤清洗液、阴（阳）极液、循环洗液、去离子清洗液的 pH 值、固体含量和电导率，每天一次；颜基比、有机溶剂含量、试验室小槽试验，每周 2 次。对漆膜质量的管理，应经常检查涂膜的均一性和膜厚，外观不应有针孔、流挂、橘皮、皱纹等现象，定期检查涂膜的附着力、耐腐蚀性能等物理化学指标。检验周期按生产厂家的检验标准，一般每个批次都需检测。

**(8) 电泳涂装的工艺参数控制**

电泳涂装的工艺参数控制非常重要，而影响电泳涂装的工艺参数主要有以下几种。

① 电压　电泳涂装时，湿膜的沉积和溶解量相等时的电压称为临界电压。工件在临界电压以上才能沉积上漆膜，但当电压升高到一定值时，会击穿湿膜，产生针孔、粗糙等缺陷。因此，工作电压应控制在临界电压和破坏电压之间。

电泳涂装采用的是定电压法，设备相对简单，易于控制。电压对漆膜的影响很大，电压越高，电泳漆膜越厚，对于难以涂装的部位可相应提高涂装能力，缩短施工时间；但电压过高，会引起漆膜表面粗糙，烘干后易产生橘皮现象；电压过低，电解反应慢，漆膜薄而均匀，泳透力差。电压的选择由涂料种类和施工要求等确定，一般情况下，电压与涂料的固体分及漆温成反比，与两极间距成正比，钢铁表面为 40～70V，铝和铝合金表面可采用 60～100V，镀锌件采用 70～85V。

② 电泳时间　漆膜厚度随着电泳时间的延长而增加，但当漆膜达到一定厚度时，继续延长时间，也不能增加厚度，反而会加剧副反应；反之，电泳时间过短，涂层过薄。电泳时间应根据所用的电压，在保证涂层质量的条件下越短越好。一般工件电泳时间为 1～3min，大型工件为 3～4min。如果被涂物件表面几何形状复杂，可适当提高电压和延长时间。

③ 槽液温度　槽液温度高，成膜速率快，但漆膜外观粗糙，还会引起涂料变质；温度低，电沉积量少，成膜慢，涂膜薄而致密。施工过程中，由于电沉积时部分电能转化成热能，循环系统内机械摩擦产生热量，将导致槽液温度上升。一般槽液温度控制在 15～30℃。

④ 槽液的固体分和颜基比　市售的电泳涂料固体分一般为 50% 左右，施工时，需用蒸馏水将槽液固体分控制在 10%～15%。固体含量太低，漆膜的遮盖力不好，颜料易沉淀，涂料稳定性差；固体分过高，黏度提高，会造成漆膜粗糙疏松，附着力差。颜基比是指颜料与基料（树脂）的质量比，一般电泳涂料的颜基比为 1∶2 左右，高光泽电泳涂料的颜基比可控制在 1∶4 。由于实际操作中，涂料的颜料量会逐渐下降，必须随时添加颜料分高的涂料来调节。

⑤ 涂料的 pH 值　电泳涂料的 pH 值直接影响槽液的稳定性，pH 值过高，新沉积的

涂膜会再溶解，漆膜变薄，电泳后冲洗会脱膜；pH 值过低，工件表面光泽不一致，漆液的稳定性不好，已溶解的树脂会析出，漆膜表面粗糙，附着力降低。一般要求施工过程中，pH 值控制在 7.5～8.5 之间。在施工过程中，由于连续进行电泳，阳离子的铵化合物在涂料中积蓄，导致 pH 值的上升。可采用补加低 pH 值的原液、更换阴极罩蒸馏水、用离子交换树脂除去铵离子、采用阳极罩等方法降低 pH 值等方法来解决，若 pH 值过低时，可加入乙醇胺来调节。

⑥ 电导　电导跟槽液的 pH 值、固体分、杂离子含量有关。槽液电导处于不断增加的趋势，电导增加使电解作用加剧，漆膜粗糙多孔。在涂装施工中，需对涂料进行净化处理，为了得到高质量涂膜，可采用阴极罩设备，以除去铵及钙、镁等杂质正离子。阴极电泳漆的电导率一般在 1000～2000μS/cm，阳极电泳漆液的电导率则较高。电导率的控制范围一般在±300μS/cm。为了减少杂离子进入电泳槽，冲洗水和配槽用水的电导率应小于 25μS/cm；由 pH 值引起的电导率偏高通过排放阳极（或阴极）液来降低；由槽液杂离子引起的电导率偏高则通过排放超滤液来调整。通常情况下，100t 的阴极电泳槽液，用 7t 去离子水替代超滤液，电导率可降低 100μS/cm。

⑦ 极距和极比　极距指工件与电极之间的距离。距离近，沉积效率高；但距离过近，会使漆膜太厚而产生流挂、橘皮等弊病。随着极距的增加，工件与电极之间电泳漆液的电阻增大。由于工件都具有一定形状，在极距过近时会产生局部大电流，造成涂膜厚薄不匀；在极距过远时，电流强度太低，沉积效率差。一般距离不低于 20cm 。对大型而形状复杂的工件，当出现外部已沉积很厚涂膜、而内部涂膜仍较薄时，应在距离阴极较远的部位，增加辅助阴极。极比是指工件与电极的面积比。阳极电泳漆极比常取 1∶1，这是因为阳极电泳的工作电压低、泳透力差，增大电极面积可提高泳透力并改善膜厚均匀性。阴极电泳的极比一般为 4∶1。电极面积过大或过小都会便工件表面电流密度分布不均匀，造成异常沉积。

⑧ 其他工艺参数　其他工艺参数有中和当量、泳透力、再溶性、有机溶剂含量、储存稳定性等。中和当量是指中和单位质量树脂中酸（碱）基团所需中和剂的等物质的量，以等物质的量/克干树脂表示。泳透力是指深入被屏蔽工件表面沉积漆膜的能力。阳极电泳漆的泳透力一般在 75%～80%以上，阳极电泳漆的泳透力较低，最好的也不超过 70%。对内腔有防锈性要求的工件，应采用阳极电泳涂装。

再溶性是指湿电泳漆膜抵抗槽液和超滤液再溶解的能力。一般要求湿漆膜在槽液中浸 3min 的减薄程度在 5%以下，在生产线中断时，浸泡在槽中的湿膜会有大幅度减薄。

有机溶剂含量是指用于改善电泳漆水溶性及分散稳定性所用的助溶剂含量。在助溶剂浓度太高时，电泳涂膜过厚，电渗作用变差，破坏电压下降，导致泳透力下降。过量的助溶剂也使湿膜再溶解性增强。因此助溶剂不能盲目添加，通常是用气相色谱仪分析确定如何添加。电泳原漆一般含有较多的助溶剂，以便于兑水稀释操作时有较好的溶解分散性。因此，新配电泳槽液应该敞口循环搅拌 48h（俗称熟化期），一方面使电泳漆充分溶化，另一方面使低沸点助溶剂挥发掉，以免造成涂膜过厚及烘烤流挂。

电泳漆原漆的常温储存稳定性应不少于 1 年，槽液在 40～50℃存放的稳定性应在 1 个月以上，连续使用的稳定性应在 15～20 周次。槽液的稳定性跟槽液更新速度也有关系。一般来说，对大批量生产，槽液的更新期在 1～2 个月以内的，只要按槽液固体分及时补加便能保持槽液的良好稳定；更新期在 2～3 个月的，也很容易保持稳定生产；更新期在 4～6 个月的，需对电泳参数全面进行分析测试和调整才能满足生产的正常进行，管理要求高，难度较大；更新期在 6 个月以上时，槽液稳定性很差，工艺参数很难调整，对于成本高的阳极电泳漆，一般不再建议采用。

## 九、自泳涂装

### 1. 自泳涂装的原理及特点

以酸性条件下长期稳定的水分散性合成树脂乳液为成膜物质制成的涂料，在酸和氧化剂存在的条件下，依靠涂料自身的化学和物理化学作用，将涂层沉积在金属表面，这种涂漆方法称为自泳涂装，也称自沉积涂漆、化学泳涂。

自泳涂装的原理是：当钢铁件浸于酸性自泳涂料中时，铁表面被溶解并产生 $Fe^{3+}$：

$$Fe+2H^{+} \longrightarrow Fe^{2+}+H_2\uparrow$$

$$Fe^{2+}+H_2O_2+2H^{+} \longrightarrow 2Fe^{3+}+2H_2O$$

氧化剂还可以减少金属表面的气泡：

$$2[H]+H_2O_2 \longrightarrow 2H_2O$$

随着金属界面附近槽液中 $Fe^{3+}$ 的富集，树脂乳液被凝集而沉积在活化的金属表面上而形成涂膜。

### 2. 自泳涂装的优点

① 节能：自沉积涂装利用化学作用，不用电，在常温下进行。

② 防护性能强：在自沉积过程中，金属的表面处理（活化）与涂膜沉积同时进行，漆膜的附着力强。经处理后，涂膜耐盐雾性能可达 600h。

③工艺过程短：自沉积涂装不需磷化处理，设备投资少，工序数少。

④ 生产效率高：一般只需 1～2min，适合于流水性生产方式。工件自槽液中取出后，表面黏附的槽液仍可进行化学作用而沉积，涂料利用率好于电泳漆且需超滤系统。

⑤ 无泳透力问题：工作的任何部件与槽液接触，都能得到一层厚度均匀的漆膜。

⑥ 耐水性好：表面活性剂等水溶性物质不会大量地与成膜物一起沉积，因此比一般乳胶耐水性好。自沉积涂装必须注意的是，与电泳漆一样，也存在槽液稳定性问题，特别是金属离子在槽液中持续积累，不利于槽液的稳定。

⑦ 挂具不需要清理：涂膜固化以后耐酸、耐碱，因而不必清除挂具上的涂膜，大大减少此方面的劳动工作量。

⑧ 漆液不含任何有机溶剂：从根本上消除了有机挥发物对大气污染的问题。

⑨ 表面活性剂等水溶性物质不会大量地与成膜物质一起沉积，从根本上解决了一般乳胶涂料耐水性差的问题。

但作为水性漆的自泳涂料，同样存在着槽液稳定性问题，尤其是金属离子在槽液中持续积累，对槽液稳定性是不利的，但只要槽液更新次数在 15 次以上，就有实用经济性。

自泳涂装设备与浸漆设备相同，由槽体、循环系统组成。由于自泳涂装过程中没有什么热效应且乳胶漆在常温下还是有很好的稳定性，故不设换热装置。

自泳涂装的工艺过程为：预脱脂→脱脂→水洗→酸洗活化→水洗→自泳沉积→水洗→铬酸溶液冲洗（或其他环保型封闭剂）→烘干。由于自泳涂膜残留许多孔隙，烘烤时泛锈发黄，故需封闭处理，新工艺已经采用无毒非铬钝化剂封闭，使该涂装方法更具推广应用价值。

## 第四节 涂装方法的选择及提高涂装效率的装备

### 一、涂装方法的选择

涂装方法众多，不同的涂装方法具有不同的特点，适用于不同的批量、不同的工件形状和不同的涂层要求。常用涂装方法的特点和适用范围如表 6-5 所示。

**表 6-5 各涂装方法特点和适用范围**

| 涂装方法 | | 特 点 | 适用范围 | 涂层等级 | 设备费 |
|---|---|---|---|---|---|
| 刷 涂 | | 手工用刷子涂刷，适应性强，工作条件差，效率低、涂膜厚度不匀，外观差 | 适用于大件、单件小批量生产，不适宜快干漆的涂装 | Ⅱ | 很小 |
| 浸 涂 | | 用输送装置自动浸入漆液中涂装，生产效率高，溶剂挥发量大，漆膜有流痕，外观装饰性不高 | 适于复杂件，大批量生产，各种形状 | Ⅱ～Ⅳ | 中 |
| 喷涂 | 手工喷涂 | 用压缩空气雾化喷涂，涂膜均匀平整，但涂料消耗大 | 适于大、小件，大面积喷涂，对涂料利用率较高 | Ⅰ | 中 |
| | 自动喷涂 | 用控制设备自动控制对工件喷涂，生产效率高，但调整麻烦 | 适用于单一形状尺寸工件的大批量流水生产 | Ⅱ | 大 |
| | 高压无气喷涂 | 利用高压泵将涂料加压至 12～21.2MPa，使之高压雾化，喷射于工件表面，生产效率高，成膜质量好，膜较厚 | 适用于大面积、复杂工件、高黏度涂料喷涂 | Ⅱ | 中 |
| 高压无气加热喷涂 | | 利用加热装置和高压泵的作用，喷涂高黏度涂料，一次涂膜厚，生产效率高，涂膜质量好 | 适用于大面积、复杂工件、高黏度涂料喷涂 | Ⅰ | 中 |
| 静电喷涂 | | 在高压直流电场作用下，使雾化涂料带电后吸附于工件表面，使喷涂时的涂料利用率提高，涂膜附着力和表面质量好，便于自动化生产，但复杂工件的死角部位不易喷涂 | 适用于单一工件大批量生产，工件形状简单、中等复杂程度，手提式喷枪适于各类工件的涂装 | Ⅰ | 大 |
| 电泳涂装 | | 在外加电场的电泳作用下，使电泳漆的乳胶粒子迁移并沉积于工件上，涂料利用率高。涂膜均匀，附着力强，对漆前处理要求高，便于自动化生产，冲洗废水量大 | 适于各类形状工件的大批量涂底漆 | Ⅱ | 大 |
| 粉末涂装 | | 采用静电吸附或流化床方法，使粉末涂料涂覆于工件上，涂膜厚，效率高，漆膜质量好，涂料利用率高，便于自动化生产 | 适于中、小工件批量生产 | Ⅱ | 大 |
| 淋 涂 | | 将漆液喷淋于工件表面，生产效率高，涂料损失少，便于自动化流水线生产，膜厚不匀 | 适于简单工件的大批量涂装 | | 中 |
| 幕帘淋涂 | | 通过漆液幕帘涂布于工件表面，生产效率高，涂料损失小，便于流水线生产 | 适于大平面的大批量涂覆 | Ⅰ～Ⅱ | 大 |
| 滚涂 | | 利用滚筒机械涂覆，采用稍高黏度涂料，漆膜厚，生产效率高，便于流水线生产 | 适于板材、卷材的大批量涂装 | Ⅰ～Ⅱ | 大 |

注：涂层外观等级Ⅰ 涂膜无缺陷，光滑平整，无颗粒；Ⅱ 涂膜平整度尚好，或有少许不太明显的微粒；Ⅲ 涂膜有少许较明显的颗粒，或厚度不均，平整度一般；Ⅳ 涂膜有明显缺陷，有流痕，平整度差，色泽不匀等。

选择涂装方法时需要考虑以下几个方面：①工件的材质、规格、大小及形状；②被涂物使用的环境条件；③涂料的物性和施工性能；④涂层质量和标准；⑤涂装生产组织和规模；⑥涂装环境和经济效益等。

从静电喷涂和从工件材质考虑来分析，要求表面有一定的导电性，则塑料和木材需经特殊处理才能采用该涂漆方法，主要有金属、塑料和木材等。对电泳涂装来说，仅适合于金属，并且不同金属不能同时进行电泳涂漆，而塑料与木材不能采用这种涂漆方法。

一般从工件形状看，对于有缝隙、拐角等死角部位的复杂形状的工件，不宜采用空气喷涂和静电喷涂，可用高压喷涂或电泳涂装，而平面物体可采用帘幕涂或滚涂。要求从工件尺寸考虑，对于小件大批量生产时就应采取静电喷涂。另外，采用空气喷涂，涂料利用率会很低。

电泳涂装具有很大优势，一般从作业环境、生产效率、涂层质量和涂料利用率来分析。但阴极电泳的设备投资大、管理要求严格，首先应该核实它的更新期是否能满足要求。其他像粉末喷涂和高压喷涂，也都属环境性作业，具有高生产效率，一道涂膜可达100μm，但要获得装饰性涂层，通常都采用空气喷涂、静电喷涂或加热喷涂等方法。

另外，涂装方法在涂层质量、环保性、安全性和生产效率诸方面被不断地改进，因此，要尽量采用先进的涂装方法和技术。

## 二、提高涂装效率的几种涂装方法

### 1. 涂装双色的方法

在汽车涂装中常要求涂装双色，为获得双色涂装效果而采用耐高温袋罩，可以节省涂装材料。双色调涂装的轻型汽车如体育用车在市场上非常盛行，但常使人们觉得太贵。这是因为它们常按传统方法涂装，费用高，增加了汽车的生产成本。

#### (1) 传统涂装方法

要求双色时，在涂装车间里的标准操作程序是：

① 涂装辅助色，烘烤；

② 用聚丙烯材料遮盖辅助色区域；

③ 再将其通过喷涂室涂装主色。

这种方法的缺点是成本高。光是涂装，估计一辆小吨位或体育用车成本约 280 美元，还不包括劳务费及企业一般经费。所以，做双色涂装工作的标准程序，将是 280 美元的 2 倍，即 560 美元，且这些涂膜只有部分可以看到。

#### (2) 反向遮蔽工艺

3M 公司将技术路线改变为称之为“反向遮蔽工艺”的工艺。在此工艺中，汽车仍需通过喷漆室 2 次，但差别是只有一部分区域涂装第二种颜色涂料。

汽车先涂装主色，烘后用一 3/4 英寸宽的细线胶带粘贴为颜色边界线，然后，将车辆置于一巨型袋中，常为可卷起的塑料袋，但也有用纸质的。如“7300 防静电 OEM 涂装修补袋及修补薄膜”，用软 PP 膜制成，能经受烘烤循环到 310℉（154 ℃）达 1h，这种袋可根据要涂的车的尺寸定制。片状也可用，最大宽度高达 89in（1in＝0.0254m）。方法是：首先取一块 6in 高温遮蔽膜粘贴到车顶和车底部，让约 1/4in 的细线胶带在底部露出，这主要起过渡作用。然后将袋置于车顶上方，2 个人分别于车的每一面将此袋放在车上。此袋由于其抗静电性能而不起皱，而且用黏胶带固定，当车在烘炉时，热空气循环不会使袋飘动。一旦车辆装袋及黏胶带后，进入喷涂室喷第二种颜色，然后进入烘炉。要注意的是，任何过喷进到袋中粘到袋上，均会产生意外，即当车在烘炉时会有少量漆片落到刚涂过的表面。3M 设计的遮盖材料可防止这种现象发生。

**(3) 应用前景**

从成本观点来看，好处相当直接，车上的第二种颜色漆的用量直接与面积有关，而不是完全涂第二遍，每个袋的价格是 4～6 美元，大大节省了成本。

除了用于 OEM 在线涂装双色外，最大的好处是用于修补涂装，通常整车必须重新涂装；而更经济的做法是：需修补的区域以外的区域，可用此类袋或板来遮挡。

某些户外件对热太敏感而不能经受烘烤，车辆不能卸下部件反送回到烘炉，而是如许多修补车间主所熟悉的进行局部修补涂装。为保护这些不能耐热的部件（如侧护板、保险杠、轮胎、塑料轮)，涂膜通过用 IR 灯照射固化。这样的材料可以反射 70%的热，可经受 340℉（171℃）红外达 1h。

**2. 激光制导喷枪**

为减少涂料消耗、提高部件涂装质量，涂装人员有多种解决途径，有他们自己的高科技武器——激光制导喷枪（见图 6-15)。

**(1) 涂装挑战**

过去，OMJC Signal 公司使用快干磁漆，磁漆中含有重金属，随着环保法规出台，只能改用符合环保法规的涂料，客户要求耐久性好、价格低的产品，因而转向自干 2K PUR，因而可以继续用已有喷枪和其他设备，但是这种新涂料成本是原来涂料产品的 6～10 倍，由于新漆成本提高，OMJC 只得寻求减少涂料用量的新途径。

图 6-15　激光制导喷枪

不同的喷漆人员喷涂质量会有不同，这是由于接受训练、能力及经验的不同，而喷涂出不一致的涂装质量，即采用不同喷枪、不同的压力、切断输漆方式、不同的走速和距离以及不一致的重叠量等。实际上，即使同一个人操作也会有某些变化。

**(2) 激光解救措施**

应付所面临的挑战，OMJC 使用 Laser Touch，一种由 Laser Touch and Technologies 生产的激光制导目标装置。这种喷涂装置可以减少涂料用量、维持涂膜质量、减少空气污染，也强调涂装一致性。这种系统可与大多数喷枪匹配。

**(3) 工作原理**

目标系统设计为出现在工件表面的分离的两束激光，握住喷枪以最佳距离直接指向目标，2 个激光束聚焦在要涂的工件表面形成单个点，喷枪最佳距离和角度若产生偏差，会形成 2 个分离的激光点，喷涂者可以据此变更或调整，以获得最大转移效率的喷枪-目标距。

另外，为帮助操作者调整喷枪-目标距和喷枪角度，也可以让激光制导目标系统获得每次重叠50%漆雾的一致性，为使工件上产生厚度均匀连续的涂膜分布，优化涂膜厚度效率也可减少涂料用量，50%的重叠是必要的。目标系统也减少了“斑马纹”或条纹的发生，要获得50%的重叠，操作者只需将激光点沿着前一枪扫过的湿边行进。

目标系统的另一个特征是操作者对于窄的工件或枝节部件也能优化或减少喷涂幅面，通过激光束集中于喷涂图案的“心脏”部位，减少过喷，这可以保证整个喷涂图案达到目标区域。

**(4) 激光制导喷枪的效果**

通过增加激光制导目标装置，可以克服所面临的喷涂问题，大大减少涂料用量，提高涂层质量和涂层质量的一致性，涂料用量可减少到原来的 1/3 ，涂装质量可以改进 30%～40% 。

## 三、机器人涂装方法的选择

### 1. 机器人涂装适应性

如果一个公司正在考虑采用机器人进行涂装，需回答两个问题：涂装机器人确是施工自动化的正确选择吗？如果是，机器人对涂装系统整体设计和操作有影响吗？喷涂方法一般有三种最普遍的类型：手动，由人操作喷枪；硬件自动化，如往复机、旋转机或三轴定位器；机器人，通常是一种能进行复杂的臂和腕移动的 6 轴程序化装置。曾多次建议用机器人作为解决涂装问题的途径，但这常常是没有对施工要求进行充分分析而得出的，对具体施工业务来说，机器人并非最佳解决方案。有时用户是那么着迷于机器人，以至于不考虑他们的工件不用或少用外来技术也能更快更省地解决涂装问题。

**(1) 工件形状**

带凹陷处及曲面及图形框架状特征的复杂工件是机器人涂装的最好选择，其他如平板或具有简单几何形状的工件用更便宜的机械更容易。

**(2) 工件多样性**

工件形状和尺寸的多样性大大影响最佳涂装效果。对于无两种相同的要涂装工件的情况，机器人则用处不大，在高速生产线上机器人涂装一系列不相似的工件，如某些汽车制造商要求同时涂装颜色匹配更好的所有部件时采用机器人施工比较理想。

硬件自动化涂装机适宜涂装小型类似工件，因为对喷涂 15in 和 16in 直径的铝制车轮允许对一些固定枪做小的调整，通过增加上游感应设备，推荐采用硬件自动化设备用于混合工件成本相对低，但是，如果新工件或式样变化增加，或枪不易改变位置，则可能还得采用机器人。

**(3) 周期**

机器人速度快可能是误导，因为机器人喷涂比枪快，最大因素是喷涂速度，机器人可以配备一支或两支喷枪，在一种硬件自动化系统中则有多支枪很普遍，可以在很少时间喷更多的工件。

周期差别的一个例子是卫生洁具陶瓷上釉的施工，用两支喷枪的上釉的机器人由于要上大量的釉，每件需要 70s 时间，用硬件自动化通过采用 20 支以上自由伸缩的喷枪和固定枪每小时可完成 180 块，相比机器人完成 180 块要 3.5h。

在周期计算时线速度也起重要的作用，因为机器人只涂装通过包封区域，另一个考虑是某些涂装要求高膜厚，机器人只能用复杂喷涂路径，交替喷涂工件不同区域形成无流挂的涂膜。

喷涂试验决定了要求获得适当覆盖和成膜的时间，但是单纯机器人可能不是涂得很快，好的方式是用固定或移动枪来涂漆于某些表面，而机器人则用于处理复杂区域。

**(4) 资金和操作成本**

根据机器人供应商的观点，购买涂装机器人的主要原因是减少劳动成本，但是得出用机器人取代人总能节省资金的结论是过于简单化了，对简单变换操作涂装少批量部件，涂装一种小体积工件光是简单变换操作就需要数以百计的程序，调整机器人可能太贵。另外，机器人售价在 10 万美元，而高档往复机也不过 1.5 万美元。

**(5) 涂料节省**

一个人可以像机器人涂得那样细致，但是，自动喷涂的重复性好且更节省涂料，机器人一旦程序化，涂装数以百万计工件变化很小，人操作涂装的可靠性和效率差。人们常常扣扳机确认是否起作用而造成涂料浪费，但人工喷涂常常不可避免，为了特别喷涂某个部位而导致另一处过喷。

可以少喷漆，同时也意味着维护、清洗、过滤费用低，VOC 释放少，与人工操作比估计自动化喷涂节省 25%～30% 的涂料。

**2. 机器人选型要求**

涂装机器人既可用于设计为水力型也可以设计为电子型，水力机器人曾是用于涂装施工的主要机器人，如今，逐渐被电子机器人所代替。它们提供高负荷能力，为适合防爆标准提供了更简单的解决方案，因为可以省去电子伺服电动机的电源电缆，它们的主要优点是相对于电子机器人成本低。

电子涂装机器人采用高速精确电子伺服驱动作运动，比水力机器人可获得更精确的定位或更快的移动，无需水力连接，电子机器人尺寸更标准，很少需要机械维护。两种类型机器人要求注意清洗和适当预防性维护，并需要有一支经过良好训练的技术支持的员工队伍。对特殊应用的类型选择将取决于特殊的操作参数和预算考虑。

**(1) 测试**

在购买任何机器人涂装系统前，测试其要求涂装工件的能力相当重要，这样的测试可以了解期望的循环时间、程序化任务的复杂程度和工件抓握器设计要求的精度。

**(2) 涂装材料匹配性**

涂装材料有某些限制，如陶釉瓷漆喷涂。

机器人喷涂溶剂型材料必须采用防爆电器，打算施工液体涂料的机器人通常要采用空气净化系统以适合这些安全的要求。

在粉末施工中，为防止粉末迁移到机器人的关键部件，有时必须加附加保护，在伺服电动机上方处放置橡胶顶盖并保持在正压下将有助于解决粉末有关的安全问题。

**(3) 输送器**

机器人希望工件置于定义好的位置，因而，机器人应了解工件在哪里及移动有多快，一个被工件抓握器触动扳机的限定开关传给机器人控制器一个信号。

典型传送器分为两类，指令性系统或连续跑动系统。指令系统将工件入位、停止，然后机器人喷涂工件。这些输送器要编程以获得要求的循环时间，提供平稳的加速和减速，但是指令性系统提供涂装工件以简单的手段，因它不是一种移动目标，在停留时间内，工件可以在某一位置旋转。连续跑动系统要求硬件和软件告知机器人移动时工件的位置，为此通常采用译码。传送器的密码驱动轴，从一个已知的本部位置计算传送器位置，这种数字计时信息送入机器人控制器，一旦机器人接收这个信息，软件就计算机器人的协调的适当转化，机器人然后利用这些变化的协调“跟踪”工件。

**(4) 工件抓握器**

人眼、脑、手协调一致来避免不希望的错误，如果工件轻微歪斜，喷涂工可以纠正，而机器人是“瞎子”，它假设工件以一个特定的与其储存的涂装程序一致的方式定向，不适当的定位工件将不能正常涂装，鉴于此，工件抓握器应将工件连续精确的方式传送至工件，弯曲的轴、摇摆的吊架、滑移或排列不整齐的工件会引起质量问题。

附加装置应提供限制吊架摇摆和旋转运动的稳定性，要求支架旋转的地方，铰链位置啮合确保支架平衡。具有可变速度电动机的精确链驱动转子比简单的带驱动系统提供更平稳和更可靠的转动。

**(5) 联络**

在机器人涂装系统中，机器人控制器与系统 PLC 之间需要安装双向联络，通常起始指令通过 PLC 传给机器人，当起始指令能直接从传感器传到机器人控制器时，其他情况常常由同样的信号触发，如气体螺形线圈。

在涂装不同部件的系统中，通过机器人控制器传送工件身份识别（ID）实现正确的涂装程序。当工件载入到系统时，操作者输入工件 ID 到键盘终端，在自动化程度更高的系统中采用条形码阅读器或可视系统。系统 PLC 通过交换参照物跟踪每个工件及其 ID。机器人控制器将机器人与其净化系统的状况信息以及过失条件，如过量行走限制及其他问题传回到 PLC 。

**3. 喷漆室设计**

喷漆室设计首先要考虑机器人能否进入喷漆室，机器人需在设计的工作区间进行足够的涂装净化，常常喷漆室需比标准自动化喷漆室更宽更深，在机器人周围需有足够空间以便人能进入进行定期维护，可能的话，应该有一个监测机器人操作的观察窗口。

## 第五节　涂装工艺

涂层的质量主要受涂料、涂装技术（前处理、涂装方法和设备）及涂装工艺和管理三大要素的影响。在工艺制定过程中，三者相互关联。一个先进的涂装工艺，同时必须具备较高的技术经济性。一个合理的工艺过程，应该按照高生产效率、高涂层质量、低能耗、低污染、低成本的要求，来选择涂装材料、涂装方法和设备，最后确定合理的工艺过程和最佳的方案。在制定涂装工艺过程中，最根本的依据是涂层质量，各类产品都有统一的涂层质量标准或涂装技术条件，如表 6-6 所示。

**表 6-6　各类产品的涂装技术标准**

| 标　准　号 | 名　　称 |
| --- | --- |
| JB/Z 111—1986 | 汽车油漆涂层 |
| GB/T 11380—1989 | 客车车身涂层技术条件 |
| JT 3120—1986 | 客运车辆车身涂层技术条件 |
| TB 1572—1984 | 铁路钢桥保护涂层 |
| JB/T 5946—1991 | 工程机械　涂装通用技术条件 |
| ZBJ 50011—1989 | 机床涂装技术条件 |
| ZBJ 50012—1989 | 出口机床　涂装技术条件 |
| CB/Z 231—1987 | 船体涂装技术要求 |
| QB/T 1218—1991 | 自行车油漆技术条件 |
| QB/Z 279—1983 | 木家具涂饰 |
| JB 4238.9—1986 | 电工专用设备　涂漆通用技术条件 |
| CB/T 387—1999 | 灯具油漆涂层 |

为综合上述三要素达到较好的涂装效果进行的规划称为涂装设计，涂装设计主要包括涂料品种选用、涂装方法选定和涂装工艺制定等，通常可分以下几个阶段。

第一阶段，明确涂装标准或等级，查清涂装条件、底材种类。被涂物的条件如：

① 被涂物使用条件（大小和形状、数量、使用目的、年限、经济效益等）；

② 被涂物的环境条件，包括被涂物所处位置、环境外界的影响、被涂物自身产生的外力条件，如热、振动、冲击和风压；

③ 被涂物自身条件如底材种类和性质，被涂物的表面状态如腐蚀状态和粗糙程度等。

第二阶段，根据第一阶段所得情况选择性能和经济适宜的涂料。

第三阶段，根据涂装场所、被涂物的形状大小、材质、产量、涂料品种及涂装标准等关系，选定合适的涂装方法。

第四阶段，根据涂料、底材、涂装环境、涂装方法、资源利用和污染等制定多种方案进行比较，通过价值工程计算，最后选定作业条件。

## 一、汽车涂装工艺

### 1. 汽车用涂装材料的选择

汽车用涂装材料，按功能、用途及材质可划分为以下几类：①漆前表面处理材料；②电泳涂料（以阴极电泳涂料为主体）；③中涂、面漆（有机溶剂型）；④环保型中涂、面漆（水性、粉末、高固体分）；⑤汽车用特种涂料（如 PVC 车底涂料、密封胶、抗石击涂料等）；⑥喷用水性防腐蚀涂料（如底盘、发动机、散热器用的快干水性涂料）；⑦粉末涂料（汽车零部件防蚀和耐候粉末涂料）；⑧双组分低温烘干型汽车用涂料；⑨汽车修补用涂料（含色母）；⑩塑料件用涂料等。

#### (1) 汽车用底漆的特点及常用品种

汽车用底漆就是直接涂装在经过表面处理的车身或部件表面上的第一道涂料，它是整个涂层的开始。

根据汽车用底漆在汽车上的所用部位，要求底漆与底材应有良好的附着力，与上面的中涂或面漆具有良好的配套性，还必须具备良好的防腐性、防锈性、耐油性、耐化学品性和耐水性。当然，汽车底漆所形成的漆膜还应具有合格的硬度、光泽、柔韧性和抗石击性等力学性能。

随着汽车工业所的快速发展，对汽车底漆的要求也越来越高。20 世纪 50 年代，汽车还是喷涂硝基底漆或环氧树脂底漆，然后逐步发展到溶剂型浸涂底漆、水性浸涂底漆、阳极电泳底漆、阴极电泳底漆。目前比较高档的汽车尤其是轿车一般采用阴极电泳底漆，阴极电泳底漆经过几十年的发展，同时也经过引进先进技术和工艺，现在已经能很好地满足底漆所要求的各项力学性能、与其他涂层的配套性尤其是现代的流水线涂装工艺，目前轿车用底漆几乎已全部使用阴极电泳底漆。

汽车用溶剂型底漆主要选用硝基树脂、环氧树脂、醇酸树脂、氨基树脂、酚醛树脂等为基料，颜料一般选用氧化铁红、钛白、炭黑及其他颜料和填料，涂装方式有喷涂和浸涂两种。电泳漆是在水性浸涂底漆的基础上发展起来的，它在水中能离解为带电荷的水溶性成膜聚合物，并在直流电场的作用下涌向相反电极（被涂面），在其表面上不沉积析出。采用电泳涂装法要求被涂物一定是电导体。根据所采用的电泳涂装方式的不同，电泳底漆可分为阳极电泳底漆和阴极电泳底漆。

**(2) 汽车用金属闪光底色漆**

金属闪光底色漆就是作为中涂层和罩光清漆层之间的涂层所用的涂料。它的主要功能是着色、遮盖和装饰作用。金属闪光底漆的涂膜在日光照耀下具有鲜艳的金属光泽和闪光感，给整个汽车添装诱人的色彩。

金属闪光底漆之所以具有这种特殊的装饰效果，是因为该涂料中加入了金属铝粉或珠光粉等效应颜料。这种效应颜料在涂膜中定向排列，光线照过来后通过各种有规律的反射、透射或干涉，最后人们就会看到有金属光泽、随角度变光变色的闪光效果。溶剂型金属闪光底漆的基料有聚酯树脂、氨基树脂、共聚蜡液和醋酸丁酸纤维素（CAB）树脂液。其中聚酯树脂和氨基树脂可提供烘干后坚硬的底色漆漆膜，共聚蜡液使效应颜料定向排列，CAB 树脂液主要是用来提高底色漆的干燥速率、提高体系低固体分下的黏度、阻止铝粉和珠光颜料在湿漆膜中杂乱无章的运动和防止回溶现象。有时底漆中还加入一点聚氨酯树脂来提高抗石击性能。

**(3) 汽车用中涂漆的特点及常用品种**

汽车用中涂也称二道浆，是用于汽车底漆和面漆或底色漆之间的涂料。要求它既能牢固地附着在底漆表面上，又能容易地与它上面的面漆涂层相结合，起着重要的承上启下的作用。中涂除了要求与其上下涂层有良好的附着力和结合力，同时还应具有填平性，以消除被涂物表面的洞眼、纹路等，从而制成平整的表面，使得涂饰面漆后得到平整、丰满的涂层，提高整个漆膜的鲜映性和丰满度，以提高整个涂层的装饰性；还应具有良好的打磨性，从而打磨后能得到平整光滑的表面。

腻子、二道底漆和封闭漆都是涂料配套涂层的中间层，即中涂。腻子是用来填补被施工物件的不平整的地方，一般呈厚浆状，颜料含量高，涂层的力学性能强度差，易脱落，所以目前大量流水线生产的新车已不再使用腻子，有时仅用于汽车修补。封闭漆是涂面漆前的最后一道中间层涂料，涂膜呈光亮或半光亮，一般仅用于装饰性要求较高的涂层中（例如汽车修补），这种涂层要求在涂面漆之前涂一道封闭漆，以填平上述底层经打磨后遗留的痕迹，从而得到满意的平整底层。目前新车原始涂装一般采用二道底漆作为中间涂层。它所选用的基料与底漆和面漆所用基料相似，这样就可保证达到与上下涂层间牢固的结合力和良好的配套性。该二道中涂主要采用聚酯树脂、氨基树脂、环氧树脂、聚氨酯树脂和黏结树脂等作为基料；颜料和填料选用钛白、炭黑、硫酸钡、滑石粉、气相二氧化硅等。二道中涂一般固体分高，可以制得足够的膜厚（大约 40μm）；力学性能好，尤其是具有良好的抗石击性；另外还具有表面平整、光滑，打磨性好，耐腐蚀性、耐水性优良等特点，对汽车整个漆膜的外观和性能起着至关重要的作用。

**(4) 汽车用面漆的特点及常用品种**

汽车用面漆是汽车整个涂层中的最后一层涂料，它在整个涂层中发挥着主要的装饰和保护作用，决定了涂层的耐久性能和外观等。汽车面漆可以使汽车五颜六色，焕然一新。这里我们主要讨论实色面漆。

汽车面漆是整个漆膜的最外一层，这就要求面漆具有比底层涂料更完善的性能。首先耐候性是面漆的一项重要指标，要求面漆在极端温变湿变、风雪雨雹的气候条件下不变色、不失光、不起泡和不开裂。面漆涂装后的外观更重要，要求漆膜外观丰满、无橘皮、流平性好、鲜映性好，从而使汽车车身具有高质量的协调和外形。另外，面漆还应具有足够的硬度、抗石化性、耐化学品性、耐污性和防腐性等性能，使汽车外观在各种条件下保持不变。

随着汽车工业的飞速发展，汽车用面漆在近 50 年来，无论在所用的基料方面，还是在颜色和施工应用方面，都经历了无数次质的变化。20 世纪三四十年代主要采用硝基磁漆、自干型醇酸树脂磁漆和过氯乙烯树脂磁漆，至八九十年代采用氨基醇酸磁漆、中固聚酯磁漆、热塑性丙烯酸树脂磁漆、热固性丙烯酸树脂磁漆，聚氨基耐污性等都有了显著的提高，从而大大改善了面漆的保护性能。与此同时，汽车面漆在颜色方面也逐渐走向多样化，使汽车外观更丰满、更诱人。20 世纪 90 年代，为执行全球性和地区环保法，减少汽车面漆挥发分的排放量，开始研究探索和采用水性汽车面漆。目前一些西方发达国家的新建汽车涂装线上，已采用了水性汽车面漆，国内基本上还处于溶剂型汽车面漆阶段。

如上所述，汽车面漆的主要品种是磁漆，一般具有鲜艳的色彩、较好的力学性能以及满意的耐候性。汽车用面漆多数为高光泽的，有时根据需要也采用半光的、锤纹漆等。面漆所采用的树脂基料基本上与底层涂料相一致，但其配方组成却截然不同。例如，底层涂料的特点是颜料分高，配料预混后易增稠，生产及储存过程中颜料易于沉淀等。而面漆在生产过程中对细度、颜色、涂膜外观、光泽、耐候性方面的要求更为突出，原料和工艺上的波动都会明显地影响涂膜性能，对加工的精细度要求更加严格。

目前高档汽车和轿车车身主要采用氨基树脂、醇酸树脂、丙烯酸树脂、聚氨酯树脂、中固聚酯等树脂为基料，选用色彩鲜艳、耐候性好的有机颜料和无机颜料如钛白、酞菁颜料系列、有机大红等。另外还必须添加一些助剂如紫外吸收剂、流平剂、防缩孔剂、电阻调节剂等来达到更满意的外观和性能。

在我国，汽车用粉末涂料水平还远远落后，实际应用也很少，绝大部分限于铝轮毂的涂料，但发展前景十分广阔。世界上公认 VOC 排放量最少的轿车涂装体系为；阴极电泳→粉末中涂→水性底色漆→粉末罩光清漆。粉末涂料在整个喷涂过程中可以循环使用，节省成本，同时不需要用化学药剂和漆雾去除系统过喷漆雾。粉末清漆的烘烤过程比较干净，可以长时间保持烘房的清洁度。日本东亚公司近来开发出烘烤温度为 120℃×20min 的环氧粉末涂料 E203 以及烘烤温度为 130℃/20min 的环氧聚酯系粉末涂料 E301，流变性好，储存稳定，耐腐蚀性达到烘烤温度为 180℃/30min 的标准型环氧涂料的水平。丙烯酸系列粉末涂料具有高的耐候性和装饰性，其耐腐蚀性更优于目前所使用的聚酯系粉末涂料，可用于汽车中涂、面漆和罩光漆。由于技术的限制，目前汽车用粉末涂料只是单色系列，如中涂和清漆，这是由于粉末涂料不能像液态涂料那样可以迅速换色。今后汽车用粉末涂料的发展，将在进一步提高耐候性、抗紫外线性、低温化、薄膜化和提高装饰性方面努力。随着环保要求越来越严和粉末涂料技术的不断提高，粉末涂料在汽车上的应用将越来越广泛。

**(5) 汽车用抗石击车底涂料**

随着交通运输的高速化，汽车速度大大提高，导致路面的沙石对车头灯处的引擎盖部位、车顶以及车门下部及其底部的冲击。汽车车身底板下表面、轮罩及车身的下部冲击力显著增大，使涂层易受损坏，而失去耐腐蚀能力。为提高汽车车身的使用寿命，在车身底板下表面，尤其是易受石击的轮罩、挡泥板表面，增涂 1～2mm 厚的耐磨（具有抗石击性）涂层，称为车底涂层（underbodycoat)，所用涂料称车底涂料。因为这层涂层必须能吸收飞石的冲击能，随之加以扩散，只不过由于该涂层所处位置不同厚度差异很大，在汽车上部厚度为 5μm，故要求伸长率高，而在下部和底部厚度达 100～200μm，所采用的涂料体系为聚氯乙烯（PVC）类或聚氨酯类。轻质及低温烘烤型是 PVC 涂料的发展方向。PVC 涂料在低于 800℃焚烧时极易生成致癌物质，而采用聚氨酯涂料性能好，但价格贵。现已开发的以聚酯化合物为主要原料的耐石击涂料，性能可与现有的 PVC 涂料相匹敌甚至更优，如用在车身尾部的焊缝上时，普通的 PVC 涂料易开裂，而聚酯涂料不会开裂。但存在的主要问题仍是价格较高，也有人在研究用丁苯橡胶或共混乳胶漆体系代替 PVC 耐石击涂料。

车底涂料当初采用溶剂型（如沥青系列和合成树脂系列）涂料，后因容易起泡，抗石击和力学性能差而被淘汰。现今采用的是以聚氯乙烯树脂（PVC）为主要基料和增塑剂制成的三种无溶剂涂料，其不挥发分高达 95%～99%，称这种涂料为 PVC 涂料。

这种 PVC 涂料有较好的硬度、伸长率、剪切强度和拉伸强度，能很好地满足阻尼涂料的性能要求。在汽车上用量很大，如每台轿车车身的 PVC 涂料耗用量可达 20 多千克。

**(6) 汽车用 PVC 焊缝密封胶**

为提高汽车车身的密封性（不漏水、不漏气），以提高汽车的舒适性和车身缝隙间的耐腐蚀性，车身的所有焊缝和内外缝隙在涂装过程中都需涂密封涂料（俗称密封胶）进行密封。焊缝密封和车底涂料一般通用一种 PVC 涂料，但因使用目的和施工方法的不同，在要求高的场合采用两种 PVC 涂料，以适应各自的特殊性能，如车底涂层用的 PVC 涂料的抗石击性要好，应易高压喷涂、施工黏度低一些好；焊缝密封涂料对其涂层的硬度、伸长率、抗剪强度、抗拉强度等都有要求，施工黏度高一些好。因此为适应各自的要求，在配方基本一致的基础上做一些相应的调整。

汽车车身涂密封胶操作实例：用专用搅拌棒将喷涂机内的 PVC 胶搅拌均匀后，根据 PVC 胶的黏度和环境温度，在 5～7kg/$m^2$ 内调整喷涂机的进气压力，以出胶适量、平缓为宜；挤胶时注意控制出胶量，以遮盖焊缝、光滑、均匀、无堆积为准。涂胶部位正确，不堵塞和妨碍安装孔，涂胶厚度 2～3cm，胶体搭接区域用手涂实修平，不允许出现间隔、孔眼。

喷涂车底涂料操作实例：用专用搅拌棒将喷涂机内的 PVC 胶搅拌均匀后，根据 PVC 胶的黏度和环境温度，在 5～7kg/$m^2$ 内调整喷涂机的进气压力，以喷枪喷雾扇面均匀、雾化性好为准，将工件平稳地吊到安全托架上，在车身和货厢地板下表面、挡泥板、轮罩下表面均匀地喷一层 PVC 车底胶，要求无漏喷、无流挂，喷涂厚度 1～3mm，注意对轮罩、挡泥下表面重点喷涂。

**(7) 汽车塑料件用涂料**

随着合成化学工业的发展，塑料品种越来越多，性能不断提高，采用工程塑料代替各种金属材料是一种技术进步的趋势。塑料的耐腐蚀性能好，密度低，有些工程塑料的力学性能不亚于金属材料。汽车要省油，就要轻量化，因此颜料在汽车上的应用在全世界呈增长的趋势。

在轿车车身中，塑料部件约占总体积的 1/3。但是塑料除本身耐紫外光等环境腐蚀性不甚理想外，在加工成型工程中表面也常产生各种缺陷。因此，汽车在使用这些塑料件时，为提高表面装饰性及延长塑料件的使用寿命，必须对其表面进行涂装。因为汽车用塑料的品种和塑料本身的性质，决定了塑料涂装的难度。汽车塑料涂料与其他金属部件用涂料相似，也分为底漆、底色漆、清漆或面漆（面漆用来代替底色漆/清漆体系）。

底漆可直接涂在经表面处理过的塑料底材表面上，一般要求膜厚 30μm 左右，以完全覆盖部件表面的流痕和缺陷。环氧-聚酰胺双组分塑料底漆主要用于汽车前后保险杠上，因保险杠一般是聚丙烯的，该底漆中还加入了少量氯化聚丙烯作为基料以提高底漆的附着力。

另外还有溶剂型单/双组分聚氨酯底漆用于汽车保险杠和其他塑料部件上。底色漆一般多采用与金属部件用底色漆组分相同的体系，膜厚一般为 10～15μm。清漆主要是溶剂型双组分聚氨酯体系，即将聚丙烯酸酯及聚酯类与多异氰酸酯结合，其漆膜能达到所需的柔韧度，还具有高耐化学品性和良好的力学性能。清漆膜度一般要求约 35μm，以提供色饱和度，并能达到与车身一致的光泽。塑料单色面漆也是采用双组分聚氨酯体系来达到与车身一致的外观和性能要求。各种汽车塑料涂料的烘烤温度均在 80℃左右。

**(8) 汽车修补漆**

汽车修补漆是指对汽车车身原厂漆进行重新修补用的油漆。它只能由工人用手工作业，喷涂必须在低温（60℃以下）操作。修补漆必须具备两种功能：保护功能及美观功能。这两种功能不能由单个产品独立完成。因此，高质量的修补漆品牌一般都有系列产品来组合而成，它主要有：

① 腻子类　用于填补钣金缺陷；

② 底漆类　用于防锈，促进漆层之间黏合力及增高漆膜厚度；

③ 面漆类　用于改善表面质量及增加耐候性。

鉴于汽车整车不能经受高温烘烤，一般汽车修补工厂涂装条件差，汽车修补漆和翻新涂装多采用自干型底漆、腻子、中间涂料、自干型合成树脂漆和挥发干燥型硝基漆、过氯乙烯漆。

硝基漆易施工、快干、能抛光，是比较理想的汽车修补用面漆。但一般硝基漆的耐候性较差，在南方，使用一个夏季就能严重失光，变色，而用优质树脂（丙烯酸树脂和有机硅树脂）改性的硝基漆则有较好的耐候性。但其固体含量低，需喷涂 3～4 道才能达到所要求的面涂层厚度，且价格较贵，因而修补成本较高。

醇酸漆的耐候性较优，一般喷涂两道厚度就能达到 40$\mu$m 以上，涂层的光泽和丰满度较好。其缺点是干燥较慢，每道漆自干需 16～24h，施工周期长，需要较清洁的涂装环境。另外醇酸漆耐湿热性差，易起泡，外观装饰性较差，不适合作为汽车的面漆。

目前，大多数成漆是采用双层漆，即金属层或珍珠层再外罩清漆，其余基本上为双组分纯色漆。双组分漆是在 20 世纪 60 年代由阿克苏诺贝尔公司率先推出的，它的基本机理是利用含羟基官能团（—OH）的丙烯基链与氰酸酯中的—NCO 基团反应而固化成网状结构的聚氨酯聚合物。这种双组分聚氨酯漆兼有硝基漆与醇酸漆的优点，涂膜快干、光泽和丰满度好，涂 1～2 道就能达到 40$\mu$m 以上的厚度，耐候性、耐化学性、耐湿热性优异，很快被各油漆厂家所采用。金属漆、珍珠漆是采用改性乙酸丁酯纤维素树脂为载体，再罩上一层透明的双组分清漆。

### 2. 汽车涂装前表面处理方法的选择

汽车涂装前的表面预处理是极其重要的工序，只有保证表面处理的质量，才能获得最佳涂装的效果。由于漆前表面处理剂品种多，处理方式也各种各样，使得表面处理工艺复杂化。此时对表面处理工艺方法的选择应考虑以下几个方面：①材质；②材料表面状态；③涂层质量要求（依应用环境条件而定）；④表面处理的技术经济性等。

例如，对不同的材质采用化学处理，侧重点是不同的。钢铁材料主要是提高耐蚀性，而锌合金、铝合金、塑料主要是为了提高涂膜附着力，选用的化学处理剂也就完全不同，整个工艺过程也产生很大差异。

对同种材料，表面的油污种类可能不一样，锈蚀程度不一样，采用的处理剂就要有针对性；物品的形状不一样，可采取的工艺方式也不一样。如果是油脂类污垢，就要靠强碱的皂化水解来清洗；如果是复杂形状的工件，就应采取浸渍方式，使各个部位都被处理。表面处理的质量等级应该与涂层品质相一致。如果表面处理的质量太低，涂层品质达不到预期要求；如果定得太高，就影响到表面处理的技术经济性。

例如典型的轿车车身涂装前处理工艺如下：

除油 1→除油 2→喷淋清洗→浸洗→表调→磷化→喷淋清洗→浸洗→钝化→浸洗→沥

干→防尘

### 3. 典型的汽车涂装工艺

汽车的喷涂又称“涂装”。涂装质量（漆面的外观、光泽和颜色）的优劣是人们直观评价汽车质量的重要依据。不管是新车制造、旧车翻新、坏车修复，汽车的涂装都是一项很关键的工作。不同档次的汽车对涂装工艺要求也不一样，普通轿车车身要喷涂 3 层，由阴极电泳底漆、中涂和面漆组成，一些中高级汽车车身要喷涂 4～5 层，由阴极电泳底漆、中涂 1～2 层和面漆 1～2 层组成，以达到较高的外观装饰性。不同档次汽车的涂装工艺步骤，主要从成本方面考虑。

汽车涂装工艺是汽车涂装五要素（涂装材料、涂装工艺、涂装设备、涂装环境和涂装管理）之一，是充分发挥涂装材料的性能、获得优质涂层、降低涂装生产成本、提高经济效益的必要条件。典型的汽车涂装工艺一般由漆前表面处理、涂布和干燥三个基本工序组成，具体阐述如下。

#### (1) 打磨工艺

① 涂装部打磨线一般分为打磨和抛光：抛光主要对边盖、尾盖、小圆盖等小型工件以及可以大面积抛光的工件进行处理，其余件一般采取打磨的方式。

② 打磨（或抛光）前外观质量要求：坯件不允许有裂纹、欠铸、气泡和任何穿透性缺陷，坯件的浇口、飞边、溢流口、隔皮等应清理干净。

③ 打磨（或抛光）后外观质量要求：主要表面平整、光滑，无毛刺、凸起、裂纹、拉伤、明显砂眼等缺陷；边角圆弧处必须圆滑，不允许打磨变形；不允许改变工件尺寸。

④ 抛光砂轮是将涂有明胶的抛光轮在 200# 金刚砂中滚动后制作而成的。

#### (2) 涂装喷涂线工艺

① 涂装喷涂线工艺流程。目前，发动机公司涂装部喷涂流水线投入使用的有：涂装二线、涂装三线、涂装四线、涂装五线，这四条线的生产工艺流程为：

挂件→前处理（热水洗、脱脂、水洗、化成、水洗）→吹水→水洗烘干→坯件检验→上堵具→吹灰→涂底漆（关键过程）→涂面漆（关键过程）→中烘→涂清漆（关键过程）→固化烘干→下堵具→成品检验→下件

② 各工序的主要工作要点。

a. 挂件要点

ⓐ 按喷涂计划顺序号确认状态、数量、色号与计划要求及流转卡一致后挂件，严禁非正常跳序号挂件。

ⓑ 挂件时应按计划要求挂上打磨班组号及色号牌，色号牌应挂在最前面的一个挂具上，色号不同的工件应分段间隔 2 个以上挂具上挂，并挂上相应的色号牌并隔离。

ⓒ 若上挂的为返漆件，应检查返漆件是否经过满砂，箱体左右体的加工、坯件单位是否相同（有时还必须注意模号匹配），并与其他的临时要求符合。

ⓓ 对 2803#、2805#、2807#、2808、4805#、4806#、5802#、5803#、7832#、7833# 等颜色不易控制的色号，当计划少于 50 套时，应在箱体、左右盖及尾盖到齐的情况下才允许一起挂件，并将箱体挂在前面，盖类挂在后面。

ⓔ 上挂产品应尽量挂在挂钉上，不能有下掉现象，所有缸头在挂件时不允许将挂钩挂在气门孔内，同时也不允许挂在火花塞孔内，可挂在未机加的链条过孔内，以免伤及机加孔道，缸体应尽量平放在挂具上，以保证缸套内磷化均匀。

b. 前处理要点

ⓐ 热水洗：将工件上的铝屑、灰尘及重度油污洗掉。

ⓑ 预脱脂要求：清洁工件表面的油污及其他杂质。

ⓒ 脱脂要求：清除工件表面的残余油污及其他杂质。

ⓓ 第一、第二水洗要求：将工件上的脱脂剂、尘泥、铝屑洗去。

ⓔ 化成要求：清除工件表面的残余油污及其他杂质，在工件表面生成一层薄薄的彩色化成膜，以增强漆膜的附着力及耐蚀性。

ⓕ 第三、第四水洗要求：将工件上的化成剂、尘泥、铝屑洗去。

ⓖ 纯水洗要求：将工件上残余的化成剂、尘泥、铝屑洗去。

ⓗ 将脱脂剂、化成剂等药剂的添加情况记录在《涂装部前处理清洗槽药剂添加记录表》中。

ⓘ 检查热水洗、预脱脂、脱脂、化成、脱水、中烘及固化温度，并记录在《涂装部喷涂线温度控制记录表》中。

ⓙ 工艺参数：热水洗 55～65℃、预脱脂 40～65℃、脱脂 40～65℃、化成 40～65℃、中烘 100～140℃ 。

c. 吹水

ⓐ 提起工件，将气管对准工件，从内到外、从上到下循环几次，将工件上的水吹干。

ⓑ 将吹掉的工件挂回挂具上。

ⓒ 检查工件上有无杂物、油污，对清洁度达不到要求的做好标识，并上报班长进行重新清洗或添加药剂。

d. 水洗烘干　工艺参数：脱水 110～170℃。

e. 坯件检验

ⓐ 检查挂件产品前面的空挂具上有无色号牌及打磨班组牌，并取下打磨班组牌。

ⓑ 检查工件是否清洗干净，工件颜色是否达到化成颜色，检查缸体、缸套、箱体曲轴孔是否锈蚀。

ⓒ 检查工件表面是否符合外观要求，一般小缺陷直接处理，形成批量的报告班长或巡检确认后通知前处理班组派人处理，不能处理的做好标识放入专用不合格品盛具中。

ⓓ 检查返漆件是否进行满砂，返漆件机加螺孔端面上的漆是否锉掉。

ⓔ 将合格品按要求摆放在挂具上并定位，箱体进行合箱。

ⓕ 检验中发现的废工料及漏加工产品交质检班长或巡检确认。

f. 上堵具

ⓐ 检查所需的堵具是否分类盛装。

ⓑ 检查盖板、挂板、支座等堵具是否存在明显变形，是否有严重漆膜或其他脏物。

ⓒ 将变形或有严重漆膜的盖板、挂板、支座选出后单独放置并标识清楚，然后统一交机修人员处理、修复，保证堵具能够对漆雾进行有效的遮挡。

ⓓ 根据计划所要求对各型箱体的废气嘴及打字区黏上纸胶带进行庇护。

ⓔ 先机加后烤漆的箱体采用定位销合箱后定位，避免在流转过程中位移；先烤漆后机加的箱体采用左右体合箱配好后装上定位螺杆定位；对缸体等部分特殊产品需加上支座。

ⓕ 按先后顺序用专用堵具对所有机加面及型腔进行庇护，确保封堵部位无飞漆进入机加面及型腔内。

g. 吹灰

ⓐ 检查各工件是否庇护完全，对未庇护部位的立即庇护。

ⓑ 用压缩气枪对准工件从上到下，将工件及挂具上的灰尘及粉末吹干净。

ⓒ 检查工件在吹灰过程中庇护堵具是否被吹掉，并补盖好被吹掉的堵具。

ⓓ 检查工件摆放在挂具上的位置是否正确，不正确的立即纠正。

h. 涂底漆（关键过程）、涂面漆（关键过程）、涂清漆（关键过程）

ⓐ 按《涂装调漆作业指导书》要求调制油漆，并在《涂装部调漆记录》进行记录。

ⓑ 将调制好的油漆置于指定位置，并将吸漆管和搅拌器置于漆桶中。

ⓒ 按《静电喷枪操作规程》要求进行操作，对侧喷机不能喷涂到的部位进行补漆。

ⓓ 按《PPH308 静电旋杯喷涂系统操作规程》开启 PPH308 静电旋杯喷涂系统，按喷涂工艺参数要求喷涂。

ⓔ 观察工件上的盖板、挂板等堵具是否存在移位或掉落现象，重新盖好移位及掉落的堵具。

ⓕ 检查喷涂后工件的表面外观质量，填写《涂装部首件三检单》《涂装部关键过程记录》。

ⓖ 在未用完的油漆桶上的《涂装油漆标签》上记录该桶油漆的使用情况，将用完的漆桶返回油漆库房。

ⓗ 喷涂工艺参数：漆压 0.2～0.4MPa，成型气压 3～5kg/cm$^2$，涡轮气压 2～3.5kg/cm$^2$，静电压 30～65kV。

i. 中烘、固化烘干

ⓐ 中烘：将底漆、面漆稍加烘烤，增加漆层附着力，严格控制工艺参数以免引起咬底。中烘温度：100～140℃，时间 8～20min。

ⓑ 固化烘干：工艺参数 130～150℃。

j. 下堵具

ⓐ 将箱体打字区、废气嘴及粘贴纸胶带部位的胶带取下，并将打字区的黏胶处理干净。

ⓑ 按顺序将各类堵具取下并分类放置在各个相应盛具内。

ⓒ 在下盖板、挂板、支座等堵具时必须轻拿轻放，严禁野蛮操作、乱扔、乱摔，要

求盖板、挂板、支座等堵具放入时盛具的距离不超过10cm，严禁远距离（大于10cm）将堵具丢入堵具盛具内。

ⓓ 检查工件各封堵孔的挂具是否取完。

k. 成品检验

ⓐ 检测烤漆成品表面外观、颜色、附着力、硬度等检验项目，并对不合格品作相应标识。

ⓑ 填写《涂装成品检验日报表》及《涂装部烤漆成品抽查记录表》。

ⓒ 对出口机产品的检验结果记录在《涂装部出口产品检测记录表》上，对出口机缸头、缸体、缸盖进行耐90#汽油擦拭性检测，并通知当班巡检、质检班长签字确认。

ⓓ 核对下件工填写的标识卡与实物及涂装烤漆计划单要求是否相符，然后加盖检验印章。

ⓔ 对批量不合格品提出书面报告交质检班长进行处理，监督喷涂线下件工位员工处理好后序补漆、除锈、打油、吹灰等工作。

ⓕ《涂装成品检验日报表》按班别、品种进行汇总后交统计员，同时白班检验员在夜班所喷底漆标识锁到达成品检验工位后，将已记录的部分进行统计后立即上交部门统计员，以便统计夜班产量。

l. 下件

ⓐ 将成品检验判为不合格的产品从挂具上取下，分层放在盛装不合格品的盛具上。

ⓑ 检查吹灰或不再清洗的产品密封面是否存在明显漆膜、漆渣，推磨漆膜、漆渣后用气管将工件表面及型腔内灰尘吹干净，并对缸体等需防锈的产品进行打油。

ⓒ 检查工件表面是否存在局部缺漆，对局部缺漆部位按《涂装补漆工艺规程》要求进行补漆处理。

ⓓ 将合格品取下，按色号、状态、品种分类摆放在对应生产线号所要求的盛具中，下件过程中要求轻拿轻放，不允许工件的烤漆面相互接触，并按照《涂装工作程序》中规定的盛具及容量进行盛装、防护。

ⓔ 同一产品下线完成或盛满一个盛具时，需填写《产品标识卡》，其中生产单位栏前面第一部分填写下件班组代号，第二部分填喷涂班组代号和底、面、罩光工位点代号，并在《产品标识卡》的状态栏填写质量状态（如“合格”“色差不合格让步使用”等），然后由成品检验加盖检验印章。

ⓕ 每个生产序号的成品下线完后，在《涂装部生产计划及完成情况反馈表》上作相应记录。若挂件数与下件数不符合应立即上报当班班长，由当班班长上报课长，课长负责将差缺件组织补充到位。

**(3) 补漆工艺**

① 补漆工艺流程为：调漆→表面处理→补漆→固化。

② 补漆前要对表面进行表面处理：将需补漆部位用360#水砂纸进行局部砂磨平整；

用抹布（可浸 X-6 稀释剂或 90# 汽油）将砂磨部位及其周围的油污等杂质处理干净；用压缩空气对需补漆部位进行吹灰处理；将不需补漆的部位进行遮挡。

③ 对于主视面补漆面积小于 $2mm^2$、非主视面补漆面积小于 $6mm^2$ 的部位，可以用毛笔点漆进行补漆，但补漆后不得影响整体外观。

④ 对于主视面补漆面积超过 $2mm^2$、非主视面补漆面积超过 $6mm^2$ 的部位，必须用喷涂的方法进行补漆：首先调整喷枪的气压大于 0.4MPa，然后调整吐漆量适量，并在纸板上作试喷涂，对需补漆部位进行喷涂两遍以上，每遍漆膜厚度不得大于 20μm，补漆后不得影响整体外观。

⑤ 补漆后的工件自干后，对下工序无影响的部位可直接流入下工序，对下工序有影响的部位要求用手指压后无明显压痕，方可流入下工序。

⑥ 如果为打字框补漆或大面积补漆，需退回涂装部进行烘烤后方可流入下工序。

**(4) 推磨**

① 要求：机加平面上无漆堆、明显漆膜、漆渣、磕碰伤、缺料；推磨后的磨痕均匀，无单向推磨痕迹或某方向的磨痕明显深于其余方向的磨痕。推磨、吹灰、打油后箱体的清洁度符合“各机型发动机零部件清洁度限值内控技术要求”。

② 平面度检测方法：工件放在平台上，用塞尺从不同部位塞入被检平面与平台间的间隙，若工件对塞尺有压力感，则其平面度为合格。普通右盖：≤0.07mm；箱体及其他右盖：≤0.05mm。

**(5) 套色**

① 凹字着色称套色，凸字着色称烫色，凸字周围着色称托色。字样是否着色处理的唯一依据是计划单。

② 套色后的工件需进行烘干或自干。

## 二、塑料涂装工艺

### 1. 塑料种类、特点及涂装的目的

近几年我国塑料工业迅速发展，国内应用较广泛的工程塑料有 ABS、PC（聚碳酸酯）、POM（聚甲醛），通用塑料有 PS、PC、PP、PVC 等，所生产的塑料制品种类也在日益增多。塑料质量轻、耐腐蚀性优越，传热导电性差，易压制成形状复杂的器件，在产品结构上可代替部分有色金属和轻金属，在人们的生活、学习和工作中也处处可见，在很大范围内代替了木材和钢铁。表 6-7 列出了常用塑料及其性能特点。尽管塑料制品本身不会生锈，具有耐腐蚀性和一定的装饰性，但在塑料件上喷涂合适的涂料，可以延长使用寿命，提高相关性能，总的来说，塑料表面涂装的目的主要有以下三个方面：①装饰作用，达到外观高光泽、与其他材料同色或异色等高装饰性效果；②保护作用，提高塑料的耐紫外线、耐溶剂、耐化学品、耐光老化等性能；③特种功能，通过涂装耐划伤涂料，提高塑料表面的抗划伤性能等，所以说塑料表面经过涂饰不仅大大提高塑料制品的附加值，同时也提高了其外观装饰效果，改善了塑料制品的理化性能。

**表 6-7　常用塑料及其性能**

| 品种名称及代号 | | 热变形温度(1.86MPa)/℃ | 连续使用温度/℃ | 线膨胀系数/$\times10^{-3}$℃$^{-1}$ | 伸张强度/(N/cm) | 结晶度 | 极性 | 溶解度参数($\times10^3$)/$(J/m^3)^{1/2}$ |
|---|---|---|---|---|---|---|---|---|
| 丙烯腈-丁二烯-苯乙烯共聚物 | 耐热性 | 96～118 | 87～110 | 6.0～9.0 | 4500～5700 | — | — | — |
| | 中抗冲性 | 87～107 | 71～93 | 5.0～8.5 | 4200～6200 | — | — | — |
| | 高抗冲性 | 87～103 | 71～99 | 9.5～10.5 | 3500～4400 | — | — | — |
| 聚乙烯 | 低压 | 30～55 | 121 | 12.6～18.0 | 700～2400 | 大 | 小 | 16.16 |
| | 超高相对分子质量 | 40～50 | — | 7.2 | 3000～3400 | 大 | 小 | 16.16 |
| | 玻璃纤维增强 | 126 | — | 3.1 | 8400 | 大 | 小 | 16.16 |
| 聚氯乙烯 | 硬质 | 55～57 | 55～80 | 5.0～18.5 | 3520～5000 | 中等 | 小 | 19.44～19.85 |
| | 软质 | — | 55～80 | 7.0～25.0 | 1050～2460 | 中等 | 小 | 19.44～19.85 |
| 聚丙烯 | 纯料 | 55～65 | 121 | 10.8～11.2 | 3500～4000 | 大 | 小 | 15.96～16.37 |
| | 玻璃纤维增强 | 115～155 | 155～165 | 2.9～5.2 | 5500～7700 | 大 | 小 | 15.96～16.37 |
| 苯乙烯 | 纯料 | 65～96 | 60～75 | 6.0～8.0 | 3500～8400 | 小 | 稍大 | 17.60～19.85 |
| | 改性(204) | — | 60～96 | — | ≥5000 | 小 | 稍大 | 17.60～19.85 |
| | 玻璃纤维增强 | 90～105 | 82～93 | 3.0～4.5 | 6000～10500 | 小 | 稍大 | 17.60～19.85 |
| 聚甲基丙烯酸甲酯 | 浇注料 | 95 | 68～90 | 7.0 | 5600～8120 | 小 | 稍大 | 18.41～19.44 |
| | 模塑料 | 95 | 65～90 | 5.0～9.0 | 4900～7700 | 小 | 稍大 | 18.41～19.44 |
| 聚碳酸酯 | 纯料 | 85 | 120～130 | 5.0～7.0 | 6600～7000 | — | — | — |
| | 玻璃纤维增强 | 230～245 | 180 | 2.1～4.8 | 9800～14800 | — | — | — |
| 聚甲醛 | 均聚性 | 124 | 90 | 7.5～10.8 | 6700～7700 | — | — | — |
| | 共聚性 | 110～157 | 104 | 7.6～11.0 | 5400～7000 | — | — | — |
| | 玻璃纤维增强 | 150～175 | 80～100 | 3.4～4.3 | 12600 | — | — | — |
| 聚甲醚 | 纯料 | 185～193 | 185～220 | 5.0～5.6 | 6650～7700 | — | — | — |
| | 改进 | 169～190 | 100～130 | 6.0～6.7 | 6700 | — | — | — |
| 尼龙-66 | 未增强 | 66～86 | 80～120 | 9.0～10.0 | 10000～11000 | 大 | 较大 | 25.98～27.83 |
| | 玻璃纤维增强 | 110 | 85～150 | 1.2～3.2 | 12600～28000 | 大 | 较大 | 25.98～27.83 |
| 尼龙-1010 | 未增强 | 45 | 80～120 | 10.5～16.0 | 8200～8900 | — | — | — |
| | 玻璃纤维增强 | 180 | — | 3.1 | 11000～31000 | — | — | — |
| 氟塑料 | F-4 | 55 | 250 | 10.0～12.0 | 2100～2800 | — | — | — |
| | F-46 | 54 | 205 | 8.3～10.5 | 1900～2000 | — | — | — |
| 酚醛 | | 150～190 | — | 0.8～4.5 | 3200～6300 | 较小 | 中 | 19.64～20.66 |
| 脲醛 | | 125～145 | — | 2.2～3.6 | 3800～9100 | 小 | | 19.64～20.66 |
| 三聚氰胺 | | 130 | — | 2.0～4.5 | 3800～4900 | 小 | | 19.64～20.66 |
| 环氧 | | 70～290 | — | 2.0～6.0 | 1500～7000 | 小 | | 19.64～20.66 |

### 2. 塑料用涂料

塑料用涂料具有普通涂料的共同性能，但也有其特点。对于热固性塑料制品，例如环氧树脂、不饱和酯树脂、酚醛树脂层压品等，基本能采用普通涂料施工技术，涂装市售涂料。

当然，这些塑料制品也有各自的专用涂料。聚乙烯（PE)、聚丙烯（PP)、聚四氟乙烯类塑料，由于分子极性小，分子空间排列有规律，结晶性高，自凝力大，故对涂料的附着力差，通常必须进行化学或物理处理，使塑料表面活化才能涂饰适当的涂料。其他热塑性塑料和各种特殊性能的塑料，因分子结构、耐溶剂性和耐热性不同，须根据塑料种类选用不同的溶剂和涂料。例如，硝基喷漆稀释剂溶解聚苯乙烯（PS)，若用硝基漆涂饰 PS 制品，就会使其表面变形或泛白。又如，在软质聚氯乙烯（PVC）制品上涂装时，若溶剂选择不当，则漆料或溶剂可能萃取出塑料中所含的增塑剂，从而引起泛色，有损 PVC 的原有性能。此外，塑料的热变形温度比金属低得多，所以低温固化的烘漆和辐射固化涂料等最适宜作塑料用涂料。

欲正确开发和使用塑料用涂料，使其发挥有效的作用，必须充分了解塑料和涂料的理化性能及其相互关系，掌握塑料用涂料配方设计原则及专用溶剂的选择。

**(1) 塑料用涂料基料的选择**

塑料一般分为热塑性和热固性两大类。某些塑料耐溶剂性差，涂装含强溶剂的涂料，会引起开裂或细裂。同一种塑料，因结晶度、相对分子质量和成型条件差异，漆膜附着力也有差别；塑料制品表面有脱膜剂等，造成漆膜附着不良、缩孔等缺陷；塑料表面自由能低，不易为涂料润湿；塑料制品成型加工后有应力残留，往往涂装后立即或经过一段时间后出现细裂，所以塑料制品选用涂料，首先要考虑耐溶剂性。此外，由于热变形温度的限制，热塑性塑料不宜采用热固性涂料，一般选用溶剂挥发型涂料，但亦需考虑合适的强制干燥温度。热固性塑料虽无热变形温度的限制，但亦不宜采用过高固化温度的涂料，过高温度下塑料易老化。塑料制品多采用溶剂挥发型或反应性涂料。部分塑料制品适用的涂料如表 6-8 所示。

**表 6-8　塑料类型和所对应的涂料类型**

| 塑料类型 | 涂料类型 |
|---|---|
| 聚乙烯(PE) | 环氧树脂涂料、丙烯酸树脂涂料 |
| 聚碳酸酯(PC) | 丙烯酸酯聚氨酯涂料、有机硅涂料、氨基树脂涂料 |
| 聚丙烯(PP) | 环氧树脂涂料、无规氯化聚丙烯涂料 |
| 聚氯乙烯(PVC) | 聚氨酯涂料、丙烯酸树脂涂料 |
| 聚苯乙烯(PS) | 丙烯酸树脂涂料、丙烯酸硝基涂料、环氧树脂涂料、丙烯酸过氯乙烯树脂涂料 |
| 醋酸纤维素 | 丙烯酸树脂涂料、聚氨酯涂料 |
| 丙烯腈-丁二烯-苯乙烯(ABS) | 环氧树脂涂料、醇酸硝基涂料、酸固化氨基涂料、聚氨酯涂料 |
| 尼龙(PA) | 丙烯酸树脂涂料、聚氨酯涂料 |
| 有机玻璃(PMMA) | 丙烯酸树脂涂料、有机硅涂料 |
| 玻璃纤维增强聚酯 | 聚氨酯涂料、环氧树脂涂料 |
| 酚醛塑料 | 聚氨酯涂料、环氧树脂涂料 |

**(2) 塑料用涂料中溶剂的选择**

目前塑料用涂料多半为溶剂型。如果塑料制品被涂料中的溶剂（或稀释剂）溶解或溶胀，则涂饰干燥后可能出现泛色、细裂、失光和表面粗糙等现象。若塑料制品成型时有内应力，一旦表面局部溶解或溶胀，更易引起开裂。有时龟裂缝很细，肉眼看不见，但将降低涂层的光泽和抗冲击性。所以，应根据塑料制品的形状、厚度及所用塑料的等级选择溶剂，使溶剂的溶解度参数位于该塑料溶解度参数范围的边缘，溶剂仅轻微浸入塑料制品表面。专用溶剂的配方往往是根据对塑料底材的影响、溶解力、附着性和流平性等设计的，尤其是像涂饰电视机壳塑料底材（ABS、HIPS），有时溶剂的溶解力差，会造成高压高频性能消失。表 6-9 列举了塑料用涂料（丙烯酸系）专用溶剂配方组成，各类溶剂的功能列于表 6-10。

**表 6-9　专用溶剂配方**

| 溶剂类型 | 质量分数/% |
|---|---|
| 醇类 | 25～40 |
| 酯类 | 40～55 |
| 酮类 | 5～30 |
| 醇醚类 | 0～25 |

**表 6-10　各类溶剂的功能**

| 溶剂类型 | | 性质 |
|---|---|---|
| 醇类 | 真溶剂 | 溶解涂料中的树脂 |
| 酯类 | | 对塑料制品底材的浸蚀力强 |
| 酮类 | 助溶剂 | 对漆料溶解力小，缓和对底材的浸蚀 |
| 醇醚类 | 助溶剂 | 促进流平，缓和对底材的浸蚀 |

从溶剂的挥发速度看，对塑料底材的浸蚀力和流平性的关系为：溶剂挥发性慢，则浸蚀力强、流平性良好，溶剂挥发性快，则浸蚀力弱、流平性差。此外，必须根据不同季节的环境温度和湿度，选用相应的专用溶剂，其准则如表 6-11 和表 6-12 所示。

**表 6-11　各季节适用的专用溶剂**

| 季节 | 现象 | 专用溶剂类型 |
|---|---|---|
| 夏季 | 溶剂挥发快、流平性不良 | 选用挥发速度低的溶剂 |
| 冬季 | 溶剂挥发慢、浸蚀力强、容易流挂 | 选用挥发速度高的溶剂 |
| 高温季节 | 容易产生发白现象 | 选用慢干型溶剂或添加防潮剂 |

**表 6-12　涂装环境和溶剂选择的标准**

| 温度/℃ | 湿度/% | | 溶剂的选择标准 |
|---|---|---|---|
| 15～25 | 60～75 | 此条件涂装最佳，涂料的配合也应以该条件为标准 | 使用中间型溶剂 |
| 15～25 | 45～60 | 湿度稍低的场合因溶剂挥发快，故选用慢干型溶剂 | 与夏季用溶剂配合 |
| 5～15 | 45～60 | 多在冬季涂装的环境，使用具有溶解力的快干型溶剂 | 使用冬季用溶剂 |
| 15～35 | 75～90 | 易产生发白现象，使用慢干型溶剂，注意流挂、积存及干燥条件 | 与夏季用溶剂混合，添加防潮剂5%～10% |
| 35 以上 | — | 采取降低涂装环境温度的方法 | 使用超慢干型溶剂 |
| 5 以下 | — | 采取降低涂装环境温度的方法 | 用涂料专用加热器加热涂料(+10℃左右) |
| — | 90 以上 | 由于湿气、色调及表面完成后成为变色、凹凸的状态，特别在高温时难以处理 | 设置防湿装置 |

### 3. 塑料制品的涂装

塑料制品的涂装方法有：空气喷涂、静电喷涂、浸涂、流涂、滚涂、模内或模内注射涂装。通常采用空气喷涂方法，喷涂后在空气中自然干燥，也可烘干，视涂料品种而定。通常丙烯酸涂料，需要烘烤才能达到成膜要求，这就要考虑塑料的变形温度。塑料制品的变形温度不但与塑料品种和等级（相对分子质量、结晶度、改性与否）有关，也与塑料制品形状、厚度等有关。塑料制品涂装后，烘干温度一定要低于其变形温度，烘干时间为15～30min。

#### (1) 涂装预处理

依各塑料制品进行相应预处理，然后用去离子空气吹净，并用黏性抹布将塑料件表面细擦一遍，其作用是擦去表面残留颗粒，并对其表面起到改性作用，增强附着力。部分塑料制品表面处理条件如表 6-13 所示。

表 6-13　塑料制品涂装前表面处理

| 塑料种类 | 打磨 | 溶剂擦拭 | | 洗涤剂处理 | 铬酸混液处理 | 火焰处理 | 加热溶剂处理 | 特殊处理 |
|---|---|---|---|---|---|---|---|---|
| | | 乙醇 | 烃类溶剂 | | | | | |
| ABS | ● | ● | | ● | | | | |
| PS | ● | ● | | ● | | | | |
| PMMA | ● | ● | | ● | | | | |
| PC | ● | ● | | ● | | | | |
| 纤维素树脂 | ● | ● | | ● | | | | |
| PE | | | ● | | ● | ● | ● | 特殊底漆 |
| PP | | | ● | | ● | ● | ● | 特殊底漆 |
| PVC | ● | ● | | | | | | |
| PA | ● | | ● | ● | ● | | | 磷酸浸渍 |
| 聚酯 | ● | | ● | ● | | | | 5%NaOH |
| 脲醛树脂 | ● | | ● | | | | | |
| 三聚氰胺树脂 | ● | | ● | ● | | | | |
| 酚醛树脂 | ● | | ● | ● | | | | |

注：● 表示适合。

#### (2) 涂装环境

喷漆室温度应在 20～32℃范围内；能将喷涂产生的飞漆和溶剂蒸气迅速排除，并能收集 99.0% 以上的漆雾，排风机和排风管不积漆；喷涂房内有定向、均匀的风速，无死角，能确保操作工处于新鲜的流动空气中，空气清洁无尘。喷涂区风速一般为 0.45～0.50m/s；涂料输调管路无堵塞；喷枪口径为 1.0mm，喷枪空气压力在 3～5kg 内调整，使喷出漆雾雾化均匀、粗细适中。

#### (3) 喷涂工序

自内而外，自上而下，先次要面，后主要面；保持喷枪与被涂物呈垂直、平行运行，喷枪距离被涂物面 20～30cm，以不产生流挂为标准接近工件；喷枪移动速度一般在 30～60cm/s 内调整，并要求恒定，过慢产生流挂，过快使涂膜粗糙；喷雾图样搭接的宽度应保持一致，一般为有效喷雾图样图幅的 1/4～1/3。水平面“湿碰湿”2 道，竖直面“湿碰湿”3 道，以遮盖一致为要求，每道之间晾干 3～5min。各种漆的黏度应根据室内温度及湿度进行调整。调漆比例应根据涂料产品要求调配。烘烤温度依涂料和塑料制品的具体情况而定。每班结束后应及时用稀释剂将喷枪、黏度杯清洗干净。

塑料制品喷涂应选择相应的配套底漆，底漆喷涂不宜过厚，15μm 左右，晾干 30min 后，如发现工件表面有小凹坑、麻点、颗粒、污物等缺陷，应进行打磨、补刮腻子消除表面缺陷，增强表面平整度。然后擦去表面打磨灰，再用去离子空气吹净，并用黏性抹尘布将塑料件表面再细擦一遍后，进行面漆喷涂。几种塑料的涂漆工艺如表 6-14 所示。

**表 6-14　塑料涂漆工艺**

| 工序 | ABS | 热塑性聚烯烃(TPO) | 片状模塑料(SMC) |
|---|---|---|---|
| 1 | 脱脂:60℃中性清洗剂喷洗 | 脱脂:碱性清洗剂 60℃喷 30s | 打磨:除脱模剂,300# ～400# 水砂纸 |
| 2 | 水洗(喷) | 水喷洗 30s | 水洗 |
| 3 | 水洗(喷) | 水喷洗 30s | 干燥 |
| 4 | 干燥:60℃热风 | 干燥:60℃热风,5min | 除尘:依情况采用离子化空气 |
| 5 | 冷却 | 表调:专用表面活性剂溶液喷射,保留 30s | 喷涂:底漆和面漆 |
| 6 | 除尘:离子化压缩空气 | 马上擦干,离子化空气除尘 | 干燥:自干或强制干燥 |
| 7 | 喷漆,空气喷涂 | 喷附着力促进剂 | 检查 |
| 8 | 干燥:60～80℃,15～30min | 闪干 5～10min | — |
| 9 | 冷却 | 喷底漆、中涂、面漆等 | — |
| 10 | 检查 | 强制干燥:60℃,30min | — |
| 11 | — | 冷却,检查 | — |
| 备注 | 喷漆时,应防止涂料强溶剂对材质表层产生过度溶胀,可先薄喷一道打底 | 底、中、面漆都喷时,每一层都应强制干燥后再喷下一层 | 打磨是去除脱模剂的有效办法,并可增大漆膜附着力 |

**(4) 漆膜外观及后续处理**

对表面的流挂、橘皮、颗粒等不明显的缺陷，应进行抛光处理，即用单面刀片轻轻刮去面漆表面的颗粒、流挂，然后用1200# 砂纸轻轻打磨，对局部过重的橘皮也应打磨，最后用抛光蜡抛去表面磨痕和砂纸纹等缺陷。使外观质量达到无污物、颗粒、流挂、气泡、麻点、缩孔、发花、遮盖不良等涂膜缺陷，涂装过程中出现的问题及解决方法如表 6-15 所示。

**表 6-15　涂装过程中可能出现的问题及解决方法**

| 出现的问题 | 原　因 | 解决方法 |
|---|---|---|
| 附着不牢 | 制品表面残留脱模剂;压缩空气含水、油等物;运输或操作者手上有油污 | 改进模具,不用脱模剂;定期放出压缩机中油和水,安装气水分离装置;操作者戴吸汗手套 |
| 塑料表面被溶蚀 | 涂料中溶剂溶解力过强;塑料制品密度不均;塑料用树脂聚合的不好 | 调整稀释剂组成,如加些丁醇;改进模具、注塑工艺中的温度及熔融时间;选择合适的树脂 |
| 涂膜表面平整度差 | 施工时涂料黏度大,干燥速度过快,稀释剂挥发过快 | 调整施工黏度,在干燥流水线上逐渐升高温度;在稀释剂中加些高沸点溶剂 |
| 涂膜发生泛白现象 | 湿度大;溶剂挥发过快;溶剂中高沸点溶剂的溶解力差 | 降低湿度或加热工件;加些挥发速度慢、溶解力强的溶剂;替换高沸点的溶剂 |
| 涂膜颜色和光泽不匀,即发花现象 | 树脂拼配不适当;加热干燥速度过快;涂料润湿不好 | 重选涂料;由低温到高温逐渐加热,改善成型工艺 |
| 涂膜硬度不够 | 干燥不充分;涂膜过厚;塑料中增塑剂迁移;高沸点溶剂释放不出来 | 提高干燥效率;控制涂膜在 15～25μm;选择硬度高的树脂;调整溶剂组成 |

## 三、木器涂装工艺

### 1. 木器涂料的选用

绝大部分木制品都与我们的日常生活紧密相连，所以木制品上的涂料选用首先考虑安全性，例如早期使用的酸催化自干涂料，在木器上涂布固化后，涂层中残留的甲醛会不断释放出来，还有的涂料可能还含有铅等有毒添加剂，这些都会危害人的身体健康。

家具、餐桌等木制品还应考虑其使用和清洁过程，即涂层要具备抗污、耐热水、耐洗涤剂、耐磨和抗划伤等特性。此外，木制品所选用的涂料不能烘烤，最多在 50～60℃进行强制干燥，以免制品变形。

木制品常用涂料有：硝基涂料（NC），酸固化自干氨基醇酸涂料（AC），不饱和聚酯树脂涂料，聚氨酯涂料（PU），紫外光固化涂料（UV），水性涂料和油性调和涂料。

**(1) 硝基涂料 (NC)**

优点：①干燥迅速，一般的油漆干燥时间需经过 24h，而硝基漆只要十几分钟就可干燥，这样就大大节省施工时间，提高工作效率；②施工简单，硝基涂料是单组分产品，调配时只需加入适量的天那水即可进行喷涂；③光泽稳定，受环境的影响较小。

缺点：①丰满度不够，因硝基涂料的固含量较低，难以形成厚实的漆膜；②硬度不够，硝基涂料的硬度一般小于 2H；③漆膜表面不耐溶剂，用丙烯酸树脂改性可以改善硝基涂料的性能。

常见的工艺：①NC 底、NC 面，该工艺在仿古家具（美式涂装）中应用最广，表现效果大部分为开放效果；②PU 底、NC 面，该工艺比较容易解决 NC 漆填充力差，丰满度、硬度不够的问题。

**(2) 酸固化自干氨基醇酸涂料 (AC)**

优点：①漆膜坚硬耐磨；②漆膜的耐热、耐水、耐寒性都很高；③透明度好；④耐黄变性好。

缺点：因漆中含有游离甲醛，对施工者身体伤害较为严重，绝大部分企业已不再使用此类产品。

**(3) 不饱和聚酯树脂涂料**

优点：①具有很好的硬度，可达到 3H 以上；②面漆能做出很高的光泽度；③耐磨、耐酸碱、耐热性好；④丰满度很高。

缺点：①操作性较为复杂，需加入引发剂与促进剂才能起到固化作用，引发剂、促进剂的加入量要依据气温、湿度的变化而变化，再者，引发剂与促进剂不能同时调入油漆中，否则易引起火灾与爆炸，调配油漆时有严格的要求；②调好的油漆活性期很短，调好的油漆必须在 25min 之内用完；③PE 面漆目前只有亮光产品，没有亚光产品，涂膜缺乏弹性，抗冲击性较差。

常见的工艺：①不饱和聚酯树脂涂料底漆、不饱和聚酯树脂涂料面漆，有很高的丰满度与硬度，常用在乐器、工艺品、橱柜、音箱上；②不饱和聚酯树脂涂料底、PU 面有高的丰满度，抗下陷性能好，常用在办公家具台面及高档套房家具上（如新古典家具系列）。

**(4) 聚氨酯涂料（PU）**

优点：①丰满度、硬度、透明度都有较优秀的表现；②稳工性能好，产品稳定性较高；③可以与其他油漆品种配合，做出不同的表现效果，是一款综合性能很优秀的漆种，应用也最为广泛。木制品常用的聚氨酯涂料有三种，即双组分聚氨酯、潮气固化聚氨酯（单组分）和聚氨酯油（单组分）。双组分聚氨酯作为高级涂料主要用于高档木器，潮气固化聚氨酯和聚氨酯油主要用于地板涂料。

缺点：①施工性差于NC漆；②丰满度、硬度差于不饱和聚酯树脂漆。

常见的工艺：①PU底，PU面，它是最常见工艺；②不饱和聚酯树脂底、PU面，该工艺表现出高丰满度、抗下陷性强，适合高档家具制作；③PU底、NC面，该工艺有好的丰满度、快捷的施工；④UV底、PU面，该工艺是最有前景的工艺，效率极高，产品质量优异；⑤PU底、W面，该工艺有一定的丰满度，有较强的环保性。

**(5) 紫外光固化涂料（UV）**

优点：①目前最为环保的油漆品种之一；②固含量极高；③硬度好，透明度高；④耐黄变性优良；⑤活化期效率高，涂装成本低（正常是常规涂装成本的一半），是常规涂装效率的数十倍。

缺点：①要求设备投入大；②要有足够量的货源，才能满足其生产所需，连续化的生产才能体现其效率及成本的控制；③滚涂面漆表现出来的效果略差于PU面漆产品；④滚涂产品要求被涂件为平面。

常见的工艺：①UV底，UV面；② UV底，PU面（应用最广泛）。

**(6) 水性涂料（W）**

优点：①目前最为环保的油漆品种之一；②施工极为方便；③干燥时间快，施工效率高；④活化期较长；⑤漆膜干燥后，无任何气味。

缺点：①漆膜比较薄，丰满度不够；②硬度不高。

常见的工艺：①水性底，水性面；②PU底，水性面。

**(7) 油性调和涂料**

油性涂料、调和涂料、醇酸涂料仅限于一般木制品的涂覆，且往往是色漆，对底材进行少数几步打磨、刮腻子工序便可涂装，装饰性一般。

### 2. 木器涂装工艺

**(1) 以木器家具透明涂装为例介绍木器涂装工艺**

① 坯料打磨：检查坯料是否有重大缺陷及处理、产品数量与编号、坯料打磨等。

② 刮腻子：坯料首先粗磨再细磨，用力要均匀，不能磨伤木皮，打磨至光滑，不能有毛刺，不能有划伤。将粉尘从木眼中吹出后再刮腻子。

③ 腻子打磨：待腻子干后，用砂纸将面上、边上腻子磨掉后磨平。

④ 打磨擦色：用砂纸打磨，注意上面不能划伤、磨穿。吹灰干净后，根据要实验的颜色擦色。擦色时，不能漏擦、擦花，注意颜色统一均匀。

⑤ 底漆前检查：经过坯料工序后，应认真检验每一块板件，做到无划伤、碰伤、磨穿、不平、木皮沟缝、颜色不均匀等质量问题。

⑥ 做底漆：按照实验前拟订的方案配油，注意不要多配，用多少配多少，不能浪费。喷漆时，将工件平放在工作架上，先喷正面，后喷反面；用气嘴把木板上的灰尘吹干净，边吹边用布擦一擦，使黏附在工件上的灰尘彻底消除；再用调好的底漆装在枪罐中，调试好出油量与气量即可进行喷涂。如果喷正反面则注意正反面用油一致，喷一个“十”字即可。喷涂后底漆要充分干燥。

⑦ 修补：经过上道工序后，在进行下道工序前要注意检查有没有不平、气泡、流油等质量问题。若有缺陷，需用快干胶或腻子将木板上的小裂缝缺陷补平，干后先用力刨平，然后用砂纸磨平，如有磨穿底油的板件或磨穿底色的板件需补油后上色。确保修补后的基材不存在不平、波纹、针眼、封闭不全、开放欠佳、木眼不均、沟缝、磨穿、残胶、螺旋纹、残留腻子、划伤、碰痕、起泡等质量问题，否则要剔除掉。

⑧ 修色：按实验前确定的颜色方案，按颜色的配比比例进行配色，保证配色的准确。把工件上的灰尘用气嘴、海绵扫彻底清除干净。选用合适口径的喷枪，着色进行喷涂，油量调至合适，一般喷两个“十”字为宜，应顺木纹方向喷涂，要均匀，喷涂同时注意对准色板。与色板不得有差色，木板不得有整体色差，应保证颜色均匀一致。

⑨ 做面漆：检查基材是否有色差、封闭不全、针眼、修补磨穿底油、流油、木皮起泡等质量问题，拿工件时要小心轻放，喷涂面注意要时刻向上；用较细砂纸打磨。打磨时首先要用砂纸与砂纸面互搓，使砂纸磨细，打磨要顺着板件的木纹磨，拿砂纸的手要在板件上压平，才能使板件磨得均匀，如砂纸上有油漆点就再用砂纸与砂纸互搓。注意不要磨穿颜色；把工件上的灰尘吹干净，但要注意先喷内后喷外。喷内时要注意把边喷好，喷外面时不喷边。工件一般喷两道，如工件上有灰尘，就用大头针轻轻挑去。喷枪喷油的距离在15～25cm，喷油要喷成一条直线才能喷得均匀。喷好的工件静置几分钟再移入晾干房干燥。

⑩ 品检与包装：检查涂装工件质量是否合格，要求涂膜色泽均匀、产品表面光滑，开放效果显著，合格后方可进行包装进仓。不合格则要分析存在的问题，进行返工。

**(2) 以硝基磁漆为例介绍木器色漆涂装工艺**

① 涂底漆：用油性类封闭底漆按0.08kg/$m^2$涂覆，干24h。

② 180# 砂纸打磨。

③ 刮腻子填孔，干24h。

④ 180# 砂纸打磨，③、④两道工序重复进行，直到满意为止。

⑤ 涂两道中涂，干12h。

⑥ 400# 水砂纸打磨。

⑦ 涂两道面漆，用400# 水砂纸局部修整，再用硝基漆修整涂饰，干24h。

⑧ 600# 水砂纸打磨，抛光。

说明：底漆有封闭底漆和打磨底漆两类，封闭底漆黏度要低，这样浸透性好，目的就是用于封闭木材松脂外移，提高面漆附着力，防止面漆的不均匀吸收性。

## 四、混凝土涂装工艺

### 1. 混凝土构筑物的特点及应用

混凝土通常是由硅酸盐水泥（无机黏合剂）、填充骨料（沙子、石头块等）、水及助剂（早强剂、减水剂等）混合后形成浆料并浇注成型，经一定时间在水存在下固化养护而形成坚固的结构材料。混凝土底材表面的突出特征：

① 结构多样性，制造混凝土的原料大多是当地出产的，不同的工程对结构强度要求不同，因此混凝土的成分差别很大。

② 混凝土底材表面存在很多气孔，不利于涂料的附着，多孔性决定其容易保留液体水或水汽。

③ 水泥水化后主要是碱性的硅酸盐水合物，呈盐碱性，它们很容易遭受许多化学介质的腐蚀而降低性能。

④ 混凝土表面缺陷比较多，有沟纹、粉化、凹坑、裂纹、孔洞、毛刺。

混凝土在构筑物上的应用有两种：一是民用建筑，即住宅、办公楼、商用建筑和公共设施；二是工业工程，即工业厂房、生产设备、交通、水利、发电、港口码头设施和军用工程。因此，考虑到混凝土表面的特殊性和复杂性和应用不同性，对于混凝土的表面处理和涂装的要求十分严格。混凝土底材处理、涂料的选择及施工工艺等方面需要特别注意。

### 2. 混凝土的腐蚀因素

混凝土的腐蚀是一个非常复杂的不均相反应过程，其机理主要是化学反应，即混凝土和周围环境介质发生化学作用而产生的腐蚀（在和酸特别是无机酸接触时表现为强烈的反应，大多数时候表现为缓慢的劣化），但处于混凝土中的钢筋腐蚀则以电化学为主。混凝土的腐蚀因素主要有以下几个方面。

#### (1) 大气中的二氧化碳

空气中的二氧化碳可导致混凝土碳化。混凝土的炭化分两步：其一是扩散到混凝土的内部孔隙；其二是与混凝土中的物质发生反应。

#### (2) 冻融循环

由于混凝土固有的含水和湿气渗透性，在环境温度降到冰点以下时，其中的水分结成冰即由液相转化为固相，体积膨胀约10%。体积增大会在混凝土中产生膨胀压力，由于混凝土自身相对较低的抗张强度，内压将导致其出现裂纹、散裂。当冰融化时，膨胀压释放，混凝土内部就会相对疏松，如此反复作用，裂纹会不断向周围扩展，混凝土强度不断遭到破坏。

#### (3) 盐溶液的渗透

混凝土的多孔结构不仅可以吸附湿气，也可以吸附各种气体和化学品，各种盐溶液也能向多孔结构的混凝土中渗透。当混凝土干燥时，这些盐分在其内部形成结晶，此时混凝土内产生膨胀应力，导致其散裂；当混凝土回到潮湿环境中时，结晶盐又会溶解、渗透，混凝土中的盐分随环境的变化结晶、溶解反复循环。有些盐分会对其中的钢筋造成腐蚀，有些盐分（如硫酸盐）会和水泥中的水化产物进一步反应生成钙矾石结晶，在混凝土内部产生结晶应力，情况严重时可导致混凝土开裂甚至崩溃。因此盐溶液的渗透对混凝土而言是致命的。

**(4) 两个特别的环境**

对于工业环境和海洋环境来说，混凝土不仅要遭受以上腐蚀因素的侵害，还要受到工业环境和海洋环境特殊腐蚀因素的制约，所以有必要重点说明在这两个环境下混凝土的腐蚀问题。

① 工业环境　工业环境指的是工业过程造成的腐蚀性环境，通常这些腐蚀物有无机酸、某些有机酸、各种硫酸盐溶液、各种氨混合物溶液、氯化物、糖、硝酸盐等。除此之外，还包括大气中的各种腐蚀物质。

② 海洋环境　海洋环境的破坏表现最突出的是盐离子的渗透。海水中含盐量约3.3%～3.8%，其中有大量氯离子和硫酸盐。这些物质渗入混凝土中，腐蚀混凝土中的水泥石。

**3. 混凝土涂装配套体系系统的选择**

混凝土涂料是指能在混凝土表面进行有效涂装，对混凝土进行有效保护的涂料。混凝土涂料的主要防腐机理是利用其屏蔽性，阻挡腐蚀物质的侵入，所以混凝土涂料形成的涂膜必须致密，或有足够阻止腐蚀因子侵害的膜厚，或形成复杂的渗透路径，阻止腐蚀物的渗透。混凝土涂料主要有环氧树脂类、乙烯类、氯化橡胶类、聚氨酯类、沥青类等。能对混凝土表面进行有效涂装的涂料需具有如下性质：良好的渗透性、耐碱性、涂料的柔韧性和延展性及厚度、良好的附着力、耐磨性等。

保护混凝土的涂装体系应满足以下基本要求，涂层在服务和使用期间与混凝土底材有优良的附着力，抵抗腐蚀环境中各种化学及物理腐蚀因素，保证足够的有效期以满足用户需求，具有良好的施工性能，可形成均一厚度和外观及一定装饰性的涂层，并与功能性面漆配套。选择适用的涂装体系必须考虑以下因素：

① 识别腐蚀环境中的主要腐蚀因素和使用条件，处在不同区域的混凝土结构遭受的腐蚀方式不同，使用条件也是内外存在差别，不同的涂料涂装体系适用于不同的混凝土表面；

② 面涂与底涂配套，功能性面涂与底涂层和中间涂层的配套性。

表6-16所示为几种涂料涂装体系在混凝土表面的应用。

**表 6-16　涂料涂装体系在混凝土表面的应用**

| 使用设备 | 介质类型和浓度 | 涂料体系 | 接触方式 | 温度/℃ |
|---|---|---|---|---|
| 酸储罐 | 98% $H_2SO_4$ | 增强乙烯树脂环氧酚醛或环氧玻璃鳞片(特强TDI固化) | 浸泡 | 71 |
| 碱储罐 | 50% NaOH | 环氧玻璃丝布或1mm环氧玻璃鳞片(加强) | 溢流 | 54 |
| 酸、碱混合使用 | 98% $H_2SO_4$<br>50% NaOH | 增强的环氧酚醛(热固)或环氧玻璃鳞片(TDI加成固化) | 溢流 | 54 |
| 漂白粉溶解储罐 | 15% NaCl | 1mm环氧玻璃鳞片(加强)或增强乙烯玻璃鳞片 | 溢流 | 38 |
| 中和池 | 2%～20% $H_2SO_4$ 和 NaOH | 1mm环氧玻璃鳞片(加强)或环氧重防腐涂料(胺固化) | 溢流<br>浸泡 | 54 |
| 润滑油罐 | 润滑油 | 1mm鳞片增强乙烯树脂或1mm环氧玻璃鳞片(加强) | 浸泡 | 38 |

续表

| 使用设备 | 介质类型和浓度 | 涂料体系 | 接触方式 | 温度/℃ |
|---|---|---|---|---|
| 锅炉水处理剂储罐 | 5%～10%磷酸盐<br>2%～5%环己胺<br>1%～5%异抗坏血酸 | 1mm 鳞片增强乙烯树脂或 1mm 环氧玻璃鳞片(胺固化) | 浸泡 | 54 |
| 柴油储罐 | 柴油 | 双组分环氧重防腐涂料或弹性聚氨酯 | 浸泡 | 38 |
| 制药厂、化妆品厂、电子厂、微机房、食品厂 | 化学药品、食品添加剂 | 环氧无溶剂(导静电)涂装体系 | 少量直接 | 0～25 |
| 船舶动力舱、工厂货仓、冷库 | 柴油、机油、污油、货物、冰冻食品 | 环氧无溶剂(防滑)涂装体系 | 少量直接 | －10～35 |
| 厂房、泵房、车间墙壁、地面 | 柴油、机油、污油、污水、强盐、碱 | 混凝土表面涂装涂料 | 少量直接或间接 | －10～35 |

#### 4. 混凝土涂装工艺

混凝土表面处理合格后，系统涂料涂装体系也选择完毕，即可进入涂装施工阶段。

① 涂料配制　使用前先详细阅读产品说明书、施工工艺、现场技术手册等资料，将选择好的涂装涂料充分搅匀，双组分的加入固化剂，充分搅拌熟化到规定时间开始涂装。

② 涂装工艺　涂层结构要根据混凝土的结构、涂装涂料体系性能及客户要求进行涂装，可以采用普通喷涂、高压无气喷涂、刷涂、滚涂、刮涂等施工工艺。下一道涂料应在上一道涂料实干后涂装，一般情况下，每天涂一道；若气温较低，应适当延长干燥时间，当手压无指纹时再进行下一道涂装。如果漆膜完全固化，可以打毛后再涂下一道。当涂料黏度增大时，可使用专用稀释剂稀释，用量不宜超过涂料量的 5%。

③ 涂装质量控制　涂装体系涂层的表面要平整无漏涂，涂层厚度要按产品涂装说明来控制。

④ 施工注意事项　混凝土涂装体系的施工应注意以下方面：为确保涂层质量，施工时，如遇风沙、雨、雪、雾天气时应停止防腐层的露天施工。当环境温度低于－10℃高于40℃或相对湿度高于 80%时，不宜施工。涂料应存放在干燥、通风、阴凉处，严禁雨淋暴晒和接近火源。运输应遵守易燃品运输的安全规定。涂装后的设备应在防腐层完全固化（一般夏季 5～7 天，冬季 7～10 天，无溶剂涂装体系时间为 10～15 天）后交付使用，未固化的涂层应防止雨水浸淋。

⑤ 后期保养　涂装施工完成后，应将工地半封闭（通风、无人进入状态），以便涂装体系更好地完全固化，在涂膜干燥期间，应尽量避免砂、灰尘、油水的接触及机械损伤；发生损伤的部位应急时修补（未失效的韧性涂装膜，若确认为环氧类、聚氨酯类涂料，经打毛并用溶剂除去油污后直接涂装）。产品施工完毕后应干燥两星期以上再投入使用，不要因急于使用而影响产品的涂装防护性能。

### 五、重防腐涂装工艺

这里以钢结构为例着重介绍钢结构的重防腐涂装工艺。在钢结构建筑的涂装设计中，不仅要考虑重防腐涂料长期的使用寿命，同时还要考虑到环境保护。用于钢结构的重防腐涂料要体现性能、美感和环保这三者之间的最佳结合。

### 1. 钢结构涂装设计标准

钢结构防腐蚀涂装规范的制定主要根据 ISO 12944，ISO 12944 是目前全球公认的权威性标准，它是国际标准化组织为从事涂料防腐蚀工作的业主、设计人员、咨询顾问、涂装承包商、涂料生产企业等汇编的标准，为这些人员、单位和组织机构提供了重要的参考。这份标准同时也通过了欧洲委员会的批准认可，所以它实际上取代了一些国家的标准，如英国的 BS 5493，德国的 DIN 55928 等。ISO 12944 全面介绍了钢结构防护涂装中的所有要求，包括设计寿命、腐蚀环境、结构设计、表面处理、涂层体系、涂料产品性能、施工监理以及新建维修配套方案的制定等内容。在钢结构防腐蚀涂料系统设计时，ISO 12944 主要由三个步骤来完成：首先是判断钢结构的腐蚀环境；其次是确定防腐涂层要求的使用年限；最后是确定防腐涂层配套方案，包括产品类型和漆膜厚度。

#### (1) 腐蚀环境的确定

制定防腐蚀涂装系统的基础是 ISO 12944-2 中定义的腐蚀环境，如表 6-17 所示。

**表 6-17 腐蚀定义和环境**（ISO 12944-2）

| 腐蚀等级 | 典型环境 | |
|---|---|---|
| | 外　部 | 内　部 |
| C1,很低 | — | 在空气洁净的环境下有供暖设施的建筑,如办公室、商店、学校和宾馆内部 |
| C2,低 | 轻度的大气污染,大部分是乡村地带 | 有冷凝发生,没有供热设施的地方,如库房、体育馆等 |
| C3,中 | 城市和工业大气,中等的二氧化硫污染,低盐度沿海区域 | 高湿度和有些污染空气的生产场所,如食品加工厂、洗衣厂、酒厂、牛奶厂等 |
| C4,高 | 高盐度的工业区和沿海区域 | 化工厂、游泳池、海船和船厂等 |
| C5-Ⅰ,很高(工业) | 高湿度和侵蚀性大气的工业区域 | 总是有冷凝和高湿度的建筑和区域 |
| C5-M,很高(海洋) | 高盐度的沿海和离岸地带 | 总是处于高湿高污染的建筑物和其他区域 |

#### (2) 防腐涂料系统的设计使用寿命

在 ISO 12944-1 中，对防腐涂料系统的设计使用寿命划分了三个耐久性范围：低耐久性，设计寿命为 5 年以下；中耐久性，设计寿命为 5～15 年；高耐久性，设计寿命为 15 年以上。钢结构建筑要求有较高的使用寿命，因此对于涂料系统来说，也要求具有高耐久性。所以对于钢结构建筑的涂装设计都是在 15 年以上，甚至 25 年以上的重防腐涂装系统。

#### (3) 涂料系统和漆膜厚度及应用

在 ISO 12944-5 中，对现有涂料和涂料体系的使用进行了重要定义。ISO 12944-5 附录 A 中的表格 1～8 举例说明了基于不同黏结剂、防锈颜料、干膜厚度配合使用的底漆、中间漆和面漆的涂装体系。表 6-18 列出了腐蚀环境、使用寿命和漆膜厚度的关系。

**表 6-18 ISO 12944-5 中腐蚀环境、使用寿命和漆膜厚度的关系**

| 腐蚀环境 | 使用寿命 | 干膜厚度/μm |
|---|---|---|
| C2 | 低 | 80 |
| | 中 | 120 |
| | 高 | 200 |

续表

| 腐蚀环境 | 使用寿命 | 干膜厚度/μm |
|---|---|---|
| C3 | 低 | 120 |
| | 中 | 160 |
| | 高 | 200 |
| C4 | 低 | 160 |
| | 中 | 200 |
| | 高 | 240(含锌粉) |
| | | 280(不含锌粉) |
| C5-I<br>C5-M | 低 | 200 |
| | 中 | 280 |
| | 高 | 320 |

注：使用含锌底漆时，锌粉含量不低于80%。

## 2. 钢结构重防腐涂装前的表面处理

### (1) 表面处理方法

钢结构重防腐涂料涂装对钢材表面的前处理要求极为严格，很多漆膜失效的原因大都出在表面前处理上。钢体表面前处理方法很多，如酸洗、钝化、磷化、喷砂除锈、抛丸除锈、高压水处理、湿喷砂、手工除锈、动力除锈等，但在实际操作中，证明喷砂和抛丸是除锈效率和效果最优异的表面处理方法。

抛丸处理方式在前面已经述及，这里不再赘述。

开放式喷砂处理使用压缩空气将磨料从喷砂机中喷射出去，在需要清理的表面形成巨大的冲击力，除去锈蚀、氧化皮和其他杂质等。开放式喷砂处理设备是可以移动的，因此更适合于钢结构的户外施工。它采用的磨料可以是钢丸、钢砂和钢丝段，也可以采用铜矿渣、石英砂等。压缩空气必须无污染物，包括油和水。进行喷砂操作时，为了保证喷砂清理操作不会给在清理中的钢结构表面增加污染物，所以喷砂用空气需清洁不含油水。通过安装油水分离器可以获得清洁的喷砂用空气。

在钢结构涂装中手工和动力工具打磨主要适用于维修涂装作业，以及钢结构现场火工作业处理和涂层破损处的清理打磨，主要工具有旋转钢丝刷、砂纸片和针枪等。

### (2) 表面处理的等级标准

根据ISO 8501-1（1988），除锈等级分为喷射清理和手工动力工具打磨两类。国家标准GB/T 8923（1988）等效采用该国际标准。美国的SSPC标准也经常采用，它对于除锈等级的标示与国际标准及国家标准有很大区别。这三个标准之间的对应关系如表6-19所示。表中字母“Sa”、“St”和“SP”代表表面清理方法类别，如果字母后面有阿拉伯数字，则它表示清除氧化皮、铁锈和原有涂层的程度。

表6-19　相关标准之间的对应关系

| GB/T 8923 | ISO 8501 | SSPC |
|---|---|---|
| Sa3 | Sa3 | SP5 |
| Sa2.5 | Sa2.5 | SP10 |
| Sa2 | Sa2 | SP6 |
| Sa1 | Sa1 | SP7 |
| St3 | St3 | SP3 |
| St2 | St2 | SP2 |

Sa1：轻度的喷射或抛射除锈。钢材表面应无可见的油脂和污垢，并且没有附着不牢的氧化皮、铁锈和旧涂层等附着物。

Sa2：彻底的喷射或抛射除锈。钢材表面应无可见的油脂和污垢，并且氧化皮、铁锈和旧涂层等附着物已基本清除，其残留物应是牢固附着的。

Sa2.5：非常彻底的喷射或抛射除锈。钢材表面应无可见的油脂、污垢、氧化皮、铁锈和旧涂层等附着物，任何残留的痕迹应仅是点状或条纹状的轻微色斑。

Sa3：使钢材表面外观洁净的喷射或抛射除锈。钢材表面应无可见的油脂、污垢、氧化皮、铁锈和旧涂层等附着物，该表面应显示均匀的金属色泽。

标准中不设预处理等级 St1 级，因为达到这个等级的表面不适于涂装。

St2：彻底的手工和动力工具除锈。钢材表面应无可见的油脂和污垢，并且没有附着不牢的氧化皮、铁锈和旧涂层等附着物。

St3：非常彻底的手工和动力工具除锈。钢材表面应无可见的油脂和污垢，并且没有附着不牢的氧化皮、铁锈和旧涂层等附着物。除锈应比 St1 更为彻底，底材显露部分的表面应具有金属光泽。

**3. 重防腐涂料的选用**

**(1) 底漆的选用**

① 富锌涂料　富锌底漆在钢结构防腐方面，目前主要有三个重要类型：环氧富锌底漆、醇溶性无机富锌底漆和水性无机富锌底漆。与环氧富锌底漆相比较，无机富锌底漆在耐热、耐溶剂、耐化学品性能以及导静电方面有着更为优异的性能。

无机富锌底漆的施工要求很高，钢材表面必须喷砂到 Sa2.5，而水性无机富锌底漆最好喷砂到 Sa3。醇溶性无机富锌底漆的固化是通过吸收空气中水分进行水解缩聚反应来完成的，因此无机富锌底漆在喷涂后，空气中的相对湿度最好保持在 65%以上。水性无机富锌底漆利用空气中的二氧化碳和湿气与硅酸钾进行反应，在生成碳酸盐的同时，锌粉也同硅酸钾充分反应成为硅酸锌高聚物，其固化受温度和湿度的影响较大。无机富锌必须在完全固化后才能涂覆下道漆，否则会引起涂膜层间分离。

无机富锌底漆表面呈多孔性，要求使用专门的封闭漆或采用雾喷技术。无机富锌底漆对于漆膜厚度有着严格的要求，过高的干膜厚度会导致漆膜开裂，醇溶性无机富锌底漆通常认为膜厚 125$\mu$m 以下是安全的，水性无机富锌底漆膜厚度可以高至 150～200$\mu$m，这取决于涂料厂家的配方。

水性无机富锌涂料以水和溶剂为稀释剂，不含任何有机挥发物，无毒，无闪火点，对施工人员的损害明显低于溶剂型无机富锌涂料，对环境污染小，没有火灾危险，在施工、储存和运输过程中较为安全。

环氧富锌漆的施工要求简单得多。环氧富锌采用固化剂来完成固化过程，而且它的重涂间隔相当短，在 23℃时，只要 1.5～2h 即可涂覆中间漆。对于局部的漆膜破损，由于环氧树脂具有很好的附着力，因此环氧富锌底漆可以在打磨的表面作为修补底漆使用，而无机富锌底漆则因为它的附着力差，必须在喷砂表面使用，因此不适宜作为修补底漆。

② 厚浆型改性环氧涂料　厚浆型改性环氧涂料也是重要的防锈底漆，它们含有磷酸

锌或铝粉等防锈颜料，漆膜坚固耐久，对钢材的附着力强。这些产品已经在海洋环境下应用了几十年，具有很好的防腐蚀性能。

**(2) 中间漆的选用**

在重防腐蚀涂料系统中，中间漆的主要作用是增加涂层的厚度以提高整个涂层系统的屏蔽性能。最常用的中间漆是环氧云铁中间漆，含有云铁的涂层表面粗糙，这样在中间漆完成涂装后，就能把钢结构运到安装现场，然后在安装完毕后再涂覆面漆。对于云母氧化铁在环氧云铁中间漆内的含量，也有一定的要求，根据英国标准 BS 4652（1995），要达到颜料总比例的 80%以上。达到一定比例的云母氧化铁进一步加强了涂料的封闭作用，相比与含很少云母氧化铁一般配方的环氧云铁中间漆，防腐蚀作用明显得到了加强。早期使用的环氧云铁中间漆的固体含量在 50%左右，现在新推出的环氧云铁中间漆都在 65%左右，甚至 80%以上，这样溶剂含量比原来减少了 15%～30%。高固体分环氧云铁中间漆在施工时，单道涂层可以达到 100～200$\mu$m 的干膜厚度，而原先的低固体含量的环氧云铁中间漆，单道涂层只能达到 50$\mu$m 的干膜厚度。

除此之外，氯化橡胶厚浆涂料、乙烯基厚浆涂料、聚氨酯厚浆涂料和玻璃鳞片厚浆涂料也可以作为中间漆或二道底漆使用。

**(3) 面漆的选用**

面漆的主要作用是遮蔽太阳紫外线以及污染大气对涂层的破坏作用，抵挡风雪雨水，并且要有很好的美观装饰性。钢结构表面高耐候性的防腐蚀面漆，目前使用的主要有丙烯酸聚氨酯面漆、氟碳面漆以及有机改性聚硅氧涂料等。

① 丙烯酸聚氨酯面漆　羟基丙烯酸树脂与脂肪族多异氰酸酯预聚物配合，可以制成色浅、保光保色性优、户外耐候性好的高装饰性丙烯酸聚氨酯面漆。由于丙烯酸聚氨酯面漆没有最大复涂间隔，所以有些涂料厂家直接将其称为可复涂聚氨酯面漆，丙烯酸聚氨酯面漆是目前钢结构防腐蚀体系中应用最为广泛的面漆。

北京国家大剧院、上海 F1 赛车场、澳门体育馆、深圳会展中心、上海浦东国际机场一期和二期扩建工程及广州新白云国际机场等著名钢结构建筑，都采用丙烯酸聚氨酯作为长效防腐和装饰性面漆。

② 氟碳面漆　FEVE（聚氟乙烯-乙烯基醚）是可溶性含氟聚合物，能作为涂料系统中的面漆使用，保护下层涂料并且防止紫外线辐射。从有机溶剂的可溶性的角度来看，三氟氯乙烯由氟乙烯共聚而成。聚合物的羟基官能团很容易地由羟基烷基乙烯基醚来制备，使其可以与异氰酸酯和三聚氰胺固化剂进行交联。

北京 2008 年奥运会主场馆“鸟巢”是目前中国钢结构建筑方面采用氟碳面漆的典型工程。此外，南京长江三桥钢塔、润扬长江大桥悬索部分、青藏铁路工程、杭州湾跨海大桥等也都采用了氟碳面漆。

③ 聚硅氧烷涂料　聚硅氧烷涂料技术对于聚氨酯和氟聚合物面漆来说，已经显示出竞争的情况，越来越多的供应商开始提供这种材料。市场上已经有大量的聚硅氧烷面漆产品和材料供应商，可以提供低黏度、低 VOC、无异氰酸酯、高耐候性的产品。

聚硅氧烷是以 Si—O 键为主的聚合物。硅氧键使得它们可以耐大气中的氧气和大多数氧化物的作用。通过比较有机树脂，如环氧和醇酸树脂，体现出很早的粉化和褪色，而聚氨酯和丙烯酸也会在3～5年褪色和失光。由于硅氧键已经被氧化，因此，以硅氧键为主的聚合物不会再被氧化和大多数氧化物所影响。

高固体分聚硅氧烷面漆在欧美和远东地区都有着广泛的应用，包括港口机械、公共设施、机场、建筑物、储罐外壁、石油平台、桥梁、船舶外部以及铁路车辆等。同样的产品还被选用在北京2008奥运会国家游泳馆、北京新机场扩建、香港新机场扩建，同样的保护体系还在世界第一高的广州新电视塔（610m）上得到了应用。

**4. 钢结构的金属热喷涂**

许多大型钢结构的设计使用寿命要求在50年，甚至80年以上，单一的涂料体系是达不到这样的要求的。在室外大气腐蚀环境下，对钢结构进行热喷涂锌或铝涂层，结合涂料封闭，是目前保护钢结构长期无维护或少维护的最好方法。

在钢结构金属热喷涂中，主要的热喷涂方法有火焰喷涂和电弧喷涂。火焰喷涂是以氧气、乙炔气燃烧火焰作为热源，将锌丝或铝丝加热到熔融状态，在压缩空气高速气流的泄引下，将熔融化的锌、铝雾化喷射到喷砂表面形成涂层。电弧喷涂的方法是利用弧设备的电源发生装置使喷枪的两根金属丝分别带正负电荷，并在喷枪端头交汇点起弧熔化，同时喷枪内压缩空气穿过电弧和熔化的熔滴使之雾化，并以一定的速率喷射到喷砂表面形成涂层。在腐蚀环境中，锌或铝涂层作为阳极被腐蚀，其腐蚀产物会覆盖在涂层表面，起到封闭作用。因此，热喷涂锌或铝涂层既有阴极保护作用，还会起到屏蔽作用，确保了当涂层发生破损时，金属喷涂层能牺牲自己，可达到20年免维护、40年少维护的有效保护。

上海东方明珠电视塔桅杆、海南三亚电视塔、香港青马大桥、武汉军山大桥、舟山桃天门大桥、厦门国际会展中心、广州新白云机场、上海磁悬浮列车轨道梁、澳门观光铁塔等工程都采用了“金属热喷涂＋重防腐涂料”的双重保护体系，取得了优异的防护效果。

**5. 海洋、工业等环境下的重防腐涂层系统范例**

**(1) 海洋工程重防腐涂层系统**

① 平台飞溅区桩腿、靠船件、油井套管、电缆护管及深水泵护管等钢结构的外表面。

| 涂层 | 涂料类型 | 干膜厚度/μm |
|---|---|---|
| 底漆 | 环氧玻璃鳞片 | 500 |
| 面漆 | 环氧玻璃鳞片 | 500 |
| 涂层总厚度 | | 1000 |

注：a. 被涂表面干燥，清洁，无其他杂质。表面油污及油脂按SSPC-SP1进行溶剂清洗。

b. 喷砂等级为SSPC-SP10，喷砂后基体表面在涂装前如果出现浮锈，应按照表面处理要求进行二次除锈。

c. 表面粗糙度为40～75μm或涂料厂家推荐的粗糙度。

② 飞溅区以上主要钢结构、甲板底面、不保温容器外表面、管汇、管道以及其他工艺设备和钢结构的外表面（不保温，操作温度小于120℃）。

| 涂层 | 涂料类型 | 干膜厚度/μm |
|---|---|---|
| 车间底漆 | 无机硅酸锌 | 25 |
| 底漆 | 环氧富锌 | 60 |

| | | |
|---|---|---|
| 中间漆 | 环氧云母氧化铁 | 200 |
| 面漆 | 聚氨酯 | 60 |
| 涂层总厚度 | | 345 |

注：a. 被涂表面干燥，清洁，无其他杂质。表面油污及油脂按 SSPC-SP1 进行溶剂清洗。

b. 喷砂等级为 SSPC-SP10，喷砂后基体表面在涂装前如果出现浮锈，应按照表面处理要求进行二次除锈。

c. 表面粗糙度为 40～75μm 或涂料厂家推荐的粗糙度。

d. 所有预喷涂车间底漆的表面应进行清洗以确保进行底漆涂装的表面无锌盐存在。

e. 如果不进行车间底漆的涂装，整个涂装系统的干膜厚度为 320μm。

③ 栏杆、扶手、格栅、梯子和走道等镀锌件涂层系统。

| 涂层 | 涂料类型 | 干膜厚度/μm |
|---|---|---|
| 底漆 | 双组分低表面处理环氧 | 100 |
| 面漆 | 聚氨酯 | 60 |
| 涂层总厚度 | | 160 |

注：a. 被涂表面干燥，清洁，无其他杂质。表面油污及油脂按 SSPC-SP1 进行溶剂清洗。

b. 为了达到更好的附着力，镀锌表面进行扫砂处理，等级为 SSPC-SP7。

c. 当长时间未经处理的镀锌表面，在进行涂装前应进行高压水（或热水）锌盐清洗处理，然后再进行表面处理。

d. 镀锌表面由于焊接、搬运等原因造成局部镀锌涂层的破坏，破损处按 SSPC-SP1、SSPC-SP2 及 SSPC-SP3 处理后，喷涂一层环氧富锌涂层。富锌涂料的厚度为 75μm，然后再按涂装系统进行涂装。

e. 镀锌层的涂装系统应在表面处理后的 2h 内进行。

**(2) 工业环境下的重防腐涂层系统**

表 6-20 列出了工业环境下的重防腐涂层实例。

**表 6-20　工业环境下的重防腐涂层实例**

| 涂装工序 | 实例 | | | | | |
|---|---|---|---|---|---|---|
| | 1 | 2 | 3 | 4 | 5 | 6 |
| 底漆厚度/μm | 702 环氧富锌涂料(80) | 707 环氧富锌涂料(70) | 707 环氧富锌涂料(80) | 喷镀锌(200) | 702 环氧富锌涂料(20) | 1891 聚氨酯底漆(80) |
| 中涂厚度/μm | 842 环氧 MIO 二道(100) | 842 环氧 MIO 二道(80) | — | 842 环氧 MIO 二道(80) | 842 环氧 MIO 二道(80) | — |
| 面漆厚度/μm | 环氧聚酰胺面漆(120) | 厚浆型氯化橡胶(70) | 聚氨酯面漆(100) | 聚氨酯面漆(60) | 脂肪族聚氨酯面漆(80) | 1892 聚氨酯面漆(100) |
| 涂层总厚度/μm | 300 | 220 | 180 | 340 | 180 | 180 |
| 重涂年限/年 | 10 | 5～8 | 5～8 | 5～10 | — | 3～5 |
| 应用场所 | 秦皇岛煤码头 | 电厂和油田钢结构 | 核电站核岛内壁 | 上海电视台发射塔 | 车辆厂 | 化工厂油罐 |

## 习题

1. 涂料与涂装的质量评价包含哪四个方面，其中哪些属于涂料质量的评价，哪些属于涂装的质量评价？

2. 涂装前处理的目的、内容和作用是什么?

3. 喷枪口径大小的选择应从哪些方面来考虑?如何解决环境温度变化对喷涂漆膜质量的影响?

4. 电泳设备由哪几部分组成?电压、电导率、 pH 值对电泳各产生什么影响?

5. 常用汽车车身用涂料及涂装方法如何选择?

6. 如何改善塑料表面的涂漆性? TPO、 ABS 及 SMC 等塑料制品的涂漆工艺过程有何差别?

7. 简述混凝土涂装工艺特点及涂料配套体系的选择原则。

8. 简述木材涂漆工艺过程及适宜的涂料品种。

9. 阐述重防腐涂层构成、涂料品种及施工要点。

# 参 考 文 献


[1]张学敏，郑化，魏铭.涂料与涂装技术.北京：化学工业出版社，2005.

[2]刘登良.涂料工艺.第4版.北京：化学工业出版社，2009.

[3]涂料工艺编委会.涂料工艺.第3版.北京：化学工业出版社，1997.

[4]沈钟，赵振国，王果庭.胶体与表面化学.第3版.北京：化学工业出版社，2004.

[5]周强，金祝年.涂料化学.北京：化学工业出版社，2007.

[6]Grundke K，Michel S，Osterhold M. Surface tension studies of additives in acrylic resin-based powder coatings using the Wilhelmy balance technique. Progress in Organic Coatings，2000，39：101-106.

[7]Perfetti G，Alphazan T，van Hee P et al. Relation between surface roughness of free films and process parameters in spray coating. European Journal of Pharmaceutical Sciences，2011，42：262-272.

[8]张华丽. 汽车用水性涂料及其涂装设备.上海涂料，2011，49（1）：32-35.

[9]刘宏，向寓华，师立功.铝型材喷涂粉末涂料流平性因素的探讨.涂料工业，2009，39（3）：25-27.

[10]江巍. 颜料的分散.上海涂料，2008，46（10）48-49.

[11]张华东，顾若楠，张俊等.中国涂料，2003，43（4）：43-44.

[12]谢卫虹，杜红涛，季凯.纳米材料对水性涂层表面张力的影响.涂料工业，2011，41（2）：37-41.

[13]吕会勇，赵云鹏，牛娜等.乳胶涂料浮色发花探讨.辽宁建材，2010，(9)：44-45.

[14]唐燕，陈素平，胡志滨.水性涂料涂膜表面缺陷——缩孔的防治.上海涂料，2005，43（5）：31-35.

[15]李玉桂.涂料浮色发花的主要因素及解决方案.化工技术与开发，2010，39（11）：59-61.

[16]上饶，吉国光.轿车车身涂料和漆膜主要技术项目检验（下).汽车维修技师，2008，(1)：70-71.

[17]叶秀革.聚氨酯漆施工工艺研究.表面技术，2006，35（3）：79-81.

[18]夏正斌，涂伟萍，杨卓如等.聚合物涂膜干燥研究进展.化工学报，2001，52（4）：283-287.

[19]黄秉升.漆膜干燥性能的测定方法.电镀与涂饰，2011，30（20）：68-70.

[20]孙建斌，肖霞，田玉廉.丹尼尔流动点和分散剂的选择.现代涂料与涂装，2005，8（5）：45-47.

[21]Z W 威克斯，F N 琼斯，S P 帕巴斯.有机涂料科学和技术.经桴良，姜英涛译.北京：化学工业出版社，2002.

[22]T C 巴顿.涂料流动与颜料分散.郭隽奎，王长卓译.北京：化学工业出版社，1988.

[23]张奇，辛秀兰，肖阳.丹尼尔流动点在水性油墨中的应用与研究.包装工程，2005，26（2)：29-30.

[24]张红鸣，徐捷.实用着色与配色技术.北京：化学工业出版社，2001.

[25]李丽等.涂料生产与涂装工艺.北京：化学工业出版社，2007.

[26]武利民，李丹，游波.现代涂料配方设计.北京：化学工业出版社，2000.

[27]林宣益.涂料助剂.第2版.北京：化学工业出版社，2006.

[28]郑顺兴.涂料与涂装科学技术基础.北京：化学工业出版社，2007.

[29]洪啸吟，冯汉保.涂料化学.第2版.北京：科学出版社，2005.

[30]陈士杰.涂料工艺：第一分册.(增订本).第2版.北京：化学工业出版社，1994.

[31]杨春晖，陈兴娟，徐用军等.涂料配方设计与制备工艺.北京：化学工业出版社，2003.

[32]编委会.实用涂装新技术与涂装设备使用维护及涂装作业安全控制全书.合肥：中国科技大学出版社，2005.

[33]王德中.环氧树脂生产与应用.第2版.北京：化学工业出版社，2002.

[34]罗运军，桂红星.有机硅树脂及其应用.北京：化学工业出版社，2002.

[35]丛树枫，喻露如.聚氨酯涂料.北京：化学工业出版社，2003.

[36]刘婕.钢结构重防腐涂料涂装配套体系及案例分析.现代涂料与涂装，2008，11（12）：21-24.

[37]刘新.钢结构的重防腐涂装.现代涂料与涂装，2007，10（12）：51-56.

[38]涂料防腐蚀技术丛书编委会.丙烯酸树脂防腐蚀涂料及应用.北京：化学工业出版社，2003.

[39]徐秉恺，张彬渊，任宗发等.涂料使用手册.南京：江苏科学技术出版社，2000.

[40]D 萨塔斯，A T 阿瑟.涂料涂装工艺应用手册.第 2 版.赵风清，肖纪君译.北京：中国石化出版社，2003.
[41]刘国杰.特种功能性涂料.北京：化学工业出版社，2002.
[42]李东光.功能性涂料生产与应用.南京：江苏科学技术出版社，2006.
[43]聂俊，肖鸣.光聚合技术与应用.北京：化学工业出版社，2009.
[44]张俊智，周师岳.粉末涂料与涂装工艺.北京：化学工业出版社，2008.
[45]陈兴娟，张正晗，王正平.环保型涂料生产工艺及应用.北京：化学工业出版社，2004.
[46]李肇强.现代涂料的生产与应用.上海：上海科学技术文献出版社，2017.
[47]张玉龙，邢德林.环境友好涂料制备与应用技术，北京：中国石化出版社，2008.
[48]刘安华.涂料技术导论.北京：化学工业出版社，2012.
[49]周家荣.粉末涂料和喷涂工艺对涂层质量的影响.铝型材表面处理及隔热铝型材料技术交流会论文集.2007，6-12.